钢结构设计标准理解与应用

朱炳寅　编著

中国建筑工业出版社

图书在版编目（CIP）数据

钢结构设计标准理解与应用/朱炳寅编著. —北京：中国建筑工业出版社，2020.7（2024.12重印）
（老朱思库）
ISBN 978-7-112-25256-5

Ⅰ.①钢… Ⅱ.①朱… Ⅲ.①钢结构-结构设计-设计标准 Ⅳ.①TU391.04-65

中国版本图书馆 CIP 数据核字（2020）第 107626 号

《钢结构设计标准》GB 50017—2017 颁布实施以来，在理解和执行标准的过程中，大家在老朱思库里提出了方方面面的问题，今天我们将老朱思库的钢结构问题整理并对相关问题进行延伸分析，形成一本《钢结构设计标准理解与应用》以期对钢结构设计工作以帮助和促进。

老朱思库 2018 年 5 月开通，两年来，问答已达 11800＋。书中问题均是老朱思库提问较为集中的问题，也是执行标准较为关键的问题，对这些问题的整理和延伸分析的过程也是对标准的再学习和再提高的过程。

本书注重实用性，重在解决工程实践中急需的、相关规范暂未细化的而实际工程中无法回避的问题。书中基于实际工程设计经验而提出的相关建议，是目前解决工程问题的有效方法。

本书可供本行业结构设计人员（尤其是备考注册结构工程师专业考试的考生）参考和大专院校土建专业师生应用。

责任编辑：赵梦梅　刘瑞霞
责任校对：党　蕾

老朱思库
钢结构设计标准理解与应用
朱炳寅　编著
*
中国建筑工业出版社出版、发行（北京海淀三里河路 9 号）
各地新华书店、建筑书店经销
北京鸿文瀚海文化传媒有限公司制版
建工社（河北）印刷有限公司印刷
*
开本：787×1092 毫米　1/16　印张：30¾　字数：764 千字
2020 年 9 月第一版　2024 年12月第四次印刷
定价：**95.00** 元
ISBN 978-7-112-25256-5
（35970）

前　言

《钢结构设计标准》GB 50017—2017（以下简称《钢标》）颁布实施以来，在理解和执行标准的过程中，大家在老朱思库里提出了方方面面的问题，今天将老朱思库的钢结构问答、对相关问题的延伸分析及编者对《钢标》的学习笔记整理成册，形成一本《钢结构设计标准理解与应用》，以期对钢结构设计工作及注册备考有所帮助。

老朱思库2018年5月开通，基本出发点是给实际工程（或注册备考）中急需帮助的同行朋友以技术帮助，两年来已有问答11800＋。书中问题均是老朱思库提问较为集中的问题，也是执行《钢标》较为关键的问题，对这些问题的整理和延伸分析的过程也是对《钢标》的再学习和再认识的过程。

本书注重实用性，重在解决工程实践中急需的、相关规范暂未细化的而实际工程中无法回避的问题。书中基于实际工程设计经验而提出的相关建议，是目前解决工程问题的有效方法。

本书可供本行业结构设计人员（尤其是备考注册结构工程师专业考试的考生）参考和大专院校土建专业师生应用。

现就本书的编写做如下说明：

一、适用范围

本书主要适用于建筑行业结构设计人员参考。

二、编写依据

本书编写依据的主要规范有：

（1）现行《钢结构设计标准》GB 50017—2017（以下简称《钢标》）；

（2）《钢结构设计规范》GB 50017—2003（以下简称《钢规》）；

（3）现行《建筑结构可靠性设计统一标准》GB 50068（以下简称《可靠性标准》）；

（4）现行《建筑工程抗震设防分类标准》GB 50223（以下简称《分类标准》）；

（5）现行《建筑结构荷载规范》GB 50009（以下简称《荷规》）；

（6）现行《建筑抗震设计规范》GB 50011（以下简称《抗规》）；

（7）现行《高层民用建筑钢结构技术规程》JGJ 99（以下简称《高钢规》）；

（8）现行《钢结构焊接规范》GB 50661（以下简称《焊接规范》）；

（9）现行《钢结构高强度螺栓连接技术规程》JGJ 82（以下简称《高强螺栓规范》）；

（10）现行《混凝土结构设计规范》GB 50010（以下简称《混规》）；

（11）现行《建筑地基基础设计规范》GB 50007（以下简称《地规》）；

（12）现行《构筑物抗震设计规范》GB 50191（以下简称《构抗规》）；

（13）现行《建筑设计防火规范》GB 50016（以下简称《建筑防火规范》）；

（14）现行《建筑钢结构防火设计规范》GB 51249（以下简称《钢结构防火规范》）；

（15）现行《门式刚架轻型房屋钢结构技术规范》GB 51022（以下简称《门钢规范》）；

（16）现行《工程结构可靠性设计统一标准》GB 50153（以下简称《工程统一标准》）。

三、特点

本书的基本出发点是注重实用性，重在解决工程实践中急需的、相关规范暂未细化的而实际工程中无法回避的问题。书中基于实际工程设计经验而提出的相关建议，是目前解决工程问题的有效方法，这些做法在理论上还有待完善，在实践中也有待进一步改进和优化。

随着规范的修订和完善，工程经验的积累和充实，本书的相关内容也将不断修订。

四、编写方式说明

（一）本书依据《钢标》顺序编写，在第 19 章对全国一级注册结构工程师专业考试（2011～2018）年的钢结构考题，按《钢标》进行重新解答与分析，以期在题目新做过程中加深对《钢标》的理解。

（二）每章在【说明】里归纳本章的主要内容，重要的概念等；对每节的主要内容依据《钢标》的条文顺序列出简表，便于相互对照应用；在【要点分析】中对《钢标》的每条规定进行专门剖析，提出理解与应用建议。在相关节后列出【思库问答】，对大家集中关注的问题，列出思库简答（本书略作整理），供参考。

五、特别说明

（一）结构设计注重时效性，我们常常为实际工程中的某个难题而抓耳挠腮，大数据互联网技术，给技术问题的及时解决创造了条件，老朱思库提供的是一个技术交流的场所（不受时间空间所限，互联网的覆盖之处，都有老朱思库），及时有效地解决结构设计中的各种难题。

（二）结构设计与建筑科研相比有很大不同，结构设计时效性很强，对于复杂的工程问题，不可能等彻底研究透彻再设计，结构设计根本目的在于采用最简练的方法及时解决实际工程中的复杂技术问题。因此，在概念清晰、技术可靠的前提下合理进行包络设计，可作为解决复杂技术问题的基本办法。

六、致谢

“老朱思库”是老朱和思库所有成员共同努力的成果。感谢老朱思库的全体同行朋友，感谢大家的相伴同行，正是大家的信任和积极参与，才能使老朱思库在短期内汇集到如此多的非常有价值的实际工程问题，也正是不断出现的新问题促使我们不断学习和提高。

本书编写过程中得到王立军大师和余海群总工的大力支持和指导，在此深表谢意。

感谢全国注册结构工程师专业考试（2011～2018）命题专家组的全体成员。

为便于理解钢标，开通知识星球“老朱说钢标”，对钢标逐条讲解。本书理解过程中的任何问题，敬请与老朱思库联系（微信小程序搜索“知识星球”，再搜索“老朱思库”加入）。微博：搜索“朱炳寅”进入，邮箱：zhuby@139. com。

编者于　北京

2020. 6

目　录

第1章　总则

【说明】

1.随着我国建筑用钢产能的大幅提升，在工业与民用建筑中适量采用钢结构已成为可能。

2.钢材具有很好的抗拉和抗压能力，属于较为理想的弹性材料，但钢结构也有明显的不足，就是稳定问题突出，防护要求严格。

3.钢结构设计的本质不是承载力问题，一般情况下，稳定问题是钢结构设计的主要问题。按《钢标》设计时，应重点关注钢结构构件及节点的各类稳定问题，包括稳定计算和稳定构造措施，还应注重构造措施的落实。

4.钢结构的防护问题（防火、防腐蚀等问题），是钢结构的特有问题。钢结构适用于单一业主的钢结构项目，原则上不适用于多业主的项目（如多高层钢结构住宅等，钢结构的防护问题，也是制约多高层钢结构应用的关键技术问题）。

5.与钢结构设计相关的主要技术标准、规范及简称，见本书前言。

6.《钢标》总则的规定见表1.0.0-1。

表1.0.0-1　《钢标》总则的规定

条文号	规定	关键点把握
1.0.1	编制依据	在钢结构设计中，执行国家的技术政策，做到技术先进、安全适用、经济合理、保证质量
1.0.2	适用范围	工业与民用建筑和一般构筑物的钢结构设计
1.0.3	除符合《钢标》外	还应符合国家现行其他标准的规定

【要点分析】

1.关于钢材和结构设计：

（1）钢材具有良好的拉压性能，可以认为是理想的弹性材料，钢结构的抗震性能优于钢筋混凝土结构，具有良好的延性，不仅能减弱地震反应，而且属于较理想的弹塑性结构，具有抵抗强烈地震的变形能力。与钢筋混凝土结构不同，剪切变形作为钢结构耗能的一种主要形式。

（2）《钢标》主要着眼于对钢结构构件和节点的设计，疲劳设计、防脆断设计及钢结构的防护设计等特殊内容，《钢标》中的很多内容与《抗规》《高钢规》等其他现行规范有交叉，有些规定也不完全相同，钢结构设计时应各本规范相互参照。

2.《钢标》的适用范围：钢结构的工业与民用建筑，钢结构的构筑物等。

第2章　术语和符号

【说明】

1.《钢标》中术语和符号较多，角码较多，应用时应特别注意术语的概念和相互关系，避免混用。

2.应重点把握相关重要术语和常用符号。

2.1　术语

《钢标》对术语的主要规定见表2.1.0-1。

表2.1.0-1　《钢标》对术语的规定

<table>
<tr><th>条文号</th><th>规定</th><th colspan="2">关键点把握</th></tr>
<tr><td>2.1.1</td><td>脆断，突然发生的断裂</td><td colspan="2">结构或构件在拉应力状态下，没有出现明显警示性塑性变形</td></tr>
<tr><td rowspan="3">2.1.2</td><td rowspan="3">一阶弹性分析</td><td colspan="2">1)不考虑几何非线性对结构内力和变形产生的影响</td></tr>
<tr><td colspan="2">2)根据未变形的结构建立平衡方程</td></tr>
<tr><td colspan="2">3)按弹性阶段分析结构的内力和位移</td></tr>
<tr><td rowspan="3">2.1.3</td><td rowspan="3">二阶 $P\text{-}\Delta$ 弹性分析</td><td colspan="2">1)仅考虑结构整体缺陷及几何非线性对结构内力和变形的影响</td></tr>
<tr><td colspan="2">2)根据位移后的结构建立平衡条件</td></tr>
<tr><td colspan="2">3)按弹性阶段分析结构的内力和位移</td></tr>
<tr><td rowspan="5">2.1.4</td><td rowspan="5">直接分析设计法</td><td rowspan="4">1)直接考虑对结构稳定和强度性能有显著影响的因素</td><td>初始几何缺陷</td></tr>
<tr><td>残余应力</td></tr>
<tr><td>材料非线性</td></tr>
<tr><td>节点连接刚度等</td></tr>
<tr><td colspan="2">2)进行二阶非线性分析(以整个结构体系为对象)</td></tr>
<tr><td>2.1.5</td><td>屈曲</td><td colspan="2">结构、构件或板件达到受力临界状态时，在其刚度较弱方向，产生另一种较大变形的状态</td></tr>
<tr><td>2.1.6</td><td>板件屈曲后强度</td><td colspan="2">板件屈曲后，尚能继续保持承受更大荷载的能力</td></tr>
<tr><td>2.1.7</td><td>正则化长细比
正则化宽厚比</td><td colspan="2">参数，其值等于钢材受弯、受剪或受压屈服强度与相应构件或板件抗弯、抗剪或承压弹性屈服应力之商的平方根，以受弯为例，《钢标》式(6.2.7-3)，$\lambda_{n,b}=\sqrt{f_y/\sigma_{cr}}$</td></tr>
<tr><td>2.1.8</td><td>整体稳定</td><td colspan="2">结构或构件在荷载作用下，能整体保持稳定的能力</td></tr>
<tr><td>2.1.9</td><td>有效宽度</td><td colspan="2">计算板件屈曲后极限强度时，将承受非均匀极限应力的板件宽度，用均匀分布的屈服应力等效所得的折算宽度</td></tr>
</table>

续表

<table>
<tr><th>条文号</th><th>规定</th><th colspan="3">关键点把握</th></tr>
<tr><td>2.1.10</td><td>有效宽度系数</td><td colspan="3">板件有效宽度与板件实际宽度的比值</td></tr>
<tr><td>2.1.11</td><td>计算长度系数</td><td colspan="3">与构件屈曲模式及两端转动约束条件相关的系数</td></tr>
<tr><td>2.1.12</td><td>计算长度</td><td colspan="3">计算稳定时所用的长度，其值等于构件在其有效约束点之间的几何长度与计算长度系数的乘积</td></tr>
<tr><td>2.1.13</td><td>长细比</td><td colspan="3">构件计算长度与构件回转半径的比值 $\lambda = l_0/r$</td></tr>
<tr><td rowspan="2">2.1.14</td><td rowspan="2">换算长细比</td><td rowspan="2">在轴心受压构件的整体稳定计算中，按临界应力相等的原则</td><td>将格构式构件换算为实腹式构件进行计算时</td><td rowspan="2">所对应的长细比</td></tr>
<tr><td>将弯扭与扭转失稳换算为弯曲失稳计算时</td></tr>
<tr><td>2.1.15</td><td>支撑力</td><td colspan="3">为减小受压构件（或构件的受压翼缘）的自由长度，在所设置的支撑处，沿被支撑杆件（或构件的受压翼缘）的屈服方向，作用于支撑的轴向力（构件的侧向力）</td></tr>
<tr><td>2.1.16</td><td>无支撑框架</td><td colspan="3">利用节点和构件的抗弯能力，抵抗荷载的结构</td></tr>
<tr><td>2.1.17</td><td>支撑结构</td><td colspan="3">在梁柱构件所在平面内，沿斜向设置支撑构件，以支撑轴向刚度抵抗侧向荷载的结构</td></tr>
<tr><td>2.1.18</td><td>框架-支撑结构</td><td colspan="3">由框架及支撑共同组成抗侧力体系的结构</td></tr>
<tr><td>2.1.19</td><td>强支撑框架</td><td colspan="3">在框架-支撑结构中，支撑结构（支撑桁架、剪力墙、筒体等）的抗侧移刚度较大，可将该框架视为无侧移框架</td></tr>
<tr><td>2.1.20</td><td>摇摆柱</td><td colspan="3">只承受轴力，而不考虑侧向刚度的柱子</td></tr>
<tr><td>2.1.21</td><td>节点域</td><td colspan="3">框架梁柱的刚接节点处，柱腹板在梁高范围内上下边设有加劲肋或隔板的区域</td></tr>
<tr><td>2.1.22</td><td>球型钢支座</td><td colspan="3">钢球面作为支承面，使结构在支座处，可以沿任意方向转动的铰接支座或可移动支座</td></tr>
<tr><td>2.1.23</td><td>钢板剪力墙</td><td colspan="3">设置在框架梁柱间的钢板，用以承受框架中的水平力</td></tr>
<tr><td>2.1.24</td><td>主管</td><td colspan="3">钢管结构构件中，在节点处连续贯通的管件，如桁架中的弦杆等</td></tr>
<tr><td>2.1.25</td><td>支管</td><td colspan="3">钢管结构中，在节点处断开并与主管相连的管件，如桁架中与主管相连的腹杆</td></tr>
<tr><td>2.1.26</td><td>间隙节点</td><td colspan="3">两支管的趾部离开一定距离的管节点</td></tr>
<tr><td>2.1.27</td><td>搭接节点</td><td colspan="3">在钢管节点处，两支管相互搭接的节点</td></tr>
<tr><td>2.1.28</td><td>平面管节点</td><td colspan="3">支管与主管在同一平面内相互连接的节点</td></tr>
<tr><td>2.1.29</td><td>空间管节点</td><td colspan="3">在不同平面内的，多根支管与主管相接而形成的管节点</td></tr>
<tr><td>2.1.30</td><td>焊接截面</td><td colspan="3">由板件（或型钢）焊接而成的截面，如焊接工字钢梁等</td></tr>
<tr><td>2.1.31</td><td>钢与混凝土组合梁</td><td colspan="3">由混凝土翼板与钢梁，通过抗剪连接件组合而成的，可整体受力的梁</td></tr>
<tr><td>2.1.32</td><td>支撑系统</td><td colspan="3">由支撑及传递其内力的梁（包括基础梁）、柱组成的抗侧力系统</td></tr>
<tr><td rowspan="2">2.1.33</td><td rowspan="2">消能梁段</td><td rowspan="2">在偏心支撑框架结构中</td><td colspan="2">位于两斜支撑端头之间的梁段</td></tr>
<tr><td colspan="2">位于一斜杆端头与柱之间的梁段</td></tr>
</table>

续表

条文号	规定	关键点把握
2.1.34	中心支撑框架	斜支撑与框架梁柱汇交于一点的框架
2.1.35	偏心支撑框架	斜支撑至少有一端在梁柱节点外，与横梁连接的框架
2.1.36	屈曲约束支撑	由核心钢支撑、外约束单元和两者之间的无粘结构造层组成的，不会发生失稳(注：宜理解为屈曲可控，不发生失稳)的支撑
2.1.37	弯矩调幅设计	利用钢结构的塑性性能，进行弯矩重分布的设计方法
2.1.38	畸变屈曲	截面形状发生变化，且板件与板件的交线，至少有一条会发生位移的屈曲形式
2.1.39	塑性耗能区	在强烈地震作用下，结构构件首先进入塑性变形，并消耗能量的区域
2.1.40	弹性区	在强烈地震作用下，结构构件仍处于弹性工作状态的区域

【要点分析】

1. 对钢结构关键术语的理解和把握，有利于更好地把握结构概念，正确区分不同结构体系、不同结构构件和不同受力状态等；

2. 重要术语及相应的计算公式，在《钢标》的后续章节中有具体规定，应注意借助计算公式理解术语的意义。

2.2 符号

《钢标》对符号的主要规定见表 2.2.0-1。

表 2.2.0-1 《钢标》对符号的规定

条文号	规定	关键点把握
2.2.1	作用和效应设计值	集中荷载 F、重力荷载 G、水平力 H、弯矩 M、轴力 N、剪力 V 等
2.2.2	计算指标	材料计算指标、正应力、剪应力、焊缝应力等
2.2.3	几何参数	构件截面参数、焊缝尺寸等
2.2.4	计算参数及其他	计算系数、调整系数等

【要点分析】

1. 钢结构设计计算中，各种参数较多，有的时候符号相同，但意义有差别，实际工程中应注意区分。

2. 钢结构设计计算，公式多、符号多，有的计算公式较为烦琐（从结构设计角度看，宜对其进行适当的简化，保留对结构影响较大的因素，剔除那些对结构设计影响较小的成分，使钢结构设计计算更为简单、概念清晰明了），比较适合电脑计算（不适合结构设计手算的过于冗长的公式，也不利于对结构概念的把握）。

第3章　基本设计规定

【说明】

钢结构的设计计算，涉及承载能力计算和正常使用极限状态计算要求，有强度计算和稳定性验算，计算中的假定众多，应特别注意实际受力情况与计算假定（模型）的一致性判别。

3.1　一般规定

《钢标》对钢结构设计的一般规定见表3.1.0-1。

表3.1.0-1　《钢标》对钢结构设计的一般规定

<table>
<tr><th>条文号</th><th>规定</th><th colspan="2">关键点把握</th></tr>
<tr><td rowspan="7">3.1.1</td><td rowspan="7">钢结构设计的主要内容</td><td colspan="2">1)结构方案设计,包括结构选型、构件布置</td></tr>
<tr><td colspan="2">2)材料选用及截面选择</td></tr>
<tr><td colspan="2">3)作用及作用效应分析</td></tr>
<tr><td colspan="2">4)结构的极限状态验算</td></tr>
<tr><td colspan="2">5)结构、构件及连接的构造</td></tr>
<tr><td colspan="2">6)制作、运输、安装、防腐和防火等要求</td></tr>
<tr><td colspan="2">7)满足特殊要求结构的专门性能设计</td></tr>
<tr><td rowspan="2">3.1.2</td><td rowspan="2">钢结构设计</td><td>应采用以概率理论为基础的极限状态设计方法</td><td rowspan="2">疲劳计算和抗震设计除外</td></tr>
<tr><td>用分项系数设计表达式进行计算</td></tr>
<tr><td rowspan="10">3.1.3</td><td>疲劳设计</td><td colspan="2">应采用容许应力法</td></tr>
<tr><td rowspan="9">其他设计</td><td colspan="2">1)应按承载能力极限状态和正常使用极限状态设计</td></tr>
<tr><td rowspan="5">2)承载能力极限状态应包括</td><td>构件或连接的强度破坏、脆性断裂</td></tr>
<tr><td>因过度变形而不适于继续承载</td></tr>
<tr><td>结构或构件丧失稳定</td></tr>
<tr><td>结构转变为机动体系</td></tr>
<tr><td>结构倾覆</td></tr>
<tr><td rowspan="3">3)正常使用极限状态应包括</td><td>影响结构、构件、非结构构件正常使用或外观的变形</td></tr>
<tr><td>影响正常使用的振动</td></tr>
<tr><td>影响正常使用或耐久性能的局部破坏</td></tr>
<tr><td rowspan="2">3.1.4</td><td rowspan="2">结构的安全等级和设计使用年限</td><td colspan="2">1)按《可靠性标准》和《工程统一标准》确定</td></tr>
<tr><td colspan="2">2)一般工业与民用建筑钢结构的安全等级,应取二级</td></tr>
</table>

续表

条文号	规定	关键点把握	
3.1.4	结构的安全等级和设计使用年限	3)特殊建筑钢结构的安全等级,根据工程具体情况确定	
		4)构件的安全等级宜与结构相同,部分构件可调整,且不低于三级	
3.1.5	承载能力极限状态设计	1)应考虑荷载效应的基本组合	
		2)必要时,考虑荷载效应的偶然组合	
	正常使用极限状态设计	应考虑荷载效应的标准组合	
3.1.6	结构或构件的 强度计算	应采用荷载设计值(强度,包括稳定性以及连接的强度)	
	结构或构件的 疲劳计算	应采用荷载标准值	
3.1.7	直接承受动力荷载的结构(注:动力系数及吊车荷载的取值)	1)计算强度和稳定性时	动力荷载设计值应乘以动力系数
		2)计算疲劳和变形时	动力荷载标准值不乘动力系数
		3)计算吊车梁或吊车桁架及其制动结构的疲劳和挠度时	起重机荷载,应按作用在跨间内,荷载效应最大的一台起重机确定
3.1.8	预应力钢结构的设计	应包括:预应力施工阶段和使用阶段各工况	
	预应力索膜结构设计	应包括:找形分析、荷载分析及裁剪分析三个相互制约的过程,宜进行施工过程分析	
3.1.9	承载能力极限状态设计	1)持久和短暂设计状况 $\gamma_0 S \leqslant R$	
		2)地震设计状况,多遇地震 $S \leqslant R/\gamma_{RE}$;设防地震 $S \leqslant R_k$	
3.1.10	防连续倒塌设计	1)安全等级一级的结构	保证结构的稳定性(部分梁或楼板失效时),保证节点仍能有效传递荷载(部分构件失效后)
		2)可能遭受爆炸、冲击等偶然作用的结构	
3.1.11	钢结构设计时	1)应合理选用材料,结构方案和构造措施	
		2)满足结构在运输、安装和使用过程中的强度、稳定性和刚度要求	
		3)符合防火、防腐蚀要求	
		4)宜采用通用标准和标准化构件	
		5)有要求时,应考虑部分构件的替换要求	
		6)钢构件应便于制作、运输、安装、维护	
		7)应受力简单明确,减少应力集中,避免材料三向受拉	
3.1.12	钢结构设计文件中,应明确的设计要求	1)所采用的规范或标准	
		2)建筑结构的使用年限、抗震设防烈度等	
		3)钢材牌号、连接材料的型号(或钢号)等	
		4)设计所需的附加保证项目等	
3.1.13	钢结构设计文件中,应明确的措施要求	1)应注明螺栓防松构造要求、端面刨平顶紧的部位	
		2)钢结构最低防腐设计年限和防护要求及措施	
		3)对施工的要求	
		4)对焊接要求,应注明焊缝质量等级及承受动荷载的特殊构造要求	
		5)对高强度螺栓连接,应注明预拉力、摩擦面处理和抗滑移系数	
		6)对抗震设防的钢结构,应注明焊缝及钢材的特殊要求	
3.1.14	抗震设防的钢结构构件和节点	1)按《抗规》或《构抗规》规定设计	
		2)可按《钢标》第17章规定设计	

【要点分析】

1. 钢结构设计和混凝土结构设计有明显的不同，需要更多考虑材料的选用，采购和加工制作问题，要重点考虑钢结构构件的稳定问题等，还要考虑钢结构的防护等钢结构的特殊问题。

2. 第3.1.1条

1）钢结构的设计应包括下列内容：

（1）结构方案设计，包括结构选型、构件布置；

（2）材料选用及截面选择；

（3）作用及作用效应分析；

（4）结构的极限状态验算；

（5）结构、构件及连接构造；

（6）制作、运输、安装、防护和防火设计；

（7）满足特殊要求结构的专门性能设计。

2）钢结构设计的根本目的是保证结构安全，并满足建筑方案的要求，应关注结构体系设计和构件设计，从方案阶段开始，进行材料选用、内力分析、截面设计、连接构造、耐久性、施工要求、抗震设计等。

（1）结构的方案选择，可根据第3章的规定结合工程实践进行。钢结构的方案设计（体系设计，结构布置等）应在建筑的方案阶段就提前介入配合，通过与建筑师的不断沟通交流，在建筑方案中体现结构概念设计的要求，不应该只是简单地根据建筑图配结构；

（2）结构材料的选择见第4.3节；

（3）结构和构件的内力分析见第5章；

（4）构件的截面设计见第6章～第9章；塑性设计及弯矩调幅设计见第10章；

（5）连接及节点设计见第11章～第13章；

（6）其他设计：

① 钢与混凝土组合梁设计见第14章；

② 钢管混凝土柱及节点设计见第15章；

③ 疲劳及断裂设计见第16章；

④ 抗震性能化设计见第17章；

⑤ 防护设计见第18章。

3）钢结构工程设计时，本条规定的设计内容必须满足：

（1）一般民用建筑的钢结构工程，功能要求相对简单明确，设计难度不大；

（2）工业建筑，由于特殊的工艺要求（如重级工作制吊车等），需要对主要工艺流程有一定的了解，设计要求多，难度较大；

（3）稳定设计是钢结构设计的重要内容（钢结构的强度设计较容易满足），应予以高度关注。

3. 第3.1.2条

1）除疲劳设计和抗震设计外，应采用以概率理论为基础的极限状态设计方法，用分项系数设计表达式进行计算。

2）钢结构的疲劳设计，由于对疲劳极限状态研究不足，继续沿用传统的容许应力设计法，即以应力幅为基础的疲劳强度设计（第16章）。

3）钢结构的抗震设计，《钢标》采用抗震性能化设计方法（第17章），也可采用《抗规》规定的方法。

4）以概率理论为基础的极限状态设计方法，以应力形式表达的分项系数设计表达式进行设计，《钢标》采用的最低安全度β值为3.2。

4. 第3.1.3条

1）除疲劳设计采用容许应力法外，钢结构应按承载能力极限状态和正常使用极限状态进行设计：

（1）承载能力极限状态应包括：构件或连接的强度破坏、脆性断裂，因过度变形而不适用于继续承载，结构或构件丧失稳定，结构转变为机动体系或结构倾覆；

（2）正常使用极限状态应包括：影响结构、构件、非结构构件正常使用或外观的变形，影响正常使用的振动，影响正常使用或耐久性能的局部损坏。

2）以概率理论为基础的极限状态设计方法，是《可靠性标准》规定的方法：

（1）以应力形式表达的分项系数设计表达式，进行强度设计计算；

（2）以设计值与承载力的比值的表达式［如公式（7.2.1）等］，进行稳定承载力设计。

3）承载能力极限状态，可理解为结构或构件发挥允许的最大承载功能的状态。结构或构件由于塑性变形而使其几何形状发生显著改变，虽未达到最大承载力，但已不能使用，也属于达到承载能力极限状态（如结构或构件的失稳、P-Δ效应过大、产生最后一个塑性铰导致结构或构件形成机动体系等）；

4）正常使用极限状态，可理解为结构或构件达到使用功能上允许的某个限值状态（可理解为只是房屋使用的不舒服，但不影响目前结构的承载力）；对钢结构，一般只考虑荷载效应的标准组合（有可靠依据时，也可考虑荷载效应的频遇组合），对钢与混凝土组合梁或钢管混凝土柱，需要考虑在长期荷载下的蠕变影响，除考虑荷载效应的标准组合外，还应考虑准永久组合。

5）耐久性极限状态，《可靠性标准》规定了三个极限状态，即：承载能力极限状态、正常使用极限状态和耐久性极限状态。《钢标》仍沿用上一版标准，只考虑承载能力极限状态和正常使用极限状态，耐久性设计时，应执行《可靠性标准》的规定。

5. 第3.1.4条

1）钢结构的安全等级和设计使用年限，应符合《可靠性标准》和《工程统一标准》的规定。

（1）一般工业与民用建筑钢结构的安全等级应取为二级；

（2）其他特殊建筑钢结构的安全等级，应根据具体情况另行确定；

（3）建筑中各类结构构件的安全等级，宜与整个结构的安全等级相同。对其中部分结构构件的安全等级可进行调整，但不得低于三级。

2）结构的安全等级，根据房屋的重要性确定：

（1）考虑全国都是抗震设防区，一般情况下，在同一个工程中，房屋的安全等级不变，对重要部位或关键构件，可通过抗震措施和抗震构造措施的抗震等级调整；

（2）一般钢结构房屋的安全等级取二级（取结构重要性系数$\gamma_0 \geqslant 1.0$，注意：抗震设计的结构，对建筑重要性的处理，采用调整抗震措施来实现）；

（3）重要钢结构房屋的安全等级取一级（取结构重要性系数 $\gamma_0 \geqslant 1.1$）；

（4）对钢结构房屋的次要结构构件，可取安全等级为三级（取结构重要性系数 $\gamma_0 \geqslant 0.9$）。

3）本条内容在历年注册考题中经常出现（见第19章），实际工程及注册备考中应注意把握。

6. 第3.1.5条

1）按承载能力极限状态设计钢结构时，应考虑荷载效应的基本组合，必要时尚应考虑荷载效应的偶然组合。按正常使用极限状态设计钢结构时，应考虑荷载效应的标准组合。

2）荷载效应的组合原则，依据《可靠性标准》，结合钢结构特点制定。

3）本条内容在历年注册考题中经常出现（见第19章），实际工程及注册备考中应注意把握。

7. 第3.1.6条

1）计算结构或构件的强度、稳定性及连接的强度时，应采用荷载设计值；计算疲劳时，应采用荷载标准值。

2）结构和构件的变形属于正常使用极限状态，应采用荷载标准值进行计算。

3）强度、疲劳和稳定等属于承载能力极限状态，其中，疲劳的极限状态仍处在研究阶段，仍沿用传统计算方法，即：按弹性状态计算的容许应力幅的设计方法，采用荷载标准值计算。

4）钢结构的连接强度，已根据统计数据，将其容许应力转化为以概率理论为基础的极限状态设计表达式（包括各种抗力系数），采用荷载设计值计算。

5）本条内容在历年注册考题中经常出现（见第19章），实际工程及注册备考中应注意把握。

8. 第3.1.7条

1）对于直接承受动力荷载的结构：

（1）计算强度和稳定性时，动力荷载设计值应乘以动力系数；

（2）计算疲劳和变形时，动力荷载标准值不乘以动力系数；

（3）计算吊车梁或吊车桁架及其制动结构的疲劳和挠度时，起重机荷载应按作用在跨间内荷载效应最大的一台起重机确定。

2）“直接承受动力荷载”，指结构或构件直接承受荷载的冲击等，不包括风荷载和地震作用。

3）直接承受动力荷载的结构，是《钢标》予以重点关注的结构，也是钢结构设计应予以重点关注的内容（就是要从荷载取值、承载力及稳定措施等诸多方面，区别不直接承受动力荷载的结构）。

4）吊车荷载（动力荷载）设计值是否乘以动力系数（见表3.3.2-4），关键要看是承载力设计（强度、疲劳和稳定等）还是正常使用极限状态设计（挠度和裂缝等）。

5）吊车荷载一直是钢结构设计的重点和难点问题，对于直接承受吊车荷载的“吊车梁或吊车桁架及其制动结构”，应区分不同情况确定起重机荷载：

(1) 疲劳和挠度验算时，起重机荷载应按作用在跨间内荷载效应最大的一台起重机确定；

(2) 直接承受动力荷载的结构，强度和稳定性及连接强度计算时，作用在每个轮压处的水平力按第3.3.2条的规定；

(3)《荷规》关于吊车荷载的相关规定，见第3.3.2条说明。

6) 本条内容在历年注册考题中经常出现（见第19.1节29题），实际工程及注册备考中应注意把握。

9. **第3.1.8条**

1) 预应力钢结构的设计，应包括施工阶段和使用阶段的各种工况。预应力索膜结构设计，应包括找形分析、荷载分析及裁剪分析三个相互制约的过程，并宜进行施工过程分析。

2) 预应力钢结构，要关注预应力施工过程中结构的安全问题（结构没有形成整体，计算模型与建成后的整体模型有区别，还要注意施工卸载等问题）。

3) 不同的施工方法，对预应力索膜结构成型后的受力状态产生明显的影响，为了确保结构安全，应对预应力从张拉开始，到张拉成型后的全过程进行仿真分析。

10. **第3.1.9条**

1) 结构构件、连接及节点，应采用下列承载能力极限状态设计表达式：

(1) 持久设计状况、短暂设计状况：

$$\gamma_0 S \leqslant R \tag{3.1.9-1}$$

(2) 地震设计状况：

多遇地震

$$S \leqslant R/\gamma_{RE} \tag{3.1.9-2}$$

设防地震

$$S \leqslant R_k \tag{3.1.9-3}$$

式中：γ_0——结构的重要性系数：对安全等级为一级的结构构件应≥1.1，对安全等级为二级的结构构件应≥1.0，对安全等级为三级的结构构件应≥0.9；

S——承载能力极限状况下，作用组合的效应设计值：对持久或短暂设计状况，应按作用的基本组合计算，对地震设计状况，应按地震组合计算；

R——结构构件的承载力设计值；

R_k——结构构件的承载力标准值；

γ_{RE}——承载力抗震调整系数，按《抗规》取值。

2) 注意本条中的“效应设计值S”：

(1) 多遇地震时，采用地震组合的效应设计值；

(2) 设防地震时，采用地震组合的效应标准值（承载能力极限状态验算时，采用不考虑抗震等级调整的效应值，注意第17章的具体规定），《钢标》宜采用S_k或S^*表示（与《高规》一致），以示区别。

11. **第3.1.10条**

1) 对安全等级为一级或可能遭受爆炸、冲击等偶然作用的结构，宜进行防连续倒塌控制设计，保证部分梁柱失效时，结构有一条竖向荷载重分布途径，保证部分梁或楼板失效时，结构的稳定性，保证部分构件失效后节点仍可有效传递荷载。

2）关于连续倒塌设计，基本思路与《混规》的规定是一致的，结构设计时可相互参照。

（1）结构防连续倒塌设计的基本目标是，在特定类型的偶然作用（不包括无法抗拒的地质灾害破坏作用）发生时或发生后，结构能够承受这种作用，或当结构体系发生局部垮塌时，依靠剩余结构体系仍能继续承载（即结构的防连续倒塌能力，也就是结构的整体稳固性），避免发生与作用不相匹配的大范围破坏或连续倒塌；

（2）结构的防连续倒塌设计，主要适用于重要的建筑工程和倒塌会引起严重后果的工程；

（3）结构的防连续倒塌设计的难度和代价很大，现阶段主要以概念设计为主：

① 以定性设计的方法，增强结构的整体稳固性，控制发生连续倒塌和大范围破坏（当结构发生局部破坏时，若不引发大范围倒塌，即可认为结构具有整体稳定性）；

② 结构和材料的延性、传力途径的多重性以及超静定结构体系等，均能加强结构的整体稳固性；

③ 构件要具有适当的承受反向作用能力，确保连接和节点的有效性等。

12. 第3.1.11条

1）钢结构设计时：

（1）应合理选择材料、结构方案和构造措施，满足结构构件在运输、安装和使用过程中的强度、稳定性和刚度要求，并应符合防火、防腐蚀要求；

（2）宜采用通用和标准化的构件，当考虑结构部分构件替换可能性时，应提出相应的要求；

（3）钢结构的构造应便于制作、运输、安装、维护并使结构受力简单明确，减少应力集中、避免材料三向受拉；

2）“避免材料三向受拉”，注意这里说的是“材料”（不是构件的三向受拉），当材料在三向受拉状态下，材料的性能大幅降低。

3）钢结构设计应注重采用通用和标准化的构件，统计数据表明，我国型材（型钢）的使用率较欧美等钢结构强国低很多（以楼面梁为例，欧美型钢使用率约为70%，我国则为30%）。采用板材焊接的钢结构构件，不仅加工工作量大，加工质量不稳定，对环境污染也大。实际工程中，应尽量多采用型材（尤其是大批量型材，不仅可以确保构件质量，还可以较大幅度降低材料的采购成本、加工成本，保护环境）。

13. 第3.1.12条

1）钢结构设计文件，应注明所采用的规范或标准、建筑结构设计使用年限、抗震设防烈度、钢材牌号、连接材料的型号（或钢号）和设计所需的附加保证项目。

2）本条规定的内容，应在钢结构设计文件（主要应在钢结构设计总说明）中列出，便于钢结构材料的采购、钢结构加工图设计和钢结构构件的制作，也便于对施工图的审查。

（1）材料的牌号，应与有关钢材的现行国家标准或其他技术标准相符；

（2）钢材的性能，应尽量采用我国钢材标准中牌号（材料性能有基本保证，不用再列出），对附加保证和附加协议有要求的项目，应详细列出。

3）本条内容是《钢标》对钢结构设计的基本要求，实际工程及注册备考中应注意把握。

14. 第 3.1.13 条

1）钢结构设计文件：

（1）应注明螺栓防松动构造要求、端面刨平顶紧部位、钢结构最低防腐设计年限和防护要求及措施、对施工的要求；

（2）对焊接连接，应注明焊缝质量等级及承受动荷载的特殊构造要求（注：见第 11.2 节和第 11.3 节）；

（3）对高强度螺栓连接，应注明拉应力、摩擦面处理和抗滑移系数（注：见第 11.4 节）；

（4）对抗震设防的钢结构，应注明焊缝及材料的特殊要求（注：见第 17.1 节）。

2）对本条的要求（包括材料和检验、验收应符合的技术标准等），可在钢结构设计总说明或钢结构技术详图中说明，这些内容都与保证工程质量密切相关。

3）本条内容是《钢标》对钢结构设计的基本要求，实际工程及注册备考中应注意把握。

15. 第 3.1.14 条

1）抗震设防的钢结构构件和节点，可按《抗规》或《构抗规》的规定设计，也可按第 17 章的规定进行抗震性能化设计。

2）《钢标》第 17 章规定的钢结构抗震设计与《抗规》《高钢规》和《高规》等有较大的不同，结构设计时应予以区分，建议如下：

（1）结构的抗震设计计算的基本原则仍按《抗规》的规定设计；

（2）整体结构的抗震设计按《抗规》设计，结构构件及连接的具体设计可按《钢标》规定，也可按《抗规》设计。

3.2 结构体系

《钢标》对钢结构体系的规定见表 3.2.0-1。

表 3.2.0-1 《钢标》对钢结构体系的规定

条文号	规定	关键点把握
3.2.1	钢结构体系选用原则	1)在满足建筑及工艺需求的前提下，应综合考虑结构合理性、环境条件、节约投资和资源、材料供应、制作安装便利性等因素
		2)常用建筑结构体系，宜符合《钢标》附录 A
3.2.2	钢结构的布置要求	1)应具备竖向和水平荷载传力途径
		2)应具有刚度和承载力、结构整体稳定性和构件稳定性
		3)应具有冗余度，避免因部分结构或构件破坏导致整个结构体系丧失承载能力
		4)隔墙、外围护等宜采用轻质材料
3.2.3	应进行施工阶段验算	施工过程对主体结构的受力和变形有较大影响时

【要点分析】

1. 钢结构房屋的结构体系：

1）单层钢结构，可采用钢框架结构、框架-支撑结构和支撑结构等。钢结构厂房主要由横向（可采用框架结构）、纵向抗侧力体系（宜采用中心支撑体系，也可采用框架结构）组成。

（1）每个结构单元，应形成稳定的空间结构体系；

（2）柱间支撑的间距，应根据建筑的纵向柱距、受力情况和安装条件确定。但房屋高度相对于柱间距较大时，柱间支撑宜分层设置；

（3）屋面板、檩条和屋盖承重结构之间应有可靠连接，一般应设置完整的屋面支撑系统。

2）多高层钢结构的常用结构体系见表 3.2.0-2。

表 3.2.0-2 多高层钢结构常用体系

<table>
<tr><th colspan="2">结构体系</th><th>支撑、墙体和筒体形式</th><th>说明</th></tr>
<tr><td>框架</td><td>—</td><td>—</td><td rowspan="11">为增加结构刚度：
1)高层钢结构可设置伸臂桁架或环带桁架；
2)伸臂桁架设置处，宜同时设置环带桁架；
3)伸臂桁架应贯穿整个楼层；
4)伸臂桁架与环带桁架构件的尺度应与相连构件的尺度相协调</td></tr>
<tr><td>支撑结构</td><td>中心支撑</td><td>普通钢支撑，屈曲约束支撑</td></tr>
<tr><td rowspan="2">框架-支撑结构</td><td>中心支撑</td><td>普通钢支撑，屈曲约束支撑</td></tr>
<tr><td>偏心支撑</td><td>普通钢支撑</td></tr>
<tr><td>框架-剪力墙板</td><td>—</td><td>钢板墙，延性墙板</td></tr>
<tr><td rowspan="4">筒体结构</td><td>筒体</td><td rowspan="4">普通桁架筒、密柱深梁筒、斜交网格筒、剪力墙板筒</td></tr>
<tr><td>框架-筒体</td></tr>
<tr><td>筒中筒</td></tr>
<tr><td>束筒</td></tr>
<tr><td rowspan="2">巨型结构</td><td>巨型框架</td><td rowspan="2">—</td></tr>
<tr><td>巨型框架-支撑</td></tr>
</table>

3）对钢结构体系的把握，是钢结构设计的重要内容，实际工程及注册备考时应充分注意。

2. 第 3.2.1 条

1）结构体系的选用应符合下列原则：

（1）在满足建筑及工艺需求的前提下，应综合考虑结构合理性、环境条件、节约投资和资源、材料供应、制作安装便利性等因素；

（2）常用建筑结构体系的设计，宜符合《钢标》附录 A 的规定（注：见表 3.2.0-2）。

2）结构体系的选择，不是单一的结构问题，除关注结构的合理性外，还受到建筑功能和工艺要求、结构材料的采购加工和施工条件的制约，同时还要考虑结构设计的经济性问题，是一个综合的技术经济问题。

3）成熟的结构体系是在长期工程实践基础上形成的，有利于保证设计质量，加快施工速度。

4）钢结构设计应鼓励创新，但由于新型结构体系缺乏实际工程验证，必须进行更为深入的研究分析，必要时需结合实际工程进行试验验证工作。

3. 第 3.2.2 条

1）钢结构的布置应符合下列规定：

（1）应具备竖向和水平荷载传递路径；

（2）应具有刚度和承载力、结构整体稳定性和构件稳定性；

（3）应具有冗余度，避免因部分结构或构件破坏导致整个结构丧失承载力；

（4）隔墙、外围护等宜采用轻质材料。

2）“应具备竖向和水平荷载传力途径”，可理解为应具有简单而明确的传力途径，回答竖向荷载是如何传递到基础（是否有转换），水平作用（风荷载和地震作用等）是如何传递到主要抗侧力结构上（是否有楼板大开洞或错层等）。

3）“应具有刚度和承载力”，可理解为应具有恰当的刚度和承载力。

4）钢结构本身具有自重和刚度较小的特点，采用轻质隔墙和围护结构等可以充分发挥钢结构的轻质优势，还由于轻质隔墙和围护具有较大的变形能力，也能与钢结构相适应。钢结构房屋不宜采用重隔墙和重围护结构（如砌体墙等）。

5）钢结构布置应遵循下列原则：

（1）建筑平面宜简单、规则，结构平面布置宜对称，水平荷载的合力作用线，宜接近抗侧力结构的刚度中心；高层钢结构两个方向的动力特性宜相近（两向应采用相同的结构体系）；

（2）结构竖向布置宜规则、均匀，竖向布置宜使侧向刚度和受剪承载力沿竖向均匀变化；

（3）高层建筑不应采用单跨框架结构，多层建筑不宜采用单跨框架结构；

（4）高层建筑宜选用风压和横向风振动效应较小的建筑体型，并应考虑相邻高层建筑对风荷载的影响；

（5）支撑布置：

① 在平面上宜均匀、分散；

② 沿竖向宜连续布置；

③ 设置地下室时，支撑应延伸至基础或在地下室相应位置设置剪力墙；

④ 支撑无法连续时，应适当增加错开支撑，并加强错开支撑的上下楼层水平刚度，宜采用阻尼器或阻尼支撑。

4. 第 3.2.3 条

1）施工过程对主体结构的受力和变形有较大的影响时，应进行施工阶段验算。

2）结构的刚度随着结构的建造过程逐步形成，荷载也是分布作用在刚度逐步形成的结构上，结构分析中，应充分考虑这些因素（钢结构的计算分析，不仅仅是对结构形成以后的分析计算），必要时应进行施工模拟分析。

（1）对于高层建筑，应采用符合结构实际受力情况的计算模型和计算方法；

（2）对于大跨度空间结构和复杂空间钢结构，特别是非线性效应比较明显的索结构和预应力钢结构等，结构的安装方法的不同，将会导致结构刚度形成路径的不同，从而影响到结构的内力和变形。

3.3 作用

《钢标》对钢结构设计作用的规定见表 3.3.0-1。

表 3.3.0-1 《钢标》对钢结构设计作用的规定

<table>
<tr><th>条文号</th><th>规定</th><th colspan="3">关键点把握</th></tr>
<tr><td rowspan="5">3.3.1</td><td rowspan="2">荷载计算参数</td><td rowspan="2">按《荷规》确定</td><td colspan="2">荷载的标准值、荷载分项系数、荷载组合值系数</td></tr>
<tr><td colspan="2">动力荷载的动力系数等</td></tr>
<tr><td>地震作用</td><td colspan="3">按《抗规》确定</td></tr>
<tr><td>支承轻屋面构件或结构</td><td colspan="3">当仅有一个可变荷载，且受荷水平投影面积超过 60m^2 时，屋面均布活荷载标准值可取 0.3kN/m^2</td></tr>
<tr><td>门刚轻型房屋</td><td colspan="3">风荷载和雪荷载，按《门刚规范》确定</td></tr>
<tr><td rowspan="3">3.3.2</td><td rowspan="3">重级工作制厂房</td><td rowspan="3">计算吊车梁或吊车桁架及其制动结构的强度、稳定性及连接的强度时</td><td colspan="2">应考虑起重机摆动引起的横向水平力 H_k</td></tr>
<tr><td colspan="2">作用于每个轮压处的横向水平力标准值 H_k 按《钢标》式(3.3.2)计算</td></tr>
<tr><td colspan="2">H_k 与《荷规》规定的吊车横向水平荷载不宜同时考虑</td></tr>
<tr><td rowspan="2">3.3.3</td><td rowspan="2">屋盖结构，考虑悬挂起重机和电动葫芦荷载时</td><td rowspan="2">在同一跨间，每条运动线上的台数</td><td colspan="2">梁式起重机，宜≤2 台</td></tr>
<tr><td colspan="2">电动葫芦，宜考虑 1 台</td></tr>
<tr><td rowspan="2">3.3.4</td><td rowspan="2">冶炼车间或其他类似车间的工作平台结构</td><td rowspan="2">由检修材料所产生的荷载</td><td colspan="2">对主梁可乘以 0.85</td></tr>
<tr><td colspan="2">柱及基础可乘以 0.75</td></tr>
<tr><td rowspan="7">3.3.5</td><td rowspan="7">当考虑温度变化影响时</td><td colspan="3">1)温度变化的范围，可根据地点、环境、结构类型及使用功能等确定</td></tr>
<tr><td colspan="3">2)单层房屋或露天房屋的温度区段长度不超过表 3.3.5 数值时，可不考虑温度应力和温度变形问题</td></tr>
<tr><td rowspan="5">3)单层房屋和露天房屋的伸缩缝设置</td><td colspan="2">围护结构可根据具体情况，单独设置伸缩缝</td></tr>
<tr><td>无桥式起重机房屋的柱间支撑</td><td rowspan="2">宜对称布置于温度区段的中部，不对称布置时应采取措施</td></tr>
<tr><td>有桥式起重机房屋吊车梁或吊车桁架以下的柱间支撑</td></tr>
<tr><td colspan="2">横向为多跨高低房屋时，温度区段长度可比表 3.3.5 适当增加</td></tr>
<tr><td colspan="2">有充分依据和可靠措施时，表 3.3.5 中数值可适当增减</td></tr>
</table>

【要点分析】

1. 钢结构设计时，常规作用可按《荷规》的规定取值，重点关注吊车荷载、动力系数等。本节内容在历年注册考题中经常出现（见第 19 章），实际工程及注册备考时应注意把握。

2. 第 3.3.1 条

1）钢结构设计时：

（1）荷载的标准值、荷载分项系数、荷载组合值系数、动力荷载的动力系数等，应按《荷规》的规定采用；

（2）地震作用应按《抗规》确定；

(3) 对支承轻屋面的构件或结构，当仅有一个可变荷载且受荷水平投影面积≥60m^{2}时，屋面均布活荷载标准值可取 0.3kN/m^2；

(4) 门式刚架轻型结构房屋的风荷载和雪荷载，应符合《门刚规范》的规定。

2) 结构设计使用年限为 25 年的构件，属于可替换性构件，其可靠度可适当降低，取结构重要性系数 $\gamma_0=0.95$。

3. 第 3.3.2 条

1) 计算重级工作制吊车梁或吊车桁架及其制动结构的强度、稳定性以及连接的强度时，应考虑由起重机摆动引起的横向水平力，此水平力不宜与《荷规》规定的横向水平荷载同时考虑。作用于每个轮压处的横向水平力标准值，可按《钢标》式 (3.3.2) 计算：

$$H_k=\alpha P_{k,\max} \tag{3.3.2}$$

式中：$P_{k,\max}$——起重机最大轮压标准值（注：应由工艺提供）(N)；

α——系数，对软钩起重机取 0.1；对抓斗或磁盘起重机取 0.15；对硬钩起重机取 0.2。

2) 吊车荷载是钢结构设计的重要荷载，《荷规》对吊车荷载有专门规定：

(1) 吊车的工作制等级与工作级别见表 3.3.2-1；

表 3.3.2-1 《荷规》吊车的工作制等级与工作级别的对应关系

工作制等级(起重量 t)	轻级(<5)	中级(5~75)	重级(>75)	特重级
工作级别	A1~A3	A4、A5	A6、A7	A8

注：A8 为冶金用桥式吊车（连续工作的电磁抓斗桥式吊车）。吊车的工作制还应结合起重机的使用情况确定。

(2) 吊车的竖向荷载标准值，应采用吊车的最大轮压或最小轮压；

(3) 吊车的纵向和横向荷载：

① 吊车纵向水平荷载标准值，应按作用在一边轨道上所有刹车轮的最大轮压之和的 10%采用，该荷载的作用点位于刹车轮与轨道的接触点，其方向与轨道方向一致；

② 吊车横向水平荷载标准值，应取横行小车重量与额定起重量之和的百分数（见表 3.3.2-2)，并乘以重力加速度；

表 3.3.2-2 《荷规》吊车横向水平荷载标准值的百分数

吊车类型	额定起重量(t)	百分数(%)
软钩吊车	≤10	12
	16~50	10
	≥75	8
硬钩吊车	—	20

③ 吊车横向水平荷载，应等分于桥架的两端，分别由轨道上的车轮平均传至轨道，其方向与轨道垂直，并应考虑正反两个方向的刹车情况；

④ 悬挂吊车的水平荷载应由支撑系统承受；设计该支撑系统时，尚应考虑风荷载与悬挂吊车水平荷载的组合；

⑤ 手动吊车及电动葫芦，可不考虑水平荷载。

(4) 多台吊车的组合：

① 计算排架考虑多台吊车竖向荷载时：

■ 对单层吊车的单跨厂房的每个排架，参与组合的吊车台数宜≤2 台；

■ 对单层吊车的多跨厂房的每个排架，参与组合的吊车台数宜≤4 台；

■ 对双层吊车的单跨厂房，宜按上层和下层吊车分别≤2 台进行组合；

■ 对双层吊车的多跨厂房，宜按上层和下层吊车分别≤4 台进行组合，且下层吊车满载时，上层吊车按空载计算（即：没有吊重，但有吊车自重）；上层吊车满载时，下层吊车不应计入（即：下层吊车无吊重，也不考虑吊车自重）。

② 考虑多台车水平荷载时，对单跨或多跨厂房的每个排架，参与组合的吊车台数应≤2 台（特殊情况下，按实际情况考虑）。

（5）计算排架时，多台吊车的竖向荷载和水平荷载标准值，应乘以表 3.3.2-3 中的折减系数。

表 3.3.2-3 《荷规》多台吊车的荷载折减系数

参与组合的吊车台数	吊车的工作级别	
	A1～A5	A6～A8
2	0.90	0.95
3	0.85	0.90
4	0.80	0.85

（6）当计算吊车梁及其连接的承载力时，吊车竖向荷载应乘以动力系数（见表 3.3.2-4）。

表 3.3.2-4 《荷规》吊车的动力系数

序号	情况	动力系数
1	对于悬挂吊车(包括电动葫芦)及 A1～A5 的软钩吊车	1.05
2	对 A6～A8 的软钩吊车、硬钩吊车和其他特种吊车	1.1

（7）吊车的组合值系数、频遇值系数及准永久值系数见表 3.3.2-5。

表 3.3.2-5 《荷规》吊车荷载的组合值系数、频遇值系数及准永久值系数

吊车工作级别		组合值系数 ψ_c	频遇值系数 ψ_f	准永久值系数 ψ_q
软钩吊车	工作级别 A1～A3	0.70	0.60	0.50
	工作级别 A4、A5	0.70	0.70	0.60
	工作级别 A6、A7	0.70	0.70	0.70
硬钩吊车及工作级别 A8 的软钩吊车		0.95	0.95	0.95

（8）厂房排架设计时，在荷载准永久组合中，可不考虑吊车荷载；但在正常使用极限设计时，宜采用吊车荷载的准永久值。

3）对于直接承受动力荷载的结构，动力系数的取值，疲劳和变形验算时动力荷载的取值等，见第 3.1.7 条。

4. 第 3.3.3 条

1）屋盖结构考虑悬挂起重机和电动葫芦的荷载时，在同一跨间每条运行线路上的台数：

（1）对梁式起重机宜≤2台；

（2）对电动葫芦宜为1台。

2）本条依据工程经验确定。

5. 第3.3.4条

1）计算冶金车间或其他类似车间的工作平台结构时，由检修材料所产生的荷载对主梁可乘以0.85，柱及基础可乘以0.75。

2）本条和《荷规》的楼面活荷载折减原理是相同的，对楼板的支承构件，可考虑楼面活荷载同时达到规定值的概率，对楼面活荷载乘以相应的折减系数。

6. 第3.3.5条

1）在结构设计过程中，当考虑温度变化的影响时，温度的变化范围可根据地点、环境、结构类型及使用功能等实际情况确定。当单层房屋和露天结构的温度区段长度不超过表3.3.5的数值时，一般情况下，可不考虑温度应力和温度变化的影响。单层房屋和露天结构的伸缩缝设置宜符合下列规定：

（1）围护结构，可根据具体情况参照有关规范单独设置伸缩缝；

（2）无桥式起重机房屋的柱间支撑，和有桥式起重机房屋吊车梁或吊车桁架以下的柱间支撑，宜对称布置于温度区段中部，当不对称布置时，上述柱间支撑的中点（两道柱间支撑时，为两柱间支撑的中点）至温度区段端部的距离，不宜大于表3.3.5纵向温度区段长度的60%；

（3）当横向为多跨高低屋面时，表3.3.5中横向温度区段长度可适当增加；

（4）当有充分的依据或可靠措施时，表3.3.5中数字可予以增减。

表3.3.5 温度区段长度值（m）

结构情况	纵向温度区段（垂直屋架或构架跨度方向）	横向温度区段（沿屋架或构架跨度方向）	
		柱顶为刚接	柱顶为铰接
采暖房屋和非采暖地区的房屋	220	120	150
热车间和采暖地区的非采暖房屋	180	100	125
露天结构	120	—	—
围护构件为金属压型钢板的房屋	250	150	

2）当柱间支撑不对称时，柱间支撑的中点（两道柱间支撑时，为两个柱间支撑的中点）至温度区段端部的距离，不宜大于表3.3.5纵向温度区段长度的60%。

3）钢结构房屋，应优先采用轻型屋盖、轻质隔墙和轻质外围护结构，减轻房屋重量，并有利于围护结构与钢结构的变形协调。

（1）表3.3.5未明确屋盖结构的类型，可理解为适用于轻钢屋面的钢结构房屋；

（2）钢结构房屋，应尽量避免采用重屋盖结构（如钢筋混凝土大型屋面板结构等），不可避免时，温度区段的长度宜适当减小（建议实际工程中可按表3.3.5温度区段长度的80%考虑）；

（3）单层结构或露天结构，当房屋的温度区段不超过表3.3.5数值时，可以不考虑温度应力和温度变形（可理解为宜采取适当的温度构造措施）；

（4）其他结构，当温度区段较大（虽不超过表3.3.5的数值）时，宜采取温度应力的构造措施。

3.4 结构或构件变形及舒适度的规定

《钢标》对结构或构件变形及舒适度的规定见表3.4.0-1。

表3.4.0-1 《钢标》对结构或构件变形及舒适度的规定

条文号	规定	关键点把握
3.4.1	结构或构件变形的容许值	符合《钢标》附录B要求
		有实践经验和特殊要求时，可按不影响正常使用的原则调整
3.4.2	结构或构件的变形计算时	可不考虑螺栓（所有各类螺栓）或铆钉引起的截面削弱
3.4.3	构件可预起拱	1）起拱大小，根据实际需要确定
		2）一般可取（恒载标准值＋活载标准值/2）所产生的挠度值
		3）仅为改善观感时，构件挠度应取在（恒载标准值＋活载标准值）作用下的挠度值减起拱值
3.4.4	竖向荷载和水平荷载引起的结构和构件的振动	应满足正常使用或舒适度要求
3.4.5	高层民用建筑钢结构舒适度验算	应符合《高钢规》的规定

【要点分析】

1.由于钢结构房屋较轻，结构和构件的刚度较小，钢结构构件的挠度及振动验算，是钢结构设计的重要内容之一。钢结构构件在正常使用极限状态下，处于弹性受力状态（因为包括塑性及弯矩调幅设计的构件在内，在荷载标准组合作用下产生的截面组合弯矩，要小于构件在弹性阶段的极限弯矩），构件的变形（挠度）计算较为准确。

2.第3.4.1条

1）结构或构件变形的容许值，宜符合《钢标》附录B的规定。当有实践经验或特殊要求时，可根据不影响正常使用和观感的原则，对《钢标》附录B中的构件变形容许值进行调整。

2）钢结构本身具有较大的变形能力，限制在风荷载和多遇地震作用下结构的层间位移，主要是防止非结构构件和装饰材料的损坏，取决于非结构构件本身的延性性能及其与主体结构的连接方式：

（1）玻璃幕墙、砌体墙等，可视为脆性非结构构件；

（2）金属幕墙、各类轻质隔墙等，可视为延性非结构构件；

（3）砌筑砂浆、无平动或转动余地的连接，可视为刚性连接；

（4）通过柔性材料过渡的连接，或有平动、转动余地的连接，可视为柔性连接；

（5）脆性非结构构件采用刚性连接时，层间位移角限值宜适当减小。

3）《钢标》附录B对钢结构及构件的变形容许值有详细的规定：

（1）细化了各类受弯构件的挠度；

（2）规定了结构的容许位移：

■ 单层钢结构水平位移限值（框架、排架，有吊车、无吊车）；

■ 多层钢结构层间位移角限值（框架、框架-支撑、侧向框-排架、竖向框-排架）；

■ 高层建筑钢结构在风荷载和多遇地震作用下的弹性层间位移角限值；

■ 大跨度钢结构位移限值（大跨度钢结构的形式见《钢标》附录 A）。

3. 第 3.4.2 条

1）计算结构或构件变形时，可不考虑螺栓或铆钉孔引起的截面削弱。

2）螺栓孔或铆钉孔一般对截面刚度的影响很小，习惯上可忽略。

3）注意：这里的螺栓孔或铆钉孔是指设置螺栓和铆钉的孔，不包括空孔（实际工程中应避免）。

4. 第 3.4.3 条

1）横向受力构件可预起拱，起拱大小应视实际需要而定，可取恒载标准值加 1/2 活荷载标准值所产生的挠度值。当仅为改善外观条件时，构件挠度应取：在恒荷载和活荷载标准值作用下的挠度计算值减去起拱值。

2）混凝土构件的起拱，很容易通过支模调整来实现，与混凝土构件的起拱相比，钢结构构件的起拱较为复杂，需要在构件加工时予以考虑，以工字形截面梁为例，起拱梁的腹板在加工下料时，应按弧形腹板，不宜采用热弯成形。

5. 第 3.4.4 条

1）竖向和水平荷载引起的构件舒适度验算，应满足正常使用或舒适度要求。

2）由于钢材强度高，房屋的结构构件截面小，结构刚度（侧向刚度和竖向刚度）也小，钢结构房屋普遍存在舒适度问题，需要验算。

3）结构构件的舒适度问题（钢结构的舒适度问题尤为突出），是结构设计的难点问题，结构的舒适度问题主要有：

（1）主体结构的水平振动问题（钢结构主要是高柔结构，水平位移大，高柔钢结构容易出现水平舒适度问题），需要控制结构在风荷载或地震作用下的水平运动加速度；

（2）结构或构件的竖向舒适度问题，主要出现在大跨度、大悬挑构件、连廊和钢楼梯等，影响结构竖向舒适度的主要因素是，构件的面内刚度、构件的总质量，构件刚度越大，总质量越大，对舒适度控制更有利。钢结构或构件竖向舒适度控制时，还应注意构件的横向振动问题（如大跨度钢楼梯等），优先考虑采取适当的支撑措施。

6. 第 3.4.5 条

1）高层民用建筑钢结构舒适度验算，应符合《高钢规》规定。

2）钢结构的舒适度验算可参考《高规》的相关规定，计算方法和案例可查阅文献[21]。

3.5 截面板件宽厚比等级

《钢标》对截面板件宽厚比等级的规定见表 3.5.0-1。

表 3.5.0-1 《钢标》对截面板件宽厚比等级的规定

条文号	规定	关键点把握
3.5.1	截面的板件宽厚比等级及限值	按表 3.5.1 确定(适用于受弯和压弯构件)
3.5.2	按第 17 章抗震性能化设计时	支撑截面板件宽厚比等级及限值,应符合表 3.5.2 要求

【要点分析】

1. 板件宽厚比是钢结构构件设计的重要内容之一，涉及截面塑性发展系数的取值，构件的延性控制等，应予以重点掌握。本节规定是《钢标》的关键内容（尤其是 3.5.1 条），实际工程及注册备考时应特别注意把握。

2. 第 3.5.1 条

1）进行受弯和压弯构件计算时，截面板件宽厚比等级及限值应符合表 3.5.1 的规定，其中参数 α_0 应按下式计算：

$$\alpha_0 = \frac{\sigma_{max} - \sigma_{min}}{\sigma_{max}} \quad (3.5.1)$$

式中：σ_{max}——腹板计算边缘的最大压应力（N/mm^2）（注：按设计值计算）；

σ_{min}——腹板计算高度另一边缘相应的应力（N/mm^2）（注：按设计值计算），压应力取正值，拉应力取负值。

表 3.5.1 压弯和受弯构件的截面板件宽厚比等级及限值

构件	截面板件宽厚比等级		S1 级	S2 级	S3 级	S4 级	S5 级
压弯构件（框架柱）	H 形截面	翼缘 b/t	$9\varepsilon_k$	$11\varepsilon_k$	$13\varepsilon_k$	$15\varepsilon_k$	20
		腹板 h_0/t_w	$(33+1.3\alpha_0^{1.3})\varepsilon_k$	$(38+13\alpha_0^{1.39})\varepsilon_k$	$(40+18\alpha_0^{1.5})\varepsilon_k$	$(45+25\alpha_0^{1.66})\varepsilon_k$	250
	箱形截面	壁板(腹板)间翼缘 b_0/t	$30\varepsilon_k$	$35\varepsilon_k$	$40\varepsilon_k$	$45\varepsilon_k$	—
	圆钢管截面	径厚比 D/t	$50\varepsilon_k^2$	$70\varepsilon_k^2$	$90\varepsilon_k^2$	$100\varepsilon_k^2$	—
受弯构件（梁）	工字形截面	翼缘 b/t	$9\varepsilon_k$	$11\varepsilon_k$	$13\varepsilon_k$	$15\varepsilon_k$	20
		腹板 h_0/t_w	$65\varepsilon_k$	$72\varepsilon_k$	$93\varepsilon_k$	$124\varepsilon_k$	250
	箱形截面	壁板(腹板)间翼缘 b_0/t	$25\varepsilon_k$	$32\varepsilon_k$	$37\varepsilon_k$	$42\varepsilon_k$	—

注：1. ε_k 为钢号修正系数，其值为 235 与钢材牌号中屈服点数值的比值的平方根；

2. b 为工字形、H 形截面的翼缘外伸宽度，t、h_0、t_w 分别为翼缘厚度、腹板净高、腹板厚度；对轧制型截面，腹板净高不包括翼缘腹板过渡处圆弧段；对于箱形截面 b_0、t 分别为壁板间的距离（注：依据图 6.2.4，应为壁板外侧面之间的距离）、壁板厚度；D 为圆管截面的外直径；

3. 箱形截面梁及单向受弯的箱形截面柱，其腹板限值可根据 H 形截面腹板采用；

4. 腹板的宽厚比可通过设置加劲肋减小；

5. 当按《抗规》第 9.2.14 条第 2 款的规定设计，且 S5 级截面的板件宽厚比小于 S4 级经 ε_σ 修正的板件宽厚比时，可视作 C 类截面，$\varepsilon_\sigma = \sqrt{f_y/\sigma_{max}}$。

2）应把握几个关键词

（1）“受弯和压弯构件计算”，规定了本条的适用范围，截面的板件宽厚比等级适用于受弯和压弯构件的计算。

(2)“截面的板件宽厚比”，截面的板件宽厚比是截面翼缘板件宽厚比和腹板板件高厚比的总称，包含：截面翼缘的板件宽厚比和截面的腹板板件高厚比。

(3)“钢号修正系数 ε_k”，235 与钢材牌号的比值的平方根，以 Q355 钢为例 $\varepsilon_k=\sqrt{\frac{235}{355}}=0.81$。

(4)“翼缘的板件宽厚比”，指翼缘板件平直段翼缘的外伸宽度和其厚度之比；对于轧制型截面（如工字形、槽形等），翼缘的外伸长度不包括翼缘腹板过渡处的圆弧段。

(5)“腹板的板件高厚比”，受弯构件或压弯构件的腹板平直段的高度与其腹板厚度的比值；对于轧制型截面（如工字形、槽形等），腹板的高度不包括腹板与翼缘过渡处的圆弧段。

(6)“屈服”，当应力超过钢材的屈服强度时，即使应力不增加，而钢材仍继续产生明显的塑性变形。屈服点标志着宏观塑性变形的开始，是从弹性状态向弹塑性状态的过渡。

(7)“屈曲”，结构丧失稳定性叫作屈曲或欧拉屈曲。

① 欧拉（L. Euler）从一端固支另一端自由的受压理想柱（理想柱指完全平直承受中心压力的受压杆）出发，给出了压杆的临界荷载。设此柱为完全弹性，且应力不超过比例极限，当轴向外荷载 P 小于它的临界值时，此杆保持竖直状态且只受轴向压缩。如果一个扰动（作用一个水平力），使其有一个小小的挠曲，当扰动消除后，杆件恢复平衡状态，此时杆件的弹性平衡是稳定的。当轴向外荷载 P 大于它的临界值时，柱的平衡状态变为不稳定，任意扰动产生的挠曲在扰动消除后不仅不消失，还将继续扩大，直至达到远离直立状态的新的平衡位置为止，或者弯折，称为压杆失稳或屈曲（欧拉屈曲）。

② 屈曲分析，主要用于结构在特定载荷下的稳定性以及确定结构的临界载荷。屈曲分析包括：线性屈曲和非线性屈曲分析：

■ 线性屈曲，是以小位移小应变的线弹性理论为基础的，分析中不考虑结构在受荷变形过程中结构构形的变化，也就是外力施加的各个阶段，总是在结构初始构形上建立平衡方程。当载荷达到某一临界值时，结构构形将突然跳到另一随遇平衡状态（称为屈曲）。临界点之前称为前屈曲，临界点之后称为后屈曲。

■ 侧扭屈曲，梁在其截面的两个主轴方向惯性矩相差很大，当梁跨度中部无侧向支承或侧向支承间距较大时，在最大刚度平面内承受横向荷载或弯矩作用时，当荷载达到一定数值时，梁截面可能产生侧向位移和扭转，导致丧失承载力（侧扭屈曲）。

■ 弯曲屈曲，假定理想弹性受压杆件屈曲时不发生扭转，只是沿主轴弯曲（沿对称轴的屈曲）。

■ 扭转屈曲或弯扭屈曲，开口薄壁截面构件，在压力作用下有可能在扭转变形或弯扭变形情况下丧失稳定（扭转屈曲或弯扭屈曲，沿非对称轴的屈曲）。

■ 非线性屈曲分析包括几何非线性分析，弹塑性失稳分析（材料非线性失稳分析），非线性后屈曲（Snap-through）分析（包括几何非线性和材料非线性）。

3）绝大多数钢结构构件由板件组成，而板件宽厚比的大小，直接决定了钢构件的承载力和受弯构件及压弯构件的转动变形能力。

(1) 截面的板件宽厚比等级代表截面的板件的总体性能，是组成截面的各部分截面

（以工字形截面为例，就是翼缘和腹板）均满足的宽厚比等级。以工字形截面梁为例，截面的板件宽厚比等级，包含翼缘的板件宽厚比等级和腹板板件的高厚比等级。

（2）应尽量使腹板和翼缘满足相同等级的板件宽厚比要求。实际工程中，为了节约钢材，翼缘和腹板的板件宽厚比等级往往不同（一般是翼缘宽厚比等级数值较小，腹板宽厚比等级数值较高），应优先考虑通过设置纵向加劲肋（第 8.4.3 条）减小腹板（包括翼缘）的宽厚比。

① 当翼缘的板件宽厚比等级和腹板的板件高厚比等级不同时，应特别注意表 3.5.1 的规定："腹板的宽厚比可通过设置加劲肋减小"，也就是说，应优先采取措施，通过设置加劲肋（对轴心受压构件的腹板，见第 7.3.5 条）减小腹板的高厚比，满足腹板的宽厚比等级（使腹板的宽厚比等级达到与翼缘相同的板件宽厚比等级）要求；

② 当由于某些特殊原因，腹板不能设置加劲肋时，构件截面的板件宽厚比等级可取较高的等级数值（不经济，不合理），如当翼缘的板件宽厚比满足 S3 级要求、腹板的板件高厚比满足 S4 级要求时，构件的截面板件宽厚比等级可取 S4 级。

4）钢构件的板件宽厚比分为 5 个等级：

（1）S1 级（称为一级塑性截面或塑性转动截面）：可达到全截面塑性（以工字形截面梁为例，截面板件宽厚比等级为 S1 级时，截面可达到全截面塑性，即截面中和轴上下应力为达到 f_y 的矩形），常用于出现塑性铰的构件（需要构件提供足够的转动能力），保证塑性铰具有塑性设计要求的转动能力（一般要求达到塑性弯矩 M_P 时的曲率 ϕ_{P2} =（8～15）ϕ_P，其中，ϕ_P 是弹性曲率），且在转动过程中承载力不降低，图 3.5.1-1 中的曲线 1 可表示其弯矩-曲率的关系。

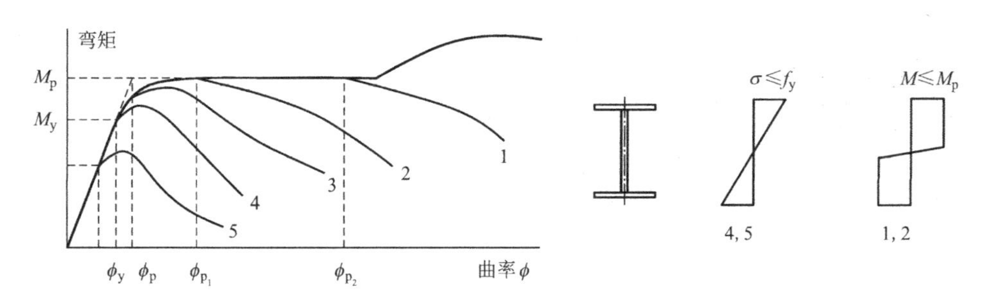

图 3.5.1-1 截面分类及其转动能力

（2）S2 级（称为二级塑性截面）：可达到全截面塑性（以工字形截面梁为例，截面板件宽厚比等级为 S2 级时，截面可达到全截面塑性，但由于翼缘和腹板的局部屈曲，塑性铰转动能力有限，较 S1 级有较大的降低，即截面中和轴上下应力不能完全为达到 f_y 的矩形），塑性弯矩 M_P 时的曲率 ϕ_{P1} =（2～3）ϕ_P，图 3.5.1-1 中的曲线 2 可表示其弯矩-曲率的关系。

（3）S3 级（称为弹塑性截面）：翼缘全部屈服，腹板局部塑性发展（以工字形截面梁为例，截面板件宽厚比等级为 S3 级时，翼缘截面全部屈服，腹板可发展不超过 1/4 截面高度的塑性），图 3.5.1-1 中的曲线 3 可表示作为梁的弯矩-曲率关系。注意：S3 级截面是截面塑性发展系数≥1 的基本条件（见第 5.1.1 条、第 6.1.2 条和第 8.1.1 条）。

（4）S4 级（称为弹性截面）：翼缘边缘纤维可达到屈服，但由于翼缘局部屈曲而不能发展塑性（以工字形截面梁为例，截面板件宽厚比等级为S4级时，翼缘边缘纤维可达到屈服，由于翼缘局部屈曲而不能发展塑性），图3.5.1-1中的曲线4可表示作为梁的弯矩-曲率关系。

（5）S5级（称为薄壁截面）：翼缘边缘纤维达到屈服前，腹板可能发生局部屈曲（以工字形截面梁为例，截面板件宽厚比等级为S5级时，在翼缘边缘纤维达到屈服前，腹板已经发生局部屈曲），多出现在薄壁构件，图3.5.1-1中的曲线5可表示作为梁的弯矩-曲率关系。

5）《抗规》第9.2.14条规定："轻型屋盖厂房，塑性耗能区板件宽厚比限值可根据其承载力的高低按性能目标确定"，当S5级截面的板件宽厚比（翼缘的板件宽厚比和腹板的板件高厚比）小于S4级经ε_σ修正的板件宽厚比时，可认为是C类截面（用于计算轴心受压构件的稳定系数，见《钢标》第7.2.1条）。

（1）本条规定的目的在于：对特定结构构件，当构件的承载力有富余时，可以适当降低对板件宽厚比的限值要求。

（2）这里的特定构件指"轻型屋盖厂房"，部位指"塑性耗能区"，轻型屋盖厂房一般地震不起控制作用，当按常规荷载设计的结构，比抗震设计具有较大的富余，为节约钢材，满足高弹性承载力时延性可适当降低的原则，放宽板件宽厚比的限值要求。

（3）应力修正因子$\varepsilon_\sigma=\sqrt{f_y/\sigma_{max}}$，其中$f_y$为塑性耗能区板件钢材的屈服强度，$\sigma_{max}$为腹板计算高度（对于轧制型钢，不包括翼缘与腹板过渡处的圆弧段）计算边缘的最大压应力（N/mm^2）。

（4）以H形截面压弯构件（框架柱）为例，采用Q355钢，翼缘厚度16mm，翼缘板件宽厚比为18，腹板的板件宽厚比为100，$\sigma_{max}=100$（N/mm^2），$\sigma_{min}=-50$（N/mm^2），则：

$$\varepsilon_\sigma=\sqrt{f_y/\sigma_{max}}=\sqrt{355/100}=1.88,\quad \alpha_0=\frac{100+50}{100}=1.5,\quad \varepsilon_k=\sqrt{235/f_y}=\sqrt{235/355}=0.81$$

S4级翼缘的板件宽厚比限值为：$15\varepsilon_k=15\times0.81=12.15$，$1.88\times12.15=22.82>18$；

S4级腹板的板件宽厚比限值为：$(45+25\times1.5^{1.66})\times0.81=76.1$，$1.88\times76.1=143>100$。

则该构件可视作C类截面。

（5）表3.5.1中，压弯构件的H形截面腹板的板件宽厚比限值计算较为复杂，应用不便，应特别注意。

（6）对于非抗震构件（如次梁），没有延性要求，当板件宽厚比超过S4级，按有效截面计算满足应力和稳定要求（第6.4.1条）时，宽厚比可不再要求。

6）箱形截面的截面板件宽厚比，应按互为翼缘（或腹板）分别计算板件的宽厚比（板件的宽度/相应板件的厚度）。对箱形截面梁或单向弯曲的箱形截面柱，其腹板（指板件厚度方向与弯矩矢量同方向的板件）板件宽厚比的限值按H形截面腹板取值。

7）关于板件宽厚比的其他问题：

（1）表3.5.1只列出了常用截面（工字形、H形、箱形和圆钢管截面），对其他截面的板件宽厚比等级划分，应专门研究，也就是说，对上述常用截面以外的其他截面类型，目前尚无法直接按《钢标》进行板件宽厚比等级的划分，实际工程设计时，应尽量采用表3.5.1中规定的截面类型，以简化设计。必须采用其他截面形状时，应采用直接分析设计法。

（2）板件宽厚比等级在受弯和压弯计算中均有应用，板件宽厚比等级和截面模量（第5.1.1条、第6.1.1条、第6.2.2条）截面塑性发展系数（第6.1.2条、第8.1.1条）等密切相关。

（3）轴心受压构件的板件宽厚比限值，见第7.3.1条。依据第7.3.2条的规定，当轴心受压构件的压力小于稳定承载力 φAf 时，可将其板件宽厚比的限值（注意是按第7.3.1条计算的限值，不是表3.5.1中的数值）乘以放大系数 $\alpha=\sqrt{\varphi Af/N}$。实际工程中，压弯和受弯构件的板件宽厚比限值都可以根据构件的实际受力状况，乘以表3.5.1注5的 ε_σ 予以调整（压弯构件H形截面的腹板除外）。

（4）关于截面的板件宽厚比等级与截面塑性发展系数的更多问题，见第6.1.2条。

（5）关于截面板件宽厚比等级与考虑腹板屈曲后强度的关系，见第6.4节。

8）截面板件宽厚比等级及其应用见表3.5.1-1。

表3.5.1-1　截面板件宽厚比等级及应用举例

情况	截面板件宽厚比等级				
	S1	S2	S3	S4	S5
名称	一级塑性截面或塑性转动截面	二级塑性截面	弹塑性截面	弹性截面	薄壁截面
塑性发展系数	≥1.0	≥1.0	≥1.0	=1.0	=1.0
应用举例	形成塑性铰并发生转动的截面	最后形成塑性铰的截面	塑性及弯矩调幅设计的最低截面要求	局部不屈服的最低要求	采用有效截面
	塑性耗能区的延性等级要求				—

3. 第3.5.2条

1）当按第17章进行抗震性能化设计时，支撑截面板件宽厚比等级及限值，应符合表3.5.2的规定。

表3.5.2　支撑截面板件宽厚比等级及限值

截面板件宽厚比等级		BS1级	BS2级	BS3级
H形截面	翼缘 b/t	$8\varepsilon_k$	$9\varepsilon_k$	$10\varepsilon_k$
	腹板 h_0/t_w	$30\varepsilon_k$	$35\varepsilon_k$	$42\varepsilon_k$
箱形截面	腹板间翼缘 b_0/t	$25\varepsilon_k$	$28\varepsilon_k$	$32\varepsilon_k$
角钢	角钢肢宽厚比 w/t	$8\varepsilon_k$	$9\varepsilon_k$	$10\varepsilon_k$
圆钢管截面	径厚比 D/t	$40\varepsilon_k^2$	$56\varepsilon_k^2$	$72\varepsilon_k^2$

注：w 为角钢平直段长度。

2）抗震性能化设计对支撑构件的板件宽厚比提出有别于一般构件的特殊要求（比表3.5.1更严格），其目的是保证支撑构件的延性，并确保结构体系安全、结构安全（见第17章的相关规定），其他一般构件仍需满足表3.5.1的要求。

3）表3.5.2中各数据为定数，比表3.5.1简单，结构设计人员更愿意采用（表3.5.2中“B”为支撑代码）。

【思库问答】

【问 1】请问，《钢标》表 3.5.1 只给出了工字形和箱形等少数构件的截面板件宽厚比等级，那其余构件如 T 形构件的宽厚比如何控制？

【答 1】《钢标》表 3.5.1 对常用截面的板件宽厚比限值做出了规定，对其他截面的板件宽厚比限值需要专门研究。实际工程中，应尽量采用表 3.5.1 规定的截面类型，以简化设计。必须采用时，对轴心受压构件按第 7.3.1 条的规定，对其他构件，应采用直接分析设计法。

【问 2】请问，一个 H 型钢的板件宽厚比问题，《钢标》表 3.5.1 中只有压弯状态下的 H 型钢的宽厚比限值，问题如下：

1）如果一个受弯的 H 型钢梁，截面板件宽厚比限值怎么取？是否可参考受弯状态下的工字钢？

2）《钢标》第 6.1.2 条第 2 款规定对于其他截面（比如 H 型钢）塑性发展系数可以按表 8.1.1 采用，这里的其他截面是否需要满足截面板件宽厚比等级 S1、S2 和 S3 级的要求？当为 S4、S5 级时是否也可以取 1.0？

【答 2】构件的板件宽厚比要根据构件特性决定。

1）如果梁是框架梁，有梁端截面塑性要求，要根据相应的要求确定板件宽厚比等级。一般受弯构件如果采用 H 形截面，则同表 3.5.1 中的受弯构件工字形截面。

2）其他截面指第 6.1.2 条第 1 款（工字形和箱形）以外的截面。按表 8.1.1 确定截面塑性发展系数的前提是，截面板件宽厚比等级为 S1、S2 和 S3 级，当为 S4 和 S5 级时，截面塑性发展系数取 1.0。

【问 3】请问，假如某焊接 H 形梁（不承受动力荷载），采用 Q235，翼缘宽厚比满足 S3 级要求，腹板高厚比满足 S5 级要求，该如何选取截面宽厚比等级？

【答 3】截面的板件宽厚比等级是表征整个截面（以 H 形截面为例，是翼缘和腹板）板件性能的参数，对 H 形截面（或工字形截面）一般情况下，翼缘和腹板应满足相同或相近的板件宽厚比等级，相差较大时，取较高的等级数值，对本例取 S3 与 S5 的较高等级数值 S5 级。

【问 4】请问：《钢标》表 3.5.1，确定截面板件宽厚比等级时，是否翼缘宽厚比和腹板宽厚比（即高厚比）均要满足限值，但第 6.1.1 条受弯强度计算的时候，截面塑性发展系数和宽厚比等级有关，此时确定截面的宽厚比等级时，是仅计算翼缘的宽厚比，还是翼缘和腹板的宽厚比都要验算？

【答 4】这里涉及两个问题，一是截面板件宽厚比等级的确定，二是截面塑性发展系数的确定：

1）截面板件宽厚比等级，计算翼缘的板件宽厚比和腹板的板件宽厚比（即高厚比），对照表 3.5.1，两项同时满足时，相应的板件宽厚比等级就是该截面的板件宽厚比等级。

2）截面塑性发展系数，与构件的截面板件宽厚比等级有关。当截面的板件宽厚比等级为 S4 级或 S5 级时，截面塑性发展系数应取 1.0；当截面的板件宽厚比等级为 S1、S2、S3 级时，可按表 8.1.1 确定截面塑性发展系数（≥1.0）。

【问 5】请问，《钢标》表 3.5.1 板件等级只有压弯构件和受弯构件，第 8 章中拉弯构件如何确定板件等级呢？

【答5】拉弯构件应根据拉力和弯矩的大小，当有压应力（弯矩较大）时，可按压弯构件查表3.5.1确定。当没有压应力（弯矩较小）时，实际工程中可按S3级或S4级确定。

【问6】请问，《钢标》第6.1.1条和第6.1.2条，这里涉及的板件宽厚比等级，是否受压翼缘和腹板都要验算？

【答6】都要验算，看表3.5.1。

【问7】请问：

1）门刚结构中的许多节点都是采用塑性算法设计的，是不是就不能采用S4级与S5级截面？

2）《钢标》的内力计算时是否考虑二阶效应（第5.1.6条与《抗规》中第8.2.3条冲突），具体工程中如何把握？

【答7】《门刚规范》在《钢标》之前发布，没有《钢标》的板件宽厚比等级，但对板件宽厚比从严限制的做法和《钢标》是一致的。《钢标》与《抗规》在二阶效应判别上不矛盾。实际工程中，应注意表3.5.1注5的规定及第5.1.6条的相关说明。

第4章　材料

【说明】

钢结构材料直接影响到工程的性能和加工制作，材料是钢结构工程性能的基本保证，结构设计中应充分注意材料的采购，应选用市场较容易采购的材料，应尽量采用型材，减少钢结构的焊接量。

本章内容是钢结构设计的基础，在历年注册考题中经常出现（见第19章），实际工程及注册备考时应注意把握（尤其是强制性条文）。

4.1　钢材牌号及标准

《钢标》对钢材牌号及标准的规定见表4.1.0-1。

表4.1.0-1　《钢标》对钢材牌号及标准的规定

条文号	规定	关键点把握
4.1.1	钢结构用钢材	应采用按国家现行标准所规定的性能、技术与质量要求生产的钢材
4.1.2	焊接承重结构的厚钢板	应采用《厚度方向性能钢板》GB/T 5313
4.1.3	外露环境的承重结构	对耐腐蚀有特殊要求或处于侵蚀性介质环境时，可采用耐候结构钢
4.1.4	结构用铸钢件	非焊接结构，应符合《一般工程用铸造碳钢件》GB/T 11352要求
		焊接结构，应符合《焊接结构用铸钢件》GB/T 7659要求
4.1.5	新钢材或国外钢材	宜按《可靠性标准》进行统计分析、试验研究和专家论证

【要点分析】

1. 对钢材的质量控制，是钢结构质量的基本控制要素，还要控制钢构件的加工制作等关键工序。

2. 第4.1.1条

1）钢材宜采用Q235、Q345、Q390、Q420、Q460和Q345GJ钢，其质量应分别符合现行《碳素结构钢》GB/T 700、《低合金高强度结构钢》GB/T 1591和《建筑结构用钢板》GB/T 19879的规定；

2）钢结构用型材产品（钢板、热轧工字钢、槽钢、角钢、H型钢和钢管等）的规格、外形、重量及允许偏差，应符合国家现行相关标准的规定。

3）钢结构用的钢材和型材等产品，应符合国家现行标准所规定的性能、技术与质量要求。市场调查发现，钢结构材料市场的产品负偏差现象普遍（厚度在16mm以下时尤为严重），结构设计时对钢材负偏差应提出明确的限值要求（按《建筑结构用钢板》GB/T 19879规定，厚度负偏差不得超过0.3mm）。

3. 第4.1.2条

1）焊接承重结构，为防止钢材的层状撕裂而采用Z向钢材时，其质量应符合现行《厚度方向性能钢板》GB/T 5313的规定。

2）由于钢材质量和焊接等原因，当构件沿厚度方向受力时，厚板容易出现层状撕裂，对沿厚度方向的接头更为不利，结构设计时应注意避免，或采用厚度方向性能钢板（板厚≥40mm时，应特别注意，见第4.3.5条）。

4. 第4.1.3条

1）处于外露环境，且对耐腐蚀有特殊要求或处于侵蚀性介质环境中的承重结构，可采用Q235NH、Q355NH和Q415NH牌号的耐候结构钢，其质量应符合现行《耐候结构钢》GB/T 4171的规定。

2）钢结构的耐腐蚀问题，严重制约着钢结构在腐蚀环境条件下的应用，通过添加少量的合金元素（如：Cu、P、Cr、Ni等），使其在金属表面形成保护层，以提高耐大气腐蚀性能。

3）耐候结构钢可分为两类：

（1）高耐候钢，具有较好的耐大气腐蚀性能（耐腐蚀年限为普通钢的2～8倍），用于外露大气环境或有中度侵蚀性介质环境中的重要钢结构工程，可获得较好的效果；

（2）焊接耐候钢，具有较好的焊接性能。

5. 第4.1.4条

1）非焊接结构用铸钢件的质量，应符合现行《一般工程用铸造碳钢件》GB/T 11352的规定。

2）焊接结构用铸钢件的质量，应符合现行《焊接结构用铸钢件》GB/T 7659的规定。

3）由于铸钢的强度较低等原因，在结构设计中应避免使用，必须采用时应符合表4.4.4的规定。

6. 第4.1.5条

1）当采用《钢标》未列出的其他牌号钢材时，宜按照《可靠性标准》进行统计分析，研究确定其设计指标及适用范围。

2）钢结构设计，应考虑市场供应情况，尽量采用满足现行规范标准要求的国产钢材，达到确保质量，缩短工期、降低成本的目的。

3）当必须采用现行规范规定以外的特殊钢材或进口钢材时，应进行分析研究（或试验分析），必要时可进行专门论证。

（1）产品应符合相关的国家或国际钢材标准要求和设计文件要求，对新研制的钢材，以经国家产品鉴定认可的企业产品标准作为依据，有质量证明文件；

（2）钢材生产厂要求通过国际或国内生产质量控制认证；

（3）对实际产品进行专门的验证试验和统计分析，判定质量等级，得出设计强度取值。检测内容包括钢材的化学成分、力学性能、外形尺寸、表面质量、工艺性能及约定的其他附加保证性能的指标和参数。

4）常用的钢材国家标准：

（1）《碳素结构钢》GB/T 700；

（2）《低合金高强度结构钢》GB/T 1591；

（3）《建筑结构用钢板》GB/T 19879；

（4）《厚度方向性能钢板》GB/T 5313；

(5)《结构用无缝钢管》GB/T 8162；
(6)《建筑结构用冷成型焊接圆钢管》GB/T 381；
(7)《建筑结构用冷弯矩型钢管》JG/T 178；
(8)《耐候结构钢》GB/T 4171；
(9)《一般工程用铸造碳钢件》GB/T 11352；
(10)《焊接结构用铸钢件》GB/T 7659；
(11)《钢拉杆》GB/T 20934；
(12)《热轧型钢》GB/T 706；
(13)《热轧 H 型钢和剖分 T 型钢》GB/T 11263；
(14)《焊接 H 型钢》YB 3301；
(15)《重要用途钢丝绳》GB 8918；
(16)《预应力混凝土用钢绞线》GB/T 5224；
(17)《高强度低松弛预应力镀锌钢绞线》YB/T 152。

4.2 连接材料型号及标准

《钢标》对连接材料型号及标准的规定见表 4.2.0-1。

表 4.2.0-1 《钢标》对连接材料型号及标准的规定

条文号	规定	关键点把握	
4.2.1	钢结构用焊接材料	1)手工焊所用的焊条，应符合《非合金钢及细晶粒钢焊条》GB/T 5117	
		2)自动焊或半自动焊焊丝应符合	《熔化焊用钢丝》GB/T 14957 要求
			《气体保护电弧焊用碳钢、低合金钢焊丝》GB/T8110
			《碳钢药芯焊丝》GB/T 10045
			《低合金钢药芯焊丝》GB/T 17493
		3)埋弧焊用焊丝和焊剂应符合	《埋弧焊用碳钢焊丝和焊剂》GB/T 5293
			《埋弧焊用低合金钢焊丝和焊剂》GB/T 12470
4.2.2	钢结构用紧固件材料	1)普通螺栓应符合	《紧固件机械性能 螺栓、螺钉和螺柱》GB/T 3098.1
			《紧固件公差 螺丝、螺钉、螺柱和螺母》GB/T 3103.1
			《六角头螺栓 C 级》GB/T 5780
			《六角头螺栓》GB/T 5782
		2)圆柱头焊(栓)钉连接件，应符合《电弧螺柱焊用圆柱头焊钉》GB/T 10433	
		3)大六角高强度螺栓应符合	《钢结构用高强度大六角头螺栓》GB/T 1228
			《钢结构用高强度大六角螺母》GB/T 1229
			《钢结构用高强度垫圈》GB/T 1230
			《钢结构用高强度大六角头螺栓、大六角螺母、垫圈技术条件》GB/T 1231
		4)螺栓球节点用高强度螺栓，应符合《钢网架螺栓球节点用高强度螺栓》GB/T 16939	
		5)连接用铆钉	应采用 BL2 或 BL3 号钢
			应符合《标准件用碳素钢热轧圆钢及盘条》YB/T 4155

【要点分析】

1.钢结构连接材料的型号及标准众多，不同材料、不同连接，都有相应的标准，结构设计往往很难一一把握，此处列表的目的是，急用时可以方便查阅和理解。

2. 第 4.2.1 条

1）钢结构用焊接材料，应符合下列规定：

（1）手工焊接所用的焊条，应符合现行《非合金钢及细晶粒钢焊条》GB/T 5117 的规定，所选用的型号应与主体金属力学性能相适应；

（2）自动焊或半自动焊用焊丝，应符合现行《熔化焊用钢丝》GB/T 14957、《气体保护电弧焊用碳钢、低合金钢焊丝》GB/T 8110、《碳钢药芯焊丝》GB/T 10045、《低合金钢药芯焊丝》GB/T 17493 的规定；

（3）埋弧焊用焊丝和焊剂，应符合现行《埋弧焊用碳钢焊丝和焊剂》GB/T 5293、《埋弧焊用低合金钢焊丝和焊剂》GB/T 12470 的规定。

2）焊接是钢结构重要的连接方式之一，明确了焊接钢结构的焊接材料要求，区分不同的焊接方法（手工焊、自动焊和埋弧焊等）采用不同的焊条、焊丝和焊剂等。

3. 第 4.2.2 条

1）钢结构用紧固件材料，应符合下列规定：

（1）钢结构连接用 4.6 级与 4.8 级普通螺栓（C 级螺栓）及 5.6 级与 8.8 级普通螺栓（A 级或 B 级螺栓），其质量应符合现行《紧固件机械性能　螺栓、螺钉和螺柱》GB/T 3098.1 和《紧固件公差　螺栓、螺钉、螺柱和螺母》GB/T 3103.1 的规定；C 级螺栓与 A 级、B 级螺栓的规格和尺寸应分别符合现行《六角头螺栓 C 级》GB/T 5780 与《六角头螺栓》GB/T 5782 的规定；

（2）圆柱头焊（栓）钉连接件的质量，应符合现行《电弧螺柱焊用圆柱头焊钉》GB/T 10433 的规定；

（3）钢结构用大六角高强度螺栓的质量，应符合现行《钢结构用高强度大六角头螺栓》GB/T 1228、《钢结构用高强度大六角螺母》GB/T 1229、《钢结构用高强度垫圈》GB/T 1230、《钢结构用高强度大六角头螺栓、大六角螺母、垫圈技术条件》GB/T 1231 的规定。扭剪型高强度螺栓的质量，应符合现行《钢结构用扭剪型高强度螺栓连接副》GB/T 3632 的规定；

（4）螺栓球节点用高强度螺栓的质量，应符合现行《钢网架螺栓球节点用高强度螺栓》GB/T 16939 的规定；

（5）连接用铆钉应采用 BL2 或 BL3 号钢制成，其质量应符合现行《标准件用碳素钢热轧圆钢及盘条》YB/T 4155 的规定。

2）螺栓连接在钢结构中应用普遍（更多细节问题见第 11.4 节）。

（1）普通螺栓，一般用于临时固定连接（如施工阶段连接）和次要构件的一般连接，螺栓分为 A、B、C 级（4.6 级和 4.8 级为 C 级螺栓，5.6 级和 8.8 级为 A 级或 B 级螺栓）；

（2）在实际工程中，主要受力构件的连接，一般采用高强度螺栓连接（以高强度螺栓摩擦型连接为主）；

（3）圆柱头焊钉应满足专门标准规定；

(4) 螺栓球节点的高强度螺栓，采用专用螺栓，应符合相关标准要求；

(5) 连接用铆钉应采用专用钢材制作（BL2 或 BL3），设计时应特别注意。

4.3 材料选用

《钢标》对材料选用的规定见表 4.3.0-1。

表 4.3.0-1 《钢标》对材料选用的规定

<table>
<tr><th>条文号</th><th>规定</th><th colspan="3">关键点把握</th></tr>
<tr><td rowspan="3">4.3.1</td><td rowspan="3">结构钢材的选用</td><td colspan="3">1)应遵循技术可靠、经济合理的原则</td></tr>
<tr><td colspan="3">2)综合考虑结构的重要性、荷载特征、结构形式、应力状态、连接方法、工作环境、钢材厚度和价格等</td></tr>
<tr><td colspan="3">3)选用合适的钢材牌号和材性保证项目</td></tr>
<tr><td rowspan="4">4.3.2</td><td rowspan="4">承重结构所用的钢材，应具有相应项目的合格保证</td><td colspan="3">1)应具有屈服强度、抗拉强度、断后伸长率和硫、磷含量的合格保证</td></tr>
<tr><td colspan="3">2)焊接结构，还应具有碳当量的合格保证</td></tr>
<tr><td colspan="3">3)焊接承重结构以及重要的非焊接承重结构，应具有冷弯试验的合格保证</td></tr>
<tr><td colspan="3">4)直接承受动力荷载或需要验算疲劳的构件，应具有冲击韧性的合格保证</td></tr>
<tr><td rowspan="9">4.3.3</td><td rowspan="9">钢材质量等级的选用</td><td rowspan="2">1)A 级钢</td><td colspan="2">仅用于结构工作温度高于 0℃，不需要验算疲劳的结构</td></tr>
<tr><td colspan="2">Q235A 钢，不宜用于焊接结构</td></tr>
<tr><td rowspan="5">2)需验算疲劳的焊接结构(工作温度 T)</td><td colspan="2">$T>0$℃时，≥B 级</td></tr>
<tr><td rowspan="2">0℃≥$T>-20$℃时</td><td>Q235、Q345，应≥C 级</td></tr>
<tr><td>Q390、Q420、Q460，应≥D 级</td></tr>
<tr><td rowspan="2">$T\leqslant-20$℃时</td><td>Q235、Q345，应≥D 级</td></tr>
<tr><td>Q390、Q420、Q460，应为 E 级</td></tr>
<tr><td rowspan="2">3)需验算疲劳的非焊接结构</td><td colspan="2">可比上述 2)降低一级，但应≥B 级</td></tr>
<tr><td colspan="2">吊车起重量≥50t 的中级工作制吊车梁，质量等级与需验算疲劳的构件相同</td></tr>
<tr><td rowspan="3">4.3.4</td><td rowspan="3">工作温度 $T\leqslant-20$℃的受拉构件及承重构件的受拉板材</td><td colspan="3">1)板材厚度或直径宜<40mm，质量等级宜≥C 级</td></tr>
<tr><td colspan="3">2)板材厚度或直径≥40mm，质量等级宜≥D 级</td></tr>
<tr><td colspan="3">3)重要承重结构的受拉板材，宜满足《建筑结构用钢板》GB/T19879</td></tr>
<tr><td rowspan="3">4.3.5</td><td rowspan="3">在 T 形、十字形和角形焊接的连接节点中</td><td rowspan="3">$t\geqslant40$mm，且沿板厚方向有较高撕裂拉力作用时，包括较高约束拉应力作用时，该部位板件钢材</td><td colspan="2">宜具有厚度方向抗撕裂性能(即 Z 向性能)的合格保证</td></tr>
<tr><td colspan="2">沿板厚方向的断面收缩率，满足 Z15 级要求(见《厚度方向性能钢板》GB/T 5313)</td></tr>
<tr><td colspan="2">厚度方向承载性能等级，应根据节点形式、板厚、熔深或焊缝尺寸、焊接时节点拘束度以及预热、后热情况等综合确定</td></tr>
</table>

续表

<table>
<tr><th>条文号</th><th>规定</th><th colspan="4">关键点把握</th></tr>
<tr><td rowspan="2">4.3.6</td><td rowspan="2">采用塑性设计的结构及弯矩调幅构件的钢材</td><td colspan="4">1)屈强比应≤0.85</td></tr>
<tr><td colspan="4">2)钢材应有明确的屈服台阶,伸长率应≥20%</td></tr>
<tr><td rowspan="3">4.3.7</td><td rowspan="3">钢管结构中,无加劲直接焊接相贯节点的管材</td><td colspan="4">1)屈强比应≤0.8</td></tr>
<tr><td rowspan="2">2)与受拉构件焊接连接的钢管</td><td colspan="2">当管壁厚度>25mm</td><td rowspan="2">应采取防止层状撕裂措施</td></tr>
<tr><td colspan="2">且沿厚度方向承受较大拉应力</td></tr>
<tr><td rowspan="7">4.3.8</td><td rowspan="7">连接材料的选用</td><td rowspan="3">1)焊条或焊丝的型号和性能</td><td colspan="3">与母材的性能相适应</td></tr>
<tr><td rowspan="2">熔敷金属的力学性能</td><td colspan="2">应符合设计要求</td></tr>
<tr><td colspan="2">应不低于母材标准的下限值</td></tr>
<tr><td rowspan="3">2)宜采用低氢型焊条的情况</td><td colspan="3">直接承受动力荷载的结构</td></tr>
<tr><td colspan="3">需要疲劳验算的结构</td></tr>
<tr><td colspan="3">低温工作环境的厚板结构</td></tr>
<tr><td colspan="4">3)连接薄钢板采用的自攻螺钉、钢拉铆钉(环槽铆钉)、射钉等,应符合相应标准</td></tr>
<tr><td rowspan="2">4.3.9</td><td rowspan="2">锚栓材料的选用</td><td colspan="4">可选用Q235、Q345、Q390或强度更高的材料,质量等级≥B级</td></tr>
<tr><td colspan="4">T≤-20℃时,锚栓还应满足第4.3.4条的要求</td></tr>
</table>

【要点分析】

1. 钢材的性能及焊接性能和环境温度(焊接环境和使用环境等)密切相关,《钢标》在第16.4节防脆断设计中也有相关的规定,可相互参照。

2. 第4.3.1条

1)结构钢材的选用,应遵循技术可靠、经济合理的原则,综合考虑结构的重要性、荷载特性、结构形式、应力状态、连接方法、工作环境、钢材厚度和价格等因素,选用合适的钢材牌号和材性保证项目。

2)钢结构的选材关键是“合适”,应综合考虑各项基本要素:

(1)荷载特性,就是静荷载、活荷载(包括风荷载等)、直接动荷载或地震作用等;

(2)应力状况,就是要考虑是否存在疲劳应力、残余应力等;

(3)连接方式,就是考虑焊接连接、螺栓连接还是栓焊连接;

(4)钢材厚度,就是要考虑钢材厚度对其强度、韧性、抗层状撕裂性能的影响;

(5)工作环境,就是包括温度作用、湿度和环境的腐蚀条件对钢结构性能的影响。

3. 第4.3.2条

1)承重结构所用的钢材:

(1)应具有屈服强度、抗拉强度、断后伸长率和硫、磷含量的合格保证;

(2)对焊接结构尚应具有碳含量的合格保证;

(3)焊接承重结构以及重要的非焊接承重结构,采用的钢材应具有冷弯试验的合格保证;

(4)对直接承受动力荷载或需要验算疲劳的构件所用钢材,尚应具有冲击韧性的合格保证。

2)本条为强制性条文,规定了承重结构的钢材应具有的力学性能和化学成分等合格保证：

（1）抗拉强度，钢材的抗拉强度是衡量钢材抵抗拉断的性能指标，不是一般的强度指标，而是直接反映钢材内部组织的优劣，并与疲劳强度有着密切的关联。

（2）断后伸长率，钢材的伸长率是衡量钢材塑性性能的重要指标，是钢材塑性时在外力作用下，产生永久变形时抵抗断裂的能力。承重结构的钢材，在静力荷载或动力荷载作用下，或在加工制作过程中，除应具有较高的强度外，还应有足够的伸长率。

（3）屈服强度，钢材的屈服强度（或屈服点）是衡量结构的承载力和确定强度设计值的重要指标。碳素结构钢和低合金结构钢，在受力达到屈服强度后，应变急剧增加，从而使结构的变形迅速增加（影响使用），钢结构的强度设计值一般都是以钢材的屈服强度为依据确定的。对于一般非承重或由构造确定的构件，只要保证钢材的抗拉强度和断后伸长率，即可满足要求；对于承重的结构必须同时具有钢材的抗拉强度、伸长率、屈服强度三项合格保证。

（4）冷弯试验，钢材的冷弯试验是衡量钢材塑性的重要指标之一，同时也是衡量其质量的一个综合指标。通过冷弯试验可以检查钢材的颗粒组织、结晶情况、非金属夹杂物分布等缺陷，在一定程度上也是鉴定焊接性能的指标。在结构的制作、安装过程中，要进行冷加工，尤其是焊接结构焊后变形的调直等工序，都需要钢材有较好的冷弯性能。非焊接的重要结构构件（如：吊车梁、吊车桁架、有振动设备或大吨位吊车厂房的屋架、托架，大跨度重型桁架等）以及需要弯曲成型的构件等，都要求冷弯试验的合格保证。

（5）硫、磷含量，磷、硫是建筑钢材中的主要杂质，对钢材的力学性能和焊接接头的裂纹敏感性都有较大的影响，所有承重结构，对硫、磷的含量均应有合格保证。

① 硫能生成易于熔化的硫化铁，当热加工或焊接的温度达到 800～1200℃时，可能出现裂纹（称为热脆）；硫化铁又形成杂质物，不仅使钢材起层，还会引起应力集中，降低钢材的塑性和冲击韧性。硫又是钢中偏析（合金中各组成元素，在结晶时分布不均匀的现象称为偏析）最严重的杂质（偏析程度越大越不利）；

② 磷是以固溶体的形式溶解于铁素体中，这种固溶体很脆，磷的偏析比硫更严重，形成的富磷区促使钢变脆（冷脆），降低钢的塑性、韧性和可焊性。

（6）碳当量，在焊接结构中，建筑钢的焊接性能主要取决于碳当量，碳当量宜控制在 0.45％以下，超出越多，焊接性能越差。《钢结构焊接规范》GB 50661 根据碳当量的高低等指标确定了焊接的难度等级。对焊接承重结构应具有碳当量的合格保证。

（7）冲击韧性（或冲击吸收能量），表示材料在冲击载荷作用下抵抗变形和断裂的能力。材料的冲击韧性值随温度的降低而减小，且在某一温度范围内发生急剧降低，这种现象称为冷脆，此温度范围称为“韧脆转变温度”。对于直接承受动力荷载或需要验算疲劳的构件，或处于低温工作环境的钢材，应具有冲击韧性的合格保证。

4. 第 4.3.3 条

1）钢材质量等级的选用，应符合下列规定：

（1）A 级钢仅可用于结构工作温度高于 0℃的不需要验算疲劳的结构，且 Q235A 不宜用于焊接结构。

（2）需要验算疲劳的焊接结构用钢材，应符合下列规定：

① 当工作温度＞0℃时，其质量等级应≥B 级；

② 当工作温度≤0℃，但>−20℃时，Q235 钢、Q345 钢的质量等级应≥C 级，Q390 钢、Q420 钢、Q460 钢的质量等级应≥D 级；

③ 当工作温度≤−20℃时，Q235 钢、Q345 钢的质量等级应≥D 级，Q390 钢、Q420 钢、Q460 钢的质量等级应选用 E 级。

（3）需要验算疲劳的非焊接结构，其质量等级要求可比上述焊接结构降低一级，但不应低于 B 级。吊车起重量≥50t 的中级工作制吊车梁，其质量等级要求应与需要验算疲劳的构件相同。

2）钢板的厚度增加，磷、硫含量过高会对钢材的冲击韧性和抗脆断性能造成不利影响，因此承重结构在<−20℃环境下的工作时，钢板的磷、硫总含量不宜大于 0.03%；焊接结构宜采用较薄的钢板，重要承重结构的受拉厚板宜选用细化晶粒的钢板；

3）建筑物的环境温度，可根据《采暖通风与空气调节设计规范》GBJ 19 确定，也可根据工程所在地的年最低日平均气温采用，当无可靠资料时，还可根据《荷规》的规定确定。结构的工作温度，应根据房屋的正常使用情况确定（如：能够确保房屋始终在某一温度以上，则可将其确定为工作温度，采暖房屋的工作温度可视为 0℃以上，其他房屋，可按最低日均气温增加 5℃采用）。

4）《钢标》对于钢材的性能要求，还有第 17.1.6 条的相关规定。

5）《钢标》对钢板质量等级的选用规定汇总见表 4.3.4-1。

5. 第 4.3.4 条

1）工作温度≤−20℃的受拉构件及承重构件的受拉板材，应符合下列规定：

（1）钢材厚度或直径宜<40mm，质量等级宜≥C 级；

（2）当钢材厚度或直径≥40mm，质量等级宜≥D 级；

（3）重要承重结构的受拉板材，宜满足现行《建筑结构用钢板》GB/T 19879 的要求。

2）《钢标》本条第 1、2 款在板件厚度的规定上不连续，结合《钢标》的相关规定并依据有利原则，将第 1 款理解为板厚<40mm。

3）《钢标》对钢板质量等级的选用规定汇总见表 4.3.4-1。

表 4.3.4-1 《钢标》钢板质量等级的选用

<table>
<tr><th colspan="2" rowspan="2">情况</th><th colspan="4">工作温度(℃)</th></tr>
<tr><th>$T>0$</th><th>$-20<T\leq0$</th><th colspan="2">$-40<T\leq-20$</th></tr>
<tr><td rowspan="2">不需验算疲劳</td><td>非焊接结构</td><td>B(允许用 A)</td><td rowspan="2">B</td><td rowspan="2">B</td><td rowspan="4">受拉构件及承重结构的受拉板件：
1. 板厚或直径<40mm 时 C；
2. 板厚或直径≥40mm 时 D；
3. 重要承重结构的受拉板件宜选用建筑结构用钢板</td></tr>
<tr><td>焊接结构</td><td>B(允许用 Q345A～Q420A)</td></tr>
<tr><td rowspan="2">需要验算疲劳</td><td>非焊接结构</td><td>B</td><td>Q235B、Q390C、Q345GJC、Q420C、Q345B、Q460C</td><td>Q235C、Q390D、Q345GJC、Q420D、Q345C、Q460D</td></tr>
<tr><td>焊接结构</td><td>B</td><td>Q235C、Q390D、Q345GJC、Q420D、Q345C、Q460D</td><td>Q235D、Q390E、Q345GJD、Q420E、Q345D、Q460E</td></tr>
</table>

6. 第 4.3.5 条

1）在 T 形、十字形和角形焊接的连接节点中，当其板厚度≥40mm 且沿板厚方向有较高约束拉应力作用时：

（1）该部位板件钢材，宜具有厚度方向抗撕裂性能（即 Z 向性能）的合格保证；

（2）其沿板厚方向断面收缩率，不小于现行《厚度方向性能钢板》GB/T 5313 规定的 Z15 级允许限值；

（3）钢板厚度方向承载性能等级，应根据节点形式、板厚、熔深或焊缝尺寸、焊接时节点拘束度以及预热、后热情况等综合确定。

2）当焊接熔融面平行于板材表面时，较容易发生层状撕裂，对于 T 形、十字形、角形焊缝连接节点，宜满足以下要求：

（1）当翼缘板厚度≥40mm，且连接焊缝熔透高度≥25mm 或连接角焊缝单面高度≥35mm 时，设计宜采用对厚度方向性能有要求的抗层状撕裂钢板，其 Z 向承载性能等级宜≥Z15（限制钢板的含硫量≤0.01%）。

（2）当翼缘板厚度≥40mm，且连接焊缝熔透高度>40mm 或连接角焊缝单面高度>60mm 时，Z 向承载性能等级宜为 Z25（限制钢板的含硫量≤0.007%）。

3）“沿板厚方向有较高约束拉应力作用”，在实际工程中较难以准确把握，可将“连接焊缝熔透高度≥25mm 或连接角焊缝单面高度≥35mm”作为基本判别依据，实际工程中还宜从严把握。

4）Z 向性能钢板的基本要求见表 4.3.5-1。

表 4.3.5-1　Z 向性能钢板的基本要求

序号	性能指标	Z15	Z25	Z35	适用板厚	屈服点
1	断面收缩率 ψ_z	15%	25%	35%	1.5～150mm	≤500N/mm^2
2	含硫量	<0.01%	<0.007%	<0.005%		

$\psi_z=\dfrac{A_0-A_1}{A_0}\times100\%$，其中 A_1 为试件拉断后断口处的横截面面积；A_0 为试件原截面面积。

厚度方向性能钢板试样外形尺寸见图 4.3.5-1。

7. 第 4.3.6 条

1）采用塑性设计的结构及进行弯矩调幅的构件，所采用的钢材，应符合下列规定：

（1）屈强比应≤0.85；

（2）钢材应有明显的屈服台阶，且伸长率应≥20%。

2）本条规定与《抗规》的规定一致。

3）按现行规范标准生产的 Q235～Q460 钢的屈强比标准值均小于 0.83<0.85（判别指标），伸长率均>20%，均能满足本条要求。塑性区不宜采用屈服强度过高的钢材。

（1）屈强比，钢材的屈服强度实测值/抗拉强度实测值；

（2）伸长率，见第 4.3.2 条说明。

8. 第 4.3.7 条

1）钢管结构中的无加劲直接焊接相贯节点：

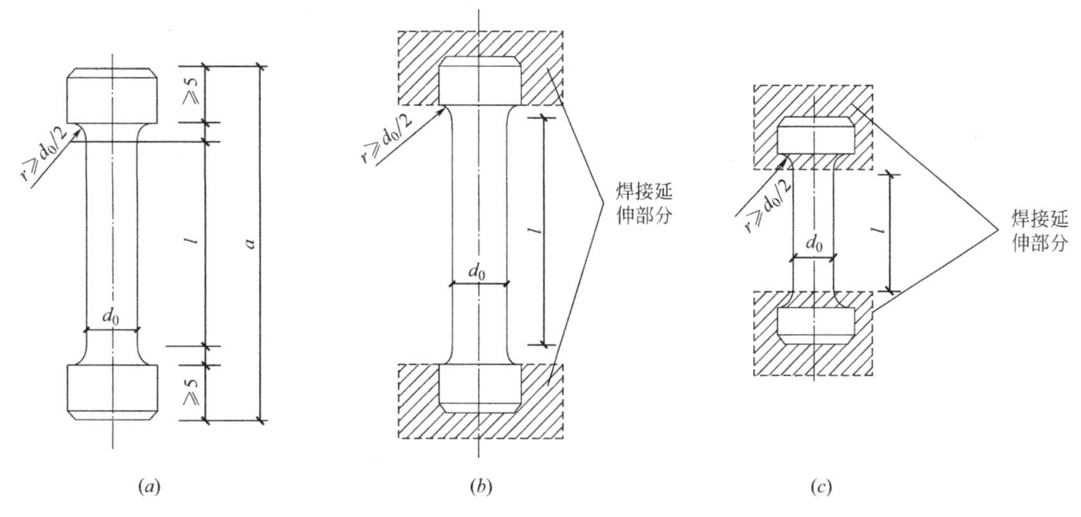

图 4.3.5-1 厚度方向性能钢板试样外形尺寸

(1) 其管材的屈强比宜≤0.8；

(2) 与受拉构件焊接连接的钢管，当管壁厚度>25mm，且沿厚度方向承受较大拉应力时，应采取措施防止层状撕裂。

2) “较大拉应力”，《钢标》没有具体量值规定，实际工程中可结合工程的具体情况，和构件的重要性综合把握（可基于偏于安全原则确定）。

3) 本条规定用于第13章钢管连接节点。

9. 第4.3.8条

1) 连接材料的选用，应符合下列规定：

(1) 焊条或焊丝的型号和性能，应与相应母材的性能相适应，其熔敷金属的力学性能，应符合设计规定，且不低于相应母材标准的下限值；

(2) 对直接承受动力荷载或需要验算疲劳的结构，以及低温环境工作的厚钢板结构，宜采用低氢焊条；

(3) 连接薄钢板采用的自攻螺钉、钢拉铆钉（环槽铆钉）、射钉等，应符合有关标准的规定。

2) “母材标准的下限值”，即钢材满足标准要求的抗拉强度最小值，也就是钢材牌号中Q后的数值，如Q235钢的屈服强度下限值为235MPa，Q355钢的屈服强度下限值为355MPa，以此类推。

3) “薄钢板”，一般情况下，当板件厚度≤4mm时，可理解为薄钢板。薄钢板包括：

(1) 普通薄钢板（如普通碳素钢、花纹钢及酸洗薄钢板）；

(2) 优质薄钢板（碳素结构钢、合金结构钢等）；

(3) 工具钢薄钢板（如镀锌、镀锡及镀铅等薄钢板）。

4) 对应于薄钢板，可将板件厚度>40mm，≤100mm的钢板，理解为厚钢板；板件厚度>100mm时，可理解为超厚钢板。

5) 常用钢材的焊接材料选用匹配建议，见表4.3.8-1。

表 4.3.8-1 常用钢材的焊接材料选用匹配建议

母材(钢材标准)				焊接材料			
GB/T 700 和 GB/T 1591	GB/T 19879	GB/T 4171	GB/T 7659	焊条电弧焊 SMAW	实心焊丝气体焊 GMAW	药芯焊丝气体保护焊 FCAW	埋弧焊 SAW
Q235	Q235GJ	Q235NH Q295NH Q295GNH	ZG270-480H	GB/T 5117: E43XX E50XX E50XX-X	GB/T 8110: ER49-X ER50-X	GB/T 10045: E43XTX-X E50XTX-X GB/T 17493: E43XTX-X E49XTX-X	GB/T 5293: F4XX-H08A GB/T 12470: F48XX-H08MnA
Q345 Q390	Q345GJ Q390GJ	Q355NH Q345GNH Q345GNHL Q390GNH	—	GB/T 5117: E50XX E5015、16-X	GB/T 8110: ER50-X ER55-X	GB/T 10045: E50XTX-X GB/T 17493: E50XTX-X	GB/T 5293: F5XX-H08MnA F5XX-H10Mn2 GB/T 12470: F48XX-H08MnA F48XX-H10Mn2 F48XX-H10Mn2A
Q420	Q420GJ	Q415NH	—	GB/T 5117: E5515、16-X	GB/T 8110: ER55-X	GB/T 17493: E55XTX-X	GB/T 12470: F55XX-H10Mn2A F55XX-H08MnMoA
Q460	Q460GJ	Q460NH	—	GB/T 5117: E5515、16-X	GB/T 8110: ER55-X	GB/T 17493: E55XTX-X E60XTX-X	GB/T 12470: F55XX-H08MnMoA F55XX-H08Mn2MoVA

注：1. 表中 X 为对应焊材标准中的焊材类别；
2. 当所焊接头的板厚≥25mm 时，宜采用低氢型焊接材料；
3. 被焊母材有冲击要求时，熔敷金属的冲击功不应低于母材的规定。

6）实际工程中还应注意，当采用建筑结构用钢板（如 Q345GJ）时，由于其强度指标较同类钢板（Q345）提高较多（见表 4.4.2），当采用等强设计，应结合钢板的实际强度指标，可采用与较高强度等级钢板（如 Q390）相匹配的焊条。

10. 第 4.3.9 条

1）锚栓可选用 Q235、Q345、Q390 或强度更高的钢材，其质量等级宜≥B 级。工作温度≤−20℃时，锚栓应满足第 4.3.4 条的要求。

2）实际工程选用锚栓时，应注意《钢标》对锚栓的材料性能要求。

4.4 设计指标和设计参数

《钢标》对设计指标和设计参数的规定见表 4.4.0-1。

表 4.4.0-1 《钢标》对设计指标和设计参数的规定

条文号	规定	关键点把握
4.4.1	钢材的设计用强度指标	应根据钢材牌号、厚度或直径，按表 4.4.1 采用
4.4.2	建筑结构用钢板的设计用强度指标	可根据钢材牌号、厚度或直径，按表 4.4.2 采用

续表

条文号	规定	关键点把握
4.4.3	结构用无缝钢管的强度指标	应按表4.4.3采用
4.4.4	铸钢件的强度设计值	应按表4.4.4采用
4.4.5	焊缝的强度指标	应按表4.4.5采用
4.4.6	螺栓连接的强度指标	应按表4.4.6采用
4.4.7	铆钉连接的强度设计值	应按表4.4.7采用
4.4.8	钢材和铸钢件的物理性能指标	应按表4.4.8采用

【要点分析】

1. 钢材的强度指标与钢材的轧制有很大的关系，钢材从粗钢到板材的过程，就是不断轧制的过程，钢板越薄，轧制得越充分（内部晶格更紧密，均匀性越好），强度越高，正所谓“千锤百炼”。把握一个基本概念：钢材的强度是轧制出来的。同样的钢材，薄钢板的强度要大于厚钢板的强度，轧制不透或未经轧制时，强度较低（钢铸件的强度要低于同类钢板的强度）。

2. 第4.4.1条

1）钢材的设计用强度指标、应根据钢材牌号、厚度或直径按表4.4.1采用。

表4.4.1 钢材的设计用强度指标（N/mm²）

钢材牌号		钢材厚度或直径(mm)	强度设计值			屈服强度 f_y	抗拉强度 f_u
			抗拉、抗压、抗弯 f	抗剪 f_v	端面承压(刨平顶紧) f_{ce}		
碳素结构钢	Q235	≤16	215	125	320	235	370
		>16,≤40	205	120		225	
		>40,≤100	200	115		215	
低合金高强度结构钢	Q355	≤16	305	175	400	355	470
		>16,≤40	295	170		345	
		>40,≤63	290	165		335	
		>63,≤80	280	160		325	
		>80,≤100	270	155		315	
	Q390	≤16	345	200	415	390	490
		>16,≤40	330	190		380	
		>40,≤63	310	180		360	
		>63,≤100	295	170		340	
	Q420	≤16	375	215	440	420	520
		>16,≤40	355	205		410	
		>40,≤63	320	185		390	
		>63,≤100	305	175		370	

续表

钢材牌号		钢材厚度或直径(mm)	强度设计值			屈服强度 f_y	抗拉强度 f_u
			抗拉、抗压、抗弯 f	抗剪 f_v	端面承压(刨平顶紧) f_{ce}		
低合金高强度结构钢	Q460	≤16	410	235	470	460	550
		>16，≤40	390	225		450	
		>40，≤63	355	205		430	
		>63，≤100	340	195		410	

注：1. 表中直径指实心棒材直径，厚度系指计算点的钢材或钢管壁厚度，对轴心受拉和轴心受压构件，系指截面中较厚板件的厚度；

2. 冷弯型材和冷弯钢管，其强度设计值应按国家现行有关标准的规定采用。

2）本条为强制性条文。

3）钢材的强度设计指标，是钢结构设计中的基本参数，经常用到，应注意：薄钢板的强度高于厚钢板。

4）统计结果表明：

（1）国产Q235～Q390钢材质量比较稳定（屈服强度统计标准值高于《钢标》的规定值、强度波动较小、变异系数较低），各项指标均能满足要求；

（2）国产Q420、Q460钢材的质量还有待提高（还不能全面达到《低合金高强度结构钢》GB/T 1591的要求），实际工程使用时应加强复检。

5）抗力分项系数见表4.4.1-1。

表4.4.1-1　Q235、Q345、Q390、Q420、Q460钢材抗力分项系数 γ_R

厚度分组(mm)		6～40	>40，≤100	说明
钢牌号	Q235钢	1.09		原《钢规》1.087
	Q345钢	1.125		原《钢规》1.111
	Q390钢			
	Q420钢	1.125	1.180	
	Q460钢			—

6）强度设计值的换算关系见表4.4.1-2。

表4.4.1-2　强度设计值的换算关系

材料和连接种类	应力种类		换算关系
钢材	抗拉、抗压和抗弯	Q235钢	$f=f_y/\gamma_R=f_y/1.090$
		Q345钢、Q390钢	$f=f_y/\gamma_R=f_y/1.125$
		Q420钢、Q460钢	$f=f_y/\gamma_R$
	抗剪		$f_v=f/\sqrt{3}$，$f_{yv}=f_y/\sqrt{3}$
	端面承压（刨平顶紧）	Q235钢	$f_{ce}=f_u/1.15$
		Q345钢、Q390钢、Q420钢、Q460钢	$f_{ce}=f_u/1.175$

续表

<table>
<tr><th colspan="3">材料和连接种类</th><th colspan="2">应力种类</th><th>换算关系</th></tr>
<tr><td rowspan="7">焊缝</td><td rowspan="4" colspan="2">对接焊缝</td><td colspan="2">抗压</td><td>$f_c^w=f$</td></tr>
<tr><td rowspan="2">抗拉</td><td>焊缝质量为一级、二级</td><td>$f_t^w=f$</td></tr>
<tr><td>焊缝质量为三级</td><td>$f_c^w=0.85f$</td></tr>
<tr><td colspan="2">抗剪</td><td>$f_v^w=f_v$</td></tr>
<tr><td rowspan="2" colspan="2">角焊缝</td><td rowspan="2">抗拉、抗压和抗剪</td><td>Q235 钢</td><td>$f_f^w=0.38f_u^w$</td></tr>
<tr><td>Q345 钢、Q390 钢、Q420 钢、Q460 钢</td><td>$f_f^w=0.41f_u^w$</td></tr>
<tr><td colspan="5"></td></tr>
<tr><td rowspan="10">螺栓连接</td><td rowspan="6">普通螺栓</td><td rowspan="3">C 级螺栓</td><td colspan="2">抗拉</td><td>$f_t^b=0.42f_u^b$</td></tr>
<tr><td colspan="2">抗剪</td><td>$f_v^b=0.35f_u^b$</td></tr>
<tr><td colspan="2">承压</td><td>$f_c^b=0.82f_u$</td></tr>
<tr><td rowspan="3">A 级
B 级
螺栓</td><td colspan="2">抗拉</td><td>$f_t^b=0.42f_u^b$(5.6 级),$f_t^b=0.50f_u^b$(8.8 级)</td></tr>
<tr><td colspan="2">抗剪</td><td>$f_v^b=0.38f_u^b$(5.6 级),$f_v^b=0.40f_u^b$(8.8 级)</td></tr>
<tr><td colspan="2">承压</td><td>$f_c^b=1.08f_u$</td></tr>
<tr><td rowspan="3" colspan="2">承压型高强度螺栓</td><td colspan="2">抗拉</td><td>$f_t^b=0.48f_u^b$</td></tr>
<tr><td colspan="2">抗剪</td><td>$f_v^b=0.30f_u^b$</td></tr>
<tr><td colspan="2">承压</td><td>$f_c^b=1.26f_u$</td></tr>
<tr><td colspan="2">锚栓</td><td colspan="2">抗拉</td><td>$f_t^a=0.38f_u^b$</td></tr>
<tr><td rowspan="3" colspan="3">钢铸件</td><td colspan="2">抗拉、抗压和抗弯</td><td>$f=f_y/1.282$</td></tr>
<tr><td colspan="2">抗剪</td><td>$f_v=f/\sqrt{3}$</td></tr>
<tr><td colspan="2">端面承压(刨平顶紧)</td><td>$f_{ce}=0.65f_u$</td></tr>
</table>

3. 第 4.4.2 条

1)建筑结构用钢板的设计强度指标，可根据钢材牌号、厚度或直径按表 4.4.2 采用。

表 4.4.2 建筑结构用钢板的设计用强度指标(N/mm^2)

<table>
<tr><th rowspan="2">建筑结构用钢板</th><th rowspan="2">钢材厚度或直径(mm)</th><th colspan="3">强度设计值</th><th rowspan="2">屈服强度 f_y</th><th rowspan="2">抗拉强度 f_u</th></tr>
<tr><th>抗拉、抗压、抗弯 f</th><th>抗剪 f_v</th><th>端面承压(刨平顶紧)f_{ce}</th></tr>
<tr><td rowspan="2">Q345GJ</td><td>>16,≤50</td><td>325</td><td>190</td><td rowspan="2">415</td><td>345</td><td rowspan="2">490</td></tr>
<tr><td>>50,≤100</td><td>300</td><td>175</td><td>335</td></tr>
</table>

2)为适应高层建筑钢结构需要，专门研制建筑结构用钢板 Q345GJ 钢，比较表 4.4.2 与表 4.4.1 可以发现，Q345GJ 的设计用强度指标，明显要高于普通钢材。

3)Q345GJ 钢的钢材抗力分项系数见表 4.4.2-1。

表 4.4.2-1 Q345GJ 钢的材料抗力分项系数 γ_R

厚度分组(mm)	6~16	>16,≤50	>50,≤100
抗力分项系数 γ_R	1.059	1.059	1.120

4. 第4.4.3条

1）结构用无缝钢管的强度指标，应按表4.4.3采用。

表4.4.3　结构用无缝钢管的强度指标（N/mm²）

钢管钢材牌号	壁厚(mm)	强度设计值			屈服强度 f_y	抗拉强度 f_u
		抗拉、抗压、抗弯 f	抗剪 f_v	端面承压(刨平顶紧) f_{ce}		
Q235	≤16	215	125	320	235	375
	>16，≤30	205	120		225	
	>30	195	115		215	
Q345	≤16	305	175	400	345	470
	>16，≤30	290	170		325	
	>30	260	150		295	
Q390	≤16	345	200	415	390	490
	>16，≤30	330	190		370	
	>30	310	180		350	
Q420	≤16	375	220	445	420	520
	>16，≤30	355	205		400	
	>30	340	195		380	
Q460	≤16	410	240	470	460	550
	>16，≤30	390	225		440	
	>30	355	205		420	

2）本条为强制性条文。

3）比较表4.4.3和表4.4.1可以发现，钢管壁厚的分组、材料的屈服强度、抗拉强度等，与钢板不同（钢板厚度以40mm为界，钢管厚度以30mm为界，钢管的强度指标不会高于相应厚度的钢板）。

4）表4.4.3适用于无缝钢管，由钢板卷成的钢管和钢板焊接钢管的材料强度指标，应按表4.4.1确定（本质是钢板）。

5. 第4.4.4条

1）钢铸件的强度设计值，应按表4.4.4采用。

表4.4.4　铸钢件的强度设计值（N/mm²）

类别	钢号	铸件厚度(mm)	抗拉、抗压、抗弯 f	抗剪 f_v	端面承压(刨平顶紧) f_{ce}
非焊接结构用铸钢件	ZG230-450	≤100	180	105	290
	ZG270-500		210	120	325
	ZG310-570		240	140	370
焊接结构用铸钢件	ZG230-450H		180	105	290
	ZG270-480H		210	120	310
	ZG300-500H		235	135	325
	ZG340-550H		265	150	355

注：表中强度设计值适用于表中规定的厚度。

2）本条为强制性条文。

3）比较表4.4.4和表4.4.1可以发现，铸钢的强度设计指标较相应厚度的钢板有所降低（主要原因是铸钢没有后续锻压的过程），实际工程中，应尽量避免采用铸钢件，必须采用时应特别注意，关键部位应适当留有余地。

6. 第4.4.5条

1）焊缝的强度指标应按表4.4.5采用并应符合下列规定：

（1）手工焊用焊条、自动焊和半自动焊所采用的焊丝和焊剂，应保证其熔敷金属的力学性能不低于母材的性能。

（2）焊缝质量等级应符合现行《钢结构焊接规范》GB 50661的规定，其检验方法应符合现行《钢结构工程施工质量验收规范》GB 50205的规定。其中厚度小于6mm钢材的对接焊缝，不应采用超声波探伤确定焊缝质量等级。

（3）对接焊缝在受压区的抗弯强度设计值取 f_c^w，在受拉区的抗弯强度设计值取 f_t^w。

（4）计算下列情况的连接时，表4.4.5规定的强度设计值应乘以相应的折减系数；几种情况同时存在时，其折减系数应连乘。

① 施工条件较差的高空安装焊缝应乘以系数0.9；

② 进行无垫板的单面施焊对接焊缝的连接计算应乘折减系数0.85。

表4.4.5 焊缝的强度指标（N/mm^2）

<table>
<tr><th rowspan="3">焊接方法和焊条型号</th><th colspan="2">构件钢材</th><th colspan="4">对接焊缝强度设计值</th><th>角焊缝强度设计值</th><th rowspan="3">对接焊缝抗拉强度 f_u^w</th><th rowspan="3">角焊缝抗拉、抗压和抗剪强度 f_u^f</th></tr>
<tr><th rowspan="2">牌号</th><th rowspan="2">厚度或直径（mm）</th><th rowspan="2">抗压 f_c^w</th><th colspan="2">焊缝质量为下列等级时，抗拉 f_t^w</th><th rowspan="2">抗剪 f_v^w</th><th rowspan="2">抗拉、抗压和抗剪 f_f^w</th></tr>
<tr><th>一级、二级</th><th>三级</th></tr>
<tr><td rowspan="3">自动焊、半自动焊和E43型焊条手工焊</td><td rowspan="3">Q235</td><td>≤16</td><td colspan="2">215</td><td>185</td><td>125</td><td rowspan="3">160</td><td rowspan="3">415</td><td rowspan="3">240</td></tr>
<tr><td>>16,≤40</td><td colspan="2">205</td><td>175</td><td>120</td></tr>
<tr><td>>40,≤100</td><td colspan="2">200</td><td>170</td><td>115</td></tr>
<tr><td rowspan="9">自动焊、半自动焊和E50、E55型焊条手工焊</td><td rowspan="5">Q345</td><td>≤16</td><td colspan="2">305</td><td>260</td><td>175</td><td rowspan="5">200</td><td rowspan="9">480
（E50）
540
（E55）</td><td rowspan="9">280
（E50）
315
（E55）</td></tr>
<tr><td>>16,≤40</td><td colspan="2">295</td><td>250</td><td>170</td></tr>
<tr><td>>40,≤63</td><td colspan="2">290</td><td>245</td><td>165</td></tr>
<tr><td>>63,≤80</td><td colspan="2">280</td><td>240</td><td>160</td></tr>
<tr><td>>80,≤100</td><td colspan="2">270</td><td>230</td><td>155</td></tr>
<tr><td rowspan="4">Q390</td><td>≤16</td><td colspan="2">345</td><td>295</td><td>200</td><td rowspan="4">200
（E50）
220
（E55）</td></tr>
<tr><td>>16,≤40</td><td colspan="2">330</td><td>280</td><td>190</td></tr>
<tr><td>>40,≤63</td><td colspan="2">310</td><td>265</td><td>180</td></tr>
<tr><td>>63,≤100</td><td colspan="2">295</td><td>250</td><td>170</td></tr>
<tr><td rowspan="4">自动焊、半自动焊和E55、E60型焊条手工焊</td><td rowspan="4">Q420</td><td>≤16</td><td colspan="2">375</td><td>320</td><td>215</td><td rowspan="4">220
（E55）
240
（E60）</td><td rowspan="4">540
（E55）
590
（E60）</td><td rowspan="4">315
（E55）
340
（E60）</td></tr>
<tr><td>>16,≤40</td><td colspan="2">355</td><td>300</td><td>205</td></tr>
<tr><td>>40,≤63</td><td colspan="2">320</td><td>270</td><td>185</td></tr>
<tr><td>>63,≤100</td><td colspan="2">305</td><td>260</td><td>175</td></tr>
</table>

续表

<table>
<tr><th rowspan="3">焊接方法和焊条型号</th><th colspan="2">构件钢材</th><th colspan="4">对接焊缝强度设计值</th><th>角焊缝强度设计值</th><th rowspan="3">对接焊缝抗拉强度 f_u^w</th><th rowspan="3">角焊缝抗拉、抗压和抗剪强度 f_u^f</th></tr>
<tr><th rowspan="2">牌号</th><th rowspan="2">厚度或直径(mm)</th><th rowspan="2">抗压 f_c^w</th><th colspan="2">焊缝质量为下列等级时，抗拉 f_t^w</th><th rowspan="2">抗剪 f_v^w</th><th rowspan="2">抗拉、抗压和抗剪 f_f^w</th></tr>
<tr><th>一级、二级</th><th>三级</th></tr>
<tr><td rowspan="4">自动焊、半自动焊和 E55、E60 型焊条手工焊</td><td rowspan="4">Q460</td><td>≤16</td><td colspan="2">410</td><td>350</td><td>235</td><td rowspan="4">220(E55)
240(E60)</td><td rowspan="4">540(E55)
590(E60)</td><td rowspan="4">315(E55)
340(E60)</td></tr>
<tr><td>>16，≤40</td><td colspan="2">390</td><td>330</td><td>225</td></tr>
<tr><td>>40，≤63</td><td colspan="2">355</td><td>300</td><td>205</td></tr>
<tr><td>>63，≤100</td><td colspan="2">340</td><td>290</td><td>195</td></tr>
<tr><td rowspan="3">自动焊、半自动焊和 E50、E55 型焊条手工焊</td><td rowspan="3">Q345GJ</td><td>>16，≤35</td><td colspan="2">310</td><td>265</td><td>180</td><td rowspan="3">200</td><td rowspan="3">480(E50)
540(E55)</td><td rowspan="3">280(E50)
315(E55)</td></tr>
<tr><td>>35，≤50</td><td colspan="2">290</td><td>245</td><td>170</td></tr>
<tr><td>>50，≤100</td><td colspan="2">285</td><td>240</td><td>165</td></tr>
</table>

注：表中厚度系计算点的钢材厚度，对轴心受拉和轴心受压构件，系指截面中较厚板件的厚度。

2）本条为强制性条文。

3）对本条规定的理解：

（1）“折减系数应连乘”，明确多种情况时，折减系数可连乘。对焊缝强度设计值的折减，主要取决于施焊的条件，不利于确保焊缝质量的施焊条件（如：高空安装焊缝作业、无垫板的单面施焊对接焊缝等）必须进行焊缝强度设计值的折减，且折减系数可以连乘。

（2）“施工条件较差的高空安装焊缝”，这里指的是高空安装焊缝，而且是高空安装焊缝的施工条件较差。不包含：非高空安装焊缝，施工条件较好（即焊缝质量有保证）的安装焊缝。

（3）“无垫板的单面施焊对接焊缝”，这里指对接焊缝，是无垫板的、单面施焊的对接焊缝。不包含：非对接焊缝，有垫板的、双面焊缝等。

4）关于焊缝

（1）要求焊条等熔敷金属的力学性能不低于母材的性能，就是要求焊缝的强度等综合性能不低于母材，实现强连接的要求。

（2）超声波是频率高于 20kHz 的机械波（工业检测用的频率为 0.5～12MHz），在介质中传播具有方向性。超声波探伤有穿透法、共振法和脉冲反射法，现阶段应用最广泛的是脉冲反射法，其原理是：电脉冲发生器产生高频电脉冲，加到超声波探头（由压电晶片制成的换能器）上，探头将电能转变成高频机械振动，机械振动透过声耦合介质（通常为水和油）传入构件材料，并在其中传播形成超声波脉冲。超声波脉冲遇到缺陷或异质界面时，部分声能沿原路返回探头，转变为电信号，经放大后显示在荧光屏上，根据反射波在荧光屏的位置和幅度可以确定缺陷在被检测件中的位置和大致尺寸。超声波检测可用来判别多种构件的多种缺陷（只要不是多层多孔材料），可检测的构件厚度大（以弥补射线检测厚度小、裂缝容易漏检的不足），检测灵敏度高（但不适合厚度过小的构件，如本条规定的厚度＜6mm 钢板的对接焊缝）。

（3）焊缝的抗拉强度和焊缝的抗压强度有所不同：

① 对接焊缝的抗拉强度，取与焊缝相匹配的焊条和焊丝二者抗拉强度的较小值，本

条规定了对接焊缝在受压区的抗弯强度设计值 f_c^w，和对接焊缝在受拉区的抗弯强度设计值 f_t^w 的具体数值。

② 角焊缝的抗拉强度 f_u^f 取对接焊缝相应抗拉强度 f_u^w 的 58%（以 Q235 为例，415×0.58=240）。

5）表 4.4.5 中，f_t^w 的编号改变了焊缝强度的表达规律，导致表达混乱（右下角码应为焊缝的受力情况），理解本条时应注意角焊缝的这一特殊情况。

7. 第 4.4.6 条

1）螺栓连接的强度指标，应按表 4.4.6 采用。

表 4.4.6　螺栓连接的强度指标（N/mm^2）

螺栓的性能等级、锚栓和构件钢材的牌号		强度设计值										高强度螺栓的抗拉强度 f_u^b
		普通螺栓						锚栓	承压型连接或网架用高强度螺栓			
		C级螺栓			A级、B级螺栓							
		抗拉 f_t^b	抗剪 f_v^b	承压 f_c^b	抗拉 f_t^b	抗剪 f_v^b	承压 f_c^b	抗拉 f_t^a	抗拉 f_t^b	抗剪 f_v^b	承压 f_c^b	
普通螺栓	4.6级 4.8级	170	140	—	—	—	—	—	—	—	—	—
	5.6级	—	—	—	210	190	—	—	—	—	—	—
	8.8级	—	—	—	400	320	—	—	—	—	—	—
锚栓	Q235	—	—	—	—	—	—	140	—	—	—	—
	Q345	—	—	—	—	—	—	180	—	—	—	—
	Q390	—	—	—	—	—	—	185	—	—	—	—
承压型连接高强度螺栓	8.8级	—	—	—	—	—	—	—	400	250	—	830
	10.9级	—	—	—	—	—	—	—	500	310	—	1040
螺栓球节点用高强度螺栓	9.8级	—	—	—	—	—	—	—	385	—	—	—
	10.9级	—	—	—	—	—	—	—	430	—	—	—
构件钢号	Q235	—	—	305	—	—	405	—	—	—	470	—
	Q345	—	—	385	—	—	510	—	—	—	590	—
	Q390	—	—	400	—	—	530	—	—	—	615	—
	Q420	—	—	425	—	—	560	—	—	—	655	—
	Q460	—	—	450	—	—	595	—	—	—	695	—
	Q345GJ	—	—	400	—	—	530	—	—	—	615	—

注：1. A 级螺栓用于 $d \leqslant 24mm$ 和 $L \leqslant 10d$ 或 $L \leqslant 150mm$（按较小值）的螺栓；B 级螺栓用于 $d > 24mm$ 和 $L > 10d$ 或 $L > 150mm$（按较小值）的螺栓；d 为公称直径，L 为螺栓的公称长度；

2. A 级、B 级螺栓孔的精度和孔壁表面粗糙度，C 级螺栓孔的允许偏差和孔壁表面粗糙度，均应符合现行《钢结构工程施工质量验收规范》GB 50205 的要求；

3. 用于螺栓球节点网架的高强度螺栓，M12～M36 为 10.9 级，M39～M64 为 9.8 级。

2）本条为强制性条文。

3）实际工程中所用的螺栓，有普通螺栓（A、B、C 级）、锚栓、高强度螺栓（分为承压型连接高强度螺栓和螺栓球节点用高强度螺栓）。螺栓球节点网架用的高强度螺栓，外形、连接副、受力机理、施工安装方法及强度计算值等，均与普通结构钢用的高强度螺栓不同。

4）高强度螺栓连接，进入极限状态的螺栓，摩擦面滑移后螺栓、螺杆和螺纹部分进入承压状态后，出现螺栓或连接板剪切破坏，摩擦型连接和承压型连接在极限状态下的破坏模式是相同的，因此，表 4.4.6 中的承压型高强度螺栓的抗拉强度最小值，同样适用于摩擦型高强度螺栓连接。

5）表 4.4.6 中的最后一项“构件钢材牌号”，指被螺栓连接的构件，比较表 4.4.6 中的承压强度，要低于表 4.4.1 中相应牌号钢材的端面承压强度。

6）表注中细化了 A、B、C 级螺栓的规定，也对螺栓球节点网架的高强度螺栓材料进行了说明。

8. 第 4.4.7 条

1）铆钉连接的强度设计值，应按表 4.4.7 采用，并应按下列规定乘以相应的折减系数，当下列几种情况同时存在时，其折减系数应连乘：

（1）施工条件较差的铆钉连接，应乘以系数 0.9；

（2）沉头和半沉头铆钉连接，应乘以系数 0.8。

表 4.4.7 铆钉连接的强度设计值（N/mm²）

铆钉钢号和构件钢材牌号		抗拉(钉头拉脱) f_t^r	抗剪 f_v^r		承压 f_c^r	
			Ⅰ类孔	Ⅱ类孔	Ⅰ类孔	Ⅱ类孔
铆钉	BL2 或 BL3	120	185	155	—	—
构件钢材牌号	Q235	—	—	—	450	365
	Q345	—	—	—	565	460
	Q390	—	—	—	590	480

注：1. 属于下列情况者为Ⅰ类孔：
1）在装配好的构件上，按设计孔径钻成的孔；
2）在单个零件和构件上，按设计孔径分别用钻模钻成的孔；
3）在单个零件上先钻成或冲成较小的孔径，然后在装配好的构件上再扩钻至设计孔径。
2. 在单个零件上，一次冲成或不用钻模钻成设计孔径的孔，属于Ⅱ类孔。

2）沉头和半沉头铆钉形式见图 4.4.7-1。

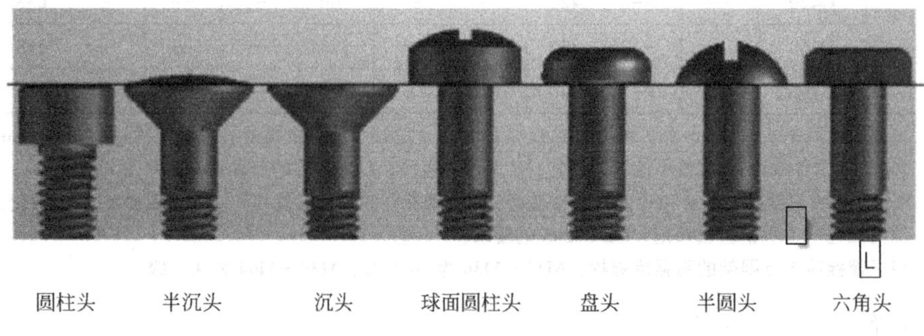

圆柱头　半沉头　沉头　球面圆柱头　盘头　半圆头　六角头

图 4.4.7-1　螺丝或铆钉的头部形式

3）铆钉连接在实际工程中应用较少，一般用于不允许焊接的构件。

9. 第4.4.8条

1）钢材和铸钢件的物理性能指标，应按表4.4.8采用。

表4.4.8 钢材和铸钢件的物理性能指标

弹性模量 E(N/mm^2)	剪变模量 G(N/mm^2)	线膨胀系数 α（以每℃计）	质量密度 ρ（kg/m^3）
206×10^3	79×10^3	12×10^{-6}	7850

2）钢材和铸钢的物理指标计算值是相同的。

第5章　结构分析与稳定性设计

【说明】

1. 钢结构是较为理想的弹性材料，较为符合结构计算分析中的弹性假定，但钢结构的稳定问题、塑性开展问题也是结构分析的重点。本章内容涉及的概念多、计算方法多、计算参数多，实际工程应用时，困难较大，应仔细区分。

2. 本章内容是钢结构设计计算的基础，实际工程及注册备考时应特别注意把握。

5.1　一般规定

《钢标》对结构分析与稳定性设计的一般规定见表5.1.0-1。

表5.1.0-1　《钢标》对结构分析与稳定性分析的一般规定

<table>
<tr><th>条文号</th><th>规定</th><th colspan="2">关键点把握</th></tr>
<tr><td rowspan="2">5.1.1</td><td rowspan="2">建筑结构的内力和变形</td><td colspan="2">1)可按结构力学方法，进行弹性或弹塑性分析</td></tr>
<tr><td colspan="2">2)采用弹性分析设计时，可考虑S1、S2、S3级截面的塑性变形发展</td></tr>
<tr><td>5.1.2</td><td>结构稳定性设计</td><td colspan="2">应在结构分析或构件设计中，考虑二阶效应</td></tr>
<tr><td>5.1.3</td><td>计算模型和基本假定</td><td colspan="2">应与构件连接的实际性能相符合</td></tr>
<tr><td rowspan="4">5.1.4</td><td rowspan="4">框架结构的梁柱连接</td><td colspan="2">1)宜采用刚接或铰接</td></tr>
<tr><td rowspan="3">2)采用半刚性连接时</td><td>应计入梁柱交角变化的影响</td></tr>
<tr><td>内力分析时，应假定连接的弯矩-转角曲线</td></tr>
<tr><td>节点设计时，应保证节点的构造与假定相符</td></tr>
<tr><td rowspan="4">5.1.5</td><td rowspan="4">桁架杆件内力计算时</td><td colspan="2">1)桁架杆件轴力计算时，可采用节点铰接假定</td></tr>
<tr><td colspan="2">2)采用节点板连接的桁架腹杆及荷载作用于节点的弦杆，杆件截面为单角钢、双角钢或T型钢时，可不考虑节点刚性引起的弯矩效应</td></tr>
<tr><td colspan="2">3)直接相贯连接的钢管结构节点(无斜腹杆的空腹桁架除外)，当符合第13章各类节点相贯规定时，可视为铰接节点</td></tr>
<tr><td colspan="2">4)H形或箱形截面杆件的内力分析，按第8.5节的规定</td></tr>
<tr><td rowspan="5">5.1.6</td><td rowspan="3">结构内力分析方法，根据最大二阶效应系数$\theta_{i,\max}^{\mathrm{II}}$确定</td><td>$\theta_{i,\max}^{\mathrm{II}}\leqslant0.1$</td><td>可一阶弹性分析</td></tr>
<tr><td>$0.1<\theta_{i,\max}^{\mathrm{II}}\leqslant0.25$</td><td>宜二阶$P$-$\Delta$弹性分析，或直接分析</td></tr>
<tr><td>$\theta_{i,\max}^{\mathrm{II}}>0.25$</td><td>应增大结构的刚度，或直接分析</td></tr>
<tr><td rowspan="2">i层的二阶效应系数$\theta_{\mathrm{i}}^{\mathrm{II}}$</td><td colspan="2">1)规则框架，按式(5.1.6-1)计算</td></tr>
<tr><td colspan="2">2)一般结构，按式(5.1.6-2)计算</td></tr>
<tr><td rowspan="2">5.1.7</td><td>二阶P-Δ弹性分析</td><td colspan="2">应考虑结构整体初始几何缺陷</td></tr>
<tr><td>直接分析</td><td colspan="2">应考虑初始几何缺陷和残余应力</td></tr>
</table>

续表

条文号	规定	关键点把握	
5.1.8	特殊情况的结构分析	连续倒塌分析	可采用静力直接分析，或动力直接分析
		抗火分析	
		其他极端荷载作用下的结构分析	
5.1.9	以整体受压或受拉为主的大跨度钢结构	其稳定性分析，应采用二阶 P-Δ 弹性分析或直接分析	

【要点分析】

1. 钢结构的分析计算，应采用合理的计算模型，计算假定应与钢结构的实际受力情况一致，应采取相应的稳定措施。本节的重点问题是二阶效应系数问题。

2. 第 5.1.1 条

1）建筑结构的内力和变形可按结构静力学方法，进行弹性或弹塑性分析，采用弹性分析结果进行设计时，截面板件宽厚比等级为 S1 级、S2 级、S3 级的构件，可有塑性变形发展。

2）结构分析时，应根据工程的具体情况采用弹性或弹塑性假定，确定相应的计算方法。

（1）弹性分析时，延性好的截面（截面板件宽厚比等级为 S1、S2、S3 级），允许采用截面塑性发展系数 γ_x、γ_y 来考虑塑性变形的发展（见第 6.1.2 条和第 8.1.1 条），截面板件宽厚比等级为 S4、S5 级时，塑性发展系数取 1.0。

（2）当同一构件允许形成多个塑性铰、结构产生内力重分布时，应采用二阶弹塑性分析。

3. 第 5.1.2 条

1）结构稳定性设计，应在结构分析或构件设计中考虑二阶效应。

2）本条明确了，在稳定性设计中考虑二阶效应（注意，只是在稳定性设计中考虑，也就是说，一阶弹性分析法在截面的强度计算中不考虑二阶效应问题）。

3）二阶 P-Δ 效应是结构稳定性的根本问题，钢结构设计中的三种不同设计方法，对二阶效应的处理方法也不相同：

（1）一阶弹性分析法（适用于较为规则的结构），结构分析采用计算长度法（属于简化计算），二阶效应在设计阶段考虑（也就是：计算不考虑二阶 P-Δ 效应，通过措施来考虑二阶 P-Δ 效应的影响。计算简单，措施设计复杂）；

（2）二阶 P-Δ 弹性分析法（可适用于较为复杂的结构），结构分析中仅考虑 P-Δ 效应（二阶 P-Δ 效应考虑得还不够充分。属于较全面的计算，但还有漏项），在设计阶段应附加考虑 P-δ 效应；

（3）直接设计法（适合于复杂结构），则在计算分析中已经考虑了 P-Δ 效应、P-δ 效应等（属于全面计算），在设计阶段不再考虑二阶效应。

4. 第 5.1.3 条

1）结构的计算模型和基本假定，应与构件连接的实际性能相符合。

2）结构计算分析时，应特别注意结构的实际受力与计算模型（计算假定）的一致性问题，应采用合适的计算模型（并不是软件的所有计算模型都适用）避免模型化误差。在钢结构计算中，采用有限元杆系模型，杆件本身误差不大，节点的计算模型是关键，应根据第 5.1.4 条的规定，确定合适的节点计算模型。

5. 第 5.1.4 条

1）框架结构的梁柱连接，宜采用刚接或铰接。梁柱采用半刚性连接时，应计入梁柱交角变化的影响，在内力分析时，应假定连接的弯矩-转角曲线，并在节点设计时，保证节点的构造与假定的弯矩-转角曲线符合。

2）“梁柱交角变化”，半刚接梁柱节点为非刚性节点，构件之间有相对转角（不再保持刚性节点的固定角度关系）。

3）框架结构梁柱连接节点，可采用刚接、铰接或半刚接模型：

（1）刚接模型，是框架梁柱节点中最简单的计算模型，也是最容易通过构造措施实现的计算模型，实际工程中采用节点刚接做法很多（如可采用框架梁悬臂梁段栓焊连接等），实践证明也较为有效；

（2）铰接模型，计算简单，但构造要求较高，实际工程很难完全做到铰接，实际工程可按铰接计算，设计时考虑适当承受部分计算外弯矩（如铰接连接，考虑连接的偏心弯矩等）；

（3）半刚接模型，实际工程中，绝对刚接和绝对铰接的情况很少，多数连接都属于半刚接模型（也就是弹性连接）。半刚性连接模型在计算和构造上均较为复杂：

① 需要考虑梁柱交角变化的影响（节点的整体转动和梁柱相对转动，这和混凝土结构有很大的不同，混凝土结构的节点是刚节点，不考虑节点处梁柱的相对转动）；

② 内力分析时，应输入假定连接的弯矩-转角曲线（实际工程中，当计算假定难以准确把握时，可按刚接模型和铰接模型分别计算，包络设计）；

③ 节点设计时，还应采取措施保证节点的构造与假定相符。

6. 第 5.1.5 条

1）进行桁架杆件内力计算时，应符合下列规定：

（1）计算桁架杆件轴力时，可采用节点铰接假定；

（2）采用节点板连接的桁架腹杆及荷载作用于节点的弦杆，其杆件截面为单角钢、双角钢或 T 型钢时，可不考虑节点刚性引起的弯矩效应；

（3）除无腹杆的空腹桁架外，直接相贯连接的钢管节点，当符合第 13 章各类节点的几何参数适用范围且 $l_1/h_1 \geqslant 12$、$l_2/h_2 \geqslant 24$ 时，可视为铰接节点（其中，l_1 为主管节间长度；h_1 为主管截面高度或直径；l_2 为支管杆间长度；h_2 为支管截面高度或直径）；

（4）H 形或箱形截面杆件的内力计算，宜符合第 8.5 节的规定。

2）本条对各类构件的铰接节点做出了具体规定，结构设计时下列构件应特别注意：

（1）桁架杆件轴力计算时；

（2）节点板连接的桁架腹杆及荷载作用于节点的弦杆（即弦杆本身没有外荷载作用），杆件截面为单角钢、双角钢或 T 形钢时；

（3）直接相贯连接的钢管节点（$l_1/h_1 \geqslant 12$、$l_2/h_2 \geqslant 24$ 时，结合第 13 章的相关规定）。

7. 第 5.1.6 条

1）结构内力分析可采用一阶弹性分析、二阶 P-Δ 弹性分析或直接分析，应根据下列公式计算的最大二阶效应系数 $\theta_{i,\max}^{\mathrm{II}}$ 选用适当的结构分析方法。当 $\theta_{i,\max}^{\mathrm{II}} \leqslant 0.1$ 时，可采用一阶弹性分析；当 $0.1 < \theta_{i,\max}^{\mathrm{II}} \leqslant 0.25$ 时，宜采用二阶 P-Δ 弹性分析或采用直接分析；当 $\theta_{i,\max}^{\mathrm{II}} > 0.25$ 时，应增大结构的侧移刚度或采用直接分析。

（1）规则框架结构的二阶效应系数可按下式计算：

$$\theta_i^{\mathrm{II}} = \frac{\sum N_i \cdot \Delta u_i}{\sum H_{ki} \cdot h_i} \tag{5.1.6-1}$$

式中：$\sum N_i$——所计算 i 楼层各柱轴心压力设计值之和（N）；

$\sum H_{ki}$——产生层间侧移 Δu 的计算楼层及其以上各层的水平力标准值之和（N）；

h_i——所计算 i 楼层的层高（mm）；

Δu_i——在 $\sum H_{ki}$ 作用下按一阶弹性分析求得的计算楼层的层间侧移（mm）。

（2）一般结构的二阶效应系数可按下式计算：

$$\theta_i^{\mathrm{II}} = \frac{1}{\eta_{cr}} \tag{5.1.6-2}$$

式中：η_{cr}——整体结构最低阶弹性临界荷载与荷载设计值的比值。

2）本条对钢结构设计方法的选择做出了规定，即：采用一阶弹性计算方法，计算结构的二阶效应系数 θ_i^{II}，以 θ_i^{II} 的最大值 $\theta_{i,\max}^{\mathrm{II}}$ 作为确定钢结构设计方法的依据，并确定工程应采用的计算方法。

3）本条是对结构分析方法的选择进行了原则规定，对于二阶效应明显的有侧移框架，应采用二阶弹性分析方法。当最大二阶效应系数 $\theta_{i,\max}^{\mathrm{II}} > 0.25$ 时，设计时需要调整结构布置或采用更细致的分析方法。

4）根据抗侧力构件在水平力作用下的变形形态，钢结构可分为剪切型（框架结构）、弯曲型（如高跨比大于 6 的支撑结构）和弯剪型。本条的重点是根据钢结构的变形形态确定二阶效应系数：

（1）对于剪切型钢结构（如钢框架结构），二阶效应系数应采用公式（5.1.6-1）计算（基于一阶弹性计算方法的计算结果）；

（2）对于弯曲型和弯剪型钢结构（如钢框架支撑结构等），二阶效应系数应采用公式（5.1.6-2）计算（基于一阶弹性计算方法得出的计算结果）；

（3）钢结构的二阶效应系数计算，强调整体屈曲模态，从而排除一些最薄弱构件的屈曲模态对整体结构屈曲模态的干扰。

5）本条规定就是要确定结构设计计算的方法（注意本条只是对钢结构设计方法的判别，不涉及结构二阶效应的计算），路径是根据二阶效应系数的大小去判别。

（1）二阶效应系数计算中（5.1.6-1），$\sum H_{ki}$ 采用作用的标准值，与 Δu_i 相协调，抗震设计时，可取小震作用相对应的弹性层间位移；

（2）$\sum N_i$ 采用柱轴向压力设计值，与《高钢规》的规定不一样，但计算的二阶效应系数 θ_i^{II} 数值更大，可理解为《钢标》对二阶效应计算方法（注意，只是对计算方法）的要求比《高钢规》更严。

6）“一阶弹性分析”，适用于规则和较为规则的结构，更多详细分析见第 5.3 节。

7）“二阶 P-Δ 弹性分析”，适用于较为复杂的结构，更多详细分析见第 5.4 节。

8）“直接分析”，适用于复杂结构（可用于所有各类结构），更多详细分析见第 5.5 节。

9）“一般结构”，指框架结构以外的其他结构。

10）公式（5.1.6-2）中的 η_{cr} 为“整体结构最低阶弹性临界荷载与荷载设计值的比值”，整体结构最低阶弹性临界荷载的计算，属于结构力学的计算内容，根据结构刚度、几何刚度和侧向位移，求解联立方程，计算出荷载特征向量。

11）二阶效应系数 θ_i^{II} 也可按式（5.1.6-3）计算：

$$\theta_i^{\mathrm{II}}=1-\frac{\Delta u_i}{\Delta u_i^{\mathrm{II}}}=\frac{\Delta u_i^{\mathrm{II}}-\Delta u_i}{\Delta u_i^{\mathrm{II}}} \tag{5.1.6-3}$$

式中：Δu_i^{II}——按二阶弹性分析求得的 i 楼层（计算楼层）的层间位移；

Δu_i——按一阶弹性分析求得的 i 楼层（计算楼层）的层间位移。

8. 第 5.1.7 条

1）二阶 P-Δ 弹性分析，应考虑结构整体初始几何缺陷的影响，直接分析应考虑初始几何缺陷和残余应力影响。

2）本条明确了二阶 P-Δ 弹性分析和直接分析应考虑的内容（几何缺陷和残余应力）。

（1）二阶 P-Δ 弹性分析考虑结构整体初始几何缺陷，二阶效应（稳定问题）在设计阶段考虑，构件的计算长度系数可取 1.0 或其他认可的值，更多问题见第 5.4 节。

（2）直接分析法考虑了结构的初始几何缺陷（包括结构整体的和杆件的）和残余应力，构件的稳定不需要采用计算长度系数法，更多问题见第 5.5 节。

3）初始缺陷计算见第 5.2 节。

9. 第 5.1.8 条

1）当对结构进行连续倒塌分析、抗火分析或在其他极端荷载作用下的结构分析时，可采用静力直接分析或动力直接分析。

2）连续倒塌设计、抗火分析、极端荷载（如爆炸等）作用下，涉及材料的非线性、内力重分布等，一般可采用考虑材料塑性发展的直接分析法。

3）当结构因材料非线性产生若干个塑性铰时，系统刚度发生较大的变化，基于未变形结构的计算长度系数法已不再适用于稳定设计（应采用直接分析）。

10. 第 5.1.9 条

1）以整体受压或受拉为主的大跨度钢结构的稳定性分析，应采用二阶 P-Δ 弹性分析或直接分析。

2）以整体受拉或整体受压为主的结构（如张拉体系、各种单层网壳等），其二阶效应通常难以用传统的计算长度法进行考虑，尤其是一些大跨度结构，其失稳模态具有整体性或者局部整体性，甚至可能产生跃越屈曲，基于构件稳定的计算长度法，不能解决此类结构的稳定问题（应采用二阶 P-Δ 弹性分析或直接分析）。

3）跃越屈曲（见图 5.1.9-1 和图 5.1.9-2），主要发生在扁平拱结构及扁平壳体结构，在竖向力作用下，此类结构的承载力先是有一段稳定的上升，当达到极限点 A 后，结构发生失稳现象，其承载力急速下降，直到结构失稳变形达到一定的程度（B 点）后，结构进入另一个稳定状态，承载力再次上升（达到并超过 C 点）。ANSYS 软件可以用于分析这种跃越屈曲的非线性问题。

4）大跨度钢结构的结构体系见表 5.1.9-1。

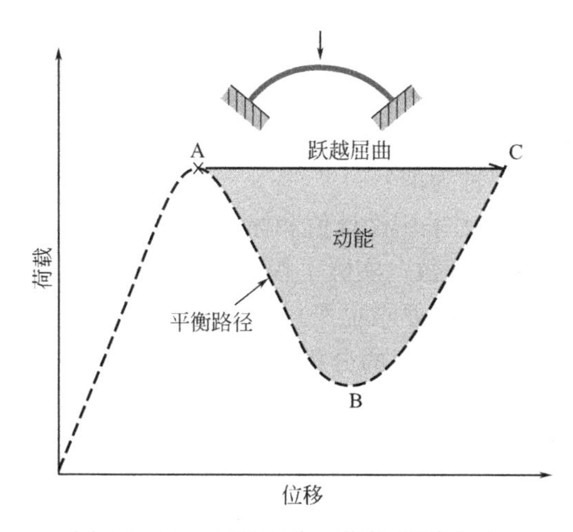

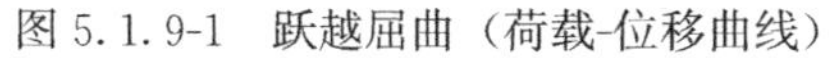
图 5.1.9-1　跃越屈曲（荷载-位移曲线）

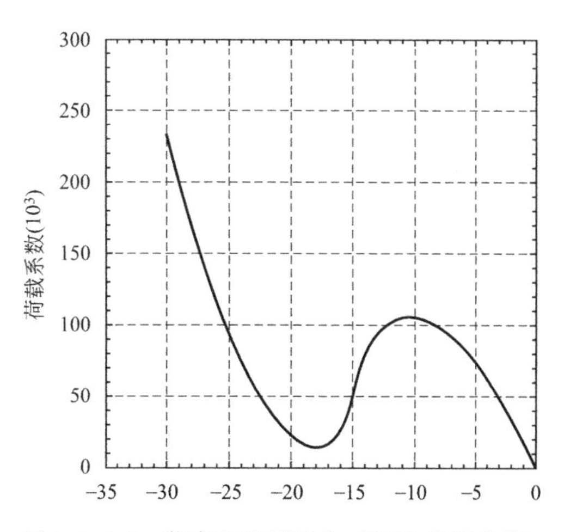

图 5.1.9-2　薄壳的跃越屈曲（荷载-位移曲线）

表 5.1.9-1　大跨度钢结构的结构体系

体系分类	常见形式
以整体受弯为主的结构	平面桁架、立体桁架、空腹桁架、网架、组合网架钢结构，以及与钢索组合形成的各种预应力钢结构
以整体受压为主的结构	实腹钢拱、平面或立体桁架形式的拱形结构、网壳、组合网壳钢结构，以及与钢索组合形成的各种预应力钢结构
以整体受拉为主的结构	悬索结构、索桁架结构、索穹顶结构等

5）大跨度钢结构的设计原则：

(1) 大跨度钢结构的设计：

① 应结合工程的平面形状、体型、跨度、支承情况、荷载大小、建筑功能等综合分析确定；

② 结构布置和支承形式，应保证结构具有合理的传力途径和整体稳定性；

③ 平面结构应设置平面外的支撑体系。

(2) 预应力大跨度钢结构，应进行结构张拉形态分析，确定索或拉杆的预应力分布，不得因个别索的松弛导致结构失效。

(3) 对以受压为主的拱形结构、单层网壳以及跨厚比（网壳跨度/双层网壳的厚度）较大的双层网壳，应进行非线性稳定分析。

(4) 地震区的大跨度钢结构，应按《抗规》考虑水平及竖向地震作用效应；对于大跨度钢结构楼盖，应满足相应的舒适度（按使用功能）要求。

(5) 应对施工过程复杂的大跨度钢结构，或复杂的预应力大跨度钢结构进行施工过程分析。

(6) 杆件截面的最小尺寸，应根据结构的重要性、跨度、网格大小等按计算确定，普通型钢宜≥L50×3，钢管宜≥ϕ 48×3，对大、中跨度的结构，钢管宜≥ϕ 60×3.5。

【思库问答】

【问 1】请问，《钢标》第 5.1.6 条求规则框架结构的二阶效应系数，公式中分母采用水平力标准值 H_{ki}；《高钢规》第 7.3.2 条同样的公式，分母采用的是水平力设计值 H。请问如何看待《钢标》与《高钢规》的这种差别？该以哪种为准？

【答 1】这是多本规范之间的不统一问题，实际上水平力采用设计值和标准值都可以（因为只是用来确定结构内力分析方法），之间就差一个分项系数。实际工程可按《钢标》（二阶效应系数计算值比《高钢规》更大，确定结构分析方法时要求更严）。

【问 2】请问，《抗规》第 8.2.3 条要求钢结构在地震作用下的分析应考虑重力二阶效应。但依据《钢标》第 5.1.6 条，当二阶效应系数≤0.1 时，可采用一阶弹性分析，二者是否矛盾？应该怎样执行？是不是《钢标》本条只适用于非震分析，只要是抗震设计的钢结构就必须考虑二阶效应？

【答 2】《钢标》给出的是适合于风和地震等各类水平作用下的二阶效应计算的一般原则，地震作用下，钢结构的二阶效应明显（也就是二阶效应系数一般不会≤0.1），应按《抗规》要求计算（也符合《钢标》的要求，两者不矛盾）。

【问 3】请问，《钢标》规定，当采用二阶弹性分析且考虑假想水平力时，框架柱计算长度系数取 1，那么构件按刚度分配内力的时候，计算长度系数也是取 1 吗？

【答 3】内力计算没有计算长度系数问题。

5.2 初始缺陷

《钢标》对结构整体初始缺陷的规定见表 5.2.0-1。

表 5.2.0-1 《钢标》对结构整体初始缺陷的规定

<table>
<tr><th>条文号</th><th>规定</th><th colspan="2">关键点把握</th></tr>
<tr><td rowspan="4">5.2.1</td><td rowspan="4">结构整体初始几何缺陷模式</td><td colspan="2">1)可按最低阶整体屈曲模态采用</td></tr>
<tr><td rowspan="3">2)框架及支撑结构,整体初始几何缺陷代表值 Δ_i</td><td>最大值 $\Delta_0=H/250$</td></tr>
<tr><td>可按式(5.2.1-1)确定</td></tr>
<tr><td>可通过在每层柱顶施加假想水平力等效考虑</td></tr>
<tr><td rowspan="4">5.2.2</td><td rowspan="2">构件的初始几何缺陷代表值</td><td colspan="2">1)可按式(5.2.2-1)计算(包括残余应力的影响)</td></tr>
<tr><td colspan="2">2)可采用假想均布荷载进行等效简化计算</td></tr>
<tr><td rowspan="2">构件初始弯曲缺陷 e_0/l</td><td>1)当采用直接分析法,不考虑材料塑性发展时</td><td>可按表 5.2.2 取构件综合缺陷代表值</td></tr>
<tr><td>2)当采用直接分析,考虑材料塑性发展时</td><td>应按第 5.5.8 条、第 5.5.9 条考虑构件初始缺陷</td></tr>
</table>

【要点】

1. 初始缺陷的计算，用于二阶 P-Δ 弹性分析和直接分析，也有别于一阶弹性分析法，应予以重视。

2. 第 5.2.1 条

1）结构整体初始几何缺陷模式可按最低阶整体屈曲模态采用。

（1）框架及支撑结构整体初始几何缺陷代表值的最大值 Δ_0（图 5.2.1-1）可取 $H/250$，H 为结构总高度；

（2）框架及支撑结构整体初始几何缺陷代表值：

① 可按式（5.2.1-1）确定（图 5.2.1-1）；

② 或通过在每层柱顶施假想水平力 H_{ni} 等效考虑；

③ 假想水平力可按式（5.2.1-2）计算，施加方向应考虑荷载的最不利组合（图 5.2.1-2）。

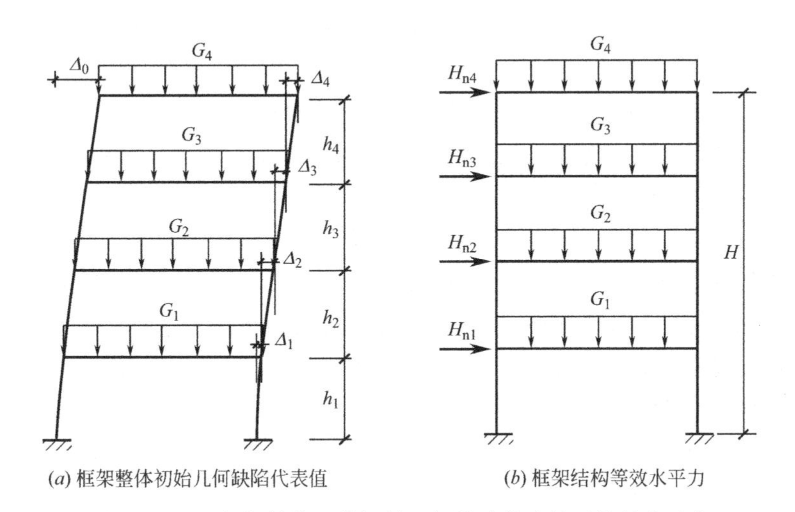

图 5.2.1-1 框架结构整体初始几何缺陷代表值及等效水平力

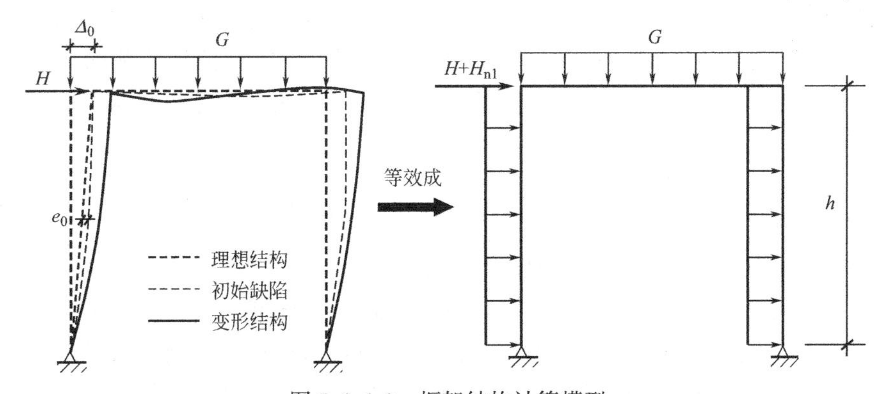

图 5.2.1-2 框架结构计算模型

h—层高；H—水平力；H_{n1}—假想水平力；e_0—构件中点处的初始变形值

$$\Delta_i=\frac{h_i}{250}\sqrt{0.2+\frac{1}{n_s}} \quad (5.2.1\text{-}1)$$

$$H_{ni}=\frac{G_i}{250}\sqrt{0.2+\frac{1}{n_s}} \quad (5.2.1\text{-}2)$$

式中：Δ_i——所计算第 i 楼层的初始几何缺陷代表值（mm）；

n_s——结构总层数，当$\sqrt{0.2+\frac{1}{n_s}}<\frac{2}{3}$时，取此根号值为$\frac{2}{3}$；当$\sqrt{0.2+\frac{1}{n_s}}>1.0$时，取此根号值为1.0；

h_i——所计算楼层的高度（mm）；

G_i——第i楼层的总重力荷载设计值（N）。

2）结构整体的初始几何缺陷模式，可按最低阶整体屈曲模态采用，包括节点的安装偏差等，一般情况下，结构整体几何缺陷的最大值，可根据施工验收规范所规定的最大允许安装偏差取值，可根据不同的结构体系和结构形式对缺陷的敏感程度，按相应的规范取值（见第5.5.10条）：

（1）框架及支撑结构的整体初始几何缺陷代表值的最大计算值$\Delta_i=H/250$，其中，H为结构总高度。

（2）网壳结构的缺陷代表值的最大计算值，可按跨度的1/300取值。

（3）以框架结构为例，其整体几何缺陷与结构的层高、层数等多种因素密切相关。结构整体初始几何缺陷的计算方法：

① 按公式（5.2.1-1）直接确定结构整体初始几何缺陷；

② 结构整体初始几何缺陷代表值的最大值Δ_0（Δ_0是结构顶点的总侧向位移，即结构的顶点相对于嵌固端的总水平位移），可取结构总高度H的1/250；

③ 结构的整体初始几何缺陷代表值Δ_i（即各层的整体初始几何缺陷代表值），可按公式（5.2.1-1）计算，如图5.2.1-1中的Δ_1、Δ_2、Δ_3和Δ_4。注意这里各层的Δ_i是相对位移，即Δ_3是三层相对于二层的位移，按最低阶整体屈曲模态（即第一振型）采用。

3）等效考虑的假想水平力H_{ni}：

（1）在每层柱顶施加假想水平力H_{ni}等效考虑，假想水平力可按式（5.2.1-2）计算（注意："假想水平力"实际并不存在，只是为了求解结构的整体初始缺陷而采用的一种等效方法），施加方向应考虑荷载的最不利组合，但假想力不能抵消外荷载的影响（即当采用图5.2.1-1（b）的计算简图时，风荷载只能考虑左风作用，当考虑右风作用时，假想力应反向施加）。

（2）层数修正系数$\sqrt{0.2+\frac{1}{n_s}}$，在结构初始几何缺陷代表值公式（5.2.1-1）和假想水平力公式（5.2.1-2）计算中均应考虑，当层数从1～n层时，修正系数从1.0（计算值1.095>1.0，取1.0）、0.837、0.730、0.671、0.667（计算值0.632<0.667，取0.667）。

（3）第i楼层的重力荷载设计值G_i，注意这里G_i是设计值，满足荷载效应组合要求（如：$1.3g+1.5p$）的设计值，而不是地震作用计算的重力荷载代表值G_{Ei}。

4）《钢标》第5.1.7条规定："二阶P-Δ弹性分析应考虑结构整体初始几何缺陷的影响"，本条规定的是框架及支撑结构整体初始缺陷（注意与第5.2.2条构件层面的初始缺陷的不同）的计算方法。

5）《钢标》仅规定框架及支撑结构的整体几何缺陷计算方法，其他结构（框架-支撑结构等）的整体几何缺陷，《钢标》没有具体规定，建议实际工程中，可按最低阶整体屈曲模态采用。

6）与结构的整体初始几何缺陷相对应的，构件的初始几何缺陷见第5.2.2条规定。

3. 第 5.2.2 条

1）构件的初始缺陷代表值可按式（5.2.2-1）计算确定：

（1）构件的初始缺陷代表值，包括了残余应力的影响［图 5.2.2（a）］；

（2）构件的初始缺陷代表值，也可以采用假想均布荷载进行等效简化计算；

（3）假想均布荷载可按式（5.2.2-2）确定［图 5.2.2（b）］。

$$\delta_0 = e_0 \sin \frac{\pi x}{l} \tag{5.2.2-1}$$

$$q_0 = \frac{8Ne_0}{l^2} \tag{5.2.2-2}$$

式中：δ_0——离构件端部 x 处的初始变形值（mm）；

e_0——构件中点处的初始变形值（mm）；

x——离构件端部的距离（mm）；

l——构件的总长度（mm）；

q_0——等效均布荷载（N/mm）；

N——构件承受的轴力设计值（N）。

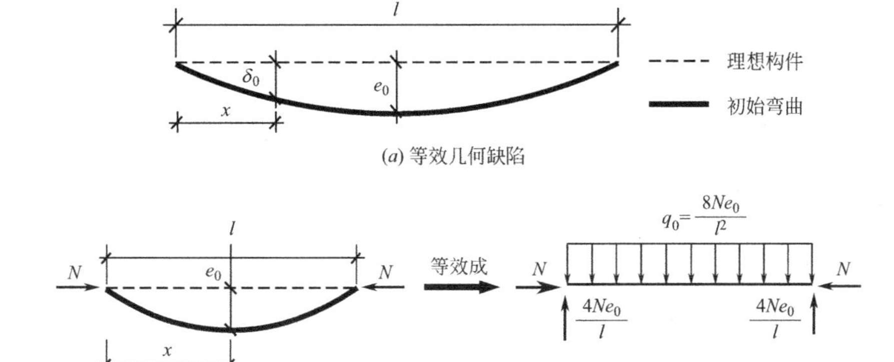

(a) 等效几何缺陷

(b) 假想均布荷载

图 5.2.2　构件的初始缺陷

（4）构件初始弯曲缺陷值$\frac{e_0}{l}$：

①当采用直接分析不考虑材料弹塑性发展时，可按表 5.2.2 取构件综合缺陷代表值；

②当按第 5.5 节采用直接分析考虑材料弹塑性发展时，应按第 5.5.8 条或第 5.5.9 条考虑构件初始缺陷。

表 5.2.2　构件综合缺陷代表值

对应于表 7.2.1-1 和表 7.2.1-2 中的柱子曲线	二阶分析采用的$\frac{e_0}{l}$值
a 类	1/400
b 类	1/350
c 类	1/300
d 类	1/250

2）“构件的初始缺陷”，是构件层面的初始缺陷，与第 5.2.1 条规定的结构整体初始缺陷相对应。

3）结构的构件初始缺陷主要包括以下内容：

（1）结构构件的初始几何缺陷，如杆件的初弯曲等；

（2）残余应力，如焊接残余应力；

（3）初始偏心，如杆件对节点的偏心等。

4）“假想均布荷载”，这个荷载并不存在，只是为了求解构件的初始缺陷代表值而采用的一种等效计算方法，也就是说，在求得结构构件的初始缺陷后，不再“考虑假想荷载”。

5）直接分析法（见第 5.5 节），可考虑材料的弹塑性发展，也可采用简化方法不考虑材料的弹塑性发展。

（1）当考虑材料的弹塑性发展时，构件综合缺陷代表值的补充计算方法见第 5.5.8 条及第 5.5.9 条的规定。

（2）当不考虑材料的弹塑性发展时，采用表 5.2.2 的构件综合缺陷代表值（同时考虑了构件的初始几何缺陷和残余应力缺陷等，属于简化的计算方法）。

【思库问答】

【问 1】请问，对于柱子使用钢管混凝土，楼盖使用钢梁的结构。按照“直接分析法”进行设计，钢管混凝土柱能否按照《钢标》第 5.2.1 条确定结构初始几何缺陷和构件初始缺陷？

【答 1】这个结构可理解为钢框架结构，主要抗侧力构件为钢管混凝土柱，直接设计法的总体思路可用，可按第 5.2.1 条确定初始缺陷。

5.3 一阶弹性分析与设计

《钢标》对一阶弹性分析与设计的规定见表 5.3.0-1。

表 5.3.0-1 《钢标》对一阶弹性分析与设计的规定

<table>
<tr><th>条文号</th><th>规定</th><th colspan="2">关键点把握</th></tr>
<tr><td rowspan="2">5.3.1</td><td rowspan="2">采用一阶弹性分析时</td><td colspan="2">1)构件设计,应按第 6～8 章的规定</td></tr>
<tr><td colspan="2">2)连接和节点按规定设计(第 11、12 章)</td></tr>
<tr><td rowspan="2">5.3.2</td><td rowspan="2">形式和受力复杂的结构</td><td rowspan="2">当采用一阶弹性分析方法,进行结构分析与设计时</td><td>应按结构弹性稳定理论,确定构件的计算长度系数</td></tr>
<tr><td>按第 6～8 章,进行构件设计</td></tr>
</table>

【要点分析】

1. 一阶弹性分析与设计，是钢结构的传统设计方法，也是结构设计的基本方法，应予以高度重视。

1）在结构进行一阶弹性分析与设计之前，应先按第 5.1.6 条计算二阶效应系数，并按二阶效应系数最大值，合理确定结构内力分析方法。

2）一阶弹性分析与设计，计算相对简单，构造要求严格，应执行第6～8章的具体规定。

3）对复杂结构，计算长度系数往往难以计算清楚，相应的构造措施也难以执行，故应优先考虑采用直接设计法，在结构分析中考虑结构和构件的缺陷和构件的残余应力等。

4）本节内容在历年注册考题中经常出现（见第19章），实际工程及注册备考时应注意把握。

2. 第5.3.1条

1）钢结构的内力和位移计算采用一阶弹性分析时，应按第6～8章的有关规定进行构件设计，并应按有关规定进行连接和节点设计。

2）本条对钢结构的内力和位移计算、构件设计、连接和节点设计做出了规定：

（1）内力和位移，可采用一阶弹性分析方法计算；

（2）构件设计，按第6～8章的相关规定；

（3）连接和节点设计，应符合相关规定要求。

3）在一阶弹性分析方法中，计算分析和构件设计及连接和节点设计是不可分割的。

（1）一阶弹性分析与设计方法，按弹性方法计算整体结构的内力和位移，采用计算长度法确保构件的稳定，是结构设计的常用设计方法，适用于较为规则的结构。“阶”是数学术语，一阶就是线弹性计算方法（如$F=kx$，k为常数）。

（2）一阶弹性分析与设计方法，在结构整体分析中，没有考虑结构的二阶效应、结构的整体几何缺陷、构件的几何缺陷和残余应力等，计算分析过程相对简单。以弯矩为例，结构构件的计算弯矩M是由多阶弯矩组成的，可表述为$M=M^{\mathrm{I}}+M^{\mathrm{II}}+\cdots$，其中$M^{\mathrm{I}}$就是一阶弯矩，按弹性分析方法（构件几何尺寸不变，结构和材料按弹性等）计算；M^{II}就是二阶弯矩，其中的二阶P-Δ弹性弯矩M_{Δ}^{II}，就是由P-Δ效应引起的弯矩（P为结构的重力荷载，Δ为一阶弹性计算的结构侧移，详细计算见第5.1.6条）。

（3）计算长度系数是一阶弹性分析与设计方法主要措施，按弹性稳定理论计算。

（4）根据第7.3.2条规定，一阶弹性设计计算方法中的计算长度，依据结构构件承受相当于构件稳定承载力（φAf）的效应值计算的构件稳定。实际工程中，依据钢结构的等稳原则，在对所有构件的计算长度控制时，也可以考虑实际效应值与稳定承载力的比值，对计算长度限值进行相应的调整。

（5）一阶弹性分析，属于钢结构设计中的简化方法，计算简单，但设计（构件设计及连接和节点设计）相对复杂。一阶弹性分析计算，采用弹性计算理论，对构件的计算长度，采用计算长度系数加以修正，对构件设计做出较为详细的规定。

① 构件的计算长度系数，以层模型为基础，是对较为规则结构的工程经验的总结，对规则工程适用性较好；

② 按第6～8章的规定进行构件设计，是结构或构件可以采用一阶弹性分析法的措施保证，这些措施是建立在实际工程经验基础上，是对工程经验的提炼和总结提高，实际工程中应严格执行。

（6）一阶弹性分析法，适用于层模型比较明确的简单结构（不适用于层模型不清晰的复杂结构，如层高度变化的斜坡楼层结构、曲面屋面结构及坡屋面结构等）。

（7）一阶弹性分析法，是钢结构设计中的常用和有效的方法，钢结构设计时，应优先考虑采取措施，消除或减少结构的不规则，使之符合一阶弹性分析法的基本假定和要求。

4）一阶弹性分析与设计方法的主要内容见第 5.3.2 条。

5）一阶弹性分析与设计法与二阶 P-Δ 弹性分析与设计法、直接分析设计法的异同，见第 5.5.1 条。

3. 第 5.3.2 条

1）对于形式和受力复杂的结构，当采用一阶弹性分析方法进行结构分析与设计时，应按结构弹性稳定理论确定构件的计算长度系数，并应该按第 6～8 章的有关规定进行构件设计。

2）“形式和受力复杂的结构”，指结构形式、结构体系复杂及结构传力复杂。

（1）结构形式复杂可以理解为结构体系不干净，可能是多种结构体系的混杂与拼凑；

（2）受力复杂指传力路径复杂，不明确，常伴有转换或错层等，造成竖向荷载传力复杂，水平作用传力不直接等。

3）“弹性稳定理论”，指按欧拉应力计算构件的稳定性，确定相应的计算长度。

4）“构件的计算长度系数”，当构件承受稳定承载力时，按欧拉应力计算出的构件的计算长度，与构件实际长度的比值。

5）实际工程中，对形式和受力复杂的结构，应优先采取结构措施，消除或减轻结构的复杂性：

（1）虽然钢结构具有很好的力学性能和结构性能，但钢结构设计时仍应关注结构的规则性，结构形式复杂，往往会造成结构传力复杂，造成应力和应变的突变，结构设计中应尽量避免。

（2）应优先采用结构手段，调整和改变结构的平面布置，选择更为合理的结构体系和结构布置，改善结构的性能，优化结构的传力路径，避免不加处理直接对复杂结构一算了之。

（3）宜采用直接设计法或考虑二阶 P-Δ 效应的结构设计方法，采用一阶弹性分析方法进行结构的补充分析与设计，不宜直接采用一阶弹性分析方法进行结构的分析与设计。

6）对于形式和受力复杂的结构，本条规定不是推荐采用一阶弹性分析方法进行结构的分析与设计。本条规定可理解为，对于形式和受力复杂的结构，当确有工程经验时，可采用一阶弹性分析方法进行结构分析与设计，但应采取切实有效的设计措施。

7）一阶弹性分析与设计法的主要内容见表 5.3.2-1。

表 5.3.2-1　一阶弹性分析与设计方法的主要内容

项目	项目名称	主要内容	说明
1	内力和位移计算	按一阶弹性方法计算，内力计算采用效应设计值，位移计算采用效应标准值	计算方法简单。未考虑整体结构的初始缺陷、构件的初始缺陷，未考虑残余应力和连接刚度的影响等

续表

项目	项目名称	主要内容	说明
2	构件设计	按第6～8章的相关规定进行构件设计，需要按计算长度法进行构件受压稳定承载力验算	构件设计复杂。采用结构弹性稳定理论确定构件的计算长度，考虑上述计算未涉及的因素，适合于较为均匀规则的结构
3	连接和节点设计	按有关规定进行	第11、12章

8）一阶弹性分析与设计法和二阶 $P\text{-}\Delta$ 弹性分析与设计法、直接分析设计法的异同，见5.5.1条。

【思库问答】

【问1】请问，一阶弹性分析的长细比构造要求是不是要满足规范限值？构件截面如果由长细比构造控制，用钢量会高很多。

【答1】长细比的要求对应于一阶弹性分析与设计方法，按一阶弹性分析设计时，均需要满足长细比要求。

5.4 二阶 $P\text{-}\Delta$ 弹性分析与设计

《钢标》对二阶 $P\text{-}\Delta$ 弹性分析与设计的规定见表5.4.0-1。

表5.4.0-1 《钢标》对二阶 $P\text{-}\Delta$ 弹性分析与设计的规定

条文号	规定	关键点把握
5.4.1	采用二阶 $P\text{-}\Delta$ 弹性分析时	1)应按5.2.1条考虑结构的整体初始缺陷
		2)计算结构在各种荷载或作用设计值下的内力和标准值下的位移
		3)按第6～8章进行构件设计
		4)进行连接和节点设计(第11、12章)
		5)计算构件轴心受压稳定承载力时，取计算长度系数 $\mu=1$ 或其他认可的值
5.4.2	二阶 $P\text{-}\Delta$ 效应的近似计算	1)可按近似的二阶理论，对一阶弯矩进行放大来考虑
		2)对无支撑框架结构，杆端弯矩 M_{Δ}^{II} 可按式(5.4.2-1)计算

【要点分析】

1. 二阶 $P\text{-}\Delta$ 效应的弹性分析与设计，适合于较为复杂的钢结构设计。在结构进行二阶 $P\text{-}\Delta$ 效应的弹性分析与设计之前，应先按第5.1.6条计算二阶效应系数，并按二阶效应系数最大值，合理确定结构内力分析方法。

2. 第5.4.1条

1）采用仅考虑 $P\text{-}\Delta$ 效应的二阶弹性分析时：

（1）应按第5.2.1条考虑结构的整体初始缺陷；

（2）计算结构在各种荷载或作用设计值下的内力和标准值下的位移；

（3）应按第6～8章的有关规定进行各结构构件设计；

（4）应按有关规定进行连接和节点设计；

(5) 计算构件轴心受压稳定承载力时，构件计算长度系数 μ 可取 1.0 或其他认可的值。

2) 考虑 $P\text{-}\Delta$ 效应的二阶弹性分析（可理解为二阶非线性弹性分析）。

(1) “整体初始缺陷”，按第 5.2.1 条确定；

(2) “荷载组合”，结构的弹性分析一般采用效应组合，就是计算出各荷载的效应标准值，再乘以相应的分项系数，求得荷载效应设计值，用于结构设计。而对于弹性非线性分析，不能采用荷载效应的组合，而采用荷载组合，计算荷载组合后的内力和位移（当计算内力时，先对各类荷载乘以相应的分项系数，得到荷载设计值，再计算在该荷载设计值作用下的内力。当计算位移时，先求出各类荷载的标准值，再计算在该荷载标准值作用下的位移）。

(3) 线性分析和非线性分析，线性分析指变量之间成直线的关系（固定的比例，如变量 X 增加 ΔX，则变量 Y 增加 $K\Delta X$），属于规则和光滑的运动；而非线性则变量之间的数学关系不是直线关系，而可能是曲线、曲面或不确定性，属于不规则运动。当应力和应变为简单的非线性函数关系时，可以称为弹性非线性阶段。

(4) “内力”，明确了采用荷载组合进行非线性求解，是在荷载设计值作用下的内力，不采用荷载效应的组合。

(5) “位移”，明确了采用荷载组合进行非线性求解，是在荷载标准值作用下的位移，不采用荷载效应的组合。

(6) “结构构件设计”，按第 6～8 章要求，同时需要计算构件的稳定承载力。

(7) “节点设计”，按第 12 章的有关规定设计。

(8) “计算构件轴心受压稳定承载力时，构件计算长度系数 μ 可取 1.0 或其他认可的值”，理解如下：

① 这里指构件的轴心受压稳定承载力计算，不是指轴心受压构件，即任何构件（轴心受压构件或偏心受压构件等）按式（7.2.1）计算稳定承载力的情况；

② 按式（7.2.1）计算构件的稳定承载力时，需要确定构件的计算长度，“构件计算长度系数 μ 可取 1.0 或其他认可的值”。

3) 二阶 $P\text{-}\Delta$ 弹性分析设计方法，考虑了结构在荷载作用下产生的 $P\text{-}\Delta$ 效应、结构整体初始几何缺陷 $P\text{-}\Delta_0$ 和节点刚度等对结构和构件变形及内力的影响。采用以下两种方法计算：

(1) 直接建立带有初始整体几何缺陷的结构；

(2) 采用不考虑初始整体几何缺陷的结构，采用假想水平力法，即用等效水平荷载来替代初始缺陷对结构的影响。考虑假想水平力与设计荷载的最不利组合，假想水平力的施加不抵消外荷载（或作用）的影响。

4) 二阶 $P\text{-}\Delta$ 弹性分析设计方法，只考虑了整体结构层面（第 5.2.1 条）的二阶 $P\text{-}\Delta$ 效应，并未考虑构件层面（第 5.2.2 条）对结构整体内力和变形的影响，这些影响仍需要对构件通过稳定系数来考虑，也就是仍应按第 6～8 章对构件进行稳定设计。

5) 采用考虑 $P\text{-}\Delta$ 效应的二阶弹性分析方法计算时，计算构件的轴心受压稳定承载力时（注意本条前提），构件的计算长度系数 μ 可按如下原则确定：

(1) 取 1.0，即一般情况下可取 1.0；

（2）其他认可的数值，可理解为在理论上有依据，且在实际工程中也已经证明是合理有效的数值，一般需要专门研究确定；

（3）当为无侧移框架时，对一端固结（注意是固结，即“固定端”，不是刚接），一端铰接的柱，可取小于 1.0 的数值；

（4）本条计算系数的取值，适用于构件的轴心受压承载力计算，也就是所有构件当按式（7.2.1）计算时，均可采用本条规定的计算长度系数。

6）二阶 $P\text{-}\Delta$ 弹性分析与设计方法，采用荷载设计值作用下的内力（或荷载标准值作用下的位移），而地震作用计算采用的是效应组合，目前情况下，对抗震设计的钢结构，当采用二阶 $P\text{-}\Delta$ 弹性分析与设计方法设计时，可将钢结构的抗震设计分为两部分，一是荷载作用下的内力设计值（或荷载标准值作用下的位移），二是地震作用下的效应值，然后进行二者设计值的简单（近似）叠加。

7）本条规定适用于所有结构考虑 $P\text{-}\Delta$ 效应的二阶弹性分析；二阶 $P\text{-}\Delta$ 弹性分析与设计的主要内容见第 5.4.2 条。

8）第 5.4.2 条作为对本条（第 5.4.1 条）的补充，规定了适用于无支撑框架结构的近似二阶效应分析方法。

9）二阶 $P\text{-}\Delta$ 弹性分析与设计法和一阶弹性分析与设计法、直接分析设计法的异同，见第 5.5.1 条。

3. 第 5.4.2 条

1）二阶 $P\text{-}\Delta$ 效应，可按近似的二阶理论对一阶弯矩进行放大来考虑。对无支撑框架结构，杆件杆端的弯矩 M_{Δ}^{II}，也可以采用下列近似公式进行计算：

$$M_{\Delta}^{\mathrm{II}}=M_{\mathrm{q}}+\alpha_i^{\mathrm{II}}M_{\mathrm{H}} \tag{5.4.2-1}$$

$$\alpha_i^{\mathrm{II}}=\frac{1}{1-\theta_i^{\mathrm{II}}} \tag{5.4.2-2}$$

式中：M_{Δ}^{II}——仅考虑 $P\text{-}\Delta$ 效应的二阶弯矩（N·mm）（注：设计值，是考虑 $P\text{-}\Delta$ 效应的二阶弯矩和荷载作用弯矩的总和）；

M_{q}——结构在竖向荷载作用下的一阶弹性弯矩（N·mm）（注：设计值，恒载和活载）；

M_{H}——结构在水平荷载作用下的一阶弹性弯矩（N·mm）（注：设计值）；

θ_i^{II}——二阶效应系数，可按第 5.1.6 条规定采用；

α_i^{II}——第 i 层杆件的弯矩增大系数，当 $\alpha_i^{\mathrm{II}}>1.33$ 时，宜增大结构的侧移刚度（注：即 $\theta_i^{\mathrm{II}}>0.25$，与第 5.1.6 条的规定一致）。

2）二阶 $P\text{-}\Delta$ 效应的近似计算方法（仅适用于无支撑框架结构），即按近似的二阶理论对一阶弯矩进行放大来考虑 $P\text{-}\Delta$ 效应的影响（将二阶效应仅与框架受水平荷载相关联，不需要在楼层和屋顶标高设置虚拟的水平支座和计算其反力，只需要分别计算框架在竖向荷载和水平荷载下的一阶弹性内力，即可求得近似的二阶弹性弯矩，该计算概念清晰、计算简单，适用于 $\theta_i^{\mathrm{II}}\leqslant0.25$ 范围的钢结构工程）。

（1）“一阶弹性弯矩”，为按弹性方法计算的一阶弹性弯矩设计值。

（2）“二阶弯矩”，为对一阶弹性弯矩进行放大后的弯矩设计值，近似考虑了二阶效应的影响，这里的二阶弯矩设计值已不完全是弹性弯矩。

（3）二阶效应计算的近似方法（在实际工程中应用较为普遍）仅适用于无支撑框架结构，对于其他结构仍应采用第5.4.1条的方法。

（4）注意杆件弯矩增大系数 α_i^{II}（本条规定“当 $\alpha_i^{\mathrm{II}}>1.33$ 时，宜增大结构的侧移刚度”），与第5.1.6条的最大二阶效应系数 $\theta_{i,\max}^{\mathrm{II}}$ 的控制是相同的（“当 $\theta_{i,\max}^{\mathrm{II}}>0.25$ 时，应增大结构的侧移刚度或采用直接分析”）。

3）二阶 P-Δ 弹性分析与设计方法的主要内容见表5.4.2-1。

表5.4.2-1　二阶 P-Δ 弹性分析与设计方法的主要内容

项目	项目名称	主要内容	说明
1	内力和位移计算	考虑结构的整体初始缺陷（P-Δ 效应），按弹性方法计算，采用荷载设计值作用下的内力，采用荷载标准值作用下的位移	计算方法较为复杂。考虑了整体结构的初始缺陷，未考虑构件的初始缺陷，未考虑残余应力和连接刚度等的影响；对无支撑框架结构，也可采用近似计算方法
2	构件设计	按第6～8章的相关规定进行构件设计，仍需要按计算长度法进行构件受压稳定承载力验算	构件设计较为复杂。采用弹性稳定理论（计算长度系数取1），考虑上述计算未涉及的因素，可适合于较为复杂的结构
3	连接和节点设计	按有关规定进行	第11、12章

4）二阶 P-Δ 效应计算方法与一阶弹性设计方法及直接分析设计法的异同，见第5.5.1条。

5）直接分析设计法见第5.5节。

【思库问答】

【问1】请问，《钢标》第5.4.2条中，其中的 M_{H} 是不是也包含了作用在每层柱顶的假想力产生的弯矩？

【答1】M_{H} 是构件的一阶弹性弯矩，是构件在真实水平荷载作用下的弯矩设计值，近似的二阶理论计算，不用考虑假想荷载。

【问2】请问，《钢标》第5.4.1条采用仅考虑 P-Δ 效应的二阶弹性分析时，计算构件轴心受压稳定承载力时，构件计算长度系数可取1。那么此时构件的长细比构造验算计算长度系数是否一样取1呢？

【答2】长细比构造对应于一阶弹性分析。

【问3】请问，《钢标》第5.4.1条说明，采用二阶弹性分析方法设计时，不能采用荷载效应的组合，而应该采用荷载组合进行非线性求解。《钢标》第6～8章的分析方法都是按照一阶弹性分析方法，是荷载效应的叠加；考虑二阶效应影响，对构件的验算时，构件长度系数取1.0或者其他认可的值。可以理解为，构件长度系数可普遍取1.0吗？

【答3】《钢标》第6～8章是属于弹性阶段的构件设计，和是否采用二阶弹性分析方法进行整体分析没有必然的联系。其他认可的值一般是指一些超常规的特殊情况，比如在一些工业或特种结构中的特殊构件，有专门规范要求或应有可靠的工程经验。

5.5　直接分析设计法

《钢标》对直接分析设计法的规定见表5.5.0-1。

表 5.5.0-1 《钢标》对直接分析设计法的规定

条文号	规定	关键点把握	
5.5.1	直接分析设计法	1)应考虑二阶 P-Δ 效应和 P-δ 效应	
		2)同时考虑结构和构件的初始缺陷、节点刚度、其他对稳定有明显影响的因素	
		3)考虑材料的塑性发展和内力重分布	
		4)计算各种荷载设计值下的内力、标准值下的位移	
		5)在分析的所有阶段及构件设计，均应满足第 6～8 章的规定	
		6)不需要按计算长度法，进行构件的受压稳定承载力验算	
5.5.2	直接分析法，不考虑材料弹塑性发展时	1)结构分析，应限于第一个塑性铰的形成	
		2)对应的荷载水平不低于荷载设计值，不允许进行内力重分布	
5.5.3	直接分析法，按二阶弹塑性分析时	1)宜采用塑性铰法或塑性区法	
		2)塑性铰形成的区域	构件和节点应有足够的延性保证，以便内力重分布
			允许一个或多个塑性铰的产生
			构件的极限状态，应根据设计目标及构件在整体结构中的作用确定
5.5.4		钢材的应力-应变关系	可按理想弹塑性
		屈服强度	可取规定的强度设计值
		弹性模量	按第 4.4.8 条采用
5.5.5		构件截面	应为双轴对称截面或单轴对称截面
		塑性铰处	截面的板件宽厚比等级为 S1、S2
			截面和区域应保证有足够的转动能力
5.5.6	采用直接分析法	1)进行连续倒塌分析时，结构材料的应力-应变关系，宜考虑应变率的影响	
		2)进行抗火分析时，应考虑结构材料在高温下的应力-应变关系，对结构和构件内力的影响	
5.5.7	采用直接分析设计法设计时，计算结果可直接作为设计依据，进行构件截面承载力设计值验算	1)构件不失稳(有足够的侧向支撑)时	按式(5.5.7-1)
		2)构件有可能失稳时	按式(5.5.7-2)
		3)当截面板件宽厚比等级不符合 S2 时，构件不允许形成塑性铰	按式（5.5.7-3）和式(5.5.7-4)
		4)当截面板件宽厚比等级符合 S2 时	不考虑材料弹塑性发展时，按式(5.5.7-3)和式(5.5.7-4)
			按二阶弹塑性分析时，按式(5.5.7-5)和式(5.5.7-6)
5.5.8	直接分析设计，采用塑性铰法时	1)应考虑初始缺陷(按第 5.2.1、5.2.2 条确定)	
		2)受压构件轴力＞0.5Af 时，弯曲刚度应乘以折减系数 0.8	
5.5.9	直接分析设计，采用塑性区法时	1)应按≥1/1000 的出厂加工精度，考虑构件的几何缺陷	
		2)考虑初始残余应力	

续表

条文号	规定	关键点把握
5.5.10	大跨度钢结构体系的稳定性分析，宜采用直接分析法	1)结构整体初始几何缺陷模式，可按最低阶整体屈曲模态
		2)最大缺陷值可取 $L/300$，L 为结构跨度
		3)构件初始缺陷，可按第 5.2.2 条确定

【要点分析】

1. 直接分析设计法，可用于解决复杂的工程问题（包括复杂结构的稳定分析、结构的抗连续倒塌分析、抗火分析、大跨度结构的稳定分析等），需要说明的是，尽管现有计算分析手段多样，能满足各类工程问题的基本需要，但结构设计还是应以概念设计为主，应确保结构体系明确，传力路径清晰明了，对分析结果应进行必要的分析处理，结构设计不能依赖于软件。

2. 第 5.5.1 条

1）直接分析设计法应考虑二阶 P-Δ 和 P-δ 效应：

（1）按第 5.2.1 条、第 5.2.2 条、第 5.5.8 条和第 5.5.9 条规定计算；

（2）考虑结构和构件的初始缺陷、节点连接刚度和其他对结构稳定性有显著影响的因素；

（3）允许材料的弹塑性发展和内力重分布；

（4）获得各种荷载设计值（作用）下的内力和标准值（作用）下的位移；

（5）在分析的所有阶段，各结构构件设计均应符合第 6～8 章的有关规定，但不需要按计算长度法进行构件的受压稳定承载力验算。

2）“直接分析设计法”：

（1）可以直接建立带有初始几何缺陷的结构构件单元模型；

（2）也可以用等效荷载来代替；

（3）充分考虑各种对结构刚度有影响的因素，如初始缺陷、二阶效应（可以理解为包含二阶 P-Δ 弹性计算方法的所有过程）、材料弹塑性、节点半刚接等，预测结构行为；

（4）“二阶 P-Δ 效应”，考虑整体结构初始几何缺陷（Δ_0、Δ_i）的影响（第 5.1.7 条、第 5.2.1 条、第 5.4.1 条、第 5.4.2 条和第 5.5.10 条）；

（5）“二阶 P-δ 效应”，考虑构件的初始几何缺陷（δ_0）的影响（第 5.2.2 条、第 5.5.8 条和第 5.5.9 条）。

3）采用直接分析设计法时，分析和设计是不可分割的，不能直接把分析的结果用于设计，需要在分析与设计中不断进行修正、相互影响（如需要根据分析得到的应力状态，对照设计准则判别是否塑性），达到合理的平衡。这也是直接分析设计法区别于一般非线性分析方法的关键所在。

4）对结构稳定性有“显著影响”的主要因素有：

（1）整体结构的二阶 P-Δ 效应；

（2）构件的二阶 P-δ 效应；

（3）节点连接刚度；

（4）残余应力等。

5）采用直接分析设计法时，对其他缺陷的取值原则：

（1）采用塑性绞线法时，第5.5.8条规定：当受压构件所受轴力大于$0.5Af$时，该构件的弯曲刚度应乘以刚度折减系数0.8；

（2）采用塑性区法时，第5.5.9条规定：应按不小于1/1000的出厂加工精度考虑构件的几何缺陷，并考虑初始残余应力；

（3）大跨度结构体系的稳定分析时，第5.5.10条规定：结构整体几何缺陷（可按最低阶整体屈曲模态采用）最大值，可取结构跨度L的1/300。

6）考虑材料的弹塑性发展和内力重分布时，不允许进行荷载效应叠加。计算各种荷载设计值作用下的内力和荷载标准值作用下的位移。

7）由于直接分析设计法已考虑了影响结构构件稳定的主要因素，因此构件设计相对简单，不需要按计算长度法进行构件的受压稳定承载力验算（注：一阶弹性分析与设计方法和二阶弹性分析与设计方法都需要进行此项验算），只需满足第6～8章的相关规定。

8）当直接分析不考虑材料弹塑性发展时，第5.5.2条规定：结构分析应限于第一个塑性铰的形成（即出现第一个塑性铰可作为终止结构计算的标志），对应的荷载水平不应该低于荷载设计值，不允许进行内力重分布（二阶P-Δ、P-δ弹性分析是直接分析设计法的一种特例，也是常用的一种分析方法，不考虑材料非线性，只考虑几何非线性，以第一塑性铰为准则）。

9）当直接分析法按二阶弹塑性分析时：

（1）第5.5.3条规定：宜采用塑性铰法或塑性区法。塑性铰形成的区域，构件和节点应有足够的延性保证以便内力重分布，允许一个或多个塑性铰产生，构件的极限状态应根据设计目标及构件在整个结构中的作用（即按设定的性能）来确定。

（2）第5.5.4条规定：钢材的应力-应变关系可为理想弹塑性，屈服强度可取《钢标》规定的强度设计值，弹性模量按4.4.8条取值。

（3）第5.5.5条规定：钢结构构件应为单轴对称截面（宜为双轴对称截面），塑性铰处的截面或区域应保证有做够的转动能力（塑性铰处的截面板件宽厚比等级应为S1级、S2级，构件的截面宽厚比等级不符合S2级要求时，构件不允许形成塑性铰）。

10）直接分析设计法的计算结果，可直接作为构件承载能力极限状态和正常使用极限状态的设计依据：

（1）当构件能防止侧向失稳（有足够的侧向支撑）时，承载力按式（5.5.7-1）验算。

（2）当构件可能产生失稳时，其稳定承载力按式（5.5.7-2）验算。

（3）当构件不允许形成塑性铰（截面板件宽厚比等级不符合S2级要求）时，按式（5.5.7-3）和式（5.5.7-4）验算受弯承载力（按弹性计算，考虑截面塑性发展系数）。

（4）当截面板件宽厚比等级符合S2级的要求时：

① 当不考虑材料的塑性发展（注：可以考虑，但设计不考虑）时，按式（5.5.7-3）和式（5.5.7-4）验算受弯承载力（按弹性计算，考虑截面塑性发展系数）。

② 按二阶弹塑性分析时，按式（5.5.7-5）和式（5.5.7-6）验算受弯承载力（按塑性承载力计算，采用全截面塑性毛截面模量）。

11）直接分析设计法的主要内容见表5.5.1-1。

表 5.5.1-1 直接分析设计法的主要内容

项目	项目名称	主要内容	说明
1	内力和位移计算	考虑结构的整体初始缺陷(P-Δ 效应)、构件的初始缺陷(P-δ 效应),及其对结构稳定有显著影响的因素,按弹性和弹塑性方法计算,采用荷载设计值作用下的内力,采用荷载标准值作用下的位移	计算复杂。 考虑了 P-Δ 和 P-δ 效应,考虑了残余应力和连接刚度等的影响
2	构件设计	按第 6～8 章的相关规定进行构件设计	构件设计简单。 不需要按计算长度法进行构件受压稳定承载力验算。 适合于复杂结构
3	连接和节点设计	按有关规定进行	第 11、12 章

3. 第 5.5.2 条

1）直接设计不考虑材料弹塑性发展时，结构分析应限于第一个塑性铰的形成，对应的荷载水平不应低于荷载设计值，不允许进行内力重分布。

2）二阶 P-Δ-δ 弹性分析，是直接设计法的一种特例，在结构设计中常用。该方法不考虑材料的非线性（按弹性材料计算），只考虑几何非线性（考虑 P-Δ 效应），以第一个塑性铰为准则，不允许进行内力重分布。

3）采用不考虑材料弹塑性发展的简化计算方法时，本条提出了两项具体规定，即：

（1）当结构出现第一个塑性铰时，计算结束；

（2）对应于第一个塑性铰出现时的荷载水平，不低于荷载设计值（也即规定了采用简化方法计算的，第一个塑性铰出现时的荷载底线，就是不应低于荷载设计值）；

（3）不允许进行内力重分布（采用简化方法，不考虑塑性内力重分布）。

4. 第 5.5.3 条

1）直接分析法按二阶弹塑性分析时：

（1）采用塑性铰法或塑性区法；

（2）塑性铰形成的区域，构件和节点应有足够的延性保证，以便内力重分布；

（3）允许一个或多个塑性铰产生；

（4）构件的极限状态，应根据设计目标及构件在整个结构中的作用来确定。

2）第 5.5.3～5.5.5 条，都是对采用二阶弹塑性分析方法时的详细规定。

3）本条是对二阶弹塑性分析时计算方法的具体规定：塑性铰法和塑性区法，并对塑性区提出了具体要求。在塑性铰的形成区域可以允许出现多个塑性铰，构件的极限状态按第 10.1.3 条确定。

4）二阶弹塑性分析适应各种需要，考虑材料的弹塑性发展，但工程界看法不一。

（1）工程界常采用一维梁柱单元来进行弹塑性分析（二维的板壳元和三维的实体元，因计算量太大，一般仅用于学术研究），塑性铰法和塑性区法是基于梁柱单元的两种常用的考虑材料非线性的计算方法；

（2）二阶弹塑性分析可以形成多个塑性铰，直到达到设计荷载为止；

（3）对结构进行二阶弹塑性分析，由材料和截面确定的弯矩-曲率关系、节点的半刚接等，对计算结果有直接影响，分析结果的可靠性时，依赖于结构的破坏模式，不同破坏模式使用的非线性分析增量-迭代策略可能不一样。

5）二阶弹塑性分析应把握下列要点：

（1）一般构件的划分单元数宜＞4（除非能证明一根构件能可靠地由一个单元模拟，如受拉支撑），构件的几何缺陷和残余应力，应能在所划分的单元考虑到；

（2）钢材的应力应变曲线为理想的弹塑性，混凝土的应力应变曲线按《混规》确定；

（3）当工字形（H形）截面柱与钢梁刚接时，应有足够的措施防止节点域的变形，否则应在结构体系分析时予以折减；

（4）当工字形（H形）截面构件的翘曲扭转约束不足时，应在结构整体分析时予以考虑；

（5）可按《荷规》的规定考虑活荷载折减，抗震设计的结构，采用重力荷载代表值计算时，不得对重力荷载代表值中的活荷载进行折减；

（6）应输出下列主要计算结果，以验证是否符合设计要求：

① 荷载标准组合的效应设计值（也就是标准值）作用下的挠度和侧移；

② 各塑性铰的曲率；

③ 没有出现塑性变形的部位，应输出应力比。

5. 第5.5.4条

1）直接分析法按二阶弹塑性分析时：

（1）钢材的应力-应变关系可为理想弹塑性；

（2）屈服强度可取第4.4节规定的强度设计值，弹性模量可按第4.4.8条采用。

2）本条是对二阶弹塑性分析时材料特性的基本要求，规定了材料的应力-应变关系、屈服强度和弹性模量等，其中“理想弹塑性”就是不考虑残余应变。

3）第5.5.3～5.5.5条，都是对采用二阶弹塑性分析方法时的详细规定，相关内容可互相参照。

6. 第5.5.5条

1）直接分析法按二阶弹塑性分析时：

（1）钢结构构件截面应为双轴对称截面或单轴对称截面；

（2）塑性铰处截面板件宽厚比等级应为S1级、S2级，其出现的截面或区域应保证有足够的转动能力。

2）本条是对二阶弹塑性分析时截面特性的规定：

（1）应采用双轴或单轴对称截面（变形简单有规律，有利于承载力和稳定控制）；

（2）塑性铰截面处的板件宽厚比等级应为S1、S2级（第5.5.7条有重复强调，第10.1.5条有专门规定，可相互借鉴）；

（3）塑性铰区截面“足够的转动能力”，可以理解为要满足不低于S1级（一级塑性截面或塑性转动截面，见第3.5.1条）或S2级（二级塑性截面，见第3.5.1条）截面的转动能力（第10.1.5条有细化规定，形成塑性铰的截面不低于S1级，最后形成塑性铰的截面不低于S2级，其他截面不低于S3级）。

3）第5.5.3～5.5.5条，都是对采用二阶弹塑性分析方法时的详细规定，相关内容可互相参照。

7. 第 5.5.6 条

1）当结构采用直接分析设计法，进行连续倒塌和抗火分析时：

（1）进行连续倒塌分析时，结构材料的应力-应变关系，宜考虑应变率的影响；

（2）进行抗火分析时，应考虑结构材料在高温下的应力-应变关系对结构和构件内力产生的影响。

2）本条与第 5.1.8 条及第 18.1 节相对应，防连续倒塌分析和抗火分析属于非线性分析，有专门的具体规定。

8. 第 5.5.7 条

1）结构和构件采用直接分析设计法进行分析和设计时，计算结果可直接作为承载能力极限状态和正常使用极限状态下的设计依据，应按下列公式进行构件截面承载力验算：

（1）当构件有足够侧向支撑，以防止侧向失稳时：

$$\frac{N}{Af}+\frac{M_x^{\mathrm{II}}}{M_{cx}}+\frac{M_y^{\mathrm{II}}}{M_{cy}}\leqslant 1.0 \tag{5.5.7-1}$$

（2）当构件可能产生侧向失稳时：

$$\frac{N}{Af}+\frac{M_x^{\mathrm{II}}}{\varphi_b W_x f}+\frac{M_y^{\mathrm{II}}}{M_{cy}}\leqslant 1.0 \tag{5.5.7-2}$$

（3）当截面板件宽厚比等级不符合 S2 级要求时：

① 构件不允许形成塑性铰；

② 受弯承载力设计值应按式（5.5.7-3）、式（5.5.7-4）确定：

$$M_{cx}=\gamma_x W_x f \tag{5.5.7-3}$$

$$M_{cy}=\gamma_y W_y f \tag{5.5.7-4}$$

（4）当截面板件宽厚比等级符合 S2 级要求时：

① 不考虑材料弹塑性发展时，受弯承载力设计值应按式（5.5.7-3）、式（5.5.7-4）确定；

② 按二阶弹塑性分析时，受弯承载力设计值应按式（5.5.7-5）、式（5.5.7-6）确定：

$$M_{cx}=W_{px} f \tag{5.5.7-5}$$

$$M_{cy}=W_{py} f \tag{5.5.7-6}$$

式中：M_x^{II}、M_y^{II}——分别为绕 x 轴、y 轴的二阶弯矩设计值（N·mm），可由结构分析直接得到（注：可按第 5.4.1 条或第 5.4.2 条计算得出）；

A——构件的毛截面面积（mm^2）；

M_{cx}、M_{cy}——分别为绕 x 轴、y 轴的塑性受弯承载力设计值（N·mm）；

W_x、W_y——当构件截面板件宽厚比等级为 S1 级、S2 级、S3 级或 S4 级时，为构件绕 x 轴、y 轴的毛截面模量（mm^3）；当构件截面板件宽厚比等级为 S5 时，为构件绕 x 轴、y 轴的塑性有效截面模量（mm^3）；

W_{px}、W_{py}——构件绕 x 轴、y 轴的塑性毛截面模量（mm^3）；

γ_x、γ_y——截面塑性发展系数，按第 6.1.2 条的规定采用；

φ_b——梁的整体稳定系数，按《钢标》附录 C 确定。

2）本条是对构件截面承载力验算的具体规定，分为构件不失稳、构件可能失稳、板件宽厚比等级不符合 S2 级要求和符合 S2 级要求等。

(1)“构件不失稳”，可理解为有足够的稳定措施或满足稳定性验算要求，按第10.3.3条规定，塑性铰部位的稳定性验算，可按压弯构件，依据第8章的规定验算；

(2)“构件有可能失稳”，可理解为稳定措施不到位，或不满足按弹性稳定性验算要求的情况；

(3)“不允许出现塑性铰”，《钢标》多次强调：最后出现塑性铰的截面，其板件宽厚比等级不应低于S2级（其他出现塑性铰的截面应不低于S1级），因为塑性铰截面需要足够的截面转动能力（见第10.1.5条）；

(4)关于塑性受弯承载力设计值，式(5.5.7-5)和式(5.5.7-6)，M_{cx}和M_{cy}与塑性毛截面模量W_{px}和W_{py}及材料强度设计值有关，塑性毛截面模量按截面中和轴上下截面全部塑性计算（即中和轴上下的截面应力图形均为矩形）。关于弹性承载力、塑性承载力、屈服承载力和极限承载力的相互关系见表5.5.7-1（说明：当规范有新的具体规定时按新规定；表中以钢梁的受弯承载力为例）。

表5.5.7-1 弹性承载力、塑性承载力、屈服承载力和极限承载力的相互关系

情况	弹性承载力M	塑性承载力M_p	屈服承载力M_y	极限承载力M_u
截面模量	弹性毛截面模量W	塑性毛截面模量W_p	塑性毛截面模量W_p	塑性毛截面模量W_p
强度设计指标	强度设计值f	强度设计值f(注)	屈服强度f_y	极限强度f_u

注：抗震设计时，下列情况的“塑性承载力”按f_y计算：
1.抗震性能化设计中，设防地震的承载力计算（《钢标》第17.2.3条）；
2.《抗规》式(8.2.5-3)；
3.《抗规》与极限承载力相关的验算（第8.2.8条）；
4.《抗规》第9.2.11条第4款。

9. 第5.5.8条

1)采用塑性铰法进行直接分析设计时，除应按第5.2.1条、第5.2.2条考虑初始缺陷外，当受压构件所受轴力大于$0.5Af$时，其弯曲刚度还应乘以折减系数0.8。

2)杆件承受的轴向压力N_b较大($N_b>0.5Af$)时，应考虑构件弯曲刚度的降低（还有10.3.4条的相关规定）。

10. 第5.5.9条

1)采用塑性区法进行直接分析设计时，应按不小于1/1000的出厂加工精度，考虑构件的初始几何缺陷，并考虑初始残余应力。

2)本条规定了直接分析采用塑性区法时，考虑构件初始缺陷的具体方法：

(1)按构件的出厂加工精度（构件的加工精度应满足相关标准的要求，钢构件加工精度是钢结构计算准确的前提）考虑构件的初始几何缺陷（这是对构件初始几何缺陷的简化计算方法，一般情况下，构件的初始缺陷可按第5.2.2条计算）。

(2)构件的“初始残余应力”，可在构件计算模型中考虑（根据构件的加工制作和安装情况、受力情况和受力环境等综合确定）。

11. 第5.5.10条

1)大跨度结构体系的稳定性分析，宜采用直接分析法。结构整体初始几何缺陷模式，可按最低阶整体屈曲模态采用，最大缺陷值可取$L/300$，L为结构跨度。构件的初始几何缺陷可按第5.2.2条的规定采用。

2）本条规定了大跨度钢结构体系稳定分析（采用直接分析法）时，结构整体的初始几何缺陷、结构整体的最大初始几何缺陷、构件的初始缺陷的确定原则。

3）关于“最低阶整体屈曲模态”，屈曲分析时，荷载按标准组合 D+L，非线性屈曲分析需要确定缺陷的时候，按一致缺陷模态法（模态可选最低阶屈曲模态），但实际工程中，有时最低阶缺陷不一定对承载力降低最大，所以也可选为前几阶模态的线性组合，比较哪种组合对极限承载力降低最多。

【思库问答】

【问 1】请问，直接分析法采用动力弹塑性时程分析时，如何按照《抗规》第 5.4.1 条进行截面抗震验算？

【答 1】直接设计法要求采用荷载设计值作用下的内力（或荷载标准值作用下的位移），和抗震设计的效应组合不一致，目前情况下，可将直接分析法计算结果与地震作用效应，按《抗规》进行设计值简单（近似）组合。

【问 2】请问，《抗规》第 5.1.2 中规定了时程分析法的要求，但是并没有规定使用哪种时程分析法，弹性时程分析法、弹塑性时程分析法。由于目前振型分解反应谱法不适用于《钢标》中的“直接分析法”，如果运用直接分析法进行抗震设计，怎么做比较合适？

【答 2】《抗规》规定的时程分析方法，指弹性时程分析法和弹塑性时程分析法。《钢标》的直接设计法应采用动力弹塑性时程分析，考虑非线性和缺陷问题。目前情况下，可将荷载与地震作用分开，将荷载设计值作用下的内力（位移）与地震作用内力（位移），按《抗规》的效应组合公式进行设计值简单（近似）组合。

第6章　受弯构件

【说明】

1. 受弯构件是钢结构设计中的较为简单的受力构件，也是构件承载力设计和稳定性设计的基础。受弯构件分实腹式和格构式，分整体稳定和局部稳定，还应考虑截面塑性发展系数问题、考虑梁腹板屈曲后的强度等热点问题。

2. 钢结构构件的抗扭设计建议见第6.6.1条。

3. 受弯构件内容是钢结构设计的重要内容也是结构设计的基础性内容，实际工程和注册备考时应予以熟练掌握。

6.1　受弯构件的强度

《钢标》对受弯构件的强度规定见表6.1.0-1。

表6.1.0-1　《钢标》对受弯构件的强度一般规定

<table>
<tr><th>条文号</th><th>规定</th><th colspan="3">关键点把握</th></tr>
<tr><td>6.1.1</td><td>主平面内受弯的实腹构件</td><td colspan="3">受弯强度按式(6.1.1)计算</td></tr>
<tr><td rowspan="5">6.1.2</td><td rowspan="5">截面塑性发展系数
(见说明)</td><td rowspan="3">1)S1、S2、S3级时</td><td>工字形</td><td>强轴1.05,弱轴1.2</td></tr>
<tr><td>箱形</td><td>1.05</td></tr>
<tr><td>其他截面</td><td>按表8.1.1取值</td></tr>
<tr><td colspan="3">2)S4、S5级时,应取1.0</td></tr>
<tr><td colspan="3">3)计算疲劳的梁,宜取1.0</td></tr>
<tr><td>6.1.3</td><td>主平面内受弯的实腹构件</td><td colspan="3">受剪强度计算按式(6.1.3),考虑腹板屈曲后强度见第6.4.1条</td></tr>
<tr><td rowspan="2">6.1.4</td><td rowspan="2">梁受集中荷载(该处未设置支承加劲肋)的计算要求</td><td colspan="2">1)当梁上翼缘,受沿腹板平面作用的集中荷载(且该处未设置支承加劲肋)时</td><td>腹板计算高度上边缘的局部承压强度,应按式(6.1.4-1)计算</td></tr>
<tr><td colspan="2">2)在梁支座处,当不设置支座加劲肋时</td><td>腹板计算高度下边缘的局部压应力,应按式(6.1.4-1)计算</td></tr>
<tr><td rowspan="2">6.1.5</td><td rowspan="2">在梁的腹板计算高度边缘处</td><td colspan="2">1)同时承受较大的正应力、剪应力和局部压应力</td><td rowspan="2">折算应力按式(6.1.5-1)计算</td></tr>
<tr><td colspan="2">2)同时承受较大的正应力和剪应力</td></tr>
</table>

【要点分析】

1. 受弯构件的强度计算问题，是钢结构设计的基本问题，重点应关注构件的截面板件宽厚比等级对构件截面模量、截面塑性发展系数的影响（关于截面板件宽厚比和截面塑性发展系数问题，在老朱思库提问较多。截面板件宽厚比问题，可查阅 3.5.1 条的相关说明，截面塑性发展系数可重点关注第 6.1.2 条的相关说明）。

2. 第 6.1.1 条

1）在主平面内受弯的实腹式构件，其受弯强度应按下式计算：

$$\frac{M_x}{\gamma_x W_{nx}}+\frac{M_y}{\gamma_y W_{ny}}\leqslant f \tag{6.1.1}$$

式中：M_x、M_y——同一截面处绕 x 轴和 y 轴的弯矩设计值（N·mm）；

W_{nx}、W_{ny}——对 x 轴和 y 轴的净截面模量（mm^3），当截面板件宽厚比等级为 S1 级、S2 级、S3 级或 S4 级时，应取全截面模量，当截面板件宽厚比等级为 S5 级时，应取有效截面模量，均匀受压翼缘有效外伸宽度可取 $15\varepsilon_k$ 倍翼缘厚度，腹板有效截面可按第 8.4.2 条的规定采用；

γ_x、γ_y——对主轴 x、y 的截面塑性发展系数，应按第 6.1.2 条的规定取值；

f——钢材的抗弯强度设计值（N/mm^2）（注：按翼缘确定）。

2）“主平面内受弯的实腹式构件”，受弯强度计算时，应考虑截面塑性的有限发展，采用截面塑性发展系数来实现：

（1）适用于主平面内受弯，对应于平面的 x 轴和 y 轴受弯，不适用于其他轴的受弯（如斜平面受弯等）；

（2）适用于实腹式构件，构件自身符合平截面假定，不适用于其他构件（如格构式构件等）。

3）“有效截面模量”，当截面板件宽厚比等级为 S5 级，计算净截面模量时，翼缘和腹板均应取有效截面模量（注意只是用在计算净截面模量时，采用有效截面）：

（1）当翼缘的板件宽厚比数值仅满足截面宽厚比等级 S5 级限值时，对于均匀受压的翼缘（可理解为单向受弯，不适用于双向受弯的实腹钢梁等，也就是说双向受弯的构件，宜采用满足 S4 级要求的截面），翼缘的有效自由外伸长度（从腹板边缘算起，当为轧制型材时，应从翼缘与腹板相交的圆弧外侧算起）可取 $15\varepsilon_k t_f$（注意：条文说明为“$13\varepsilon_k t_f$”，要求更加严格，此处按正文）；

（2）当腹板的板件宽厚比数值仅满足截面宽厚比 S5 级限值时，腹板应采用有效截面（可按第 8.4.2 条计算）。

4）截面的板件宽厚比等级为 S5 级可有以下几种情况：

（1）翼缘的板件宽厚比和腹板的板件宽厚比（也称高厚比）数值均仅能满足 S5 级的限值；

（2）翼缘的板件宽厚比数值满足 S1、S2、S3 或 S4 的限值要求，而腹板的板件宽厚比数值仅满足 S5 级的限值要求；

（3）腹板的板件宽厚比数值满足 S1、S2、S3 或 S4 的限值要求，而翼缘的板件宽厚比数值仅满足 S5 级的限值要求（此种情况在实际工程中应避免出现）；

（4）注意：只有构件截面才有截面板件宽厚比等级（翼缘和腹板是组成截面的要素，对于翼缘和腹板自身，只有板件宽厚比数值，而没有截面板件宽厚比等级），包含对翼缘和腹板的板件宽厚比限值要求，当翼缘和腹板的板件宽厚比分别满足不同等级的限值要求时，可按翼缘和腹板板件宽厚比的较低等级确定（如翼缘的板件宽厚比数值满足 S3 级的限值要求，腹板的板件宽厚比数值满足 S5 级的限值要求，则该截面的板件宽厚比等级可确定为 S5 级）；

（5）翼缘与腹板在截面塑性发展系数中的相互关系分析，见第 6.1.2 条。

5）执行本条规定时，应注意以下几点：

（1）只有当截面板件宽厚比等级满足不低于 S3 级（即为 S1、S2 和 S3 级）要求时，才考虑截面塑性发展系数≥1.0（也就是当截面板件宽厚比等级为 S4 和 S5 时，塑性发展系数取 1.0）。

（2）截面模量计算时：

① 当翼缘的宽厚比满足不低于 S4 级（也就是 S1、S2、S3 和 S4）要求时，取翼缘全截面计算；当翼缘的板件宽厚比仅满足 S5 级要求时，取有效截面（均匀受压时，翼缘外伸长度取 $15\varepsilon_k t_f$）；

② 当腹板的高厚比满足不低于 S4 级（也就是 S1、S2、S3 和 S4）要求时，取腹板全截面计算；当腹板的板件高厚比仅满足 S5 级要求时，取有效截面（可按第 8.4.2 条计算）。

（3）以工字截面梁为例，《钢标》对截面模量和截面塑性发展系数的规定见表 6.1.1-1。

表 6.1.1-1 工字截面梁截面模量 W_n（W_{nx}、W_{ny}）和截面塑性发展系数 γ（γ_x、γ_y）的取值

<table>
<tr><td colspan="2">翼缘宽厚比满足的等级</td><td>S1、S2、S3</td><td>S4</td><td>S5</td></tr>
<tr><td rowspan="3">腹板宽厚比满足的等级</td><td>S1、S2、S3</td><td>W_n：取全截面；
$\gamma_x=1.05$、$\gamma_y=1.20$</td><td>W_n：取全截面；
γ_x、γ_y 取 1.0</td><td>W_n：均匀受压时，翼缘有效外伸宽度 $15t_f\varepsilon_k$，腹板取全截面；γ_x、γ_y 取 1.0</td></tr>
<tr><td>S4</td><td colspan="2">W_n：取全截面；
γ_x、γ_y 取 1.0</td><td>W_n：均匀受压时，翼缘有效外伸宽度 $15t_f\varepsilon_k$，腹板取全截面；γ_x、γ_y 取 1.0</td></tr>
<tr><td>S5</td><td colspan="2">W_n：翼缘取全截面，腹板取有效截面；
γ_x、γ_y 取 1.0</td><td>W_n：均匀受压时，翼缘有效外伸宽度 $15t_f\varepsilon_k$，腹板取有效截面；γ_x、γ_y 取 1.0</td></tr>
</table>

6）关于“截面塑性发展系数”的说明见第 6.1.2 条，截面板件宽厚比等级可查阅 3.5.1 条的相关说明。

7）本条内容在历年注册考题中经常出现（见第 19 章），实际工程及注册备考时应注意把握。

3. 第 6.1.2 条

1）截面塑性发展系数应按下列规定取值：

（1）对工字形和箱形截面，当截面板件宽厚比等级为 S4 或 S5 级时，截面塑性发展系数应取为 1.0，当截面板件宽厚比等级为 S1 级、S2 级及 S3 级时，截面塑性发展系数应按下列规定取值：

①工字形截面（x 轴为强轴，y 轴为弱轴）：$\gamma_x=1.05$，$\gamma_y=1.20$；

②箱形截面：$\gamma_x=\gamma_y=1.05$。

（2）其他截面的塑性发展系数可按表 8.1.1 采用（注意：此处应理解为：当截面板件宽厚比等级为 S1 级、S2 级及 S3 级时，截面的塑性发展系数可按表 8.1.1 采用，S4、S5 级时取 1.0）。

（3）对需要计算疲劳的梁，宜取 $\gamma_x=\gamma_y=1.0$。

2）截面塑性发展系数的取值原则：

（1）当截面的板件宽厚比等级为 S4、S5 级时，截面的塑性发展系数取 1.0。

（2）当截面板件宽厚比等级为 S1 级、S2 级及 S3 级时：

① 工字形和箱形截面，按本条确定；

② 其他截面按表 8.1.1 确定（仅适用于 S1、S2、S3 级）。

（3）需要计算疲劳的梁，不宜考虑塑性发展，即取 $\gamma_x=\gamma_y=1.0$。

（4）直接承受动力荷载的梁，可不考虑塑性发展，即可取 $\gamma_x=\gamma_y=1.0$。

（5）工字形和箱形截面是受弯构件的常用截面类型，工字形截面有强轴和弱轴之分，一般强轴布置在弯矩作用平面内，本条规定给出了常用截面的塑性发展系数值。

（6）《钢标》表 3.5.1 只有常用截面（工字形、H 形、箱形和圆钢管截面）的板件宽厚比等级，对于其他截面类型则没有具体规定，需要专门研究，实际工程中应尽量采用表 3.5.1 中列出的常用截面类型。

3）关于截面塑性发展系数：

（1）构件截面设计中，适当地考虑截面的塑性发展（可节约材料），同时又使截面的塑性发展深度不至过大（一般控制在 5%～20%，确保构件不丧失局部稳定），引入截面塑性发展系数；

（2）截面塑性发展后，截面已不遵循弹性计算的平截面假定，但考虑这种塑性发展是有限的、可控的，不影响构件的稳定，为方便设计，本条仍采用弹性计算的公式（属于一种近似的简化计算方法，《钢标》中较多地采用简化方法，设计时应注意理解）；

（3）工程经验表明，对钢结构构件，承载力设计往往不起控制作用，大多数情况下，构件的稳定设计是第一位的（也说明，在强度设计中考虑截面塑性发展系数的合理性）；

（4）截面塑性发展系数不适用于轴心受力构件（即不适用于全截面受拉或受压的构件）。

4）应区分对截面板件宽厚比的控制，和对截面塑性发展系数的要求：

（1）截面塑性发展系数，与截面的翼缘和腹板均有关系，但《钢标》中主要考虑翼缘的影响，腹板可理解为翼缘塑性发展的保证措施。

（2）对截面板件宽厚比的控制，应关注翼缘和腹板的板件宽厚比，板件宽厚比等级是表征截面（由翼缘和腹板组成）的整体特性指标，因此，要双控（就是翼缘和腹板都要满足 3.5.1 条规定的板件宽厚比的限值要求）。

（3）本条规定的"当截面板件宽厚比等级为 S4 级或 S5 级时"与第 8.1.1 条规定的"当截面的板件宽厚比等级不满足 S3 级要求时"的说法是一致的（只是规范表述的不一致），不满足 S3 级要求，就属于 S4 级或 S5 级。

（4）只有截面板件宽厚比等级为 S1 级、S2 级和 S3 级，才考虑截面塑性发展（与第 3.5.1 条一致），即可取截面塑性发展系数≥1.0；对截面板件宽厚比等级为 S4、S5 级，不考虑截面塑性发展（与第 8.1.1 条的规定一致），即塑性发展系数取 1.0。

（5）截面的塑性发展系数是，考虑截面塑性的截面模量与弹性截面模量的比值，由本条可知，截面的塑性发展系数与截面形式和作用轴密切相关，以工字形截面为例：

① 绕强轴（x 轴）的截面塑性发展系数为 1.05，由于截面绕强轴的弹性截面模量较大，模量增加 5%，基本上是翼缘全截面塑性发展时增加的模量，因此，对于工字形截面强轴的塑性发展系数主要由翼缘决定。

② 绕弱轴（y 轴）的截面塑性发展系数为 1.20，使得考虑截面塑性的截面模量达到

截面弹性模量的1.2倍，模量增加20%，基本上是翼缘截面塑性发展35%时增加的模量，因此，对于工字形截面弱轴的塑性发展系数主要由受压翼缘决定。

③ 受弯构件一般都以强轴为受力主平面，截面的塑性发展系数主要表征为截面受压翼缘的塑性发展。

5）截面塑性发展系数要同时考虑翼缘和腹板的共同影响，主要考虑受压翼缘、腹板和受拉翼缘。

（1）一般情况下，翼缘和腹板的板件宽厚比宜符合同一板件宽厚比等级的限值要求，当两者不属于同一板件宽厚比等级时，宜将翼缘或腹板的较低等级（等级高低按S1到S5排列）确定为截面的板件宽厚比等级。

（2）受压翼缘，可以理解为截面塑性发展的主要因素，当受压翼缘满足《钢标》规定的S1级、S2级和S3级截面板件宽厚比等级要求时，可以考虑塑性发展系数≥1.0，当受压翼缘仅满足S4级（翼缘可能发生局部屈曲）或S5级规定的板件宽厚比要求时，塑性发展系数取1.0。

（3）腹板，可以理解为翼缘截面塑性发展的保证措施，当腹板满足《钢标》规定的S3级板件宽厚比要求（腹板可以发展不超过截面高度1/4的塑性）时，可考虑截面的塑性发展（也就是说，要考虑受压翼缘的截面塑性发展，除受压翼缘的板件宽厚比应满足《钢标》规定的S1级、S2级和S3级的要求外，腹板还应满足不低于《钢标》规定的S3级板件宽厚比等级要求），否则，塑性发展系数取1.0。

（4）实际工程中，当腹板的板件宽厚比等级较低时，不能简单地直接加大腹板厚度，或直接取截面塑性发展系数为1.0了事，而应该根据第3.5.1条的要求（表3.5.1明确指出“腹板的宽厚比可通过设置加劲肋减小”），通过采取局部稳定的措施（可按第7.3.5条设置纵向加劲肋），提高截面的塑性发展能力，也提高结构设计的经济性。

（5）受拉翼缘，在截面塑性发展中处于次要低位。应确保构件受力不反号，翼缘不出现受压情况。

（6）本条规定中对工字形和箱形截面的塑性发展系数，与表8.1.1的规定一致（本条第1款规定与8.1.1条规定重复）。

（7）受弯构件、拉弯、压弯构件截面强度计算时，都有截面塑性发展系数，表8.1.1的数值同样适用于受弯构件。

6）本条内容在历年注册考题中经常出现（见第19章），结合对截面板件宽厚比的要求，实际工程及注册备考时应予以重点把握。

4. **第6.1.3条**

1）在主平面内受弯的实腹式构件、除考虑腹板屈曲后强度者外，其受剪强度应按下式计算：

$$\tau = \frac{VS}{It_{w}} \leqslant f_{v} \tag{6.1.3}$$

式中：V——计算截面沿腹板平面作用的剪力设计值（N）；

S——计算剪应力处，中和轴以上（或以下）毛截面，对中和轴的面积矩（mm^3）；

I——构件的毛截面面积矩（mm^4）；

t_w——构件的腹板厚度（mm）；

f_v——钢材的抗剪强度设计值（N/mm^2）（注：按腹板确定）。

2）式（6.1.3）是钢结构设计的常用公式，不适用于考虑腹板屈曲后强度的构件。

3）钢构件的抗剪设计还有其他简化公式，如式（6.3.3-2）、式（10.3.2）、式（17.2.8-1）等，应用时应注意区别。

4）焊接截面梁腹板考虑屈曲后的强度验算，见第6.4节。

5）本条内容在历年注册考题中经常出现（见第19章），实际工程及注册备考时应注意把握。

5. **第6.1.4条**

1）当梁受集中荷载，且该荷载处又未设置支承加劲肋时，其计算应符合下列要求：

（1）当梁上翼缘受有沿腹板平面作用的集中荷载，且该荷载处又未设置支承加劲肋时，腹板计算高度上边缘的局部承压强度，应按下列公式计算：

$$\sigma_c = \frac{\psi F}{t_w l_z} \leqslant f \tag{6.1.4-1}$$

$$l_z = 3.25\sqrt[3]{\frac{I_R + I_f}{t_w}} \tag{6.1.4-2}$$

或

$$l_z = a + 5h_y + 2h_R \tag{6.1.4-3}$$

式中：F——集中荷载设计值（N）；对动力荷载应考虑动力荷载系数；

ψ——集中荷载的增大系数；对重级工作制吊车梁，$\psi=1.35$；对其他梁，$\psi=1.0$；

l_z——集中荷载在腹板计算高度上边缘的假定分布长度（mm），宜按式（6.1.4-2）计算，也可采用简化式（6.1.4-3）计算；

I_R——轨道绕自身形心轴的惯性矩（mm^4）；

I_f——梁上翼缘绕翼缘中面的惯性矩（mm^4）；

a——集中荷载沿梁跨度方向的支承长度（mm），对钢轨上的轮压可取50mm；

h_y——梁顶面至腹板计算高度上边缘的距离（mm）；对焊接梁为上翼缘厚度，对轧制工字形截面梁，是梁顶面到腹板过渡完成点（注：就是翼缘向腹板过渡的圆弧段与腹板的交点位置）的距离；

h_R——轨道的高度（mm），对梁顶无轨道的梁取值为0；

f——钢材的抗压强度设计值（N/mm^2）（注：按腹板确定）。

（2）在梁的支座处，当不设置支座加劲肋时，也应按式（6.1.4-1）计算腹板高度下边缘的局部压应力，但取$\psi=1.0$。支座集中反力的假定分布长度，应根据支座具体尺寸按式（6.1.4-3）计算。

2）集中荷载处（或支座反力作用处），当该处梁的腹板未设置加劲肋时，应验算局部压应力，应把握集中荷载的确定和局部承压面积的计算。

3）集中荷载（或支座反力）的确定：

（1）集中荷载设计值按计算确定。对于动力荷载（如吊车轮压等）应考虑动力系数（见表3.3.2-4），吊车的轮压可根据吊车的型号由工艺提供。

（2）支座反力应按计算确定，采用支座反力最大值。

4）局部承压的验算部位：

（1）集中荷载处，局部压应力的验算部位，在“腹板计算高度的上边缘”，就是梁的腹板与上翼缘的交界处。对焊接截面，在腹板和上翼缘的交界位置；对轧制型钢，在腹板向上翼缘过渡的圆弧起点处；

（2）支座处，局部压应力的验算部位，在“腹板计算高度的下边缘”，就是梁的腹板与下翼缘的交界处。对焊接截面，在腹板和下翼缘的交界位置；对轧制型钢，在腹板向下翼缘过渡的圆弧起点处。

5）局部压应力的假定分布长度：

（1）集中荷载处，局部压应力的假定分布长度，要考虑：集中荷载在梁上的支承长度 a、梁顶板到计算位置的距离 h_y、轨道的设置情况及轨道的高度 h_R 等；

（2）支座处，局部压应力的假定分布长度，要考虑：支座反力在梁上的支承长度 a、梁底板到计算位置的距离 h_y 等。

6）集中荷载的增大系数 ψ

（1）集中荷载处，根据具体情况确定；

（2）支座处，取 $\psi=1.0$。

7）本条内容在历年注册考题中经常出现（多结合吊车轮压，见第19章），实际工程及注册备考时应注意把握。

6. **第6.1.5条**

1）在梁的腹板计算高度边缘处，若同时承受较大的正应力、剪应力和局部压应力，或同时承受较大的正应力和剪应力时，其折算应力应按下列公式计算：

$$\sqrt{\sigma^2+\sigma_c^2-\sigma\sigma_c+3\tau^2}\leqslant\beta_1 f \tag{6.1.5-1}$$

$$\sigma=\frac{M}{I_n}y_1 \tag{6.1.5-2}$$

式中：σ、τ、σ_c——腹板计算高度边缘同一点上，同时产生的正应力、剪应力和局部压应力（N/mm^2），τ 和 σ_c 应按式（6.1.3）和式（6.1.4-1）计算，σ 应按式（6.1.5-2）计算，σ 和 σ_c 以拉应力为正值，压应力为负值；

I_n——梁净截面惯性矩（mm^4）；

y_1——所计算点至梁中和轴的距离（mm）；

β_1——强度增大系数；当 σ 与 σ_c 异号时，取 $\beta_1=1.2$，当 σ 与 σ_c，同号或 $\sigma_c=0$ 时，取 $\beta_1=1.1$；

f——钢材的抗压强度设计值（N/mm^2）（注：按腹板确定）。

2）对于折算应力的计算，应把握以下问题：

（1）“梁的腹板计算高度边缘处”，明确了应力计算的部位，不是翼缘，而是在腹板计算高度的边缘处：

① 对焊接工字型钢梁，为梁腹板与翼缘的交界处；

② 对于轧制工字型钢梁（按表3.5.1注2“腹板净高不包括翼缘腹板过渡处圆弧段”），为圆弧段与腹板的交界处。

（2）“折算应力”，根据能量强度理论计算的等效应力（可理解为不是真正的应力，而是一种等效应力），满足式（6.1.5-1）要求时，可确保钢材在复杂受力状态下处于弹性状态。

（3）“强度增大系数”，其本质是允许梁的局部塑性开展（和截面塑性发展系数类似），而不应理解为钢材屈服强度的增大。考虑到需要验算折算应力的部位只是梁的局部区域，最大应力出现在局部个别部位，基本不会影响整体性能，故允许对折算应力的数值进行适当放大（可理解为允许塑性开展的区域）。

3）需要验算梁的折算应力的部位，归纳如下：

（1）应力复杂的部位，即同时承受“正应力、剪应力和局部压应力”的部位（应力种类超过两种，有正应力、剪应力和局部压应力，如：吊车轮压直接作用的梁等。注意：《钢标》对承受的应力提出了“较大的”规定，实际工程中，对“较大的”难以具体把握，建议可不考虑“较大的”规定，对多种复合应力状态的情况，均进行折算应力验算。

（2）应力较大的部位，即“同时承受较大的正应力、剪应力”的部位（应力种类为两种，但效应数值较大，实际工程中对“较大的”也难以准确把握，建议不考虑“较大的”规定，对正应力、剪应力同时作用的情况，都验算折算应力），指连续梁中部支座处（效应较大导致截面应力变大）或梁的翼缘截面改变（截面变化导致截面应力变大）处等。

4）折算应力除用在梁的强度计算，也用在焊缝强度计算（第 11.2.1 条）。折算应力验算是结构设计中对复杂应力验算的常用方法。

5）注意对本条规定中“正应力、剪应力和局部压应力”“同时承受较大的”理解，就是只要能同时产生“正应力、剪应力和局部压应力”（构件或焊缝），“同时承受较大的正应力和剪应力”，就要验算折算应力；如当构件或焊缝承受有角度的拉力时，就会产生正应力和剪应力，当无法判别作用的正应力和剪应力是否为“较大”时，可直接按式（6.1.5-1）验算折算应力。

6）折算应力的计算，在历年注册考题中经常出现（见第 19 章），实际工程及注册备考时应注意把握。

【思库问答】

【问 1】 请问，对于型钢受弯强度计算式（6.1.1）一直有个困惑：计算截面最大弯曲应力时，截面在弹性工作阶段时不应该除以塑性发展系数。但是我看了好几道注册的考题在计算截面弯曲最大正应力时都除以了塑性发展系数，请问是我理解有误吗？

【答 1】 钢结构是很好的弹性材料，也有很好的弹塑性性能，实际工程中对于轴心受力以外的构件，如果仅构件边缘达到 f 值（一点或一条线），不仅太浪费，也没有必要，所以《钢标》根据构件类型，考虑可以接受的塑性开展，以简单弹性计算的方法，近似计算这种小范围的弹塑性情况。

【问 2】 请问，《钢标》第 6.1.1 条中，关于有效截面模量的规定“当截面板件宽厚比等级为 S5 级时，应取有效截面模量，均匀受压翼缘有效外伸宽度可取 $15\varepsilon_k$ 倍翼缘厚度，腹板有效截面可按第 8.4.2 条采用”，是不是可以理解为翼缘和腹板应该分别考虑，比如翼缘 S4 级，腹板 S5 级时翼缘部分直接取全截面，腹板按第 8.4.2 条取有效截面；反之翼缘 S5 级、腹板 S4 级，则翼缘的截面模量按外伸宽度 $15\varepsilon_k$ 倍翼缘厚度的有效截面，而腹板就不需要考虑有效截面直接取全截面了呢？

【答 2】 S5 级截面属于薄壁截面（翼缘宽厚比过大，腹板高厚比过大），在翼缘边缘纤维达到屈服应力前，其腹板可能发生局部屈曲，因而不符合平截面假定，而 S4 级为弹性截面界限。故在确定构件净截面模量时，对 S5 级板件按有效截面取值。当翼缘为 S5 级时，对翼缘取有效外伸宽度为 $15\varepsilon_k$ 倍翼缘厚度（满足 S4 级要求）；当腹板为 S5 级时，腹板的有效截面按第 8.4.2 条取。翼缘和腹板均为 S5 级时，对翼缘（取有效外伸宽度为 $15\varepsilon_k$ 倍翼缘厚度）和腹板（有效截面按第 8.4.2 条取值）分别取值，可查阅表 6.1.1-1。

【问 3】请问两个问题：

1）对《钢标》第 6.2.2 条截面板件宽厚比等级 S1～S5 级，仅按照最大受压纤维处板件的宽厚比确定吗？也就是说如果仅是翼缘受压，那么就不用验算腹板的宽厚比等级，仅按照翼缘宽厚比确定？

2）按《钢标》第 6.1.1 条确定截面塑性发展系数时，以工字形截面为例，如果腹板满足 S5 级、翼缘满足 S3 级，那么要按照 S5 级确定 γ_x。

【答 3】

1）截面的板件宽厚比等级，按翼缘宽厚比和腹板高厚比的不利值确定。

2）腹板和翼缘应匹配，实际工程中应避免出现过大板件宽厚比差异。目前《钢标》主要考虑翼缘对截面塑性发展系数的影响（腹板作为翼缘塑性发展的保证措施，更多分析可查阅 6.1.2 条）。

【问 4】请问，《钢标》第 6.1.2 条第 2 款规定对于其他截面（比如 H 型钢）塑性发展系数可以按 8.1.1 采用，这里的其他截面是否可以理解为 S1 级、S2 级、S3 级的板件翼缘？当为 S4 级、S5 级时是否也可以取 1.0？

【答 4】

其他截面指第 6.1.2 条第 1 款（工字形和箱形）以外的截面形状，当截面的宽厚比等级不低于 S3 级的要求时，截面塑性发展系数按表 8.1.1 取值，当截面的板件宽厚比等级为 S4 或 S5 级时，取 1.0。

【问 5】请问，《钢标》第 6.1.2 条，当截面板件宽厚比等级为 S4 或 S5 级时，截面塑性发展系数应取为 1.0。这一条是指取 $\gamma_x=1.0$ 还是取 $\gamma_y=1.0$，还是取 $\gamma_x=\gamma_y=1.0$？

【答 5】当截面的板件宽厚比等级为 S4 级（边缘纤维可达到屈服强度，但由于局部屈曲而不能发展塑性，见 3.5.1 条说明）或 S5 级（边缘纤维达到屈服应力前，腹板可能发生局部屈曲，见 3.5.1 条说明）时，均不应考虑截面塑性发展，即取 $\gamma_x=\gamma_y=1.0$。

【问 6】请问，《钢标》第 6.1.2 条三个问题：

1）考试时受弯构件 H 型能够执行第 6.1.2 条第 1 款套用工字型钢定塑性发展系数，表 3.5.1 无 H 型钢受弯构件，能否套用工字形截面确定 S 等级？

2）本条第 2 款，在压弯时第 8.1.1 条有 S3 级要求，受弯构件直接讲“其他截面的塑性发展系数可按本标准表 8.1.1 采用”，是不是也应该执行 S3 级？

3）H 型钢受弯构件确定截面的板件宽厚比等级时，《钢标》手册只计算了翼缘宽厚比没有计算腹板宽厚比就下结论定了等级，是不是不完善，当翼缘与腹板宽厚比等级不同时，应该取最不利的定级。

【答 6】

1）受弯构件用 H 型钢从工程角度不一定合理（可采用窄翼缘 H 型钢），必须采用时，可按工字形确定截面的板件宽厚比；

2）第 6.1.2 条引用表 8.1.1，也应有截面板件宽厚比等级为 S1、S2 和 S3 级的要求，S4、S5 级时，截面塑性发展系数应取 1.0；

3）工字形截面板件宽厚比等级应包含翼缘和腹板（注意区分截面的板件宽厚比等级

和截面塑性发展系数)。

【问 7】请问,《钢标》第 6.1.5 条计算折算应力时,对于轧制型钢是否应该取过渡段与腹板的交界点?

【答 7】是的,《钢标》规定了折算应力的验算部位。

6.2 受弯构件的整体稳定

《钢标》对受弯构件整体稳定的规定见表 6.2.0-1。

表 6.2.0-1 《钢标》对受弯构件整体稳定的规定

<table>
<tr><th>条文号</th><th>规定</th><th colspan="3">关键点把握</th></tr>
<tr><td>6.2.1</td><td>可不计算梁的整体稳定性的情况</td><td colspan="3">当铺板密铺在梁的受压翼缘上,并与其牢固连接,能阻止受压翼缘的侧向位移时</td></tr>
<tr><td>6.2.2</td><td>最大刚度主平面内受弯构件</td><td colspan="3">整体稳定性按式(6.2.2)验算(第 6.2.1 条情况除外)</td></tr>
<tr><td>6.2.3</td><td>在两个主平面受弯的 H 型钢或工字形截面构件</td><td colspan="3">整体稳定性按式(6.2.3)验算</td></tr>
<tr><td rowspan="2">6.2.4</td><td rowspan="2">箱型截面简支梁,可不验算整体稳定的情况(满足之一)</td><td colspan="3">1)符合第 6.2.1 条要求</td></tr>
<tr><td colspan="3">2)截面尺寸 $h/b_0 \leqslant 6, l_1/b_0 \leqslant 95\varepsilon_k^2$(图 6.2.4)</td></tr>
<tr><td rowspan="2">6.2.5</td><td>梁的支座处</td><td colspan="3">应采取构造措施,防止梁端截面的扭转</td></tr>
<tr><td>简支钢梁的稳定性计算</td><td>当简支梁仅腹板与相邻构件相连接时</td><td colspan="2">该简支梁侧向支承点距离,应取实际距离的 1.2 倍</td></tr>
<tr><td>6.2.6</td><td>用作减小梁受压翼缘自由长度的侧向支撑</td><td colspan="3">应将梁的受压翼缘视为轴心压杆,计算该支撑的支撑力</td></tr>
<tr><td rowspan="4">6.2.7</td><td rowspan="4">支座承担负弯矩,框架梁下翼缘的稳定性</td><td rowspan="2">1)梁顶有混凝土楼板时</td><td>$\lambda_{n,b} \leqslant 0.45$</td><td>可不计算</td></tr>
<tr><td>$\lambda_{n,b} > 0.45$</td><td>按式(6.2.7-1)计算</td></tr>
<tr><td rowspan="2">2)侧向未受约束的受压翼缘区段内</td><td colspan="2">应设置隅撑</td></tr>
<tr><td colspan="2">或沿梁长设与梁等宽的横向加劲肋,间距 $\leqslant 2h$(h 为梁高)</td></tr>
</table>

【要点分析】

1. 稳定问题是钢结构的重点也是难点问题,稳定包括整体稳定和局部稳定,受弯构件的整体稳定是稳定分析中较为简单的内容,把握好受弯构件的稳定分析对理解各类构件的稳定帮助很大。

2. 第 6.2.1 条

1) 当铺板密铺在梁的受压翼缘上并与其牢固相连,能阻止梁受压翼缘的侧向位移时,可不计算梁的整体稳定性。

2) "铺板密铺在梁的上翼缘",可理解为实际工程中,在梁顶设置的现浇钢筋混凝土楼板,或装配整体式钢筋混凝土楼板(也可以包含与钢梁上翼缘三点焊接的装配式楼板等)。

3) 上述"铺板"要与钢梁受压翼缘(一般是钢梁上翼缘)"牢固连接","牢固连接"

可理解为满足第14章要求的连接。

4）“能阻止梁受压翼缘的侧向位移”是本条的根本，当“铺板”能阻止梁受压翼缘的侧向位移时，钢梁就不会丧失整体稳定，也就不需要计算梁的整体稳定性。

5）实际工程中，应优先采取构造措施，通过设置有效的刚性铺板（必要时可设置水平钢支撑等），保证梁的受压翼缘的稳定，确保梁的整体稳定性。

（1）对于简支梁，梁上翼缘为受压翼缘，通过设置刚性铺板，能阻止梁上翼缘的侧向位移，保证简支梁的整体稳定性；

（2）而对于框架梁，刚性铺板一般只能阻止跨中部位梁上翼缘的侧向位移，确保框架梁跨中的稳定性，而框架梁的支座处（或悬臂梁的根部）梁的下翼缘是受压翼缘，应采取设置隅撑（或横向加劲肋，见第6.2.7条）等措施，确保梁的整体稳定。

6）本条稳定的概念，在实际工程及注册备考时应注意把握。

3. 第6.2.2条

1）除第6.2.1条所规定情况外，在最大刚度主平面内受弯的构件，其整体稳定性应按下式计算：

$$\frac{M_x}{\varphi_b W_x f} \leqslant 1.0 \tag{6.2.2}$$

式中：M_x——绕强轴作用的最大弯矩设计值（N·mm）；

W_x——按受压最大纤维确定的梁毛截面模量（mm^3），当截面板件宽厚比等级为S1级、S2级、S3级或S4级时，应取全截面模量；当截面板件宽厚比等级为S5级时，应取有效截面模量，均匀受压翼缘有效外伸宽度可取$15\varepsilon_k$倍翼缘厚度，腹板有效截面可按第8.4.2条的规定采用；

φ_b——梁的整体稳定性系数，应按《钢标》附录C确定；

f——钢材的抗弯强度设计值（N/mm^2）（注：按翼缘确定）。

2）理解本条，应把握以下主要问题：

（1）“最大刚度主平面内受弯的构件”，主要指沿强轴受弯的梁；

（2）“整体稳定性”，以强度验算的形式来表达构件的稳定性；

（3）“按受压最大纤维确定的梁毛截面模量”，以受压且是压应力最大的翼缘作为计算毛截面模量的依据。对于对称截面就是受压翼缘的外边缘，对于不对称截面，由于截面中和轴不居中，应根据压应力最大的边缘（即离中和轴最远处）计算截面的毛截面模量；

（4）“均匀受压翼缘有效外伸宽度”，适应于“均匀受压”状态，单向弯曲的受压翼缘可确定为“均匀受压”，“翼缘有效外伸宽度”，对焊接工字形截面，取腹板边以外的翼缘宽度。对轧制的工字形截面，取翼缘与圆弧段交点以外的翼缘宽度；

（5）“梁的整体稳定性系数φ_b”，是计算梁整稳定性的重要参数，按《钢标》附录C确定，其中C.0.1～C.0.3条用于确定各类截面的简支梁的整体稳定系数；C.0.4条用于确定双轴对称、工字形、等截面、悬挑梁的整体稳定系数；C.0.5条用于计算均匀弯曲（可理解为在端部集中弯矩、压弯构件弯矩作用平面外的验算）受弯构件的整体稳定系数，也可以用于计算工字形及T形的非悬臂构件（第8.2.1条）。附录C给出的工字形和H形截面的φ_b系数计算的简化公式，也适应于压弯构件弯矩作用平面外的验算。

3）钢梁整体失去稳定性时，将发生较大的侧向弯曲和扭转变形。实际工程中，当在梁端支承处采取防止其端部转动的构造措施，以及将铺板密铺在梁的受压翼缘，并使其牢固连接，能有效阻止梁的受压翼缘的侧向位移，梁的整体稳定就有保证。故第 6.2.1 条规定：当铺板密铺在梁的受压翼缘上并与其牢固连接时，能阻止梁受压翼缘的侧向位移，可不计算梁的整体稳定性。这里“能阻止梁受压翼缘的侧向位移”是关键。

4）梁不仅有“最大刚度主平面内受弯”的整体稳定问题，还有 H 型钢或工字形截面“在两个主平面受弯”的整体稳定问题（第 6.2.3 条）。

5）本条内容在历年注册考题中经常出现（见第 19 章），实际工程及注册备考时应注意把握。

4. 第 6.2.3 条

1）除第 6.2.1 条所指情况外，在两个主平面受弯的 H 型钢截面或工字形截面构件，其整体稳定性应按式（6.2.3）计算：

$$\frac{M_x}{\varphi_b W_x f}+\frac{M_y}{\gamma_y W_y f}\leqslant 1.0 \tag{6.2.3}$$

式中：W_y——按受压最大纤维确定的对 y 轴的毛截面模量（mm^3）；

φ_b——绕强轴弯曲所确定的梁整体稳定系数，应按《钢标》附录 C 计算；

f——钢材的抗弯强度设计值（N/mm^2）（注：按翼缘确定）。

2）本条属于双向受弯的构件的整体稳定验算要求，式（6.2.3）仅适用于 H 型钢截面（注意：只是 H 型钢）或工字形截面构件（包括型钢和焊接工字形截面）。

3）公式（6.2.3）不适用于其他截面（包括双轴对称的箱形截面等），主要是因为双向受弯构件的稳定性问题十分复杂，式（6.2.3）为依据工字形截面构件试验得出的经验公式，尚不能应用于其他截面。

4）公式（6.2.3）第二项分母引入绕弱轴的截面塑性发展系数 γ_y，不意味着绕弱轴弯曲出现塑性，可理解为出于适当降低第二项影响的考虑。

5）式（6.2.3）中 W_x 和 W_y 的取值原则同式（6.2.2）中的 W_x，当截面板件宽厚比等级为 S5 级时，应取有效截面模量，有效外伸宽度可取 $15t_t\varepsilon_k$（可不考虑翼缘均匀受压问题，也可理解为在单向弯曲时满足均匀受压要求即可），腹板有效截面可按第 8.4.2 条的规定采用。

6）本条内容在历年注册考题中经常出现（见第 19 章），实际工程及注册备考时应注意把握。

5. 第 6.2.4 条

1）当箱形截面简支梁，符合第 6.2.1 条的要求，或其截面尺寸（图 6.2.4）满足 $h/b_0\leqslant 6$，$l_1/b_0\leqslant 95\varepsilon_k^2$ 时，可不计算整体稳定性，l_1 为受压翼缘侧向支承点间的距离（梁的支座处视为有侧向支承）。

2）实际工程中，一般情况下，可不验算箱形截面简支钢梁的整体稳定性，而是通过构造措施来保证。

3）箱形截面具有很大的抗侧向弯曲刚度和抗扭转刚度，整体稳定性强，工程经验表明，只要满足相应的构造措施（满足本条规定的截面尺寸，并采取满足

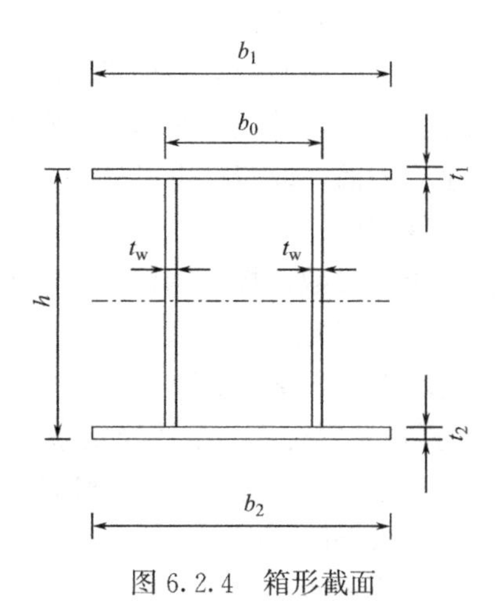

图 6.2.4 箱形截面

第6.2.1条要求的措施），就能确保箱形截面钢梁的整体稳定性。

4）注意对图6.2.4中b_0的理解（表3.5.1注2中对b_0的描述比较原则，宜按图6.2.4的标示，取腹板外侧面之间的距离）。

6. 第6.2.5条

1）梁的支座处，应采取构造措施，以防止梁端截面的扭转。当简支梁仅腹板与相邻构件相连，钢梁稳定性计算时，侧向支承点距离应取实际距离的1.2倍。

2）梁端支座是梁整体稳定的关键部位，应采取防止支座截面扭转的有效措施（如设置侧向稳定约束的支撑构件等），防止梁端部截面的扭转；在梁的支座，弯曲铰容易理解也容易实现，而扭转铰往往被忽视。

3）对于仅腹板连接的钢梁（一般是次钢梁与主钢梁的连接处），由于钢梁的腹板抗扭刚度小、容易变形（属于抗扭转的薄弱环节），不能保证梁端截面不发生扭转，因此在次钢梁稳定计算时，采取放大计算长度的办法，将该简支钢梁的侧向支承点之间的计算距离，按实际距离的1.2倍采用，以图6.2.5-1说明之。

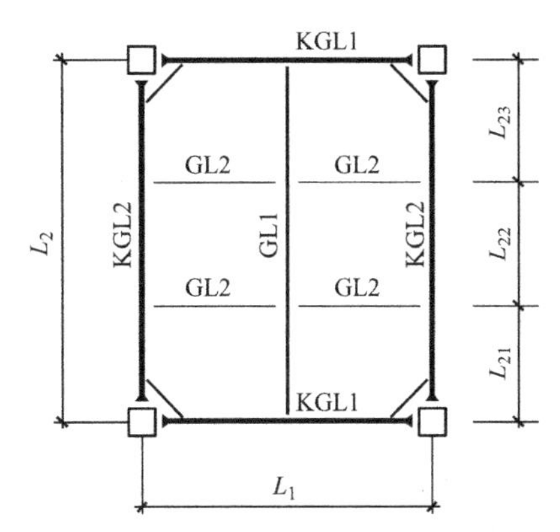

图6.2.5-1 简支钢梁的稳定计算

假定，图6.2.5-1不满足第6.2.1条要求，需要进行梁的稳定性计算。

(1) 假定，图6.2.5-1中GL2为两端简支梁（仅腹板与相邻的GL1和KGL2相连），GL2稳定计性计算时，侧向支承点之间的距离取GL2两端实际距离的1.2倍，GL2两端实际距离按梁两端螺栓群中心的距离计算。

(2) 假定，图6.2.5-1中GL1为两端简支梁（仅腹板与相邻的KGL1相连，但中间有GL2作为面外支撑），实际工程中，GL1稳定计性计算时：

① GL1中间段（间距为L_{22}）侧向支承点之间的距离取L_{22}；

② GL1两端（为一端简支，仅腹板与相邻的KGL1相连），侧向支承点之间的距离可取梁两端实际距离的1.2倍，即：1.2（L_{21}-a_1）和1.2（L_{23}-a_2），a_1和a_2分别为GL1两端螺栓群中心到KGL1中线的距离。

4）本条关于梁的稳定性计算要求和方法，实际工程及注册备考时应注意把握。

7. 第6.2.6条

1）用作减小受压翼缘自由长度的侧向支撑，其支撑力应将梁的受压翼缘视为轴心压杆计算。

2）用作减小梁受压翼缘自由长度的侧向支撑，应将梁的受压翼缘视为轴心压杆计算（即支撑的截面设计时，被撑构件的最大轴心压力N按梁的受压翼缘全截面受压计算（即$N=A_f f$，其中A_f为梁受压翼缘的截面面积，f为翼缘钢材的抗压强度设计值），支撑力按第7.5.1条计算，可取$N/60$计算）。

3）本条内容及类似内容在历年注册考题中经常出现（见第19章），实际工程及注册备考时应注意把握。

8. 第6.2.7条

1）支座承担弯矩且梁顶有混凝土楼板时，框架梁下翼缘的稳定性计算，应符合下列要求：

（1）当 $\lambda_{n,b} \leqslant 0.45$ 时，可不计算框架梁下翼缘的稳定性。

（2）当不满足上述（1）时，框架梁下翼缘的稳定性应按下列公式计算：

$$\frac{M_x}{\varphi_d W_{1x} f} \leqslant 1.0 \tag{6.2.7-1}$$

$$\lambda_e = \pi \lambda_{n,b} \sqrt{\frac{E}{f_y}} \tag{6.2.7-2}$$

$$\lambda_{n,b} = \sqrt{\frac{f_y}{\sigma_{cr}}} \tag{6.2.7-3}$$

$$\sigma_{cr} = \frac{3.46 b_1 t_1^3 + h_w t_w^3 (7.27\gamma + 3.3)\varphi_1}{h_w^2 (12 b_1 t_1 + 1.78 h_w t_w)} E \tag{6.2.7-4}$$

$$\gamma = \frac{b_1}{t_w} \sqrt{\frac{b_1 t_1}{h_w t_w}} \tag{6.2.7-5}$$

$$\varphi_1 = \frac{1}{2}\left(\frac{5.436\gamma h_w^2}{l^2} + \frac{l^2}{5.436\gamma h_w^2}\right) \tag{6.2.7-6}$$

式中：b_1——受压翼缘的宽度（mm）；

t_1——受压翼缘的厚度（mm）；

W_{1x}——弯矩作用平面内对受压最大纤维的毛截面模量（mm^3）；

φ_d——稳定系数，根据换算长细比 λ_e 按《钢标》附录 D 表 D.0.2 采用；

$\lambda_{n,b}$——正则化长细比；

σ_{cr}——畸变屈曲临界应力（N/mm^2）；

f——钢材的抗弯强度设计值（N/mm^2）（注：实际工程可按翼缘确定）；

l——当框架主梁支承次梁，且次梁高度不小于主梁高度一半时，取次梁到框架柱的净距；其他情况时，取梁净距的一半（注意：是主梁净距，不考虑次梁）（mm）。

（3）当不满足本条第（1）、（2）时，在侧向未受约束的受压翼缘区段内，应设置隅撑或沿梁长设间距不大于 2 倍梁高并与梁等宽的横向加劲肋。

2）负弯矩区，下翼缘受压，上翼缘受拉，且上翼缘有楼板起支撑并提供扭转约束，负弯矩区的失稳是畸变失稳（就是受拉翼缘不失稳，受压翼缘的失稳受到受拉翼缘的约束，构件截面的形状发生变化。上翼缘看成固定，下翼缘作为压杆，腹板对下翼缘提供侧向弹性支撑）。

3）支座承担负弯矩，且梁顶有混凝土楼板时，框架下翼缘应采取稳定措施。在侧向未受约束的受压翼缘区段内，应设置隅撑（隅撑的轴力，按第 7.5.1 条计算），或沿梁长方向设置横向加劲肋（加劲肋宽度与梁等宽，间距不大于 2 倍梁高，加劲肋的其他构造要求见第 6.3.6 条）。

4）当截面的正则化长细比 $\lambda_{n,b} = (\lambda/\pi)\sqrt{f_y/E}$ ［注意区分公式（6.3.3-6）的正则化宽厚比］，当 $\lambda_{n,b} \leqslant 0.45$ 时，已经能自动满足公式（6.2.7-1）的要求（以 Q355 为例，当 $\lambda_{n,b} = 0.45$ 时，$\lambda = \pi\lambda_{n,b}/\sqrt{f_y/E} = 3.14 \times 0.45/\sqrt{355/2.06 \times 10^5} = 34$，$34/0.81 = 41.8$，

查《钢标》表 D. 0. 2，φ_d＝0. 892，0. 892×1. 125＝1. 0，1. 125 为钢材的抗力分项系数)，可不计算框架梁下翼缘的整体稳定性。

5）当 $\lambda_{n,b}$＞0. 45 时，应按公式（6. 2. 7-1）验算框架梁下翼缘的整体稳定性（满足稳定性验算要求，可不再采取其他稳定措施）。

6）l 的取值问题：

（1）当框架主梁支承次梁，且次梁高度不小于主梁高度的一半时，取次梁到框架柱的净距；

（2）其他，取梁（主梁）净距（净跨，不考虑次梁）的一半。

7）本条公式较为复杂（多为依据试验结果统计得出的公式），理解应用时，应以把握概念为主，冗长复杂的公式只要理解其概念，用时能找到即可。

8）本条关于稳定性控制的概念，实际工程及注册备考时应注意把握。

6. 3 局部稳定

《钢标》对受弯构件局部稳定的规定见表 6. 3. 0-1。

表 6. 3. 0-1 《钢标》对受弯构件局部稳定的规定

<table>
<tr><th>条文号</th><th>规定</th><th colspan="3">关键点把握</th></tr>
<tr><td rowspan="3">6. 3. 1</td><td rowspan="2">考虑屈曲后的强度</td><td colspan="3">适应于：承受静力荷载和间接承受动力荷载的焊接截面梁</td></tr>
<tr><td colspan="3">按第 6. 4 节的规定，计算受弯和受剪承载力</td></tr>
<tr><td>不考虑屈曲后强度时</td><td colspan="2">当 h_0/t_w＞$80\varepsilon_k$ 时（h_0 为腹板的计算高度，t_w 为腹板的厚度），焊接截面梁应计算腹板的稳定性</td><td>轻级、中级工作制吊车梁腹板稳定计算时，吊车轮压设计值可乘 0. 9</td></tr>
<tr><td rowspan="11">6. 3. 2</td><td rowspan="11">焊接截面梁腹板加劲肋设置</td><td rowspan="2">1）h_0/t_w≤$80\varepsilon_k$</td><td>局部有压应力的梁</td><td>构造设置横向加劲肋</td></tr>
<tr><td>局部压应力较小</td><td>可不设置加劲肋</td></tr>
<tr><td rowspan="6">2）直接承受动力荷载的吊车梁及类似构件</td><td>h_0/t_w＞$80\varepsilon_k$</td><td>应配置横向加劲肋</td></tr>
<tr><td>受压翼缘扭转受到约束，且 h_0/t_w＞$170\varepsilon_k$</td><td rowspan="3">应在弯曲应力较大区格的受压区，设置纵向加劲肋</td></tr>
<tr><td>受压翼缘扭转未受到约束，且 h_0/t_w＞$150\varepsilon_k$</td></tr>
<tr><td>按计算需要时</td></tr>
<tr><td>局部压应力很大的梁</td><td>还宜在受压区配置短加劲肋</td></tr>
<tr><td>判别是否需要配置纵向加劲肋时</td><td>对单轴对称的梁，取 $h_0=2h_c$，h_c 为腹板受压区高度</td></tr>
<tr><td colspan="2">3）不考虑腹板屈曲后的强度时</td><td>h_0/t_w＞$80\varepsilon_k$，宜设置横向加劲肋</td></tr>
<tr><td colspan="3">4）h_0/t_w≤250（满足表 3. 5. 1 中 S5 级的要求）</td></tr>
<tr><td colspan="2">5）梁支承处和上翼缘受有较大固定集中荷载处</td><td>宜设置支承加劲肋</td></tr>
</table>

续表

<table>
<tr><th>条文号</th><th>规定</th><th colspan="4">关键点把握</th></tr>
<tr><td rowspan="3">6.3.2</td><td rowspan="3">焊接截面梁腹板加劲肋设置</td><td rowspan="3">6)腹板的计算高度 h_0</td><td>对轧制钢梁</td><td colspan="2">为腹板与上、下翼缘相接处，两内弧起点间的距离</td></tr>
<tr><td>对焊接钢梁</td><td colspan="2">为腹板高度</td></tr>
<tr><td>对高强螺栓连接（或铆接）梁</td><td colspan="2">为上、下翼缘与腹板连接的高强度螺栓（或铆钉）线间最近距离</td></tr>
<tr><td>6.3.3</td><td>仅配置横向加劲肋的腹板</td><td colspan="4">各区格局部稳定性计算</td></tr>
<tr><td rowspan="2">6.3.4</td><td rowspan="2">同时用横向加劲肋和纵向加劲肋加强的腹板</td><td colspan="2">1)受压翼缘与纵向加劲肋之间的区格</td><td colspan="2" rowspan="2">局部稳定性计算</td></tr>
<tr><td colspan="2">2)受拉翼缘与纵向加劲肋之间的区格</td></tr>
<tr><td rowspan="3">6.3.5</td><td rowspan="3">受压翼缘与纵向加劲肋之间，设有短加劲肋的区格，局部稳定应按式(6.3.4-1)计算</td><td colspan="4">σ_{cr1} 按第6.3.4条第1款计算</td></tr>
<tr><td colspan="4">τ_{cr1} 按式(6.3.3-8)～(6.3.3-12)计算，用 h_1 替换 h_0，用短向加劲肋间距 a_1 替换 a</td></tr>
<tr><td colspan="4">$\sigma_{c,cr1}$ 按式(6.3.3-3)～(6.3.3-5)计算，用 $\lambda_{n,c1}$ 替换 $\lambda_{n,b}$</td></tr>
<tr><td rowspan="19">6.3.6</td><td rowspan="19">加劲肋设置要求</td><td colspan="4">1)宜在腹板两侧成对设置，也可单侧设置</td></tr>
<tr><td colspan="4">2)支承加劲肋、重级工作制吊车梁的加劲肋，不应单侧设置</td></tr>
<tr><td rowspan="3">3)横向加劲肋的间距</td><td colspan="3">应≥$0.5h_0$</td></tr>
<tr><td colspan="3">应≤$2.0h_0$</td></tr>
<tr><td colspan="2">无局部压应力的梁，$h_0/t_w \leqslant 100$ 时</td><td>可≤$2.5h_0$</td></tr>
<tr><td rowspan="3">4)在腹板两侧成对设置的钢板横向加劲肋</td><td>外伸宽度 b_s</td><td colspan="2">$b_s \geqslant h_0/30+40$</td></tr>
<tr><td rowspan="2">厚度 t_s</td><td colspan="2">承压加劲肋 $t_s \geqslant b_s/15$</td></tr>
<tr><td colspan="2">不受力加劲肋 $t_s \geqslant b_s/19$</td></tr>
<tr><td rowspan="3">5)在腹板一侧配置横向加劲肋</td><td>外伸宽度 b_s</td><td colspan="2">$b_s \geqslant h_0/25+48$</td></tr>
<tr><td rowspan="2">厚度 t_s</td><td colspan="2">承压加劲肋 $t_s \geqslant b_s/15$</td></tr>
<tr><td colspan="2">不受力加劲肋 $t_s \geqslant b_s/19$</td></tr>
<tr><td colspan="2">6)同时设置横向加劲肋和纵向加劲肋的腹板</td><td colspan="2">横向加劲肋的截面惯性矩要求</td></tr>
<tr><td rowspan="3">7)短向加劲肋</td><td>最小间距</td><td>$0.75h_1$</td><td rowspan="3">b_s 为横向加劲肋的外伸宽度</td></tr>
<tr><td>外伸宽度 b'_s</td><td>$b'_s=(0.7\sim0.75)b_s$</td></tr>
<tr><td>厚度 t'_s</td><td>$t'_s \geqslant b'_s/15$</td></tr>
<tr><td rowspan="3">8)用型钢做成的加劲肋，其截面惯性矩</td><td colspan="3">不得小于相应钢板加劲肋的惯性矩</td></tr>
<tr><td>在腹板两侧成对配置的加劲肋</td><td colspan="2">应按梁腹板中线为轴线计算</td></tr>
<tr><td>在腹板一侧配置的加劲肋</td><td colspan="2">应按与加劲肋相连的腹板边缘为轴线计算</td></tr>
<tr><td colspan="4">9)焊接梁的横向加劲肋与翼缘板、腹板相接处，应切角；当作为焊接工艺孔时，切角宜采用半径 $R=30$mm 的1/4圆弧</td></tr>
</table>

续表

<table>
<tr><th>条文号</th><th>规定</th><th colspan="3">关键点把握</th></tr>
<tr><td rowspan="8">6.3.7</td><td rowspan="8">梁的支承加劲肋</td><td rowspan="4">1)应按承受支座反力或固定集中荷载的轴心受压构件</td><td colspan="2">计算加劲肋在梁的腹板平面外的稳定性</td></tr>
<tr><td rowspan="2">受压构件的截面</td><td>加劲肋截面</td></tr>
<tr><td>加劲肋每侧各 $15h_w\varepsilon_k$ 范围内的腹板面积</td></tr>
<tr><td colspan="2">受压构件计算长度取 h_0(图 6.3.2)</td></tr>
<tr><td rowspan="3">2)当梁支座加劲肋端部刨平顶紧时</td><td colspan="2">按其所承受的支座反力或固定集中荷载计算其端面承压应力</td></tr>
<tr><td colspan="2">凸缘支座的凸缘加劲肋的伸出长度应≤$2t_s$,t_s 为凸缘加劲肋的厚度</td></tr>
<tr><td colspan="2">端部焊接时,应按传力情况计算焊缝应力</td></tr>
<tr><td>3)支承加劲肋与腹板的连接焊缝</td><td colspan="2">应按传力需要计算</td></tr>
</table>

【要点分析】

1. 局部稳定是构件层面的稳定问题，是稳定的基础，相关内容较为具体而烦琐，应注意把握。

2. 第6.3.1条

1）承受静力荷载和间接承受动力荷载的焊接截面梁，可考虑腹板屈曲后的强度，按第6.4节的规定计算其受弯和受剪承载力。不考虑腹板屈曲后的强度时，当 $h_0/t_w>80\varepsilon_k$，焊接截面梁应计算腹板的稳定性。h_0 为腹板的计算高度，t_w 为腹板的厚度。轻级、中级工作制吊车梁计算腹板的稳定性时，吊车轮压设计值可乘以折减系数0.9。

2）考虑屈曲后强度的计算，适用范围（关键词："承受静力荷载""间接承受动力荷载""焊接截面梁"）如下：

（1）承受静力荷载的焊接截面梁（所计算的梁上没有动荷载作用）；

（2）间接承受动力荷载的焊接截面梁（动荷载不是直接作用在所计算的梁上）；

（3）只适用于焊接截面梁（不适用于轧制型钢构件等）；

（4）不适应于直接承受动力荷载的梁（如直接承受动荷载的吊车梁等）。

3）轻级、中级工作制吊车梁，在计算腹板的稳定性时，对吊车轮压乘以0.9的折减系数。

4）考虑腹板屈曲后强度的条件及概念，实际工程及注册备考时应注意把握。

3. 第6.3.2条

1）焊接截面梁腹板配置加劲肋，应符合下列要求：

（1）当 $h_0/t_w\leqslant80\varepsilon_k$ 时，对局部压应力的梁，宜按构造配置横向加劲肋；当局部压应力较小时，可不配置加劲肋。

（2）直接承受动力荷载的吊车梁及类似构件，应按下列规定配置加劲肋（图6.3.2）：

① $h_0/t_w>80\varepsilon_k$ 时，应配置横向加劲肋；

② 当受压翼缘扭转受到约束且 $h_0/t_w>170\varepsilon_k$、受压翼缘扭转未受到约束且 $h_0/t_w>150\varepsilon_k$，或按计算需要时：

■ 应在弯曲应力较大区格的受压区，增加配置纵向加劲肋；

■ 局部压应力很大的梁，必要时尚宜在受压区配置短加劲肋；

■ 对单轴对称梁，当确定是否要配置纵向加劲肋时，h_0 应取腹板受压区高度 h_c 的2倍。

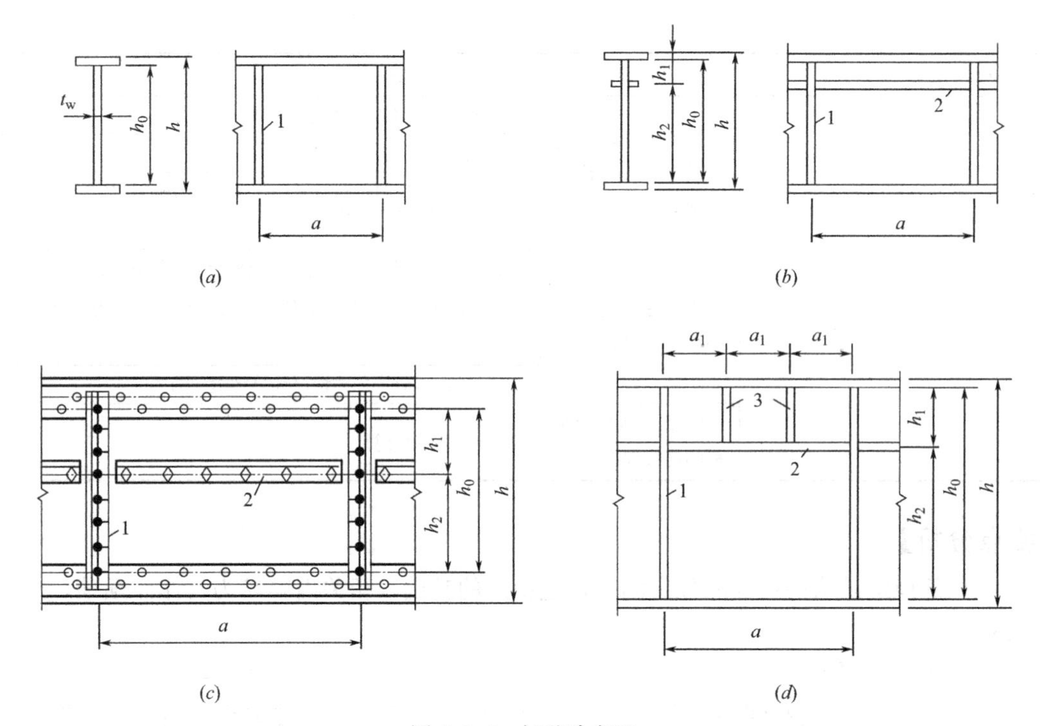

图 6.3.2 加劲肋布置

1—横向加劲肋；2—纵向加劲肋；3—短加劲肋

(3) 不考虑腹板屈曲后强度时，$h_0/t_w>80\varepsilon_k$ 时，宜配置横向加劲肋。

(4) 宜 $h_0/t_w\leqslant 250$。

(5) 梁的支座处和上翼缘受有较大固定集中荷载处，宜设置支承加劲肋。

(6) 腹板的计算高度 h_0 应按下列规定采用：

① 对轧制型钢梁，为腹板与上、下翼缘相接处内弧起点间的距离；

② 对焊接截面梁，为腹板高度；

③ 对高强度螺栓连接（或铆接）线间最近距离（图 6.3.2）。

2）本条为设置加劲肋的具体而详细的规定。

3）“局部压应力较小”，属于定性的把握，应根据实际工程情况结合工程经验确定，当无可靠工程经验时，实际工程中可将按式（6.1.4-1）计算的局部压应力 $\sigma_c\leqslant 0.3f$ 确定为“局部压应力较小”。

4）设置加劲肋，不仅直接有利于腹板的稳定，也有利于翼缘的稳定，可通过设置腹板加劲肋，减小腹板的板件宽厚比等级［第 3.5.1 条规定“腹板的宽厚比等级可通过设置加劲肋减小”，确保腹板（和翼缘）的稳定］。

5）任何情况下，板（腹板或加劲板）的高厚比不应超过 250，避免高厚比过大时的焊接翘曲，也即构件的截面板件宽厚比等级不应低于表 3.5.1 的 S5 级要求。

6）在受弯构件的局部稳定控制中，腹板的局部稳定是关注的重点，一般可采取设置加劲肋的措施实现。

7）横向加劲肋和纵向加劲肋的设置，以 h_0/t_w 为控制条件，t_w 为腹板的厚度，h_0 为腹板的计算高度，按如下原则取值：

（1）对焊接截面梁，为上下翼缘间腹板的净高；

（2）对轧制型钢梁，腹板高度不包括翼缘和腹板过渡处的圆弧段高度；

（3）对高强度螺栓连接（或铆接）的梁，为上下翼缘与腹板连接的高强度螺栓（或铆钉）线间最近的距离；

（4）对单轴对称的梁，h_0 应取 $2h_c$，其中 h_c 为腹板受压区的高度，由计算确定。

8）横向加劲肋的设置：

（1）$h_0/t_w \leqslant 80\varepsilon_k$时，对局部压应力较大的梁，宜按构造设置横向加劲肋，其他情况可不设置。

（2）$h_0/t_w > 80\varepsilon_k$时，宜配置横向加劲肋，$h_0/t_w \leqslant 250$。

① 承受静力荷载和间接承受动力荷载的焊接截面梁，还应计算腹板的稳定性（按第6.3.3条）；轻级工作制、中级工作制的吊车梁计算腹板的稳定性时，吊车轮压设计值可乘以折减系数0.9；

② 直接承受动荷载的吊车梁，应设置横向加劲肋；

③"局部压应力很大"（这是定性的规定，实际工程中对"局部压应力很大"应根据工程经验确定，当无可靠工程经验时，可将吊车轮压作用理解为"局部压应力很大"的情况）的梁，宜在受压区配置短加劲肋（短横向加劲肋）。

9）下列情况时，应在弯曲应力较大的区格的受压区设置纵向加劲肋：

（1）当按计算需要时；

（2）当受压翼缘扭转受到约束且 $h_0/t_w > 170\varepsilon_k$时；

（3）当受压翼缘扭转未受到约束且 $h_0/t_w > 150\varepsilon_k$时。

10）梁的支座和翼缘受到较大固定集中荷载处，宜设置支承加劲肋。

11）横向加劲肋可单独设置，也可与纵向加劲肋同时设置，或与纵向加劲肋及短加劲肋同时设置；纵向加劲肋一般不单独设置，常与横向加劲肋同时设置，或与横向加劲肋及短加劲肋同时设置；短加劲肋常与横向加劲肋及纵向加劲肋同时设置。

（1）仅设置横向加劲肋的腹板，按第6.3.3条进行局部稳定性验算；

（2）同时设置横向加劲肋和纵向加劲肋的腹板，按第6.3.4条进行局部稳定性验算；

（3）同时设置纵向加劲肋和短加劲肋的腹板，按第6.3.5条进行局部稳定性验算。

12）本条关于加劲肋设置的具体规定，实际工程及注册备考时应注意把握。

4. **第6.3.3条**

1）仅配置横向加劲肋的腹板［图6.3.2（a）］，其各区格的稳定性应按下列公式计算：

$$\left(\frac{\sigma}{\sigma_{cr}}\right)^2+\left(\frac{\tau}{\tau_{cr}}\right)^2+\frac{\sigma_c}{\sigma_{c,cr}}\leqslant 1.0 \tag{6.3.3-1}$$

$$\tau=\frac{V}{h_w t_w} \tag{6.3.3-2}$$

（1）σ_{cr} 应按下列公式计算：

① 当 $\lambda_{n,b}\leqslant 0.85$ 时：

$$\sigma_{cr}=f \tag{6.3.3-3}$$

② 当 $0.85<\lambda_{n,b}\leqslant 1.25$ 时：

$$\sigma_{cr}=[1-0.75(\lambda_{n,b}-0.85)]f \tag{6.3.3-4}$$

③ 当$\lambda_{n,b}>1.25$时：

$$\sigma_{cr}=1.1f/\lambda_{n,b}^2 \tag{6.3.3-5}$$

④ 当梁受压翼缘扭转受到约束时：

$$\lambda_{n,b}=\frac{2h_c/t_w}{177}\cdot\frac{1}{\varepsilon_k} \tag{6.3.3-6}$$

⑤ 当梁受压翼缘扭转未受到约束时：

$$\lambda_{n,b}=\frac{2h_c/t_w}{138}\cdot\frac{1}{\varepsilon_k} \tag{6.3.3-7}$$

（2）τ_{cr}应按下列公式计算：

① 当$\lambda_{n,s}\leqslant 0.8$时：

$$\tau_{cr}=f_v \tag{6.3.3-8}$$

② 当$0.85<\lambda_{n,s}\leqslant 1.2$时：

$$\tau_{cr}=[1-0.59(\lambda_{n,s}-0.8)]f_v \tag{6.3.3-9}$$

③ 当$\lambda_{n,s}>1.2$时：

$$\tau_{cr}=1.1f_v/\lambda_{n,s}^2 \tag{6.3.3-10}$$

④ 当$a/h_0\leqslant 1.0$时：

$$\lambda_{n,s}=\frac{h_0/t_w}{37\eta\sqrt{4+5.34(h_0/a)^2}}\cdot\frac{1}{\varepsilon_k} \tag{6.3.3-11}$$

⑤ 当$a/h_0>1.0$时：

$$\lambda_{n,s}=\frac{h_0/t_w}{37\eta\sqrt{5.34+4(h_0/a)^2}}\cdot\frac{1}{\varepsilon_k} \tag{6.3.3-12}$$

（3）$\sigma_{c,cr}$应按下列公式计算：

① 当$\lambda_{n,c}\leqslant 0.9$时：

$$\sigma_{c,cr}=f \tag{6.3.3-13}$$

② 当$0.9<\lambda_{n,c}\leqslant 1.2$时：

$$\sigma_{c,cr}=[1-0.79(\lambda_{n,c}-0.9)]f \tag{6.3.3-14}$$

③ 当$\lambda_{n,c}>1.2$时：

$$\sigma_{c,cr}=1.1f/\lambda_{n,c}^2 \tag{6.3.3-15}$$

④ 当$0.5\leqslant a/h_0\leqslant 1.5$时：

$$\lambda_{n,c}=\frac{h_0/t_w}{28\sqrt{10.9+13.4(1.83-a/h_0)^3}}\cdot\frac{1}{\varepsilon_k} \tag{6.3.3-16}$$

⑤ 当$1.5<a/h_0\leqslant 2.0$时：

$$\lambda_{n,c}=\frac{h_0/t_w}{28\sqrt{18.9-5a/h_0}}\cdot\frac{1}{\varepsilon_k} \tag{6.3.3-17}$$

上述各式中：σ——所计算腹板区格内，由平均弯矩产生的腹板计算高度边缘的弯曲应力（N/mm^2）；

τ——所计算腹板区格内，由平均剪应力产生的腹板平均剪应力（N/mm^2）；

σ_c——腹板计算高度边缘的局部压应力，按式（6.1.4-1）计算，取$\psi=1.0$；

h_w——腹板高度（mm）；

σ_{cr}、τ_{cr}、$\sigma_{c,cr}$——各种应力单独作用下的临界应力（N/mm^2）；

$\lambda_{n,b}$——梁腹板受弯计算的正则化宽厚比；

h_c——梁腹板弯曲受压区高度（mm），对双轴对称截面 $2h_c=h_0$；

$\lambda_{n,s}$——梁腹板受剪计算的正则化宽厚比；

η——系数，简支梁取1.11，框架梁梁端最大应力区取1；

$\lambda_{n,c}$——梁腹板受局部压力计算的正则化宽厚比；

f——腹板钢材的抗弯强度设计值（N/mm^2）；

f_v——腹板钢材的抗剪强度设计值（N/mm^2）。

2）公式（6.3.3-2）仅考虑腹板的抗剪作用，与公式（6.1.3）相比，属于偏于安全的简化计算公式，实际工程中应用较为普遍。

3）本条计算公式众多，但仔细梳理后发现其条理清晰：

（1）首先规定了局部稳定计算公式（6.3.3-1），在弯曲应力、承压应力和剪应力共同作用下，发生屈曲的近似计算公式，类似公式（6.1.5）的折算应力计算；

（2）各计算参数（σ_{cr}、τ_{cr}、$\sigma_{c,cr}$）的计算，注意大参数里套小参数（如 σ_{cr} 计算中，还有 $\lambda_{n,b}$ 的计算等）。

4）简支吊车梁，需要计算的部位：

（1）弯矩最大部位（剪应力的影响较小）；

（2）靠近支座的区格（弯曲应力影响较小）。

5）局部屈曲的承载力和正则化宽厚比的对应关系：

（1）在各自正则化宽厚比较小的时候，弹塑性局部屈曲的承载力都能够达到各自对应的屈服强度；

（2）在均匀受压情况下（最不利），局部屈曲的稳定系数取1.0时，对应的正则化宽厚比约为0.7；

（3）钢梁腹板稳定性计算的三种应力（σ_{cr}、τ_{cr}、$\sigma_{c,cr}$）的稳定性应好于均匀受压（局部屈曲的稳定系数取1.0时，对应的正则化宽厚比大于0.7）：

① 对于弯曲、剪切和局部承压三种情况，分别取0.85、0.8和0.9；

② 弹性失稳的起点位置的正则化宽厚比分别取1.25、1.2和1.2；

③ 弹塑性阶段承载力与正则化宽厚比呈线性关系。

6）关于第6.3.3条、第6.3.4条和第6.3.5条，腹板加劲肋的设置分为多种情况：

（1）仅配置横向加劲肋的腹板（第6.3.3条）；

（2）同时配置横向加劲肋和纵向加劲肋的腹板（第6.3.4条）；

（3）在受压翼缘与纵向加劲肋之间设置有短加劲肋的腹板（第6.3.5条）。

7）对本条公式应理解原理，理顺相互关系。

5. 第6.3.4条

1）同时用横向加劲肋和纵向加劲肋加强的腹板［图6.3.2（b）、图6.3.2（c）］，其局部稳定性，应按下列公式计算：

（1）受压翼缘与纵向加劲肋之间的区格：

$$\frac{\sigma}{\sigma_{cr1}}+\left(\frac{\sigma_c}{\sigma_{c,cr1}}\right)^2+\left(\frac{\tau}{\tau_{cr1}}\right)^2\leqslant 1.0 \qquad (6.3.4\text{-}1)$$

其中σ_{cr1}、τ_{cr1}、$\sigma_{c,cr1}$应分别按下列方法计算：

① σ_{cr1}应按式（6.3.3-3）～式（6.3.3-5）计算，但式中的$\lambda_{n,b}$改为$\lambda_{n,b1}$。

当梁的受压翼缘扭转受到约束时：

$$\lambda_{n,b1}=\frac{h_1/t_w}{75\varepsilon_k} \tag{6.3.4-2}$$

当梁的受压翼缘扭转未受到约束时：

$$\lambda_{n,b1}=\frac{h_1/t_w}{64\varepsilon_k} \tag{6.3.4-3}$$

② τ_{cr1}应按式（6.3.3-8）～式（6.3.3-12）计算，但式中的h_0改为h_1。

③ $\sigma_{c,cr1}$应按式（6.3.3-3）～式（6.3.3-5）计算，但式中的$\lambda_{n,b}$改为$\lambda_{n,c1}$。

当梁的受压翼缘扭转受到约束时：

$$\lambda_{n,c1}=\frac{h_1/t_w}{56\varepsilon_k} \tag{6.3.4-4}$$

当梁的受压翼缘扭转未受到约束时：

$$\lambda_{n,c1}=\frac{h_1/t_w}{40\varepsilon_k} \tag{6.3.4-5}$$

（2）受拉翼缘与纵向加劲肋之间的区格：

$$\left(\frac{\sigma_2}{\sigma_{cr2}}\right)^2+\left(\frac{\tau}{\tau_{cr2}}\right)^2+\frac{\sigma_{c2}}{\sigma_{c,cr2}}\leqslant 1.0 \tag{6.3.4-6}$$

其中σ_{cr2}、τ_{cr2}、$\sigma_{c,cr2}$应分别按下列方法计算：

① σ_{cr2}应按式（6.3.3-3）～式（6.3.3-5）计算，但式中的$\lambda_{n,b}$改为$\lambda_{n,b2}$。

$$\lambda_{n,b2}=\frac{h_2/t_w}{194\varepsilon_k} \tag{6.3.4-7}$$

② τ_{cr2}应按式（6.3.3-8）～式（6.3.3-12）计算，但式中的h_0改为h_2，其中$h_2=h_0-h_1$。

③ $\sigma_{c,cr2}$应按式（6.3.3-13）～式（6.3.3-17）计算，但式中的h_0改为h_2，当$a/h_2>2$时，取$a/h_2=2$。

上述各式中：h_1——纵向加劲肋至腹板计算高度受压边缘的距离（mm）；

σ_2——所计算区格内，由平均弯矩产生的，腹板在纵向加劲肋处的弯曲压应力（N/mm^2）；

σ_{c2}——腹板在纵向加劲肋处的横向压应力（N/mm^2），取$\sigma_{c2}=0.3\sigma_c$。

2）本条的做法和第6.3.3条相同：

（1）设置横向加劲肋和纵向加劲肋的腹板的局部稳定性验算：

① 受压翼缘与纵向加劲肋之间的区格，按式（6.3.4-1）计算；

② 受拉翼缘与纵向加劲肋之间的区格，按式（6.3.4-6）计算。

（2）式（6.3.4-1）和式（6.3.4-6）中，各计算参数的具体计算要求，套用第6.3.3条的计算公式，但相关小参数要替换调整（注意这种公式套公式，系数套系数计算的烦琐性，避免用错）。

3）可参考第6.3.3条的相关说明。

6. **第6.3.5条**

1）在受压翼缘与纵向加劲肋之间，设有短加劲肋的区格［图6.3.2（d）］，其局部稳定性按式（6.3.4-1）计算。

（1）式中的σ_{cr1}仍按第6.3.4条计算。

（2）式中的τ_{cr1}按式（6.3.3-8）～式（6.3.3-12）计算，但应将h_0改为h_1，将a改为a_1，其中a_1为短加劲肋中心间距。

（3）式中的$\sigma_{\mathrm{c,cr1}}$按式（6.3.3-3）～式（6.3.3-5）计算，但应将$\lambda_{\mathrm{n,b}}$改为$\lambda_{\mathrm{n,c1}}$。

（4）当梁的受压翼缘扭转受到约束时：

$$\lambda_{\mathrm{n,c1}}=\frac{a_1/t_{\mathrm{w}}}{87\varepsilon_{\mathrm{k}}} \tag{6.3.5-1}$$

（5）当梁的受压翼缘扭转未受到约束时：

$$\lambda_{\mathrm{n,c1}}=\frac{a_1/t_{\mathrm{w}}}{73\varepsilon_{\mathrm{k}}} \tag{6.3.5-2}$$

对$a_1/h_1>1.2$的区格，式（6.3.5-1）或式（6.3.5-2）右侧应乘以$1/\sqrt{0.4+0.5a_1/h_1}$。

2）本条规定直接和第6.3.3条及第6.3.4条挂钩，套用第6.3.3条和第6.3.4条的部分计算公式，对计算系数采用替换调整的方法（注意这种公式套公式，系数套系数计算的烦琐性，避免用错）。

3）可参考第6.3.3条和第6.3.4条的相关说明。

7. 第6.3.6条

1）加劲肋的设置，应符合下列规定：

（1）加劲肋宜在腹板两侧成对配置，也可单侧配置，但支承加劲肋、重级工作制吊车的加劲肋不应单侧配置。

（2）横向加劲肋的间距应$\geqslant 0.5h_0$，除无局部压力的梁，当$h_0/t_{\mathrm{w}}\leqslant 100$时，最大间距可采用$2.5h_0$外，间距应$\leqslant 2h_0$。纵向加劲肋至腹板计算高度受压边缘的距离应为$h_{\mathrm{c}}/(2\sim2.5)$。

（3）在腹板两侧成对配置的钢板横向加劲肋，其截面尺寸应符合下列要求：

外伸宽度b_{s}（mm）：

$$b_{\mathrm{s}}\geqslant 40+h_0/30 \tag{6.3.6-1}$$

厚度t_{s}（mm）：

承压加劲肋：
$$t_{\mathrm{s}}\geqslant b_{\mathrm{s}}/15 \tag{6.3.6-2a}$$

不受力加劲肋：
$$t_{\mathrm{s}}\geqslant b_{\mathrm{s}}/19 \tag{6.3.6-2b}$$

（4）在腹板一侧配置的横向加劲肋，其外伸宽度应大于按式（6.3.6-1）算得的1.2倍，厚度应符合式（6.3.6-2a）或式（6.3.6-2b）的规定。

（5）在同时采用横向加劲肋和纵向加劲肋加强的腹板中，横向加劲肋的截面尺寸除符合上述（1）～（4）的规定外，其截面惯性矩I_{z}尚应符合式（6.3.6-3）要求：

$$I_{\mathrm{z}}\geqslant 3h_0t_{\mathrm{w}}^3 \tag{6.3.6-3}$$

纵向加劲肋的截面惯性矩I_{y}，应符合下列公式要求：

当$a/h_0\leqslant 0.85$时：

$$I_{\mathrm{y}}\geqslant 1.5h_0t_{\mathrm{w}}^3 \tag{6.3.6-4}$$

当$a/h_0>0.85$时：

$$I_y \geqslant (2.5 - 0.45a/h_0)\left(\frac{a}{h_0}\right)^2 h_0 t_w^3 \quad (6.3.6\text{-}5)$$

(6) 短加劲肋的间距≥$0.75h_1$。短加劲肋的外伸宽度b_s'应为（0.7～1.0）b_s，其中b_s为横向加劲肋的外伸宽度［注：按式（6.3.6-1）确定］；厚度t_s'应≥$b_s'/15$。

(7) 用型钢（H型钢、工字钢、槽钢、肢尖焊于腹板的角钢）做成的加劲肋：

① 其截面惯性矩不得小于相应钢板加劲肋的惯性矩；

② 在腹板两侧成对配置的加劲肋，其截面惯性矩应按梁腹板中心线为轴线（图6.3.6-1中线Z）进行计算；

③ 在腹板一侧配置的加劲肋，其截面惯性矩应按加劲肋相连的腹板边缘为轴线（图6.3.6-1中的腹板边缘）进行计算。

(8) 焊接梁的横向加劲肋与翼缘板、腹板相连处应切角，当作为焊接工艺孔（注：就是翼缘与腹板的焊缝通过此焊接孔）时，切角宜采用1/4圆弧（圆弧半径R=30mm）。

2）加劲肋应根据具体情况设置，分为构造设置的不受力加劲肋、计算设置的承压加劲肋：

(1) 承压加劲肋的加劲板厚度，要大于不受力加劲肋的加劲板［见式（6.3.6-2）］；

(2) 实际工程中的加劲肋，宜成对设置（见图6.3.6-1），当仅单侧设置时，加劲肋的外伸宽度要比成对设置时加宽20%（即图6.3.6-1中，$b_s' \geqslant 1.2b_s$）；

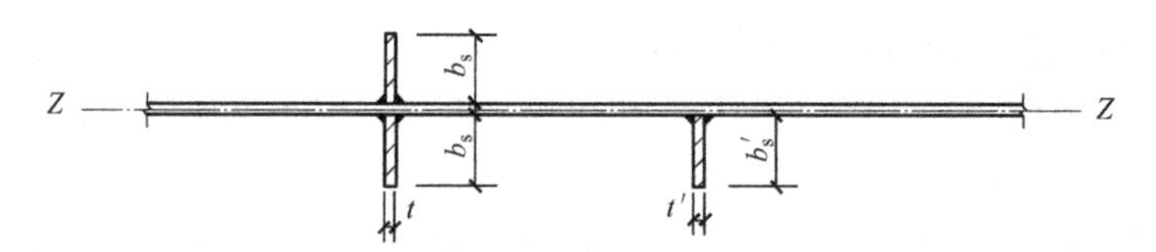

图6.3.6-1　横向加劲肋的配置方式（腹板与加劲肋水平剖面图）

(3) 对腹板同时采用横向加劲肋和纵向加劲肋加强时，本条第（5）款对横向加劲肋还提出截面惯性矩的验算要求；

(4) 短加劲肋［见图6.3.2（d）］的设置要求，与普通加劲肋在板的厚度和外伸长度上均有差异，实际工程中应注意区分；

(5) 用型钢（H型钢、工字钢、槽钢、肢尖焊于腹板的角钢等）做成的加劲肋，其加劲肋的截面惯性矩计算时，计算轴线（中和轴）的位置根据加劲肋的设置而不同，实际工程验算时，应注意把握。

(6) 为避免焊缝三向交叉，加劲肋与翼缘（受拉翼缘和受压翼缘）相接处应切角（可采用R=30mm的1/4圆弧）；直接承受动力荷载的梁（如吊车梁等）的中间加劲肋下端，不宜与受拉翼缘焊接，一般在距受拉翼缘50mm处断开。

3）本条设置加劲肋的具体规定，在《钢标》中多处引用，实际工程及注册备考时应注意把握。

8. **第6.3.7条**

1）梁的支承加劲肋应符合下列规定：

(1) 应按承受梁支座反力或固定集中荷载的轴心受压构件，计算其在腹板平面外的稳定性；此受压构件的截面，应包括加劲肋和加劲肋及其每侧$15t_w\varepsilon_k$范围内的腹板面积，计

算长度取 h_0。

（2）当梁支承加劲肋的端部为刨平顶紧时，应按其所承受的支座反力或固定集中荷载，计算其端面承压应力；突缘支座的突缘加劲肋的伸出长度，不得大于其厚度的2倍；当端部为焊接时，应按传力情况计算其焊缝应力；

（3）支承加劲肋与腹板的连接焊缝，应按传力需要进行计算。

2）“梁的支承加劲肋”，规定本条验算的范围，就是梁的支承处的加劲肋，注意：这里的支承加劲肋是广义的：

（1）梁支座处的加劲肋，承受梁的支座反力；

（2）固定集中荷载处的加劲肋，承受梁上集中荷载传来的固定压力。

3）“轴心受压构件”（见图6.3.7-1），由加劲肋和加劲肋两侧腹板组成的受压构件，其计算截面为十字形截面：

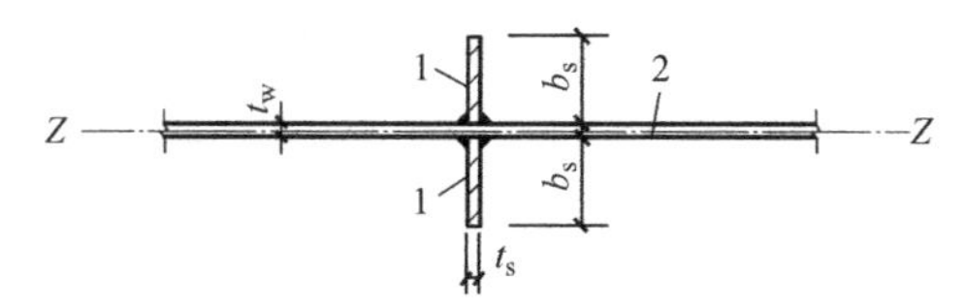

图6.3.7-1 梁支座加劲肋的轴心受压构件（腹板与加劲肋水平剖面图）

1—加劲肋；2—腹板

（1）十字形截面的腹板（就是一侧加劲肋宽度 b_s ＋梁的腹板厚度 t_w ＋另一侧加劲肋宽度 b_s），当两侧加劲肋对称设置时，该轴心受压构件的截面高度为 $h=2b_s+t_w$；

（2）十字形截面的翼缘（就是梁的腹板），翼缘截面的总宽度为 $b=15t_w\varepsilon_k$ ＋加劲肋厚度 $t_s+15t_w\varepsilon_k=30t_w\varepsilon_k+t_s$；

（3）计算长度取 h_0（见图6.3.7-2）。

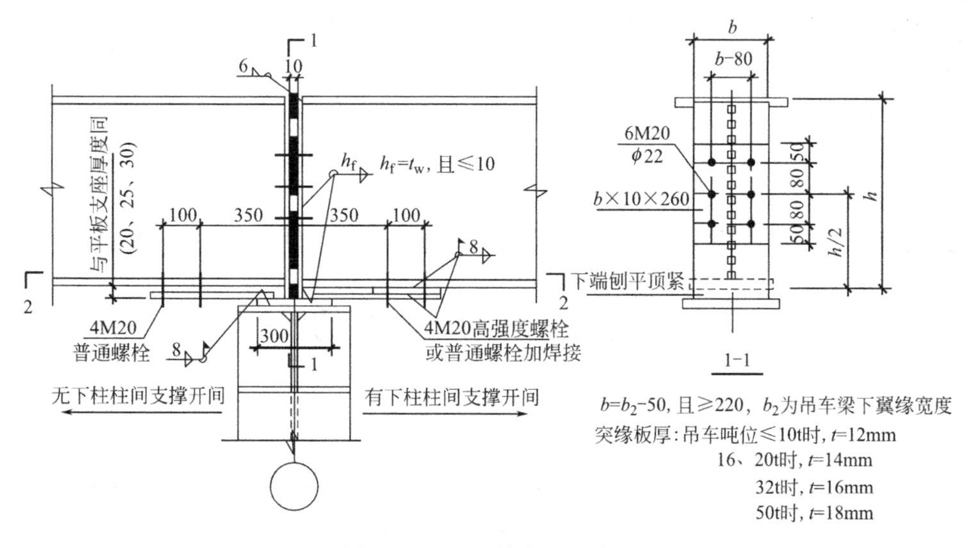

图6.3.7-2 凸缘支座示意图

4）当梁支承加劲肋的端部为刨平顶紧时，应按其（指加劲肋）所承受的支座反力或固定集中荷载计算其（指加劲肋）端面承压应力；突缘支座的突缘加劲肋的伸出长度不得大于其（指突缘加劲肋）厚度的2倍；当端部（指梁支承加劲肋的端部）为焊接时，应按传力情况计算其（指梁支承加劲肋的）焊缝应力。

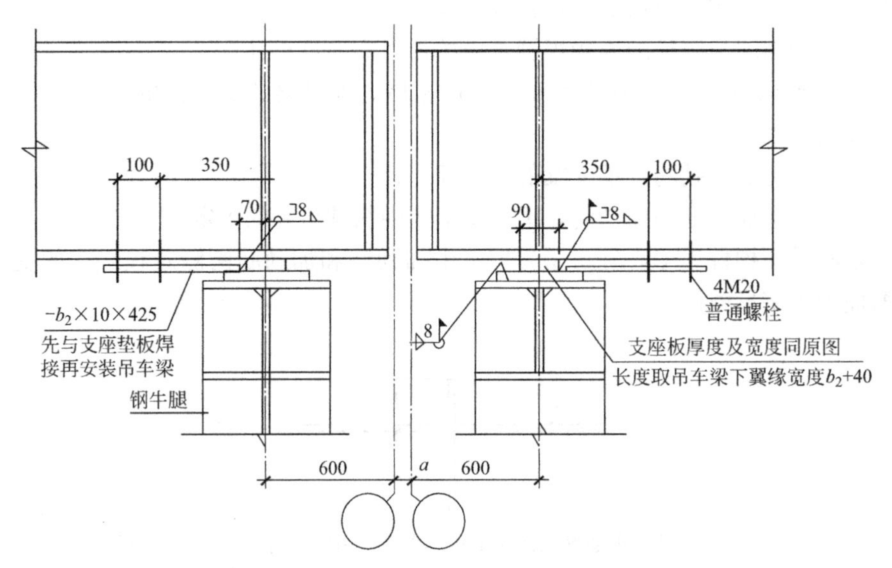

图6.3.7-3　平板式支座示意图

5）具体计算过程如下：

（1）按第7.2.1条计算，计算上述轴心受压构件（注意只是按轴心受压公式计算）在梁腹板平面外的稳定性（注意，这里不需要按轴心受压构件验算截面两个主轴方向的稳定性，只需要验算加劲肋在梁的腹板平面外的稳定性，也就是沿十字形截面腹板方向的稳定性）；

（2）按表7.2.1-1中对应于焊接十字形截面，其截面可为b类；

（3）f 可取加劲肋和梁腹板的较小值。

【思库问答】

【问1】 请问，在算《钢标》第6.3.7条的支承加劲肋时，要求按轴心受压构件计算稳定性，f 的取值还是按翼缘和腹板的板厚较厚值控制吗？

【答1】 按腹板和加劲肋板件厚度较大值控制（即取钢板强度设计值的较小值计算）。

6.4　焊接截面梁腹板考虑屈曲后强度的计算

《钢标》对焊接截面梁腹板考虑屈曲后强度的规定见表6.4.0-1。

表6.4.0-1　《钢标》对焊接截面梁腹板考虑屈曲后强度的规定

条文号	规定	关键点把握
6.4.1	腹板仅配置支承加劲肋	按式(6.4.1-1)验算
	且较大荷载处尚有中间横向加劲肋	
	同时考虑屈曲后强度的工字形焊接截面梁	

续表

条文号	规定	关键点把握
6.4.2	加劲肋的设置要求	1)仅配置支座加劲肋,不满足式(6.4.1-1)时,应设置中间横向加劲肋
		2)当腹板在支座旁的区格 $\lambda_{n,s}>0.8$ 时的验算要求
		3)支座加劲肋采用图 6.4.2 构造时的简化计算
		4)考虑屈曲后强度的梁的构造

【要点分析】

1. 考虑屈曲后的强度设计是钢结构设计的特色内容，塑性变形在可控的范围内，可以提高结构设计的经济性：

(1) 考虑腹板屈曲后强度时，腹板弯曲受压区已部分退出工作；

(2) 考虑腹板屈曲后强度的梁，其受剪承载力有较大的提高，不再受公式（6.1.3）抗剪强度的控制；

(3) 考虑腹板屈曲后的强度时，一般不再考虑纵向加劲肋；

(4) 研究表明：对焊接截面梁，腹板屈曲后的实际承载力降低有限（以 Q235 钢的焊接截面梁为例，在受压翼缘扭转受到约束，腹板高厚比达 200 时，或受压翼缘的扭转不受约束，腹板高厚比达 175 时，腹板屈曲后的受弯承载力与腹板不屈曲梁的承载力相比，下降在 5%以内）。

2. 第 6.4.1 条

1) 腹板仅配置支承加劲肋，且较大荷载处尚有中间加劲肋，同时考虑屈曲后强度的工字形焊接截面梁［图 6.3.2 (*a*)］：

(1) 应按下列公式验算受弯和受剪承载力：

$$\left(\frac{V}{0.5V_{\mathrm{u}}}-1\right)^2+\frac{M-M_{\mathrm{f}}}{M_{\mathrm{eu}}-M_{\mathrm{f}}}\leqslant 1.0 \tag{6.4.1-1}$$

$$M_{\mathrm{f}}=\left(A_{\mathrm{f1}}\frac{h_{\mathrm{m1}}^2}{h_{\mathrm{m2}}}+A_{\mathrm{f2}}h_{\mathrm{m2}}\right)f \tag{6.4.1-2}$$

(2) 梁的受弯承载力设计值 M_{eu}，应按下列公式计算：

$$M_{\mathrm{eu}}=\gamma_{\mathrm{x}}\alpha_{\mathrm{e}}W_{\mathrm{x}}f \tag{6.4.1-3}$$

$$\alpha_{\mathrm{e}}=1-\frac{(1-\rho)h_{\mathrm{c}}^3t_{\mathrm{w}}}{2I_{\mathrm{x}}} \tag{6.4.1-4}$$

① 当 $\lambda_{\mathrm{n,b}}\leqslant 0.85$ 时：

$$\rho=1.0 \tag{6.4.1-5}$$

② 当 $0.85<\lambda_{\mathrm{n,b}}\leqslant 1.25$ 时：

$$\rho=1-0.82(\lambda_{\mathrm{n,b}}-0.85) \tag{6.4.1-6}$$

③当 $\lambda_{\mathrm{n,b}}>1.25$ 时：

$$\rho=\frac{1}{\lambda_{\mathrm{n,b}}}\left(1-\frac{0.2}{\lambda_{\mathrm{n,b}}}\right) \tag{6.4.1-7}$$

（3）梁受剪承载力设计值 V_u，应按下列公式计算：

① 当 $\lambda_{n,s} \leqslant 0.8$ 时：

$$V_u = h_w t_w f_v \tag{6.4.1-8}$$

② 当 $0.8 < \lambda_{n,s} \leqslant 1.2$ 时：

$$V_u = h_w t_w f_v [1 - 0.5(\lambda_{n,s} - 0.8)] \tag{6.4.1-9}$$

③ 当 $\lambda_{n,s} > 1.2$ 时：

$$V_u = h_w t_w f_v / \lambda_{n,s}^{1.2} \tag{6.4.1-10}$$

上述各式中：M、V——为同一计算截面上，梁的弯矩设计值（N·mm）和剪力设计值（N），当 $M < M_f$ 时，取 $M = M_f$；当 $V < 0.5V_u$ 时，取 $V = 0.5V_u$；

M_f——梁的两个翼缘所承担的弯矩设计值（N·mm）；

A_{f1}、h_{m1}——较大翼缘的截面面积（mm^2）及其形心至梁的中和轴的距离（mm）；

A_{f2}、h_{m2}——较小翼缘的截面面积（mm^2）及其形心至梁的中和轴的距离（mm）；

α_e——考虑腹板有效高度的，梁截面模量折减系数；

W_x——梁的毛截面模量（mm^3），按受拉或受压最大翼缘确定；

I_x——梁绕 x 轴的惯性矩（mm^4），按梁截面全部有效计算；

h_c——梁的腹板受压区高度（mm），按梁截面全部有效计算；

γ_x——梁截面塑性发展系数，按第 6.1.2 条或第 8.1.1 条确定；

ρ——腹板受压区有效高度系数；

$\lambda_{n,b}$——用于腹板受弯计算时的正则化宽厚比，按式（6.3.3-6）、式（6.3.3-7）计算；

$\lambda_{n,s}$——用于腹板受剪计算时的正则化宽厚比，按式（6.3.3-11）、式（6.3.3-12）计算，当焊接截面梁仅配置支承加劲肋，按式（6.3.3-12）计算时，应取 $h_0/a = 0$；

f——翼缘钢材的抗弯强度设计值（N/mm^2）；

f_v——腹板钢材的抗剪强度设计值（N/mm^2）。

2）理解及执行本条，应把握以下关键词："支承加劲肋""较大荷载处""中间加劲肋""考虑屈曲后强度""工字形焊接截面梁""受弯和受剪承载力"：

（1）"支承加劲肋"，是对应于集中荷载处的横向加劲肋，加劲肋厚度应满足第 6.3.6 条承压加劲肋的要求；

（2）"较大荷载处"，一般指有集中力作用处；

（3）"中间加劲肋"，指一般的横向加劲肋，在集中荷载作用处，就是"支承加劲肋"；

（4）"考虑屈曲后的强度"，焊接截面梁腹板的局部稳定，可以按第 6.3.1 条采取设置加劲肋的构造措施，也可以按本条考虑腹板屈曲后的强度（应满足基本条件），就是验算受弯和受剪承载力。

3）本条计算公式较多，但梳理后可以发现，其本质就是规定了梁腹板考虑屈曲后强度的条件、验算公式、相关参数：

（1）考虑腹板屈曲后强度的条件（同时满足）：

① 工字形焊接截面梁（不适应于其他截面梁）；

② 腹板仅设置支座加劲肋；

③ 在较大的集中荷载处，尚应配有中间加劲肋。

（2）验算公式：

① 按式（6.4.1-1）验算梁腹板屈曲后的受弯和受剪承载力；

② 满足式（6.4.1-1）计算要求的梁，不用再考虑梁的腹板稳定问题。

（3）相关参数计算：

① 区分梁受弯承载力设计值 M_{eu} 计算，和梁受剪承载力设计值 V_u 计算；

② 注意 $\lambda_{n,b}$ 和 $\lambda_{n,s}$ 的不同及用处，$\lambda_{n,b}$ 用于腹板受弯计算时的正则化宽厚比计算；$\lambda_{n,s}$ 用于腹板受剪计算时的正则化宽厚比计算（注意下角码 b 和 s 的不同）。

4）焊接截面梁考虑腹板屈曲后的强度，有以下三种情况：纯弯、纯剪和弯剪共同作用。对焊接截面梁的腹板，当边缘正应力达到屈服点时，还可以承受剪力 $0.6V_u$。弯剪联合作用下，当剪力不超过 $0.5V_u$ 时，腹板受弯屈曲后的强度不降低。

（1）梁腹板受弯屈曲后的强度，采用有效截面的概念计算。在拉、压区均扣除截面 $(1-\rho)h_c t_w$ 进行简化计算（图 6.4.1-1）；

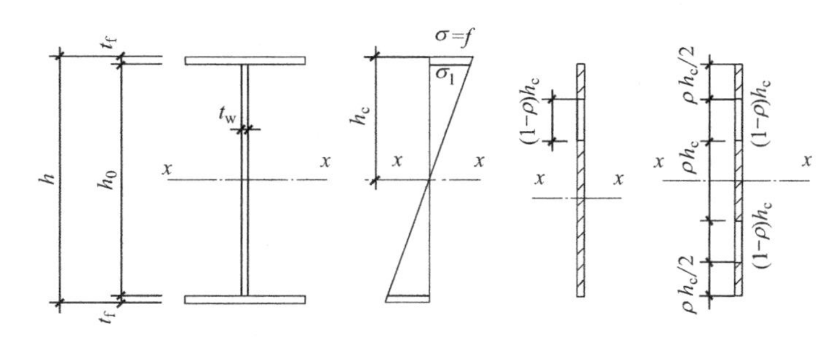

图 6.4.1-1 梁腹板有效截面计算简图

（2）梁腹板考虑受剪屈曲后的强度，采用拉力场概念计算。腹板的极限剪力大于屈服剪力，本条采用的是偏于安全的近似计算公式。

5）承受静力荷载和间接承受动力荷载的焊接截面梁，可考虑腹板屈曲后的强度。

6）吊车梁不适合考虑腹板屈曲后的强度，主要是多次反复屈曲可能导致腹板边缘出现疲劳裂缝。

7）实腹式轴心受压构件的腹板和翼缘，不出现局部失稳时的板件宽厚比要求见第 7.3.1 条（逐项计算）；实腹式压弯构件的腹板（不含翼缘），不出现局部失稳时的板件宽厚比要求见第 8.4.1 条（满足 S4 级要求）；考虑腹板屈曲后强度的相关规定汇总见表 8.4.2-2。

8）本条内容在历年注册考试中多次出现（见第 19 章），实际工程及注册备考应注意把握。

3. 第 6.4.2 条

1）加劲肋的设计，应符合下列规定：

（1）当仅配置支座加劲肋不能满足式（6.4.1-1）要求时，应在两侧成对配置中间横向加劲肋，中间横向加劲肋和上端受有集中压力的中间支承加劲肋，其截面尺寸应满足式（6.3.6-1）和式（6.3.6-2）的要求外，尚应按轴心受压构件计算其在腹板平面外的稳定性，轴心压力设计值应按下式计算：

$$N_s = V_u - \tau_{cr} h_w t_w + F \tag{6.4.2-1}$$

式中：V_u ——梁受剪承载力设计值，按式（6.4.1-8）～式（6.4.1-10）计算（N）；

h_w ——腹板高度（mm）；

τ_{cr} ——梁腹板在剪应力单独作用下的临界应力设计值（N/mm²），按式（6.3.3-8）～式（6.3.3-10）计算；

F ——作用于中间支承加劲肋上端的集中压力设计值（N）。

（2）当腹板在支座旁的区格 $\lambda_{n,s}>0.8$ 时，支座加劲肋除承受梁的支座反力外，尚应承受拉力场的水平分力 H，应按压弯构件计算其（注：指支座加劲肋）强度和腹板平面外稳定，支座加劲肋截面和计算长度，应符合第 6.3.7 条的规定，H 的作用点在距腹板计算高度上边缘 $h_0/4$ 处，其值应按下式计算：

$$H = (V_u - \tau_{cr} h_w t_w)\sqrt{1+(a/h_0)^2} \tag{6.4.2-2}$$

式中：a ——对设中间横向加劲肋的梁，取支座端区格的加劲肋间距（mm）；对不设中间加劲肋的腹板，取梁支座至跨内剪力为零点的距离（mm）。

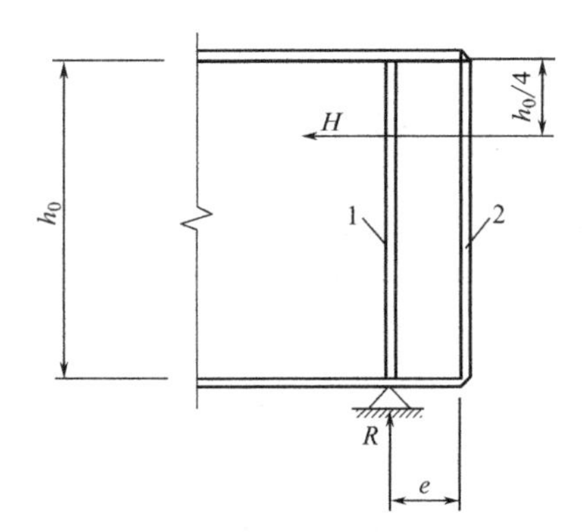

图 6.4.2 设置封头肋板的梁端构造

1—加劲肋；2—封头肋板

（3）当支座加劲肋采用图 6.4.2 的构造形式时，可按下述简化方法进行计算：加劲肋 1 作为承受支座反力 R 的轴心压杆计算，封头肋板 2 的截面面积 A_c，不应小于按下式计算的数值：

$$A_c = \frac{3h_0 H}{16ef} \tag{6.4.2-3}$$

式中：f ——封头肋板 2 钢材的抗弯强度设计值（N/mm²）。

（4）考虑腹板屈曲后强度的梁，腹板高厚比应≤250，可按构造需要设置中间横向加劲肋。$a>2.5h_0$ 和不设中间横向加劲肋的腹板，当满足式（6.3.3-1）时，可取水平分力 $H=0$。

2）理解本条规定时，应把握以下关键词：关键词：“支座加劲肋”、“中间横向加劲肋”、“轴心受压构件”、“腹板在支座旁的区格”：

（1）“支座加劲肋”，就是设置在支座区域的加劲肋，主要传递支座处集中反力，确保梁支座处腹板的稳定。

（2）“中间横向加劲肋”，在焊接截面梁跨中（指梁支座以外的区域）设置的腹板加劲肋，在腹板两侧成对配置横向加劲肋，有利于梁腹板的平面外稳定。当在集中荷载位置设置时，可理解为支承加劲肋（加劲肋厚度，满足第 6.3.6 条承压加劲肋的要求），无集中荷载处为一般横向加劲肋（加劲肋厚度根据其是否承压，按第 6.3.6 条确定）。

（3）“轴心受压构件”，对于中间加劲肋，可以认为两相邻区格的水平力由翼缘承担，因此，这类加劲肋可只按轴心受压构件计算其（指加劲肋）在梁腹板平面外（也就是加劲肋平面内）的稳定性。截面面积及计算长度等，应按图 6.3.7-1 确定。

(4)“腹板在支座旁的区格”，支座旁，由支座加劲肋、梁的上下翼缘及离支座最近的中间横向加劲肋所围成的区格，是梁腹板受力最为复杂的关键区域。

(5)“拉力场”，梁腹板受剪屈曲后的强度计算采用拉力场的概念，拉力场对横向加劲肋的作用可分解为竖向和水平两个分力。

(6)“压弯构件”，对于支座加劲肋，当和它相邻的区格利用屈曲后强度时，则必须考虑拉力场水平分力的作用，按压弯构件计算其（指支座加劲肋）在梁腹板平面外（也就是加劲肋平面内）的稳定性。该压弯构件的截面面积和计算长度，按图 6.3.7-1 确定（注意：《钢标》指引第 6.3.6 条有误，应为第 6.3.7 条），实际上也就是在轴心受压构件上，再作用一个按式（6.4.2-2）计算的水平分力 H（作用点位置在距腹板计算高度上边缘 $h_0/4$ 处），变成了压弯构件。

3）设置支座加劲肋和中间横向加劲肋，是考虑腹板屈曲后强度的主要保证措施，采取这些措施并满足《钢标》规定的验算后，梁的承载力可按不降低计算。

4）利用腹板屈曲后的强度，一般不再考虑设置纵向加劲肋，也即可不设置纵向加劲肋，或在计算中不考虑纵向加劲肋的有利影响。

5）式（6.4.2-3）是一个内外弯矩平衡公式，由 H 产生的外弯矩为 $3h_0H/16$，由封头肋板 2 产生的内弯矩为 A_cfe。

6.5 腹板开孔要求

《钢标》对梁腹板的开孔要求见表 6.5.0-1。

表 6.5.0-1 《钢标》对梁腹板开孔的规定

<table>
<tr><th>条文号</th><th>规定</th><th colspan="3">关键点把握</th></tr>
<tr><td rowspan="2">6.5.1</td><td rowspan="2">腹板开孔梁，应满足整体稳定及局部稳定要求</td><td colspan="3">1)开孔截面处的受弯承载力验算</td></tr>
<tr><td colspan="3">2)开孔处顶部及底部T形截面受弯承载力验算</td></tr>
<tr><td rowspan="12">6.5.2</td><td rowspan="12">腹板开孔梁，孔型为圆形或矩形时(不应在距梁端相当于梁高范围内设孔，抗震设防的结构，不应在隅撑与梁柱连接区域范围内设孔)</td><td rowspan="4">圆孔</td><td>孔口直径 d</td><td>$\leqslant 0.7h$</td></tr>
<tr><td>孔口净距</td><td>$\geqslant 0.25h$</td></tr>
<tr><td>孔口上下T形截面梁高 h_t</td><td>均$\geqslant 0.15h$</td></tr>
<tr><td>d/h_t</td><td>$\leqslant 12$</td></tr>
<tr><td rowspan="5">矩形孔</td><td>孔口高度 h_d</td><td>$h_d \leqslant 0.5h$</td></tr>
<tr><td>孔口长度 l_d</td><td>$\leqslant h$；$\leqslant 3h_d$</td></tr>
<tr><td>孔口净距</td><td>$\geqslant h$；$\geqslant l_d$</td></tr>
<tr><td>孔口上下T形截面梁高 h_t</td><td>均$\geqslant 0.25h$</td></tr>
<tr><td>l_d/h_t</td><td>$\leqslant 12$</td></tr>
<tr><td rowspan="3">圆形洞口补强</td><td>圆孔 $d \leqslant h/3$</td><td>可不补强</td></tr>
<tr><td>圆孔 $d > h/3$</td><td>环形加强肋、套管或环形补强板</td></tr>
<tr><td>环形加劲肋截面
(加劲肋边缘至洞口边缘)</td><td>$\geqslant 100 \times 10$</td></tr>
</table>

续表

<table>
<tr><th>条文号</th><th>规定</th><th colspan="4">关键点把握</th></tr>
<tr><td rowspan="10">6.5.2</td><td rowspan="9">腹板开孔梁，孔型为圆形或矩形时</td><td rowspan="3">圆形洞口补强</td><td colspan="2">环形加劲肋边缘与洞口边缘的距离</td><td>≤12</td></tr>
<tr><td colspan="2">圆形套管补强
（t_w 为梁腹板厚度）</td><td>补强板
厚度≥t_w</td></tr>
<tr><td colspan="2">腹板双侧环形补强
（宽度 75～125mm）</td><td>补强板厚度
可略小于 t_w</td></tr>
<tr><td rowspan="6">矩形孔口补强</td><td colspan="2">水平纵向加劲肋长度</td><td>过洞口边缘 2 倍
加劲肋宽度</td></tr>
<tr><td rowspan="2">横向加劲肋</td><td>$l_d \leqslant h$</td><td>可洞口高度设置</td></tr>
<tr><td>$l_d > h$</td><td>沿梁腹板全高</td></tr>
<tr><td colspan="2">加劲肋总宽度
（b 为翼缘总宽度）</td><td>$\geqslant b/2$</td></tr>
<tr><td colspan="2">加劲肋总厚度
（t_f 为翼缘厚度）</td><td>$\geqslant t_f$</td></tr>
<tr><td colspan="2">孔口长度>500 时</td><td>应在梁腹板两
面设置加劲肋</td></tr>
<tr><td>腹板开孔梁</td><td colspan="4">材料的屈服强度应≤420N/mm^2</td></tr>
</table>

【要点分析】

1. 在钢结构房屋中，由于工艺及设备专业的要求，梁腹板开洞十分普遍，可避免管线布置在梁下对房屋净高的影响，有利于提高房屋性能，并节约建设成本。梁腹板开洞应遵循本节规定的基本原则。

2. 第 6.5.1 条

1）腹板开洞应满足整体稳定及局部稳定要求，并应进行下列计算：

（1）实腹及开孔截面处的受弯承载力验算；

（2）开孔处顶部及底部 T 形截面受弯承载力验算。

2）“T 形截面”，腹板开洞，洞口上部腹板和钢梁上翼缘，形成 T 形截面，洞口下部腹板和梁的下翼缘，形成倒置的 T 形截面。

3）按整体构件（按开孔后形成的上、下 T 形截面，计算梁的抗弯截面模量），验算开孔处梁的受弯承载力。

4）按开孔后形成的上、下 T 形截面的有效截面面积，按式（6.1.3）验算梁的抗剪，上 T 形梁在洞口范围内的梁上局部荷载的剪力，由上梁承担。梁洞口梁端的剪力设计值（取较大值设计），可按上、下 T 形截面腹板面积的比例，在上、下 T 形梁之间分配。

5）梁腹板的洞口宜设置在梁的弯矩和剪力较小的部位，对框架梁，一般可选择在跨度的三分点附近，不应在梁支座区域（梁支座及其两侧各一倍梁截面高度的范围内）、梁隅撑区域和梁跨中区域的腹板设置洞口（第 6.5.2 条）。

3. 第 6.5.2 条

1）腹板开孔梁，当孔型为圆形或矩形时，应符合下列规定：

（1）圆孔孔口直径宜（注：宜可理解为应）$\leqslant 0.7h_b$，矩形孔口高度宜$\leqslant 0.5h_b$，矩形孔口长度宜$\leqslant h_b$且$\leqslant 3h_d$，其中，h_b为梁截面高度，h_d为孔口高度；

（2）相邻圆形孔口边缘间的距离宜$\geqslant 0.25h_b$，矩形孔口与相邻孔口的距离宜$\geqslant h_b$且$\geqslant b_d$，其中，b_d为矩形孔口的长度（注意：本条规定可理解为洞口不补强时的规定，而图6.5.2可理解为是采取洞口补强措施后的洞口间距限值）；

（3）开孔处梁上下T形截面高度均宜$\geqslant 0.15h_b$，矩形孔口上下边缘至梁翼缘外皮的距离宜$\geqslant 0.25h_b$；

（4）开孔长度（或直径），与T形截面的高度比值宜$\leqslant 12$；

（5）不应在距离梁端相当于梁高范围内设孔，抗震设防的结构，不应在隅撑与梁柱连接范围内设孔。

（6）开孔腹板补强宜符合下列规定：

① 圆形孔直径$\leqslant h_b/3$时，可不补强。当$>h_b/3$时，可用环形加劲肋加强［图6.5.2（*a*）］，也可用套管［图6.5.2（*b*）］或环形补强板［图6.5.2（*c*）］加强；

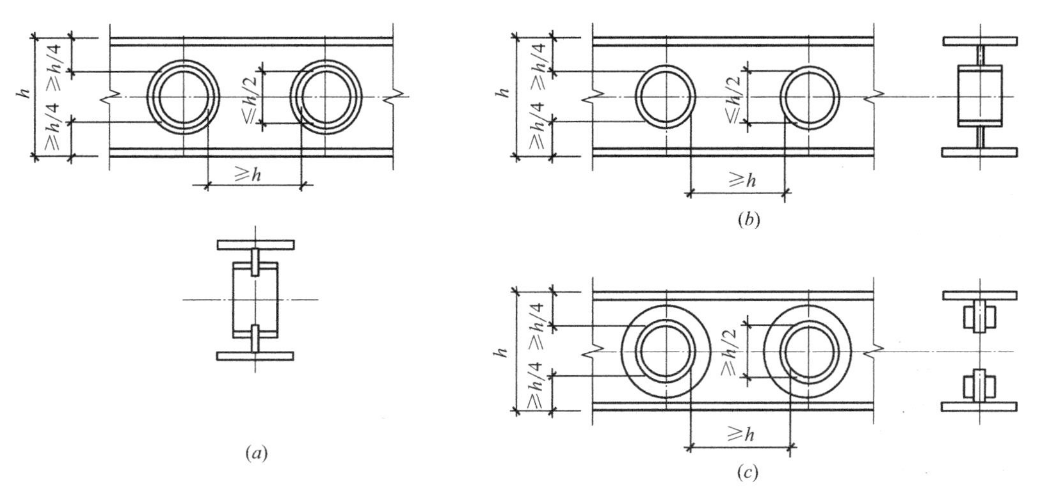

图 6.5.2　钢梁腹板圆形孔的补强

② 圆形孔口加劲肋截面宜$\geqslant$100mm×10mm，加劲肋边缘至孔口边缘的距离宜$\leqslant$12mm；圆形孔口用套管补强时，其厚度宜$\geqslant t_w$（t_w为梁的腹板厚度）；用环形板补强时，若在梁腹板两侧设置，环形板的厚度可略小于梁的腹板厚度，其宽度可取75～125mm；

③ 矩形孔口的边缘，宜采用纵向和横向加劲肋加强，矩形孔口上下边缘的水平纵向加劲肋端部，宜伸至孔口边缘以外单面加劲肋宽度的2倍，当矩形孔口长度大于梁高时，其横向加劲肋应沿梁全高（注：指腹板全高）设置；

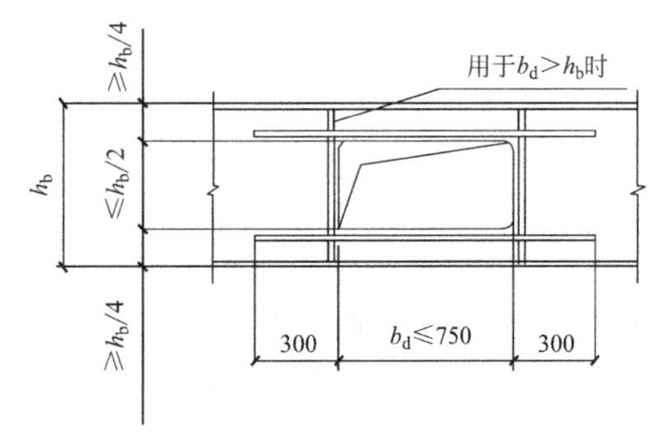

图 6.5.2-1　钢梁腹板矩形孔口的补强

④ 矩形孔口加劲肋（见图6.5.2-1）截面总宽度宜$\geqslant 0.5b_f$（b_f为梁翼缘的宽度），厚度$\geqslant t_f$（t_f为梁翼缘的厚度）；当孔口长度

大于500mm时，应在梁腹板两面设置加劲肋。

（7）腹板开孔梁材料的屈服强度应≤420N/mm²。

2）本条为开洞及洞口加强处理的具体而详细要求，表6.5.0-1中进行了适当的归类；

3）钢梁的腹板开洞要比钢筋混凝土梁更加灵活，更有利于设备管线的穿越，采用钢结构房屋时，应充分利用这一特点，有利于降低房屋的层高，减小工程费用。但在钢梁开洞时应注意以下几点：

（1）梁腹板开洞，应避开梁的受力较大区域（如支座截面、跨中截面和集中荷载作用较大的截面位置），对受均布荷载的梁腹板，开洞宜在梁跨度的1/3分点附近；

（2）腹板开洞的大小，宜进行适当的归类，避免集中区域密集开洞，避免连续开大洞；

（3）管线宜单向设置，即单向穿钢梁腹板；

（4）当管线走向需要同时穿越主梁和次梁腹板时，主、次梁宜等高设置；

（5）实际工程需要时，可考虑采用蜂窝梁（梁腹板开波形缝，错开焊接。梁支座和集中荷载较大区域应避免设蜂窝）。

4）研究表明：

（1）腹板开孔梁的受力特性与焊接截面梁类似。

（2）当需要补强时，采用孔口上下设置纵向加劲肋的方法（见图6.5.2-2及图6.5.2-1），明显优于设置横向加劲肋或沿孔外围加劲的效果。

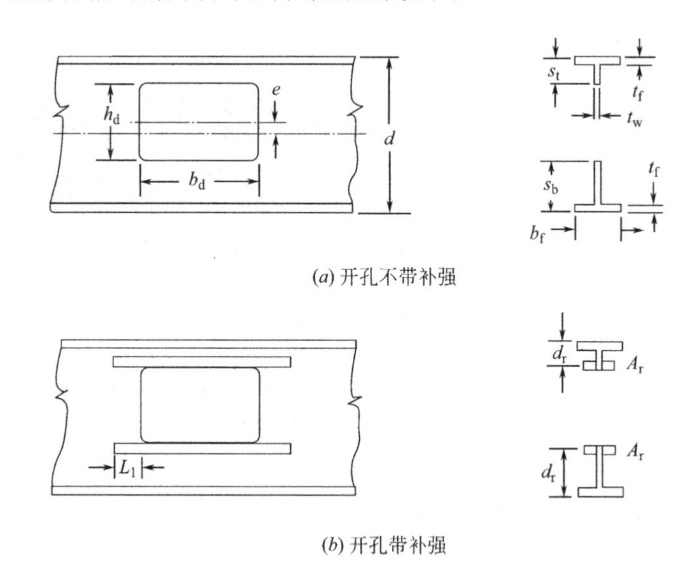

图6.5.2-2　腹板开孔梁计算的几何图形

（3）钢梁孔口补强后：

① 弯矩可由梁翼缘承担（即，仅考虑梁翼缘板形成的内力偶抵抗梁截面的弯矩，不考虑洞口上下腹板对抵抗弯矩的有利影响）。

② 剪力可由梁腹板和补强板共同承担：

■ 梁腹板承担的剪力V_w，按式（6.5.2-1）计算：

$$V_w = h_w^a t_w f_v \tag{6.5.2-1}$$

式中：h_w^a——洞口上下梁腹板的实际有效高度，对应于图 6.5.2-2（a）$h_w^a = s_t + s_b - 2t_f$；

对应于图 6.5.2-2（b）$h_w^a = d_t + d_b - 2t_f$；

t_w——梁的腹板厚度（mm）。

■ 补强板承担的剪力 V_s：

当孔口采用纵向加劲肋加强（或环板加劲肋）时，按式（6.5.2-2）计算：

$$V_s = h_a t_a f_v \tag{6.5.2-2}$$

式中：h_a——为纵向加劲肋沿梁腹板高度方向的高度之和，或环板在直径方向的有效尺寸之和［对应于图 6.5.2（b）为四块板的高度之和］（mm）；

t_a——纵向加劲板或环板加劲板的厚度［对应于图 6.5.2（b）为一块加劲板的厚度］（mm）。

当孔口采用横向加劲肋或套管加强时，可不考虑其对钢梁截面抗剪的有利影响。

6.6　梁的构造要求

《钢标》对梁的构造要求见表 6.6.0-1。

表 6.6.0-1　《钢标》对梁的构造要求

<table>
<tr><th>条文号</th><th>规定</th><th colspan="3">关键点把握</th></tr>
<tr><td>6.6.1</td><td>弧曲杆沿弧面受弯时</td><td colspan="3">宜设置加劲肋，在强度和稳定计算中，应考虑其影响</td></tr>
<tr><td rowspan="3">6.6.2</td><td rowspan="3">焊接梁的翼缘</td><td colspan="3">1)宜采用一层钢板</td></tr>
<tr><td rowspan="2">2)当采用两层钢板时</td><td>沿梁长通长设置的外层钢板</td><td>外层钢板厚度/内层钢板厚度=0.5～1.0</td></tr>
<tr><td>不沿梁长通长设置的外层钢板</td><td>理论截断点处的外伸长度，应符合要求</td></tr>
</table>

【要点分析】

1. 钢梁是钢结构工程中的基本构件，也是最简单的结构构件，实际工程中，梁的布置应合理，使梁计算简图明确，受力简单合理。钢结构构件的抗扭设计建议见第 6.6.2 条说明。

2. 第 6.6.1 条

1）当弧曲杆沿弧面受弯时，宜设置加劲肋，在强度和稳定计算中应考虑其（注：指加劲肋）影响。

2）“弧曲杆”，实际工程中有两种情况的“弧曲杆”：

（1）沿水平面（梁翼缘平面）内弧曲的杆件（也包括产生扭转效应的多段折线形杆件），该弧曲梁的主要受力特征是，在竖向荷载作用下，弧曲杆受到扭矩作用，产生扭转；实际工程中应尽量避免采用此类弧曲梁，必须采用时，应采用箱形截面梁。

（2）沿竖向平面（梁腹板平面）内弧曲的杆件（梁的水平面投影为直线，梁的立面图为弧曲形，本条所指的“弧曲杆”就是此类弧曲梁），该弧曲梁的主要受力特征是，在竖向荷载作用下，弧曲梁不受扭矩影响，不产生扭转变形。其受弯时，上下翼缘产生平面外

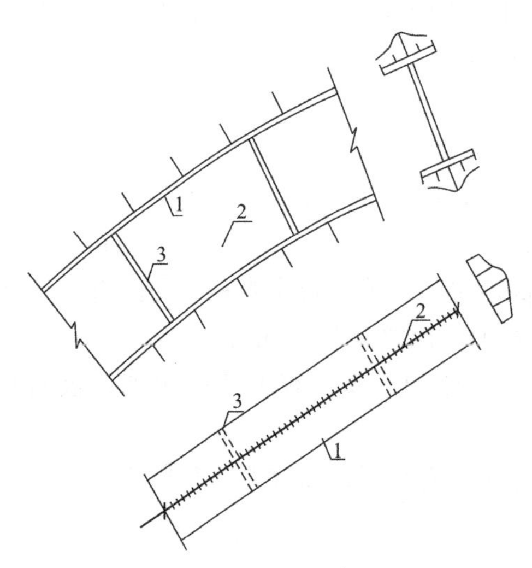

图 6.6.1-1　弧曲杆受力示意图
（上翼缘受压、下翼缘受拉）
1—翼缘；2—腹板；3—加劲肋

的应力（图 6.6.1-1），对于圆弧，其值和曲率半径成反比。

3）"考虑其影响"，指考虑加劲肋对弧形梁（沿梁腹板弧曲）受力的影响，翼缘和腹板的计算采取相应措施。

4）弧曲梁（沿梁腹板弧曲）未设置加劲肋时，梁腹板承受翼缘产生的拉力或压力；设置加劲肋后，该拉力或压力由加劲肋和梁腹板共同承担。

（1）加劲肋承受翼缘产生的拉力或压力，应在弧曲梁的腹板两侧成对设置；加劲肋的尺寸及间距，按第 6.3.6 条确定，加劲肋的厚度按承压加劲肋计算；

（2）梁的翼缘除原有应力（拉力或压力）外，还应考虑其平面外的应力（弧曲梁在上、下翼缘产生的翼缘平面外拉力或压力），按三边支承板（腹板和加劲肋对翼缘形成的支承作用）计算强度及稳定性。

5）需要注意的是：由于接近腹板处翼缘的刚度较大，因此，按弹性计算时，翼缘平面外应力分布规律是，距离腹板越近越大，沿翼缘平面内应力的分布也呈同样的特点。

3. 第 6.6.2 条

1）焊接梁的翼缘，宜采用一层钢板，当采用两层钢板时，外层钢板与内层钢板厚度之比宜为 0.5～1.0。不沿梁通长设置的外层钢板，其理论截断点处的外伸长度 l_1 应符合下列规定：

（1）端部有正面角焊缝时：

当 $h_f \geqslant 0.75t$ 时：
$$l_1 \geqslant b \tag{6.6.2-1}$$

当 $h_f < 0.75t$ 时：
$$l_1 \geqslant 1.5b \tag{6.6.2-2}$$；

（2）端部无正面角焊缝时：

$$l_1 \geqslant 2b \tag{6.6.2-3}$$

式中：b ——外层翼缘板宽度（mm）；

t ——外层翼缘板的厚度（mm）；

h_f——侧面角焊缝和正面角焊缝的焊脚尺寸（mm）。

2）多层翼缘钢板组成的焊接梁，由于翼缘板间通过焊接连接，施焊过程中会产生较大的焊接应力和焊接变形，且受力不均匀，在翼缘截面突变处产生应力集中，因此一般情况下，应尽量采用一层钢板的翼缘（可调整翼缘板厚度）。

3）必须采用两层板翼缘（注意：最多两层）时，当外层翼缘板不通长设置时，应根据《钢标》规定，确定理论断点处的再外伸长度 l_1（与钢筋混凝土构件的受力钢筋，在截断点处设置外伸长度的概念类似），l_1 的大小与有无端焊缝、焊缝的焊脚尺寸、翼板尺寸等因素有关。

4）关于钢结构构件的抗扭设计

(1) 应采取措施，避免钢结构构件受扭，如避免采用平面弧曲梁、连续折线梁、避免构件承受扭矩（可以通过调整构件的平面布置，消除或减小钢结构构件受到的扭矩）；设置刚性铺板时，刚性铺板应与梁的上翼缘牢固相连，采取构造措施阻止梁的扭转变形（见第6.2.1条）。

(2) 承受扭矩的钢梁应优先采用箱形截面梁，梁的两端应采用刚性连接（有利于提供扭转约束）；承受少量扭矩的工字形截面梁，应设置横向加劲肋，加劲肋的设置应满足第6.3.6条的要求，加劲肋厚度满足受压加劲肋的要求。

(3) 影响钢结构构件抗扭计算的因素很多，且具有很大的不确定性，理论研究还不够充分，《钢标》对钢结构构件的抗扭计算也没有明确的规定。实际工程中对承受扭矩的钢梁，可按简化且偏于安全的原则进行强度验算（变形验算更为复杂，目前尚没有可用于实际工程的有效计算方法，建议可按材料力学方法，验算钢梁的弯曲变形，实际控制中留有适当的余地），建议如下：

箱型钢梁的抗扭验算，可分别验算钢梁计算截面在弯矩 M_x 作用下的正应力 σ_M、在剪力 V 作用下的剪应力 τ_V 和在扭矩 T 作用下的剪应力 τ_T：

$$\sigma_M=\frac{M_x}{\gamma_x W_{nx}}\leqslant f \tag{6.6.2-4}$$

$$W_{nx}=2I_n/h \tag{6.6.2-5}$$

$$\tau_V+\tau_T=\frac{VS}{It_w}+\frac{T}{W_T}\leqslant f_v \tag{6.6.2-6}$$

$$W_T=\frac{b^2}{6}(3h-b)-\frac{(b-2t_w)^2}{6}[3h_w-(b-2t_w)] \tag{6.6.2-7}$$

$$\sqrt{\sigma_M^2+3(\tau_V+\tau_T)^2}\leqslant 1.1f \tag{6.6.2-8}$$

上述各式中：W_{nx} ——对 x 轴的净截面模量（mm^3）；

I_n ——箱形截面梁的净截面惯性矩（mm^4）；

h ——为箱形钢梁的截面高度（mm）；

W_T ——箱形截面的受扭抵抗矩（mm^3）；

h_w ——为箱形钢梁的腹板高度（mm）；

t_w——为箱形钢梁的单侧腹板厚度（mm）。

上述各公式说明如下：

① 公式（6.6.2-4）参考式（6.1.1），当钢梁承受双向弯矩时，可按式（6.1.1）计算；

② 公式（6.6.2-6）参考式（6.1.3）和《混规》公式（6.4.2-2）；

③ 公式（6.6.2-7）参考《混规》公式（6.4.3-6）；

④ 公式（6.6.2-8）参考公式（6.1.5-1），验算的是箱形钢梁腹板与翼缘交点处的折算应力。

(4) 承受少量扭矩的工字形截面梁，可将其所承担的扭矩分解为作用在钢梁上下翼缘平面的双力矩。可分别按式（6.1.1）验算钢梁计算截面在弯矩 M 作用下的正应力 σ_M、按式（6.1.3）验算在剪力 V 作用下的剪应力 τ_V 和在双力矩 T 作用下的翼缘平面内的正应力 σ_T：

$$\sigma_{T}=\frac{T}{\gamma_{y}W_{ny}} \tag{6.6.2-9}$$

$$T=\frac{M_{T}}{h_{0}} \tag{6.6.2-10}$$

$$\sigma_{M}+\sigma_{T}\leqslant f \tag{6.6.2-11}$$

$$\sqrt{\sigma_{M}^{2}+3\tau_{V}^{2}}\leqslant 1.1f \tag{6.6.2-12}$$

上述各式中：W_{ny} ——翼缘（按上、下翼缘分别计算）对 y 轴的净截面模量（mm^3）；

T ——扭矩在上下翼缘形成的双力矩（N·mm）；

h_0 ——工字形截面梁上、下翼缘板厚度中心之间的距离（mm）。

公式（6.6.2-12）验算的是工字钢梁腹板与翼缘交点处的折算应力。

第 7 章　轴心受力构件

【说明】

1. 轴心受压构件的计算，是钢结构设计中最基本的也是最重要的计算。把握住《钢标》的脉络，就能很轻松地理解《钢标》的规定。

1）适用于实腹式构件的计算公式（7.1.1），是强度计算的最基本公式，其他构件强度计算均以此为蓝本；

2）适用于实腹式构件的第 7.2.1 条和第 7.2.2 条，是钢结构稳定计算的最基本公式，其他构件（如格构式构件等）的稳定计算，均是在此基础上的延伸、换算和等效；

2. 在钢结构设计中，钢结构的强度验算往往是第二位的，稳定验算是钢结构设计的重要内容（主要结构构件一般需要进行强度和稳定性分析，结构的辅助构件一般需要验算容许长细比），也是钢结构设计的难点问题，实际工程和注册备考时应熟练掌握。

7.1　截面强度计算

《钢标》对轴心受力构件截面强度计算的规定见表 7.1.0-1。

表 7.1.0-1　《钢标》对轴心受力构件截面强度计算的规定

<table>
<tr><th>条文号</th><th>规定</th><th colspan="2">关键点把握</th></tr>
<tr><td rowspan="5">7.1.1</td><td rowspan="5">轴心受拉构件，当端部连接及中部拼接处，组成截面的各板件都由连接件直接传力时，其强度验算</td><td rowspan="2">1）除采用高强度螺栓摩擦型连接者外</td><td>毛截面屈服按式(7.1.1-1)计算</td></tr>
<tr><td>净截面断裂按式(7.1.1-2)计算</td></tr>
<tr><td rowspan="2">2）采用高强度螺栓摩擦型连接的构件</td><td>毛截面屈服按式(7.1.1-1)计算</td></tr>
<tr><td>净截面断裂按式(7.1.1-3)计算</td></tr>
<tr><td>3）当构件沿全长都有排列较密螺栓的组合构件时</td><td>截面强度按式(7.1.1-4)计算</td></tr>
<tr><td rowspan="2">7.1.2</td><td rowspan="2">轴心受压构件，当端部连接及中部拼接处，组成截面的各板件由连接件直接传力时</td><td colspan="2">1）截面强度按式(7.1.1-1)计算</td></tr>
<tr><td colspan="2">2）有虚孔的构件，还应按式(7.1.1-2)验算孔心截面</td></tr>
<tr><td>7.1.3</td><td>轴心受拉和轴心受压构件，当组成板件在节点或拼接处，并非全部直接传力时</td><td colspan="2">应将危险截面的面积乘以有效截面系数 η</td></tr>
</table>

【要点分析】

1. 关于轴心受力构件：

1）轴心受力构件包括：轴心受拉构件和轴心受压构件，第 7.1.1 条是对轴心受拉构件的规定，第 7.1.2 条是对轴心受压构件的规定（第 7.1.1 条和第 7.1.2 条适用于端部连接及中部拼接处，组成截面的各板件由连接件全部直接传力的情况)，第 7.1.3 条是对轴心受拉和轴心受压构件的规定（适用于组成板件在节点或拼接处，并非全部直接传力的情况)。

2）轴心受力构件计算，是钢结构构件设计计算的基本情况，实际工程中较多的复杂受力构件，常采用简化设计方法验算。

2. 第 7.1.1 条

1）轴心受拉构件，当端部连接及中部拼接处组成截面的各板件都由连接直接传力时，其截面强度计算应符合下列规定：

(1) 除采用高强度螺栓摩擦型连接者外，其截面强度应采用下列公式计算：

毛截面屈服：

$$\sigma=\frac{N}{A}\leqslant f \tag{7.1.1-1}$$

净截面断裂：

$$\sigma=\frac{N}{A_{n}}\leqslant 0.7f_{u} \tag{7.1.1-2}$$

(2) 采用高强度螺栓摩擦型连接的构件，其毛截面强度计算应采用式（7.1.1-1)，净截面断裂应按下式计算：

$$\sigma=\left(1-0.5\frac{n_{1}}{n}\right)\frac{N}{A_{n}}\leqslant 0.7f_{u} \tag{7.1.1-3}$$

(3) 当构件为沿全长都有排列较密螺栓的组合构件时，其截面强度应按下式计算：

$$\frac{N}{A_{n}}\leqslant f \tag{7.1.1-4}$$

式中：N ——所计算截面处的拉力设计值（N)；

f ——钢材的抗拉（或抗压）强度设计值（N/mm^2)（注：按翼缘和腹板的较大板厚取值)；

A ——构件的毛截面面积（mm^2)；

A_n ——构件的净截面面积（mm^2)，当构件多个截面有孔时，取最不利的截面；

f_u ——钢材的抗拉强度最小值（N/mm^2)；

n ——在节点或拼接处，构件一端连接的高强度螺栓数目；

n_1 ——所计算截面（最外列螺栓处）高强度螺栓数目。

2）理解本条规定时，应把握以下关键词：

(1)“轴心受拉构件”，规定了本条的适用范围是：轴心受拉构件。

(2)“端部连接及中部拼接处”，规定了本条计算的截面位置。

(3)“截面的各板件都由连接件直接传力”，规定了截面的所有板件都由连接件连接，各板件均匀受力，也即本条的规定适用于各板件均匀受力的轴心受力构件，即全截面全部直接传力，而不是第 7.1.3 条的局部连接。

(4)“采用高强度螺栓摩擦型连接者外”，本条规定，区分高强度螺栓摩擦型连接和其他连接（如焊接连接、高强度螺栓承压型连接，铆接等)，不同的连接方式，计算公式不同。

3）式（7.1.1-1）是构件毛截面强度验算，式（7.1.1-2）是对构件净截面的验算。

4）需要说明的是，本条是对构件截面强度的计算规定，不是计算螺栓的规定。

5）构件的净截面面积计算时，高强度螺栓孔的直径 d_0 可按 $d+4$ 计算（更多问题可查阅第11.5节）。

6）本条内容在历年注册考试中经常出现（见第19章），实际工程应用和注册备考时应注意把握。

3. 第7.1.2条

1）轴心受压构件，当端部连接及中部拼接处组成截面的各板件都由连接件直接传力时，截面强度应按式（7.1.1-1）计算。但含有虚孔的构件，尚需在孔心所在截面按式（7.1.1-2）计算。

2）应注意本条的适用条件：

（1）轴心受压构件；

（2）位置，在“端部连接及中部拼接处”；

（3）传力方式，“组成截面的各板件都由连接件直接传力”，也就是每块板件都有连接件板件传力（注意，是全截面连接直接传力，而不是第7.1.3条的局部连接，应区分清楚），各板件均匀受力，也即本条的规定适用于各板件均匀受力的轴心受压构件，即全截面全部直接传力。

3）“虚孔”，指设置了螺栓孔，但孔内没有设置螺栓，有别于设置高强螺栓的孔洞。

4）对轴心受压构件，毛截面屈服强度验算采用与轴心受拉构件相同的公式，虚孔处还应验算净截面断裂强度（采用与轴心受拉相同的计算公式，有螺栓填充的轴压构件不必验算净截面强度）。

4. 第7.1.3条

1）轴心受拉构件和轴心受压构件，当其组成板件在节点或拼接处并非全部直接传力时，应将危险截面的面积乘以有效截面系数 η，不同构件截面形式和连接方式的 η 值应符合表7.1.3的规定。

表7.1.3 轴心受力构件节点或拼接处危险截面有效截面系数

构件截面形式	连接形式	η	图例（①—直接传力部分）
角钢	单边连接	0.85	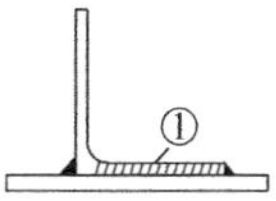 ①
工字形、H形	翼缘连接	0.90	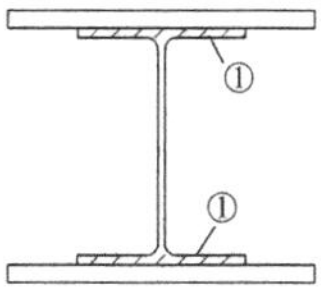 ① ①
	腹板连接	0.70	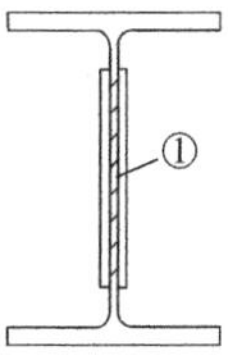 ①

2）理解本条时，应注意以下关键词：

(1)“轴心受拉构件和轴心受压构件”，说明本条规定仅适用于轴心受力（受拉或受压)构件，不适用于其他受力情况（如拉弯或压弯构件等）的构件，也就是适用于第 7.1.1 条和第 7.1.2 条所规定的构件。

(2)“节点或拼接处并非全部直接传力”，适用于由于节点或拼接造成的非全截面均匀传力的情况（与第 7.1.1 条第 7.1.2 条的全截面传力相对应）。

① 对单角钢构件，两端采用非全截面连接时，可以采用单边连接（但单角钢构件拼接接长处不应采用单边连接）；

② 对工字形、H 形构件，节点或拼接处采用非全截面连接时，可采用翼缘连接（翼缘对称连接）或腹板连接（腹板对称连接）。

(3)“危险截面”，指构件实际应力最大的截面，构件在节点边缘的截面或构件拼接接头边缘的截面。

(4)“节点与杆件连接处”，指构件在连接节点边缘的截面（焊接节点在焊缝端部，构件与焊缝的交接处；螺栓连接节点在构件与螺栓群连接的最边一排螺栓处）。

(5)“构件拼接处”，指构件在连接拼接处边缘的截面（焊接拼接在焊缝端部，构件与焊缝的交接处；螺栓连接拼接在构件与螺栓群连接的最边一排螺栓处）。

(6)“有效截面系数”，为了能采用全截面均匀传力的计算公式，对非全截面传力的截面采用等效方法，引入“有效截面系数”，对非均匀传力的截面乘以有效截面系数，将其等效（折减）为均匀受力的计算截面面积。

3）本条是考虑在节点处为单肢传力（注意，不是全截面均匀传力，与第 7.1.1 条、第 7.1.2 条的全截面均匀传力不同）的情况，采用对实际截面折减按有效截面计算的方法。

4）注意：本条规定中的“拼接处”不适合单角钢（拼接适合工字形 H 形），实际工程中对单角钢不应采用单边连接的拼接接头。

5）本条的有效截面系数 η（考虑的是不均匀传力引起的局部板件应力集中，最不利截面在连接处和拼接处）与第 7.6.1 条偏心受力的单角钢按均匀受力计算时的折减系数（主要考虑的是偏心传力引起的附加偏心弯矩对构件的影响，最不利截面在构件的中部），两个验算相互独立，对单角钢两个系数不同时考虑（只有工字形或 H 形拼接处需要同时考虑）。

6）对于连接偏心的轴心受力构件，实际上属于偏心受力构件，《钢标》常采用近似计算的方法，就是采用轴心受力计算公式，引入折减系数考虑偏心的影响，如本条和第 7.6.1 条。

7）考虑屈曲后强度的轴心受压构件强度计算，采用有效截面（根据第 7.3.3 条），采用实腹式构件的计算方法计算。

8）本条适用于对连接节点和拼接的危险截面，按公式（7.1.1-1）～（7.1.1-4）各公式的验算。

9）《钢标》第 7.6.1 条规定，桁架的单角钢腹杆（与节点板单肢连接），按公式（7.1.1-1）和（7.1.1-2）计算时，强度设计值折减系数 0.85（也就是构件实际承受轴力和连接引起的偏心弯矩，理论上应按偏心受力构件计算，但当采用轴心受力计算公式进行近似计算时，需要采用适当的折减系数)，对单角钢构件，此处的0.85与本条规定的危险截面系数不同时考虑（因为计算截面位置不同）。

10）理论上，所有连接（节点或拼接）处构件非全部截面直接传力的情况时，都要考虑危险截面的有效截面系数，如：表7.1.3所列情况、双角钢构件端部采用单板（填板）连接时、槽钢端部腹板与连接板连接时等，《钢标》只是对其中影响较大的连接考虑危险截面的影响。

11）本条在思库提问较多，主要涉及下列问题：

（1）本条与第7.6.1条的关系问题。虽然采用相同的折减系数数值，但其意义是不同的，本条折减的本质是节点非全截面传力引起的局部板件应力集中现象。

（2）截面验算的折减与连接（焊接或高强螺栓连接）计算问题。本条的验算是对于构件截面（最不利截面、危险截面）的验算，不是针对连接（焊接或高强螺栓连接）的验算。

12)《钢标》对单角钢构件的设计要求，汇总见表7.6.3-1。

13）本条内容，在实际工程和注册备考时应充分注意。

【思库问答】

【问1】请问，《钢标》第7.1.1条计算净截面断裂时 A_n 要不要考虑《钢标》表11.5.2注3：计算螺栓孔引起的截面削弱时可取 $d+4$mm 和 d_0 的较大值?

【答1】计算高强度螺栓孔的截面削弱时，可取 $d_0=d+4$（mm）计算。

【问2】请问，对于双角钢拼接时，还有第7.1.3条中角钢危险截面0.85的折减吗?

【答2】双角钢的拼接和拼接方式有关，如果拼接造成角钢的单肢传力，就要考虑危险截面的折减。

关于单边连接的单角钢问题，最近思库讨论的比较多，涉及《钢标》第7.1.3和第7.6.1条，这里集中说明如下：

第7.1.3条，是考虑在节点处为单肢传力而不是全截面传力的情况，采用对实际截面折减，按有效截面计算的方法（注意这里规定的“拼接处”不适合单角钢，实际工程中对单角钢不应采用单边连接的拼接接头，拼接适合工字形或H形）；

第7.6.1条为偏心受力的单角钢按均匀受力计算时的折减系数。两个验算相互独立，对单角钢两个系数不同时考虑（只有工字形或H形拼接处需要同时考虑)。

【问3】请问，工字钢弦杆，单角钢腹杆，单角钢与节点板焊缝连接，要考虑《钢规》第7.1.3条和第7.6.1条两项一起折减吗?

【答3】工字形弦杆都要考虑。但对单角钢构件，杆端连接的危险截面，杆件中部偏心弯矩的影响，计算的不是同一个截面。

【问4】请问，对单角钢的下列理解是否正确：

（1）柱间单角钢支撑需要考虑端部的危险截面折减（第7.1.3条），不考虑其他截面（第7.6.1条）强度折减；

（2）格构柱斜缀条（等效桁架腹杆），要分别考虑考虑（第7.1.3条和第7.6.1条）取包络；

（3）焊缝不用考虑（第7.1.3条和第7.6.1条）调整。

【答4】第7.1.3条只用于危险截面，第7.6.1条用于除危险截面以外的所有截面。两者与焊缝无关。

【问 5】请问，桁架单角钢腹杆通过节点板与弦杆连接，单角钢与节点板单面焊接，若要求与腹杆等强连接，这个等强怎么理解？

（1）焊缝连接承载力取 min（Af、$0.7A_nf_u$）；

（2）焊缝连接承载力取 min（$0.85Af$、$0.85\times0.7A_nf_u$），考虑第 7.1.3 条危险截面折减系数；

（3）焊缝连接承载力取 min（$0.85Af$、$0.7A_nf_u$），考虑第 7.6.1 条仅强度设计值折减 0.85，f_u 不折减。

【答 5】从等强连接要求看，实际工程可采用（1）的较大值。如果是与设计承载力相一致的等强，可以对应于角钢危险截面的承载力 $0.85Af$。

【问 6】请问，单边连接单角钢第 7.1.3 条及第 7.6.1 条第 1 款的规定，都是对单角钢板件自身强度验算考虑的折减，螺栓或者焊缝等连接强度不折减，这么理解是否正确？

【答 6】正确。

7.2 轴心受压构件的稳定性计算

《钢标》对轴心受压构件的稳定性计算规定见表 7.2.0-1。

表 7.2.0-1 《钢标》对轴心受压构件的稳定性计算规定

<table>
<tr><th>条文号</th><th>规定</th><th colspan="3">关键点把握</th></tr>
<tr><td>7.2.1</td><td>轴心受压构件的稳定性计算</td><td colspan="3">按式(7.2.1)，考虑屈曲后强度的实腹式构件除外</td></tr>
<tr><td rowspan="9">7.2.2</td><td rowspan="9">实腹式构件的长细比 λ，根据其失稳模式确定</td><td rowspan="2">1)截面形心和剪心重合的构件</td><td>计算弯曲屈曲</td><td>按式(7.2.2-1)、式(7.2.2-2)</td></tr>
<tr><td>计算扭转屈曲</td><td>按式(7.2.2-3)</td></tr>
<tr><td rowspan="5">2)单轴对称的构件</td><td>绕非对称主轴的弯曲屈曲</td><td>按式(7.2.2-1)、式(7.2.2-2)</td></tr>
<tr><td>绕对称主轴的弯扭屈曲</td><td>按式(7.2.2-4)</td></tr>
<tr><td>等边单角钢轴心受压构件</td><td>当绕两主轴弯曲的计算长度相等时，可不计算弯扭屈曲</td></tr>
<tr><td>塔架单角钢压杆</td><td>应符合第 7.6 节的相关规定</td></tr>
<tr><td>双角钢组合 T 形截面构件</td><td>绕对称轴的换算长细比 λ_{yz} 的简化计算</td></tr>
<tr><td colspan="2">3)截面无对称轴且剪心和形心不重合的构件</td><td>换算长细比计算</td></tr>
<tr><td colspan="2">4)不等边角钢轴心受压构件</td><td>换算长细比的简化计算</td></tr>
</table>

续表

<table>
<tr><th>条文号</th><th>规定</th><th colspan="3">关键点把握</th></tr>
<tr><td rowspan="7">7.2.3</td><td rowspan="7">格构式轴心受压构件的稳定性</td><td colspan="3">按式(7.2.1)计算</td></tr>
<tr><td>实轴的长细比</td><td colspan="2">按式(7.2.2-1)或(7.2.2-2)计算</td></tr>
<tr><td rowspan="5">虚轴的换算长细比</td><td rowspan="2">双肢组合构件</td><td>缀件为缀板时式(7.2.3-1)</td></tr>
<tr><td>缀件为缀条时式(7.2.3-2)</td></tr>
<tr><td rowspan="2">四肢组合构件</td><td>缀件为缀板时式(7.2.3-3)、式(7.2.3-4)</td></tr>
<tr><td>缀件为缀条时式(7.2.3-5)、式(7.2.3-6)</td></tr>
<tr><td>三肢组合构件</td><td>缀件为缀条时式(7.2.3-7)、式(7.2.3-8)</td></tr>
<tr><td rowspan="6">7.2.4</td><td rowspan="6">缀件宽度较大的格构柱</td><td colspan="3">1)宜采用缀条柱</td></tr>
<tr><td colspan="3">2)缀条与构柱轴线间的夹角应为40°～70°</td></tr>
<tr><td rowspan="2">3)缀条柱的分肢长细比λ_1</td><td>$\lambda_1 \leqslant 0.7\lambda_{max}$</td><td rowspan="2">$\lambda_{max}$为构件两个方向长细比的较大值</td></tr>
<tr><td>虚轴取换算长细比</td></tr>
<tr><td colspan="2" rowspan="2">4)格构式柱和大型实腹式柱（h为截面长边尺寸）</td><td>在受有较大水平力处和运送单元的端部，应设置横隔</td></tr>
<tr><td>横隔的间距，宜$\leqslant 9h$，$\leqslant$8m</td></tr>
<tr><td rowspan="2">7.2.5</td><td>缀板柱的分肢长细比λ_1</td><td>$\leqslant 40\varepsilon_k$；$\leqslant 0.5\lambda_{max}$；
$\lambda_{max}<50$时，取$\lambda_{max}=50$</td><td colspan="2">λ_{max}为构件两个方向长细比的较大值</td></tr>
<tr><td>缀板柱中同一截面处</td><td>$\sum i \geqslant 6i_2$</td><td colspan="2">i_2柱较大分肢线刚度；
$\sum i$缀板或型钢横杆的线刚度之和</td></tr>
<tr><td rowspan="3">7.2.6</td><td rowspan="3">用填板连接而成的双角钢或双槽钢</td><td colspan="3">采用普通螺栓连接时，应按格构式构件计算</td></tr>
<tr><td>采用其他连接时可按实腹式构件计算，填板间距$\leqslant 40i$（受压构件），$\leqslant 80i$（受拉构件）</td><td colspan="2">i为单肢截面回转半径，当为图7.2.6(a)、(b)截面时，取一个角钢或一个槽钢对其自身平行轴（该平行轴与填板平行）的回转半径；当为图7.2.6(c)截面时，取一个角钢的最小回转半径</td></tr>
<tr><td>受压构件的两个侧向支点之间的填板数</td><td colspan="2">应$\geqslant$2</td></tr>
<tr><td rowspan="2">7.2.7</td><td>轴心受压构件的剪力值V</td><td colspan="3">沿构件全长不变</td></tr>
<tr><td>格构式轴心受压构件的剪力</td><td colspan="3">由承受该剪力的缀材面（包括用整体板连接的面）分担$V=Af/85\varepsilon_k$，A为轴心受压构件的截面面积</td></tr>
<tr><td>7.2.8</td><td>两端铰支的梭形圆管或方管状截面</td><td colspan="3">轴心受压构件的稳定性，按式(7.2.1)计算</td></tr>
<tr><td rowspan="2">7.2.9</td><td rowspan="2">钢管梭形柱</td><td colspan="3">1)跨中截面应设置横隔（图7.2.9）</td></tr>
<tr><td colspan="3">2)两端铰支的三肢钢管梭形柱，应按式(7.2.1)计算整体稳定</td></tr>
</table>

【要点分析】

1. 受压构件的稳定验算是钢结构设计的重要内容，轴心受压构件的稳定计算是复杂受力构件稳定计算的基础。

1）本节的关键条文是第 7.2.1 条和第 7.2.2 条，关键公式是式（7.2.1-1）、（7.2.1-2）、（7.2.2-1）和式（7.2.2-2），也就是实腹式构件的稳定分析（应予以重点关注，理顺规范的思路），其他构件（如格构式构件等）计算都以本条为依据的引申、扩展和等效。

2）钢结构的长细比有两种：

（1）对应于稳定性计算的长细比（用来计算稳定系数 φ，采用第 7.4 节的计算长度，采用与计算长度截面主轴相对应的回转半径，还有第 7.4.4 条的特殊规定）；

（2）对应于容许长细比验算时的长细比（如第 7.4.6 条和第 7.4.7 条等，主要涉及回转半径的简化计算规定）；

（3）本节就是用于构件稳定计算用的长细比。

2. 第 7.2.1 条

1）除可考虑屈曲后强度的实腹式构件外，轴心受压构件的稳定性计算应符合下式要求：

$$\frac{N}{\varphi A f} \leqslant 1.0 \tag{7.2.1}$$

式中：φ ——轴心受压构件的稳定系数（取截面两主轴稳定系数的较小者），根据构件的长细比（或者换算长细比）、钢材屈服强度和表 7.2.1-1、表 7.2.1-2 的截面分类，按《钢标》附录 D 采用；

f ——钢材的抗压强度设计值（N/mm^2）（注：按翼缘和腹板的较大板厚取值）。

表 7.2.1-1　轴心受压构件的截面分类（板厚 t<40mm）

截面形式		对 x 轴	对 y 轴
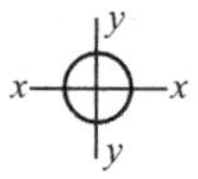 轧制（圆管）		a 类	a 类
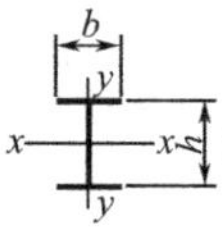 轧制（工字形，b、h）	$b/h \leqslant 0.8$	a 类	b 类
	$b/h > 0.8$	a^* 类	b^* 类
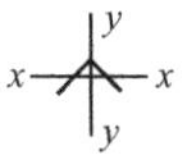 轧制等边角钢		a^* 类	a^* 类
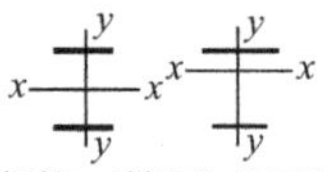 焊接、翼缘为焰切边	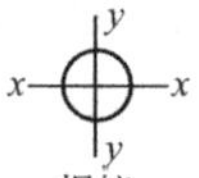 焊接	b 类	b 类
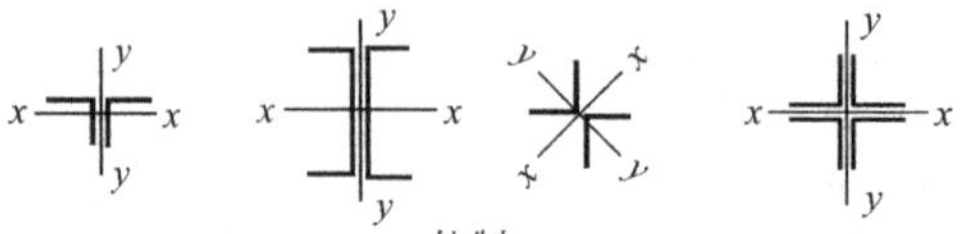 轧制			

续表

截面形式		对 x 轴	对 y 轴
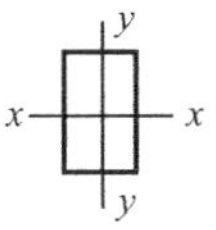 轧制、焊接(板件宽厚比>20)	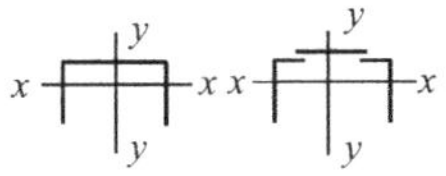 轧制或焊接	b类	b类
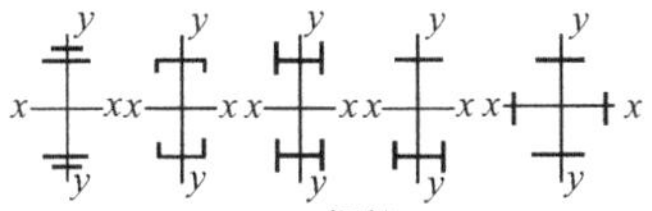 焊接	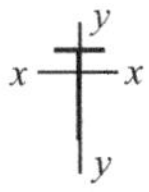 轧制截面和翼缘为焰切边的焊接截面		
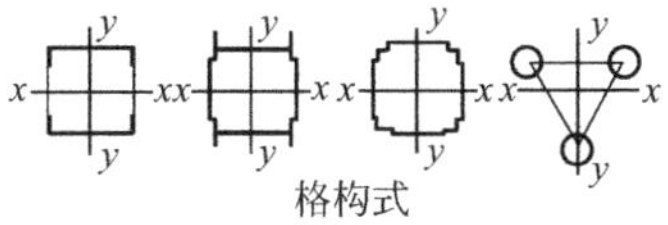 格构式	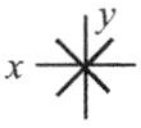 焊接、板件边缘焰切		
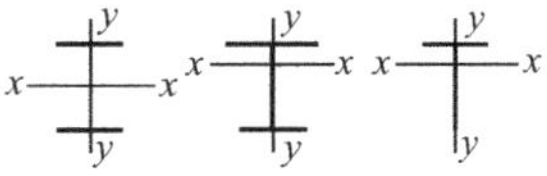 焊接，翼缘为轧制或剪切边		b类	c类
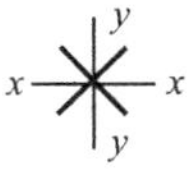 焊接，板件边缘轧制或剪切	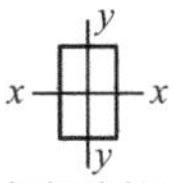 轧制，焊接(板件宽厚比≤20)	c类	c类

注：1. a* 类含义为Q235钢取b类，Q345、Q390、Q420和Q460钢取a类；b* 类含义为Q235钢取c类，Q345、Q390、Q420和Q460钢取b类。

2. 无对称轴且剪心和形心不重合的截面，其截面分类可按有对称轴的类似截面确定，如不等边角钢采用等边角钢的类别；当无类似截面时，可取c类。

表 7.2.1-2 轴心受压构件的截面分类（板厚 t≥40mm）

截面形式		对 x 轴	对 y 轴
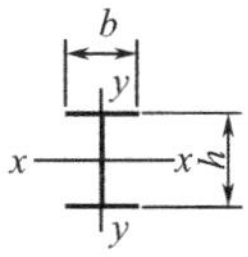 轧制工字形或H形截面	t<80mm	b类	c类
	t≥80mm	c类	d类
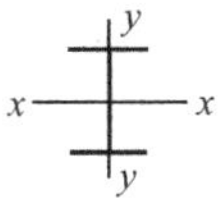 焊接工字形截面	翼缘为焰切边	b类	b类
	翼缘为轧制或剪切边	c类	d类
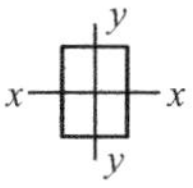 焊接箱形截面	板件宽厚比>20	b类	b类
	板件宽厚比≤20	c类	c类

2）理解本条应把握以下关键词：

（1）“可考虑屈曲后强度”，本条不适用于考虑屈曲后强度的实腹式构件稳定性计算；

考虑屈曲后强度的计算见第 7.3.3 条。

(2) "实腹式构件",本条仅适用于实腹式构件的稳定性计算,格构式轴心受压构件的稳定性计算见第 7.2.3 条。

3) 实腹式轴心受压构件的稳定性分析中,最重要的是确定构件的稳定系数 φ:

(1) 稳定系数取截面两主轴稳定系数的较小者,也就是要进行两个主轴方向的稳定系数计算,比较取较小值。

(2) 按表 7.2.1-3 确定每个主轴方向的稳定系数。

表 7.2.1-3 每个主轴方向的稳定系数计算过程

序号	计算内容	主要计算方法	说明
1	主轴方向构件的计算长度 l	按第 7.4 节	区分构件类型,确定平面内和平面外的计算长度
2	主轴方向构件的长细比 λ	根据计算长度 l 和回转半径 i	主轴方向的截面回转半径
3	构件的截面分类(a、b、c、d 类)	表 7.2.1-1 和表 7.2.1-2	注意表 7.2.1-1 注的钢材的屈服强度对截面分类的影响
4	确定受压构件的稳定系数(计算主轴方向)	查《钢标》附录 D(注意:不是 Q235 时,应将 λ 除以 ε_k)	根据截面类型和长细比数值

(3) 按表 7.2.1-1 和表 7.2.1-2 确定截面分类时,应特别注意以下情况:

① 注意 a* 和 b* 的影响,对于 a* 和 b*,应关注表 7.2.1-1 注中钢材屈服强度对截面分类的影响;a* 时,Q235 钢取 b 类,其他取 a 类;b* 时,Q235 钢取 c 类,其他取 b 类;

② 无对称轴(指截面一个对称轴也没有,如不等边角钢等)且剪心和形心不重合的截面,可按有对称轴的类似截面确定(如不等边角钢可采用等边角钢的类别),无类似截面时,可取 c 类;

③ 实际工程中,对未列入表 7.2.1-1 和表 7.2.1-2 中的其他各类截面,均可取 c 类(不等边角钢也可以取 c 类)。

4) 本条规定在历年注册考试中常有出现(见第 19 章),实际工程应用级注册备考时应特别关注。

3. 第 7.2.2 条

1) 实腹式构件的长细比 λ 应根据其失稳模式,由下列公式确定:

(1) 截面形心和剪心重合的构件:

① 当计算弯曲屈曲时,长细比按下列公式计算:

$$\lambda_x = \frac{l_{0x}}{i_x} \tag{7.2.2-1}$$

$$\lambda_y = \frac{l_{0y}}{i_y} \tag{7.2.2-2}$$

式中:l_{0x}、l_{0y} ——分别为构件对截面主轴 x 和 y 的计算长度(mm),根据第 7.4 节的规定采用;

i_x、i_y ——分别为构件截面对主轴 x 和 y 的回转半径(mm)。

② 当计算扭转屈曲时，扭转屈曲的换算长细比 λ_z 应按式（7.2.2-3）计算（双轴对称十字形截面板件宽厚比≤15 ε_k 时，不考虑扭转屈曲）。

$$\lambda_z=\sqrt{\frac{I_0}{I_t/25.7+I_\omega/l_\omega^2}} \tag{7.2.2-3}$$

式中：I_0、I_t、I_ω——分别为构件毛截面对剪心的极惯性矩（mm^4）、自由扭转常数（mm^4）和扇性惯性矩（mm^6），对十字形截面可近似取 $I_w=0$；

l_ω——扭转屈曲的计算长度（mm），两端铰支且端截面可自由翘曲者，取几何长度 l；两端嵌固且端部截面的翘曲完全受到约束者，取 $0.5l$。

（2）截面为单轴对称的构件：

① 计算绕非对称主轴的弯曲屈曲时，换算长细比应由式（7.2.2-1）、式（7.2.2-2）计算确定。

② 计算绕对称主轴的弯扭屈曲时，长细比应按下式计算确定：

$$\lambda_{yz}=\left[\frac{(\lambda_y^2+\lambda_z^2)+\sqrt{(\lambda_y^2+\lambda_z^2)^2-4\left(1-\frac{y_s^2}{i_0^2}\right)\lambda_y^2\lambda_z^2}}{2}\right]^{1/2} \tag{7.2.2-4}$$

式中：y_s——截面形心至剪心的距离（mm）；

i_0——截面对剪心的极回转半径（mm），单轴对称截面 $i_0^2=y_s^2+i_x^2+i_y^2$；

λ_z——扭转屈曲换算长细比，由式（7.2.2-3）确定。

③ 等边单角钢轴心受压构件，当绕两主轴弯曲的计算长度相等时，可不计算弯扭屈曲。塔架单角钢压杆应符合第7.6节的相关规定。

④ 双角钢组合T形截面构件，绕对称轴的换算长细比 λ_{yz} 可按下列简化公式确定：

■ 等边双角钢［图7.2.2-1（a）］：

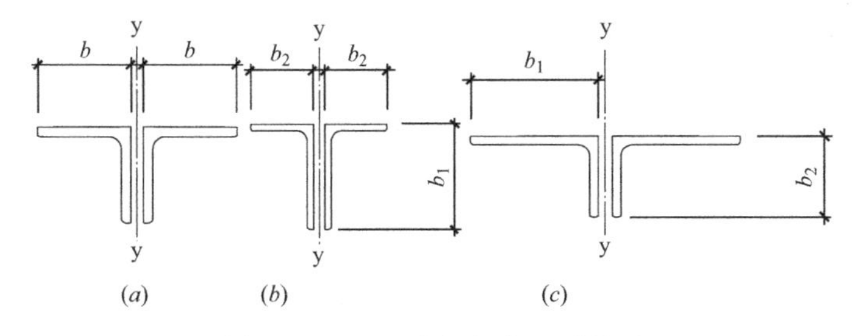

图7.2.2-1 双角钢组合T形截面

b—等边角钢肢宽度；b_1—不等边角钢长肢宽度；b_2—不等边角钢短肢宽度

当 $\lambda_y \geqslant \lambda_z$ 时：

$$\lambda_{yz}=\lambda_y\left[1+0.16\left(\frac{\lambda_z}{\lambda_y}\right)^2\right] \tag{7.2.2-5}$$

当 $\lambda_y<\lambda_z$ 时：

$$\lambda_{yz}=\lambda_z\left[1+0.16\left(\frac{\lambda_y}{\lambda_z}\right)^2\right] \tag{7.2.2-6}$$

$$\lambda_z = 3.9b/t \tag{7.2.2-7}$$

■ 长肢相并的不等边双角钢［图 7.2.2-1（b）］：

当 $\lambda_y \geqslant \lambda_z$ 时：

$$\lambda_{yz} = \lambda_y \left[1 + 0.25\left(\frac{\lambda_z}{\lambda_y}\right)^2\right] \tag{7.2.2-8}$$

当 $\lambda_y < \lambda_z$ 时：

$$\lambda_{yz} = \lambda_z \left[1 + 0.25\left(\frac{\lambda_y}{\lambda_z}\right)^2\right] \tag{7.2.2-9}$$

$$\lambda_z = 5.1b_2/t \tag{7.2.2-10}$$

■ 短肢相并的不等边双角钢［图 7.2.2-1（c）］：

当 $\lambda_y \geqslant \lambda_z$ 时：

$$\lambda_{yz} = \lambda_y \left[1 + 0.06\left(\frac{\lambda_z}{\lambda_y}\right)^2\right] \tag{7.2.2-11}$$

当 $\lambda_y < \lambda_z$ 时：

$$\lambda_{yz} = \lambda_z \left[1 + 0.06\left(\frac{\lambda_y}{\lambda_z}\right)^2\right] \tag{7.2.2-12}$$

$$\lambda_z = 3.7b_1/t \tag{7.2.2-13}$$

（3）截面无对称轴且剪心和形心不重合的构件，应采用下列换算长细比：

$$\lambda_{xyz} = \pi\sqrt{\frac{EA}{N_{xyz}}} \tag{7.2.2-14}$$

$$(N_x - N_{xyz})(N_y - N_{xyz})(N_z - N_{xyz}) - N_{xyz}^2(N_x - N_{xyz})\left(\frac{y_s}{i_0}\right)^2 - N_{xyz}^2(N_y - N_{xyz})\left(\frac{x_s}{i_0}\right)^2 = 0 \tag{7.2.2-15}$$

$$i_0^2 = i_x^2 + i_y^2 + x_s^2 + y_s^2 \tag{7.2.2-16}$$

$$N_x = \frac{\pi^2 EA}{\lambda_x^2} \tag{7.2.2-17}$$

$$N_y = \frac{\pi^2 EA}{\lambda_y^2} \tag{7.2.2-18}$$

$$N_z = \frac{1}{i_0^2}\left(\frac{\pi^2 EI_\omega}{l_\omega^2} + GI_t\right) \tag{7.2.2-19}$$

上述各式中：N_{xyz}——弹性完善杆的弯矩屈曲临界力（N），由式（7.2.2-15）确定；

x_s、y_s——截面剪心相对于形心的坐标（mm）；

i_0——截面对剪心的极回转半径（mm）；

N_x、N_y、N_z——分别为绕 x 轴和 y 的弯曲屈曲临界力和扭转屈曲临界力（N）；

E、G——分别为钢材弹性模量和剪变模量（N/mm^2）。

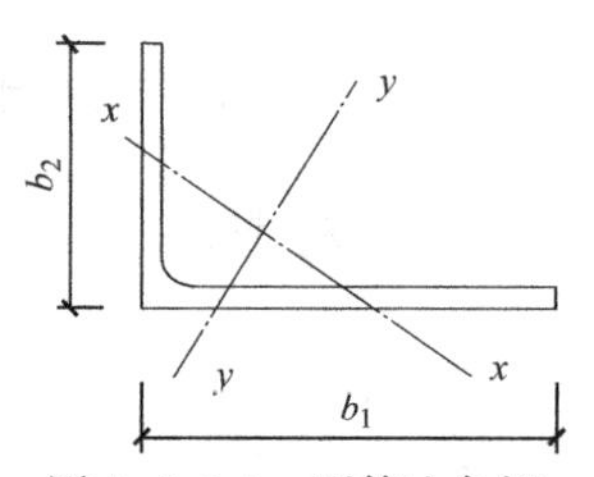

图 7.2.2-2 不等边角钢

x 轴为不等边角钢的弱轴（注：对应于表 7.2.1 及图 7.4.4-1），b_1 为不等边角钢的长肢宽度

（4）不等边角钢轴心受压构件的换算长细比，可按下列简化公式确定（图 7.2.2-2）：

当 $\lambda_x \geqslant \lambda_z$ 时：

$$\lambda_{xyz}=\lambda_x\left[1+0.25\left(\frac{\lambda_z}{\lambda_x}\right)^2\right] \tag{7.2.2-20}$$

当 $\lambda_x<\lambda_z$ 时：

$$\lambda_{xyz}=\lambda_z\left[1+0.25\left(\frac{\lambda_x}{\lambda_z}\right)^2\right] \tag{7.2.2-21}$$

$$\lambda_z=4.21b_1/t \tag{7.2.2-22}$$

$$\lambda_x=l_0/i_x \tag{7.2.2-23}$$

式中：l_0——为不等边角钢构件的计算长度（mm），取 l_{0x} 和 l_{0y} 的较大值，按第7.4节的规定采用；

i_x——构件对不等边角钢 x 轴的回转半径，即最小回转半径（mm）；

λ_x——不等边角钢构件的最大长细比。

2）本条适用于实腹式构件，和本节第7.2.1条一样，本条是结构稳定设计的最重要的公式之一，所有构件的长细比计算，均以实腹式构件为蓝本，对格构式构件，采用换算长细比，与之挂钩。

3）钢结构构件的失稳模态，是构件稳定分析的基本内容，对于一些常用构件的失稳模态应牢记：

（1）双轴对称截面（形心与剪心重合）的构件：

需要计算弯曲屈曲、扭转屈曲（可不计算弯扭屈曲；板件板件宽厚比≤$15\varepsilon_k$ 的双轴对称十字形截面，可不计算扭转屈曲）。

（2）单轴对称截面的构件：

需要计算扭转屈曲、绕非对称主轴的弯曲屈曲、绕对称主轴的弯扭屈曲。

① 等边单角钢轴心受压构件（当绕两主轴弯曲的计算长度相等时，可不计算弯扭屈曲）；

② 塔架单角钢压杆，应符合第7.6节的相关规定；

③ 双角钢组合T形截面构件，绕对称轴采用换算长细比（按非实腹式构件对待）；注意：这里的双角钢组合T形截面构件，指采用填板连接而成的（见第7.2.6条）；当双角钢肢背和肢尖焊接而成的组合T形截面构件，可按整个截面为T形的实腹式截面计算。

（3）截面无对称轴，且剪心形心不重合的构件，采用换算长细比。

（4）不等边角钢的换算长细比，可采用简化公式确定。

4）长细比计算，公式多、计算复杂，应理解本条规定的脉络，注意对基本公式的理解与把握，其他公式只要知道其存在且使用时可以快速找到即可。

4. 第7.2.3条

1）格构式轴心受压构件的稳定性应按式（7.2.1）计算，对实轴的长细比应按式（7.2.2-1）或式（7.2.2-2）计算，对虚轴［图7.2.3（a）］的x轴及［图7.2.3（b）、图7.2.3（c）］的x轴和y轴，应取换算长细比。换算长细比按下列公式计算：

（1）双肢组合构件［图7.2.3（a）］：

① 当缀件为缀板时：

$$\lambda_{0x}=\sqrt{\lambda_x^2+\lambda_1^2} \tag{7.2.3-1}$$

② 当缀件为缀条时：

$$\lambda_{0x}=\sqrt{\lambda_x^2+27A/A_{1x}} \tag{7.2.3-2}$$

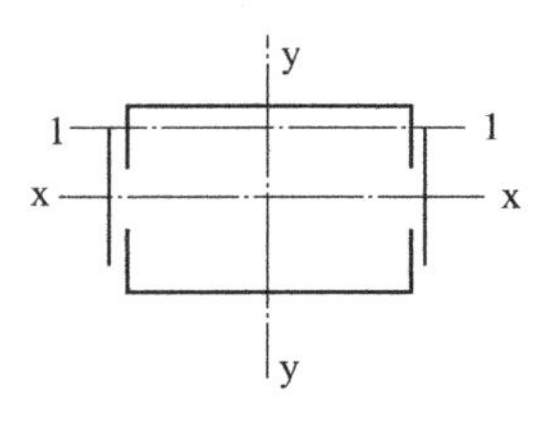

(*a*) 双肢组合构件

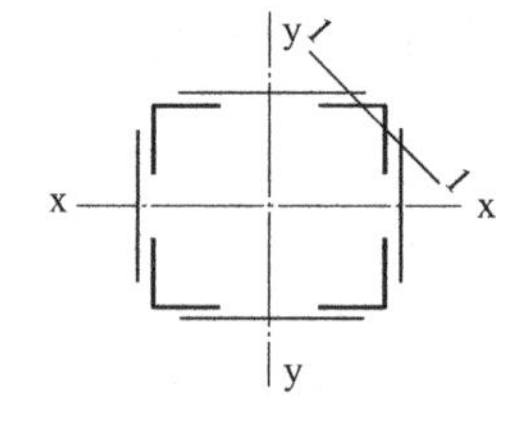

(*b*) 四肢组合构件

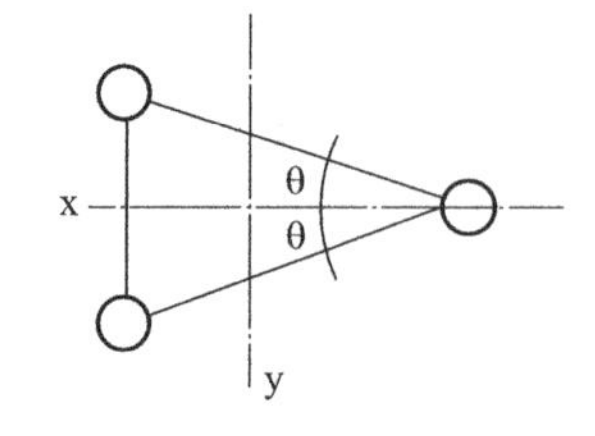

(*c*) 三肢组合构件

图 7.2.3 格构式组合构件截面

式中：λ_x ——整个构件对 x 轴的长细比；

λ_1 ——分肢对最小刚度轴 1-1 的长细比；分肢的计算长度：焊接时为相邻两缀板（上下）的净距；螺栓连接时，为相邻两缀板（上下）边缘螺栓的距离；

A——构件的截面面积（mm^2）；

A_{1x} ——构件截面中垂直于 x 轴的各斜缀条毛截面面积之和（mm^2）。

（2）四肢组合构件［图 7.2.3（*b*）］：

① 当缀件为缀板时：

$$\lambda_{0x}=\sqrt{\lambda_x^2+\lambda_1^2} \tag{7.2.3-3}$$

$$\lambda_{0y}=\sqrt{\lambda_y^2+\lambda_1^2} \tag{7.2.3-4}$$

② 当缀件为缀条时：

$$\lambda_{0x}=\sqrt{\lambda_x^2+40A/A_{1x}} \tag{7.2.3-5}$$

$$\lambda_{0y}=\sqrt{\lambda_y^2+40A/A_{1y}} \tag{7.2.3-6}$$

式中：λ_y ——整个构件对 y 轴的长细比；

A_{1y} ——构件截面中垂直于 y 轴的各斜缀条毛截面面积之和（mm^2）。

（3）缀件为缀条的三肢组合构件［图 7.2.3（*c*）］：

$$\lambda_{0x}=\sqrt{\lambda_x^2+\frac{42A}{A_1(1.5-\cos^2\theta)}} \tag{7.2.3-7}$$

$$\lambda_{0y}=\sqrt{\lambda_y^2+\frac{42A}{A_1\cos^2\theta}} \tag{7.2.3-8}$$

式中：A_1——构件截面中各斜缀条毛截面面积之和（mm^2）；

θ ——构件截面内缀条所在平面与 x 轴的夹角。

2）实腹式轴心受压构件的稳定性计算，是各类轴心受压构件稳定性计算的基本方法，其他各类构件的稳定性计算，都可以在实腹式轴心受压构件的计算的基础上进行适当的调整完成。格构式构件的稳定性计算（格构式构件的稳定计算，可以看成是实腹式构件的延伸），采用换算长细比（主要为双肢组合构件、三肢组合构件和四肢组合构件），主要过程如下：

（1）对格构式轴心受压构件的稳定验算，采用的是实腹式构件的稳定计算的基本公式（7.2.1）；

（2）对实轴的长细比，按实腹式构件公式（7.2.2-1）或式（7.2.2-2）计算；

（3）对虚轴的长细比，按换算长细比（对于格构式轴心受压构件，当绕虚轴弯曲时，剪切变形较大，对弯曲临界力有较大的影响，故采用换算长细比）。

3）三肢组合构件的缀件宜采用缀条，避免采用缀板。

4）四肢构件截面总的刚度要比双肢差，构件截面形状保持不变的假定不一定能完全做到，且分肢的受力也不一定均匀。

5）格构式构件的换算长细比计算，公式较多，计算复杂，只要理解规范规定的脉络，了解公式的基本意义，用的时候可以查到即可。

5. 第7.2.4条

1）缀件面宽度较大的格构式柱：

（1）宜采用缀条柱，斜缀条与构架轴线的夹角应为40°～70°；

（2）缀条柱的分肢长细比 λ_1 应≤$0.7\lambda_{max}$，其中 λ_{max} 为构件两方向长细比的较大值；

（3）对虚轴取换算长细比；

（4）格构式柱和大型实腹式柱，在受有较大水平力处和运送单元的端部应设置横隔，横隔的间距宜≤$9h_c$，且≤8m，其中 h_c 为柱截面长边尺寸（注：对格构式柱为格构式柱的截面，不是单肢截面）。

2）本条是缀板、缀条设置的具体规定，属于结构设计中的构造措施，应掌握。

3）应注意下列问题：

（1）对格构式受压构件的分肢长细比 λ_1 提出要求，主要为避免分肢先于整体丧失承载力；

（2）缀板柱构造简单，常用于轴心受压构件；

（3）缀材面剪力较大的格构柱，宜采用缀条柱（缀条柱在缀材平面内的抗剪和抗弯刚度要大于缀板柱）；

（4）“缀件面宽度较大”应根据实际工程情况，结合工程经验把握。计算截面回转半径时的轴线见图7.2.6。

6. 第7.2.5条

1）缀板柱的分肢长细比 λ_1 应≤$40\varepsilon_k$，并应≤$0.5\lambda_{max}$，当 $\lambda_{max}\leqslant 50$ 时，取 $\lambda_{max}=50$。缀板柱中同一截面处，缀板或型钢横杆的线刚度之和，不得小于柱较大分肢线刚度的6倍。

2）本条是对于缀板柱的分肢柱长细比、缀板及型钢横梁的构造规定，缀板柱在缀板平面内的抗剪和抗弯刚度，要比缀条柱差，但缀板柱施工简单，常用作轴心受压构件。

3）比较第7.2.4条的规定，可以发现，本条对缀板柱分肢的长细比要求，要比缀条柱的分肢长细比要求更为严格。

4）对缀板和型钢的线刚度提出式（7.2.5-1）要求：

$$i_s + i_b \geqslant 6i_{cmax} \tag{7.2.5-1}$$

式中：i_s——缀板的线刚度（mm^3），$i_s=I_s/l_s$，其中 I_s 为缀板垂直 l_s 方向的截面惯性矩（mm^4），l_s 为格构柱分肢之间缀板的跨度（mm），可按相应格构柱分肢的中心间距计算；

i_b——型钢横杆的线刚度（mm^3），$i_b=I_b/l_b$，其中 I_b 为型钢横杆的截面惯性矩（mm^4），l_b 为格构柱分肢之间型钢横杆的跨度（mm），可按相应格构柱分肢的中心间距计算；

i_{cmax}——格构柱较大分肢的线刚度，$i_{cmax}=I_{cmax}/H_c$，其中 I_{cmax} 为格构柱分肢的较大

截面的惯性矩（mm^4），H_c 为格构柱分肢的计算高度（mm），可取上下两缀板之间的距离。

7. 第 7.2.6 条

1）用填板连接而成的双角钢或双槽钢构件：

（1）采用普通螺栓连接时，应按格构式构件进行计算；

（2）除此之外可按实腹式构件进行计算：

① 但受压构件填板间的距离（按中心距离计算）应≤$40i$；

② 受拉构件填板之间的距离（按中心距离计算）应≤$80i$；

③ i 为单肢截面回转半径，应按下列规定采用：

■ 当为图 7.2.6（a）、图 7.2.6（b）所示的双角钢或双槽钢截面时，取一个角钢或一个槽钢，对于填板平行的形心轴的回转半径；

■ 当为图 7.2.6（c）所示的十字形截面时，取一个角钢的最小回转半径。

受压构件的两个侧向支撑点之间的填板数，应≥2 个。

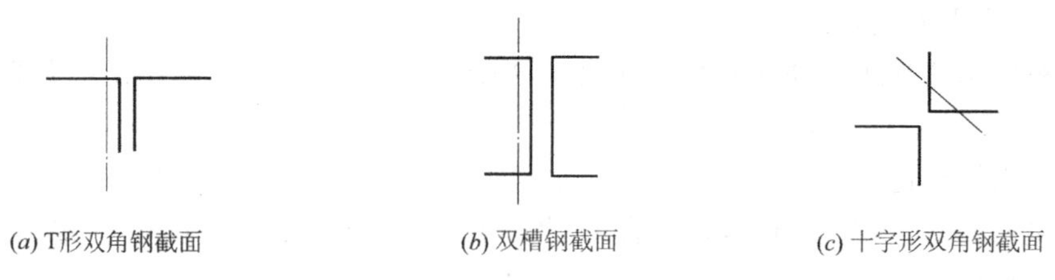

（a）T形双角钢截面　（b）双槽钢截面　（c）十字形双角钢截面

图 7.2.6　填板连接的双角钢、双槽钢构件计算截面回转半径时的轴线示意

2）“除此之外”，可理解为除普通螺栓连接以外的情况，包括焊接连接、高强度螺栓连接等。

3）对填板的间距做出规定，对受压构件，是为了保证单肢（单个角钢或单个槽钢）的稳定，而对于受拉构件，则为了确保共同均匀受力。工程经验表明，此类构件的分肢距离很小，填板的刚度很大，满足本条规定构造要求的构件（采用焊接或高强度螺栓连接），可以按实腹式构件计算，不必对虚轴采用换算长细比。

8. 第 7.2.7 条

1）轴心受压构件的剪力 V，可认为沿构件全长不变。格构式轴心受压构件的剪力 V，应由承担该剪力的缀材面（包括用整板连接的面）分担，其值按公式（7.2.7）计算：

$$V=\frac{Af}{85\varepsilon_k} \tag{7.2.7}$$

式中：A ——格构式构件的截面面积（mm^2）；

f ——构件分肢的钢材抗压强度设计值（N/mm^2）。

2）当构件分肢剪力一定时，缀材的横截面面积 A_1 可按（7.2.7-1）计算。

$$A_1=V/f_v \tag{7.2.7-1}$$

式中：f_v——缀材的抗剪强度设计值（N/mm^2）。

3）轴心受压构件的抗剪计算，考虑屈曲后强度的轴心受压构件稳定性计算，采用有效截面（根据第 7.3.3 条），按照实腹式构件的计算方法计算。

4）轴心受压构件的剪力 V，可认为沿构件全长不变（适用于实腹式构件和格构式构件）。

5）格构式构件应满足第 7.2.4 条、第 7.2.5 条和第 7.2.6 条的构造要求。式(7.2.7) 仅用于缀材设计，也即缀材的剪力设计值，应取格构式柱的计算剪力和式(7.2.7) 的构造规定的较大值。

6）本条规定在历年的注册考试中有出现（见第 19.4 节 20 题），实际工程和注册备考时应注意。

9. 第 7.2.8 条

1）两端铰支的梭形圆管或方管状截面的轴心受压构件（图 7.2.8），其稳定性应按式(7.2.1) 计算。其中 A 取端截面面积 A_1，稳定系数 φ 应根据按下列公式计算的换算长细比 λ_e 确定：

$$\lambda_e = \frac{l_0/i_1}{(1+\gamma)^{3/4}} \tag{7.2.8-1}$$

$$l_0 = \frac{l}{2}[1+(1+0.853\gamma)^{-1}] \tag{7.2.8-2}$$

$$\gamma = (D_2 - D_1)/D_1 \text{ 或} (b_2 - b_1)/b_1 \tag{7.2.8-3}$$

式中：l_0——构件计算长度（mm）；

i_1——端截面回转半径（mm）；

γ——构件楔率；

D_2、b_2——分别为跨中截面圆管外径和方管边长（mm）；

D_1、b_1——分别为端截面圆管外径和方管边长（mm）。

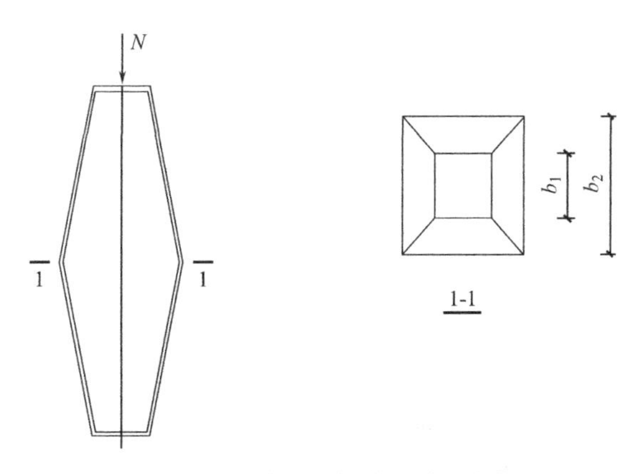

图 7.2.8 梭形管状轴心受压构件

2）本条的梭形柱实际上就是变截面钢管柱（圆形钢管或矩形钢管，钢管是变截面的，与第 7.2.9 条的梭形格构柱不同），仅适用于两端铰接情况（其他情况，《钢标》未给出设计公式，宜避免采用）。

3）对于梭形圆管或方管，套用实腹式轴心受压构件的稳定性计算公式（7.2.1）：

(1) 进行轴心受压构件稳定计算用的截面面积 A，取梭形构件的端截面面积 A_1，作为等效实腹式构件的截面面积；

（2）截面分类按梭形截面柱的截面形状，查表7.2.1确定；

（3）计算换算长细比λ_e，并采用与之对应的稳定系数φ。

10. 第7.2.9条

1）钢管梭形格构柱的跨中截面，应设置横隔。横隔可采用水平放置的钢板且与周边缀管焊接，也可采用水平放置的钢管，并使跨中截面成为稳定截面。梁端铰支的三肢钢管梭形格构柱，应按式（7.2.1）计算整体稳定。稳定系数φ应根据下列公式计算的换算长细比λ_0确定：

$$\lambda_0=\pi\sqrt{\frac{3A_sE}{N_{cr}}} \tag{7.2.9-1}$$

$$N_{cr}=\min(N_{cr,s},\ N_{cr,a}) \tag{7.2.9-2}$$

（1）$N_{cr,s}$应按下列公式计算：

$$N_{cr,s}=N_{cr0,s}\bigg/\left(1+\frac{N_{cr0,s}}{K_{v,s}}\right) \tag{7.2.9-3}$$

$$N_{cr0,s}=\frac{\pi^2EI_0}{L^2}(1+0.72\eta_1+0.28\eta_2) \tag{7.2.9-4}$$

（2）$N_{cr,a}$应按下列公式计算：

$$N_{cr,a}=N_{cr0,a}\bigg/\left(1+\frac{N_{cr0,a}}{K_{v,a}}\right) \tag{7.2.9-5}$$

$$N_{cr0,a}=\frac{4\pi^2EI_0}{L^2}(1+0.48\eta_1+0.12\eta_2) \tag{7.2.9-6}$$

η_1、η_2应按下列公式计算：

$$\eta_1=(4I_m-I_1-3I_0)/I_0 \tag{7.2.9-7}$$

$$\eta_2=2(I_0+I_1-2I_m)/I_0 \tag{7.2.9-8}$$

$$I_0=3I_s+0.5b_0^2A_s \tag{7.2.9-9}$$

$$I_m=3I_s+0.5b_m^2A_s \tag{7.2.9-10}$$

$$I_1=3I_s+0.5b_1^2A_s \tag{7.2.9-11}$$

$$K_{v,s}=1\bigg/\left(\frac{l_{s0}b_0}{18EI_d}+\frac{5l_{s0}^2}{144EI_s}\right) \tag{7.2.9-12}$$

$$K_{v,a}=1\bigg/\left(\frac{l_{s0}b_m}{18EI_d}+\frac{5l_{s0}^2}{144EI_s}\right) \tag{7.2.9-13}$$

式中：A_s——单根分肢的截面面积（mm^2）；

N_{cr}、$N_{cr,s}$、$N_{cr,a}$——分别为屈曲临界力、对称屈曲模态与反对称屈曲模态对应的临界力（N）；

I_0、I_m、I_1——分别为钢管梭形格构柱柱端、1/4跨处以及跨中截面对应的惯性矩（图7.2.9）（mm^4）；

$K_{v,s}$、$K_{v,a}$——分别为对称屈曲与反对称屈曲对应的截面抗剪刚度（N）；

η_1、η_2——与截面惯性矩有关的计算系数；

b_0、b_m、b_1——分别为钢管梭形格构柱柱端、1/4跨处和跨中截面的边长（mm）；

l_{s0}——梭形柱节间高度（mm）；

I_d、I_s——横缀杆和弦杆的惯性矩（mm^4）；

E——材料的弹性模量（N/mm^2）。

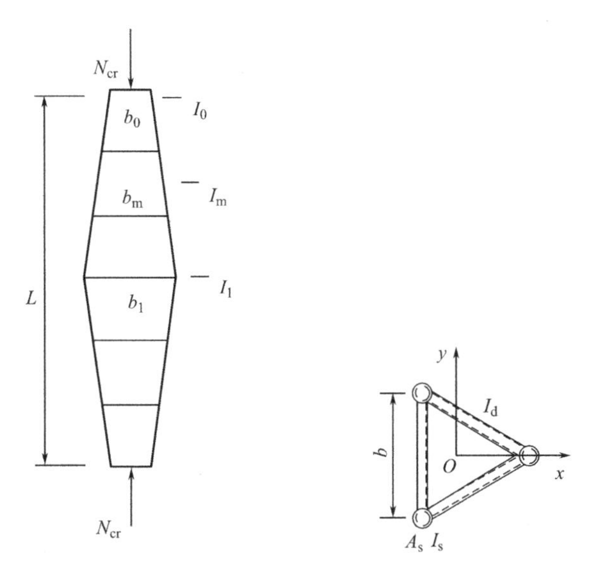

图 7.2.9　钢管梭形格构柱

2）钢管梭形格构柱的跨中截面应设置横隔（成为稳定截面是关键）：

（1）可采用水平放置的钢板，并与周边缀管焊接。此做法最为简单，通过在梭形格构柱跨中设置横隔板，使梭形格构柱的跨中截面成为稳定截面；

（2）也可采用水平放置的钢管，钢管与周边梭形格构柱可靠连接，使梭形格构柱的跨中截面成为稳定截面。

3）两端铰支的三肢钢管梭形格构柱，也套用实腹式轴心受压构件的稳定性计算公式（7.2.1）：

（1）进行轴心受压构件稳定计算用的截面面积 A，取各单根分肢的截面面积之和 $\sum A_s$，作为等效实腹式构件的截面面积；

（2）截面分类按 b 类（对应于表 7.2.1）；

（3）采用按式（7.2.9-1）计算的换算长细比 λ_0，确定对应的稳定系数 φ。

4）本条规定的两端铰接的钢管梭形格构柱中：

（1）格构柱是梭形（与第 7.2.8 条不同），单肢采用钢管（钢管是等截面的，各向同性，方便施工）；

（2）采用三肢（对其他情况，《钢标》未给出设计计算公式，避免采用），梭形格构柱两端宜采用铰接。

7.3　实腹式轴心受压构件的局部稳定和屈曲后强度

《钢标》对实腹式轴心受压构件的局部稳定和屈曲后强度的规定见表 7.3.0-1。

表 7.3.0-1 《钢标》对实腹式轴心受压构件的局部稳定和屈曲后强的计算规定

条文号	规定	关键点把握		
7.3.1	不出现局部失稳时,实腹式轴心受压构件的板件宽厚比要求	1)H形截面的腹板,按式(7.3.1-1)		
		2)H形截面的翼缘,按式(7.3.1-2)		
		3)箱形截面的壁板,按式(7.3.1-3)		
		4)T形截面	翼缘	按式(7.3.1-2)
			腹板	热轧剖分T型钢,按式(7.3.1-4)
				焊接T型钢,按式(7.3.1-5)
		5)等边角钢	$\lambda \leqslant 80\varepsilon_k$,按式(7.3.1-6)	注意简要计算
			$\lambda > 80\varepsilon_k$,按式(7.3.1-7)	
		6)圆管压杆的外径 D 与壁厚 t 之比,$D/t \leqslant 100\varepsilon_k^2$		
7.3.2	轴心受压构件的压力 N 小于稳定承载力 φAf 时	按第7.3.1条确定的板件宽厚比的限值,可乘以放大系数 $\alpha=\sqrt{\varphi Af/N}$		
7.3.3	板件宽厚比超过第7.3.1条限值(经7.3.2条修正)	1)可采用纵向加劲肋加强		
		2)考虑屈曲后强度时	强度按式(7.3.3-1)计算	
			稳定性按式(7.3.3-2)计算	
7.3.4	轴心受压构件的有效截面系数 ρ	1)箱形截面的壁板、H形或工字形的腹板		
		2)单角钢		
7.3.5	H形、工字形和箱形截面轴心受压构件的腹板	当采用纵向加劲肋加强,以满足宽厚比限值时	加劲肋在腹板两侧宜成对配置	
			加劲肋的一侧外伸宽度,应 $\geqslant 10t_w$	
			加劲肋厚度,应 $\geqslant 0.75t_w$	

【要点分析】

1. 本节的重点条款为第 7.3.3 条,关键公式为式(7.3.3-1)和式(7.3.3-2)。其他各条属于结构设计中具体的规定,应予以关注。

2. 第 7.3.1 条

1)实腹轴心受压构件要求不出现局部失稳者,其板件宽厚比应符合下列规定:

(1)H 形截面腹板

$$h_0/t_w \leqslant (25+0.5\lambda)\varepsilon_k \tag{7.3.1-1}$$

式中:λ ——构件的较大长细比;当 $\lambda<30$ 时,取为 30;当 $\lambda>100$ 时,取为 100;

h_0、t_w——分别为腹板计算高度和厚度(mm),按表 3.5.1 注 2 取值。

(2)H 形截面翼缘

$$b/t_f \leqslant (10+0.1\lambda)\varepsilon_k \tag{7.3.1-2}$$

式中:b、t_f——分别为翼缘板自由外伸宽度和厚度(mm),按表 3.5.1 注 2 取值。

(3)箱型截面壁板

$$b/t \leqslant 40\varepsilon_k \tag{7.3.1-3}$$

式中:b ——壁板的净宽度(mm),当箱形截面设有纵向加劲肋时,为壁板与加劲肋之间的净宽度。

（4）T形截面翼缘宽厚比限值应按式（7.3.1-2）确定。

T形截面的腹板宽厚比限值为：

热轧剖分T型钢

$$h_0/t_w \leqslant (15+0.2\lambda)\varepsilon_k \quad (7.3.1\text{-}4)$$

焊接T型钢

$$h_0/t_w \leqslant (13+0.17\lambda)\varepsilon_k \quad (7.3.1\text{-}5)$$

对焊接构件，h_0 取腹板高度 h_w；对热轧构件，h_0 取腹板平直段长度，简要计算时，可取 $h_0=h_w-t_f$，但不小于 h_w-20mm。

（5）等边角钢轴心受压构件的肢件宽厚比限值为：

当 $\lambda \leqslant 80\varepsilon_k$ 时：

$$w/t \leqslant 15\varepsilon_k \quad (7.3.1\text{-}6)$$

当 $\lambda > 80\varepsilon_k$ 时：

$$w/t \leqslant 5\varepsilon_k + 0.125\lambda \quad (7.3.1\text{-}7)$$

式中：w、t ——分别为角钢的平板宽度和厚度（mm），简要计算时 w 可取为 $b-2t$，b 为角钢宽度；

λ ——按角钢绕非对称主轴回转半径计算的长细比。

（6）圆管压杆的外径与壁厚之比不应超过 $100\varepsilon_k^2$。

2）确保受弯构件和压弯构件不发生局部失稳的措施，是截面板件宽厚比等级不低于S4级（见第8.4.1条和表3.5.1），而对于轴心受压构件，属于第3.5.1条中没有具体规定，需要专门确定的内容，本条可以看成是对表3.5.1的细化和延伸，本条的板件宽厚比限值与表3.5.1中的S4级相当。

3）本条是实腹式轴心受压构件的局部稳定保证措施（不出现局部失稳时的板件宽厚比要求），理解如下：

（1）“不出现局部失稳”，构件始终处于弹性受力状态，也是板件宽厚比控制的目的，此处的不出现局部失稳，有别于第7.3.3条考虑屈曲（局部失稳）后强度的情况；

（2）“热轧剖分T型钢”，由热轧H型钢或热轧工字钢切割而成的T型钢；

（3）式（7.3.1-1）中对 λ 的限值，可理解为也适用于式（7.3.1-2）；其他公式可不限制；

（4）“简要计算”，就是简化计算。注意本条规定中对热轧构件（T型钢及角钢等）的“简要计算”方法；

（5）箱形截面中的翼缘和腹板，均可理解为箱型截面的壁板；

（6）对H形截面（或工字形截面）的翼缘，应采取措施避免翼缘失稳（可按表3.5.1中S3级对翼缘截面的板件宽厚比要求）。

4）对于实腹式轴心受压构件的局部稳定，主要通过板件宽厚比控制实现，根据构件截面形式的不同，采取相应的控制指标，汇总见表7.3.1-1。

表7.3.1-1　不出现局部失稳时的板件宽厚比限值

序号	情况	要求	说明
1	H形截面腹板	$h_0/t_w \leqslant (25+0.5\lambda)\varepsilon_k$	$h_0/t_w \leqslant (40\sim75)\varepsilon_k$
2	H形截面翼缘	$b/t_f \leqslant (10+0.1\lambda)\varepsilon_k$	$h_0/t_w \leqslant (13\sim20)\varepsilon_k$

续表

序号	情况	要求	说明
3	箱形截面的壁板	$b/t \leqslant 40\varepsilon_k$	箱型截面中翼缘和腹板均为壁板
4	T形截面翼缘及腹板	热轧剖分T型钢：$h_0/t_w \leqslant (15+0.2\lambda)\varepsilon_k$	
		焊接T型钢：$h_0/t_w \leqslant (13+0.17\lambda)\varepsilon_k$	
5	等边角钢	当$\lambda \leqslant 80\varepsilon_k$时：$w/t \leqslant 15\varepsilon_k$	
		当$\lambda > 80\varepsilon_k$时：$w/t \leqslant 5\varepsilon_k + 0.125\lambda$	
6	圆管压杆	$D/t \leqslant 100\varepsilon_k^2$	D为钢管外径，t为钢管壁厚

5）本条规定的构件宽厚比要求，均是按稳定承载力要求反算而得，当构件的实际承载力较小时，可按第7.3.2条折减。

6）不等边角钢没有对称轴，失稳时总是呈弯扭屈曲，稳定计算包含了肢件宽厚比的影响，故不再对局部稳定做出规定。

7）《抗规》第8.5.2条规定：支撑杆件的板件宽厚比不应超过《钢标》规定的轴心受压构件在弹性设计时的宽厚比限值（可理解为就是《钢标》本条的限值）。

8）焊接截面梁腹板考虑屈曲后的强度计算见第6.4.1条（验算受弯和受剪承载力）；实腹式压弯构件的腹板（不含翼缘），不出现局部失稳时的板件宽厚比要求见第8.4.1条（满足S4级要求）；考虑腹板屈曲后强度的相关规定汇总见表8.4.2-2。

9）考虑构件屈曲后强度的内容，在历年注册考试中多有出现（见第19章），实际工程设计及注册备考时应注意。

3. 第7.3.2条

1）当轴心受压构件的压力小于稳定承载力φAf时，可将其板件宽厚比的限值由第7.3.1条相关公式算得后乘以放大系数$\alpha=\sqrt{\varphi Af/N}$确定。

2）根据钢结构的等稳原则，构件实际压力低于其承载力时，相应的屈服屈曲临界力可以降低，从而使板件宽厚比限值适当放宽。也就是说板件宽厚比限值是假定杆件受到的实际压力达到构件屈服屈曲临界力而计算得出的，因此，理论上所有构件的板件宽厚比限值，都可以按本条规定的原则，依据实际受力情况予以调整。

3）一阶弹性设计计算方法中的计算长度，依据结构构件承受相当于构件承载力的效应值计算的构件稳定，依据钢结构的等稳原则，所有与结构或构件稳定相关的措施，都可以考虑实际效应值与稳定承载力的比值，对计算长度进行相应的调整。

4）本条作为对第3.5.1条的补充，仅适用于对轴心受压构件板件宽厚比计算，而且是对第7.3.1条计算结果的调整。

5）本条规定，在实际工程和注册备考时应充分注意。

4. 第7.3.3条

1）板件宽厚比超出第7.3.1条规定的限值（注：实际可理解为：超出按第7.3.1条计算的，并经第7.3.2条修正后的限值）时，可采用下列方法加强：

（1）设置纵向加劲肋加强（注：与表3.5.1呼应，一般仅对腹板加强，翼缘板可通过加大板厚实现，设置纵向加劲肋的方法，一般不适用于单角钢构件）。

（2）可考虑屈曲后的强度（注：考虑有效截面面积），轴心受压杆件的强度和稳定性可按下列公式计算：

① 强度计算：

$$\frac{N}{A_{\mathrm{ne}}} \leqslant f \tag{7.3.3-1}$$

② 稳定性计算：

$$\frac{N}{\varphi A_{\mathrm{e}} f} \leqslant 1.0 \tag{7.3.2-2}$$

$$A_{\mathrm{ne}} = \sum \rho_i A_{\mathrm{n}i} \tag{7.3.3-3}$$

$$A_{\mathrm{e}} = \sum \rho_i A_i \tag{7.3.3-4}$$

上述各式中：A_{ne}、A_{e} ——分别为有效净截面面积和有效毛截面面积（mm^2）；

$A_{\mathrm{n}i}$、A_i ——分别为各板件净截面面积和毛截面面积（mm^2）；

φ ——稳定系数，可按毛截面面积，根据《钢标》附录D及表7.2.1计算；

ρ_i ——各板件有效截面系数，可按第7.3.4条的规定计算；

f ——钢材的抗压强度设计值（$\mathrm{N/mm}^2$）（注：按翼缘和腹板的较大板厚取值）。

2）考虑屈曲后强度的设计方法，在钢结构设计中经常采用（《钢标》中也多次提到），应予以高度重视。

3）稳定系数φ计算时，采用毛截面（就是采用全截面，计算构件的回转半径，不是采用有效截面），按第7.2.1条计算。

4）各板件（为组成构件的所有板件，包括翼缘和腹板）有效截面系数ρ_i，以H形截面为例，包括翼缘和腹板，当翼缘不出现局部失稳时，翼缘取$\rho_i = 1.0$。

5）考虑腹板屈曲后强度的相关规定汇总见表8.4.2-2，在实际工程和注册备考时应充分注意。

5. 第7.3.4条

1）H形、工字形、箱形和单角钢截面，轴心受压构件的有效截面系数ρ，可按以下规定计算：

（1）箱形截面的壁板、H形或工字形截面的腹板：

① 当$b/t \leqslant 42\varepsilon_{\mathrm{k}}$时（注：可理解为还有$\lambda \leqslant 52\varepsilon_{\mathrm{k}}$）：

$$\rho = 1.0 \tag{7.3.4-1}$$

②当$b/t > 42\varepsilon_{\mathrm{k}}$时（注：可理解为还有$\lambda \leqslant 52\varepsilon_{\mathrm{k}}$）：

$$\rho = \frac{1}{\lambda_{\mathrm{n,p}}}\left(1 - \frac{0.19}{\lambda_{\mathrm{n,p}}}\right) \tag{7.3.4-2}$$

$$\lambda_{\mathrm{n,p}} = \frac{b/t}{56.2\varepsilon_{\mathrm{k}}} = \frac{b}{56.2t\varepsilon_{\mathrm{k}}} \tag{7.3.4-3}$$

③ 当$\lambda > 52\varepsilon_{\mathrm{k}}$时：

$$\rho \geqslant (29\varepsilon_{\mathrm{k}} + 0.25\lambda)t/b \tag{7.3.4-4}$$

上述各式中：b、t ——分别为壁板或腹板的净宽度和厚度（mm）。

（2）单角钢：

① 当$w/t > 15\varepsilon_{\mathrm{k}}$时（注：可理解为还有$\lambda \leqslant 80\varepsilon_{\mathrm{k}}$）：

$$\rho=\frac{1}{\lambda_{n,p}}\left(1-\frac{0.1}{\lambda_{n,p}}\right) \tag{7.3.4-5}$$

$$\lambda_{n,p}=\frac{w/t}{16.8\varepsilon_k}=\frac{w}{16.8t\varepsilon_k} \tag{7.3.4-6}$$

② 当 $\lambda>80\varepsilon_k$ 时：

$$\rho\geqslant(5\varepsilon_k+0.13\lambda)t/w \tag{7.3.4-7}$$

上述各式中：w、t ——分别为角钢的净宽度和厚度（mm），简化计算时，$w=b-2t$，b 为角钢的截面宽度，以角钢 L75×5 为例，$w=75-2\times5=65$mm。

2）理解和应用本条规定时，注意：

（1）理顺本条规定的脉络，式（7.3.4-4）可以理解为是对式（7.3.4-1）和式（7.3.4-2）的补充要求，也就是当 $\lambda\leqslant52\varepsilon_k$ 时，直接按式（7.3.4-1）和式（7.3.4-2）计算，而当 $\lambda>52\varepsilon_k$ 时，则必须按式（7.3.4-4）计算；

（2）同样理解，式（7.3.4-7）可以理解为是对式（7.3.4-5）的补充要求，也就是当 $\lambda\leqslant80\varepsilon_k$ 时，直接按式（7.3.4-5）计算，而当 $\lambda>80\varepsilon_k$ 时，则必须按式（7.3.4-7）计算；

（3）$w/t\leqslant15\varepsilon_k$ 时，可理解为没有屈曲问题或不考虑屈曲后的强度问题。

3）《钢标》对单角钢构件的设计要求，汇总见表 7.6.3-1。

4）考虑腹板屈曲后强度的相关规定（汇总见表 8.4.2-2），在实际工程和注册备考时应充分注意。

6. 第 7.3.5 条

1）H 形、工字形和箱形截面轴心受压构件的腹板（注：对于箱形截面为壁板），当采用纵向加劲肋加强以满足腹板（或壁板）宽厚比限值时，加劲肋宜在腹板两侧成对配置，加劲肋一侧的外伸宽度 b_s 应≥$10t_w$，厚度 t_s 应≥$0.75t_w$，其中 t_w 为腹板（或壁板）的厚度。

2）本条与第 3.5.1 条呼应，轴心受压构件（H 形、工字形和箱形截面）的腹板，可采用设置纵向加劲肋的方法，满足板件宽厚比要求，具体做法如下：

（1）纵向加劲肋的设置构造按第 6.3.2 条；

（2）设置纵向加劲肋以后，腹板高度取图 6.3.2（d）中的 h_2（边至中的距离）计算，按 h_2/t_w 计算腹板的板件宽厚比。

3）本条对纵向加劲肋的设置做出具体规定，与第 6.3.6 条规定的横向加劲肋不同，区别见表 7.3.5-1。

表 7.3.5-1　纵向加劲肋与横向加劲肋的异同

序号	加劲肋外伸宽度 b_s	加劲肋厚度 t_s	说明
横向加劲肋	$\geqslant h_0/30+40$	承压加劲肋 $\geqslant b_s/15$	h_0：为构件腹板的计算高度；t_w：为构件腹板的厚度
		不受力加劲肋 $\geqslant b_s/19$	
纵向加劲肋	$\geqslant 10t_w$	$\geqslant 0.75t_w$	

【思库问答】

【问 1】请问，《钢标》第 7.3.3 条所指的宽厚比超过第 7.3.1 条限值可采用纵向加劲肋加强，或可考虑屈曲后强度，那么这里第 7.3.1 条的限值是需要考虑第 7.3.2 条的调整吗？

还是只要不满足第 7.3.1 条限值都要按第 7.3.2 条执行?

【答 1】当不满足第 7.3.1 条要求时，看看考虑第 7.3.2 条是否满足，如果还不满足可以按第 7.3.3 条采取措施。

【问 2】请问,《钢标》第 7.3.5 条，提到用纵向加劲肋加强“箱形截面腹板”以满足宽厚板限值，这里出现了“腹板宽厚比”，那么什么样的腹板算超了宽厚比? 第 7.3.1 条并未出现计算腹板宽厚比的条文。

【答 2】第 7.3.5 条是对 H 形、工字形和箱形截面轴心受压构件的腹板的设计规定，这里的“腹板”对于箱形截面就是壁板。

【问 3】请问,《钢标》第 7.3 节和第 7.6.3 条中，单角钢的平板宽度 w 都是按式（7.3.1-7）中的 $b-2t$ 吗?

【答 3】是的，这里的“平板宽度 w”实际上是角钢截面的肢的外伸宽度，简化计算（《钢标》为简要计算）时，取 $w=b-2t$。

【问 4】请问,《钢标》中第 7.3.1 条第 5 款，等边角钢宽厚比限值中，计算长细比有 30 到 100 的限制吗?

【答 4】《钢标》没有明确规定，实际工程中可不限制。

【问 5】请问,《钢标》第 7.3.3 条中的各板件有效面积系数 ρ 按第 7.3.4 条计算，但是第 7.3.4 条未给出翼缘的有效面积系数计算式。若翼缘的宽厚比超过第 7.3.1 条规定时如何考虑?

【答 5】考虑屈曲后的强度，一般指考虑腹板屈曲（单角钢除外）后的强度，当翼缘不满足截面宽厚比要求时，应采取措施（加大翼缘板厚度或减小翼缘板的外伸长度）满足。

【问 6】请问,《钢标》第 7.3.1 条第 4 款 T 形截面中 λ 取较大长细比，是按照第 7.2.2 条第 2 款考虑弯曲屈曲和弯扭屈曲算出两者的较大值，还是直接取两个主轴长细比较大值?

【答 6】对 T 形截面，应该是弯曲屈曲和弯扭屈曲的较大值。

7.4 轴心受力构件的计算长度和容许长细比

《钢标》对轴心受力构件的计算长度和容许长细比的规定见表 7.4.0-1。

表 7.4.0-1 《钢标》对轴心受力构件的计算长度和容许长细比的规定

<table>
<tr><th>条文号</th><th>规定</th><th colspan="3">关键点把握</th></tr>
<tr><td rowspan="5">7.4.1</td><td rowspan="5">构件计算长度 l_0</td><td>确定桁架弦杆和单系腹杆长细比时</td><td colspan="2">应按表 7.4.1-1</td></tr>
<tr><td>采用相贯焊接连接的钢管桁架</td><td colspan="2">可按表 7.4.1-2</td></tr>
<tr><td>无节点板的腹杆(钢管结构除外)</td><td colspan="2">在任意平面内均取等于几何长度</td></tr>
<tr><td>桁架再分式腹杆体系的受压主杆</td><td colspan="2" rowspan="2">在桁架平面内,取节点中心间的距离</td></tr>
<tr><td>K 形腹杆体系的竖杆</td></tr>
<tr><td rowspan="3">7.4.2</td><td rowspan="3">确定在交叉点相互连接的桁架交叉腹杆的长细比时</td><td>在桁架平面内的计算长度</td><td colspan="2">取节点中心到交叉点的距离</td></tr>
<tr><td rowspan="2">在桁架平面外的计算长度(交叉杆长度相等,且在中点相交)</td><td>按压杆计算</td><td rowspan="2">有具体规定</td></tr>
<tr><td>按拉杆计算</td></tr>
</table>

续表

<table>
<tr><th>条文号</th><th>规定</th><th colspan="3">关键点把握</th></tr>
<tr><td>7.4.3</td><td>桁架弦杆，在桁架平面外的计算长度</td><td colspan="3">适用于：当桁架弦杆侧向支承点之间的距离，为节间长度的 2 倍，且两节间的弦杆轴心压力不同时</td></tr>
<tr><td rowspan="4">7.4.4</td><td rowspan="4">塔架单角钢主杆的计算长度</td><td colspan="3">1)两个侧面腹杆体系的节点全部重合时，按式(7.4.4-1)</td></tr>
<tr><td colspan="3">2)两个侧面腹杆体系的节点部分重合时，按式(7.4.4-2)</td></tr>
<tr><td colspan="3">3)两个侧面腹杆体系的节点全不重合时，按式(7.4.4-3)</td></tr>
<tr><td colspan="3">4)角钢宽厚比符合第 7.3.4 条要求时，按第 7.3.3 条计算主杆承载力</td></tr>
<tr><td rowspan="2">7.4.5</td><td rowspan="2">塔架单角钢人字形或 V 形主斜杆，应设置辅助杆</td><td>辅助杆多于两道时</td><td colspan="2">辅助杆宜连接两侧面主斜杆，以减小主斜杆的计算长度</td></tr>
<tr><td>辅助杆不多于两道时</td><td colspan="2">主斜杆的长细比宜乘以 1.1 的放大系数</td></tr>
<tr><td rowspan="7">7.4.6</td><td>验算容许长细比时</td><td colspan="3">可不考虑扭转效应</td></tr>
<tr><td rowspan="2">计算单角钢受压构件长细比时</td><td colspan="3">1)应采用角钢的最小回转半径</td></tr>
<tr><td>2)计算在交叉点相互连接的，交叉杆件平面外的长细比</td><td colspan="2">可采用角钢肢边平行轴的回转半径</td></tr>
<tr><td rowspan="4">轴心受压构件的长细比 λ 限值</td><td rowspan="2">1)跨度 $\geqslant$60m 的桁架</td><td>受压弦杆、端压杆</td><td rowspan="2">宜 $\lambda \leqslant 120$</td></tr>
<tr><td>直接承受动力荷载的受压腹杆</td></tr>
<tr><td colspan="3">2)其他构件符合表 7.4.6 规定</td></tr>
<tr><td colspan="3">3)当 $N \leqslant 0.5[N]$ 时，可 $\lambda \leqslant 200$，其中：N 为杆件内力设计值；$[N]$ 为杆件承载力设计值</td></tr>
<tr><td rowspan="3">7.4.7</td><td rowspan="3">验算受拉构件的容许长细比时</td><td rowspan="2">在直接或间接承受动力荷载的结构中</td><td>计算单角钢受拉构件的长细比时</td><td>应采用角钢的最小回转半径</td></tr>
<tr><td>在计算交叉点相互连接的、交叉杆件平面外长细比时</td><td>可采用与角钢肢边平行轴的和回转半径</td></tr>
<tr><td>受拉构件的长细比限值</td><td colspan="2">见表 7.4.7-1</td></tr>
<tr><td>7.4.8</td><td>上端与梁或桁架铰接的轴心受力柱</td><td colspan="3">当该柱不能侧向移动时，其计算长度系数，应根据柱脚情况确定</td></tr>
</table>

【要点分析】

1. 计算长度系数是钢结构一阶弹性分析中最为复杂的内容，适合于规则的框架结构，而实际工程中往往情况较为复杂，计算长度系数的应用也较为困难。钢结构的长细比有两种。

1）对应于稳定性计算（计算第 7.2.1 条中的稳定系数 φ）的长细比（采用第 7.4 节的计算长度，采用与计算长度截面主轴相对应的回转半径，还有第 7.4.4 条的特殊规定），需要特别注意：适合于容许长细比验算的相关规定（如第 7.4.6 条和第 7.4.7 条中的计算长度及截面回转半径的取值等）不适用于构件的稳定性计算。

2）对应于容许长细比验算时的长细比（如第 7.4.6 条和第 7.4.7 条等，主要涉及回转半径的简化计算规定）。

3）第7.4节规定了构件计算长度的计算，用于容许长细比计算时回转半径的取值等，对塔架的单角钢主杆的长细比（用于确定稳定系数 φ）做出专门规定。

4）对于本节的内容，老朱思库问答较多，主要应分清楚长细比计算的目的，区分进行容许长细比验算时的长细比、构件稳定性计算时的长细比。

5）本节内容在历年注册考试中经常出现（见第19章），实际工程应用及注册备考时应特别注意。

2. 第7.4.1条

1）确定桁架弦杆和单系腹杆的长细比时：

（1）计算长度 l_0 应按表7.4.1-1的规定采用；

（2）采用相贯焊接连接的钢管桁架，其构件计算长度 l_0 可按表7.4.1-2的规定取值；

（3）除钢管结构外，无节点板的腹杆计算长度在任意平面内均应取其等于几何长度；

（4）桁架再分式腹杆体系的受压主斜杆及K形腹杆体系的竖杆等，在桁架平面内的计算长度则取节点中心间的距离。

表7.4.1-1 桁架弦杆和单系腹杆的计算长度 l_0

弯曲方向	弦杆	腹杆(注:可理解为有节点板的单系腹杆)	
		支座斜杆和支座竖杆	其他腹杆
桁架平面内	l	l	$0.8l$
桁架平面外	l_1	l	l
斜平面	—	l	$0.9l$

注：1. l 为构件的几何长度（节点中心间的距离），l_1 为桁架弦杆侧向支承点之间的距离；

2. 斜平面系指与桁架平面斜交的平面，适用于构件截面两主轴均不在桁架平面内的单角钢腹杆和双角钢十字形截面腹杆。

表7.4.1-2 钢管桁架构件计算长度 l_0

桁架类别	弯曲方向	弦杆	腹杆	
			支座斜杆和支座竖杆	其他腹杆
平面桁架	平面内	$0.9l$	l	$0.8l$
	平面外	l_1	l	l
立体桁架		$0.9l$	l	$0.8l$

注：1. l_1 为平面外无支撑长度，l 为杆件的节间长度；

2. 对端部缩头或压扁的圆管腹杆，其计算长度取 l；

3. 对于立体桁架，弦杆平面外的计算长度取 $0.9l$，同时尚应以 $0.9l_1$ 按格构式压杆验算其稳定性。

2）“桁架弦杆和单系腹杆”，本条适用于计算长细比时，计算长度 l_0 的计算，仅适用于桁架弦杆和单系腹杆，注意以下关键问题：

（1）“桁架”，指一般桁架和相贯焊接连接的钢管桁架；

（2）“单系腹杆”，即腹杆中间没有交叉（有别于腹杆中部有交叉连接点的交叉腹杆，见第7.4.2条）。

3）桁架再分式腹杆体系及K形腹杆体系的其他杆件，属于用作减小轴心受压杆件自由长度的辅助杆，强度按第7.5节，长细比限值按表7.4.6确定为200，计算长度取杆件两端节间长度，采用最小回转半径计算。

4）本条规定了四类计算长度的确定方法，见表 7.4.1-3。

表 7.4.1-3 本条规定的各类计算长度计算方法

<table>
<tr><th>类别</th><th>计算长度 l_0</th><th colspan="2">l_0 计算方法</th><th>备注</th></tr>
<tr><td>1</td><td>桁架弦杆和单系腹杆</td><td colspan="2">按表 7.4.1-1</td><td>指有节点板的腹杆</td></tr>
<tr><td>2</td><td>相贯焊接连接的钢管桁架</td><td colspan="2">按表 7.4.1-2</td><td></td></tr>
<tr><td rowspan="3">3</td><td rowspan="3">无节点板的腹杆(钢管结构除外)</td><td>平面内</td><td>l</td><td rowspan="3">l 为腹杆的几何长度</td></tr>
<tr><td>平面外</td><td>l</td></tr>
<tr><td>斜平面</td><td>l</td></tr>
<tr><td rowspan="2">4</td><td>桁架再分式腹杆体系的受压主斜杆</td><td rowspan="2">桁架平面内</td><td rowspan="2">l</td><td rowspan="2">l 为节点中心间的距离</td></tr>
<tr><td>K 形腹杆体系的竖杆</td></tr>
</table>

5）由表 7.4.1-1 可以发现：

（1）桁架弦杆，仅需验算杆件在桁架平面内和桁架平面外的长细比；

（2）单系腹杆，需要验算杆件在桁架平面内、桁架平面外和桁架斜平面的长细比。

6）由表 7.4.1-2 也可以发现：

（1）由于钢管截面各向同性，平面钢管桁架，仅需验算杆件在桁架平面内和桁架平面外的长细比（按表 7.4.1-1 可知，桁架腹杆平面外的计算长度最大，对圆钢管斜平面不起控制作用）；

（2）立体钢管桁架，不再区分桁架平面内、桁架平面外（不考虑斜平面），统一按规定的长细比验算。对弦杆按计算长度 $0.9l$ 并以 $0.9l_1$ 按格构式压杆验算其稳定性；

（3）钢管桁架在计算长度的确定过程中，考虑了钢管的端部连接的影响（注意端部缩头或压扁）。

7）本条内容注册考试年年必考（见第 19 章），实际工程应用及注册备考时应注意熟练掌握。

3. 第 7.4.2 条

1）确定在交叉点相互连接的桁架交叉腹杆的长细比时，在桁架平面内的计算长度应取节点中心到交叉点的距离；在桁架平面外的计算长度，当两交叉杆长度相等且在中点相交时，应按下列规定采用：

（1）压杆

① 相交另一杆受压，两杆截面相同并在交叉点均不中断（注：相当于两根通长压杆互相帮忙，计算长度共同减小），则：

$$l_0=l\sqrt{\frac{1}{2}\left(1+\frac{N_0}{N}\right)} \tag{7.4.2-1}$$

② 相交另一杆受压，此另一杆在交叉点中断但以节点板搭接（注：相当于另一中断压杆靠在通长压杆上，加大了通长压杆的计算长度，此时另一中断压杆的计算长度为 $0.5l$，也就是节点到相交点的距离），则：

$$l_0=l\sqrt{1+\frac{\pi^2}{12}\cdot\frac{N_0}{N}} \tag{7.4.2-2}$$

③ 相交另一杆受拉，两杆截面相同并在交叉点均不中断（注：另一通长拉杆的计算

长度，按下述对拉杆的规定计算），则：

$$l_0 = l\sqrt{\frac{1}{2}\left(1-\frac{3}{4}\cdot\frac{N_0}{N}\right)} \geqslant 0.5\,l \tag{7.4.2-3}$$

④ 相交另一杆受拉，此拉杆在交叉点中断但以节点板搭接（注：另一中断拉杆的计算长度，按下述对拉杆的规定计算），则：

$$l_0 = l\sqrt{1-\frac{3}{4}\cdot\frac{N_0}{N}} \geqslant 0.5\,l \tag{7.4.2-4}$$

⑤ 当拉杆连续而压杆在交叉点中断但以节点板搭接，若 $N_0 \geqslant N$ 或拉杆在桁架平面外的弯曲刚度 $EI_y \geqslant \frac{3N_0 l^2}{4\pi^2}\left(\frac{N}{N_0}-1\right)$ 时，取 $l_0=0.5l$（注：这是压杆的计算长度，拉杆的计算长度按下述对拉杆规定计算）。

式中：l ——桁架节点中心间距离（压杆时，交叉点不作为节点考虑）(mm)；

N、N_0 ——所计算杆的内力及相交另一杆的内力（N），均为绝对值；两杆均受压时，取 $N_0 \leqslant N$，两杆截面应相同。

(2) 拉杆，应取 $l_0 = l$［注意：这里的 l 指：平面内为 l_2（交叉点作为节点考虑），平面外为 l（交叉点不作为节点考虑）］。当确定交叉腹杆中单角钢杆件斜平面内的长细比时，计算长度应取节点中心至交叉点的距离（也就是说对拉杆，平面内和斜平面的计算长度均为 l_2）。当交叉腹杆为单边连接的单角钢时，应按第7.6.2条的规定确定杆件的等效长细比。

2) 理解和应用本条，应注意以下关键问题：

(1) “交叉腹杆”，在交叉点相互连接的桁架腹杆，区别于单系腹杆（见第7.4.1条）；

(2) “交叉点”，指腹杆在相交点相互连接（焊接或高强螺栓连接），这个交叉点不一定在杆件中部（图7.6.2）；

(3) “压杆”，指交叉腹杆中受压力的杆件，压杆可以在交叉点不断（杆件直通），也可以在交叉点构件中断（用节点板搭接连接），压杆的稳定要求严于拉杆；

(4) “拉杆”，指交叉腹杆中受拉力的杆件，拉杆可以在交叉点不断（杆件直通），也可以在交叉点构件中断（用节点板搭接连接），当杆件内力变号时，还应应满足压杆要求。

3) 本条规定仅适用于确定桁架交叉腹杆（在交叉点相互连接）的长细比，主要说明构件计算长度的计算方法（长细比计算原则见第7.4.6条）。在桁架平面内的计算长度，就是取节点中心到交叉点的距离；而在桁架平面外的计算长度计算则相对复杂，应根据杆件受力情况确定，汇总见表7.4.2-1。

表7.4.2-1　桁架（在交叉点相互连接）交叉腹杆的长细比计算

杆件类别	计算内容		l_0 计算方法	备注
压杆	桁架平面内计算长度 l_0		$l_0=l_2$	l_2 为节点中心到交叉点的距离
	桁架平面外（l 为桁架节点中心间的距离，交叉点不作为节点考虑）	相交另一杆受压（压杆—压杆）	按式(7.4.2-1)	杆件截面相同交叉点均不中断（压杆连续—压杆连续）
			按式(7.4.2-2)	另一杆在交叉点中断以节点板搭接（压杆连续—压杆中断）
		相交另一杆受拉（压杆—拉杆）	按式(7.4.2-3)	杆件截面相同交叉点均不中断（压杆连续—拉杆连续）

续表

<table>
<tr><th>杆件类别</th><th colspan="2">计算内容</th><th>l_0 计算方法</th><th>备注</th></tr>
<tr><td rowspan="2">压杆</td><td rowspan="2">桁架平面外(l 为桁架节点中心间的距离,交叉点不作为节点考虑)</td><td rowspan="2">相交另一杆受拉(压杆—拉杆)</td><td>按式(7.4.2-4)</td><td>另一杆在交叉点中断以节点板搭接(连续压杆—拉杆中断)</td></tr>
<tr><td>$l_0=0.5l$</td><td>压杆在交叉点中断以节点板搭接(压杆中断—拉杆连续)
$N_0 \geqslant N$ 或 $N_0 < N$ 时满足式(7.4.2-5)的要求</td></tr>
<tr><td rowspan="2">拉杆</td><td colspan="2">桁架平面内计算长度 l_0</td><td>$l_0=l_2$</td><td rowspan="2">l_2 为节点中心到交叉点的距离;
l 为桁架节点中心的距离;</td></tr>
<tr><td colspan="2">桁架平面外计算长度 l_0</td><td>$l_0=l$</td></tr>
<tr><td colspan="3">单角钢构件斜平面计算长度 l_0</td><td>$l_0=l_2$</td><td>单边连接的单角钢腹杆,应按第7.6.2条采用等效长细比</td></tr>
<tr><td rowspan="3">其他</td><td colspan="3">验算容许长细比时,单角钢受压构件平面内的长细比(第7.4.6条)</td><td>采用角钢的最小回转半径</td></tr>
<tr><td colspan="3">验算容许长细比时,单角钢受压构件平面外的长细比(第7.4.6条)</td><td>采用与角钢肢边平行轴的回转半径</td></tr>
<tr><td colspan="3">单边连接的单角钢(第7.6.2条)</td><td>采用等效长细比</td></tr>
</table>

4）由表7.4.2-1可以发现：

(1) 交叉腹杆的压杆，一般不需要验算杆件在桁架斜平面的长细比（只需验算桁架平面内和桁架平面外）；

(2) 交叉腹杆的拉杆，需要验算杆件在桁架平面内、桁架平面外和桁架斜平面的长细比。

5）单边连接的单角钢交叉腹杆，其长细比计算时，应按第7.6.2条取用等效长细比，以考虑端部偏心连接和约束对杆件稳定的影响。

6）对本条第1款第（5）项的理解如下：

(1) 前提：拉杆连续，压杆在交叉点中断但以节点板搭接。

(2) 取 $l_0=0.5l$ 的条件：

① $N_0 \geqslant N$ 时；

② $N_0 < N$ 时，拉杆在桁架平面外的弯曲刚度满足式（7.4.2-5）的要求。

$$EI_y \geqslant \frac{3N_0 l^2}{4\pi^2}\left(\frac{N}{N_0}-1\right) \tag{7.4.2-5}$$

7）对应于不同的 N 和 N_0 时，各杆件计算长度 l_0 的大致关系如下：

表7.4.2-2 对应于不同的 N 和 N_0 时，各杆件计算长度 l_0 的大致关系表

公式	N_0/N										
	0	0.1	0.2	0.3	0.4	0.5	0.6	0.7	0.8	0.9	1.0
(7.4.2-1)	$0.71l$	$0.74l$	$0.77l$	$0.81l$	$0.84l$	$0.87l$	$0.89l$	$0.92l$	$0.95l$	$0.97l$	l
(7.4.2-2)	l	$1.04l$	$1.08l$	$1.12l$	$1.15l$	$1.19l$	$1.22l$	$1.26l$	$1.29l$	$1.32l$	$1.35l$
(7.4.2-3)	$0.71l$	$0.68l$	$0.65l$	$0.62l$	$0.59l$	$0.56l$	$0.52l$	$0.5l$	$0.5l$	$0.5l$	$0.5l$
(7.4.2-4)	l	$0.96l$	$0.92l$	$0.88l$	$0.84l$	$0.79l$	$0.74l$	$0.69l$	$0.63l$	$0.57l$	$0.5l$

由表7.4.2-2可以发现：

(1) 式 (7.4.2-1) 又可改写为式 (7.4.2-6):

$$l_0=(0.71\sim1)l \quad (7.4.2\text{-}6)$$

(2) 式 (7.4.2-2) 又可改写为式 (7.4.2-7):

$$l_0=(1\sim1.35)l \quad (7.4.2\text{-}7)$$

(3) 式 (7.4.2-3) 又可改写为式 (7.4.2-8):

$$l_0=(0.71\sim0.5)l \quad (7.4.2\text{-}8)$$

(4) 式 (7.4.2-4) 又可改写为式 (7.4.2-9):

$$l_0=(1\sim0.5)l \quad (7.4.2\text{-}9)$$

8) 本条内容在历年注册考试中出现过 (第19章), 实际工程应用和注册备考时应注意把握。本条内容理解有困难时, 可依据《钢标》的规定绘制杆件连接关系图, 以帮助理解。

4. 第7.4.3条

1) 当桁架弦杆侧向支承点之间的距离为节间长度的2倍 (图7.4.3), 且两节间的弦杆轴心压力不相同 (图中 N_1、N_2 不相同) 时, 该弦杆在桁架平面外的计算长度应按下式确定:

$$l_0=l_1\left(0.75+0.25\frac{N_2}{N_1}\right)\geqslant0.5l_1 \quad (7.4.3)$$

式中: N_1——压力数值较大 (N), 计算时取正值;

N_2——压力数值较小, 或为拉力 (N), 计算时压力取正值, 拉力取负值。

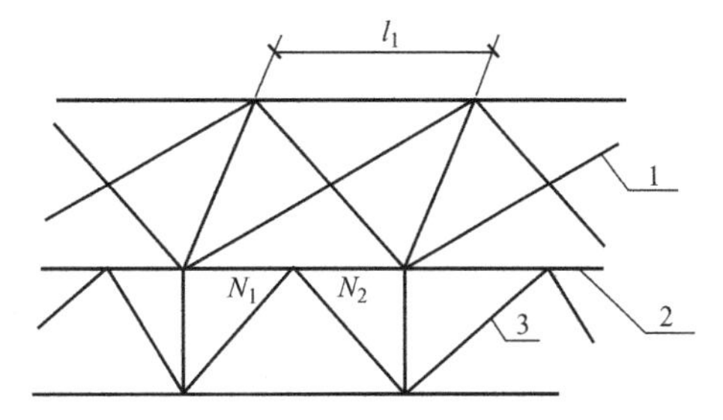

图7.4.3 弦杆轴心压力在侧向支承点之间有变化时的计算长度

1—水平支撑; 2—桁架弦杆; 3—腹杆

2) 单系腹杆的长细比计算时, 单角钢受压构件的长细比 (桁架平面内、桁架平面外和桁架斜平面) 计算, 采用角钢的最小回转半径 (最大长细比, 也就是与计算长度最大值相对应的长细比)。

3) 构件长细比计算时, 应采用对应的回转半径。

4) 单系腹杆的计算长度, 按第7.4.1条的规定确定。

5) 比较本条和第7.4.1条可以发现: 单系腹杆需要验算杆件斜平面的长细比, 而交叉腹杆可不验算。

6)《钢标》对单角钢构件的设计要求汇总见表7.6.3-1。

7) 本条内容在历年注册考试中也出现过 (第19章), 实际工程应用和注册备考时应注意把握。

5. 第7.4.4条

1) 塔架的单角钢主杆, 应按所在两个侧面的节点分布情况, 采用下列长细比确定稳定系数 φ:

(1) 当两个侧面腹杆体系的节点全部重合时 [图7.4.4 (a)]:

$$\lambda=l/i_x \quad (7.4.4\text{-}1)$$

(2) 当两个侧面腹杆体系的节点部分重合时 [图7.4.4 (b)]:

$$\lambda = 1.1l/i_u \tag{7.4.4-2}$$

（3）当两个侧面腹杆体系的节点全部都不重合时［图 7.4.4（c）］：

$$\lambda = 1.2l/i_u \tag{7.4.4-3}$$

上述各式中：i_x——截面绕非对称主轴的回转半径（注：对应表 7.2.1 中的 i_x）（图 7.4.4-1）；

l、i_u——分别为较大的节间长度和绕平行轴的回转半径（图 7.4.4-1）。

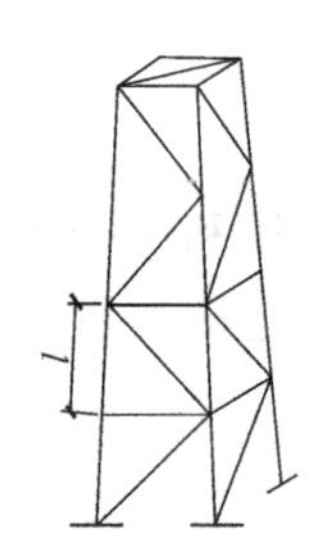

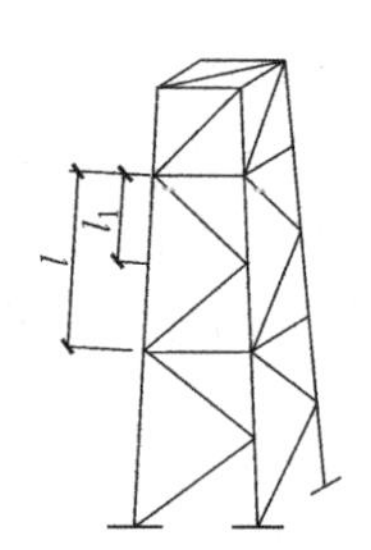

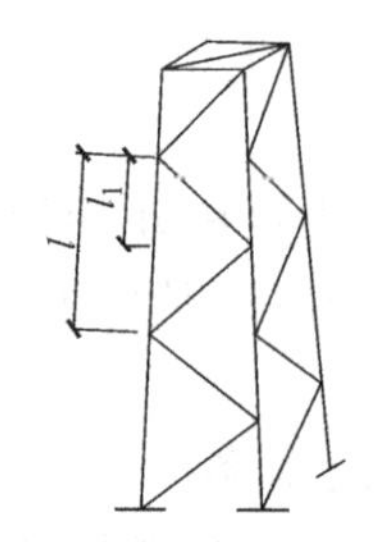

(a) 两个侧面腹杆体系的节点全部重合；(b) 两个侧面腹杆体系的节点部分重合；(c) 两个侧面腹杆体系的节点全部都不重合

图 7.4.4　不同腹杆体系的塔架

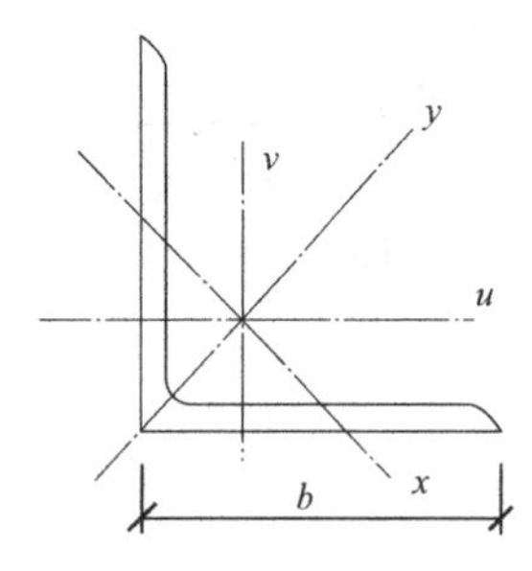

图 7.4.4-1　角钢截面示意

（4）当角钢宽厚比符合第 7.3.4 条要求时，应按第 7.3.4 条确定系数 ρ（注意：钢标此处写为 φ，为印刷错误），并按第 7.3.3 条的规定计算主杆的承载力。

2）理解和应用本条时，注意下列关键问题：

（1）本条所有规定都是围绕着“确定稳定系数 φ”时的长细比计算，也就是说这里的长细比仅用于确定稳定系数 φ（对塔架主杆进行了强度和稳定性验算后，可不再进行容许长细比验算）。

（2）“塔架的单角钢主杆”，明确了本条只针对塔架的主杆（就是四角的竖杆），且是单角钢主杆（而不是其他截面形状的主杆）。

（3）角钢“回转半径”，等边角钢属于单轴对称截面，其最小的截面回转半径为绕非对称轴的回转半径（即图 7.4.4-1 中的 x 轴，也即表 7.2.1-1 中的轧制等边角钢的 x 轴）；绕平行轴的回转半径，指绕与角钢某肢平行轴线的回转半径（图 7.4.4-1 中的 u 轴和 v 轴），一般用于桁架平面外稳定计算；不等肢角钢见图 7.2.2-2，在相关资料中，对角钢轴线的划分往往不太一致，实际工程应用中应注意区分。

（4）“主杆的承载力”，可理解为按第 7.3.3 条进行的强度计算（截面承载力）和稳定性计算（稳定承载力，注意稳定系数 φ 计算的规定）。

3）实际工程中的塔架（多见于输电塔架），常见的侧面腹杆体系有图 7.4.4 中的三种，对应于不同的侧面腹杆体系，主杆的计算长度不同，主杆的长细比计算公式也不相同：

（1）相邻侧面腹杆节点全部重合时，主杆的计算长度就是主杆的节间长度，采用角钢的最小回转半径 i_y（与第 7.4.6 条规定一致）计算主杆的长细比；

（2）相邻侧面腹杆节点部分重合时，主杆的计算长度取主杆节间长度的较大值的 1.1 倍，采用角钢的平行轴回转半径 i_u 计算主杆的长细比；

(3)相邻侧面腹杆节点全部不重合时，主杆的计算长度取主杆节间长度的较大值的1.2倍，采用角钢的平行轴回转半径 i_u 计算主杆的长细比。

4)塔架主杆的稳定性计算可按以下过程进行：

(1)求出竖向主杆的长细比；

(2)根据表7.2.1(按毛截面)及附录D确定轴心受压构件的稳定系数 φ；

(3)按式(7.2.1)验算塔架主杆的稳定性。

5)当塔架主杆按考虑屈曲后的强度计算时，稳定性计算步骤如下：

(1)求出竖向主杆的长细比(按毛截面)；

(2)根据表7.2.1(按毛截面)及附录D确定轴心受压构件的稳定系数 φ；

(3)应按式(7.3.4-5)或式(7.3.4-7)，确定塔架主杆单角钢板件的截面有效系数 ρ；

(4)按式(7.3.3-1)和式(7.3.3-2)，计算塔架主杆在考虑屈曲后的强度和稳定性。

6)塔架与格构柱的异同分析：

(1)塔架的主受力构件为主杆和主斜杆，其他为辅助杆(一般截面较小，长细比较大，主要对主杆和主斜杆起稳定作用)，一般不能按格构柱的计算方法计算；

(2)在格构柱中，缀板和缀材对格构柱的约束作用较大(尤其是缀材连接时，主杆与缀材可形成桁架共同受力)。

7)塔架不同于格构柱，有其特殊的计算规定，实际工程及注册备考时应予以重视。

6. 第7.4.5条

1)塔架单角钢人字形或V形主斜杆，当辅助杆多于两道时，宜连接两相邻侧面的主斜杆，以减小其计算长度。当连接有不多于两道辅助杆时，其长细比宜乘以1.1的放大系数。

2)本条只规定了塔架的单角钢人字形或V形主斜杆长细比计算方法。

3)塔架单角钢人字形或V形主斜杆，应采取下列稳定性措施：

(1)单角钢的主斜杆计算长度，按其节间长度计算，采用角钢的最小回转半径(注：对应于图7.4.4-1中的 x 轴)；

(2)主斜杆之间宜设置辅助杆，辅助杆宜连接于两个侧面主斜杆之间(实际工程中也有连接塔架主杆)，以减小主斜杆的计算长度，提高主斜杆的稳定性(辅助杆的长细比限值不宜大于200)；

(3)当辅助杆不多于两道时，主斜杆的长细比宜乘以1.1的放大系数；

(4)当辅助杆多于两道时，主斜杆的长细比可不放大。

4)《钢标》对单角钢构件的设计要求汇总见7.6.3-1。

7. 第7.4.6条

1)验算容许长细比时，可不考虑扭转效应，计算单角钢受压构件的长细比时，应采用角钢的最小回转半径，但计算在交叉点相互连接的交叉杆件平面外的长细比时，可采用与角钢肢边平行的回转半径。轴心受压构件的容许长细比宜符合下列规定。

2)跨度等于或大于60m的桁架，其受压弦杆、端压杆和直接承受动力荷载的受压腹杆的长细比不宜大于120。

3)轴心受压构件的长细比不宜超过表7.4.6规定的容许值，但当杆件内力设计值不大于承载能力的50%时，容许长细比可取200。

表 7.4.6　受压构件的长细比容许值

构件名称	容许长细比
轴心受压柱、桁架和天窗架中的压杆	150
柱的缀条、吊车梁或吊车桁架以下的柱间支撑	150
支撑	200
用以减小受压构件计算长度的杆件	200

4）本条的所有规定的前提是“验算容许长细比”，“验算容许长细比时，可不考虑扭转效应”，可理解为：

（1）仅仅在“验算容许长细比”时（也就是按第 7.4.6 条和第 7.4.7 条验算时），可不考虑扭转效应；

（2）按照第 7.2.1 条进行轴心受压构件的承载力和稳定性计算时，其所用的长细比计算中，仍应根据规定考虑扭转效应。

5）“容许长细比”，限制构件的长细比，主要是避免构件刚度不足，在构件自重作用下产生过大的挠度，在构件的运输和安装过程中造成弯曲，在动力荷载作用下产生过大的振动。对受压构件而言，刚度不足的影响远大于受拉构件。

6）工程经验表明，主要受压构件的容许长细比为 150，一般支撑压杆为 200，能满足正常使用要求。国外多数规范对长细比的控制较为宽松，一般不区分拉杆和压杆，统一按 200 控制。《钢标》对压杆增加了内力不大于承载力 50％时，长细比限值可放宽到 200 的规定。

7）本条规定适用于所有各类受压构件的长细比验算（本条有专门规定者，应按本条的具体规定验算）。

8）本条验算容许长细比的特别规定：

（1）计算单角钢受压构件的长细比时，应采用角钢的最小回转半径（与第 7.4.4 条规定不同）；

（2）计算在交叉点相互连接的单角钢受压构件的平面外长细比时，可采用与角钢肢边平行的回转半径（与第 7.4.4 条规定一致）。

9）关于支撑斜杆（中心支撑和偏心支撑）的稳定设计：

（1）支撑斜杆两端宜按铰接计算，当实际构造为刚接（如斜杆端部采用图 7.4.6-1 的支托式连接）时，也可按刚接计算（《抗规》第 8.2.3 条、《高钢规》第 6.2.4 条）；

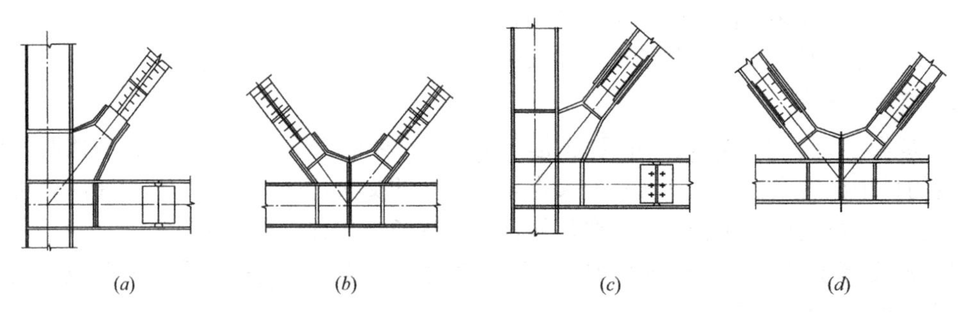

图 7.4.6-1　支撑斜杆与框架的支托式连接

（2）支撑斜杆的计算长度系数 μ：

① 斜杆端部采用支托式连接（图7.4.6-1），当支撑翼缘朝向框架平面外时，平面外μ取0.7（平面内可取0.9～1.0，宜0.9）；当支撑翼缘朝向框架平面内时，平面外μ取0.9（平面内可取0.7～0.9，宜0.7）；

② 斜杆端部采用其他连接，如当斜杆端部采用单壁节点板连接（图7.4.6-2，适用于支撑斜杆为填板连接的组合截面）时，平面内外均取$\mu=1.0$；

(3) 实际工程中，由于受使用条件的限制，支撑的平面外稳定是主要问题（平面内稳定，应优先采取设置稳定辅助杆措施），因此一般宜采用支撑翼缘朝向框架平面外的结构布置。

10) 对受压构件容许长细比的计算规定，在注册考试中经常出现（见第19章），实际工程应用及注册备考时，应予以重点关注。

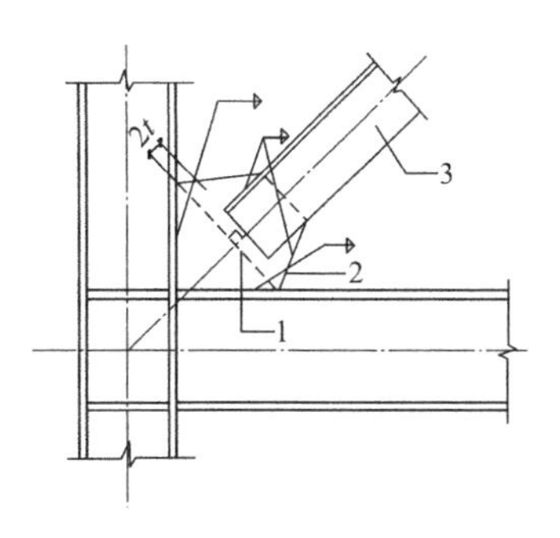

图7.4.6-2 组合支撑斜杆与框架的单壁节点板连接

1—假设约束；2—单壁节点板；3—组合支撑杆；t—节点板的厚度

8. 第7.4.7条

1) 受拉构件的容许长细比验算，可按以下原则进行：

(1) 直接或间接承受动力荷载的结构：

① 单角钢受拉构件的长细比，应采用角钢的最小回转半径（注：与第7.4.6条相同）；

② 计算在交叉点相互连接的交叉杆件平面外长细比时，可采用与角钢肢边平行轴的回转半径（注：与第7.4.6条相同）。

(2) 承受静力荷载的结构的受拉构件（注：可理解为是对“承受静力荷载的结构的受拉构件”的特殊规定，不适用于其他结构的受拉构件）：

① 对腹杆提供平面外支点的弦杆，需要计算桁架平面内和桁架平面外的长细比；

② 其他受拉构件，可仅计算桁架竖向平面内的长细比。

(3) 受拉构件的长细比限值见表7.4.7及表7.4.7-1。

表7.4.7 一般受拉构件的长细比限值

构件名称	承受静力荷载或间接承受动力荷载的结构			直接承受动力荷载的结构
	一般建筑结构	对腹杆提供平面外支点的弦杆	有重级工作制起重机的厂房	
桁架构件	350	250	250	250
吊车梁或吊桁架以下柱间支撑	300	—	200	—
除张紧的圆钢外的其他拉杆、支撑、系杆等	400	—	350	—

注：柱间支撑按拉杆设计时，竖向荷载作用下柱子的轴力应按无支撑时考虑

表7.4.7-1 特殊受拉构件的长细比限值

序号	情况	限值	备注
1	中级、重级工作制吊车桁架的下弦杆	200	
2	设有夹钳或刚性料耙等硬钩起重机的厂房中的支撑	300	
3	受拉构件在永久荷载与风荷载组合作用下受压时	250	

续表

序号	情况		限值	备注
4	跨度不小于60m的桁架的受拉弦杆和腹杆	直接承受动力荷载	250	
		承受静力荷载或间接承受动力荷载	300	

2）依据第7.4.6条的规定："验算容许长细比时，可不考虑扭转效应"，对受拉构件，可理解为所有各类受拉构件的容许长细比验算，同样都可以不考虑扭转效应。

3）需要注意的是，此处的长细比仅用于构件的容许长细比验算，不适用于式（7.2.1）的稳定系数计算。

4）《钢标》对单角钢构件的设计要求汇总见7.6.3-1。

5）对受拉构件容许长细比的计算规定，在注册考试中也经常出现（见第19章），实际工程应用及注册备考时，应予以重点关注。

9. 第7.4.8条

1）上端与梁或桁架铰接且不能侧向移动的轴心受压构件：

（1）计算长度系数应根据柱脚构造情况采用：

①对铰轴柱脚应取1.0；

②对底板厚度不小于柱翼缘厚度2倍的平板支座柱脚（注：可认为平板支座对柱脚的转动具有一定的约束作用），可取为0.8。

（2）由侧向支撑分为多段的柱，当各段长度相差10%以上时，宜根据相关屈曲的原则确定柱在支撑平面内的计算长度。

2）"上端与梁或桁架铰接且不能侧向移动的轴心受压构件"，明确了本条适用的具体情况（柱上端和构件的受力及约束情况）：

（1）上端为铰接（注意与梁或桁架铰接）；

（2）上端不能侧向移动；

（3）轴心受压构件。

3）"柱脚构造"，柱脚构造的不同，柱的计算长度系数也不相同，分为"铰轴柱脚"和"平板支座柱脚"：

（1）"铰轴柱脚"，即铰接柱脚，柱脚对柱的转动没有约束；

（2）"平板支座柱脚"，对柱的转动约束情况，需要根据平板支座底板的厚度确定。

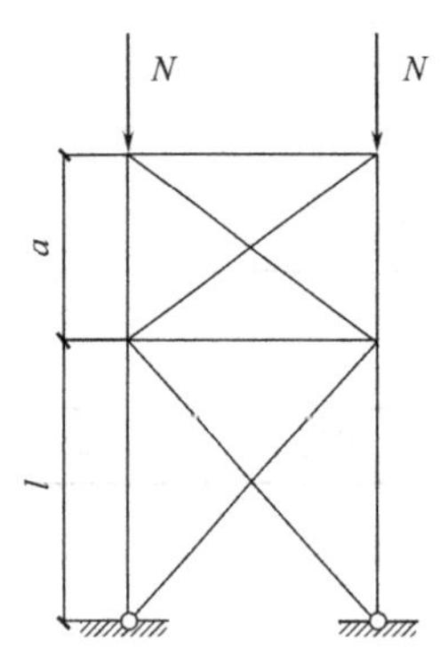

图7.4.8-1 有支撑的二段柱

4）由侧向支撑分为多段的柱：

（1）"由侧向支撑分为多段的柱"，在柱顶与柱底之间，由侧向支撑将柱子分为多段，也就是说，该柱为柱顶铰接（侧移受限），中间由侧向支撑约束（侧移受限），组成的一根长柱（侧面有一个或多个支撑点）。

（2）"柱在支撑平面内的计算长度"，被侧向支撑分为多段（一般不宜超过两段）的柱，在支撑平面内的计算长度按柱的长段高度（图7.4.8-1中的 l ）乘以计算长度系数 β 确定。当柱分为两段时，其计算长度可 l_0 由式（7.4.8-1）确定：

$$l_0 = \mu l \tag{7.4.8-1}$$

$$\mu = 1 - 0.3(1-\beta)^{0.7} \tag{7.4.8-2}$$

$$\beta = a/l \tag{7.4.8-3}$$

(3) 由侧向支撑分为多段的柱，当各段长度相差10%以内时，及平面外的计算长度系数计算等，《钢标》没有具体规定，可理解为实际工程中不应近距离设置支撑。

(4) 对于上端其他铰接连接情况柱（上端不一定与梁或桁架铰接），当上端为铰接且柱上端的侧向移动受到限制（如：侧向位移限制的刚性楼盖、侧向位移限制的水平钢支撑等）情况的柱，均可按本条规定确定柱子的计算长度系数。

【思库问答】

【问1】请问，格构柱缀条为单角钢，采用两个中间有缀条联系的单角钢。此时的缀条计算长度，查《钢标》表7.4.1-1，可以理解为弦杆查平面内及平面外的计算长度吗？

【答1】单角钢交叉点相互连接，可按《钢标》第7.4.2条规定计算平面内和平面外。

【问2】请问，《钢标》第7.4.3条弦杆平面外计算长度，与表7.4.1-1的桁架弦杆平面外计算长度是什么关系？这两个感觉有点矛盾。

【答2】没有矛盾，第7.4.1条为一般规定，第7.4.3条为特殊规定，符合特定条件时，计算长度可以减小。

【问3】请问，在按《钢标》第7.4.7条计算在交叉点相互连接的、交叉杆件平面外的长细比时，是不是需要按第7.4.2条第2款“当交叉腹杆为单边连接的单角钢时，应按第7.6.2条的规定确定杆件等效长细比。”采用等效长细比？

【答3】只有单边连接的单角钢，才用到第7.6.2条的等效长细比。

【问4】请问，对于《钢规》第7.4.7条中，交叉单角钢拉杆，平面外计算长度 $l_0 = l$，起控制作用，可仅验算平面外，采用与角钢肢边平行轴回转半径；但《钢标》第7.4.6条交叉单角钢压杆计算时不一定是平面外控制吧？

【答4】对交叉点相互连接的单角钢，验算容许长细比时：对拉杆，因为计算长度相同，由最小回转半径控制；对压杆，平面外和斜平面的计算长度不同，平面外按平行轴的回转半径计算，斜平面按最小回转半径计算，比较取大值。

【问5】请问，《钢标》第7.4.2条关于交叉腹杆长细比的规定，第2款关于拉杆的规定中，提出单边连接的单角钢应按第7.6.2条采用等效长细比，而第7.6.2条是关于压杆的规定，有关于交叉腹杆有如下两个疑问：

1) 单边连接的单角钢拉杆，是否需要按第7.6.2条改用等效长细比？

2) 单边连接的单角钢压杆，是否需要按第7.6.2条改用等效长细比？

【答5】《钢标》规定很明确：

1) 单边连接的单角钢拉杆考虑等效长细比（采用第7.6.2条的方法）；

2) 第7.6.2条适用于塔架的单边连接单角钢压杆；

3) 其他杆件不需要考虑第7.6.2条的规定。

【问6】请问，《钢标》第7.4.2条第2款，单角钢斜平面计算长度取节点中心至交叉点距离是针对拉杆取法，那如果单角钢是压杆如何确定交叉腹杆斜平面的计算长度？

【答6】压杆看第7.4.2条的第1款。

【问7】请问，《钢标》第7.4.2条第2款中有关斜平面计算长度，是拉杆和压杆均使用？

还是仅仅使用压杆？

【答 7】第 7.4.2 条第 2 款仅适用于拉杆。

【问 8】请问，对交叉点连接单角钢，仅需按平行轴的回转半径来算面外长细比，那计算稳定性查稳定性系数的时候，应该按照哪种截面类型去查？按照绕平行轴失稳去查的话，表 7.2.1-1 中没有这种形式，是近似按照双角钢拼成的 T 形截面类型去查（也就是 b 类）吗？7.4.2 条中面内、外也是按照此种情况，不考虑斜平面失稳吗？

【答 8】这个问题不清晰，对交叉点连接的单角钢，并不是只验算平面外长细比（是验算平面外长细比时，采用平行轴的回转半径），必要时还要验算其他平面的长细比（还有平面内和斜平面，验算容许长细比时，采用最小回转半径），比较取大值。《钢标》第 7.4.6 条的规定，仅用于验算容许长细比。稳定计算的长细比，按稳定验算方向的计算长度计算，取相应的单角钢截面回转半径。第 7.2.1 条的稳定系数，规范说得很清楚，取两个主轴（表 7.2.1-1）稳定系数的较小值。对交叉点相互连接的交叉腹杆，第 7.4.2 条已经很明确，只需验算桁架平面内和桁架平面外（即，可不考虑斜平面）。

【问 9】一钢柱，柱底铰接，平板支座，且底板厚度不小于柱翼缘厚度的两倍，柱上端与梁铰接且无侧移，我想问的是取柱子计算长度系数的时候是按照《钢标》第 7.4.8 条得出 $\mu=0.8$，还是按照附录 E.0.1 表中 $K_1=0$。$K_2=0.1$ 查表取的 $\mu=0.981$？

【答 9】这个问题没说清楚，柱底不能又是铰接又是平板支座。如果柱底铰接，则计算长度系数取 1.0。如果柱底采用平板支座，且底板厚度不小于柱翼缘厚度的 2 倍时（实际上可以理解为弹性支座），则取 0.8。

【问 10】2012 年上午第 28 题，“柱下端铰接采用平板支座”如何理解？

【答 10】平板支座对柱底是铰接还是弹性支座，要根据平板支座的具体构造情况确定，当平板支座的底板厚度不小于柱翼缘厚度的 2 倍时，就属于弹性支座（就不是铰接），其他情况就可以归为铰接（12 年的题说的是具有铰接性能的平板支座）。

【问 11】请问，《钢标》第 7.4.6 条和第 7.4.7 条查长细比允许值时，对于柱或梁间设置的系杆，怎么快速判别它是为减小构件计算长度设置的还是按其他的拉杆考虑？需要拿出来做受力分析吗？

【答 11】构件设置是有目的的，仅仅是为了主要受力构件的稳定（没有其他受力要求），还是有其他需要（如承受楼面荷载的需要等），可以定性分析出来。

【问 12】请问，表第 7.4.6 条的第 2 项，吊车梁或吊车桁架以下的柱间支撑和第三项支撑如何区分？我的理解是按表上一段文字：内力设计值与承载力 50%作为区分，是否正确？

【答 12】第 3 项可理解为第 2 项以外的其他支撑。

【问 13】请问，对于《钢标》7.4.6 条的理解，对于交叉腹杆或者格构柱的斜缀条，当中间不连接时，采用最小回旋半径计算长细比，是仅仅计算斜平面的长细比，还是要计算面内和面外的长细比，即用相应的面内或面外计算长度/最小回旋半径？对于中间有搭接的情况，面外长细比用与肢边平行的回旋半径计算。

【答 13】容许长细比，是构件失稳时的最大长细比，与构件的失稳模态有关，对中间没有连接的受压单角钢，取计算长度的最大值（平面内、平面外和斜平面），按最小回转半径计算即可。而当交叉点相连时，平面外长细比的计算（注意只是平面外，对其他平面不适用），采用与肢边平行轴的回转半径。

【问 14】请问，对于悬挑钢雨篷的上拉压杆（钢管），其受压长细比限值，是执行《钢标》的表 7.4.6，还是《抗规》第 8.4 节“钢框架-中心支撑结构”的第 8.4.1 条第 1 款（压杆的长细比限值 120），两本规范对上述要求的限值相差很大。

【答 14】雨棚上拉杆在风荷载和竖向地震作用下可能受压，这个不是支撑杆件，就是一般压杆。

【问 15】请问，审图对我们的图提了一个问题，钢拱平面内长细比控制不严。我们设计的这个拱主要受轴向力和数值不大的弯矩。《钢标》第 7.4.6 条和第 7.4.7 条仅对受压构件和受拉构件给出了长比细的容许值，若拱按“轴心受压柱”的容许长细比 150 控制的话，是不是太严了？另外，钢结构梁这种压弯或拉弯构件需要考虑长细比吗？未见《钢标》中有这种构件容许长细比明确的规定呀。

【答 15】不在于梁或柱怎么称呼，主要看压弯构件，如果是拱梁，平面内外的长细比还是应该严控。

7.5　轴心受压构件的支撑

《钢标》对轴心受压构件的支撑规定见表 7.5.0-1。

表 7.5.0-1　《钢标》对轴心受压构件的规定

<table>
<tr><th>条文号</th><th>规定</th><th colspan="2">关键点把握</th></tr>
<tr><td rowspan="5">7.5.1</td><td rowspan="5">用作减小轴心受压构件自由长度的支撑，应能承受沿被撑杆件屈曲方向的支撑力</td><td>1)长度为 l 的单根柱，设置一道支撑时</td><td>支撑力按式(7.5.1-1)、式(7.5.1-2)计算</td></tr>
<tr><td>2)长度为 l 的单根柱，设置 m 道等间距及不等间距但与平均间距相差不超过 20%支撑时</td><td>支撑力按式(7.5.1-3)计算</td></tr>
<tr><td>3)被撑构件为多根柱组成的柱列，在柱高度中央附近设置一道支撑时</td><td>支撑力按式(7.5.1-4)计算</td></tr>
<tr><td>4)当支撑同时承担结构上其他作用的效应时</td><td>按实际可能发生的情况，与支撑力组合</td></tr>
<tr><td colspan="2">5)支撑构造应使被撑构件，在撑点处既不能平移也不能扭转</td></tr>
<tr><td>7.5.2</td><td>桁架受压弦杆的横向支撑系统中</td><td colspan="2">系杆和支撑杆承受的节点支撑力，按式(7.5.2)计算</td></tr>
<tr><td>7.5.3</td><td>塔架主杆与主斜杆之间的辅助杆</td><td colspan="2">承受的节点支撑力按式(7.5.3-1)和式(7.5.3-2)计算</td></tr>
</table>

【要点分析】

1. 本节主要规定了轴心受压构件的各类支撑所受到的节点支撑力，相关内容比较具体、简单。

2. 第 7.5.1 条

1）用作减小轴心受压构件自由长度的支撑，应能承受沿被支撑构件屈曲方向的支撑力，其值应按下列方法计算：

（1）长度为 l 的单根柱，柱高度范围设置一道支撑时，支撑力 F_{b1}：

① 当支撑构件位于柱高度中央时：

$$F_{b1}=N/60=0.0167N \quad (7.5.1\text{-}1)$$

② 当支撑杆位于距柱端 αl 处时（$0<\alpha<1$）：

$$F_{b1}=\frac{N}{240\alpha(1-\alpha)} \quad (7.5.1\text{-}2)$$

（2）长度为 l 的单根柱，柱高度范围设置 m 道等间距（或间距不等但与平均间距相差不超过 20%）的支撑时，各支撑点的支撑力 F_{bm}（注：实际工程中，应尽量采用等间距支撑，不等间距时，也应采用间距与平均间距相差不超过 20%的支撑，不应采用支撑间距不符合《钢标》要求的支撑）：

$$F_{bm}=\frac{N}{42\sqrt{m+1}} \quad (7.5.1\text{-}3)$$

（3）被撑构件为多根柱组成的柱列，在柱高度中央附近设置一道支撑时，支撑力应按（7.5.1-4）计算：

$$F_{bm}=\frac{\sum N_i}{60}\left(0.6+\frac{0.4}{n}\right) \quad (7.5.1\text{-}4)$$

上述各式中：N ——被支撑构件的最大轴心压力（N）；

n ——柱列中被支撑柱的根数（注：该水平撑杆远离支撑方向的柱根数）；

$\sum N_i$——被支撑柱同时存在的轴心压力设计值之和（N）。

（4）当支撑同时承担结构上其他作用的效应时，应按实际可能发生的情况与支撑力组合。

（5）支撑的构造，应使被支撑构件在撑点处既不能平移，又不能扭转。

2）理解本条时，应注意下列关键词：

（1）规定了支撑的作用是："用作减小轴心受压构件自由长度"，可以理解为受力计算时不考虑该支撑的作用，稳定计算时考虑该支撑对减小轴心受压构件计算长度的有利影响，该支撑杆件，不同于桁架的斜腹杆；

（2）"被撑构件屈曲方向的支撑力"，规定了支撑力的方向为"被撑构件屈曲方向"，也就是轴心受压构件的屈曲方向（平面内或平面外，也就是支撑杆件的轴线方向）。

3）用作减小轴心受压构件自由长度的支撑，应能承受被支撑构件在屈曲方向的支撑力，应注意下列问题：

（1）上述 N 为被支撑柱的轴心压力设计值，而对于抗震消能梁段翼缘的侧向支撑，由《抗规》可知，采用的是消能梁段翼缘的轴向承载力设计值（$b_f t_f f$）；

（2）当 $\alpha=0.5$ 时，式（7.5.1-2）就变为式（7.5.1-1），由《抗规》可知：对于框架梁侧向支撑轴向压力设计值不小于梁受压翼缘轴向承载力设计值的 2%，即 $0.02b_f t_f f$，与式（7.5.1-1）在系数上（0.0167 和 0.02）有差别，在 N 的取值标准上也有不同（被支撑构件的最大轴向力设计值和受压翼缘轴向承载力设计值）；

（3）式（7.5.1-4）中，被撑杆为多根柱组成的柱列，当存在水平作用（如风荷载或地震作用等）时，$\sum N_i$ 应采用同一水平作用组合的数值，当各柱由水平作用引起的附加轴力相差不大时，也可近似取各柱的轴力最大值估算。

4）支撑压杆的长细比应满足表 7.4.6 的要求（不大于 200）。

5）本条内容在历年注册考试中出现过（见第19章），实际工程实际及注册备考时应注意把握。

3. 第7.5.2条

1）桁架受压弦杆的横向支撑系统中，系杆和支撑斜杆应能承受下式给出的支撑力（图7.5.2）：

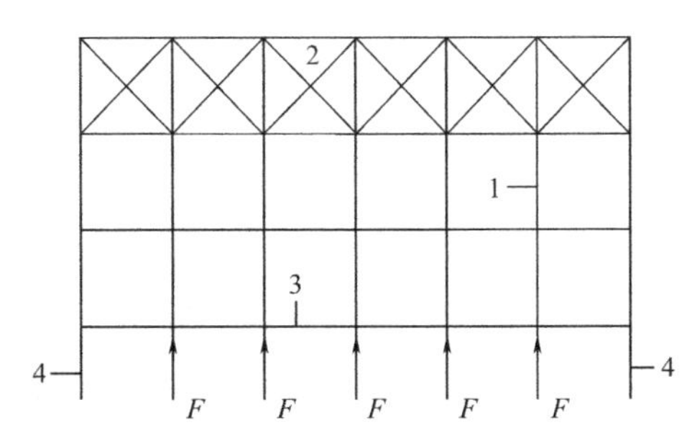

图7.5.2　桁架受压弦杆横向支撑系统的节点支撑（平面图）

1—系杆；2—支撑系统；3—被撑桁架；4—边框架

$$F=\frac{\sum N}{42\sqrt{m+1}}\left(0.6+\frac{0.4}{n}\right) \tag{7.5.2}$$

式中：$\sum N$——被撑各桁架受压弦杆最大压力之和（N）；

m——纵向系杆道数（支撑系统节间数减去1）；

n——支撑系统所撑桁架数（注：含支撑系统桁架）。

2）理解本条应注意下列关键词：

（1）“被撑各桁架”，指被支撑系统（在图7.5.2中用交叉斜线表示）撑住的各平面桁架（在图7.5.2中用水平直线表示）；

（2）“纵向系杆”，各平面桁架之间的连接杆件（图7.5.2中，平行于水平力F的杆件，不包括两侧边框架）。

3）图7.5.2中：

（1）纵向系杆道数m，纵向为水平力F的作用方向，纵向系杆的道数为支撑系统的节间数（就是图中打叉的个数，图中为6,）减1，即$m=6-1=5$，也可就是直接与F对应的杆件数5（注意不包括两侧边框架）。

（2）支撑系统所撑桁架数n，即垂直于水平力F的方向，支撑系统所撑的桁架数n包括支撑系统自身的桁架数，图中$n=4$。

4）有关资料对支撑系统所撑桁架数n的统计，不包括支撑系统自身的平面桁架数，其实，是否需要包括支撑系统自身的平面桁架数，主要与式（7.5.2）有关，任何情况下公式（7.5.2）中的n不能为零（仅支撑桁架时），因此本条规定n需要包括支撑系统自身的平面桁架数。

5）实际工程应用和注册备考时，应注意对本条内容的理解。

4. 第7.5.3条

1）塔架主杆与主斜杆之间的辅助杆（图7.5.3），应能承受公式（7.5.3-1）和公式（7.5.3-2）的节点支撑力：

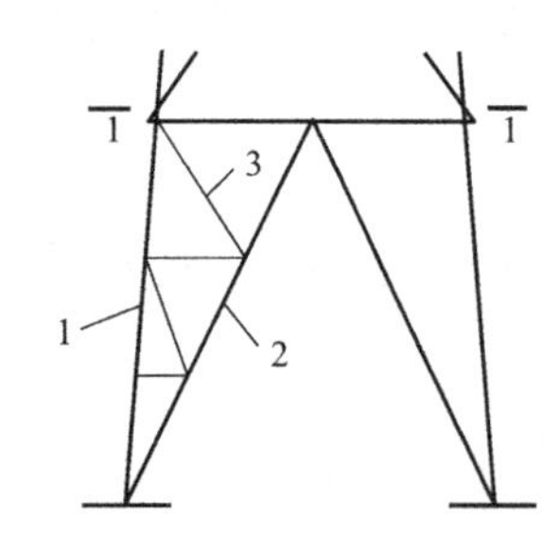

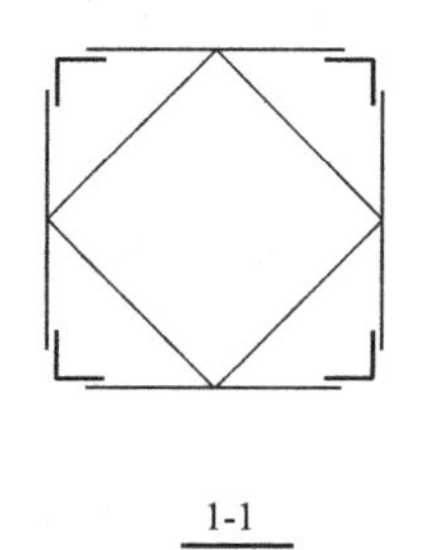

图 7.5.3 塔架下端示意图

1—主杆；2—主斜杆；3—辅助杆

（1）当节间数不超过 4 时（注：图 7.5.3 中节间数为 3）：

$$F = N/80 \tag{7.5.3-1}$$

（2）当节间数大于 4 时：

$$F = N/100 \tag{7.5.3-2}$$

上述两式中：N ——主杆压力设计值（N）。

2）塔架辅助杆的长细比应满足表 7.4.6 的要求（不大于 200）。

3）《钢标》对单角钢构件的设计要求汇总见 7.6.3-1。

4）实际工程应用和注册备考时，应注意对本条内容的理解和把握。

【思库问答】

【问 1】请问，《钢标》式（7.5.2），被支撑桁架数，是否计入支撑所在的两榀桁架？

【答 1】应计入，$n=4$。

【问 2】请问，《钢标》图 7.5.2 中，水平向指的是桁架方向，竖向（力 F 指的方向）指的是系杆方向，我理解的对吗？

【答 2】桁架方向垂直于力 F 方向。

【问 3】请问，《钢标》第 7.5.2 条，柱列中被撑柱 n 的问题，我认为只有右边三个柱子存在变形，对中间支撑 AB 的支撑力有影响，为什么要把左边的两根也计入呢？左边支撑，变形形态和右边都不一样。

【答 3】这是《钢标》编制的本意，相关公式也是基于此，但正文没说清楚，宜表述为：包含支撑在内的全部柱列数。

7.6 单边连接的单角钢

《钢标》对单边连接的单角钢的规定见表 7.6.0-1。

表 7.6.0-1 《钢标》对单边连接的单角钢的规定

<table>
<tr><th>条文号</th><th>规定</th><th colspan="2">关键点把握</th></tr>
<tr><td rowspan="3">7.6.1</td><td rowspan="3">桁架的单角钢腹杆，当以一个肢连接于节点板时</td><td>1)轴心受力构件的强度设计值，应乘以折减系数 0.85</td><td rowspan="2">弦杆也为单角钢，并位于节点板同侧(图 7.6.1-1)除外</td></tr>
<tr><td>2)受压构件的稳定性计算时，应乘以折减系数 η</td></tr>
<tr><td>3)当受压杆件用节点板和桁架弦杆相连时，节点板的厚度 $t \geqslant b/8$，b 为与节点板直接连接的斜杆肢宽</td><td></td></tr>
</table>

续表

条文号	规定	关键点把握	
7.6.2	塔架单边连接单角钢交叉斜杆中的压杆	当两杆截面相同，并在交叉点均不中断，当计算平面外稳定时	采用第7.6.2条规定的等效长细比，按《钢标》附录D确定稳定系数 φ
7.6.3	单边连接的单角钢压杆	当肢件宽厚比 $w/t>14\varepsilon_k$ 时	稳定承载力应乘以折减系数 ρ_e

【要点分析】

1.单角钢构件在钢结构设计中经常遇到，单边连接的单角钢构件，由于单肢连接的偏心问题，在结构设计和注册备考中应予以高度重视。

2. 第7.6.1条

1）桁架的单角钢腹杆，当以一个肢连接于节点板时（图7.6.1）除弦杆亦为单角钢，并位于节点板同侧者外，应符合下列规定：

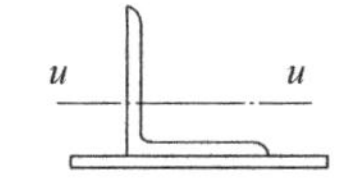

图7.6.1 角钢的平行轴

（1）轴心受力构件的截面强度，应按式（7.1.1-1）和式（7.1.1-2）计算，但强度设计值应乘以折减系数0.85。

（2）受压构件的稳定性，应按下列公式计算：

$$\frac{N}{\eta\varphi Af}\leqslant 1.0 \tag{7.6.1-1}$$

等边角钢

$$\eta=0.6+0.0015\lambda \tag{7.6.1-2}$$

短边相连的不等边角钢

$$\eta=0.5+0.0025\lambda \tag{7.6.1-3}$$

长边相连的不等边角钢

$$\eta=0.7 \tag{7.6.1-4}$$

上述各式中：λ ——长细比，对中间无联系的单角钢压杆，应按最小回转半径计算，当$\lambda<20$时，取$\lambda=20$（注意：此处的λ仅用于η计算。稳定系数φ计算时的长细比，仍应采用第7.2.2条规定的方法，实际工程中，也可以偏安全地取两者的大值）；

η ——折减系数，当计算数值大于1.0时取为1.0。

（3）当受压斜杆用节点板和桁架弦杆相连时，节点板厚度不宜小于斜杆肢宽的1/8。

2）理解本条规定时，应把握以下关键词：

（1）“桁架的单角钢腹杆”，明确了本条的规定仅用于“桁架的单角钢腹杆”，注意，构件为桁架，腹杆为单角钢。

（2）“一个肢连接于节点板”，就是表7.1.3中规定的“单边连接”方式，不包括弦杆也为单角钢，且并位于节点板同侧的情况（图7.6.1-1）（但包括弦杆与腹杆均为单角钢，采用节点板连接，且腹杆与弦杆分别在节点板两侧的

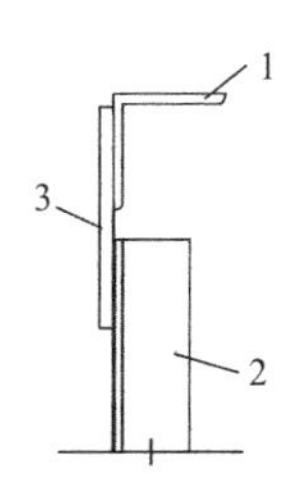

图7.6.1-1 单角钢腹板与单角钢弦杆的同侧连接（剖面图）
1—弦杆；2—腹杆；3—节点板

情况）。

3）本条主要考虑由连接引起的，较大的偏心弯矩对构件的承载力及稳定的影响。为简化设计，采用轴心受力构件的设计方法，通过折减系数的调整来考虑偏心弯矩的影响，本质上属于近似计算。

4）构件的承载力计算，由于连接引起的较大偏心弯矩，实际上已属于偏心受力构件。为简化设计，仍按轴心受力构件公式验算，采用对构件截面强度设计值乘以折减系数0.85的方法，等效考虑偏心弯矩的影响。

5）构件的稳定计算，也采用简化设计方法，按轴心受力构件进行稳定性计算，采用折减系数 η 的方法，等效考虑偏心弯矩的影响。这里的折减系数 η 实际上是一个综合折减系数，考虑连接的偏心弯矩等多种因素的影响。

6）轴心受压构件的稳定系数 φ 按第7.2.1条规定计算，根据第7.2.2条的规定，确定构件的长细比后，按表7.2.1及《钢标》附录D，取角钢两个平行轴稳定系数的较小值。

7）本条第3款为对受压斜杆与桁架弦杆用节点板连接时，对节点板厚度的构造要求，不小于斜杆肢宽（与节点板直接连接的那个肢）的1/8，当由多个斜杆与节点板相连时，应取较大斜杆的肢宽。

8）比较第7.6.1条第1款和第7.1.3条可以发现：

（1）第7.1.3条着重对连接边缘的危险截面验算（注意：单角钢构件不应采用单肢拼接）；

（2）第7.6.1条第1款，则注重对杆件在轴向力和偏心弯矩共同作用下的承载力验算；

（3）两者都是考虑构件单肢连接引起的不均匀传力对构件的影响；对单角钢构件，两个验算系数相同（均为0.85），但两个验算相互独立（验算的截面位置不同，不会出现同一截面同时考虑的情况）。

9）本条内容在注册考试中常常出现（见第19章），在实际工程应用和注册考试中，应特别注意对本条的理解与把握。

3. 第7.6.2条

1）塔架单边连接单角钢交叉斜杆中的压杆，当两杆截面相同并在交叉点均不中断，计算其平面外的稳定性（注：按第7.2.1条公式 $\frac{N}{\varphi A f} \leqslant 1.0$ 计算）时，稳定系数 φ 应由下列等效长细比查《钢标》附录D表格确定：

$$\lambda_0 = \alpha_e \mu_u \lambda_e \geqslant \frac{l_1}{l} \lambda_u \tag{7.6.2-1}$$

当 $20 \leqslant \lambda_u \leqslant 80$ 时：

$$\lambda_e = 80 + 0.65 \lambda_u \tag{7.6.2-2}$$

当 $80 < \lambda_u \leqslant 160$ 时：

$$\lambda_e = 52 + \lambda_u \tag{7.6.2-3}$$

当 $\lambda_u > 160$ 时：

$$\lambda_e = 20 + 1.2 \lambda_u \tag{7.6.2-4}$$

$$\lambda_u = \frac{l}{i_u} \times \frac{1}{\varepsilon_k} \tag{7.6.2-5}$$

$$\mu_u = l_0/l \tag{7.6.2-6}$$

上述各式中：α_e——系数，应按表7.6.2的规定取值；

μ_u——计算长度系数；

l_1——交叉点至节点间的较大距离（图7.6.2）(mm)；

λ_e——换算长细比；

l_0——计算长度，当相交另一杆受压，应按式(7.4.2-1)计算；当相交另一杆受拉，应按式(7.4.2-3)计算(mm)。

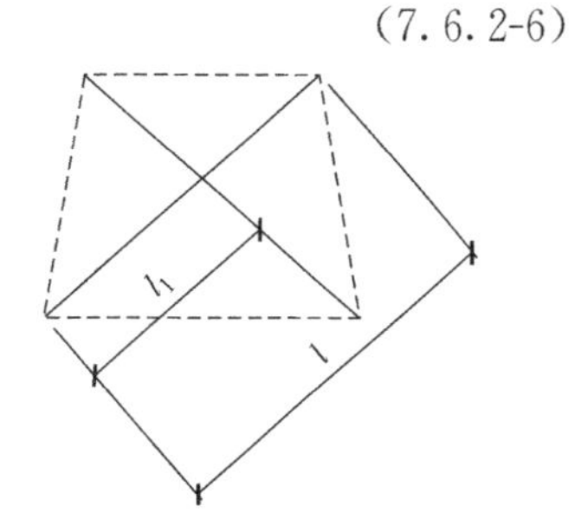

图7.6.2 在非中点相交的斜杆

表7.6.2 系数 α_e 的取值

主杆截面	另杆受拉	另杆受压	另杆不受力
单角钢	0.75	0.90	0.75
双轴对称截面	0.90	0.75	0.90

2）理解和应用本条规定时，应把握下列关键问题：

(1)“塔架单边连接单角钢交叉斜杆中的压杆”，适用于塔架的，单边连接的单角钢，交叉斜杆中的压杆稳定问题；

(2)“两杆截面相同并在交叉点均不中断”，适合于两杆相同截面（不包括两杆截面不同时的情况），并在交叉点均不中断（指在交叉点有连接，不包括交叉点不连接的情况）。

3）塔架单边连接单角钢交叉斜杆中的压杆，当两杆截面相同并在交叉点均不中断，其平面外的稳定性计算，采用绕平行轴的回转半径（i_u）。

4）l、l_1 为杆件节点间的距离（注意是距离，不是杆件的计算长度），与杆件的失稳模态无关。

5）考虑单角钢单肢连接的复杂性，结构设计中应尽量采用《钢标》规定的做法，以利于可以采用《钢标》规定的简化设计方法。

6）第7.4.2条中的第2款的拉杆，引用本条的等效长细比（注意，只是引用等效长细比的计算方法，可不考虑本条对压杆的规定）。

7）实际工程和注册备考时，应注意对本条的把握。

4. 第7.6.3条

1）单边连接的单角钢压杆，当肢件宽厚比 $w/t > 14\varepsilon_k$ 时，由式(7.2.1)和式(7.6.1-1)确定的稳定承载力，应乘以按式(7.6.3)计算的折减系数：

$$\rho_e = 1.3 - \frac{0.3w}{14t\varepsilon_k} \tag{7.6.3}$$

2）式(7.6.3)只与公式(7.2.1)和公式(7.6.1-1)有关，与其他公式（如考虑屈曲后的验算）无关。

3）注意：式(7.6.3)与第7.4.4条规定的相似之处：

(1) 式(7.6.3)适合于“塔架单边连接单角钢交叉斜杆中的压杆”的稳定问题；交叉杆的面外稳定分析，采用绕平行轴的回转半径；

(2) 第7.4.4条适合于“塔架的单角钢主杆”的稳定问题；主杆的稳定与其两侧斜腹

杆的设置有关。

4）应关注角钢肢件宽厚比的简化计算（第 7.3.1 条第 7 款的简要计算）。

5）单角钢构件属于钢结构设计中的特殊构件，《钢标》的设计规定也较为分散，汇总如下：

表 7.6.3-1 《钢标》对单角钢构件的设计规定汇总表

序号	构件类型	主要内容		《钢标》条目或公式号	备注
1	截面强度验算	轴心受拉		式(7.1.1-1)～(7.1.1-4)	端部连接和中部拼接截面，由连接件直接传力
		轴心受压		式(7.1.1-1)、(7.1.1-2)	
		考虑屈曲后强度		式(7.3.3-1)	采用有效截面系数
2	稳定性验算	轴心受压构件的一般要求		式(7.2.1)	不考虑屈曲后强度
		考虑屈曲后强度		式(7.3.3-2)	采用有效截面系数
3	计算长度	压杆	弦杆和单系腹杆	第 7.4.1 条	平面内、平面外和斜平面
			交叉腹杆	第 7.4.2 条(交叉点不作为节点)	平面内和平面外
		拉杆		第 7.4.2 条(交叉点作为节点)	平面内、平面外和斜平面
		桁架弦杆平面外		第 7.4.3 条	
		塔架主杆		第 7.4.4 条	
		塔架主斜杆		第 7.4.5 条	人字形或 V 形
4	长细比计算	压杆	交叉点相互连接的交叉杆件	平面外采用平行轴回转半径(其他采用角钢最小回转半径)	不考虑扭转效应；长细比限值分别见表 7.4.6 和表 7.4.7
			其他	采用角钢最小回转半径	
		拉杆	交叉点相互连接的交叉杆件	平面外采用平行轴回转半径(其他采用角钢最小回转半径)	
			其他	采用角钢最小回转半径	
		轴心受压实腹式构件		式(7.2.2-4)	等边单角钢
				式(7.2.2-20)、式(7.2.2-21)	不等边角钢
		轴心受压格构式构件		第 7.2.3 条	采用换算长细比
5	稳定措施	板件宽厚比限值		式(7.3.1-6)、式(7.3.1-7)	实腹式受压构件(不出现局部失稳)
		板件宽厚比调整		第 7.3.2 条考虑构件实际压力	
		板件宽厚比超限时的措施		第 7.3.3 条设置纵向加劲肋	
6	塔架辅助杆	节点支撑力		第 7.5.3 条	
		长细比限值 200		第 7.4.6 条	
7	单边连接	危险截面有效截面系数(轴心受力构件)		第 7.1.3 条单边连接 0.85	端部连接并非全部直接传力，单角钢不考虑中部单边拼接
		桁架的单角钢腹杆	强度设计值	第 7.6.1 条折减	考虑偏心连接的影响
			稳定性验算	第 7.6.1 条折减系数	
		塔架交叉斜杆中的压杆		第 7.6.2 条采用等效长细比	按第 7.2.1 条稳定验算时
		单角钢压杆		第 7.6.3 条稳定承载力折减系数	w/t 大于 $14\varepsilon_k$ 时

【思库问答】

【问 1】请问，格构柱的斜腹杆（2L140×10）与柱肢节点板采用三面围焊，在计算焊缝长度时我的理解是不需要按照《钢标》第 7.6.1 条对角钢的强度进行折减，因为此时是节点板与角钢两肢相连不是《钢标》图 7.6.1 所表示的情况，而第 7.6.1 条适用条件是单边连接的单角钢。不知道我的理解对不对？

【答 1】双角钢的腹杆，可不执行第 7.6.1 条规定，而第 7.6.1 也不是对焊缝的折减要求，是对构件截面强度和构件稳定性的验算要求。

【问 2】请问，满足《钢标》第 7.6.1 第 1 款的单角钢强度设计值乘以折减系数 0.85，与表 7.1.3 中给出的有效截面系数 0.85 是否连乘？

【答 2】单边连接的单角钢荷载从节点板或弦杆的腹板传来，不经过杆件截面的形心，形成偏心弯矩，当在构件设计中考虑连接的实际偏心弯矩（按双偏压构件）来验算时，可不用乘以这个折减系数。

1）为了简化设计，《钢标》第 7.6.1 条对单边连接的单角钢按式（7.1.1-1）来计算，在计算中用对强度设计值乘以 0.85，以近似考虑偏心弯矩的影响。

2）《钢标》7.1.3 条考虑的是在节点或拼接处的单边连接，即构件不是全截面传力，而是构件的部分截面（如一个肢等）传力（这种传力方式属于偏心传力，实际上改变了轴心受力构件的受力模式，造成了构件传力肢应力集中，属于连接设计中的危险截面），当采用轴心受力构件的公式计算时，采用对危险截面的面积乘以有效截面系数 η 的方法，来近似考虑偏心传力的影响。

3）由上可知，第 7.1.3 和第 7.6.1 都是考虑偏心连接对构件的影响，所不同的是：

（1）第 7.1.3 条，只是对连接端和拼接处的危险截面验算，而第 7.6.1 适用于对所有截面的验算；

（2）当危险截面也是构件的拼接处时应连乘；

（3）对单角钢构件，由于实际工程中不应采用单肢连接的拼接方式，因此，两个 0.85 不会连乘。

第8章　拉弯、压弯构件

1. 拉弯、压弯构件属于钢结构设计中较为常见的构件，本章内容可以看成是对受弯构件（第6章）和轴心受力构件（第7章）的综合，相关规定内容可以相互参照。

2. 本章的关键条款是第8.1.1条和第8.2.1条及第8.3.1条，关键公式是式（8.1.1-1）、式（8.1.1-2）、式（8.2.1-1）和式（8.2.1-3）等。还应关注第8.3节框架柱的计算长度等相关计算。

3. 拉弯和压弯构件内容在注册考试中也经常出现，实际工程应用和注册备考中应予以重点关注并熟练掌握。

8.1　截面强度计算

《钢标》对拉弯、压弯构件的截面强度计算规定见表8.1.0-1。

表8.1.0-1　《钢标》对拉弯、压弯构件的截面强度计算规定

条文号	规定	关键点把握
8.1.1	弯矩作用在两个主平面内的拉弯构件和压弯构件，其截面强度	1）圆管截面按式（8.1.1-2）计算
		2）其他截面按式（8.1.1-1）计算

【要点分析】

1. 本节就一条规定，也是本章的关键规定，所有各类拉弯及压弯构件均应进行强度验算。

2. 第8.1.1条

1）弯矩作用在两个主平面内的拉弯构件和压弯构件，其截面强度应符合下列规定：

（1）除圆管截面外，弯矩作用在两个主平面内的拉弯构件和压弯构件，其截面强度应按下式计算：

$$\frac{N}{A_n} \pm \frac{M_x}{\gamma_x W_{nx}} \pm \frac{M_y}{\gamma_y W_{ny}} \leqslant f \tag{8.1.1-1}$$

（2）弯矩作用在两个主平面内的圆形截面拉弯构件和压弯构件，其截面强度应按下式计算：

$$\frac{N}{A_n} + \frac{\sqrt{M_x^2 + M_y^2}}{\gamma_m W_n} \leqslant f \tag{8.1.1-2}$$

式中：N——同一截面处轴心压力设计值（N）；

M_x、M_y——分别为同一截面处对x轴和y轴的弯矩设计值（N·mm）；

γ_x、γ_y——截面塑性发展系数，根据其受压板件的内力分布情况确定其截面板件宽厚比等级（注：对无受压板件的拉弯构件，宜取 $r_x = r_y = 1.0$），当截面板件宽厚比等级不满足 S3 级要求时，取 1.0，满足 S3 级要求时，可按表 8.1.1 采用；需要验算疲劳强度的拉弯、压弯构件，宜取 1.0；

γ_m ——圆形构件的截面塑性发展系数，对于实腹圆形截面取 1.2，当圆管截面板件宽厚比等级不满足 S3 级要求时取 1.0，满足 S3 级要求时取 1.15；需要验算疲劳强度的拉弯、压弯构件，宜取 1.0；

A_n ——构件的净截面面积（mm^2）；

W_n ——构件的净截面模量（mm^3）；

f ——钢材的抗拉（或抗压）强度设计值（N/mm^2），按翼缘和腹板的较大板厚取值。

表 8.1.1　截面塑性发展系数 γ_x、γ_y

<table>
<tr><th>项次</th><th>截面形式</th><th>γ_x</th><th>γ_y</th></tr>
<tr><td>1</td><td>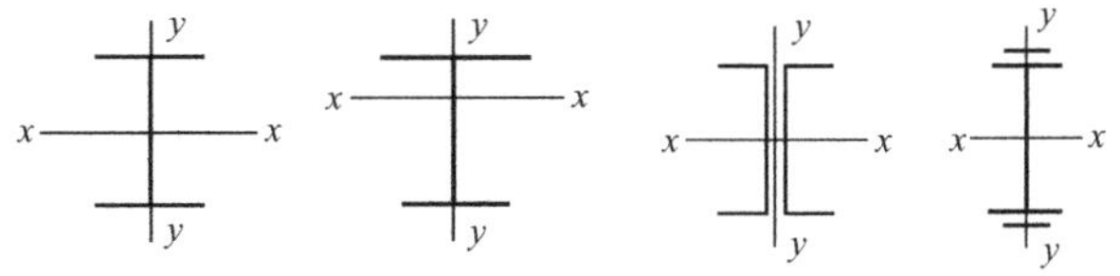</td><td rowspan="2">1.05</td><td>1.2</td></tr>
<tr><td>2</td><td>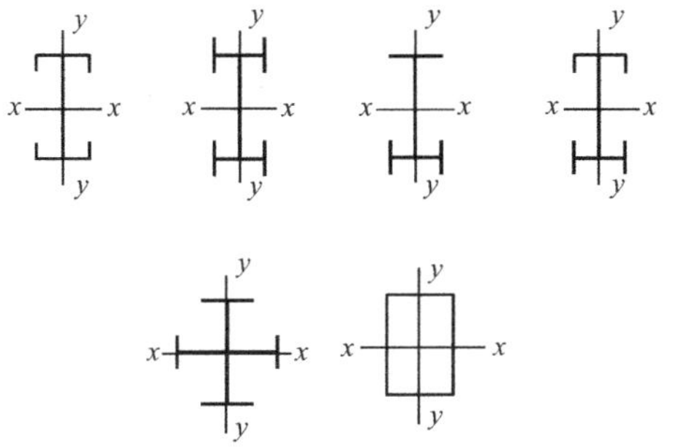</td><td>1.05</td></tr>
<tr><td>3</td><td>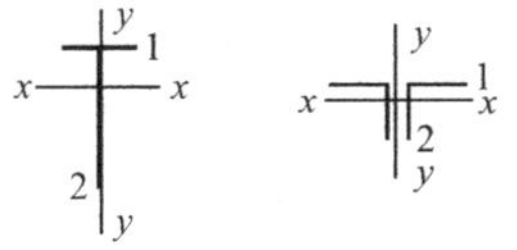</td><td rowspan="2">$\gamma_{x1} = 1.05$
$\gamma_{x2} = 1.2$</td><td>1.2</td></tr>
<tr><td>4</td><td>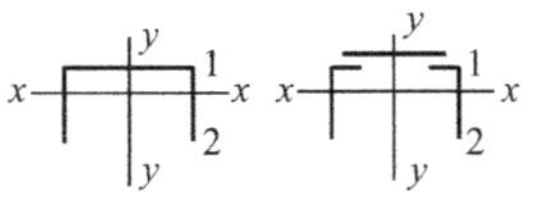</td><td>1.05</td></tr>
<tr><td>5</td><td>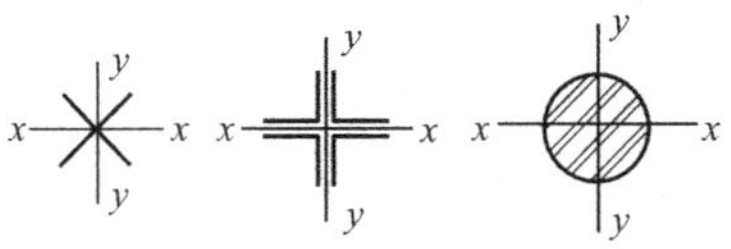</td><td>1.2</td><td>1.2</td></tr>
<tr><td>6</td><td>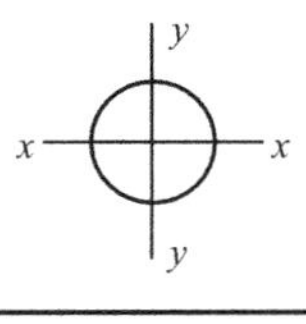</td><td>1.15</td><td>1.15</td></tr>
</table>

续表

项次	截面形式	γ_x	γ_y
7	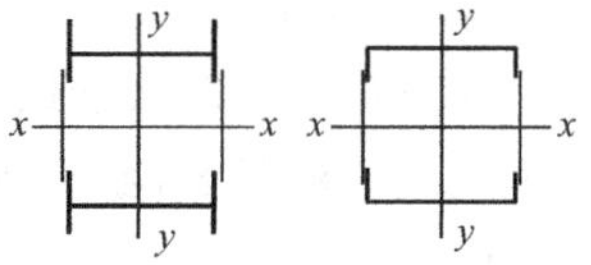	1.0	1.05
8	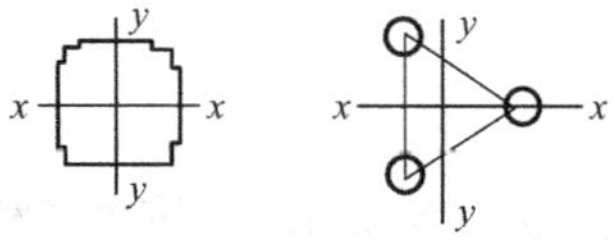		1.0

2）理解和应用本条规定时，应注意以下关键问题：

（1）“除圆管截面外”，指适用于除圆管截面以外的其他各类截面，也就是公式（8.1.1-1）适用于式（8.1.1-2）以外的其他各种情况；

（2）“圆形截面拉弯构件和压弯构件”，结合本条第1款的规定，这里的“圆形截面”应；理解为“圆管截面”（钢结构拉弯和压弯构件，不会采用实心钢棒，只可能是圆管截面），指圆管截面的拉弯构件和圆管截面的压弯构件，即公式（8.1.1-2）仅适用于圆管截面构件；

（3）“同一截面处”，要求计算的内力（轴力和弯矩）应取用同一计算截面的内力设计值，而不一定是构件的最大内力设计值；

（4）“截面塑性发展系数”，本条表述为“当截面板件宽厚比等级不满足S3级要求时，取1.0”，而第6.1.2条的表述为“当截面板件宽厚比等级为S4或S5级时，截面塑性发展系数应取为1.0”。虽然两处的表述不同（应该一致），但意思是一样的，“不满足S3级要求”也就是“S4或S5级”。

3）在轴力和弯矩共同作用下的截面强度计算，可以看作是轴力和弯矩作用下最大截面应力的简单叠加；采用应力叠加的计算公式，计算简单明确。

4）弯矩作用下的截面应力计算，应考虑截面塑性发展系数：

（1）截面塑性发展系数，在《钢标》中多处出现（第6.1.1条、第6.1.2条、第8.1.1条和8.2节等），也就是凡是涉及弯曲应力计算的公式，都有截面塑性发展系数问题，也是结构设计中疑惑较多的问题，主要涉及翼缘和腹板板件宽厚比等级不一的问题，需要结合第6.1.2条的相关规定综合考虑。

（2）表8.1.1的数值，不仅用于第8.1.1条的计算，而是用于《钢标》所有各处的截面塑性发展系数（但前提是截面的板件宽厚比等级应满足S1、S2、S3级的要求）。

（3）$\sqrt{M_x^2+M_y^2}$ 可理解为是 M_x 和 M_y 的综合弯矩设计值。

（4）关于截面塑性发展系数的更多讨论，见第6.1.2条。

5）压弯构件在平面内和平面外的强度计算，在历年注册考试中多次出现（见第19章），实际工程应用和注册备考时应注意把握。

【思库问答】

【问1】请问，《钢标》第8.1.1条中确定截面塑性发展系数，根据其受压板件的内力分布情况确定其截面板件宽厚比等级。结合条文说明：截面板件宽厚比等级可按表3.5.1根据各板件受压区域应力状态确定。

1）若有一压弯构件，只要受压翼缘和腹板满足 S3 级，即使受拉翼缘不满足 S3 级，按本条确定的板件宽厚比等级仍为满足 S3 级（即受拉翼缘宽厚比不作为参考）。请问我的理解正确吗？

2）对于第 6.1.2 条受弯构件，是不是也只要判断受压翼缘和腹板宽厚比等级是否满足 S3 级，而无需判断受拉翼缘宽厚比？

【答 1】截面的板件宽厚比反映的是全截面（翼缘和腹板）的综合性能。对截面塑性发展系数，《钢标》主要考虑受压翼缘的塑性发展（塑性发展取值仅 5%～20%），腹板作为翼缘塑性发展的保证措施。实际工程中，对于受力明确的受拉翼缘，板件宽厚比的控制可以适当放松，目前部分软件按受压翼缘考虑（偏安全）。

【问 2】请问，《钢标》第 3.5.1 条板件宽厚比等级，对受弯构件主要针对的是工字形和箱形截面，那么再结合第 6.1.1 条，所计算的净截面模量应该主要也是针对这两种截面的，就像塑性发展系数的规定一样，只针对这两种截面有特殊规定（依据宽厚比等级取值），其他截面形式直接按照表 8.1.1 取值，这里有下列疑问：

1）有效截面模量计算，受压翼缘有效外伸宽度取 $15t_w\varepsilon_k$，那么受拉翼缘外伸宽度如何取值？

2）除箱形与工字型截面外，其他截面是不是都取全截面模量？

【答 2】

1）《钢标》主要考察受压翼缘的稳定问题，受拉翼缘理论上可以比受压翼缘适当扩大，但《钢标》没有具体规定，实际工程中可取不大于受压翼缘的范围。采用表 8.1.1 的前提是截面的板件宽厚比等级满足 S1、S2 和 S3 的要求。

2）截面强度计算都要取净截面模量，实际工程中，考虑屈曲后强度时一般只用工字形或箱形截面。

【问 3】请问，《钢标》式（8.4.2-9），拉弯构件考虑腹板屈曲后强度计算公式，第二部分中的 γ_x，假如翼缘是 S3 级，不是 S5 级截面，这里的 γ_x 应该按照 S5 级对应的 1.0 来计算吗？

【答 3】可按《钢标》第 8.1.1 条取 1.0。但实际工程中应采取措施避免腹板和翼缘出现较大的等级差异。

【问 4】请问，H 形钢梁板件宽厚比的问题，《钢标》表 3.5.1 中只有压弯状态下的 H 形钢梁的宽厚比限制，我的疑问在于：

1）如果一个受弯的 H 形钢梁，此时它的宽厚比限制怎么取？可以参考受弯状态下的工字钢吗？

2）《钢标》第 6.1.2 条第 2 款规定对于其他截面（比如 H 形钢梁）塑性发展系数可以按第 8.1.1 条采用，这里的其他截面是否可以理解为 S1、S2、S3 级的板件翼缘？当为 S4、S5 时是否也可以取 1.0？

【答 4】

1）压弯构件（构件在压力和弯矩共同作用下），可以看成是构件受弯和构件受压两种受力状态的组合，受弯时截面的板件宽厚比等级控制及截面塑性发展系数，均可以按受弯构件确定；

2）其他截面指第 1 款（工字形和箱形）以外的截面，H 形截面受弯时，板件宽厚比控制同工字形截面。其他截面，当截面的板件宽厚比等级为 S1、S2、S3 级时，塑性发展系数按表 8.1.1 取值。当为 S4、S5 级时，取 1.0。

【问 5】请问，《钢标》第 6.1.1 条及第 8.1.1 条中，关于截面塑形发展系数的取值问题。如果一个构件翼缘满足 S3 而腹板为 S5 级时，按照哪个等级取值？第 8.4.2 条第 2 款承载力计算时，公式中有效截面系数是否按照腹板来确定？

【答 5】简单的办法就是按截面板件宽厚比等级为 S5 级确定，实际工程中需要设计来调整，合理匹配翼缘和腹板的板件宽厚比等级，或采取构造措施，不能简单取 S5 了事。为了节约成本，实际工程常采用较薄的腹板（腹板的板件宽厚比等级常为 S4 级或 S5 级，采用考虑腹板屈曲后的强度，翼缘应满足表 3.5.1 中压弯构件 S4 级的板件宽厚比要求，可理解为有效截面系数取 1），采用有效截面代替实际截面。

8.2 构件的稳定性计算

《钢标》对拉弯、压弯构件的稳定性计算规定见表 8.2.0-1。

表 8.2.0-1 《钢标》对拉弯、压弯构件的稳定性计算规定

<table>
<tr><th>条文号</th><th>规定</th><th colspan="2">关键点把握</th></tr>
<tr><td rowspan="5">8.2.1</td><td rowspan="4">弯矩作用在对称轴平面内的实腹式压弯构件（圆管截面除外）</td><td colspan="2">弯矩作用平面内的稳定性，应按式(8.2.1-1)计算</td></tr>
<tr><td colspan="2">弯矩作用平面外的稳定性，应按式(8.2.1-3)计算</td></tr>
<tr><td rowspan="2">表 8.1.1 中的 3、4 项，弯矩作用在对称平面内内，且翼缘受压时</td><td>应按式(8.2.1-1)计算</td></tr>
<tr><td>还应按式(8.2.1-4)计算</td></tr>
<tr><td>框架内力采用二阶弹性分析时</td><td colspan="2">柱弯矩＝无侧移弯矩＋放大的侧移弯矩，分别乘以无侧移柱和有侧移柱的等效弯矩系数</td></tr>
<tr><td rowspan="4">8.2.2</td><td rowspan="4">弯矩绕虚轴作用的格构式压弯构件的整体稳定性</td><td colspan="2">1）弯矩作用平面内，按式(8.2.2-1)计算</td></tr>
<tr><td rowspan="3">2）弯矩作用平面外，可不计算</td><td>应计算分肢稳定性</td></tr>
<tr><td>分肢的轴心力，应按桁架弦杆计算</td></tr>
<tr><td>对缀板柱的分肢，还应考虑剪力引起的局部弯矩</td></tr>
<tr><td rowspan="2">8.2.3</td><td rowspan="2">弯矩绕实轴作用的格构式压弯构件整体稳定性验算</td><td>平面内</td><td>同实腹式构件（即第 8.2.1 条）</td></tr>
<tr><td>平面外</td><td>采用换算长细比，$\varphi_b=1.0$，其余同实腹式构件</td></tr>
<tr><td>8.2.4</td><td>双向压弯圆管的整体稳定</td><td colspan="2">适用于柱段中没有很大的横向力或很大的集中弯矩</td></tr>
<tr><td>8.2.5</td><td>双轴对称实腹式工字形和箱形压弯构件的稳定性</td><td colspan="2">弯矩作用在两个主平面内</td></tr>
<tr><td>8.2.6</td><td>双肢格构式压弯构件的稳定性</td><td colspan="2">弯矩作用在两个主平面内</td></tr>
<tr><td>8.2.7</td><td>格构式缀件的剪力计算</td><td colspan="2">取实际剪力和第 7.2.7 条的较大值</td></tr>
<tr><td rowspan="2">8.2.8</td><td rowspan="2">减小压弯构件计算长度（弯矩作用平面外）的支撑</td><td>实腹式构件</td><td>将受压翼缘按轴心受压构件，计算支撑力</td></tr>
<tr><td>格构式构件</td><td>将受压分肢按轴心受压构件，计算支撑力</td></tr>
</table>

【要点分析】

1. 稳定性分析是拉弯构件和压弯构件设计计算的重要内容，本节规定了实腹式构件、圆管截面、格构式拉弯和压弯构件的稳定分析要求，结构设计时应重点关注。

2. 第8.2.1条

1）除圆形截面外，弯矩作用在对称轴平面内的实腹式压弯构件：

（1）弯矩作用平面内的稳定性应按式（8.2.1-1）计算；

（2）弯矩作用平面外的稳定性应按式（8.2.1-3）计算；

（3）对于表8.1.1第3项、第4项中的单轴对称压弯构件，当弯矩作用在对称平面内且翼缘受压时，除应按式（8.2.1-1）计算外，尚应按式（8.2.1-4）计算；

（4）当框架内力采用二阶弹性分析时，柱弯矩由无侧移弯矩和放大的侧移弯矩组成，此时可对两部分弯矩分别乘以无侧移柱和有侧移柱的等效弯矩系数。

（5）平面内稳定性计算：

$$\frac{N}{\varphi_x A f}+\frac{\beta_{mx} M_x}{\gamma_x W_{1x}(1-0.8N/N'_{Ex})f}\leqslant 1.0 \tag{8.2.1-1}$$

$$N'_{Ex}=\pi^2 EA/(1.1\lambda_x^2) \tag{8.2.1-2}$$

（6）平面外稳定性计算：

$$\frac{N}{\varphi_y A f}+\eta\frac{\beta_{tx} M_x}{\varphi_b W_{1x} f}\leqslant 1.0 \tag{8.2.1-3}$$

$$\left|\frac{N}{Af}-\frac{\beta_{mx} M_x}{\gamma_x W_{2x}(1-1.25N/N'_{Ex})f}\right|\leqslant 1.0 \tag{8.2.1-4}$$

上述各式中：N——所计算构件范围内轴心压力设计值（N）；

N'_{Ex}——参数（N），按式（8.2.1-2）计算；

φ_x——弯矩作用平面内轴心受压构件的稳定系数；

M_x——所计算构件段范围内的最大弯矩设计值（N·mm）；

W_{1x}——在弯矩作用平面内，对受压最大纤维的毛截面模量（mm^3）；

φ_y——弯矩作用平面外的轴心受压构件稳定系数，按第7.2.1条确定；

φ_b——均匀弯曲的受弯构件整体稳定系数，按《钢标》附录C计算，其中工字形和T形截面的非悬臂构件，可按《钢标》附录C第C.0.5条的规定确定；对闭口截面，$\varphi_b=1.0$；

η——截面影响系数，闭口截面$\eta=0.7$，其他截面$\eta=1.0$；

W_{2x}——无翼缘端的毛截面模量（mm^3）；

β_{mx}、β_{tx}——等效弯矩系数；

f——钢材的抗压强度设计值（N/mm^2），按翼缘和腹板的较大板厚取值；

γ_x——截面塑性发展系数，按第8.1.1条规定取值。

（7）等效弯矩系数β_{mx}应按下列规定采用：

① 无侧移框架柱和两端支承的构件：

■ 无横向荷载作用（注：但可以有端弯矩）时，β_{mx}应按下式计算：

$$\beta_{mx}=0.6+0.4\frac{M_2}{M_1} \tag{8.2.1-5}$$

式中：M_1、M_2——端弯矩（N·mm），构件无反弯点时取同号；构件有反弯点时取异号，$|M_1|\geqslant|M_2|$。

■ 无端弯矩但有横向作用时，β_{mx} 应按下列公式计算

跨中单个集中荷载：

$$\beta_{mx}=1-0.36N/N_{cr} \tag{8.2.1-6}$$

全跨均布荷载：

$$\beta_{mx}=1-0.18N/N_{cr} \tag{8.2.1-7}$$

$$N_{cr}=\frac{\pi^2 EI}{(\mu l)^2} \tag{8.2.1-8}$$

上述各式中：N_{cr}——弹性临界力（N）；

μ——构件的计算长度系数。

■ 端弯矩和横向荷载同时作用时，式（8.2.1-1）的 $\beta_{mx}M_x$ 应按下式计算：

$$\beta_{mx}M_x=\beta_{mqx}M_{qx}+\beta_{m1x}M_1 \tag{8.2.1-9}$$

式中：M_{qx}——横向荷载产生的弯矩最大值（N·mm）；

β_{m1x}——取本条第1款第1项［式（8.2.1-5）］计算的等效弯矩系数；

β_{mqx}——取本条第1款第2项［式（8.2.1-6）或式（8.2.1-7）］计算的等效弯矩系数。

② 有侧移框架柱和悬臂构件，等效弯矩系数 β_{mx} 应按下列规定采用：

■ 有横向荷载的柱脚铰接的单层框架柱和多层框架的底层柱，$\beta_{mx}=1.0$。

■ 其他框架柱，β_{mx} 应按下式计算：

$$\beta_{mx}=1-0.36N/N_{cr} \tag{8.2.1-10}$$

■ 自由端作用有弯矩的悬臂柱，β_{mx} 应按下式计算：

$$\beta_{mx}=1-0.36(1-m)N/N_{cr} \tag{8.2.1-11}$$

式中：m——自由端弯矩与固定端弯矩之比，当弯矩图无反弯点时取正号，有反弯点时取负号。

（8）等效弯矩系数 β_{tx} 应按下列规定采用：

① 在弯矩作用平面外有支承的构件，应根据两相邻支座间构件段内的荷载和内力情况确定：

■ 无横向荷载作用时，β_{tx} 应按下式计算：

$$\beta_{tx}=0.65+0.35\frac{M_2}{M_1} \tag{8.2.1-12}$$

■ 端弯矩和横向荷载同时作用时，β_{tx} 应按下列规定取值：

使构件产生同向曲率时：$\beta_{tx}=1.0$；

使构件产生反向曲率时：$\beta_{tx}=0.85$。

■ 无端弯矩有横向作用时：$\beta_{tx}=1.0$。

② 弯矩作用平面外为悬臂的构件：$\beta_{tx}=1.0$。

2）本条规定篇幅较长，计算公式较多、计算系数也多，为便于理解列表如下：

表 8.2.1-1 对第 8.2.1 条的理解与把握

序号	规定	关键点把握
1	圆管截面除外	圆管截面见第 8.2.4 条
2	弯矩作用在对称轴平面内的实腹式压弯构件	本条适用的基本条件

续表

<table>
<tr><th>序号</th><th colspan="4">规定</th><th>关键点把握</th></tr>
<tr><td rowspan="2">3</td><td colspan="3" rowspan="2">一般情况</td><td>平面内式(8.2.1-1)</td><td rowspan="2">稳定性计算的一般要求，平面内和平面外</td></tr>
<tr><td>平面外式(8.2.1-3)</td></tr>
<tr><td rowspan="2">4</td><td colspan="3" rowspan="2">单轴对称的压弯构件：
1)弯矩作用在对称平面内；
2)翼缘受压</td><td>平面内式(8.2.1-1)</td><td rowspan="2">(表8.1.1第3、4项)；条件1)和2)同时满足，可不按式(8.2.1-3)验算</td></tr>
<tr><td>平面外式(8.2.1-4)</td></tr>
<tr><td>5</td><td colspan="4">所计算构件范围内轴心压力设计值</td><td>轴压力一般可取柱顶截面</td></tr>
<tr><td>6</td><td colspan="4">所计算构件段范围内的最大弯矩设计值</td><td>取构件段内的弯矩最大值(绝对值)</td></tr>
<tr><td rowspan="7">7</td><td rowspan="7">等效弯矩系数β_{mx}</td><td rowspan="4">无侧移框架柱和两端支承的构件</td><td>1)</td><td>式(8.2.1-5)</td><td>有端弯矩，无横向荷载</td></tr>
<tr><td rowspan="2">2)</td><td>跨中单个集中荷载式(8.2.1-6)</td><td rowspan="2">有横向荷载，无端弯矩</td></tr>
<tr><td>全跨均布荷载式(8.2.1-7)</td></tr>
<tr><td>3)</td><td>$\beta_{mx}M_x$按式(8.2.1-9)</td><td>端弯矩和横向荷载同时作用</td></tr>
<tr><td rowspan="3">有侧移框架柱和悬臂构件</td><td>1)</td><td>(1)有横向荷载的铰接柱脚的单层框架柱；
(2)多层框架的底层柱</td><td>(1)、(2)两种情况，均取$\beta_{mx}=1.0$；
可理解为(1)、(2)项都有横向荷载</td></tr>
<tr><td>2)</td><td>自由端有弯矩的悬臂柱式(8.2.1-11)</td><td>悬臂柱的自由端有弯矩作用</td></tr>
<tr><td>3)</td><td>其他框架柱式(8.2.1-10)</td><td>适应于除1)项以外的情况</td></tr>
<tr><td rowspan="5">8</td><td rowspan="5">等效弯矩系数β_{tx}</td><td rowspan="4">弯矩作用平面外有支承的构件</td><td>1)</td><td>式(8.2.1-12)</td><td>有端弯矩，无横向荷载</td></tr>
<tr><td rowspan="2">2)</td><td>构件产生同向曲率$\beta_{tx}=1.0$</td><td rowspan="2">端弯矩和横向荷载同时作用</td></tr>
<tr><td>构件产生反向曲率$\beta_{tx}=0.85$</td></tr>
<tr><td>3)</td><td>$\beta_{tx}=1.0$</td><td>无端弯矩，有横向荷载</td></tr>
<tr><td colspan="2">弯矩作用平面外为悬臂</td><td>$\beta_{tx}=1.0$</td><td>弯矩作用平面外无支承的构件</td></tr>
</table>

3）以上表格可以发现：

（1）《钢标》对拉弯和压弯构件稳定计算的基本思路与对其他构件是一致的，就是弯矩作用平面内和弯矩作用平面外的稳定验算。

（2）比较《钢标》第7.2节受压构件的稳定性计算可以发现：

① 受压构件的稳定性计算，主要是长细比计算问题，分实腹式构件、格构式构件、桁架、塔架、单系腹杆和交叉腹杆等；

② 拉弯和压弯构件稳定性计算，涉及的计算系数更多：有弯矩作用平面内、和弯矩作用平面外的轴心受压稳定系数（φ_x、φ_y，按第7.2.1条确定）、有均匀弯曲的受弯构件整体稳定系数（φ_b）、有等效弯矩系数（β_{mx}、β_{tx}）等，还有格构柱的稳定性计算（第8.2.2条、第8.2.3条），以及双向压弯圆管的整体稳定计算等。

4）“有横向荷载”，可理解为在构件高度范围内（不包括两个端点）作用的横向荷载，在构件两端点楼层的地震作用，不属于本条规定的横向荷载。

5）压弯构件在平面内和平面外的稳定计算，各计算系数的确定等，在历年注册考试中经常出现，实际工程及注册备考时应特别注意。

3. 第 8.2.2 条

1）弯矩绕虚轴作用的格构式压弯构件（注：表 8.1.1 中的第 7 项，为单向虚轴，虚轴为 x 轴；第 8 项为双向虚轴）：

（1）弯矩作用平面内的整体稳定性按式（8.2.2-1）计算：

$$\frac{N}{\varphi_x A f}+\frac{\beta_{mx} M_x}{W_{1x}(1-N/N'_{Ex})f}\leqslant 1.0 \tag{8.2.2-1}$$

$$W_{1x}=I_x/y_0 \tag{8.2.2-2}$$

上述各式中：I_x——对虚轴的毛截面惯性矩（mm^4）；

y_0——由虚轴到压力较大分肢的轴线距离（mm），或者到压力较大腹板外边缘的距离，二者取较大值；

φ_x——为弯矩作用平面内，轴心受压构件的稳定系数，按换算长细比，根据第 7.2.1 条确定；

N'_{Ex}——为弯矩作用平面内，轴心受压构件的计算参数，按换算长细比，根据式（8.2.1-2）确定；

f——分肢的抗压强度设计值（N/mm^2），按翼缘和腹板的较大板厚取值。

（2）弯矩作用平面外的整体稳定性可不计算，但应计算分肢的稳定性：

① 分肢的轴力应按桁架的弦杆计算；

② 对于缀板柱的分肢，还应考虑由剪力引起的局部弯矩。

2）比较式（8.2.2-1）和式（8.2.1-1）可以发现：

（1）两个公式的基本形式是一样的，只是第二项系数上的差别（格构式构件公式比实腹构件少一个 γ_x 和系数 0.8）；

（2）对于格构式构件，其稳定系数和计算参数由换算长细比确定（而对于实腹式构件，由计算长细比确定）。

3）弯矩绕虚轴作用的格构式压弯构件（弯矩绕实轴作用时，见第 8.2.3 条）：

（1）弯矩作用平面外的稳定性可不计算。

（2）应计算分肢的稳定性：

① 分肢按压弯构件计算，验算分肢在格构柱 x 轴和 y 轴两个方向的稳定性；

② 格构柱的剪力取该层格构柱柱顶的构造剪力（见第 7.2.7 条）和柱顶截面剪力设计值的较大值（见第 8.2.7 条）；

③ 将格构柱的剪力，在各分肢柱之间按各分肢柱的截面面积比值分配，计算得到各分肢柱的剪力设计值；

④ 按分肢柱的剪力设计乘以缀板与分肢端部的距离（取较小值），可得缀板柱的分肢由缀板剪力引起的局部弯矩。

4）弯矩绕虚轴作用的格构式压弯构件，在平面内和平面外的稳定计算等，在历年注册考试中常有出现（见第 19 章），实际工程及注册备考时应注意。

4. 第 8.2.3 条

1）弯矩绕实轴作用的格构式压弯构件（注：表 8.1.1 中的第 7 项，y 轴为实轴）：

（1）弯矩作用平面内和弯矩作用平面外的稳定性计算，与实腹式构件相同；

（2）计算弯矩作用平面外的整体稳定性时，长细比应取换算长细比，取 $\varphi_b=1.0$。

2）弯矩作用平面内和弯矩作用平面外的稳定性计算：

（1）采用式（8.2.1-1）和式（8.2.1-3）验算。

（2）在计算弯矩作用平面外的稳定性时：

① 应按式（7.2.3-1）或式（7.2.3-2）计算格构柱的换算长细比；

② 根据换算长细比，按表7.2.1确定的b类，查《钢标》附录D，确定式（8.2.1-3）中的φ_y；

③ 取$\varphi_b=1.0$。

3）弯矩绕实轴作用的格构式压弯构件，计算较为简单，实际工程和注册备考时，注意引用实腹式压弯构件计算公式（第8.2.1条）时的相关参数取值。

5. 第8.2.4条

1）当柱段中，没有很大横向力或集中弯矩时，双向压弯圆管的整体稳定性，按（8.2.4-1）计算。

$$\frac{N}{\varphi Af}+\frac{\beta M}{\gamma_m W(1-0.8N/N'_{Ex})f}\leqslant 1.0 \tag{8.2.4-1}$$

$$M=\max(\sqrt{M_{xA}^2+M_{yA}^2},\ \sqrt{M_{xB}^2+M_{yB}^2}) \tag{8.2.4-2}$$

$$\beta=\beta_x\beta_y \tag{8.2.4-3}$$

$$\beta_x=1-0.35\sqrt{N/N_E}+0.35\sqrt{N/N_E}\ (M_{2x}/M_{1x}) \tag{8.2.4-4}$$

$$\beta_y=1-0.35\sqrt{N/N_E}+0.35\sqrt{N/N_E}\ (M_{2y}/M_{1y}) \tag{8.2.4-5}$$

$$N_E=\pi^2EA/\lambda_{max}^2 \tag{8.2.4-6}$$

式中：φ——轴心受压构件的整体稳定系数，按构件最大长细比取值；

M——计算双向压弯圆管构件整体稳定时，采用的弯矩设计值（N·mm），按式（8.2.4-2）计算；

M_{xA}、M_{yA}、M_{xB}、M_{yB}——分别为构件A端关于x轴、y轴的弯矩设计值和构件B端关于x轴、y轴的弯矩设计值（N·mm）；

β——计算双向压弯整体稳定时，采用的等效弯矩系数；

M_{1x}、M_{2x}、M_{1y}、M_{2y}——分别为x轴、y轴端弯矩设计值（N·mm）；构件无反弯点时取同号，构件有反弯点时，取异号；$|M_{1x}|\geqslant|M_{2x}|$，$|M_{1y}|\geqslant|M_{2y}|$；

N_E——根据构件最大长细比计算的欧拉力（N），按式（8.2.4-6）计算；

f——圆管的抗压强度设计值（N/mm^2）；

γ_m——圆管构件的截面塑性发展系数，按第8.1.1条取值。

2）式（8.2.4-1）仅用于双向压弯圆管构件（不适用于其他截面构件），且柱段中间没有横向力或横向弯矩作用，或横向力和横向弯矩不很大的情况；

3）“很大横向力或集中弯矩”，可理解为“很大的横向力或很大的集中弯矩”：

（1）《钢标》对“很大”没有给出具体的量化方法；

（2）建议实际工程中，可参考《混规》中对集中荷载为主的判别方法：

① 实际工程中，当横向力产生的剪力占柱剪力的50%以上时（柱端截面或横向力作用截面中的任一截面满足），可确定为属于“很大的横向力”；

② 当集中弯矩占柱弯矩的50%以上时（柱端截面或横向力作用截面中的任一截面满足），可确定为属于“很大的集中弯矩”；

③ 实际工程中，应采取措施避免柱段中有很大横向力或集中弯矩作用，当集中力或集中弯矩很大时，本条公式不适用或应采用其他方法进行补充分析。

4）式（8.2.4-1）与式（8.2.1-1）形式是相同的，只是采用了等效弯矩系数β和截面塑性发展系数γ_m，应用建议如下：

（1）采用等效弯矩系数（两个单向弯曲系数的乘积）的方法，考虑双向弯矩对构件稳定的影响；

（2）γ_m（《钢标》在本条未有具体取值说明），当圆管截面板件宽厚比等级满足S3级要求时可按表8.1.1取值，取$\gamma_m=\gamma_x=\gamma_y=1.15$；不满足S3级或需要验算疲劳的构件取1.0；

（3）轴心受压构件的稳定系数，按构件x轴y轴和斜平面方向的最大长细比取值；

（4）欧拉力N_E，根据构件x轴y轴和斜平面方向的最大长细比，按式（8.2.4-6）计算；N'_{Ex}采用最大长细比，按式（8.2.1-2）计算，即$N'_{Ex}=\pi^2EA/(1.1\lambda^2_{max})$；

（5）注意端弯矩的取值及正负号，无反弯点取同号，有反弯点取异号，绝对值1大2小（1、2为角码）。

5）圆管截面在基坑支护中经常遇到，实际应用时，应注意本条公式的适用条件，并应关注支座情况的变化（如基坑变形导致钢柱端部产生转角变形时，将会在杆件端部产生附加弯矩，并直接影响钢管的稳定性）。

6）实际工程应用和注册备考时，应加强对本条规定的理解。

6. 第8.2.5条

1）弯矩作用在两个主平面内的双轴对称实腹工字形或箱形截面的压弯构件，其稳定性按式（8.2.5-1）和式（8.2.5-2）计算。

$$\frac{N}{\varphi_x Af}+\frac{\beta_{mx}M_x}{\gamma_x W_x(1-0.8N/N'_{Ex})f}+\eta\frac{\beta_{ty}M_y}{\varphi_{by}W_y f}\leqslant 1.0 \qquad (8.2.5\text{-}1)$$

$$\frac{N}{\varphi_y Af}+\eta\frac{\beta_{tx}M_x}{\varphi_{bx}W_x f}+\frac{\beta_{my}M_y}{\gamma_y W_y(1-0.8N/N'_{Ey})f}\leqslant 1.0 \qquad (8.2.5\text{-}2)$$

$$N'_{Ey}=\pi^2EA/(1.1\lambda_y^2) \qquad (8.2.5\text{-}3)$$

式中：φ_x、φ_y——对强轴x-x和弱轴y-y的轴心受压构件整体稳定系数（注：按第7.2.1条确定）；

φ_{bx}、φ_{by}——均匀弯曲的受弯构件整体稳定性系数，应按《钢标》附录C计算，其中工字形截面的非悬臂构件的φ_{bx}可按《钢标》附录C第C.0.5条的规定确定，φ_{by}可取为1.0；对闭合截面，取$\varphi_{bx}=\varphi_{by}=1.0$；

M_x、M_y——所计算构件段范围对强轴和弱轴的最大弯矩设计值（N·mm）；

W_x、W_y——对强轴和弱轴的毛截面模量（mm^3）；

β_{mx}、β_{my}——等效弯矩系数，应按第8.2.1条弯矩作用平面内的稳定计算规定计算；

β_{tx}、β_{ty}——等效弯矩系数，应按第8.2.1条弯矩作用平面外的稳定计算规定计算；

f——钢材的抗压强度设计值（N/mm^2），按翼缘和腹板的较大板厚取值；

γ_x、γ_y——截面塑性发展系数，按第8.1.1条确定；

η——截面影响系数（按第8.2.1条确定），闭口截面$\eta=0.7$，其他截面

$\eta=1.0$。

2）本条的适用条件如下：

（1）截面为双轴对称的，实腹工字形或箱形截面构件，也就是表8.1.1中第1项的双轴对称实腹式工字形截面，和第2项中的双轴对称实腹式箱形截面，不适用于其他截面。

（2）弯矩作用在两个主平面内（即表8.1.1中第1、2项的x轴和y轴平面内）。

3）本条计算不适用于其他情况的截面构件，也不适用于弯矩作用的其他情况，实际工程中，应尽量采用《钢标》规定的截面及弯矩作用情况，便于设计计算公式的合理利用。

4）与式（8.2.1-1）相比，式（8.2.5-1）和式（8.2.5-2）除原来的轴力项、弯矩项外，又增加了由η引出的弯矩项，使计算更加复杂。公式的应用建议如下：

（1）轴心受压构件的稳定系数φ_x和φ_y，按第7.2.1条计算；

（2）等效弯矩系数β_{mx}、β_{my}，按第8.2.1条弯矩作用平面内的稳定计算要求确定，考虑弯矩作用平面内，无侧移框架柱、梁端支承的构件、有无端弯矩、有无横向荷载同时作用等情况；

（3）等效弯矩系数β_{tx}、β_{ty}，按第8.2.1条弯矩作用平面外的稳定计算要求确定；考虑弯矩作用平面外，有无支承构件、有无横向荷载、有无端弯矩等情况。

5）对本节《钢标》编制思路说明见第8.2.6条，实际工程应用和注册备考时，应注意区分和把握。

7. 第8.2.6条

1）弯矩作用在两个主平面内的双肢格构式压弯构件，其整体稳定性应按（8.2.6-1）计算。

（1）按整体计算：

$$\frac{N}{\varphi_x Af}+\frac{\beta_{mx}M_x}{W_{1x}(1-N/N'_{Ex})f}+\frac{\beta_{ty}M_y}{W_{1y}f}\leqslant 1.0 \tag{8.2.6-1}$$

式中：W_{1y}——在M_y作用下，对较大受压纤维的毛截面模量（mm^3）；

f——分肢的抗压强度设计值（N/mm^2），按翼缘和腹板的较大板厚取值。

（2）按分肢计算：

在N和M_x（注：绕x轴）作用下，将分肢作为桁架弦杆计算其轴心力，M_y按式（8.2.6-2）和式（8.2.6-3）分配给两个分肢（图8.2.6），然后按第8.2.1条的规定，计算各分肢稳定性。

分肢1：
$$M_{y1}=\frac{I_1/y_1}{I_1/y_1+I_2/y_2}M_y \tag{8.2.6-2}$$

分肢2：
$$M_{y2}=\frac{I_2/y_2}{I_1/y_1+I_2/y_2}M_y \tag{8.2.6-3}$$

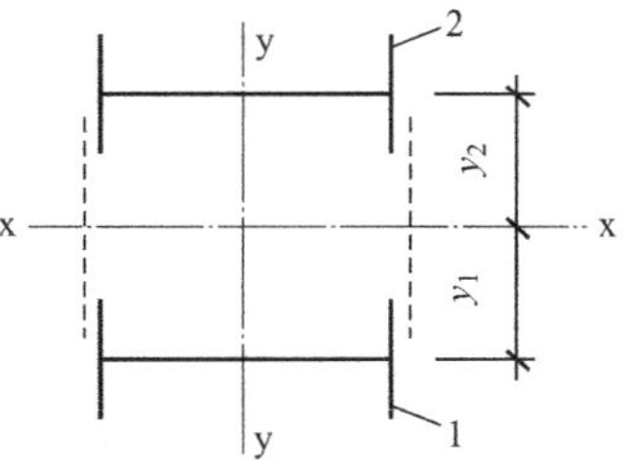

图8.2.6 格构式构件截面

1—分肢1；2—分肢2

式中：I_1、I_2——分肢1、分肢2对y轴的惯性矩（mm^4）；

y_1、y_2——M_y作用的主轴平面至分肢1、分肢2的轴线距离（mm）。

2）式（8.2.6-1）的使用条件是：

（1）双肢格构式压弯构件，即表8.1.1中第7项；

（2）弯矩作用在两个主平面内，即作用在表8.1.1中第7项的x轴和y轴平面内。

3）比较式（8.2.6-1）和式（8.2.2-1），前两项完全相同，增加第3项；而式（8.2.6-1）与（8.2.5-1）相比，其形式是一样的。

4）式（8.2.6-1）应用建议：

（1）前两项同式（8.2.2-1），相关符号说明同式（8.2.2-1）；

（2）W_{1y}，可参考公式（8.2.2-2）计算，即 $W_{1y}=I_y/y_0$；

（3）β_{ty}，等效弯矩系数，按第 8.2.1 条弯矩作用平面外的稳定计算有关规定采用。

5）按分肢计算时：

（1）将分肢作为桁架弦杆，计算双肢格构柱在 N 和 M_x 共同作用下，两分肢的轴向力 N_1 和 N_2；

（2）格构柱的 M_y，按式（8.2.6-2）和式（8.2.6-3）分配给两分肢（图 8.2.6）M_{y1} 和 M_{y2}，当两分肢截面相同时，$M_{y1}=M_{y2}=\dfrac{M_y}{2}$；

（3）按式（8.2.1）计算两分肢在轴力和弯矩分别作用下（分肢 1：N_1、M_{y1}，分肢 2：N_2、M_{y2}）的稳定性。

6）比较本节各条规定可以发现，《钢标》对压弯构件的稳定性计算由简单到复杂，由实腹式单向受弯的压弯构件平面内和平面外计算，到格构式压弯构件，到双向受弯的压弯构件计算，直至本条的双向受弯的格构式压弯构件，实际工程应用和注册备考时，理顺《钢标》的编制思路，对于理解和把握《钢标》的规定具有积极的意义。

8. 第 8.2.7 条

1）计算格构式缀件时，应取构件的实际剪力和按式（7.2.7）计算剪力的较大值。

2）“格构式缀件”可理解为“格构式压弯构件的缀件”，包括缀板和缀条（对应第 7.2.3 条）。

3）本条规定，对于缀件（缀板和缀条）的剪力，除考虑格构式压弯构件的计算剪力外，还应考虑第 7.2.7 条的构造要求。

4）本条规定和第 7.2.7 条的规定，在历年注册考试中出现过（见第 19 章），实际工程应用及注册备考时应注意。

9. 第 8.2.8 条

1）用作减小压弯构件在弯矩作用平面外计算长度的支撑，应按第 7.5 节的规定计算支撑杆件的支撑力。计算被支撑杆件的最大轴心压力 N 时，等效轴心受压构件的截面取值原则如下：

（1）对实腹式构件，应将压弯构件的受压翼缘，视为轴心受压构件（等效轴心受压构件的面积，取受压翼缘的截面面积）；

（2）对格构式构件应将压弯构件的受压分肢，视为轴心受压构件（等效轴心受压构件的面积，取受压分肢的截面面积）。

2）本条支撑的主要作用是，减小压弯构件在弯矩作用平面外的计算长度（注意，是压弯构件、弯矩作用平面外的计算长度）。

3）根据支撑的设置情况：

（1）按第 7.5.1 条计算支撑杆件应承担的支撑力；

（2）按第 7.1.1 条计算支撑的强度；

（3）按第 7.2.1 条计算支撑的稳定性；

（4）按第 7.4.6 条的规定，该支撑的长细比应≤200。

4）本条对支撑（用来减小压弯构件在弯矩作用平面外的计算长度）的计算规定，实际工程和注册备考时应注意。

【思库问答】

【问1】请问，《钢标》第8.2.1条有侧移框架柱和无侧移框架柱的划分，是不是还要区分平面内和平面外呀？

【答1】有侧移和无侧移指框架平面内。

【问2】请问，《钢标》第8.2.1条端弯矩和横向荷载同时作用时，等效弯矩系数计算所指第1款第1、2项是指式（8.2.1-6）和式（8.2.1-7）吧？

【答2】第1款第1项指式（8.2.1-5），第1款第2项指式（8.2.1-6）和式（8.2.1-7）。

【问3】请问，《钢标》式（8.2.1-2）中长细比，若是对格构式虚轴是否按换算长细比？

【答3】格构式对虚轴用换算长细比，第7.2.3条有专门规定。

【问4】请问，《钢标》计算压弯构件稳定系数时，用到的计算长度是按照第7.2节轴心受压构件的计算长度，还是第8.3节框架柱的计算长度？尤其是计算平面内计算长度时，用到的计算长度是依据哪一条确定？

【答4】压弯构件的稳定系数，《钢标》第8.2.1条说得很清楚，有弯矩作用平面内和平面外轴心受压构件的稳定系数，和均匀弯曲的受弯构件整体稳定系数，按相应规定计算即可，框架柱的计算长度按第8.3节取值。

【问5】请问，《钢标》第8.2.1条均匀弯曲的受弯整体稳定系数，按《钢标》附录C计算，其中工字形和T形截面的非悬臂构件，可按《钢标》附录C第C.0.5条确定。这里的非悬臂是指平面外为非悬臂吧？例如平面内悬臂柱，平面外两端有铰接的支撑，是按非悬臂吗？

【答5】这里指的是均匀弯曲发生在弯矩作用平面内，即弯矩作用平面内为非悬臂的构件。

【问6】请问，《钢标》第8.2.1条中 φ_x 的计算，是否需要考虑扭转，长细比是用 λ_y 还是 λ_{yv}？

【答6】φ_x 是弯矩作用平面内的轴心受压构件的稳定系数，就是用 λ_x。

8.3　框架柱的计算长度

《钢标》对框架柱的计算长度规定见表8.3.0-1。

表8.3.0-1　《钢标》对框架柱的计算长度规定

条文号	规定	关键点把握
8.3.1	等截面柱，在框架平面内的计算长度	1)等于该层柱的高度 H 乘以计算长度系数 μ
		2)框架分为无支撑框架和有支撑框架
		3)采用二阶弹性分析方法计算内力，且在每层顶附加考虑假想水平力 H_{ni} 时，框架柱的计算长度系数可取1.0或其他认可的值
		4)当采用一阶弹性分析方法计算内力时，框架柱的计算长度系数 μ 应按无支撑框架和有支撑框架确定

续表

条文号	规定		关键点把握
8.3.2	单层厂房框架平面内柱计算长度	等截面柱	适用于下端刚性固定(可理解为嵌固)、带牛腿
8.3.3		阶形柱	适用于下端刚性固定(可理解为嵌固),分单阶和双阶
8.3.4	格构式柱和桁架式横梁的惯性矩		应考虑柱(或横梁)截面高度变化和缀件(或腹杆)的变形
8.3.5	框架柱在框架平面外的计算长度		可取框架平面外,框架柱支撑点之间的距离,不需要修正

【要点分析】

1. 本节专门就框架柱的计算长度做出规定，适用于一阶弹性分析方法计算内力时的框架柱设计：

（1）本节的框架柱主要是：等截面框架柱、单层工业厂房的等截面柱和单层工业厂房的阶形柱（单阶柱和双阶柱）；

（2）一阶弹性分析与设计法，适用于较为简单规则的结构，实际工程中，应尽量采用《钢标》规定情况的框架柱，避免采用复杂受力的框架柱。对复杂结构和构件宜采用二阶 P-Δ 弹性分析与设计法（第 5.4 节）和直接分析设计法（第 5.5 节）；

（3）本节内容在实际工程应用和历年注册考题中经常出现（见第 19 章），应特别注意理解和把握。

2. 第 8.3.1 条

1）等截面柱，在框架平面内的计算长度应等于该层柱的高度乘以计算长度系数 μ。框架应分为无支撑框架和有支撑框架。当采用二阶弹性分析方法计算内力且每层柱顶附加考虑假想水平力 H_{ni} 时，框架柱的计算长度系数可取 1.0 或其他认可的值。当采用一阶弹性分析方法计算内力时，框架柱的计算长度系数 μ 应按下列规定确定：

2）无支撑框架：

（1）框架柱的计算长度系数 μ，应按《钢标》附录 E 表 E.0.2 有侧移框架柱的计算长度系数确定，也可按下列简化公式计算：

$$\mu=\sqrt{\frac{7.5K_1K_2+4(K_1+K_2)+1.52}{7.5K_1K_2+K_1+K_2}} \tag{8.3.1-1}$$

式中：K_1、K_2——分别为相交于柱上端、柱下端的横梁线刚度之和与柱线刚度之和的比值，K_1、K_2 的修正应按《钢标》附录 E 表 E.0.2 注确定。

（2）设有摇摆柱时，摇摆柱自身的计算长度系数应取 1.0，框架柱的计算长度系数（注：框架梁的跨度，按不考虑摇摆柱计算，查《钢标》附录 E 确定），应乘以按式（8.3.1-2）计算的放大系数 η：

$$\eta=\sqrt{1+\frac{\sum(N_1/h_1)}{\sum(N_f/h_f)}} \tag{8.3.1-2}$$

式中：$\sum(N_f/h_f)$ ——本层各框架柱轴心压力设计值与框架柱柱子高度比值之和；

$\sum(N_1/h_1)$ ——本层各摇摆柱轴心压力设计值与摇摆柱柱子高度比值之和。

（3）当同层各柱的 N/I 不相同时，柱计算长度系数宜按式（8.3.1-3）计算；当框架附有摇摆柱时，框架柱的计算长度系数宜按式（8.3.1-5）确定；当根据式（8.3.1-3）或式（8.3.1-5）计算的 μ_i 小于1.0时，应取 $\mu_i=1.0$。

$$\mu_i=\sqrt{\frac{N_{Ei}}{N_i}\cdot\frac{1.2}{K}\sum\frac{N_i}{h_i}}\geqslant 1.0 \tag{8.3.1-3}$$

$$N_{Ei}=\pi^2 EI_i/h_i^2 \tag{8.3.1-4}$$

$$\mu_i=\sqrt{\frac{N_{Ei}}{N_i}\cdot\frac{1.2\sum(N_i/h_i)+\sum(N_{1j}/h_j)}{K}}\geqslant 1.0 \tag{8.3.1-5}$$

上述各式中：N_i ——第 i 根柱轴心压力设计值（N）；

N_{Ei} ——第 i 根柱的欧拉临界力（N）；

h_i ——第 i 根柱的高度（mm）（注：这里的柱高度为柱子竖向高度，不是柱截面高度，老钢规用 H_i 表示，不容易误解）；

K ——框架层侧移刚度，即产生层间单位侧移所需的力（N/mm）；

N_{1j} ——第 j 根摇摆柱轴心压力设计值（N）；

h_j ——第 j 根摇摆柱的高度（mm）（注同 h_i）。

（4）计算单层框架和多层框架底层柱的计算长度系数时，K 值宜按柱脚的实际约束情况进行计算，也可按理想情况（铰接或刚接）确定 K 值，对算得的系数 μ 进行修正。

（5）当多层单跨框架的顶层采用轻型屋面，或多跨多层框架的顶层抽柱形成较大跨度时，顶层柱的计算长度系数应忽略屋面梁对柱子的转动约束。

3）有支撑框架：

当支撑结构（支撑框架、剪力墙等）满足式（8.3.1-6）要求时，为强支撑框架，框架柱的计算长度系数 μ 可按《钢标》附录E表E.0.1无侧移框架柱的计算长度系数确定，也可按式（8.3.1-7）计算。

$$S_b\geqslant 4.4\left[\left(1+\frac{100}{f_y}\right)\sum N_{bi}-\sum N_{0i}\right] \tag{8.3.1-6}$$

$$\mu=\sqrt{\frac{(1+0.41K_1)(1+0.41K_2)}{(1+0.82K_1)(1+0.82K_2)}} \tag{8.3.1-7}$$

上述各式中：$\sum N_{bi}$——第 i 层层间所有框架柱，用无侧移框架柱计算长度系数，算得的轴压杆稳定承载力之和（N）；

$\sum N_{0i}$——第 i 层层间所有框架柱，用有侧移框架柱计算长度系数，算得的轴压杆稳定承载力之和（N）；

S_b ——支撑结构层侧移刚度，即施加于结构上的水平力与其产生的层间侧移角的比值（N）；

K_1、K_2 ——分别为相交于柱上端、柱下端的横梁线刚度之和与柱线刚度之和的比值，K_1、K_2 的修正见《钢标》附录E表E.0.1注。

4）和第8.2.1条一样，本条规定条文篇幅较大，公式多，计算系数多，为便于理解列表如下：

表8.3.1-1 对《钢标》第8.3.1条的理解与把握

序号	规定	关键点把握
1	框架分为无支撑框架和有支撑框架	对应于无侧移和有侧移计算表格

续表

<table>
<tr><th>序号</th><th colspan="4">规定</th><th>关键点把握</th></tr>
<tr><td>2</td><td colspan="4">采用一阶弹性分析方法计算内力时，等截面柱的计算长度 $l=\mu H$</td><td>μ 为计算长度系数，H 为所在层柱的计算高度；注意：仅适用于等截面柱的内力计算</td></tr>
<tr><td rowspan="2">3</td><td colspan="2" rowspan="2">当采用二阶弹性分析方法计算内力时</td><td colspan="2">取 $\mu=1.0$</td><td rowspan="2">每层柱顶附加考虑假想水平力 H_{ni}；与第 5.4.1 条规定一致</td></tr>
<tr><td colspan="2">计算长度系数取其他认可的值</td></tr>
<tr><td rowspan="11">4</td><td rowspan="8">无支撑框架</td><td>1)</td><td colspan="2">框架柱 μ 可查表、可计算</td><td>优先查《钢标》表 E.0.2 确定</td></tr>
<tr><td rowspan="2">2)</td><td rowspan="2">设摇摆柱时</td><td>摇摆柱取 $\mu=1.0$</td><td>摇摆柱承受荷载的倾覆作用，由框架承担</td></tr>
<tr><td>框架柱 μ 乘放大系数 η</td><td>通过放大系数考虑摇摆柱的影响</td></tr>
<tr><td>3)</td><td colspan="2">N/I 不同时，计算长度系数</td><td>分别计算，且均应≥1.0</td></tr>
<tr><td rowspan="2">4)</td><td rowspan="2">单层框架和多层框架的底层柱</td><td>按柱脚实际约束</td><td>适应于柱脚实际约束明确的情况</td></tr>
<tr><td>按理想情况修正</td><td>适合于柱脚约束不十分明确的情况</td></tr>
<tr><td rowspan="2">5)</td><td colspan="2">多层单跨框架顶层采用轻型屋面</td><td rowspan="2">计算 K_1（确定顶层框架柱的计算长度系数）时，该屋面梁的线刚度取 0</td></tr>
<tr><td colspan="2">多跨多层框架顶层抽柱成大跨</td></tr>
<tr><td rowspan="3">有支撑框架</td><td colspan="3">强支撑框架的判别式(8.3.1-6)</td><td>不宜采用弱支撑框架</td></tr>
<tr><td colspan="2" rowspan="2">计算长度系数</td><td>查表确定</td><td>优先查《钢标》表 E.0.1 确定</td></tr>
<tr><td>计算确定</td><td>可理解为 0.41 与 0.82 的关系</td></tr>
</table>

5）由表 8.3.1-1 可以发现，框架柱可以分为无支撑框架和有支撑框架两种基本形式，对应于《钢标》附录 E 两种不同的计算表格（表格按有侧移框架柱和无侧移框架柱）。无支撑框架查有侧移表格，有支撑框架查无侧移表格。在有支撑框架中，支撑为强支撑［应满足公式（8.3.1-6）要求］，实际工程应避免采用弱支撑框架［即不满足公式（8.3.1-6）要求的支撑］，采用概念清晰的结构体系。

6）实际工程中，对于强支撑框架-支撑结构的判别，也可参考第 10.1.1 条进行概念判断：即按照协同分析，当支撑（剪力墙）系统能够承担所有水平力或结构下部 1/3 楼层，支撑（或剪力墙）承担的水平力大于该层总水平力 80%时，可确定为强支撑框架-支撑结构。

7）当柱高度相同（即 $h_1=h_f$）时，公式（8.3.1-2）又可改下为：

$$\eta=\sqrt{1+\frac{\sum N_1}{\sum N_f}} \tag{8.3.1-8}$$

8）计算长度系数法，主要用于一阶弹性分析方法时，是对柱子计算长度 H 的简单放大。适合于较为均匀对称的结构。

9）框架柱的计算长度系数，宜优先采用查表法（也可采用简化公式计算），查表和计算的前提是，先要计算出框架柱上端和下端的线刚度比值（就是 K_1、K_2）：

$$K_1=\frac{\sum i_{b1}}{\sum i_{c1}} \tag{8.3.1-9}$$

$$K_2=\frac{\sum i_{b2}}{\sum i_{c2}} \tag{8.3.1-10}$$

上述两式中：$\sum i_{b1}$——为框架平面内，相交于柱上端的横梁线刚度之和，当横梁与柱铰接时，横梁线刚度为零；

$\sum i_{b2}$——为框架平面内，相交于柱下端的横梁线刚度之和，当横梁与柱铰接时，横梁线刚度为零；

$\sum i_{c1}$——为框架平面内，相交于柱上端的柱线刚度之和；

$\sum i_{c2}$——为框架平面内，相交于柱下端的柱线刚度之和。

（1）当为有侧移框架柱时，K_1、K_2 计算应进行如下修正：

① 横梁远端为铰接时，横梁线刚度应乘以 0.5；

② 横梁远端为嵌固（注意是固定端，而不是刚接）时，横梁线刚度应乘以 2/3；

③ 对于低层框架柱（注意：不是底层。对于“低层框架”《钢标》未给出具体的量化规定，实际工程中，可将多层框架确定为“低层框架”），当柱与基础铰接时，应取 $K_2=0$，当柱与基础刚接时，应取 $K_2=10$，平板支座可取 $K_2=0.1$（建议：实际工程中，本条规定也可适用于所有框架柱，而不一定限于低层框架柱）。

④ 当与柱刚接的横梁所受轴心压力 N_b 较大时，横梁线刚度折减系数 α_N 应按下列公式计算：

横梁远端与柱刚接时：

$$\alpha_N = 1 - 0.25 N_b / N_{Eb} \tag{8.3.1-11}$$

$$N_{Eb} = \pi^2 E I_b / l^2 \tag{8.3.1-12}$$

横梁远端与柱铰接时：

$$\alpha_N = 1 - N_b / N_{Eb} \tag{8.3.1-13}$$

横梁远端嵌固时：

$$\alpha_N = 1 - 0.5 N_b / N_{Eb} \tag{8.3.1-14}$$

上述公式中：N_b——与柱刚接的横梁（注意：远端可以是铰接、刚接或固定）所受轴心压力设计值（N）（注意：对“轴心压力较大”，《钢标》未给出具体的量化指标，实际工程中，建议可将 $N_b > 0.15 A_n f$ 确定为“轴心压力较大”）；

N_{Eb}——与柱刚接的横梁，按欧拉公式计算的轴心压力设计值（N）；

I_b——横梁截面惯性矩（mm^4）；

l——横梁计算跨度（mm）。

（2）当为无侧移框架柱时，K_1、K_2 计算应进行如下修正：

① 横梁远端为铰接时，横梁线刚度应乘以 1.5；

② 横梁远端为嵌固（注意是固定端，而不是刚接）时，横梁线刚度应乘以 2；

③ 对于低层框架柱［注意：理解同（1）］，当柱与基础铰接时，应取 $K_2=0$，当柱与基础刚接时，应取 $K_2=10$，平板支座可取 $K_2=0.1$。

④ 当与柱刚接的横梁所受轴心压力 N_b 较大时，横梁线刚度折减系数 α_N 应按下列公式计算：

横梁远端与柱刚接和横梁远端与柱铰接时：

$$\alpha_N = 1 - N_b / N_{Eb} \tag{8.3.1-15}$$

横梁远端嵌固时：

$$\alpha_N = 1 - 0.5 N_b / N_{Eb} \tag{8.3.1-16}$$

10）对于单层框架和多层框架的底层柱，计算其计算长度系数时，应注意对“柱脚的实际约束情况”的把握：

（1）当柱脚约束情况明确（如明确为刚接或铰接）时，可按实际约束情况计算；

（2）当柱脚约束情况不完全明确时，宜按理想情况（铰接或刚接）确定 K 值，对算得的系数 μ 进行修正（修正系数需要根据实际工程经验，结合 μ 计算时的柱脚理想约束情况，取适当的调整系数：非完全刚接时取大于 1 的调整系数，非完全铰接时取小于 1 的调整系数）。

11）公式（8.3.1-1）是对《钢标》附录 E 表 E.0.2 之表注公式的简化。

12）公式（8.3.1-7）是对《钢标》附录 E 表 E.0.1 之表注公式的简化。

13）本条内容在实际工程和历年注册考试中经常出现，应注意把握（见第 19.1 节 20 题）。

3. 第 8.3.2 条

1）单层厂房框架下端刚性固定的，带牛腿等截面柱在框架平面内的计算长度，应按下列公式确定：

$$H_0=\alpha_N\left[\sqrt{\frac{4+7.5K_b}{1+7.5K_b}}-\alpha_K\left(\frac{H_1}{H}\right)^{1+0.8K_b}\right] \tag{8.3.2-1}$$

$$K_b=\frac{\sum(I_{bi}/l_i)}{I_c/H} \tag{8.3.2-2}$$

当 $K_b<0.2$ 时：

$$\alpha_K=1.5-2.5K_b \tag{8.3.2-3}$$

当 $0.2\leqslant K_b<2.0$ 时：

$$\alpha_K=1.0 \tag{8.3.2-4}$$

$$\gamma=N_1/N_2 \tag{8.3.2-5}$$

当 $\gamma\leqslant0.2$ 时：

$$\alpha_N=1.0 \tag{8.3.2-6}$$

当 $\gamma>0.2$ 时：

$$\alpha_N=1+\frac{H_1}{H_2}\frac{(\gamma-0.2)}{1.2} \tag{8.3.2-7}$$

式中：H_1、H ——分别为柱牛腿表面以上的高度和柱总高度（图 8.3.2）（mm）；

K_b ——与柱连接的横梁线刚度之和与柱线刚度之比；

α_K ——和刚度比 K_b 有关的系数；

α_N ——考虑压力变化的系数；

γ ——柱上、下段压力比；

N_1、N_2 ——分别为上、下段柱的轴心压力设计值（N）；

I_{bi}、l_i ——分别为第 i 根梁的截面惯性矩（mm^4）和跨度（mm）；

I_c ——柱截面惯性矩（mm^4）。

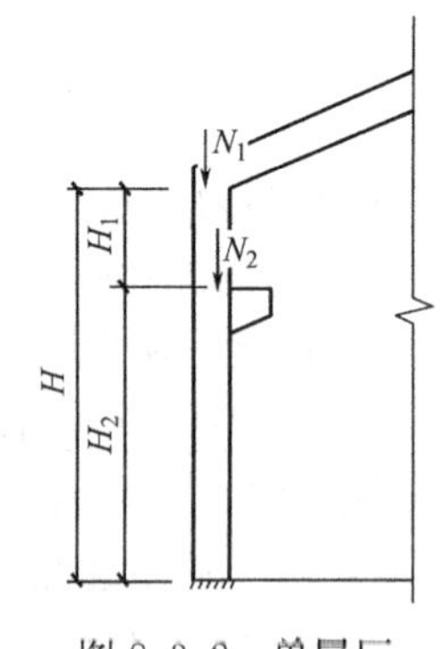

图 8.3.2 单层厂房框架示意

2）“刚性固定”，可理解为固定端（就是常说的绝对嵌固，即 u、v、θ 均为零）。

3）柱高度 H，在柱上端宜标注至梁柱中心线的交点处。

4）N_1 为上段柱的轴心压力设计值（N），其作用点位置在上段柱 H_1 的顶端（也即上段柱顶与梁的相交点）。

5）N_2 为下段柱的轴心压力设计值（N），其作用点位置在下段柱 H_2 的顶端（包括在牛腿处作用的竖向荷载，但不是牛腿荷载）。

6）实际工程和注册备考时，应注意对图 8.3.2 的准确理解。

4. 第 8.3.3 条

1）单层厂房框架下端刚性固定的阶形柱，在框架平面内的计算长度，应按下列规定确定：

（1）单阶柱：

① 下段柱的计算长度系数 μ_2：

■ 当柱上端与横梁铰接时（$\mu_{2(1)}$），应按《钢标》附录 E 表 E.0.3 的数值，乘以表 8.3.3 的折减系数；

■ 当柱上端与桁架型横梁刚接时（$\mu_{2(2)}$），应按《钢标》附录 E 表 E.0.4 的数值，乘以表 8.3.3 的折减系数。

② 当柱上端与实腹梁刚接时，下段柱的计算长度系数 μ_2：

■ 应按下列公式计算的系数 μ_2^1，乘以表 8.3.3 的折减系数；

■ 系数 μ_2^1 不应大于按柱上端与横梁铰接计算时得到的 μ_2 值，且不小于按柱上端与桁架型横梁刚接计算得到的 μ_2 值（即 $\mu_{2(2)} \leqslant \mu_2^1 \leqslant \mu_{2(1)}$）。

$$K_c = \frac{I_1/H_1}{I_2/H_2} \tag{8.3.3-1}$$

$$\mu_2^1 = \frac{\eta_1^2}{2(\eta_1+1)} \cdot \sqrt[3]{\frac{\eta_1 - K_b}{K_b}} + (\eta_1 - 0.5)K_c + 2 \tag{8.3.3-2}$$

$$\eta_1 = \frac{H_1}{H_2}\sqrt{\frac{N_1}{N_2} \cdot \frac{I_2}{I_1}} \tag{8.3.3-3}$$

式中：I_1、H_1——阶形柱上段柱的惯性矩（mm^4）和柱高（mm）；

I_2、H_2——阶形柱下段柱的惯性矩（mm^4）和柱高（mm）；

K_c——阶形柱上段柱线刚度与下端柱线刚度的比值；

η_1——参数，根据式（8.3.3-3）计算。

表 8.3.3 单层厂房阶形柱计算长度折减系数

厂房类型				折减系数
单跨或多跨	纵向温度区段内一个柱列的柱子根数	屋面情况	厂房两侧是否有通长的屋盖纵向水平支撑	
单跨	≤6	—	—	0.9
	>6	非大型混凝土屋面板的屋面	无纵向水平支撑	
			有纵向水平支撑	0.8
		大型混凝土屋面板的屋面	—	
多跨	—	非大型混凝土屋面板的屋面	无纵向水平支撑	
			有纵向水平支撑	0.7
		大型混凝土屋面板的屋面	—	

③ 上段柱的计算计算长度系数 μ_1 应按式（8.3.3-4）确定。

$$\mu_1=\mu_2/\eta_1 \tag{8.3.3-4}$$

（2）双阶柱：

① 下段柱的计算长度系数 μ_3：

■ 当柱上端与横梁铰接时，应根据 K_1、K_2、η_1 和 η_2 取《钢标》附录 E 表 E.0.5 的数值，乘以表 8.3.3 的折减系数；

■ 当柱上端与横梁刚接时，应根据 K_1、K_2、η_1 和 η_2 取《钢标》附录 E 表 E.0.6 的数值，乘以表 8.3.3 的折减系数。

② 上段柱和中段柱的计算长度系数 μ_1 和 μ_2，应按下列公式计算：

$$\mu_1=\mu_3/\eta_1 \tag{8.3.3-5}$$

$$\mu_2=\mu_3/\eta_2 \tag{8.3.3-6}$$

式中：η_1、η_2——参数，按式（8.3.3-3）计算；计算 η_1 时，H_1、N_1、I_1 分别为上柱的柱高（mm）、轴压力设计值（N）和惯性矩（mm^4），H_2、N_2、I_2 分别为下柱的柱高（mm）、轴压力设计值（N）和惯性矩（mm^4）；计算 η_2 时，H_1、N_1、I_1 分别为中柱的柱高（mm）、轴压力设计值（N）和惯性矩（mm^4），H_2、N_2、I_2 分别为下柱的柱高（mm）、轴压力设计值（N）和惯性矩（mm^4）。

2）对单阶柱的规定采用的计算长度系数均用相同符号 μ_2，理解和应用过程中容易混淆，建议增加角码以区分。

3）表 8.3.3 中：

（1）“纵向温度区段内一个柱列的柱子数”，当柱列的柱子数不等时，可取柱列中柱子的最少根数查表；

（2）先求出下柱的计算长度系数，上柱的计算长度系数与下柱的计算长度系数相关联；

（3）对于双阶柱，上段柱和中段柱的计算长度系数，始终和下段柱的计算长度系数相关联。

4）本条中的高度 H、H_1、H_2 单位应统一采用（mm）。

5）本条规定概念清晰，但各系数确定时，相互引用和查表较多，较为烦琐，实际工程应用和注册备考时，可采用辅助图表以帮助理解把握（见第 19.4 节 17 题）。

5. 第 8.3.4 条

1）当计算框架的格构柱和桁架式横梁的惯性矩时，应考虑柱或梁截面高度变化和缀件（或腹杆）变形的影响。

2）由于缀板或腹板变形的影响，格构式柱和桁架式横梁的实际变形，要大于具有相同截面惯性矩的实腹式构件，因此在计算格构式构件的截面刚度时，可对截面惯性矩予以适当的折减（这是对格构式构件截面刚度的定性把握，应根据实际工程经验确定，《钢标》没有给出具体的数据，实际工程中，当无可靠工程经验时，可取折减系数 0.85）。

3）对截面高度变化的横梁或柱，也应对其构件的截面惯性矩进行适当的折减（《钢标》没有给出具体的折减数据，实际工程中，当无可靠工程经验时，若按最大截面高度计算截面惯性矩时，可按构件截面惯性矩的平均值与最大截面惯性矩的比值，确定为截面惯性矩的折减系数)。

6. 第8.3.5条

1)框架柱在框架平面外的计算长度,可取面外支撑点之间的距离。

2)框架柱的平面外计算长度,可直接取面外支撑点之间的距离(不需要像框架柱的面内计算长度一样,有太多的修正),以简化设计。

【思库问答】

【问1】请问,钢结构中有摇摆柱时,第8.3.1条第2款和第3款有什么区别呢?适用条件怎么区分呢?第3款是不是包括第2款,因为轴力不同是大概率事件。第8.3.1条第3款,侧移框架同层各柱的 N/I 不同时,是指仅仅框架柱不同还是所有柱呢?

【答1】第1款的第3项,用于同层各柱 N/I 不同时,第2项用于其他情况。

【问2】请问,《钢标》第5.4.1中:考虑重力二阶效应轴心受压构件计算长度系数取1.0;而第8.3.1条,考虑重力二阶效应压弯构件计算长度系数取1.0,是否可以理解为考虑重力二阶效应或直接分析法计算压弯(包括轴压),计算长度系数均取1.0?

【答2】采用二阶 $P\text{-}\Delta$ 弹性分析与设计时,构件的稳定系数一般取1.0或其他认可的值(确有经验时取经论证确定后的数值,否则就取1.0),当无侧移时,如一端固接,一端铰接的柱,可取小于1.0。

8.4 压弯构件的局部稳定和屈曲后的强度

《钢标》对压弯构件的局部稳定和屈曲后的强度规定见表8.4.0-1。

表8.4.0-1 《钢标》对压弯构件的局部稳定和屈曲后的强度规定

条文号	规定	关键点把握
8.4.1	不出现局部失稳的实腹式压弯构件	腹板和翼缘的板件宽厚比不应低于S4级要求
8.4.2	工字形和箱形截面压弯构件的腹板高厚比不满足S4级要求时	1)应以有效截面替代实际截面
		2)应以净截面,按《钢标》规定计算强度
		3)应以有效截面,按《钢标》规定计算稳定性
8.4.3	压弯构件满足板件宽厚比限值的措施	设置纵向加劲肋的具体要求

【要点分析】

1. 和受弯构件(第6.4节)、轴心受压构件(第7.3节)一样,本节规定了压弯构件局部稳定和考虑屈曲后强度的具体措施。

2. 第8.4.1条

1)实腹式压弯构件,当要求不出现局部失稳时,其腹板高厚比、翼缘宽厚比,应符合表3.5.1规定的压弯构件S4级截面要求。

2)截面板件宽厚比等级S4级,是构件不出现局部失稳的基本要求,也就是翼缘的宽厚比、腹板的高厚比都应该满足S4级的要求(注意:是满足表3.5.1中对压弯构件的要求,不是受弯构件。对H形截面,翼缘和腹板均应满足S4级要求;对箱形截面,翼缘壁板和腹板壁板均应满足S4级要求;对圆钢管截面,径厚比应满足S4级要求)。

3）对于压弯构件，表 3.5.1 中，只规定了 H 形截面、箱形截面和圆钢管截面的板件宽厚比等级要求（对应于 S4 级相应的各数值），实际工程中，对压弯构件应尽量采用表 3.5.1 所列的截面类型，以简化设计。

4）焊接截面梁腹板考虑屈曲后的强度计算见第 6.4.1 条（验算受弯和受剪承载力）；实腹式轴心受压构件的腹板和翼缘，不出现局部失稳时的板件宽厚比要求见第 7.3.1 条（逐项计算）；本条最为简单，就是压弯构件 S4 级板件宽厚比的控制。实际工程和注册备考时，应注意把握。

3. 第 8.4.2 条

1）工字形和箱形截面压弯构件的腹板高厚比超过表 3.5.1 规定的 S4 级截面要求时，其构件设计应符合下列规定：

（1）应以有效截面代替实际截面，按本条（2）的规定计算杆件的承载力。

① 工字形截面腹板受压区的有效宽度应取为：

$$h_e = \rho h_c \tag{8.4.2-1}$$

当 $\lambda_{n,p} \leqslant 0.75$ 时：

$$\rho = 1.0 \tag{8.4.2-2a}$$

当 $\lambda_{n,p} > 0.75$ 时：

$$\rho = \frac{1}{\lambda_{n,p}}\left(1 - \frac{0.19}{\lambda_{n,p}}\right) \tag{8.4.2-2b}$$

$$\lambda_{n,p} = \frac{h_w/t_w}{28.1\sqrt{k_\sigma}} \cdot \frac{1}{\varepsilon_k} \tag{8.4.2-3}$$

$$k_\sigma = \frac{16}{2 - \alpha_0 + \sqrt{(2-\alpha_0)^2 + 0.112\alpha_0^2}} \tag{8.4.2-4}$$

上述各式中：h_c、h_e ——分别为腹板受压区宽度和有效宽度（mm），当腹板全部受压时，$h_c = h_w$；

ρ ——有效宽度系数，按式（8.4.2-2a）、（8.4.2-2b）计算；

α_0 ——参数，应按式（3.5.1）计算。

② 工字形截面腹板有效高度 h_e 应按下列公式计算：

当截面全部受压，即 $\alpha_0 \leqslant 1$ 时［图 8.4.2（a）］：

$$h_{e1} = 2h_e/(4+\alpha_0) \tag{8.4.2-5}$$

$$h_{e2} = h_e - h_{e1} \tag{8.4.2-6}$$

当截面部分受拉，即 $\alpha_0 > 1$ 时［图 8.4.2（b）］：

$$h_{e1} = 0.4h_e \tag{8.4.2-7}$$

$$h_{e2} = 0.6h_e \tag{8.4.2-8}$$

③ 箱形截面压弯构件翼缘宽厚比超限时，也应按式（8.4.2-1）计算其有效宽度，计算时取 $k_\sigma = 4.0$。有效宽度在两侧均匀分布。

（2）应采用下列公式计算其承载力：

强度计算：

$$\frac{N}{A_{ne}} \pm \frac{M_x + Ne}{W_{nex}} \leqslant f \tag{8.4.2-9}$$

平面内稳定计算：

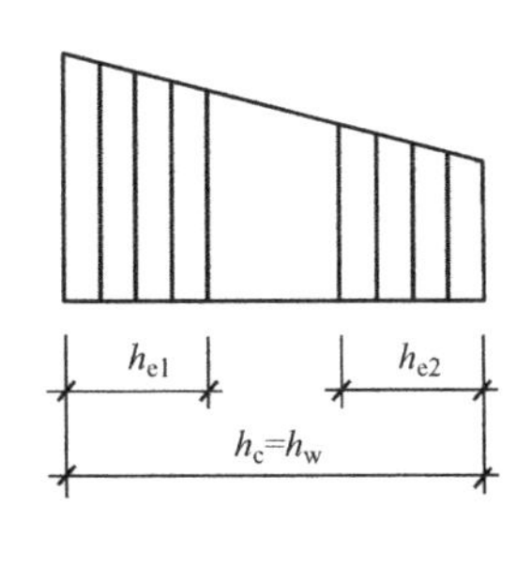

(a) 截面全部受压

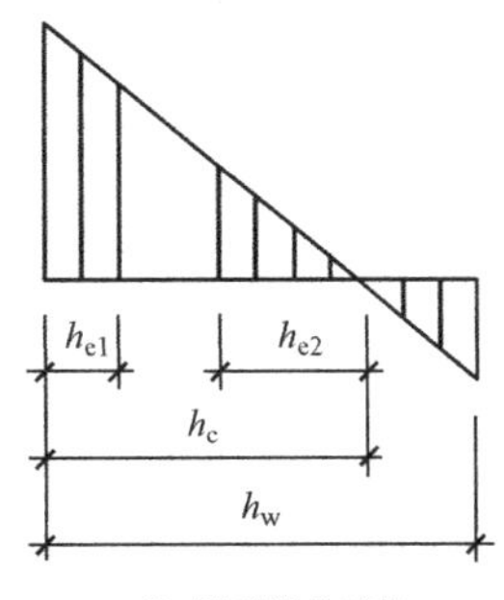

(b) 截面部分受拉

图 8.4.2 截面有效宽度的分布

$$\frac{N}{\varphi_x A_e f}+\frac{\beta_{mx}M_x+Ne}{W_{e1x}(1-0.8N/N'_{Ex})f}\leqslant 1.0 \tag{8.4.2-10}$$

平面外的稳定性：

$$\frac{N}{\varphi_y A_e f}+\eta\frac{\beta_{tx}M_x+Ne}{\varphi_b W_{e1x} f}\leqslant 1.0 \tag{8.4.2-11}$$

上述各式中：A_{ne}、A_e——分别为有效净截面面积和有效毛截面面积（mm²）（注：翼缘取全截面，腹板取有效截面，就是图 8.4.2 中加密线区域的面积，已经扣除了腹板受压屈曲的范围）；

W_{nex}——有效截面的净截面模量（mm³）；

W_{e1x}——有效截面对较大受压纤维的毛截面模量（mm³）；

e——有效截面形心至原截面形心的距离（mm）；

f——钢材的抗压强度设计值（N/mm²），按翼缘和腹板的较大板厚取值。

2）当压弯构件的腹板高厚比不满足 S4 级要求时，即腹板出现局部失稳，应采用有效截面代替实际截面，并按相关规定设计（考虑腹板局部屈曲失稳后的作用），列表如下：

表 8.4.2-1 对《钢标》第 8.4.2 条的理解与把握

序号	规定	关键点把握
1	工字形截面腹板受压区的有效宽度(8.4.2-1)	总有效宽度
2	工字形截面腹板受压区的有效宽度的细分	分为 h_{e1}、h_{e2}
3	箱形截面壁板的受压区有效宽度(8.4.2-1)	总有效宽度，从两侧壁板向中间均分
4	强度计算式(8.4.2-9)	腹板取有效截面；考虑腹板局部失稳(屈曲)后的作用
5	平面内稳定式(8.4.2-10)	
6	平面外稳定式(8.4.2-11)	

（1）对工字形截面，翼缘的宽厚比仍应满足 S4 级的要求（可加大翼缘厚度或按第 8.4.3 条设置纵向加劲肋等），翼缘取全截面，腹板取有效截面；

（2）对箱形截面，本条规定中的"翼缘"（沿用表 3.5.1 中的名称）可按第 7.3.4 条理解为箱形截面的"壁板"。"箱形截面压弯构件翼缘宽厚比超限"，可理解为"箱形截面压弯构件中，起腹板作用的壁板宽厚比不满足 S4 级的要求"，相对应的起翼缘作用的壁板板件宽厚比等级仍应满足 S4 级要求（可加大翼缘厚度或按第 8.4.3 条设置纵向加劲肋等）；

(3) 有效截面包括：翼缘全部截面、腹板受压区取有效截面面积，注意：有效宽度计算时不考虑腹板受拉区截面面积。

3）本条只规定了“工字形和箱形截面压弯构件的腹板”考虑屈曲后的强度，也就是说，在实际工程中，考虑屈曲后强度的设计的构件，常采用工字形和箱形截面，同时仅考虑腹板屈曲后的强度，也即翼缘不出现局部失稳（应满足板件宽厚比要求，或采取设置纵向加劲肋等措施后，满足翼缘的板件宽厚比不低于 S4 级要求）。

4）本条公式的应用建议：

(1) 稳定系数 φ_x、φ_y 和 φ_b 的取值问题，“应以有效截面代替实际截面”，这里的“代替”是只适用于截面特性还是也适用于各稳定系数的取值？规范没有明确。在规范未作出明确解释之前，建议：实际工程中，可理解为仅是截面特性（截面面积 A 和截面模量 W）的代替，在稳定系数计算时，参照第 7.3.3 条的规定，仍采用构件的毛截面。

(2) M_x 为计算段内的最大弯矩设计值（N・mm），一般出现在杆件端部。

(3) 压弯构件的强度计算，针对最大弯矩效应（M_x）所对应的截面（一般在杆件端部），而构件稳定性计算时的有效截面特性（A_e、W_{elx}），应根据具体情况确定：

① 计算构件在框架平面内的稳定性时，取构件弯矩最大处截面所对应的有效截面特性（A_e、W_{elx}）；

② 计算构件在框架平面外的稳定性时，取计算段（即构件的计算范围，例如，当计算框架柱的某层时，该柱的层高范围就是柱的计算段范围）中间 1/3 范围内的弯矩最大处截面所对应的有效截面特性（A_e、W_{elx}）。

5）本条采用有效截面考虑压弯构件屈曲后的强度及稳定性，与第 7.3.3 条轴心受压构件考虑屈曲后的强度及稳定性的方法一样，均采用有效截面的计算方法，《钢标》考虑屈曲后强度和稳定性的规定汇总下表：

表 8.4.2-2 《钢标》考虑屈曲后强度和稳定性的相关规定

规范号	主要内容	关键点把握
6.4.1	腹板考虑屈曲后强度的工字形焊接截面梁	承载力(受弯、受剪)验算，不验算稳定(翼缘满足 S4 级要求时取全截面，S5 级当为均匀受压时，取 $15t_w\varepsilon_k$)
7.3.3	腹板考虑屈曲后强度的轴心受压构件	强度和稳定性验算(翼缘采取措施满足)
8.4.2	腹板考虑屈曲后强度的压弯构件	强度和稳定性(平面内和平面外)验算(翼缘采取措施满足 S4 级要求)

6）考虑腹板屈曲后强度的相关规定及有效截面的计算，在实际工程和注册备考中应注意把握。

4. 第 8.4.3 条

1）压弯构件的板件，当采用纵向加劲肋加强以满足宽厚比限值时，加劲肋宜在板件两侧成对配置，其一侧外伸宽度应≥$10t$，厚度宜≥$0.75t$，其中 t 为压弯构件的板件厚度。

2）压弯构件的板件（翼缘和腹板），均可采用纵向加劲肋加强，以满足板件宽厚比的限值要求。实际工程中对板件宽厚比不满足要求时，应优先考虑通过设置纵向加劲肋措施来满足。

3）加劲肋宜在板件（翼缘或腹板）两侧成对配置，对加劲肋的尺寸要求与第7.3.5条一致。

4）第3.5.1条明确规定，“腹板的宽厚比可以通过设置加劲肋减小”以满足截面宽厚比等级要求。本条是对3.5.1条的具体化（设置纵向加劲肋的具体做法）和延伸（不仅腹板可以设置纵向加劲肋，翼缘也可以设置纵向加劲肋，通过设置纵向加劲肋减小板件宽厚比，满足板件宽厚比要求）。

5）本条通过设置纵向加劲肋满足板件宽厚比要求的概念，在实际工程中和注册备考时应注意把握。

【思库问答】

【问1】请问，《钢标》第7.3.3条计算受压构件屈曲后强度，其稳定系数 φ 是根据全截面面积来确定而非有效面积，第8.4.2条计算压弯构件屈曲后强度时的 φ_x 、φ_y 、φ_b 是用全面积还是有效面积？

【答1】确定构件的稳定系数时，第7.3.3条规定采用毛截面，第8.4.2条《钢标》没有说清楚，建议也可采用毛截面。

【问2】请问，《钢标》第8.4.2条中，A_e 包含腹板和翼缘的面积吗？

【答2】A_e 包含翼缘面积和腹板的有效截面面积。

8.5 承受次梁弯矩的桁架杆件

《钢标》对承受次梁弯矩的桁架构件的规定见表8.5.0-1。

表8.5.0-1 《钢标》对承受次梁弯矩的桁架构件的规定

条文号	规定	关键点把握		
8.5.1	杆件截面为H形或箱形的桁架（第5.1.5第3款除外）	应计算节点刚性引起的弯矩		
		轴力和弯矩共同作用下	杆件端部截面的强度	按第8.5.2条计算，可考虑塑性内力重分布
			杆件的稳定性	按第8.2节压弯构件验算
8.5.2	杆件截面为H形或箱形的桁架（只承受节点荷载）	节点具有刚性连接的特征时	应按刚接桁架计算杆件次弯矩	
			拉杆和板件宽厚比，满足S2级压杆要求	
			截面强度按式(8.5.2-1)和式(8.5.2-2)计算	

【要点分析】

1.本节对桁架的次弯矩计算做出了原则规定，在桁架中，通常按铰接杆件计算（弯曲次应力不超过主应力的10%），当杆件较为短粗时，节点刚性所引起的次弯矩较大（弯曲次应力超过主应力的10%），应予以适当考虑。实际工程中，弯曲次应力一般不宜超过主应力的20%，否则桁架变形过大。一般情况下，杆件长细比较大（杆件较为细长）的桁架，次弯矩相对较小，实际工程中也可不考虑。

2. 第 8.5.1 条

1）除第 5.1.5 条第 3 款规定的结构外，杆件截面为 H 形或箱形的桁架：

（1）应计算节点刚域引起的弯矩。

（2）在轴力和弯矩共同作用下：

① 杆件端部截面的强度计算，可考虑塑性内力重分布，按第 8.5.2 条计算；

② 杆件的稳定性计算，应按第 8.2 节压弯构件的规定进行。

2）本条明确规定：杆件截面为 H 形和箱形截面（构件截面刚度较大，长细比较小，受力较大，杆端的实际内力较大，按两端铰接的杆件计算，误差较大）的桁架，应计算节点刚性（节点并非完全铰接，而是有一定的刚度，可理解为半刚接）引起的弯矩：

（1）杆端轴力 N 、和杆端弯矩 M ，按杆件两端刚接模型计算；

（2）在 N 和 M 作用下的杆端截面强度：考虑塑性内力重分布，按（8.5.2-1）和（8.5.2-2）计算；

（3）在 N 和 M 作用下的杆件稳定性：按第 8.2.5 条或 8.2.1 条的压弯构件计算（验算平面内和平面外的稳定性）。

3）本条对桁架杆件计算的规定（涉及节点的刚性、杆件的强度和稳定性计算，还涉及塑性内力重分布等），在实际工程和注册备考时应参照相关章节，注意把握。

3. 第 8.5.2 条

1）只承受节点荷载的，杆件截面为 H 形或箱形截面的桁架，当节点具有刚性连接的特征时，应按刚性桁架计算杆件次弯矩，拉杆和板件宽厚比满足表 3.5.1 压弯构件 S2 级要求的压杆，截面强度宜按下列公式计算：

当 $\varepsilon=\dfrac{MA}{NW}=\dfrac{M/W}{N/A}=\dfrac{\sigma_M}{\sigma_N}\leqslant 0.2$ 时：

$$\frac{N}{A}\leqslant f \tag{8.5.2-1}$$

当 $\varepsilon>0.2$ 时：

$$\frac{N}{A}+\alpha\frac{M}{W_p}\leqslant \beta f \tag{8.5.2-2}$$

上述各式中：W 、W_p ——分别为弹性截面模量和塑性截面模量（mm^3）；

M ——杆件在节点处的次弯矩（N · mm）；

α 、β ——系数，应按表 8.5.2 的规定采用；

f ——钢材的抗拉（或抗压）强度设计值（N/mm^2），按翼缘和腹板的较大板厚取值。

表 8.5.2　系数 α 和 β

杆件截面形式	α	β
H 形截面，腹板位于桁架平面内	0.85	1.15
H 形截面，腹板垂直于桁架平面	0.60	1.08
正方箱形截面	0.80	1.13

2）按刚接桁架计算杆件次弯矩的前提是：

（1）杆件截面为H形或箱形的桁架。

（2）只承受节点荷载（即杆件不承受节间荷载）。

（3）节点具有刚性连接的特征，这是一个定性的规定，刚性连接的特征可理解为：

① 节点承受弯矩；

② 节点的转动受到约束（或部分约束）。

实际工程中，只要不是铰接连接（如销轴连接或滑动连接等），均可理解为本条的“节点具有刚性连接的特征”之情况。

3）本条各公式适用于拉杆、板件宽厚比满足表3.5.1压弯构件S2级要求的压杆。

4）应力因子 $\varepsilon=\dfrac{MA}{NW}=\dfrac{M/W}{N/A}=\dfrac{\sigma_{M}}{\sigma_{N}}$，实际就是正应力与轴向应力的比值，不同于表3.5.1注中的应力修正因子 ε_{σ}。

5）本条规定可以理解为，按刚性节点计算，再根据构件特性，采用修正系数 α、β，对刚接计算的内力予以调整。其中塑性内力重分布系数 $\alpha=0.6\sim0.85$；应力放大系数 $\beta=1.08\sim1.15$。

6）本条为桁架（只承受节点荷载）设计中的简化方法，实际工程应用及注册备考时应注意把握。

第9章　加劲钢板剪力墙

【说明】

钢板剪力墙在高层钢结构中应用普遍，设置钢板剪力墙的目的在于主要承担水平作用（如风荷载和地震作用等），一般不承担或承担少量的竖向荷载（和钢筋混凝土剪力墙不同，混凝土剪力墙在承担适量的竖向荷载时，其抗剪承载力得以充分发挥），加劲肋的合理设置，能够提高钢板剪力墙的抗震性能（提高延性和耗能能力）。

9.1　一般规定

《钢标》对加劲钢板剪力墙的一般规定见表9.1.0-1。

表9.1.0-1　《钢标》对加劲钢板剪力墙的一般规定

条文号	规定	关键点把握
9.1.1	钢板剪力墙的形式	纯钢板剪力墙（有、无加劲肋）、防屈曲钢板剪力墙、组合剪力墙等
9.1.2	竖向荷载	宜采取减少传递至剪力墙的措施
	竖向加劲肋	宜双面设置，或交替双面设置
	水平加劲肋	宜双面设置，可双面交替设置或单面设置

【要点分析】

1. 钢板剪力墙主要用作抗震时的抗侧力结构，一般不考虑其承受竖向荷载，为此设计时应采取相应措施，实现结构设计构想。本节多为概念设计内容，实际工程及注册备考时应留意。

2. 第9.1.1条

1）钢板剪力墙可采用纯钢板剪力墙、防屈曲钢板剪力墙及组合剪力墙，纯钢板剪力墙可采用无加劲钢板剪力墙和加劲钢板剪力墙。

2）钢板剪力墙的形式很多，可归为三类：

（1）纯钢板剪力墙，刚度大，构造简单，延性和耗能能力差，费用高；

（2）防屈曲钢板剪力墙，刚度增加不多，具有较好的延性和耗能能力；

（3）组合剪力墙，可充分利用各材料的优势，具有较好的综合经济性。

3）可根据实际工程需要选用，高烈度区、高层钢结构，宜优先考虑防屈曲钢板剪力墙，或阻尼墙等。

4）无加劲肋的钢板剪力墙，墙的稳定性和耗能能力较差，材料用量大，经济性也差，有条件时，应优先采用加劲肋钢板剪力墙。

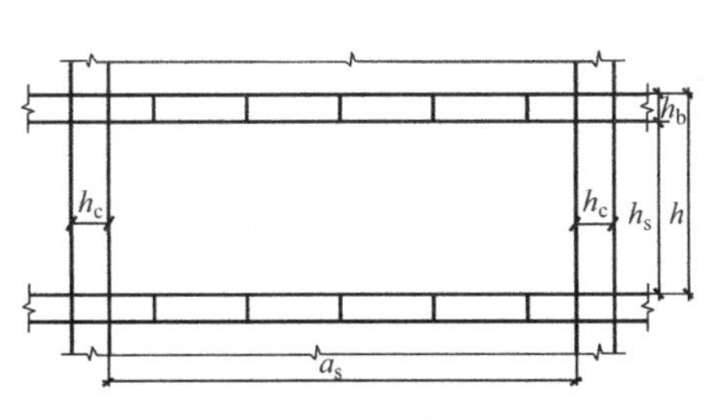

图 9.1.1-1　无加劲肋钢板剪力墙

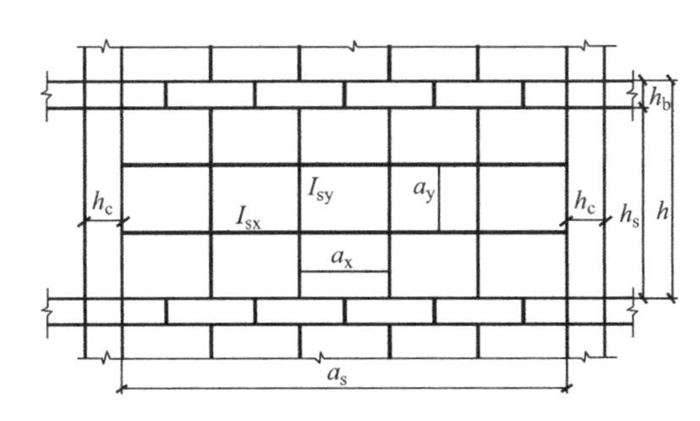

图 9.1.1-2　加劲肋钢板剪力墙

3. 第 9.1.2 条

1）宜采取减少恒荷载传递至剪力墙的措施。竖向加劲肋宜双面或交替双面设置，水平加劲肋可单面、双面或交替双面设置。

2）钢板剪力墙作为主要的抗侧力构件，地震时主要承担水平地震作用，地震时有发生屈曲的可能，不宜承担竖向荷载（如同钢筋混凝土结构中的连梁，不宜作为楼面主要构件的支承梁一样），尤其不能承受过多的竖向荷载（注意：对于抗风为主的钢板剪力墙，由于我国为全部地震区工程，也应考虑抗震设计的要求）。

3）钢板剪力墙的周边应设置边框架（钢框架梁和钢框架柱），边框架梁柱的构件宜和其他框架梁柱相同。地震时，边框梁柱可以承担钢板剪力墙发生屈曲时转移过来的竖向荷载，还可以限制钢板剪力墙屈曲变形的发展。

4）实际工程中，有时很难做到钢板剪力墙不承担竖向荷载，应采取适当措施：

（1）钢板剪力墙的周边（设置钢板剪力墙的开间）框架梁和框架柱，应按纯框架（不考虑钢板剪力墙）承受全部竖向荷载模型计算；

（2）避免钢板剪力墙承受过多竖向荷载的构造措施，如钢板剪力墙后安装、钢板剪力墙的竖向加劲肋在框架梁中部断开等；

（3）竖向加劲肋宜优先采用闭口截面，如采用槽钢肢尖或焊接槽形截面，与钢板剪力墙焊接，使加劲肋与钢板剪力墙形成封闭的加劲肋截面等。

5）钢板剪力墙的加劲肋（竖向加劲肋和水平加劲肋），宜双面对称设置，或交替双面设置，竖向加劲肋不宜采用单侧设置。

【思库问答】

【问 1】请问，防屈曲钢板剪力墙的钢板防屈曲措施，可以用两侧现浇混凝土吗？混凝土与约束构件缝隙满足弹性变形要求。

【答 1】防屈曲剪力墙的形式很多，混凝土与约束构件之间的缝隙，可咨询相关厂家。

【问 2】请问，钢板剪力墙内钢板与周边型钢错位时如何连接？

【答 2】调整墙或端柱位置，端柱内型钢与墙内钢板应对心连接。

9.2　加劲钢板剪力墙的计算

《钢标》对加劲钢板剪力墙的计算规定见表 9.2.0-1。

表 9.2.0-1 《钢标》对加劲钢板剪力墙的计算规定

条文号	规定	关键点把握
9.2.1	加劲钢板剪力墙的计算	适应于不考虑屈曲后强度的钢板剪力墙
9.2.2	减少重力荷载传至竖向加劲肋的措施	在钢梁中部,竖向加劲肋中断
9.2.3	加劲肋的间距,边长比宜 0.66～1.5	适用于闭口加劲肋的情况
9.2.4	加劲肋的刚度参数	同时设置水平和竖向加劲肋的钢板剪力墙
9.2.5	钢板剪力墙的稳定性	设置加劲肋的钢板剪力墙,采用弹塑性稳定系数

【要点分析】

1. 本节是加劲钢板剪力墙计算的具体规定。本节为概念设计的细化内容，实际工程及注册备考时应多注意。

2. 第 9.2.1 条

1）本节适用于不考虑屈曲后强度的钢板剪力墙。

2）本条明确了钢板剪力墙不考虑屈曲后强度，也就是按完全弹性计算。

3. 第 9.2.2 条

1）宜采取减少重力荷载传递至竖向加劲肋的构造措施。

2）本条是第 9.1.2 条的具体措施，其目的是尽量减少钢板剪力墙承受的竖向荷载；

3）在楼层梁中部，竖向加劲肋的中断处理，可以使竖向加劲肋不承担竖向荷载（同时也减小了钢板剪力墙承受的竖向荷载），地震时，竖向加劲肋起到类似防屈曲支撑外套的作用，限制钢板剪力墙的屈曲，提高钢板剪力墙的延性和耗能能力等。

4. 第 9.2.3 条

1）同时设置水平和竖向加劲肋的钢板剪力墙，纵横加劲肋划分的剪力墙板区格的宽高比宜接近 1，剪力墙板区格的宽厚比宜符合下列规定：

（1）采用开口加劲肋时：

$$\frac{a_1+h_1}{t_w}\leqslant 220\varepsilon_k \tag{9.2.3-1}$$

（2）采用闭口加劲肋时：

$$\frac{a_1+h_1}{t_w}\leqslant 250\varepsilon_k \tag{9.2.3-2}$$

式中：a_1——剪力墙板区格宽度（mm）；

h_1——剪力墙板区格高度（mm）；

ε_k——钢号调整系数；

t_w——钢板剪力墙的钢板厚度（mm）。

2）钢板剪力墙应同时设置水平和竖向加劲肋，不应仅单向设置加劲肋；

3）同时设置水平和竖向加劲肋的钢板剪力墙，纵横向加劲肋划分的剪力墙板区格的宽高比宜为 1（见图 9.2.3-1）；

4）加劲肋间距：开口加劲肋宜$\leqslant 110\varepsilon_k t_w$；闭口加劲肋宜$\leqslant 125\varepsilon_k t_w$，$t_w$ 为钢板剪力墙的钢板厚度。

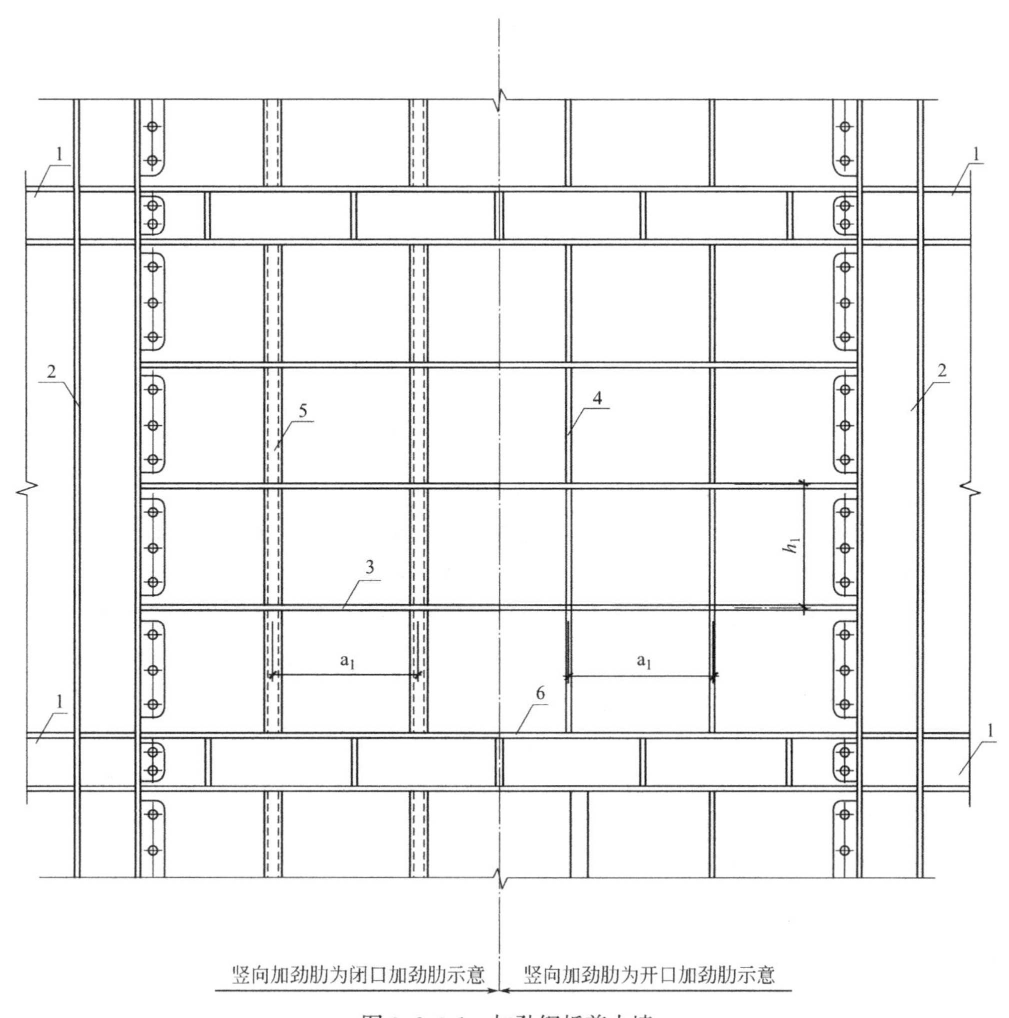

图 9.2.3-1　加劲钢板剪力墙

1—钢梁；2—钢柱；3—水平加劲肋；4—竖向开口加劲肋；5—竖向闭口加劲肋；6—贯通式加劲肋兼梁的翼缘

5. **第 9.2.4 条**

1）同时设置水平和竖向加劲肋的钢板剪力墙，加劲肋的刚度参数宜符合下列公式要求：

$$\eta_x = \frac{EI_{sx}}{Dh_1} \geqslant 33 \tag{9.2.4-1}$$

$$\eta_y = \frac{EI_{sy}}{Da_1} \geqslant 50 \tag{9.2.4-2}$$

$$D = \frac{Et_w^3}{12(1-\nu^2)} \tag{9.2.4-3}$$

式中：η_x、η_y ——分别为水平、竖向加劲肋的刚度参数；

E ——钢材的弹性模量（N/mm²）；

I_{sx}、I_{sy} ——分别为水平、竖向加劲肋的惯性矩（mm⁴），可考虑加劲肋与钢板剪力墙有效宽度组合截面，单侧钢板加劲剪力墙的有效宽度（注：应理解为加劲肋一侧的计算宽度）取 15 倍钢板厚度（见图 9.2.4-1）；

D ——钢板剪力墙的单位宽度的弯曲刚度（N·mm）；

ν ——钢材的泊松比。

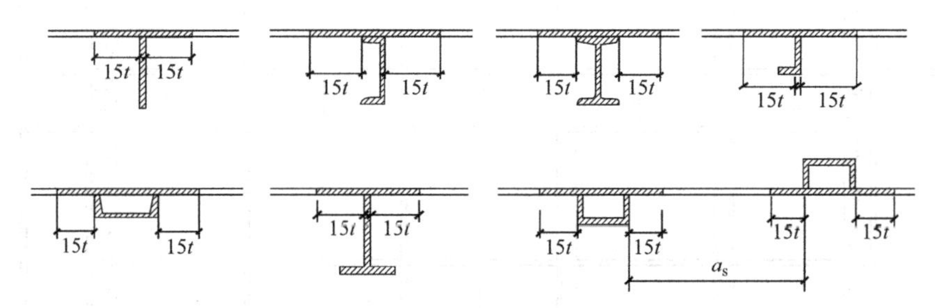

图 9.2.4-1　加劲肋与钢板剪力墙有效截面

2）在加劲肋的刚度系数计算中，考虑以下因素：

（1）在设置了水平加劲肋的情况下，只要刚度参数 η_x 和 η_y 分别不小于 22，就不会发生整体屈曲；考虑部分缺陷影响，参数放大 1.5 倍，取 33。

（2）对竖向加劲肋，虽采取了不承担竖向荷载的措施，但实际上仍然会承担部分竖向荷载，因此对其抗弯刚度进行适当的折减，要求的竖向加劲肋刚度按增加 50%考虑。

（3）加劲肋的截面惯性矩计算时，应按加劲肋与钢板剪力墙有效宽度组合截面计算（即计算时，包含一定宽度的剪力墙板，作为加劲肋的翼缘）：

① 单侧设置加劲肋时，加劲肋一侧的计算宽度可取 $15t$，t 为钢板剪力墙墙板的厚度；

② 墙两侧同时设置加劲肋时，有效宽度的取值，《钢标》未明确，建议可按单侧钢板加劲肋取值，按十字形截面计算；

③ 加劲肋双面成对设置时，两个加劲肋共用一个单侧钢板剪力墙的有效翼缘宽度，仅从加劲肋刚度看，双面交替设置要优于双面成对设置。

6. **第 9.2.5 条**

1）设置加劲肋的钢板剪力墙，应根据下列规定计算其稳定性：

（1）正则化宽厚比 $\lambda_{n,s}$、$\lambda_{n,\sigma}$、$\lambda_{n,b}$，应根据下列公式计算：

$$\lambda_{n,s}=\sqrt{f_{yv}/\tau_{cr}} \tag{9.2.5-1}$$

$$\lambda_{n,\sigma}=\sqrt{f_y/\sigma_{cr}} \tag{9.2.5-2}$$

$$\lambda_{n,b}=\sqrt{f_y/\sigma_{bcr}} \tag{9.2.5-3}$$

式中：f_{yv} ——钢材的屈服抗剪强度（N/mm²），取钢材的屈服强度的 58%，即 $f_{yv}=0.58f_y$；

f_y ——钢材的屈服强度（N/mm²）；

τ_{cr} ——弹性剪切屈曲临界应力（N/mm²），按《钢标》附录 F 计算；

σ_{cr} ——竖向受压弹性屈曲临界应力（N/mm²），按《钢标》附录 F 计算；

σ_{bcr} ——竖向受弯弹性屈曲临界应力（N/mm²），按《钢标》附录 F 计算。

（2）弹性稳定系数 φ_s、φ_σ、φ_{bs}，应根据下列公式计算：

$$\varphi_s=\frac{1}{\sqrt[3]{0.738+\lambda_{n,s}^6}}\leqslant 1.0 \tag{9.2.5-4}$$

$$\varphi_{\sigma}=\frac{1}{\sqrt[3]{(1+\lambda_{n,\sigma}^{2.4})^{5/6}}}\leqslant 1.0 \tag{9.2.5-5}$$

$$\varphi_{bs}=\frac{1}{\sqrt[3]{0.738+\lambda_{n,b}^{6}}}\leqslant 1.0 \tag{9.2.5-6}$$

(3) 稳定性计算，应符合下列公式要求：

$$\frac{\sigma_b}{\varphi_{bs}f}\leqslant 1.0 \tag{9.2.5-7}$$

$$\frac{\tau}{\varphi_s f_v}\leqslant 1.0 \tag{9.2.5-8}$$

$$\frac{\sigma_G}{0.35\varphi_{\sigma}f}\leqslant 1.0 \tag{9.2.5-9}$$

$$\left(\frac{\sigma_b}{\varphi_{bs}f}\right)^2+\left(\frac{\tau}{\varphi_s f_v}\right)^2+\frac{\sigma_{\sigma}}{\varphi_{\sigma}f}\leqslant 1.0 \tag{9.2.5-10}$$

式中：σ_b ——由弯矩产生的弯曲压应力设计值（N/mm^2）；

τ ——钢板剪力墙剪应力设计值（N/mm^2）；

σ_G ——竖向重力荷载产生的应力设计值（N/mm^2）；

f_v ——钢板剪力墙的抗剪强度设计值（N/mm^2）；

f ——钢板剪力墙的抗压和抗弯强度设计值（N/mm^2）；

σ_{σ} ——钢板剪力墙承受的竖向应力设计值（N/mm^2）。

2) 设置加劲肋的钢板剪力墙，其稳定计算考虑以下情况：

(1) 在水平作用（剪应力）下，竖向加劲肋和水平向加劲肋不受力，加劲肋的刚度完全用来对钢板提供支撑，可以提高剪力墙的屈服应力；

(2) 在竖向力作用下，加劲钢板剪力墙的屈曲与水平作用下的屈曲完全不同，竖向加劲肋参与承受竖向荷载，有时还可能使钢板对加劲肋提供支承。

3) 加劲钢板剪力墙的内力

(1) 加劲钢板剪力墙平面内承受的弯矩设计值 M_x，依据结构整体分析得出；

(2) 加劲钢板剪力墙平面内承受的剪力设计值 V，依据结构整体分析得出；

(3) 加劲钢板剪力墙承受的竖向重力荷载设计值 G（包括静荷载和活荷载及荷载分项系数），当加劲钢板剪力墙与边框梁后连接时，根据连接情况，考虑连接后加劲钢板剪力墙承担的竖向荷载，并按规定进行合理组合；

(4) 加劲钢板剪力墙承受的竖向力（包括荷载和地震作用等）设计值 N，除考虑加劲钢板剪力墙承担的上述竖向重力荷载外，还考虑多遇地震作用引起的内力，并按规定进行合理组合。

4) 公式应用建议：

(1) 加劲钢板剪力墙的稳定性，应根据式（9.2.5-10）计算，采用正则化宽厚比，和弹塑性稳定系数；

(2) 加劲钢板剪力墙由弯矩 M_x 产生的弯曲应力设计值 $\sigma_b=\frac{M_x}{W_{nx}}$，其中，$W_{nx}$ 为钢板沿弯矩作用方向的净截面模量（参见第6.1.1条）；

（3）加劲钢板剪力墙由剪力 V_x 产生的剪应力设计值 $\tau=\frac{V_xS}{It_w}$，其中，S 为钢板剪力墙毛截面对中和轴的面积矩；I 为钢板剪力墙毛截面惯性矩；t_w 为钢板剪力墙的厚度（参见第6.1.3条）；

（4）加劲钢板剪力墙由竖向力 N 产生的竖向应力设计值 $\sigma_\sigma=\frac{N}{A_w}$，其中，$A_w$ 为钢板剪力墙的截面面积 $A_w=t_wb$；b 为钢板剪力墙的长度；

（5）加劲钢板剪力墙由竖向重力荷载 G 产生的竖向应力设计值 $\sigma_G=\frac{G}{A_w}$。

9.3 构造要求

《钢标》对加劲钢板剪力墙的构造要求见表 9.3.0-1。

表 9.3.0-1 《钢标》对加劲钢板剪力墙的构造要求

条文号	规定	关键点把握
9.3.1	加劲钢板剪力墙加劲肋的形式	横向、竖向和井字形等
9.3.2	加劲钢板剪力墙与边缘构件的连接	可采用角焊缝，宜等强焊接
9.3.3	钢板剪力墙的开洞	计算及洞口加强要求

【要点分析】

1. 对加劲钢板剪力墙的构造要求，主要是加劲肋的设置及其相关要求。

2. 第 9.3.1 条

1）加劲钢板剪力墙，可采用横向加劲、竖向加劲、井字加劲等形式。加劲肋宜采用型钢且与钢板墙焊接。为运输方便，当设置水平加劲肋时，可采用横向加劲肋贯通、钢板剪力墙水平切断等形式。

2）加劲钢板剪力墙的加劲肋设置，主要考虑受力和运输的要求，便于工地水平焊缝安装；

3）加劲肋宜采用型钢且与剪力墙钢板焊接（形成封闭截面）。为便于运输，当设置水平加劲肋时，可采用横向加劲肋贯通，钢板剪力墙水平切断（钢板及竖向加劲肋切断，工地水平焊缝拼装）等形式。

3. 第 9.3.2 条

1）加劲钢板剪力墙与边缘构件的连接，应符合下列规定：

（1）钢板剪力墙与钢柱连接，可采用角焊缝，焊缝强度应满足等强连接要求；

（2）钢板剪力墙跨的钢梁，腹板厚度不应小于钢板剪力墙的厚度，翼缘可采用加劲肋代替，其截面不应小于所需的钢梁截面。

2）钢板剪力墙与边框钢柱、边框钢梁的连接要求：

（1）与钢柱（边框钢柱）连接，可采用角焊缝满足等强连接要求；

（2）与钢梁（钢板剪力墙这一跨的边框钢梁）连接，钢梁的腹板厚度不应小于钢板剪力墙的墙板厚度，梁的翼缘可采用纵向加劲肋代替，其截面不应小于所需（计算和构造）

的钢梁截面。

3）考虑地震作用下，钢板剪力墙的屈曲，弹性阶段由钢板剪力墙承担的竖向荷载将转移到框架梁和框架柱，因此钢板剪力墙与框架梁柱应采用等强连接，同时又考虑强烈地震后钢板剪力墙的可更换性，连接构造要求适当放宽。

4. 第9.3.3条

1）加劲钢板剪力墙，在有洞口时应符合下列规定：

（1）计算钢板剪力墙的水平受剪承载力时，不应计算洞口水平投影部分；

（2）钢板剪力墙上开设洞口时，门洞口边的加劲肋，应符合下列规定：

① 加劲肋的刚度系数 η_x、η_y 应≥150；

② 竖向加劲肋应延伸整层高度，门洞上边的边缘加劲肋延伸长度宜≥600mm。

2）和钢筋混凝土剪力墙一样，钢板剪力墙应避免开洞口，尤其是关键部位和受力敏感区域，必须开洞时，应对洞口采取设置洞边加劲的措施：

（1）计算钢板剪力墙的水平受剪承载力时，应扣除洞口水平投影宽度（即抗剪强度计算时，按墙的净截面计算）；

（2）应按规定设置洞边加劲肋，洞边加劲肋要延伸：

① 竖向：整层（上至边框梁底，下至边框梁顶）；

② 水平向：洞口两侧每侧延伸不小于600mm；

（3）当为其他不落地洞口时，竖向加劲肋和洞口上部加劲肋同上述（2），洞口底部水平向加劲肋同洞顶。

第 10 章　塑性及弯矩调幅设计

【说明】

1）钢结构构件具有很好的塑性性能，应区分塑性设计和弯矩调幅设计的不同：

（1）塑性设计，指采用塑性机构分析方法，采用构件产生塑性铰的计算模型，按规定的荷载进行塑性设计承载力和正常使用阶段验算，主要用于整体结构；

（2）弯矩调幅设计，根据实际工程经验确定相应的调幅系数，用弯矩调幅代替塑性机构分析，采用弹性分析计算法，使塑性设计与弹性分析相结合，并使塑性设计实用化（弯矩调幅设计可以认为是塑性设计的简化方法，方便工程应用），主要用于构件设计。

2）目前，调幅设计的最大幅度为 20%，而塑性设计的塑性程度要比调幅设计大（可达 30%）；连续梁是最适合弯矩调幅设计的构件，调幅设计使用极限状态的挠度比弹性计算值约大 15%左右。

3）采用塑性和弯矩调幅设计时，构件的计算及抗震设计（包括性能化设计），均采用调幅以后的内力。

4）本章内容为钢结构设计的重要内容，实际工程设计及注册备考时应予以重点关注。

10.1　一般规定

《钢标》对塑性及弯矩调幅设计的一般规定见表 10.1.0-1。

表 10.1.0-1　《钢标》对塑性及弯矩调幅设计的一般规定

条文号	规定		关键点把握
10.1.1	塑性及弯矩调幅设计的适用范围		不直接承受动力荷载的结构或构件
10.1.2	容许形成塑性铰的构件		单向弯曲构件
10.1.3	设计规定	承载能力极限状态设计时	采用荷载设计值，按简单塑性理论计算
		正常使用极限状态设计时	采用荷载标准值，按弹性理论计算
		柱端弯矩及水平荷载弯矩	不调幅（第 10.1.1 条第 2、4 款除外）
10.1.4	对钢材性能要求		符合第 4.3.6 条规定
10.1.5	截面板件宽厚比要求	形成塑性铰并发生转动 S1	注意：两个条件都要满足
		最后形成塑性铰 S2	实际工程中对“最后”无法准确把握时，可 S1
		其他 S3	采用由高向低排除法，排除 S1、S2 后就是 S3
10.1.6	构成抗侧力支撑系统的梁柱构件不得调幅		注意：未限制塑性设计
10.1.7	框架柱的计算长度乘 1.1		塑性设计及弯矩调幅设计且结构为有侧移失稳时

【要点分析】

1.钢结构材料具有很好的变形能力，进入塑性后仍具有足够的承载能力，因此在钢结构设计中可考虑适当的塑性发展，并采用弯矩调幅的简化方法来实现。本节为钢结构塑性设计及弯矩调幅设计的重要原则规定，应注意把握。

2.第10.1.1条

1）本章规定宜用于不直接承受动力荷载的下列结构或构件：

（1）超静定梁；

（2）由实腹式构件组成的单层框架结构；

（3）2～6层框架结构，其层间侧移不大于容许侧移的50%；

（4）满足下列条件之一的框架-支撑（剪力墙、核心筒等）结构中的框架部分：

① 结构下部1/3楼层的框架部分，承担的水平力不大于该层总水平力的20%；

② 支撑（剪力墙）系统能够承担所有水平力。

2）塑性及弯矩调幅设计，包含塑性设计和弯矩调幅设计两部分，仅适用于不直接承受动力荷载的构件。以承受动力荷载的吊车梁为例，塑性设计及弯矩调幅设计不适用于吊车梁，而吊车梁的支承结构（或构件），属于不直接承受动力荷载的结构（或构件），可以采用塑性设计及弯矩调幅设计方法。

3）塑性设计及弯矩调幅设计，只是对重力荷载的设计（不适用于风荷载和地震作用等）。

4）塑性设计及弯矩调幅设计的应用范围：

（1）连续梁（超静定梁），属于单向弯曲构件，是最适合塑性设计及弯矩调幅设计的构件；

（2）由实腹式构件组成的单层框架结构的梁与柱，也适合采用塑性设计及弯矩调幅设计（当框架柱形成塑性铰时，应满足第10.3.4条的规定）；

（3）2～6层框架结构（可理解为多层框架结构），当地震和风作用下层间侧移足够小（不大于容许侧移的50%），也可以考虑塑性设计及弯矩调幅设计（当框架柱形成塑性铰时，应满足第10.3.4条的规定）；

（4）对强支撑的框架-支撑结构，可以对框架采用塑性设计及弯矩调幅设计方法，强支撑框架-支撑结构，指支撑（剪力墙）系统能够承担所有水平力或结构下部1/3的各楼层，支撑（或剪力墙）承担的水平力大于该层总水平力80%的情况；

（5）采用塑性设计及弯矩调幅设计方法，构件计算及抗震设计时，竖向荷载下的内力，均采用塑性设计及弯矩调幅设计后的内力。

3.第10.1.2条

1）塑性及弯矩调幅设计时，容许形成塑性铰的构件应为单向弯曲构件。

2）塑性设计，进行塑性机构分析，采用构件产生塑性铰的计算模型，需要结构有明确的塑性铰出铰规律，便于结构设计分析把握与控制；塑性机构分析，计算工作量大，不便于实际工程应用。

3）弯矩调幅设计，可以理解为是塑性设计在实际工程应用中的简化方法，根据实际工程经验确定相应的调幅系数，用弯矩调幅代替塑性机构分析，采用弹性分析计算法，使塑性设计与弹性分析相结合，并使塑性设计实用化（弯矩调幅设计可以认为是塑性设计的简化方法，方便工程应用)。

4）塑性设计及弯矩调幅设计，原则上仅适用于单向弯曲的构件（对于双向受力构件，塑性铰的发展规律很难把握，还有待进一步研究)。

4. 第 10.1.3 条

1）结构或构件采用塑性或弯矩调幅设计时，应符合下列规定：

（1）按正常使用极限状态设计时，应采用荷载的标准值，并应按弹性理论进行计算；

（2）按承载能力极限状态设计时，应采用荷载的设计值，用简单塑性理论进行内力分析；

（3）柱端弯矩及水平荷载产生的弯矩，不得进行调幅。

2）塑性设计或弯矩调幅设计应注意以下几点：

（1）按正常使用极限状态设计时，应采用荷载的标准值，内力分析采用弹性理论（就是弹性设计方法)；

（2）按承载能力极限状态设计时，应采用荷载的设计值，内力分析采用简单塑性理论（可采用塑性机构分析法，按内力虚功等于外力虚功建立方程)；

（3）柱端弯矩及水平作用（风荷载及地震作用等）产生的弯矩，不得调幅（第 10.1.1 条第 2～4 款除外)。

3）“塑性机构分析法”，就是确定结构或构件的塑性机构，按内力虚功等于外力虚功建立方程，求解内力并设计的方法（更多内容可参考文献［14］)。

（1）首先根据塑性铰的出铰规律，判别第一个塑性铰形成的部位，判别最后一个塑性铰形成的部位，确定塑性机构的形成；图 10.1.3-1 为承受均布荷载的连续梁边跨和中间跨的塑性分析模型：

① 图 10.1.3-1（a）边跨梁，支座塑性铰为该跨梁的第一个塑性铰（形成塑性铰并发生塑性转动的截面)，跨中塑性铰为该跨梁最后形成的塑性铰（该截面形成塑性铰后，塑性机构形成，结构变成机构)；

② 图 10.1.3-1（b）中间跨梁，该跨梁端的支座塑性铰为该跨梁的第一个塑性铰（形成塑性铰并发生塑性转动的截面)，跨中塑性铰为该跨梁最后形成的塑性铰（该截面形成塑性铰后，塑性机构形成，结构变成机构)；

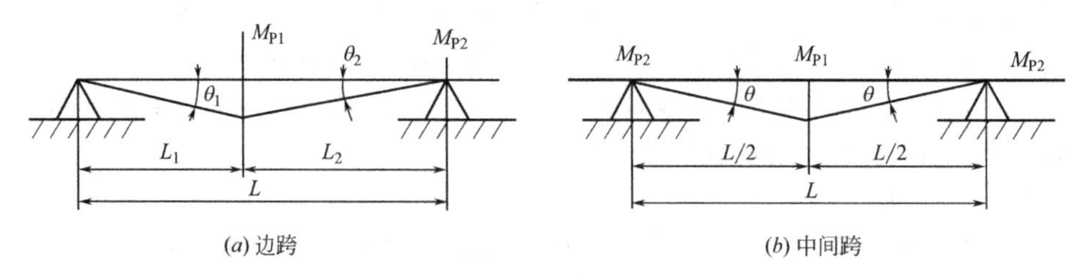

图 10.1.3-1　连续梁的塑性分析

（2）按内力虚功等于外力虚功建立方程：

① 假定，梁承受均布荷载 q，边跨跨内塑性铰的位置距离边支座为 L_1，则 $L_2=L-L_1$，形成塑性机构时，边支座塑性转角转角为 θ_1，内支座塑性转角为 θ_2，跨内塑性铰转角为 $\theta_1+\theta_2$；

② 边跨梁：

内力虚功（塑性弯矩乘转角）：$M_{P1}(\theta_1+\theta_2)+M_{P2}\theta_2$

外力虚功（外荷载与变形面积图乘）：$0.5qL_1^2\theta_1+0.5qL_2^2\theta_2$

内外虚功相等建立方程：

$$0.5q(L_1^2\theta_1+L_2^2\theta_2)=M_{P1}(\theta_1+\theta_2)+M_{P2}\theta_2 \tag{10.1.3-1}$$

$$L_1\theta_1=L_2\theta_2 \tag{10.1.3-2}$$

得：

$$0.5q(L^2-LL_1)L_1=M_{P1}L+M_{P2}L_1 \tag{10.1.3-3}$$

③ 中间跨梁：

内力虚功（塑性弯矩乘转角）：$2M_{P1}\theta+2M_{P2}\theta$

外力虚功（外荷载与变形面积图乘）：$0.25qL^2\theta$

内外虚功相等建立方程：

$$0.25qL^2\theta=2\theta(M_{P1}+M_{P2}) \tag{10.1.3-4}$$

得：

$$M_{P1}=M_{P2}=\frac{1}{16}qL^2 \tag{10.1.3-5}$$

（3）对等截面纯钢梁

① 边跨：$L_1=(\sqrt{2}-1)L$，$M_{P1}=M_{P2}=M_P=\frac{1}{11.657}qL^2$ （10.1.3-6）

② 对中间跨：$L_1=0.5L$，$M_{P1}=M_{P2}=M_P=\frac{1}{16}qL^2$ （10.1.3-7）

（4）对于组合钢梁（钢梁与混凝土组合楼板），支座截面塑性弯矩和跨中的塑性弯矩不等，设计时宜满足（10.1.3-8）要求（按$M_{P2}=0.7M_{P1}$设计）：

$$M_{P2}\geqslant 0.7M_{P1} \tag{10.1.3-8}$$

① 边跨：$L_1=0.434L$，$M_{P1}=\frac{1}{10.615}qL^2$ （10.1.3-9）

$$M_{P2}=\frac{1}{15.165}qL^2 \tag{10.1.3-10}$$

② 中间跨：$L_1=0.5L$，$M_{P1}=\frac{1}{13.6}qL^2$ （10.1.3-11）

$$M_{P2}=M_{P3}=\frac{1}{19.429}qL^2 \tag{10.1.3-12}$$

③ 对组合钢梁，按塑性设计时，跨中截面除按塑性设计要求进行承载力极限状态验算时，还应按荷载标准值效应，按弹性理论进行的计算，补充在正常使用极限状态下的验算；

（5）支座两侧弯矩不等时，宜按较大弯矩设计；

（6）其他情况时，可按上述原则进行塑性分析设计。

4）塑性设计及弯矩调幅设计，仅适用于荷载，也就是仅考虑重力荷载的作用，不考虑风荷载和地震作用等。

（1）塑性分析需要满足下列条件：

① 平衡条件，处处满足内力和外力之间的平衡；

② 屈服条件，每一个截面上的内力，都不能违背屈服条件，即形成塑性铰的条件；

③ 机构条件，形成几何上许可的塑性铰链机构。

(2) 塑性分析方法的优点是：无需考虑活荷载的不利布置；连续梁可按各跨单独计算；

(3) 塑性设计（包括弯矩调幅设计）的代价是：结构或构件刚度的降低，变形加大，实际工程应注意采取相应的验算和控制措施，确保结构满足正常使用要求。

5) 塑性设计或弯矩调幅设计，主要适用于水平构件（如连续梁、框架梁等），框架柱的弯矩调幅应慎重（框架柱形成塑性铰时，侧向刚度降低达 20%），并符合相关规定。

6) 塑性分析法、弯矩调幅设计法和弹性设计法，在效应和承载力取值，塑性开展等方面有很大的不同，实际工程中应加以区分（见表 10.1.3-1）。

表 10.1.3-1　塑性设计、弯矩调幅设计和弹性设计的异同

情况	塑性设计	弯矩调幅设计	弹性设计	说明
截面调幅程度	最大(约 30%)	较大(约 15%~20%)	较小(5%左右)	调幅越大，延性要求越高，措施越严
截面板件宽厚比等级	产生塑性铰并塑性转动 S1 最后塑性铰不低于 S2 其他不低于 S3	塑性铰 S1 其他不低于 S3	不低于 S3	
内力计算	按塑性理论 (采用设计值)	按弹性理论 (采用设计值)	按弹性理论 (采用设计值)	注意对不同效应与抗力的比较和把握
承载力	塑性承载力 (承载力要求低)	弹性承载力 (承载力要求中等)	弹性承载力 (承载力要求高)	
构件挠度	大(比弹性增加 15%)	中(比弹性增加约 10%)	小(比弹性增加约 5%)	注意实际工程的挠度和裂缝控制要求

5. 第 10.1.4 条

1) 采用塑性设计的结构及进行弯矩调幅的构件，钢材性能应符合第 4.3.6 条的规定。

2) 规定了采用塑性设计或弯矩调幅设计对钢材的性能（屈强比和延伸率）要求，本条是第 4.3.6 条的实际应用。

6. 第 10.1.5 条

1) 采用塑性及进行弯矩调幅设计的结构构件，其截面的板件宽厚比等级，应符合下列规定：

(1) 形成塑性铰并发生塑性转动的截面（注意：两个动作，形成塑性铰和发生塑性转动），其截面的板件宽厚比等级，应采用 S1 级；

(2) 最后形成塑性铰的截面（注意：一个动作，形成塑性铰，没有发生塑性截面转动），其截面的板件宽厚比等级，不应低于 S2 级；

(3) 其他截面板件宽厚比等级（注意：指塑性铰以外的截面），不应低于 S3 级。

2) 塑性设计及弯矩调幅设计，对结构或构件的延性提出很高的要求，根据形成塑性铰的截面和最后形成塑性铰的截面，区别对待。

3) "形成塑性铰并发生塑性转动"，可理解为形成塑性铰后还有转动，这类截面的延性要求很高（截面板件宽厚比等级满足 S1 级要求）。

4) "最后形成塑性铰的截面"，可理解为在结构构件中（对梁指梁的一跨），最后形成塑性铰的截面（不发生塑性转动，如梁的跨中塑性铰，该塑性铰一旦形成，结构成为机构）。对于抗震设计的框架结构，一般为框架柱的柱底截面（嵌固端截面）；其他结构，当实际工程中无法准确把握时，可按S1要求。

5）塑性设计时，形成塑性铰并发生塑性转动的截面S1级，最后一个塑性铰（如连续梁的跨中截面）截面不低于S2级。

6）弯矩调幅设计时，调幅截面S1级，跨中截面（不形成塑性铰）不低于S3级。

7）本条关于塑性铰的截面板件宽厚比等级要求，在实际工程及注册备考时应充分注意（见第19.2节18题）。

7. 第10.1.6条

1）构成抗侧力支撑系统的梁、柱构件，不得进行弯矩调幅设计；

2）“构成抗侧力支撑系统的梁、柱构件”，指该梁和柱属于抗侧力支撑系统的组成构件，与支撑共同工作，如：框架-支撑结构中，支撑斜杆周边的梁和柱等。支撑系统中的梁和柱承受了较大的轴力，因此不宜进行调幅（注意：没有限制塑性设计）。

8. 第10.1.7条

1）采用塑性设计，或采用弯矩调幅设计且结构为有侧移失稳时，框架柱的计算长度系数，应乘以1.1。

2）采用塑性设计或弯矩调幅设计时，结构的侧向刚度相比于弹性设计有所降低，当框架发生有侧移失稳时，按刚度降低20%考虑，计算长度系数加大10%。

3）对于无侧移框架［满足式（8.3.1-6）要求的强支撑结构］，计算长度系数不变。

4）采用塑性设计或弯矩调幅设计时，正常使用极限状态的挠度比弹性计算值约大15%左右。

【思库问答】

【问1】请问，对《钢标》第10.1.5条的塑性及弯矩调幅设计的板件宽厚比等级限制，理解为区分截面塑性发展程度的不同，采用不同的截面等级限制，塑性设计应该是要求最低S2级（其中要求有较强的塑性耗能能力的为S1级），弯矩调幅设计最低为S3级，但第10.2.2条所有弯矩调幅都要求S1级。另还涉及组合梁（塑性设计）的截面等级要求是否是满足S2级即可，还是要求需满足S1级。

【答1】对塑性调幅有限值的截面，说明是出现塑性铰后还要有塑性转动（注意是两个动作：出现塑性铰和塑性转动）的截面，依据《钢标》第10.1.5条规定，截面板件宽厚比等级为S1级，这里不涉及最后出现塑性铰的截面和其他截面，也就没有S2级和S3级的问题。

【问2】请问，《钢标》第10.1.5条中分别提到S1、S2、S3级，那用于塑性设计截面板件宽厚比等级到底是哪个呢？另外塑性设计构件和弯矩调幅设计构件板件宽厚比是一样的要求吗？

【答2】《钢标》对于形成塑性铰并发生塑性转动的截面、最后形成塑性铰以及其他截面，提出了不同的板件宽厚比等级要求，具体控制要看构件的设计情况（塑性铰发生情况）。

【问3】请问，计算梁的全截面塑形承载力，翼缘板件较厚、强度设计值 $f=205\text{N/mm}^2$，腹板板件较薄 $f=215\text{N/mm}^2$。计算塑性承载力按全截面取 $f=205\text{N/mm}^2$，还是翼缘腹板各自取强度设计值？

【答 3】实际工程中，可按翼缘板强度简化计算。

10.2 弯矩调幅设计要点

《钢标》对弯矩调幅设计要点的规定见表 10.2.0-1。

表 10.2.0-1 《钢标》对弯矩调幅设计要点的规定

<table>
<tr><th>条文号</th><th colspan="2">规定</th><th colspan="2">关键点把握</th></tr>
<tr><td rowspan="2">10.2.1</td><td rowspan="2">一阶弹性分析的框架-支撑结构</td><td>框架柱计算长度系数</td><td>1.0</td><td rowspan="2">塑性设计及弯矩调幅设计时</td></tr>
<tr><td>支撑系统(强支撑)</td><td>满足式(8.3.1-6)要求</td></tr>
<tr><td>10.2.2</td><td colspan="2">一阶弹性分析时调幅限值和侧移增大系数</td><td colspan="2">连续梁、框架梁、钢梁、钢-混凝土组合梁</td></tr>
</table>

【要点分析】

1. 弯矩调幅设计，基于材料性能和实际工程经验提出相应的调幅限值，并规定相应的调整系数。本节内容在结构设计及注册备考时应充分注意。

2. 第 10.2.1 条

1）当采用一阶弹性分析的框架-支撑结构，进行弯矩调幅设计时，框架柱计算长度系数可取 1.0，支撑系统应满足式（8.3.1-6）要求（注：即满足强支撑框架的判别条件）。

2）也只有采用弹性分析的结构或构件时，才可能采用弯矩调幅设计方法。

3）进行弯矩调幅设计时，对框架柱计算长度系数取 1.0 的规定，是基于第 10.1.1 条第 4 款规定的强支撑框架-支撑结构中的框架柱，不适用于其他框架柱。

3. 第 10.2.2 条

1）当采用一阶弹性分析时，对于连续梁、框架梁、钢梁及钢-混凝土组合梁，调幅幅度限值及挠度和侧移增大系数，应按表 10.2.2-1 及表 10.2.2-2 的规定采用。

表 10.2.2-1 钢梁调幅幅度限值及侧移增大系数

调幅幅度限值	梁截面板件宽厚比等级	侧移增大系数
15%	S1 级	1.00
20%	S1 级	1.05

表 10.2.2-2 钢-混凝土组合梁调幅幅度限值及挠度和侧移增大系数

<table>
<tr><th>梁分析模型</th><th>调幅幅度限值</th><th>梁截面板件宽厚比等级</th><th>挠度增大系数</th><th>侧移增大系数</th></tr>
<tr><td rowspan="2">变截面模型</td><td>5%</td><td>S1 级</td><td>1.00</td><td>1.00</td></tr>
<tr><td>10%</td><td>S1 级</td><td>1.05</td><td>1.05</td></tr>
<tr><td rowspan="2">等截面模型</td><td>15%</td><td>S1 级</td><td>1.00</td><td>1.00</td></tr>
<tr><td>20%</td><td>S1 级</td><td>1.00</td><td>1.05</td></tr>
</table>

2）采用弯矩调幅设计时，对于连续梁、框架梁、钢梁及钢-混凝土组合梁，在一阶弹性分析时，应控制调幅幅度，验算挠度，并考虑侧移增大系数，还要采取相应的板件宽厚

比控制措施。

3）控制弯矩调幅的幅度不超过 20%，也就保证了在荷载标准值作用下，构件处在弹性受力状态（即调幅后的弯矩设计值 $M \approx 0.8 \times 1.4M_k = 1.12M_k$，不小于荷载标准值 M_k，按《钢规》设计时，$M \approx 0.8 \times 1.3M_k = 1.04M_k$，也满足不小于 M_k 的要求），第 14.4 节的挠度计算符合弹性计算要求。

4）对调幅有限值的截面，说明是形成塑性铰并发生塑性转动的截面，依据第 10.1.5 条的规定，截面板件宽厚比等级应为 S1 级。

10.3 构件的计算

《钢标》对构件的计算规定见表 10.3.0-1。

表 10.3.0-1 《钢标》对构件的计算规定

条文号	规定		关键点把握
10.3.1	受弯构件强度和稳定性计算按第 6 章		不包括：塑性铰部位的强度计算
10.3.2	受弯构件的剪切强度计算		在受弯构件中，腹板承担全部剪力
10.3.3	压弯构件强度和稳定性计算按第 8 章		不包括：塑性铰部位的强度计算
10.3.4	塑性铰部位的强度计算	最大轴力限值	轴压比式(10.3.4-1)
		小轴力构件的设计	塑性设计式(10.3.4-2)、弯矩调幅式(10.3.4-3)
		大轴力构件的设计	塑性设计式(10.3.4-4)、弯矩调幅式(10.3.4-5)
		剪力 $V>0.5h_wt_wf_v$ 时	注意：腹板强度设计值 f 折减为 $(1-\rho)f$

【要点分析】

1. 按塑性设计或弯矩调幅设计的结构构件，区分塑性铰部位（按压弯构件）和塑性铰以外部位（按受弯构件）分别设计，满足强度和稳定性要求，实际工程及注册备考时应注意对本节内容的把握。

2. 第 10.3.1 条

1）除塑性铰部位的强度计算外，受弯构件的强度和稳定性计算，应符合第 6 章的规定；

2）塑性铰以外的部位，按受弯构件计算强度（第 6.1 节）和稳定性（第 6.2 节）；

3）受弯构件的剪切强度，按式（10.3.2）计算；

4）塑性铰部位的计算见第 10.3.4 条。

3. 第 10.3.2 条

1）受弯构件的剪切强度，应按式（10.3.2）计算。

$$V \leqslant h_w t_w f_v \tag{10.3.2}$$

式中：h_w、t_w——腹板高度和厚度（mm）；

V——构件的剪力设计值（N）；

f_v——腹板钢材抗剪强度设计值（N/mm^2）。

2）式（10.3.2）由腹板承担全部剪力，不考虑翼缘的抗剪作用，与式（6.1.3）不同，可理解为简化计算公式。

4. 第10.3.3条

1）除塑性铰部位的强度计算外，压弯构件的强度和稳定性计算，应符合第8章的规定。

2）本条规定和第10.3.1条类似：

（1）压弯构件的强度计算见第8.1节；

（2）压弯构件的稳定性计算见第8.2节。

3）塑性铰部位的强度计算见第10.3.4条。

5. 第10.3.4条

1）塑性铰部位的强度计算，应符合下了要求：

（1）采用塑性设计和弯矩调幅设计时，塑性铰部位的强度计算，应符合下列规定：

$$N \leqslant 0.6A_{n}f \tag{10.3.4-1}$$

① 当 $N \leqslant 0.15A_{n}f$ 时：

塑性设计：

$$M_{x} \leqslant 0.9W_{npx}f \tag{10.3.4-2}$$

弯矩调幅设计：

$$M_{x} \leqslant \gamma_{x}W_{nx}f \tag{10.3.4-3}$$

② 当 $N > 0.15A_{n}f$ 时：

塑性设计：

$$M_{x} \leqslant 1.05\left(1-\frac{N}{A_{n}f}\right)W_{npx}f \tag{10.3.4-4}$$

弯矩调幅设计：

$$M_{x} \leqslant 1.15\left(1-\frac{N}{A_{n}f}\right)\gamma_{x}W_{nx}f \tag{10.3.4-5}$$

（2）当 $V > 0.5h_{w}t_{w}f_{v}$ 时，验算受弯承载力所用的腹板强度设计值 f，可折减为 $(1-\rho)f$，折减系数 ρ 应按式（10.3.4-6）计算：

$$\rho=[2V/(h_{w}t_{w}f_{v})-1]^{2} \tag{10.3.4-6}$$

式中：N——构件的压力设计值（N）；

M_{x}——构件的弯矩设计值（N·mm）；

A_{n}——净截面面积（mm^{2}）；

W_{npx}——对x轴的塑性净截面模量（mm^{3}）；

f——钢材的抗弯强度设计值（N/mm^{2}）（注：需要细分，见说明）。

2）塑性铰区段梁的轴力 N 和剪力 V，对梁的抗弯承载力 M_{x} 都有明显影响，本条通过折减系数的办法实现。

3）注意本条中各 f 意义的不同：

（1）式（10.3.4-1）中的 f，为钢材的抗压强度设计值（N/mm^{2}），按翼缘和腹板的较大板厚（一般为翼缘）取值；

（2）式（10.3.4-2）～式（10.3.4-5）中的 f，为翼缘钢材的抗弯强度设计值（N/

mm²），其中$\frac{N}{A_{n}f}$中的f按上述（1）确定；

（3）（$1-\rho$）f中的f，为腹板钢材的抗弯强度设计值（N/mm²）。ρ为按式（10.3.4-6）计算的结果，不同于第7.3.4条的ρ。

4）采用塑性设计或弯矩调幅设计时，塑性铰部位的强度计算时：

（1）应控制梁段的轴力符合式（10.3.4-1）要求（可以理解为对塑性铰部位梁的轴压比要求）；

（2）当$N \leqslant 0.15A_{n}f$时（可理解为小轴力构件，截面转动能力强）：

① 塑性设计，注意，M_x采用的是荷载设计值，按简单塑性理论计算；

② 弯矩调幅设计，注意，M_x采用的荷载设计值，按弹性理论计算，采用调幅后的数值；

（3）当$N > 0.15A_{n}f$时（可理解为较大轴力构件，截面转动能力受限）：

① 塑性设计，注意，M_x采用的是荷载设计值，按简单塑性理论计算；式（10.3.4-4）又可改写为：$M_x \leqslant 1.05 \times 0.85W_{npx}f = 0.89W_{npx}f$；

② 弯矩调幅设计，注意，M_x采用的是荷载设计值，按弹性理论计算，取调幅后的数值，式（10.3.4-5）又可改写为：$M_x \leqslant 1.15 \times 0.85\gamma_{x}W_{nx}f = 0.98\gamma_{x}W_{nx}f$。

5）当剪力较大时（$0.5h_{w}t_{w}f_{v} < V \leqslant h_{w}t_{w}f_{v}$），需要对受弯构件腹板抗弯强度设计值$f$乘以（$1-\rho$）的折减系数（注意：不是对腹板抗剪$f_v$强度的折减，是对腹板抗弯强度$f$的折减，如当$V=0.6h_{w}t_{w}f_{v}$时，$\rho=0.04$，腹板抗弯强度折减系数（$1-\rho$）$=0.96$。

6）注意式（10.3.4-3）和式（10.3.4-5）中的M_x与式（6.1.1）M_x的不同：

（1）式（6.1.1）中，M_x为按弹性理论计算，采用荷载的设计值（承载力要求严格，处于基本弹性状态），即在承载能力极限状态下，控制截面的塑性发展深度（通过截面塑性发展系数）。

（2）式（10.3.4-3）和式（10.3.4-5）中，M_x按弹性理论计算，采用荷载的设计值，取用调幅后的数值，承载力要求比式（6.1.1）有所降低（但仍大于正常使用极限状态下，构件截面的弯矩标准值，满足正常使用极限状态下构件弹性设计的要求，即在正常使用极限状态下，截面的最大屈服区深度得到一定程度的控制，减小使用阶段钢梁的挠度，保证使用状态下仍处在基本弹性状态，弹性分析的挠度仍然适用）。塑性设计带来的好处限于来自内力的重分布，而不是截面塑性开展的深度。

【思库问答】

【问1】请问，梁的全塑性受弯承载力和屈服承载力究竟应该怎么算？

【答1】关于这个问题，多本规范规定不明确，目前可按照《抗规》式（8.2.7）和《钢标》式（10.3.4-2），全塑性受弯承载力和屈服承载力计算采用塑性截面模量，塑性承载力采用f，屈服承载力用f_y（可查阅表5.5.7-1）。

10.4　容许长细比和构造要求

《钢标》对容许长细比和构造要求见表10.4.0-1。

表 10.4.0-1 《钢标》对容许长细比和构造要求的规定

<table>
<tr><th>条文号</th><th colspan="2">规定</th><th>关键点把握</th></tr>
<tr><td>10.4.1</td><td colspan="2">受压构件的长细比≤$130\varepsilon_k$</td><td>塑性设计及弯矩调幅设计受压的构件</td></tr>
<tr><td>10.4.2</td><td colspan="2">出现塑性铰的截面处应设置侧向支承</td><td>在钢梁的上翼缘，设置刚性铺板或设置防止侧向弯扭屈曲的构件时除外</td></tr>
<tr><td rowspan="3">10.4.3</td><td rowspan="3">工字钢梁上翼缘受拉时的塑性铰截面要求</td><td>正则化长细比要求</td><td rowspan="3">上翼缘应有楼板或刚性铺板与钢梁可靠连接；按式(6.2.7-3)计算的正则化长细比≤0.3；横向加劲肋间距不大于2倍梁高</td></tr>
<tr><td>横向加劲肋设置要求</td></tr>
<tr><td>受压下翼缘设置侧向支承</td></tr>
<tr><td>10.4.4</td><td colspan="2">侧向支撑轴力设计值按第7.5.1条确定</td><td>该侧向支撑的作用是，用来减小构件在弯矩作用平面外的计算长度</td></tr>
<tr><td rowspan="2">10.4.5</td><td rowspan="2">对节点及其连接的要求</td><td>节点的刚度要求</td><td>保证出现塑性铰前，节点处各构件夹角不变</td></tr>
<tr><td>连接的承载力要求</td><td>构件的拼接和构件间连接应能传递该处最大弯矩设计值的1.1倍，且≥$0.5\gamma_x W_x f$</td></tr>
<tr><td rowspan="2">10.4.6</td><td rowspan="2">塑性铰部位构件的加工要求</td><td>手工气割或剪切机割时</td><td>塑性铰部位边缘刨平</td></tr>
<tr><td>塑性铰受拉板件的螺栓孔</td><td>应采用钻孔或先冲后扩钻孔</td></tr>
</table>

【要点分析】

1. 长细比问题，是受压构件采用一阶弹性方法设计时的重点问题，本节对采用塑性及弯矩调幅设计时，受压构件的容许长细比和构造要求，做出具体规定，实际工程和注册备考时应注意。

2. 第10.4.1条

1）受压构件的长细比宜≤$130\varepsilon_k$。

2）规定受压构件的长细比限值（小于表7.4.6），实际工程中应尽量满足本条要求。

3. 第10.4.2条

1）当钢梁的上翼缘没有通长的刚性铺板或防止侧向弯扭屈曲的构件时，在构件出现塑性铰的截面处，应设置侧向支承。该支承点与其相邻支承点间构件的长细比 λ_y，应符合下列规定：

当$-1\leqslant \dfrac{M_1}{\gamma_x W_x f}\leqslant 0.5$时：

$$\lambda_y \leqslant \left(60-40\frac{M_1}{\gamma_x W_x f}\right)\varepsilon_k \tag{10.4.2-1}$$

当$0.5< \dfrac{M_1}{\gamma_x W_x f}\leqslant 1$时：

$$\lambda_y \leqslant \left(45-10\frac{M_1}{\gamma_x W_x f}\right)\varepsilon_k \tag{10.4.2-2}$$

$$\lambda_y = l_1/i_y \tag{10.4.2-3}$$

式中：λ_y——弯矩作用平面外的长细比；

l_1——侧向支承点之间的距离（mm）；对不出现塑性铰的构件区段，其侧向支承点之间的距离，应根据第6.2.7条和第8.2.1条，按弯矩作用平面外的整体稳定计算确定；

i_y ——截面绕弱轴的回转半径（mm）；

M_1 ——与塑性铰距离为 l_1 的侧向支承点处的弯矩设计值（N·mm）；当长度 l_1 内为同向曲率时，$M_1/(\gamma_x W_x f)$ 为正；当为反向曲率时，$M_1/(\gamma_x W_x f)$ 为负；

f ——翼缘钢材的抗弯强度设计值（$N \cdot mm^2$）。

2）形成塑性铰的梁，侧向长细比应加以限制，避免在形成塑性铰以前发生弯扭失稳。

3）本条明确，在钢梁（对应于第10.4.3条的规定，此处可理解为工字型钢梁）出现塑性铰的截面处，应设置侧向支承。下列情况（之一）时，可不设置：

（1）当钢梁的上翼缘，有通长的刚性铺板（如现浇钢筋混凝土板，或装配整体式钢筋混凝土板等）时；

（2）当钢梁的上翼缘，有防止侧向弯扭屈曲的构件（如钢梁水平支撑等）时。

4）在梁的侧向支承点与相邻侧向支承点之间，梁的平面外（沿翼缘宽度方向）长细比，应符合式（10.4.2-1）和式（1.4.2-2）的要求。

5）公式应用建议：

（1）对不出现塑性铰的构件区段，其侧向支承点之间的距离 l_1，应根据弯矩作用平面外的稳定验算确定：

① 跨中区段，可按受弯构件验算（第6.2.7条）；

② 其他区段，可按压弯构件验算（第8.2.1条）。

（2）M_1 为与塑性铰距离 l_1 的侧向支承点处梁的弯矩，同向曲率可理解为 M_1 与塑性铰弯矩反号，反向曲率可理解为 M_1 与塑性铰弯矩同号。

4. 第10.4.3条

1）当工字钢梁受拉的上翼缘，有楼板或刚性铺板与钢梁可靠连接时，形成塑性铰的截面应满足下列要求之一：

（1）按式（6.2.7-3）计算的正则化长细比 $\lambda_{n,b} \leqslant 0.3$；

（2）布置间距不大于2倍梁高的横向加劲肋；

（3）受压下翼缘设置侧向支撑。

2）“有楼板或刚性铺板”，可理解为上翼缘有现浇钢筋混凝土楼板，或装配整体式钢筋混凝土楼板等。

3）“楼板或刚性铺板与钢梁可靠连接”，可理解为楼板与钢梁的连接符合第14.3.4条的完全抗剪连接要求。

4）当 $\lambda_{n,b} \leqslant 0.3$ 时，可避免发生畸变屈曲，无需采取其他措施。

5）梁的横向加劲肋设置，应满足第6.3.6条的要求。

6）梁的受压翼缘应按第10.4.4条要求，设置侧向支撑。

5. 第10.4.4条

1）用作减少构件弯矩作用平面外计算长度的侧向支撑，其轴心力应按第7.5.1条确定。

2）为减少构件弯矩作用平面外计算长度，需要设置侧向支撑（如梁受压翼缘的面外稳定用支撑等，该支撑不是受力构件，是稳定构件）。

3）侧向支撑的轴向力，可按式（7.5.1-1）确定，被撑构件的最大轴心压力可按翼缘

全截面受压计算 $N=A_f f$，其中 A_f 为翼缘截面面积（mm^2），f 为翼缘钢材的抗压强度设计值（N/mm^2）。

6. 第 10.4.5 条

1）所有节点及其连接应有足够的刚度，应保证在出现塑性铰前节点各构件间的夹角保持不变。构件拼接和构件间的连接应能传递该节点处最大弯矩设计值的 1.1 倍，且不得低于 $0.5\gamma_x W_x f$。

2）对节点的连接刚度提出要求，确保在塑性铰出现前，节点处各杆件间夹角保持不变。

3）对构件拼接和构件间的连接承载力提出强连接要求，连接的承载力应能传递被连接构件在连接或拼接截面处最大弯矩设计值的 1.1 倍，且 $\geqslant 0.5\gamma_x W_x f$（可以看成是连接的最低弹性承载力要求），其中 f 为构件翼缘钢材的抗拉强度设计值（N/mm^2）。

7. 第 10.4.6 条

1）当构件采用手工气割或剪切机割时，应将出现塑性铰部位的边缘刨平。当螺栓孔位于构件塑性铰部位的受拉板件上时，应采用钻成孔或先冲后扩钻孔。

2）构件采用手工气割或剪切机割时，将出现塑性铰部位的边缘刨平，可避免边缘由于加工原因出现局部应力集中。

3）当螺栓孔位于构件塑性铰部位的受拉板件上时（应尽量避免），采用钻成孔或先冲后扩钻孔，可避免孔洞边缘出现应力集中现象。

【思库问答】

【问 1】请问，《高钢规》第 7.1.4 条中提到的塑性设计长细比的要求，是《钢标》第 10.4.1 条还是第 10.4.2 条？还是其他条？

【答 1】对应于第 10.4.2 条。

第 11 章 连接

【说明】

1. 钢结构构件的连接，是钢结构质量的重要保证，钢结构构件的连接分为工厂焊接和工地连接两大部分（钢结构工程中的四条关键焊缝见第 17.1.6 条）：

1）工厂焊接，焊接条件好，焊接质量容易保证，关键构件的关键部位及重要节点等，应尽量在工厂制作；

2）工地连接，工地连接分为工地焊接和工地螺栓连接，工地焊接受焊接环境影响较大，焊接质量控制尤为重要，关键构件的关键节点应避免在现场焊接；工地连接有条件时，应尽量采用高强螺栓连接。

2.《钢标》对全熔透对接焊缝的计算汇总[14]见表 11.0.0-1。

表 11.0.0-1 《钢标》对全熔透对接焊缝的计算汇总

序号	受力方式	计算简图	计算公式	备注
1	轴心受拉或轴心受压	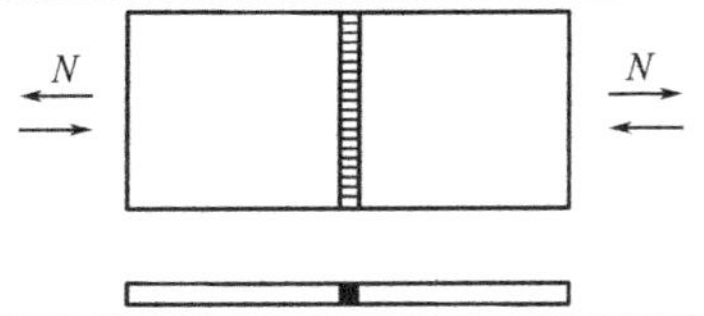 N N	正应力 $\sigma = N/(l_w h_e) \leqslant f_t^w$ 或 f_c^w 对一、二级焊缝 $f_t^w = f_c^w = f$	对三级焊缝 $f_t^w = 0.85f$ $f_c^w = f$
2	轴心受拉或轴心受压	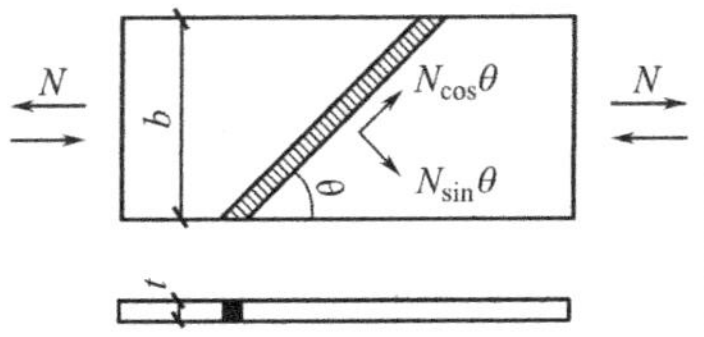 N b $N_{\cos}\theta$ $N_{\sin}\theta$ θ N t	正应力 $\sigma = N\sin\theta/(l_w h_e) \leqslant f_t^w$ 或 f_c^w 剪应力 $\tau = N\cos\theta/(l_w h_e) \leqslant f_v^w$	当 $\mathrm{tg}\theta \leqslant 1.5$ 且 $b \geqslant 50$ 时，可不验算； l_w：斜焊缝计算长度； h_e：连接件的较小厚度
3	弯矩和剪力共同作用	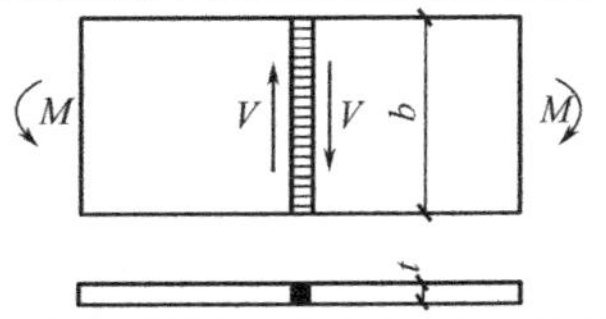 M V V b M t	最大正应力 $\sigma = 6M/(l_w^2 h_e) \leqslant f_t^w$ 或 f_c^w 最大剪应力 $\tau = VS_w/(I_w h_e) \leqslant f_v^w$	S_w：焊缝计算截面的毛截面面积矩
4	轴力、弯矩、剪力共同作用	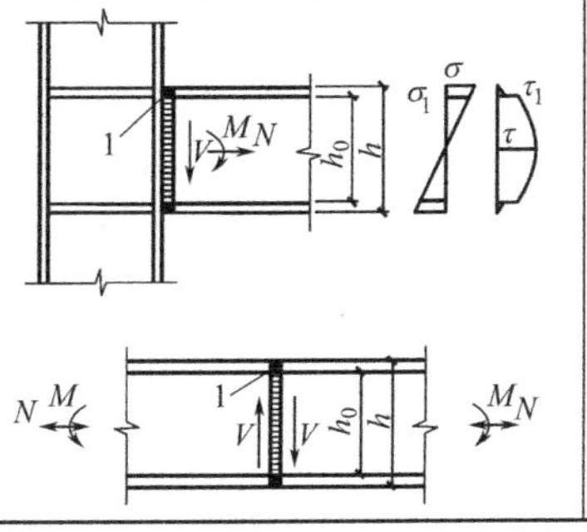 1 V M N h_0 h σ σ_1 τ_1 τ N M 1 V V h_0 h M N	最大正应力 $\sigma = N/A_w + M/W_w \leqslant f_t^w$ 或 f_c^w 最大剪应力 $\tau = VS_w/(I_w h_e) \leqslant f_v^w$ 折算应力 $\sqrt{\sigma_1^2 + 3\tau_1^2} \leqslant 1.1 f_t^w$ $\sigma_1 = \sigma h_0/h$ $\tau_1 = VS_{w1}/(t_w I_w)$	S_{w1}：焊缝计算截面在点 1 处的毛截面面积矩

3.《钢标》对角焊缝的计算汇总见表 11.0.0-2。

表 11.0.0-2 《钢标》对角焊缝的计算汇总

序号	受力方式	计算简图	计算公式	备注
1	轴心受拉或轴心受压	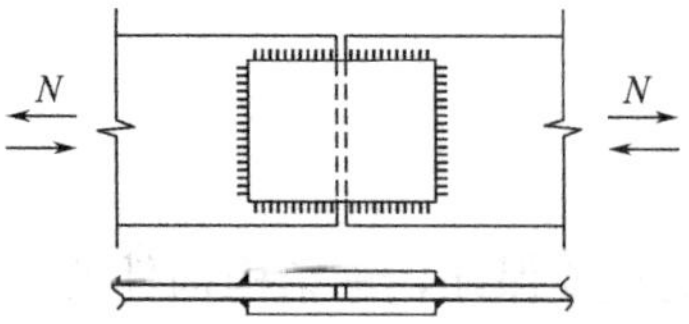 N N	1)直接承受动力荷载 $\tau_f = N/(h_e \sum l_w) \leqslant f_f^w$ 2)间接承受动力荷载和承受静荷载 $\tau_f = \dfrac{N}{h_e(\sum l_w + \sum \beta_f l_{wi})} \leqslant f_f^w$	$\sum l_w$:连接一端的焊缝总计算长度
2	轴心受拉或轴心受压	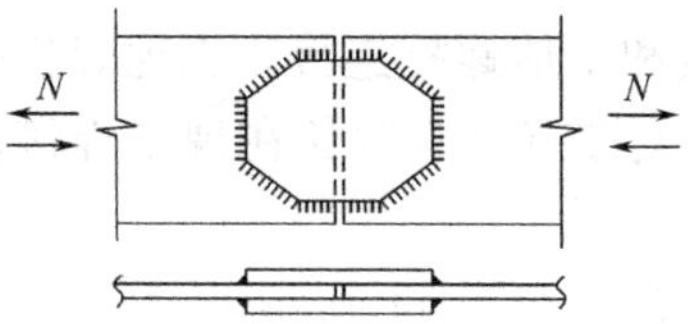 N N	1)直接承受动力荷载 $\tau_f = N/(h_e \sum l_w) \leqslant f_f^w$ 2)间接承受动力荷载和承受静荷载 $\tau_f = \dfrac{N}{h_e(\sum l_{w1} + \sum \beta_{f\theta} l_{w2} + \sum \beta_f l_{w3})} \leqslant f_f^w$	当正面角焊缝长度较小时，简化设计可忽略正面角焊缝及斜焊缝的增大系数，取 $\beta_f = \beta_{f\theta} = 1$
3	搭接角焊缝轴心受拉或轴心受压	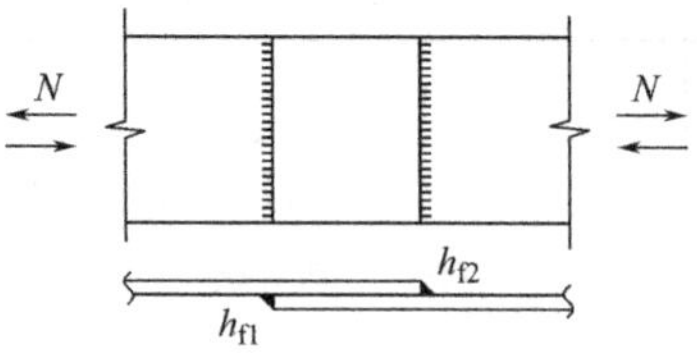 N N h_{f2} h_{f1}	$\sigma_f = \dfrac{N}{0.7(h_{f1}+h_{f2})l_w} \leqslant 1.22 f_f^w$	仅适应于间接承受动力荷载和承受静荷载的结构
4	扭矩作用	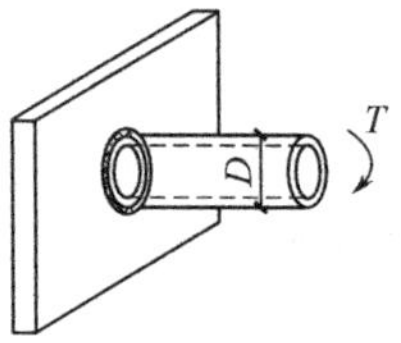 T D	$\tau_f = \dfrac{TD}{2I_p} \leqslant f_f^w$ $I_p = 2\pi h_e \left(\dfrac{D}{2}\right)^3$	I_p:焊缝有效截面的极惯性矩
5	角焊缝承受拉力、剪力和弯矩共同作用	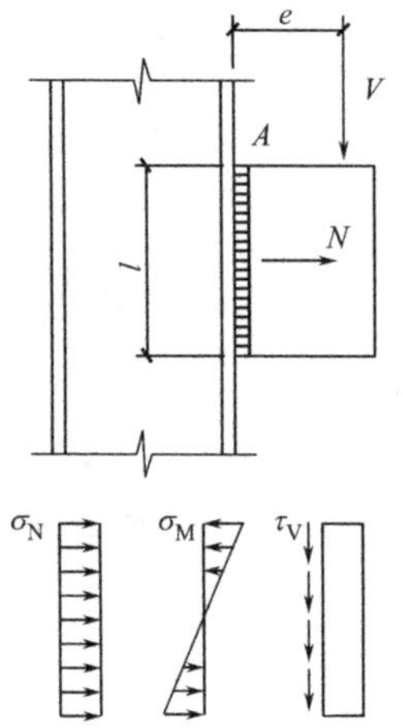 e V A N l σ_N σ_M τ_V	$\sigma_N^A = \dfrac{N}{h_e \sum l_w}$ $\tau_V^A = \dfrac{V}{h_e \sum l_w}$ $\sigma_M^A = \dfrac{M}{W_w}$ $\sqrt{\left(\dfrac{\sigma_N^A + \sigma_M^A}{\beta_f}\right)^2 + (\tau_V^A)^2} \leqslant f_f^w$	$M = Ve$ 直接受动力荷载时 $\beta_f = 1$

续表

序号	受力方式	计算简图	计算公式	备注
6	弯矩和剪力共同作用	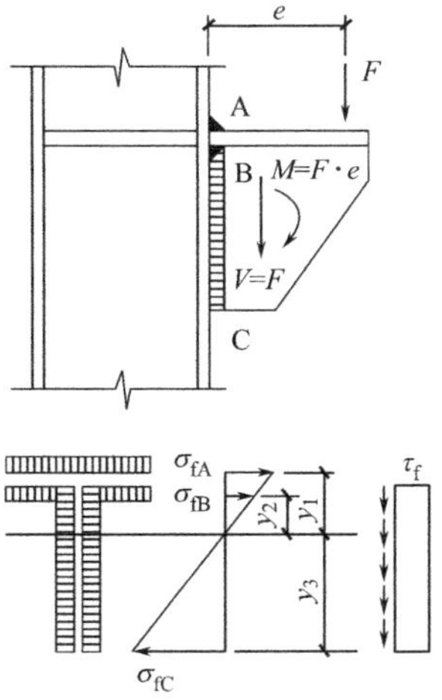	A点焊缝强度验算： $\sigma_{fA}=\frac{M\ y_1}{I_{wx}}\leqslant\beta_f f_f^w$ B点焊缝强度验算： $\sqrt{\left(\frac{\sigma_{fB}}{\beta_f}\right)^2+\tau_f^2}\leqslant f_f^w$ $\sigma_{fB}=\frac{M\ y_2}{I_{wx}}$；$\tau_f=\frac{V}{h_e\sum l_w}$ C点焊缝强度验算： $\sigma_{fC}=\frac{M\ y_3}{I_{wx}}\leqslant\beta_f f_f^w$ $\sqrt{\left(\frac{\sigma_{fC}}{\beta_f}\right)^2+\tau_f^2}\leqslant f_f^w$	I_{wx}：焊缝有效截面的惯性矩
7	轴心力、扭矩和剪力共同作用	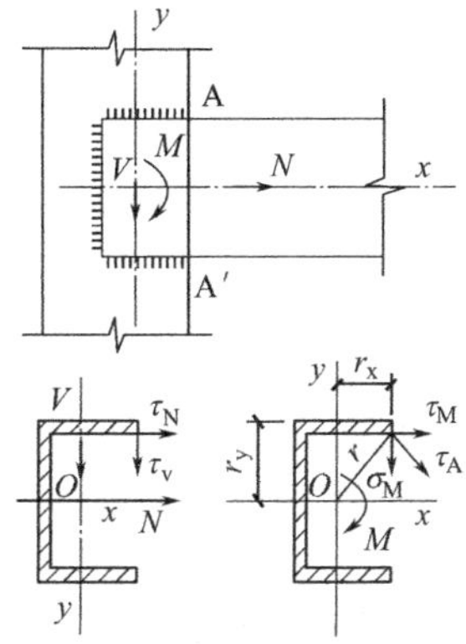 在V、N作用下　在M作用下	A点焊缝强度验算： $\sqrt{\left(\frac{\tau_V+\sigma_M}{\beta_f}\right)^2+(\tau_N+\tau_M)^2}\leqslant f_f^w$ $\tau_V=\frac{V}{h_e\sum l_w}$；$\tau_N=\frac{N}{h_e\sum l_w}$ $\sigma_M=\frac{M\ r_x}{I_x+I_y}$；$\tau_M=\frac{M\ r_y}{I_x+I_y}$	I_x、I_y：分别为焊缝有效截面对x和y轴的惯性矩
8	弯矩和剪力共同作用	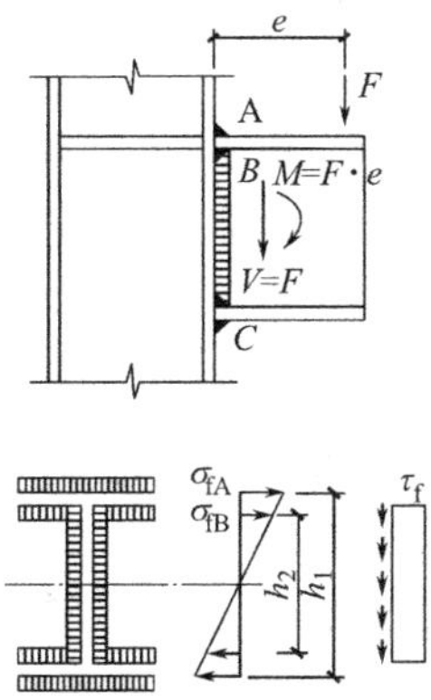	翼缘上边缘焊缝验算： $\sigma_{fA}=\frac{M}{W_f}\leqslant\beta_f f_f^w$ 腹板最高点的焊缝验算： $\sqrt{\left(\frac{\sigma_{fB}}{\beta_f}\right)^2+\tau_f^2}\leqslant f_f^w$ $\sigma_{fB}=\frac{M}{I_f}\cdot\frac{h_2}{2}$；$\tau_f=\frac{V}{2h_{e2}l_{w2}}$	$2h_{e2}l_{w2}$：腹板焊缝有效面积之和

续表

序号	受力方式	计算简图	计算公式	备注
9	轴心受拉或轴心受压	N_1 e_1 N_3 N N_2 e_2	$N_3=0.7h_f\sum l_{w3}\beta_f f_f^w$ $N_1=K_1N-0.5N_3$ $N_2=K_2N-0.5N_3$ $\frac{N_1}{h_{e1}\sum l_{w1}}\leqslant f_f^w$；$\frac{N_2}{h_{e2}\sum l_{w2}}\leqslant f_f^w$	K_1、K_2：角钢肢背、肢尖的分配系数； 1）等边角钢：$K_1=0.7$，$K_2=0.3$； 2）不等边角钢： 短肢相连时：$K_1=0.75$，$K_2=0.25$； 长肢相连时：$K_1=0.65$，$K_2=0.35$
10	轴心受拉或轴心受压	N_1 e_1 N N_2 e_2	$N_1=K_1N$ $N_2=K_2N$ $\frac{N_1}{h_{e1}\sum l_{w1}}\leqslant f_f^w$；$\frac{N_2}{h_{e2}\sum l_{w2}}\leqslant f_f^w$	
11	轴心受拉或轴心受压	N_1 N_3 N	$N_3=0.7h_f\sum l_{w3}\beta_f f_f^w$ $N_1=N-N_3$ $\frac{N_1}{h_{e1}\sum l_{w1}}\leqslant f_f^w$	

4. 垂直于轴心拉力或轴心压力的对接焊缝或对接与角接组合焊缝，应进行强度计算；

5. 在焊缝设计计算时，应注意以下问题：

1）在对接和T形连接中，承受弯矩和剪力共同作用的对接焊缝或对接与角接组合焊缝，其正应力和剪应力应分别计算。在同时承受较大正应力和剪应力处，还应进行折算应力计算；实际工程中，应注意对“同时承受较大正应力和剪应力处”的把握，可理解为同时承受较大的正应力和较大的剪应力处（如梁腹板与翼缘连接处等），不一定是最大正应力处，也不一定是最大剪应力处，而是较大正应力和较大剪应力处。

2）对于直角角焊缝，在各种力综合作用下，应验算 σ_f 和 τ_f 共同作用处的综合应力。对表11.0.0-2中第6项理解如下：

（1）A点处，正应力（拉应力）最大处（剪应力很小），可只验算正应力；

（2）B点处，正应力较大，剪应力也较大，属于《钢标》规定的“各种力综合作用”之情形，应验算综合应力；

（3）C点处，是正应力（压应力）最大处，同时也是剪应力的较大处，属于《钢标》规定的“各种力综合作用”之情形，应验算综合应力。

3）焊缝应力计算时，应注意正确理解正面角焊缝：

（1）正面角焊缝，作用力方向与焊缝长度方向垂直，在焊缝上产生正应力（由拉力、压力、弯矩引起）；

（2）应合理确定正面直角角焊缝强度设计值增大系数 β_f（斜角角焊缝取 $\beta_f=1.0$），直接承受静力荷载和间接承受动力荷载的结构取 $\beta_f=1.22$；对直接承受动力荷载的结构取 $\beta_f=1.0$。

6. 本章内容在实际工程和注册备考中应特别注意理解和把握。

11.1　一般规定

《钢标》对连接的一般要求见表 11.1.0-1。

表 11.1.0-1　《钢标》对连接的一般规定

<table>
<tr><th>条文号</th><th colspan="3">规定</th><th>关键点把握</th></tr>
<tr><td>11.1.1</td><td colspan="3">连接方式(焊接、紧固件和销轴连接)</td><td>应根据施工环境和受力性质确定</td></tr>
<tr><td rowspan="2">11.1.2</td><td rowspan="2">同一部位连接</td><td colspan="2">焊接不得与普通螺栓混用</td><td>焊接也不得与承压型高强螺栓混用</td></tr>
<tr><td colspan="2">改扩建工程(加固补强)中</td><td>可采用摩擦型高强螺栓与焊接承受同一作用力</td></tr>
<tr><td rowspan="4">11.1.3</td><td colspan="2" rowspan="4">C级螺栓</td><td>受拉连接</td><td>宜用于沿杆轴方向受拉连接</td></tr>
<tr><td rowspan="3">抗剪连接</td><td>承受静荷载或间接承受动力荷载结构中的次要连接</td></tr>
<tr><td>承受静力荷载的可拆卸结构的连接</td></tr>
<tr><td>临时固定构件的安装连接</td></tr>
<tr><td>11.1.4</td><td colspan="3">沉头和半沉头铆钉</td><td>不得用于其杆轴方向受拉的连接</td></tr>
<tr><td rowspan="7">11.1.5</td><td rowspan="7">钢结构焊接连接构造</td><td colspan="2">焊缝数量和尺寸种类</td><td>尽量减少</td></tr>
<tr><td colspan="2">焊缝布置</td><td>宜对称于构件截面的形心轴</td></tr>
<tr><td colspan="2">节点区应留有空隙</td><td>便于操作和焊后检测</td></tr>
<tr><td colspan="2">避免焊缝密集</td><td>避免焊缝双向、三向交叉</td></tr>
<tr><td colspan="2">焊缝位置</td><td>避开最大应力区</td></tr>
<tr><td colspan="2">焊缝连接宜选择等强匹配</td><td>不同强度的钢材连接，按低强度钢材匹配焊接材料</td></tr>
<tr><td colspan="2">当采用等强连接时</td><td>焊缝应焊透</td></tr>
<tr><td rowspan="8">11.1.6</td><td rowspan="8">焊接质量等级</td><td rowspan="4">承受动荷载且需要进行疲劳验算的构件等强连接时</td><td rowspan="2">受拉时一级、受压时不低于二级</td><td>作用力垂直于焊缝长度方向的横向对接焊缝</td></tr>
<tr><td>T形对接与角接组合焊缝</td></tr>
<tr><td rowspan="2">不低于二级</td><td>作用力平行于焊缝长度方向的纵向对接焊缝</td></tr>
<tr><td>吊车梁的特殊焊缝(注1)</td></tr>
<tr><td colspan="2">不低于二级(受压时不宜)</td><td>不需要疲劳验算的构件，等强连接时</td></tr>
<tr><td colspan="2">不低于二级</td><td>工作温度等于或低于－20℃</td></tr>
<tr><td colspan="2">不低于二级</td><td>特殊焊缝(注2)的重要部位(注3)</td></tr>
<tr><td colspan="2">可三级</td><td>特殊焊缝(注2)的其他结构</td></tr>
</table>

注：1. 吊车梁的特殊焊缝应焊透，宜采用对接与角接的组合焊缝。吊车梁的特殊焊缝指：

1）重级工作制（A6～A8）和起重量 $Q \geqslant 50t$ 的中级工作制（A4、A5）吊车梁的腹板与上翼缘之间的焊缝；

2）吊车桁架上弦杆与节点板之间的T形连接部位焊缝。

2. 特殊焊缝如下：

1）部分焊透的对接焊缝；

2）采用角焊缝或部分焊透的对接与角接组合焊缝的T形连接部位焊缝；

3）搭接连接的角焊缝。

3. 重要部位指：

1）直接承受动荷载且需要验算疲劳的结构；

2）起重量 $Q \geqslant 50t$ 的中级工作制吊车梁以及梁柱、牛腿等重要节点。

【要点分析】

1. 钢结构构件的连接，是钢结构设计的重要内容，也是事关结构安全的关键部位。

2. 第11.1.1条

1）钢结构构件的连接，应根据施工环境条件和作用力的性质，选择其连接方法。

2）钢结构的连接类型很多，应根据工程需要，施工环境和受力特点合理选用。

3. 第11.1.2条

1）同一连接部位中，不得采用普通螺栓或承压型高强度螺栓与焊接共用连接；在改、扩建工程中，作为加固补强措施，可采用摩擦型高强度螺栓与焊接承受同一作用力的栓焊并用连接，其计算与构造，宜符合《钢结构高强度螺栓连接技术规程》JGJ 82的规定。

2）同一连接部位，不得采用普通螺栓或承压型高强度螺栓与焊接共用连接；这是由于：

（1）普通螺栓连接受力，容易产生较大的变形；而焊接刚度大，变形小，普通螺栓和焊接难以变形协同，也难以共同受力，因此不能混用；

（2）承压型高强螺栓连接与焊缝连接，难以协同工作，也不能混用。

3）摩擦型高强度螺栓连接，刚度大，受静力荷载作用时，可考虑与焊缝的协同工作，栓焊连接多用于钢梁的连接［翼缘采用焊接连接，以受拉（或受压）为主；腹板采用摩擦型高强度螺栓，以受剪为主］；

4）轴心受力构件（如支撑等），应优先采用全焊接或全栓接（摩擦型高强度螺栓连接），避免采用栓焊连接；

5）改扩建工程中，作为加固补强措施，可采用摩擦型高强度螺栓和焊接承受同一作用力的栓焊并用连接（摩擦型高强度螺栓＋侧面角焊缝、摩擦型高强度螺栓＋侧面角焊缝＋端焊缝）：

（1）主要采用侧面角焊缝与摩擦型高强度螺栓的并用连接，端焊缝与摩擦型高强度螺栓的刚度差异较大，不宜共用（可摩擦型高强度螺栓＋侧面角焊缝＋端焊缝）；

（2）应按《钢结构高强度螺栓连接技术规程》JGJ 82第5.5节要求，采取相应的构造措施和计算措施；

（3）栓焊并用连接的施工顺序应先高强度螺栓紧固，后施焊侧面角焊缝，高强度螺栓直径和焊缝尺寸，应按栓、焊各自的承载力设计值相差不超过3倍的要求进行匹配；

（4）在既有摩擦型高强度螺栓连接接头上的新增角焊缝：

① 摩擦型高强度螺栓的连接，应承担加固焊接补强以前的荷载；

② 角焊缝连接，应承担加固焊接补强以后所增加的荷载；

（5）加固前进行结构卸载或加固补强焊接前的荷载，小于摩擦型高强度螺栓连接承载力设计值的25%时：

① 高强度螺栓与侧焊缝并用连接时：

$$N_{wb}=N_{fs}+0.75N_{bv} \tag{11.1.2-1}$$

② 高强度螺栓与侧焊缝及端焊缝并用连接时：

$$N_{wb}=0.85N_{fs}+N_{fe}+0.25N_{bv} \tag{11.1.2-2}$$

上述各式中：N_{bv}——连接接头中，摩擦型高强度螺栓连接受剪承载力设计值（N）；

N_{fs}——连接接头中，侧焊缝受剪承载力设计值（N）；

N_{fe}——连接接头中，端焊缝受剪承载力设计值（N）；

N_{wb}——连接接头的栓焊并用连接，受剪承载力设计值（N）；

（6）焊接时，高强度螺栓处的温度有可能超过100℃，引起高强度螺栓的预拉力松弛，应对靠近焊缝（100mm范围内）的螺栓补拧。

4. 第11.1.3条

1）C级螺栓，宜用于沿其杆轴方向受拉的连接，在下列情况下，可用于抗剪连接：

（1）结构（承受静力荷载或间接承受动力荷载）中的次要连接；

（2）承受静力荷载的可拆卸结构的连接；

（3）临时固定构件用的安装连接。

2）C级螺栓，由于其孔壁与螺栓有较大的空隙，不宜用于重要的连接，结构设计中常用来进行临时固定用连接：

（1）制动梁与吊车梁上翼缘的连接，承受着反复制动力和卡轨力，应优先采用高强度螺栓连接。低氢型焊条的焊接时，不得采用C级螺栓；

（2）制动梁或吊车梁上翼缘与柱的连接，由于传递制动梁的水平支座反力，同时受到反复的动力荷载作用，也不得采用C级螺栓；

（3）柱间支撑处，吊车梁下翼缘与柱的连接，柱间支撑与柱的连接等承受剪力较大的部位，均不得采用C级螺栓。

5. 第11.1.4条

1）沉头和半沉头铆钉，不得用于其杆件轴方向受拉的连接。

2）沉头和半沉头铆钉形式见图4.4.7-1。

6. 第11.1.5条

1）钢结构焊接连接构造设计，应符合下列规定：

（1）尽量减少焊缝的数量和尺寸；

（2）焊缝的布置，宜对称于构件截面的形心轴；

（3）节点区留有足够空间，便于焊接操作和焊后检测；

（4）应避免焊缝密集和双向、三向相交；

（5）焊缝位置宜避开最大应力区；

（6）焊缝连接，宜选择等强匹配；当不同强度的钢材连接时，可采用与低强度钢材相匹配的焊接材料。

2）焊接连接是目前钢结构的最主要连接方法，可广泛应用于工业与民用建筑钢结构。

（1）焊接连接的优点是：构造简单、节约钢材、加工方便、工厂焊接自动化程度高、连接的密闭性好、承载力高、刚度大；

（2）焊接连接的缺点是：焊接残余应力和残余变形对结构影响大，焊接结构的低温冷脆问题比较突出，少数直接承受动荷载的结构中的某些连接不宜采用焊接；

3）钢结构中，一般采用的焊接方法有：焊条电弧焊、气体保护电弧焊、药芯焊丝保护焊、埋弧焊、气电立焊、电渣焊、电阻焊、栓钉焊等及其组合；

4）焊缝根据施焊的空间位置可分为平焊、立焊、横焊和仰焊（见图11.1.5-1）。

（1）平焊，容易操作，焊接质量容易保证，焊接效率高，应优先采用；

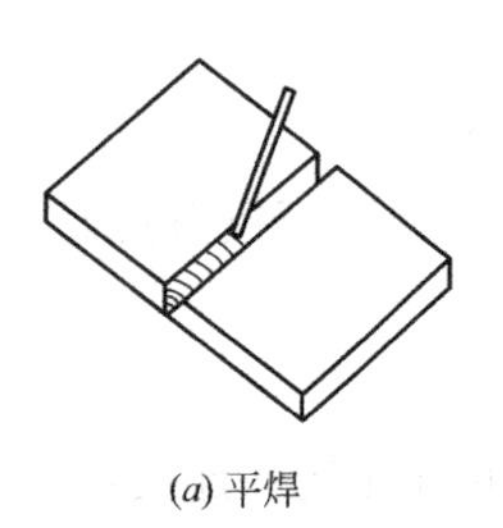
(a) 平焊

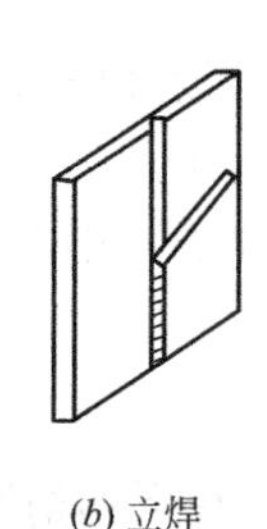
(b) 立焊

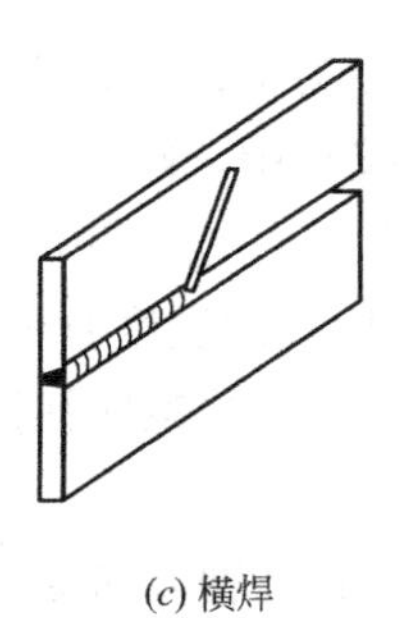
(c) 横焊

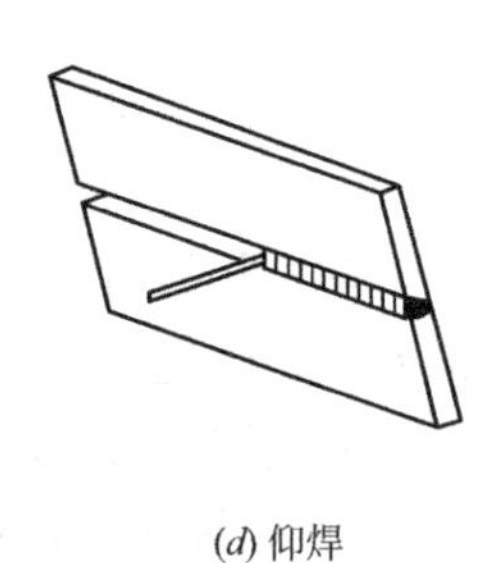
(d) 仰焊

图 11.1.5-1 焊缝施焊的位置

(2) 立焊，熔敷金属容易向下流淌，操作困难，质量不易保证；

(3) 横焊，操作条件差，质量不易保证；

(4) 仰焊，操作最困难，质量难以保证，不应用于重要受力构件的焊接。

5) 实际工程中：

(1) 应采用与低强度钢材相适应的焊接材料，以提高连接的韧性和经济性；

(2) 控制焊接尺寸不要过大，以减小焊缝施焊后冷却引起的收缩应力；

(3) 避免焊缝密集和多向交叉，双向焊缝可采用十字形或 T 形交叉，交叉点的距离宜≥200mm。

7. 第 11.1.6 条

1) 焊接的质量等级，应根据结构的重要性、荷载特性、焊缝形式、工作环境以及应力状态等情况，按下列原则选用：

(1) 在承受动荷载且需要进行疲劳验算的构件中，凡要求与母材等强连接的焊缝，应焊透，其质量等级应符合下列规定：

① 作用力垂直于焊缝长度方向的横向对接焊缝，或 T 形对接与角接组合焊缝，受拉时应为一级，受压时不应低于二级；

② 作用力平行于焊缝长度方向的纵向对接焊缝，不应低于二级；

③ 重级工作制（A6～A8）和起重量 $Q \geqslant 50t$ 的中级工作制（A4、A5）的吊车梁，其腹板与上翼缘之间的焊缝、吊车桁架上弦杆与节点板之间的 T 形连接部位焊缝，应焊透。焊缝形式宜为对接与角接的组合焊缝，其质量等级不应低于二级；

(2) 在工作温度不高于－20℃的地区，构件对接焊缝的质量等级不得低于二级。

(3) 不需要疲劳验算的构件中，凡要求与母材等强的对接焊缝宜焊透，其质量等级：受拉时不应低于二级，受压时不宜低于二级。

(4) 部分焊透的对接焊缝、采用角焊缝或部分焊透的对接与角接组合焊缝的 T 形连接部位以及搭接连接角焊缝，其质量等级应符合下列规定：

① 直接承受动力荷载且需要疲劳验算的结构、吊车起重量 $Q \geqslant 50t$ 的中级工作制吊车梁以及梁柱、牛腿等重要节点，不应低于二级；

② 其他结构可为三级。

2) 焊缝质量的控制，对钢结构尤为重要。

3) 焊缝质量等级与受力情况有关，受拉焊缝的质量等级要高于受压焊缝或受剪焊缝；受动力荷载的焊缝质量等级要高于受静力荷载的焊缝。

4）对接焊缝，一般要求熔透焊并与母材等强（除非作为角焊缝考虑的部分熔透焊缝），需要进行无损探伤，对接焊缝的质量等级不低于二级。

5）在民用建筑钢结构中，角焊缝一般不要求进行无损探伤，主要对外观等级提出要求，一般选用二级或三级，角焊缝的外观缺陷等级见《钢结构工程施工质量验收规范》GB 50205 附录 A。

8. 第 11.1.7 条

1）焊接工程中，首次采用的新钢种应进行焊接性试验，合格后应根据《钢结构焊接规范》GB 50661 的规定，进行焊接工艺评定。

2）钢结构工程应尽量采用便于采购的常用钢材，以利于确保工程进度并提高结构设计的经济性；

3）当采用新钢种时，应进行专门论证，并进行焊接性试验、进行焊接工艺评定等。

9. 第 11.1.8 条

1）钢结构的安装连接，应采用传力可靠、制作方便、连接简单、便于调整的构造形式，并应考虑临时定位措施。

2）实际工程应注意钢结构的安装连接，应采用传力可靠、制作方便、连接简单、便于调整的构造形式；

（1）凡螺栓杆轴方向受拉的连接，或受剪较小的次要连接，宜用 C 级螺栓；

（2）凡安装误差较大，受静力荷载，或间接承受动力荷载的连接，可优先采用焊接或栓焊连接；

（3）凡直接承受动力荷载的连接、高空施焊困难的重要连接，均宜用高强度螺栓摩擦型连接或栓焊连接；

（4）梁和桁架的铰接支座，宜采用平板支座，直接支于柱顶或牛腿上；

（5）梁或桁架应避免与柱侧面连接，必须连接时，应设置承力支托或安装支托。安装时，先将构件放在支托上，再拧紧螺栓。注意构件不能有正公差。

（6）一般不采用铆钉连接。

3）应考虑临时定位措施，确保安装过程的工程安全和人员安全。

11.2 焊接连接计算

《钢标》对焊接连接计算的规定见表 11.2.0-1。

表 11.2.0-1 《钢标》对焊接连接计算的规定

<table>
<tr><th>条文号</th><th>规定</th><th colspan="2">关键点把握</th></tr>
<tr><td rowspan="3">11.2.1</td><td rowspan="3">在对接和 T 形连接中，焊缝的强度计算</td><td colspan="2">垂直于轴心力的对接焊缝或对接与角接组合焊缝，按式(11.2.1-1)计算</td></tr>
<tr><td rowspan="2">承受弯矩和剪力共同作用的对接焊缝或对接与角接组合焊缝</td><td>正应力和剪应力应分别计算</td></tr>
<tr><td>同时承受较大正应力和剪应力处，按式(11.2.1-2)计算</td></tr>
</table>

续表

条文号	规定	关键点把握
11.2.2	直角角焊缝的强度计算	正面角焊缝、侧面角焊缝、各种力综合作用下的折算应力，正面角焊缝的强度设计值增大系数 β_f
11.2.3	T形连接斜角角焊缝	焊脚边夹角控制、$\beta_f=1.0$、不同情况时 h_e 取值原则
11.2.4	部分熔透的对接焊缝	图 11.2.4 中(a)、(d)
	T形对接焊缝	图 11.2.4 中(c)
	角接组合焊缝	图 11.2.4 中(b)、(e)，阴角加角焊缝
11.2.5	塞焊焊缝和槽焊焊缝	圆形塞焊、圆孔和槽孔内角焊缝，只验算剪应力
11.2.6	角焊缝的搭接焊缝连接	焊缝计算长度 $l_w>60h_f$ 时，考虑折减系数 $\alpha_f=0.5\sim1.0$
11.2.7	焊接截面工字形梁，翼缘与腹板的焊缝连接	双面角焊缝连接，应计算焊缝强度
		焊透的 T 形对接或角接组合焊缝连接，焊缝强度可不验算
11.2.8	圆管与矩形管焊接	T、Y、K 形相贯节点的焊缝构造与计算按《焊接规范》GB 50661

【要点分析】

1. 焊缝的设计计算是钢结构设计的重要内容，根据焊缝的受力特点，计算焊缝的正应力、剪应力、和折算应力等；

2. 第 11.2.1 条

1）全熔透对接焊缝或对接与角接组合焊缝，应按下列规定进行强度计算：

（1）在对接和 T 形连接中，垂直于轴心拉力（或轴心压力）的对接焊接或对接与角接组合焊缝，其强度应按下式计算：

$$\sigma=\frac{N}{l_w h_e}\leqslant f_t^w \text{ 或 } f_c^w \qquad (11.2.1\text{-}1)$$

式中：N ——轴心拉力或轴心压力（N）；

l_w ——焊缝的计算长度（mm）；

h_e ——对接焊缝的计算厚度（mm），在对接节点中取连接件的较小厚度，在 T 形连接节点中取腹板的厚度；

f_t^w、f_c^w ——对接焊缝的抗拉、抗压强度设计值（N/mm^2）。

（2）在对接和 T 形连接中，承受弯矩和剪力共同作用的对接焊缝或对接与角接组合焊缝，其正应力和剪应力［注：按式（6.1.3）计算］应分别进行计算。但在同时受有较大正应力和剪应力处（如梁腹板横向对接焊缝的端部）应按下式计算折算应力：

$$\sqrt{\sigma^2+3\tau^2}\leqslant 1.1 f_t^w \qquad (11.2.1\text{-}2)$$

2）焊接作为钢结构设计的主要连接方式，在结构设计中应予以高度重视。本条是关于对接和 T 形连接中，对接焊缝或对接与角接组合焊缝的焊缝计算，分为：

① 承受轴心拉力或压力；

② 承受弯矩和剪力作用。

3）焊接连接的形式是按被连接件之间的相互位置划分的，一般分为平接、搭接、T 形连接和角接四种：

（1）平接连接见图 11.2.1-1。

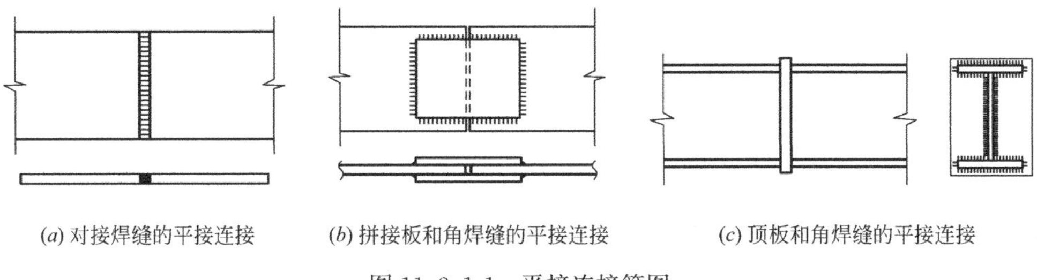

(a) 对接焊缝的平接连接　(b) 拼接板和角焊缝的平接连接　(c) 顶板和角焊缝的平接连接

图 11.2.1-1　平接连接简图

① 采用对接焊缝的平接连接［图 11.2.1-1（a）］，构造简单，可全厚度熔透，与母材等强；

② 用拼接板和角焊缝的平接连接［图 11.2.1-1（b）］，易于拼装，焊件尺寸的偏差范围较宽，传力不均，用料较多；

③ 用顶板和角焊缝的平接连接［图 11.2.1-1（c）］，施工简单，可用于受压构件。

（2）搭接连接见图 11.2.1-2。

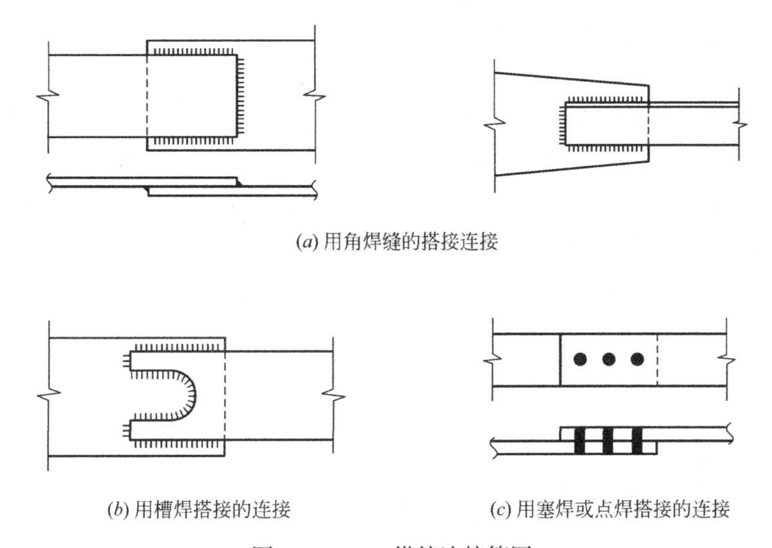

(a) 用角焊缝的搭接连接

(b) 用槽焊搭接的连接　(c) 用塞焊或点焊搭接的连接

图 11.2.1-2　搭接连接简图

① 采用角焊缝的搭接连接［图 11.2.1-2（a）］，易于拼装，焊缝有应力集中现象，传力不均，简单搭接时接头产生偏心弯矩，用料较多；

② 采用槽焊搭接连接［图 11.2.1-2（b）］，沿槽边采用角焊缝，可避免搭接板产生较大的焊接变形，可减少搭接长度，受力较均匀，用料较省；

③ 采用塞焊或点焊搭接连接［图 11.2.1-2（c）］，常用于组合搭接构件，避免压屈或分离。

（3）T 形连接见图 11.2.1-3。

① 角焊缝的 T 形连接见图 11.2.1-3（a）的左图，构造简单，但受力性能差，不适用于受拉或直接承受动力荷载的连接；

② 焊透的 T 形连接见图 11.2.1-3（a）的右图，受力性能等同于对接焊缝；

（4）角接连接见图 11.2.1-3（b），可采用角焊缝或坡口焊缝。

4）等强连接的对接焊缝，均应设置引弧板和引出板，避免焊缝两端起弧和落弧的缺

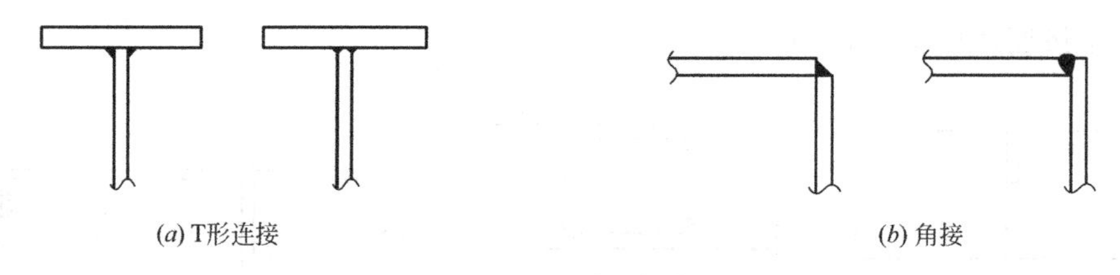

图 11.2.1-3　T 形连接和角接简图

陷（焊缝的计算长度可不用减去 $2t$），当无法采用引弧板和引出板时，焊缝的计算长度应减去 $2t$（t 为焊件的较小厚度）。

5）焊缝实际长度 l_w^a 与焊缝计算长度 l_w 的对应关系：

（1）对于对接焊缝：

$$l_w = l_w^a - 2t \tag{11.2.1-3}$$

式中：t ——为焊件的较小厚度。

（2）对于角焊缝：

$$l_w = l_w^a - 2h_f \tag{11.2.1-4}$$

6）承受轴心拉力的板件用斜焊缝对接（见表 11.0.0-1 中第 2 项），当焊缝与作用力间的夹角 θ 符合 $\tan\theta \leqslant 1.5$（即 $\theta \leqslant 56.3°$）时（实际工程中，一般可取 45°），其焊接强度可不验算（即认为自动满足等强设计要求）；

7）“较大的正应力和剪应力”，可理解为“较大的正应力和较大的剪应力”，梁的腹板与翼缘的焊接点，就属于较大的正应力和较大的剪应力处（该处，正应力不是最大，但比较大；剪应力也不是最大，但也是比较大，此处正应力和剪应力的折算应力比较大）。在梁截面的翼缘最远端，正应力最大而剪应力最小，折算应力不大；在腹板中部，剪应力最大，而正应力最小，折算应力也不大。

8）依据《钢结构设计手册》（第四版），剪力作用下的平均剪应力，可按式（11.2.1-5）验算；最大剪应力按式（6.1.3）验算。

$$\tau = \frac{V}{h_e l_w} \leqslant f_v^w \tag{11.2.1-5}$$

3. **第 11.2.2 条**

1）直角角焊缝，应按下列规定进行强度计算：

（1）在通过焊缝形心的拉力、压力或剪力作用下：

① 正面角焊缝（作用力垂直于焊缝长度方向，注：可理解为仅考虑拉压力作用）：

$$\sigma_f = \frac{N}{h_e l_w} \leqslant \beta_f f_t^w \tag{11.2.2-1}$$

② 侧面角焊缝（作用力平行于焊缝长度方向，注：可理解为仅考虑剪力作用）：

$$\tau_f = \frac{N}{h_e l_w} \leqslant f_t^w \tag{11.2.2-2}$$

（2）在各种力综合作用下（σ_f 和 τ_f 的共同作用处，注：可理解为考虑综合应力作用）：

$$\sqrt{\left(\frac{\sigma_f}{\beta_f}\right)^2 + \tau_f^2} \leqslant f_t^w \tag{11.2.2-3}$$

式中：σ_f ——按焊缝有效截面（$h_e l_w$）计算，垂直于焊缝长度方向的应力（N/mm²）；

τ_f ——按焊缝有效截面（$h_e l_w$）计算，沿焊缝长度方向的剪应力（N/mm²）；

h_e ——直角角焊缝的计算厚度（mm），当两焊件间隙 $b \leqslant 1.5$mm 时，$h_e = 0.7h_f$；

1.5mm＜ b ≤5mm 时，$h_e=0.7(h_f-b)$，h_f 为焊脚尺寸（图 11.2.2）；

l_w ——角焊缝的计算长度（mm），对每条焊缝取其实际长度减去 $2h_f$；

f_f^w ——角焊缝的强度设计值（N/mm^2）；

β_f ——正面角焊缝的强度设计值增大系数，对承受静力荷载和间接承受动力荷载的结构，$\beta_f=1.22$；对直接承受动力荷载的结构，$\beta_f=1.0$。

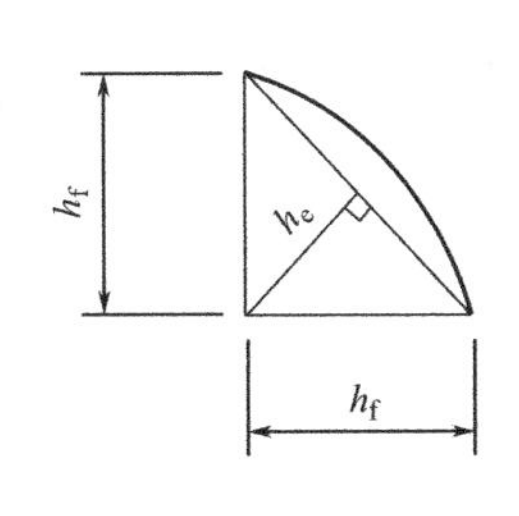

(a) 等边直角焊缝截面

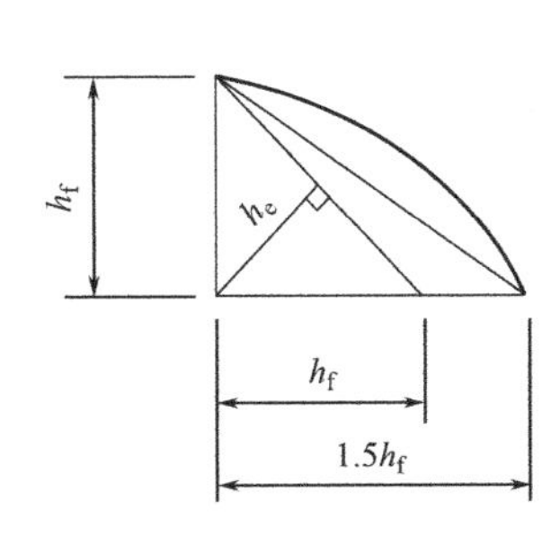

(b) 不等边直角焊缝截面

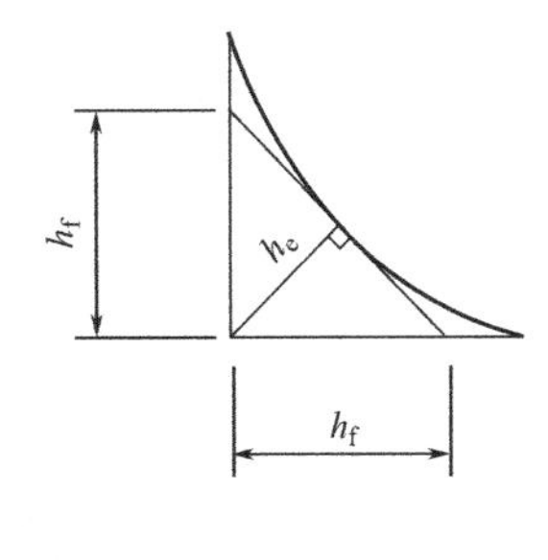

(c) 等边凹形直角焊缝截面

图 11.2.2 直角角焊缝截面

2）正面角焊缝的强度设计值增大系数 β_f

（1）角焊缝一般用于传递剪力，两焊脚边为直角的角焊缝为直角角焊缝，两焊脚边角为锐角或钝角的为斜角角焊缝；

（2）角焊缝按受力方向的不同可分为：正面角焊缝、侧面角焊缝和斜焊缝以及由它们组合而成的围焊缝。角焊缝的受力极为复杂，目前《钢标》的计算公式主要靠试验，研究表明：角焊缝的强度与其承担的外力方向密切相关，正面角焊缝的强度最高，侧面角焊缝的强度最低（正面角焊缝的极限强度为侧面角焊缝的 1.35～1.55 倍），斜焊缝介于两者之间。故在正面直角角焊缝（作用力垂直于焊缝长度方向）的计算中，引入正面角焊缝的强度设计值增大系数 β_f，其他说明见第 12.2.6 条。

3）直角角焊缝（图 11.2.2）的计算参数：

（1）直角角焊缝的计算厚度 h_e：

① 当两焊件间隙 b ≤1.5mm 时，$h_e=0.7h_f$，h_f 为焊缝的焊脚尺寸；

② 当两焊件间隙 1.5mm＜ b ≤5mm 时，$h_e=0.7(h_f-b)$；

（2）直角角焊缝的计算长度 $l_w=l_w^a-2h_f$，其中，l_w^a 为焊缝的实际长度；

4）比较本条规定的直角角焊缝的计算公式与第 11.2.1 条对接焊缝的计算公式，可以发现：两者正应力计算和折算应力计算采用的公式相近，处理方法类似。

4. 第 11.2.3 条

1）两焊角边夹角为 $60° \leqslant \alpha \leqslant 135°$ 的 T 形连接的斜角角焊缝（图 11.2.3-1），其强度应按式（11.2.2-1）～式（11.2.2-3）计算，但取 $\beta_f=1.0$，其计算厚度 h_e（图 11.2.3-2）的计算，应符合下列规定：

（1）当根部间隙（b、b_1 或 b_2）≤1.5mm 时，$h_e=h_f\cos\dfrac{\alpha}{2}$；

（2）当根部间隙（b、b_1 或 b_2）＞1.5mm 但≤5mm 时，$h_e=\left[h_f-\dfrac{b(\text{或}\ b_1、b_2)}{\sin\alpha}\right]\cos\dfrac{\alpha}{2}$；

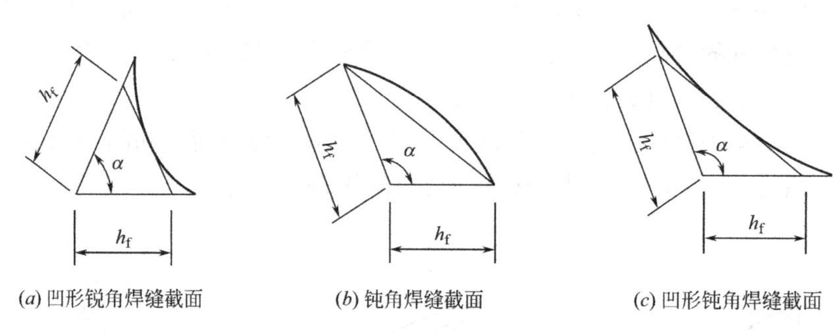

(a) 凹形锐角焊缝截面　　(b) 钝角焊缝截面　　(c) 凹形钝角焊缝截面

图 11.2.3-1　T 形连接的斜角角焊缝截面

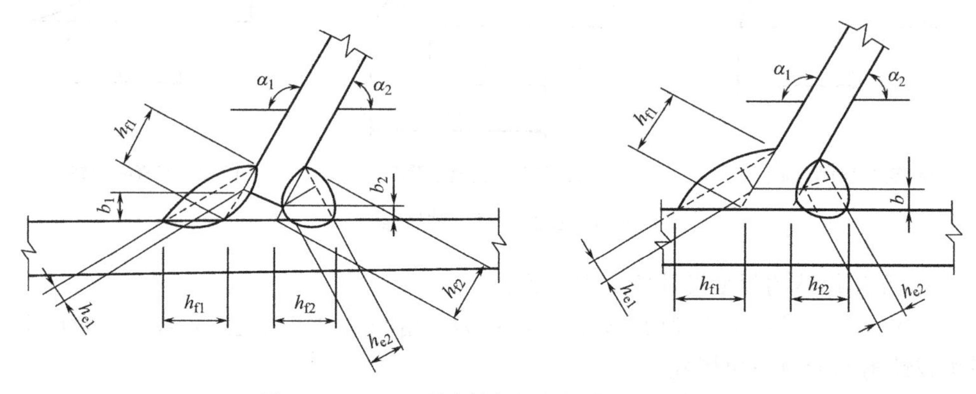

图 11.2.3-2　T 形连接的根部间隙和焊缝截面

2）斜角角焊缝的计算，原则上套用直角角焊缝的计算方法，对其中的计算参数 β_f 进行适当的调整，对应于不同的 b 、b_1 或 b_2，分别计算各条焊缝的 h_e 。

3）本条规定较为具体，宜把握规范的主线，实际应用时能直接找到即可。

5. 第 11.2.4 条

1）部分熔透的对接焊缝（图 11.2.4）和 T 形对接与角接组合焊缝［图 11.2.4（c）］：

（1）焊缝强度按式（11.2.2-1）～式（11.2.2-3）计算；

（2）当熔合线处焊缝截面边长等于或接近于最短距离 s 时，抗剪强度设计值应按角焊缝的强度设计值乘以 0.9；

（3）在垂直于焊缝长度方向的压力作用下，取 $\beta_f=1.22$，其他情况取 $\beta_f=1.0$；

（4）焊缝的计算厚度 h_e 取值如下［其中 s 为坡口深度，即根部至焊缝表面（不考虑余高，余高指焊缝表面两焊趾连线上的那部分金属高度）的最短距离（mm）；α 为 V 形、单边 V 形或 K 形坡口角度］：

① V 形坡口［图 11.2.4（a）］：当 $\alpha \geqslant 60°$ 时，$h_e=s$ ；当 $\alpha<60°$ 时，$h_e=0.75s$ ；

② 单边 V 形和 K 形坡口［图 11.2.4（b）、图 11.2.4（c）］：当 $\alpha=45°\pm5°$ 时，$h_e=s-3$；

③ U 形和 J 形坡口［图 11.2.4（d）、图 11.2.4（e）］：当 $\alpha=45°\pm5°$ 时，$h_e=s$ 。

2）依据第 11.3.4 条的规定，承受动力荷载时，图 11.2.4 中（e）包括（b）只能用于“横焊位置”，也就是封边焊缝，实际工程中可采用 V 形坡口；

3）实际工程中应尽量采用满足本条规定角度的焊缝；

4）规范对搭接连接的角焊缝提出专门要求，可查阅第 11.3.6 条。

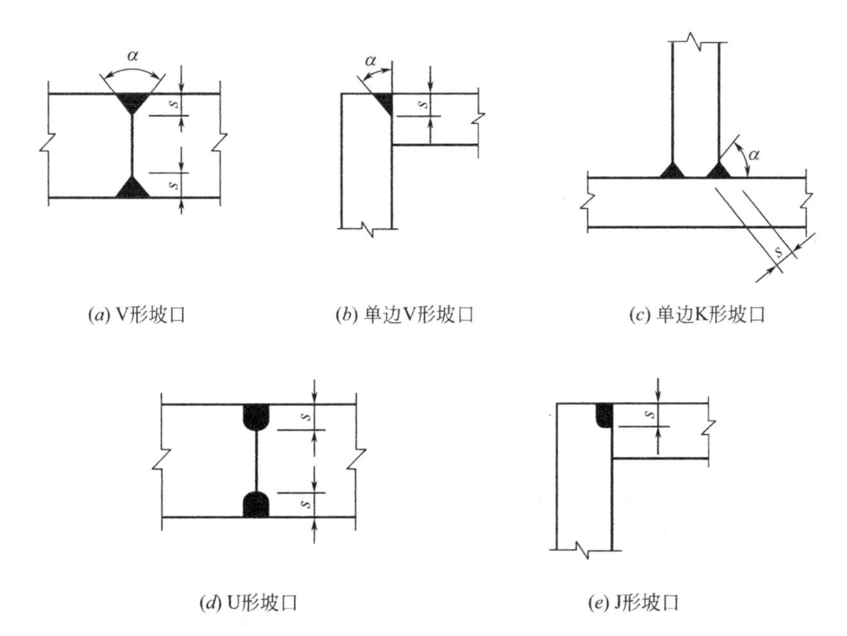

(a) V形坡口　(b) 单边V形坡口　(c) 单边K形坡口

(d) U形坡口　(e) J形坡口

图 11.2.4　部分熔透的对接焊缝和T形对接与角接组合焊缝截面

6. 第 11.2.5 条

1）圆形塞焊焊缝和圆孔或槽孔内角焊缝的强度，应分别按式（11.2.5-1）和式（11.2.5-2）计算：

$$\tau_f=\frac{N}{A_w}\leqslant f_f^w \tag{11.2.5-1}$$

$$\tau_f=\frac{N}{h_e l_w}\leqslant f_f^w \tag{11.2.5-2}$$

式中：A_w ——塞焊焊孔面积（mm^2）；

l_w ——圆孔内或槽孔内角焊缝的计算长度（注：见第 11.3.7 条说明）（mm）。

2）塞焊焊缝、圆孔或槽孔焊缝，多用于抗剪连接和防止板件屈曲的约束连接式中；

3）式（11.2.5-1）和式（11.2.5-2）与角焊缝计算公式（11.2.1-1）和式（11.2.2-2）类似，理解和应用时，可相互借鉴。

7. 第 11.2.6 条

1）角焊缝的搭接焊缝连接中，当焊缝计算长度 $l_w>60h_f$ 时，焊缝的承载力设计值应乘以折减系数 α_f：

$$\alpha_f=1.5-\frac{l_w}{120h_f}\geqslant 0.5 \tag{11.2.6-1}$$

2）角焊缝的搭接焊接形式，可参见图 11.2.1-2 及第 11.3.6 条；

3）对焊缝的承载力设计值折减系数 α_f，是考虑到长角焊缝（$l_w>60h_f$）搭接焊缝传力复杂，焊缝内力分布不均匀等因素的影响；

4）式（11.2.6-1）对焊缝全长的折减，造成焊缝承载力设计值倒挂（$l_w=120h_f$时焊缝承载力小于 $l_w=90h_f$ 时焊缝承载力）不合理，若修改为对焊缝长度超出 $60h_f$ 的 Δl_w 折减，即式（11.2.6-2）则更为合理。现阶段仍可式（11.2.6-1）计算，焊缝安全是有保证的。

$$l_w = 60h_f + \alpha_f \Delta l_w \tag{11.2.6-2}$$

5）实际工程中，对所有各类的长角焊缝（不一定是搭接焊接的角焊缝），均宜考虑焊缝的承载力设计值折减系数 α_f；

6）长角焊缝长度 l_w 宜≤$180h_f$。

8. 第 11.2.7 条

1）焊接截面工字形梁的翼缘与腹板的焊缝连接强度计算，应符合下列规定：

（1）采用角焊缝连接时：

① 强度应按式（11.2.7）计算；

$$\frac{1}{2h_e}\sqrt{\left(\frac{VS_f}{I}\right)^2 + \left(\frac{\psi F}{\beta_f l_z}\right)^2} \leqslant f_t^w \tag{11.2.7}$$

式中：S_f——所计算翼缘毛截面对梁中和轴的面积矩（mm^3）；

I——梁的毛截面惯性矩（mm^4）；

F、ψ、l_z——计算参数，按第 6.1.4 条采用；

h_e——直角角焊缝的计算厚度（mm），按第 11.2.2 条确定；

V——在梁上翼缘集中荷载作用位置截面，梁的剪力设计值（N）。

② 当梁上翼缘受有固定集中荷载时，宜在该处设置顶紧上翼缘的支承加劲肋，按式（11.2.7）计算时取 $F=0$。

（2）当腹板与翼缘的连接焊缝，采用焊透的 T 形对接与角接组合焊缝时，其焊缝强度可不计算。

2）公式（11.2.7）是实际工程中常用的简化计算公式，也是实用简化计算方法（见第 19.1 节 30 题）；实际上，腹板和翼缘的焊缝还承担着弯矩引起的剪切应力（沿翼缘长度方向作用），公式（11.2.7）中未考虑该剪切应力问题，可理解为在集中荷载作用位置处，主要是局部承压强度问题，根据实际工程经验，取局部压应力（集中荷载对焊缝的正面压应力，沿集中力作用方向）和剪应力（沿翼缘截面厚度方向）的综合应力验算即可。

3）当 $F=0$ 时，式（11.2.7）又可改写为式（11.2.7-1）。

$$\frac{VS_f}{2h_e I} \leqslant f_t^w \tag{11.2.7-1}$$

4）引入 β_f（适用于端焊缝受力状态），是为了区分因荷载状态的不同使焊缝连接的承载力的差异。对直接承受动力荷载的梁（如吊车梁等），$\beta_f=1.0$；对承受静荷载或间接承受动力荷载的梁（注意：集中荷载处无支承加劲肋时），$\beta_f=1.22$；

5）梁上有固定集中荷载（注意：不是移动集中荷载）时，宜在该集中荷载处，设置顶紧钢梁上翼缘的支承加劲肋（应按第 6.3.7 条对称设置）。

9. 第 11.2.8 条

1）圆管与矩形管的 T、Y、K 形相贯节点焊缝的构造与计算厚度取值，见《钢结构焊接规范》GB 50661 的专门规定。

2）复杂节点的构造与计算，见专门规范。

【思库问答】

【问 1】请问，关于《钢标》第 11.2.6 条中所述“角焊缝的搭接焊缝连接中，当角焊缝超

过 $60h_f$ 时，强度应折减”，但该条条文中并未强调搭接角焊缝，只是说长角焊缝。而《钢标》规定的又是侧面角焊缝，这个地方到底是什么样的角焊缝需要折减，我的理解是，这个地方指的就是对搭接角焊缝的折减，因为在第 11.2.7 条焊接工字形梁翼缘与腹板双面角焊缝连接计算的公式中，只与焊脚的尺寸有关，一般沿梁全长的腹板翼缘角焊缝长度肯定大于 $180h_f$ 了，所以这个地方规范应该是认为沿梁全长的角焊缝。

【答 1】规范正文明确了对搭接角焊缝的强度折减，实际工程中对长角焊缝也宜考虑焊缝受力的不均匀性，适当折减。

【问 2】请问：

1）《钢标》第 11.2.6 中所指角焊缝长度折减是指的搭接角焊缝，对于 T 型连接的角焊缝（如翼缘和腹板的角焊缝）是不是无此项折减？

2）单面连接单角钢的焊缝强度要不要乘以 0.85 的折减系数？

3）计算对接焊缝剪应力时，如焊缝为矩形时，是否要考虑其在纵向剪应力分布不均造成的影响？如对于矩形最大剪应力是平均剪应力的 1.5 倍（材料力学相关知识）。

【答 2】

1）按《钢标》规定，长角焊缝（$>60h_f$）宜对焊缝承载力进行折减，以考虑长焊缝内力分布不均匀情况；

2）只对危险截面进行面积折减 0.85 即可；

3）在长角焊缝的强度计算中，已考虑了焊缝应力分布不均匀的情况。

【问 3】请问，《钢标》第 11.2.6 条提及的搭接角焊缝是什么？侧面角焊缝超过 $60h_f$ 用不用折减啊？

【答 3】搭接焊接可查阅《钢标》第 11.3.6 条的规定，侧面长角焊缝也宜考虑焊缝承载力设计值的折减。

【问 4】请问，角焊缝折减是否只适用于搭接的角焊缝？比如 T 形角焊缝是不是应该不考虑 $60h_f$ 的有关折减？同时，如果就是搭接的超过 $60h_f$ 的部分，按《钢标》是否不考虑超出 $60h_f$ 范围的长度？

【答 4】实际工程中，对于各类长角焊缝，都宜考虑焊缝强度设计值的折减系数；对于搭接角焊缝，当焊缝长度大于 $60h_f$ 时，焊缝长度按焊缝实际长度（超过 $60h_f$）计算，焊缝承载力设计值乘以折减系数，也可直接按第 11.2.6 条规定计算，偏安全。

【问 5】请问，关于单面连接的角钢焊缝要不要折减 0.85，《钢标》仅对构件强度折减，但是《门钢规范》第 3.2.5 条第 2 款对接焊缝也进行了折减，是否单面连接的焊缝都需折减？《钢标》并未规定焊缝折减，是否执行门规？

【答 5】《钢标》第 7.1.3 条，对危险截面的面积乘以有效截面系数，这个有效截面系数，可以看成是对有效截面的折减，也可以看成是对截面应力的折减。门刚结构可按《门钢规范》。

【问 6】请问，拉力与端焊缝不垂直时，节点板与柱子翼缘采用对接焊缝连接，计算对接焊缝长度，现在有两种计算方式：（1）按受拉算一个 l_w，按受剪算一个 l_w；（2）按《钢标》式（11.2.1-2）计算折算应力来求 l_w。请问哪种合理呀？

【答 6】当拉力与端焊缝不垂直时，在端焊缝产生正应力和剪应力，应分别验算，并验算折算应力。

【问 7】请问，《钢标》第 11.2.7 条工字型梁翼缘与腹板双面角焊缝连接，强度计算的时候为什么不考虑弯矩正应力的作用？而仅仅考虑剪应力和集中局部荷载的作用？

【答 7】集中荷载处主要是局部承压强度问题，根据实际工程经验，取局压应力和剪应力的折算应力验算即可。

11.3 焊接连接的构造要求

《钢标》对焊接连接的构造要求见表 11.3.0-1。

表 11.3.0-1 《钢标》对焊接连接的构造要求

条文号	规定	关键点把握	
11.3.1	焊缝类型的选择	受力和构造焊缝，可采用：对接焊缝、角接焊缝、对接与角接组合焊缝、塞焊焊缝、槽焊焊缝等	
		重要连接或有等强要求时，应采用熔透焊缝	
		较厚板件或无需焊透时，可采用部分熔透焊缝	
11.3.2	对接焊缝的坡口形式	按《焊接规范》GB 50661	
11.3.3	不同厚度和宽度时的对接	应做平缓处理，坡度≤1∶2.5	
11.3.4	承受受动荷载时，塞焊、槽焊、角焊、对接连接的构造	1)需要验算疲劳的连接，拉应力与焊缝轴线垂直时，严禁采用部分焊透对接焊缝	
		2)不需验算疲劳的构件，塞焊、槽焊的孔槽构造	
		3)角焊缝的焊脚尺寸不得小于 5mm	
		4)对接与角接焊缝和 T 形连接的全焊透坡口焊缝，应采用角焊缝加强，加强焊脚尺寸应≥$0.5t$（t 为连接部位较小板件厚度），≤10mm	
		5)除横焊位置以外，不宜采用 L 形和 J 形坡口焊	
11.3.5	角焊缝的尺寸（最小计算长度应扣除引弧收弧长度；t 为被焊构件中较薄板件厚度）	1)最小计算长度≥$8h_f$；≥40mm	
		2)断续角焊缝的最小有效长度，不应小于最小计算长度	
		3)最小焊脚尺寸 h_f 按表 11.3.5 取值，不宜小于 5mm	
		4) t≥25mm 时，宜采用开局部坡口的角焊缝	
		5)不宜将厚板焊到较薄板件上	
11.3.6	搭接连接角焊缝	1)搭接长度≥$5t$；≥25mm，应双角焊缝(纵向和横向)	
		2)型钢构件端部只采用纵向角焊缝连接时	b≤200mm，b 为构件宽度
			b>200mm 时，应加横向角焊缝或中间塞焊
			型钢构件每侧角焊缝长度应≥b
		3)围焊时，转角处应连续施焊	
		4)端部绕焊时，绕焊长度≥$2h_f$，并连续施焊	
		5)沿母材棱边的最大焊脚尺寸 h_f	当板厚 t≤6mm 时，取 h_f=6mm
			当 t>6mm 时，取 $h_f=t-(1\sim2\text{mm})\geq6\text{mm}$
		6)套管搭接连接(图 11.3.6-3)	可只焊一条焊缝
			管材搭接长度 $L\geq5(t_1+t_2)$；≥25mm

续表

条文号	规定	关键点把握	
11.3.7	塞焊和槽焊（d_0 为塞焊的孔径或槽焊的槽宽；l_0 为槽孔长度）	1)有效面积为贴合面上圆孔或长槽孔的标称面积	
		2)塞焊的中心间隔$\geqslant 4d_0$	
		3)槽焊焊缝净距(《钢标》为中心间隔，此处按手册建议)$\geqslant 2l_0$	
		4)垂直于槽孔长度方向的孔中心间距$\geqslant 4d_0$	
		5) d_0	$d_0 \geqslant t + 8\text{mm}$；$t$ 为被开孔的板厚度
			$d_0 \geqslant d_{0,\min} + 3\text{mm}$；$\geqslant 2.25t$
		6)槽孔长度 $l_0 \leqslant 10t$ ，宽度同塞焊 d_0	
		7)塞焊槽焊 h_f	当板厚 $t \leqslant 16\text{mm}$ 时，取 $h_f = t$
			当 $t > 16\text{mm}$ 时，取 $h_f \geqslant 0.5t$ ；$\geqslant 16\text{mm}$
		8)塞焊和槽焊焊缝的尺寸，应根据贴合面上受剪计算确定	
11.3.8	断续角焊缝（t 为较薄焊件厚度）	仅适用于次要构件或次要焊接	
		腐蚀环境中不宜采用	
		每段焊缝长度(扣除引弧和收弧长度)$\geqslant 10h_f$ ；$\geqslant 50\text{mm}$	
		焊缝净距：对受压构件$\leqslant 15t$ ；对受拉构件$\leqslant 30t$	

【要点分析】

1. 对焊接连接提出具体构造要求，有利于保证焊接连接的可靠性，减小焊接缺陷对结构的影响。

2. 第 11.3.1 条

1）受力和构造焊缝可采用对接焊缝、角接焊缝、对接与角接组合焊缝、塞焊焊缝、槽焊焊缝，重要连接或有等强要求的对接焊缝应为熔透焊缝，较厚板件或无需焊透时可采用部分熔透焊缝。

2）在实际工程中，焊接连接的具体方法很多，可采用对接焊缝、角接焊缝、对接与角接组合焊缝、塞焊焊缝、槽焊焊缝等；

3）重要连接或有等强要求的对接焊缝，应采用熔透焊缝；

4）较厚板件或无需焊透时，可采用部分熔透焊（可以是部分熔透焊和角焊缝的组合焊缝）；

5）圆形塞焊焊缝、圆孔内角焊缝、槽孔内角焊缝等，只能适用于抗剪和防止板件屈曲的约束连接（如节点区板件塞焊等）。

3. 第 11.3.2 条

1）对接焊缝的坡口形式，宜根据板厚和施工条件，按《钢结构焊接规范》GB 50661 选用。

2）坡口形式（见图 11.2.4）主要根据受力需要和施工条件确定。

4. 第 11.3.3 条

1）不同厚度和宽度的材料对接时，应做平缓过渡，其连接处坡度值不宜大于 1：2.5（图 11.3.3-1 和图 11.3.3-2）。

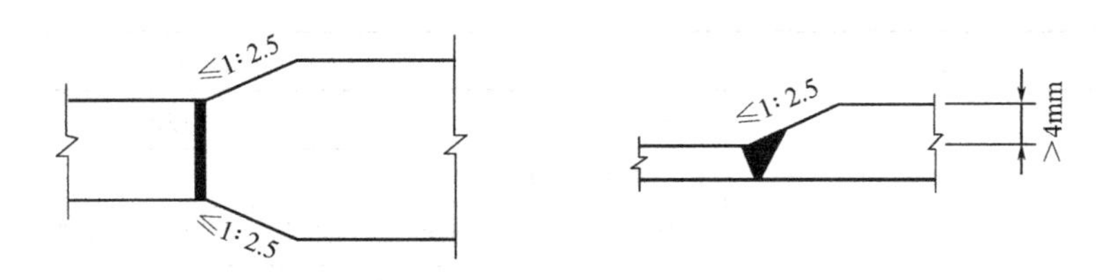

图 11.3.3-1　不同宽度或厚度钢板的拼接

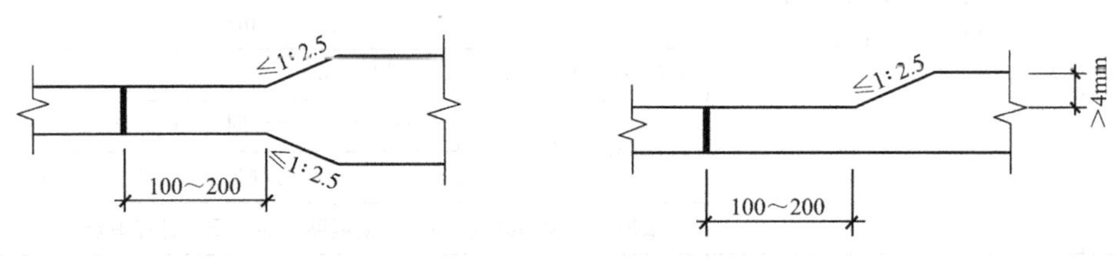

图 11.3.3-2　不同宽度或不同厚度钢铸件的拼接

2）实际工程中，经常遇到不同板厚的拼接，平缓过渡是基本原则，对接连接坡度宜≤1∶2.5（图 11.3.3-1）；

3）不同宽度或不同厚度铸钢件的拼接，见图 11.3.3-2；

4）焊接连接时，焊缝表面的斜度可以适当满足和缓传力的要求，对薄钢板（板厚不大于 9mm），一侧厚度差可 2mm；其他情况，一侧厚度差可 3mm；

5）考虑到钢板改变厚度的切削加工比较费事，实际工程中宜避免采用不同厚度的钢板拼接连接，对不同厚度的钢板，不应采用直接拼接连接。

5. 第 11.3.4 条

1）承受动荷载时，塞焊、槽焊、角焊、对接连接，应符合下列规定：

（1）承受动力荷载不需要进行疲劳验算的构件：

① 采用塞焊、槽焊时，孔或槽的边缘到构件边缘，在垂直应力方向上的间距，不应小于此构件厚度的 5 倍，且不应小于孔或槽宽度的 2 倍；

② 构件端部搭接连接的纵向角焊缝长度，不应小于两侧焊缝间的垂直距离 a，且在无塞焊、槽焊等其他措施时，$a \leqslant 16t$（图 11.3.4），t 为较薄板件的厚度；

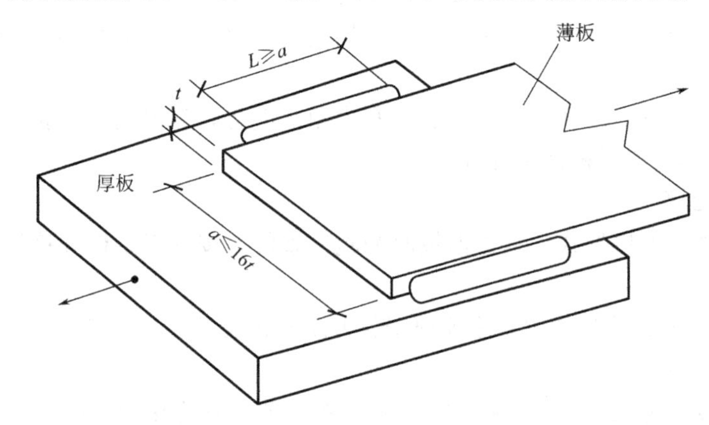

图 11.3.4　承受动力荷载，不需要进行疲劳验算时，构件端部纵向角焊缝长度及间距要求

(2) 不得采用 $h_f \leqslant 5$mm 的角焊缝;

(3) 严禁采用断续焊缝(断续坡口焊缝和断续角焊缝);

(4) 对接与角接组合焊缝和T形连接的全焊透坡口焊缝,应采用角焊缝加强,加强焊缝 h_f 应 $\geqslant 0.5t$(注:依据《钢结构焊接规范》GB 50661 第5.7.2条规定,加强焊缝的焊脚尺寸应不小于接头较薄件厚度的1/2,此处按焊接规范修改),且 $\leqslant$10mm,其中 t 为连接部位较薄构件厚度;

(5) 承受动荷载需经疲劳验算的连接,当拉应力与焊缝轴线垂直时,严禁采用部分焊透的对接焊缝。

(6) 除横焊位置外,不宜采用L形和J形坡口。

(7) 不同板厚对接连接承受动荷载时,应采用平缓过渡(见第11.3.3条)。

2) 对于承受动力荷载,不需要进行疲劳验算的构件,塞焊或槽焊可以作为端部搭接连接的辅助措施(用于抗剪连接和防止板件屈曲的约束连接),孔或槽的边缘到构件边缘,在垂直于应力方向上的间距,应 $\geqslant 5t$,t 为构件厚度;

3) 加强角焊缝,指在坡口焊缝上,沿焊缝长度方向二次焊接角焊缝;

4) 承受动荷载需经疲劳验算的连接,当拉力与焊缝垂直时,严禁采用部分焊透的对接焊缝。对于承受动力荷载的构件,当垂直于焊缝长度方向受力时,未焊透处的应力集中会产生不利影响,故限制采用;而当平行于焊缝长度方向受力时(如吊车梁下翼缘焊缝,起重机伸臂的纵向焊缝等,见图11.3.4-1),只受剪应力,则可用于承受动力荷载。

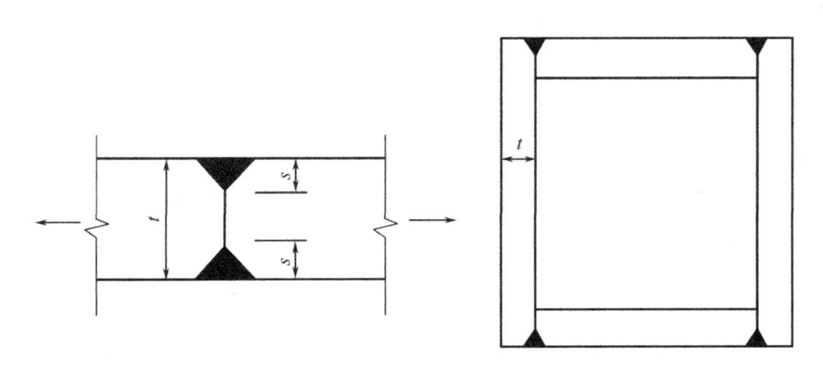

图11.3.4-1 部分熔透的对接焊

6. 第11.3.5条

1) 角焊缝的尺寸,应符合下列规定:

(1) 角焊缝的最小计算长度(扣除引弧、收弧长度后的焊缝长度),应为 $8h_f$(h_f 为焊缝的焊脚尺寸),且 $\geqslant$40mm;

(2) 断续角焊缝焊段的最小长度,应 $\geqslant 8h_f$,且 $\geqslant$40mm;

(3) 角焊缝的最小焊脚尺寸见表11.3.5(焊缝尺寸 h_f 不要求超过连接部位较薄板件厚度的情况除外);

(4) 被焊构件中较薄板厚度 $\geqslant$25mm时,宜采用开局部坡口的角焊缝;

(5) 采用角焊缝焊接连接,不宜将厚板焊接到较薄板上。

表 11.3.5 角焊缝最小焊脚尺寸 h_f（mm）

母材厚度 t	角焊缝最小焊脚尺寸 h_f	说明
$t \leqslant 6$	3(承受动力荷载时为 5)	1. 采用不预热的非低氢焊接方法焊接时，t 为焊接连接部位中较厚构件的厚度，宜采用单道焊缝； 2. 采用预热的非低氢焊接方法或低氢焊接方法进行焊接时，t 为焊接连接部位中，较薄构件的厚度
$6 < t \leqslant 12$	5	
$12 < t \leqslant 20$	6	
$t > 20$	8	

2）角焊缝在实际工程中应用最为普遍，应区分角焊缝的最小计算长度和最小长度；

3）角焊缝的计算长度为扣除引弧、收弧长度后的焊缝长度，应$\geqslant 8h_f$且$\geqslant$40mm（与第 11.3.8 条规定一致）。不符合要求的焊缝，不能作为受力焊缝；

4）断续角焊缝的“最小长度”（可理解为焊缝的最小有效长度，为扣除引弧、收弧长度后的焊缝长度，不是第 11.3.8 条规定的总长度），不应小于“最小计算长度”。根据第 11.3.3 条的规定，断续角焊缝不应用于承受动力荷载的结构；建议实际工程中的受力焊缝，应避免采用断续角焊缝（尤其是工作环境较差的工程）；

5）被焊构件中，较薄板厚$\geqslant$25mm 时（属于厚板焊接连接，宜优先考虑采用熔透焊），宜采用开局部坡口的角焊缝；

6）采用角焊缝焊接连接，不宜将厚板焊接到较薄板上（指厚板与薄板的垂直连接或有角度连接，不包括厚板与薄板拼接的角焊缝对接连接）。

7. 第 11.3.6 条

1）搭接连接角焊缝的尺寸及布置，应符合下列规定：

（1）传递轴向力的部件，其搭接连接最小搭接长度，应为较薄件厚度的 5 倍，且不小于 25mm（注：25mm 为经验值），并应施焊纵向或横向双角焊缝（图 11.3.6-1）；

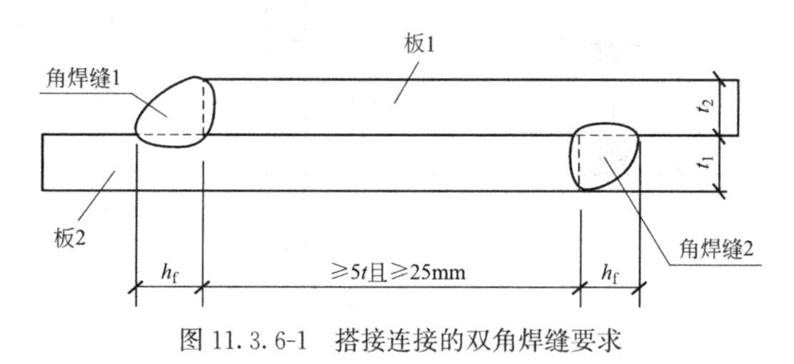

图 11.3.6-1 搭接连接的双角焊缝要求

t —t_1 和 t_2 中的较小值；h_f —焊脚尺寸

（2）只采用纵向角焊缝连接型钢杆件的端部时，型钢宽度应$\leqslant$200mm，当$\geqslant$200mm 时，应加设横向角焊缝或中间塞焊（注：传递剪力并防止翘曲）；型钢杆件每一侧的纵向角焊缝的长度，应$\geqslant b$，b 为型钢杆件的宽度；

（3）型钢杆件搭接连接采用围焊时，在转角处应连续施焊（注：可消除起落弧的不利影响）。杆件端部角焊缝宜绕焊（注：指端焊缝两端与焊缝垂直的短焊缝，可将其理解为焊缝两端的直角起弧和落弧），绕焊长度应$\geqslant 2h_f$，并应连续施焊；

（4）搭接焊接沿母材棱边（注：棱边指有棱角的边，如直角边等）的最大焊脚尺寸（图 11.3.6-2），当板厚 $t \leqslant$6mm 时，为母材板厚；当 $t >$6mm 时，为 t －(1～2mm) $\geqslant$6mm；

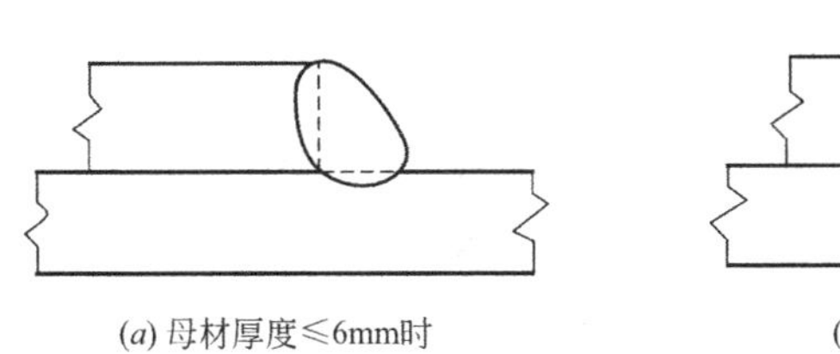

(a) 母材厚度≤6mm时

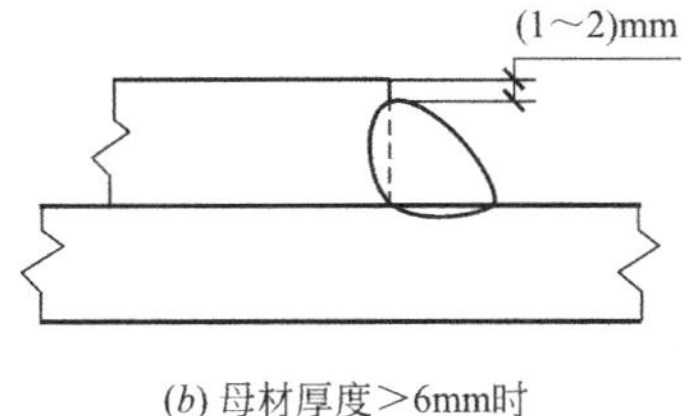

(b) 母材厚度>6mm时

图 11.3.6-2 搭接焊缝沿母材棱边的最大焊脚尺寸

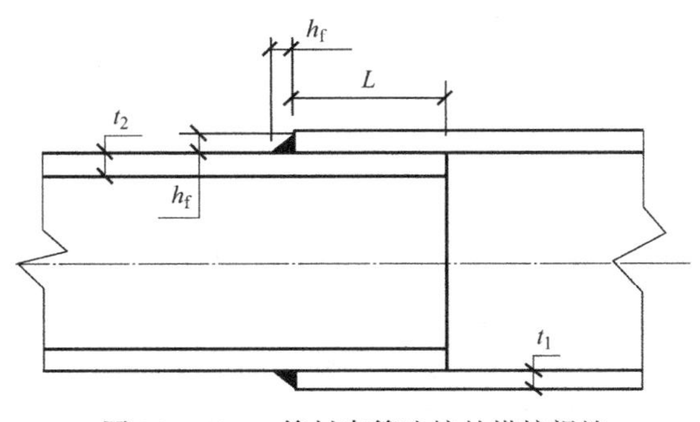

图 11.3.6-3 管材套管连接的搭接焊缝

h_f —焊脚尺寸

(5) 用搭接焊缝传递荷载的套管连接（图 11.3.6-3），可只焊一条角焊缝（注：因为另一条焊接困难），其搭接长度 L 应$\geqslant 5(t_1+t_2)$ 且≥25mm（注：25mm 为经验数据）。搭接焊缝的焊脚尺寸应符合设计要求。

2) 搭接连接（如同钢筋混凝土结构中的钢筋搭接），传力不直接、搭接部位角焊缝在承受轴力时会张开、并发生偏转、翘曲等，对搭接连接应采取必要的构造措施。

8. 第 11.3.7 条

1) 塞焊和槽焊焊缝的尺寸、间距、焊缝高度，应符合下列规定：

(1) 塞焊焊缝的有效面积，应为贴合面上圆孔或长槽孔的标称面积。

(2) 塞焊焊缝的最小间隔（注：《钢标》和手册表述不一，基于偏于安全的原则，实际工程中，可理解为最小净间隔），应为孔径的 4 倍，槽焊焊缝的纵向最小间距，应为槽孔长度的 2 倍，垂直于槽孔长度方向的两排槽孔的最小间距，应为槽孔宽度的 4 倍。

(3) 塞焊孔的最小直径 d_{min} 应$\geqslant t+8$（t 为开孔板的厚度），最大直径 d_{max} 应取 $\max(t+11, 2.25t)$。槽孔长度 $L\leqslant 10t$，最小及最大槽孔宽度应与塞焊孔的最小及最大孔径相同。

(4) 塞焊及槽焊的焊缝高度，应符合下列规定：

① 当母材厚度≤16mm 时，应与母材厚度相同；

② 当母材厚度>16mm 时，不应小于母材厚度的一半和 16mm 两者的较大值。

(5) 塞焊焊缝和槽焊焊缝的尺寸，应根据贴合面上承受的剪力计算确定。

2) 实际工程中的塞焊和槽焊主要用于抗剪连接（第 11.2.5 条）和防止板件屈曲的约束连接（第 11.3.4 条、第 11.3.6 条等）中；塞焊与槽焊的相关要求见图 11.3.7-1。

3) 关于塞焊和槽焊的焊缝有效截面面积：

(1) 塞焊焊缝的有效截面面积，本条和第 11.2.5 条的规定一致，取塞焊圆孔面积；

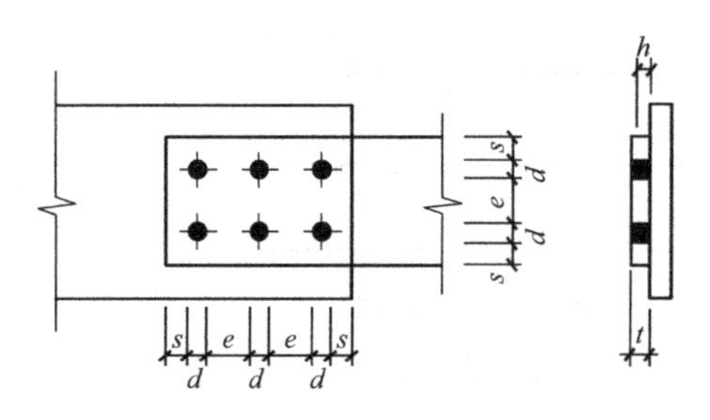

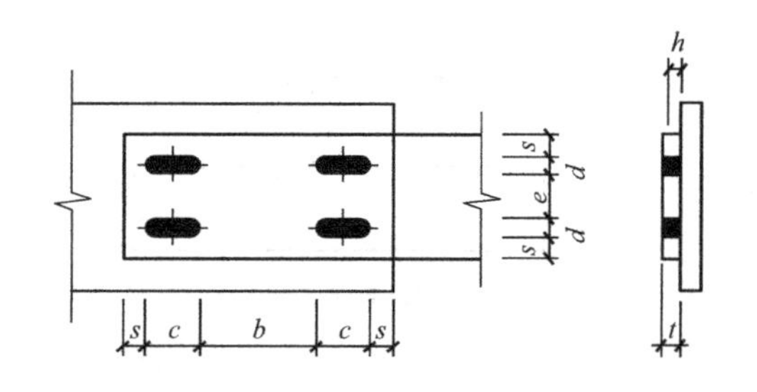

(*a*) 孔径(mm)：t+11与2.25t的较大值≥d≥t+8；
间距(mm)：e≥4d；
焊缝高度(mm)：t≤16时，h=t；t>16时，h>t/2且≥16

(*b*) 孔径(mm)：t+11与2.25t的较大值≥d≥t+8；10t≥c≥t+8
间距(mm)：e≥4d；b≥2c；
焊缝高度(mm)：t≤16时，h=t；t>16时，h>t/2且≥16

图 11.3.7-1 塞焊与槽焊

（2）关于槽焊焊缝的有效截面面积：

① 本条规定取贴合面（指相互焊接连接的两块板件的结合面，也就是两块板的接触面）上圆孔或长槽孔的标称面积（就是圆孔圆形面积或槽孔的槽形平面面积），适合于圆孔或长槽孔内焊缝为满焊（塞满整个圆孔或槽孔）的情况；

② 而第 11.2.5 条规定：圆孔内或槽孔内角焊缝，圆孔内或槽孔内角焊缝的计算长度，取圆孔或槽孔的周长，适合于焊缝沿圆孔或槽孔周边焊接的角焊缝；

4）塞焊和槽焊的抗剪计算，可按第 11.2.5 条计算。

9. 第 11.3.8 条

1）次要构件或次要焊接连接中：

（1）可采用断续角焊缝；

（2）断续角焊缝的长度，应≥ $10h_f$ 和≥50mm，其净距应≤ $15t$（对受压构件）或 $30t$（对受拉构件），t 为较薄焊件厚度；

（3）腐蚀环境中，不宜采用断续角焊缝。

2）断续角焊缝，可用于次要构件或次要焊接连接中（还要注意使用环境的影响）；

3）“断续角焊缝焊段的长度”，可理解为断续角焊缝焊段的总长度（即每一断续焊缝的实际长度 l_w^a，其中包括有焊缝两端的起弧和落弧段长度），除应满足 $l_w^a \geq 10h_f$ 和≥50mm 的要求外，还应满足焊缝计算长度要求，即 $l_w^a \geq l_w + 2h_f$ 的要求；而第 11.3.5 条第 2 款规定的“最小长度”，可理解为“最小有效长度”，即焊缝实际长度扣除引弧和收弧后的长度 l_w；两条规定不矛盾。

【思库问答】

【问 1】请问，《钢标》第 11.3.7 条，塞焊焊缝最小中心间距，《钢结构设计手册》为最小净距，跟规范条文不一致。

【答 1】手册的做法比《钢标》更严，实际工程可按手册做法。

【问 2】请问，部分钢构件指出需要刨平顶紧，不明白为什么只有部分构件要求，还有不需要刨平顶紧就施焊的吗？刨平顶紧后施焊了之后是不是只有构件承受压力，焊缝只是固定作用了呢？

【答 2】刨平顶紧可以考虑由顶紧面传递轴压力（不需要焊接），故加工精度要求较高，不宜所有构件都采用。

【问3】请问，角钢在三面围焊的时候，在肢尖处的焊缝计算长度是否需要满足 $8h_f$ 和 40mm。因为是连续施焊，肢尖处的焊缝是不是就不用考虑这条？

【答3】应满足最小焊缝长度要求，过短的焊缝长度，其质量仍有问题。

【问4】请问，《钢标》第11.3.5条第2款断续角焊缝最小长度不应小于计算长度，也就是第1款中的 $8h_f$ 和 40mm，而《钢标》第11.3.8条次要连接最小长度是 $10h_f$ 和 50mm。这个意思是说主体构件的断续角焊缝最小长度可以比次要构件短？次要构件要求咋还提高了呢？

【答4】40mm 和 $8h_f$ 是焊缝计算长度，要扣除引弧和收弧长度，而第11.3.8条是焊缝的总长。两者不矛盾。

11.4 紧固件连接计算

《钢标》对紧固件连接计算的要求见表11.4.0-1。

表11.4.0-1 《钢标》对紧固件连接的计算要求

<table>
<tr><th>条文号</th><th>规定</th><th colspan="2">关键点把握</th></tr>
<tr><td rowspan="3">11.4.1</td><td rowspan="3">普通螺栓、锚栓或铆钉的连接承载力</td><td colspan="2">1)普通螺栓或铆钉的抗剪连接中，受剪和承压承载力</td></tr>
<tr><td colspan="2">2)普通螺栓、锚栓或铆钉，在杆轴方向受拉承载力</td></tr>
<tr><td colspan="2">3)普通螺栓、铆钉同时受剪和受拉时的承载力</td></tr>
<tr><td rowspan="3">11.4.2</td><td rowspan="3">高强度螺栓摩擦型连接</td><td>1)摩擦面间受剪连接中</td><td rowspan="2">每个高强度螺栓的承载力设计值</td></tr>
<tr><td>2)螺栓杆轴方向受拉连接中</td></tr>
<tr><td colspan="2">3)同时承受剪力和拉力时的承载力</td></tr>
<tr><td rowspan="4">11.4.3</td><td rowspan="4">高强度螺栓承压型连接</td><td colspan="2">1)预拉力P的施拧工艺及设计值同摩擦型高强度螺栓</td></tr>
<tr><td colspan="2">2)受剪承载力设计值计算方法同普通螺栓，剪切面在螺纹处时，按有效截面计算</td></tr>
<tr><td colspan="2">3)杆轴受拉连接中，每个螺栓的受拉承载力计算方法同普通螺栓</td></tr>
<tr><td colspan="2">4)同时受剪和受拉时的承载力计算</td></tr>
<tr><td rowspan="5">11.4.4</td><td rowspan="5">螺栓和铆钉数目应增加的情况(可先放大，后取整)</td><td colspan="2">1)构件借助填板或其他中间板与另一构件连接(摩擦型高强度螺栓除外)，比计算增加10%</td></tr>
<tr><td colspan="2">2)采用搭接或拼接板的单面传递轴心力(摩擦型高强度螺栓除外)，比计算增加10%</td></tr>
<tr><td colspan="2">3)在构件端部，采用连接型钢(短角钢或短槽钢)的外伸肢以缩短连接长度时，在短角钢(或槽钢)两肢中的一肢上，所用螺栓或铆钉数目比计算增加50%</td></tr>
<tr><td rowspan="2">4)当铆钉连接的铆合总厚度超过铆钉孔径的5倍时</td><td>总厚度不得超过铆钉孔径的7倍</td></tr>
<tr><td>厚度每增加2mm，铆钉应增加1%(不少于1个)</td></tr>
<tr><td>11.4.5</td><td>螺栓连接长度>$15d_0$时</td><td colspan="2">螺栓承载力设计值应乘以折减系数0.7～1.0</td></tr>
</table>

【要点分析】

1. 钢结构工程中的常用紧固件包括：普通螺栓、高强度螺栓、锚栓或铆钉等，其承载力计算各不相同，构造要求也有很大的差异，应关注相互间的异同，还应特别关注摩擦型高强度螺栓和承压型高强度螺栓的异同。

2. 第 11.4.1 条

1）普通螺栓、锚栓或铆钉的连接承载力，应按下列规定计算：

（1）在普通螺栓或铆钉的抗剪连接中，每个螺栓的承载力设计值，应取受剪和承压承载力设计值中的较小值。受剪和承压承载力设计值，应分别按式（11.4.1-1）～式（11.4.1-4）计算：

普通螺栓：（受剪）
$$N_v^b = n_v \frac{\pi d^2}{4} f_v^b \tag{11.4.1-1}$$

铆钉：（受剪）
$$N_v^r = n_v \frac{\pi d_0^2}{4} f_v^r \tag{11.4.1-2}$$

普通螺栓：（承压）
$$N_c^b = d \sum t f_c^b \tag{11.4.1-3}$$

铆钉：（承压）
$$N_c^r = d_0 \sum t f_c^r \tag{11.4.1-4}$$

式中：n_v——受剪面数目（个）；

d——螺杆直径（mm）；

d_0——铆钉孔直径（mm）；

$\sum t$——在不同受力方向中，一个受力方向的承压构件的总厚度的较小值（mm）；

f_v^b、f_c^b——螺栓的抗剪和承压强度设计值（N/mm^2）；

f_v^r、f_c^r——铆钉的抗剪和承压强度设计值（N/mm^2）。

（2）在普通螺栓、锚栓或铆钉杆轴方向受拉的连接中，每个普通螺栓、锚栓或铆钉的承载力设计值，应按下列公式计算：

普通螺栓：
$$N_t^b = \frac{\pi d_e^2}{4} f_t^b \tag{11.4.1-5}$$

锚栓：
$$N_t^a = \frac{\pi d_e^2}{4} f_t^a \tag{11.4.1-6}$$

铆钉：
$$N_t^r = \frac{\pi d_0^2}{4} f_t^r \tag{11.4.1-7}$$

式中：d_e——螺栓或锚栓在螺纹处的有效直径（mm）；

f_t^b、f_t^a、f_t^r——普通螺栓、锚栓和铆钉的抗拉强度设计值（N/mm^2）。

（3）同时承受剪力和杆轴方向拉力的普通螺栓和铆钉，其承载力应分别符合下列公式要求：

普通螺栓

$$\sqrt{\left(\frac{N_v}{N_v^b}\right)^2 + \left(\frac{N_t}{N_t^b}\right)^2} \leqslant 1.0 \tag{11.4.1-8}$$

$$N_v \leqslant N_c^b \tag{11.4.1-9}$$

铆钉

$$\sqrt{\left(\frac{N_v}{N_v^r}\right)^2 + \left(\frac{N_t}{N_t^r}\right)^2} \leqslant 1.0 \tag{11.4.1-10}$$

$$N_v \leqslant N_c^r \tag{11.4.1-11}$$

式中：N_v、N_t——分别是计算的普通螺栓所承受的剪力和拉力设计值（N）；

N_v^b、N_t^b、N_c^b——一个普通螺栓的抗剪、抗拉和承压承载力设计值（N）；

N_v^r、N_t^r、N_c^r——一个铆钉的抗剪、抗拉和承压承载力设计值（N）。

2）本条各公式应用建议：

（1）应注意公式的角标，上标代表连接形式：a为锚栓，b为螺栓，r为铆钉；下标代表受力形式：c是承压，v是抗剪，t是受拉；

（2）受剪面数目 n_v（个），应注意区分单剪和双剪；

（3）铆钉孔直径 d_0（mm），《钢标》对铆钉孔的孔径没有具体规定，可按第11.5.1条规定的B级普通螺栓孔径确定；

（4）按式（11.4.1-1）和式（11.4.1-2）验算，可保证在剪力和拉力的共同作用下，普通螺栓或铆钉的杆轴不破坏；

（5）按式（11.4.1-3）和式（11.4.1-4）验算，可保证连接板的承压强度，不发生承压破坏；

（6）式（11.4.1-8）和式（11.4.1-10），可以理解为是剪应力和拉应力的综合应力（两个互相垂直的应力，按平方和开方计算综合应力），注意与式（11.4.2-3）的不同；

（7）比较式（11.4.1-8）和式（11.4.1-10）可以发现，只是角标的不同，其他均相同；本条各公式之间相互关联，形式相近，使用时应加以判别；

（8）依据第11.1.4条的规定，沉头和半沉铆钉不得用于其杆件轴方向的受拉连接，也就是式（11.4.1-5）～式（11.4.1-11）不适用于沉头和半沉铆钉（图4.4.7-1）。

3. 第11.4.2条

1）高强度螺栓摩擦型连接，应按下列规定计算：

（1）受剪连接中，每个高强度螺栓的承载力设计值，按（11.4.2-1）计算。

$$N_v^b = 0.9kn_f\mu P \tag{11.4.2-1}$$

式中：N_v^b——一个高强度螺栓的受剪承载力设计值（N）；

k——孔型系数，标准孔取1.0；大圆孔取0.85；内力与槽孔长方向垂直时取0.7，内力与槽孔长方向平行时取0.6（注：孔型尺寸见第11.5.1条和第11.5.2条）；

n_f——传力摩擦面数目（注：注意区分单剪和双剪）；

μ——摩擦面的抗滑移系数，可按表11.4.2-1取值；

P——一个高强度螺栓的预拉力设计值（N），按表11.4.2-2取值。

表11.4.2-1 钢材摩擦面的抗滑移系数 μ

序号	连接构件接触面的处理方法	构件的钢材牌号		
		Q235钢	Q345钢或Q390钢	Q420钢或Q460钢
1	喷硬质石英砂或铸钢棱角砂	0.45	0.45	0.45
2	抛丸(喷砂)	0.40	0.40	0.40
3	钢丝刷清除浮锈或未经处理干净的轧制面	0.30	0.35	—

注：1. 钢丝刷除锈方向应与受力方向垂直；
2. 当连接构件采用不同牌号钢材时，μ 值按相应较低强度者取值；
3. 采用其他方法处理时，其处理工艺及抗滑移系数均需经试验确定。

表 11.4.2-2　一个高强度螺栓的预拉力设计值 P (kN)

螺栓的承载性能等级	螺栓的公称直径(mm)					
	M16	M20	M22	M24	M27	M30
8.8 级	80	125	150	175	230	280
10.9 级	100	155	190	225	290	355

(2) 在螺栓杆轴方向受拉的连接中，每个高强度螺栓的承载力按 (11.4.2-2) 计算。

$$N_t^b = 0.8P \tag{11.4.2-2}$$

(3) 当高强度螺栓摩擦型连接，同时受摩擦面间的剪力和螺栓栓杆方向的外拉力时，承载力按 (11.4.2-3) 计算。

$$\frac{N_v}{N_v^b}+\frac{N_t}{N_t^b}\leqslant 1.0 \tag{11.4.2-3}$$

式中：N_v、N_t——分别是计算的高强度螺栓所承受的剪力和拉力设计值 (N)；

N_v^b、N_t^b——一个高强度螺栓的抗剪、抗拉承载力设计值 (N)。

2) 高强度螺栓摩擦型连接在实际工程中应用广泛，应注意对本条的理解；

3) 高强度螺栓摩擦型连接，靠被连接板之间的摩擦力传力，并以摩擦力刚被克服作为连接承载力的极限状态。摩擦力的大小取决于被连接板之间的法向压力，也就是螺栓的预压力 P、接触面的抗滑移系数、螺栓的数目等。

(1) 螺栓的预压力 P 按表 11.4.2-2 确定，表中考虑了螺栓的抗拉强度、施工影响系数、螺栓不均匀系数、超张拉系数等，按螺栓有效截面计算并取整而得；

(2) 钢材摩擦面的抗滑移系数按表 11.4.2-1 确定，接触面喷砂处理的抗滑移系数与钢材无关，接触面人工处理（不适用于 Q420 及 Q460 及以上的钢材）时，抗滑移系数要考虑钢材的影响，对照表 11.4.2-1 可以发现：

① 对于表 1、2 项（机械除锈），不同牌号的钢材连接时，钢材摩擦面的抗滑移系数不变；

② 对第 3 项（人工除锈），不同牌号的钢材连接时，取较小的抗滑移系数，也就是取 0.30；

(3) 高强度螺栓摩擦连接，应控制螺栓杆轴方向的外拉力（使被连接的板间压力减小）不超过 $0.8P$，避免螺栓松弛并留有适当的余量；

(4) 高强度螺栓摩擦型连接的预压力 P，对板叠（也就是被连接的板与板之间）有强大的压紧作用，使承压板孔前区成为三向压应力场，形成孔前摩擦传力；

(5) 相关内容见第 11.4.3 条和第 11.5.4 条。

4) 本条内容在历年注册考试中常见（第 19.1 节 18 题），实际工程和注册备考时应特别注意把握。

4. 第 11.4.3 条

1) 高强度螺栓承压型连接，应按下列规定计算：

(1) 承压型连接的高强度螺栓，其预拉力 P 及施拧的工艺和设计值取值，与摩擦型高强度螺栓相同；

(2) 承压型连接的每个高强度螺栓，其受剪承载力设计值的计算方法同普通螺栓，即

(11.4.1-1)，当计算剪切面在螺纹处时，其受剪承载力设计值应按螺纹处的有效截面面积计算；

(3) 在杆轴受拉的连接中，承压型连接的每个高强度螺栓的受拉承载力设计值的计算方法，与普通螺栓相同（注意：不是与摩擦型高强度螺栓相同），即按公式（11.4.1-5）计算；

(4) 同时承受剪力和杆轴方向拉力的承压型连接，承载力应按（11.4.3-1）计算。

$$\sqrt{\left(\frac{N_{\mathrm{v}}}{N_{\mathrm{v}}^{\mathrm{b}}}\right)^2+\left(\frac{N_{\mathrm{t}}}{N_{\mathrm{t}}^{\mathrm{b}}}\right)^2}\leqslant 1.0 \tag{11.4.3-1}$$

$$N_{\mathrm{v}}\leqslant N_{\mathrm{c}}^{\mathrm{b}}/1.2 \tag{11.4.3-2}$$

式中：N_{v}、N_{t}——分别是计算的某个高强度螺栓所承受的剪力和拉力设计值（N）；

$N_{\mathrm{v}}^{\mathrm{b}}$、$N_{\mathrm{t}}^{\mathrm{b}}$、$N_{\mathrm{c}}^{\mathrm{b}}$——一个高强度承压型螺栓按普通螺栓计算的受剪、受拉和承压承载力设计值（N）（注：当剪切面在螺纹处时，受剪承载力设计值采用有效直径计算）。

2) 本条是对高强度螺栓承压型连接的具体规定，高强度螺栓承压型连接在实际工程中（尤其在民用建筑工程中）应用较少；

3) 高强度螺栓承压型连接，应注意以下问题：

(1) 以承载力极限状态作为设计准则，其最后的破坏模式与普通螺栓相同（即栓杆被剪断或连接板被挤压破坏），计算方法也与普通螺栓基本相同：

① 当剪切面在螺纹处时，高强度螺栓承压型连接的受剪承载力设计值，应按螺纹处有效截面面积计算；

② 普通螺栓的抗剪设计值，是根据连接的试验数据统计出来的，试验时不区分剪切面是否在螺纹处。

(2) 高强度螺栓承压型连接的预压力 P，对板叠（也就是被连接的板与板之间）有强大的压紧作用，使承压板孔前区成为三向压应力场，其承压强度设计值比普通螺栓要高得多，但当受到杆轴方向外拉力（拉力方向与螺栓压力方向相反，使承压板孔前区压应力减小）时，承压强度设计值也将降低；

(3) 高强度螺栓生产制作时，没有摩擦型和承压型之分，采用的预压力也是相同的。比较高强度螺栓摩擦型连接和承压型连接可以发现：

① 高强度螺栓摩擦型连接（连接的费用较高），板叠间始终处在受压状态，具有很好的可靠性，常用于重要连接和抗震设计的结构中；

② 高强度螺栓承压型连接（连接的费用较低），当杆轴方向外拉力小于 $0.8P$ 时，承压型连接与摩擦型连接相同；当杆轴方向外拉力超过 P 时，板叠间压应力消失，受力机理同普通螺栓相同，高强度螺栓承压型连接常用于结构设计的次要连接中；

(4) 式（11.4.3-1）与式（11.4.1-8）形式相同；公式（11.4.3-2）与式（11.4.1-9）略有不同。

4) 对承压型高强度螺栓，实际工程和注册备考时应注意与摩擦型高强度螺栓的异同，可查阅第 11.5.4 条相关内容。

5. 第 11.4.4 条

1) 下列情况的连接中，螺栓或铆钉的数目应增加：

(1) 构件借助填板或其他中间板（注：属于杆件传力不直接，构件连接部位应力集中）与另一构件连接的螺栓（摩擦型连接的高强度螺栓除外），或铆钉数目，应按计算增加 10%；

（2）当采用搭接或拼接板的单向连接传递轴心力，因偏心引起连接部位发生弯曲时，螺栓（摩擦型连接的高强度螺栓除外）的数目，应按计算增加 10%；

（3）在构件连接端部，当利用短角钢连接型钢（角钢或槽钢）的外伸肢，以缩短连接长度时，在短角钢两肢的一肢上（注：连接肢），所用的螺栓或铆钉数目，应按计算增加 50%；

（4）当铆钉连接的铆合总厚度，超过铆钉孔径（注意：是铆钉孔径，不是铆钉直径）的 5 倍时，总厚度每超过 2mm，铆钉数目应按计算增加 1%（至少增加一个铆钉），但铆合总厚度不得超过铆钉孔径的 7 倍。

2）本条规定中，要求是对螺栓或铆钉“计算数目的增加”，这里的计算数目可理解为未经取整的数目。建议：可先按计算放大，再取整确定实际的螺栓或铆钉数量，实际配置时还可根据工程及连接的重要性，适当加大螺栓和铆钉数目。

3）本条对连接件数量的增加，实际工程和注册备考时，应把握各种增加的因素和具体数值。

6. 第 11.4.5 条

1）在构件连接节点的一端，当螺栓沿（杆件的）轴向受力方向的连接长度 $l_1>15d_0$ 时（d_0 为孔径），应将螺栓的承载力设计值乘以折减系数 $\left(1.1-\frac{l_1}{150d_0}\right)$，当 $>60d_0$ 时，折减系数为 0.7；

2）本条规定，可以理解为沿杆件轴力方向的长连接，要考虑螺栓受力的不均匀性，通过对螺栓的承载力设计值乘以 0.7～1.0 的折减系数的形式实现；

3）螺栓的连接长度 l_1，取连接的轴心受力方向上，第 1 个螺栓中心线到最后一个螺栓中心线之间的距离；螺栓的孔径 d_0 可按第 11.5.1 条确定。

11.5 紧固件连接的构造要求

《钢标》对紧固件连接的构造要求见表 11.5.0-1。

表 11.5.0-1 《钢标》对紧固件连接的构造要求

条文号	规定	关键点把握
11.5.1	螺栓孔径 d_0 及孔型	1)B 级普通螺栓 $d_0=d+(0.2\sim0.5)$
		2)C 级普通螺栓 $d_0=d+(1.0\sim1.5)$
		3)高强度螺栓按表 11.5.1
		4)高强度摩擦型连接盖板采用大圆孔、槽孔时，应增大垫圈厚度或采用连续型垫板
11.5.2	螺栓(铆钉)连接	1)宜采用紧凑布置(可理解为按表 11.5.2 中最小间距布置)
		2)连接中心与被连接构件的截面重心一致
11.5.3	直接承受动力荷载构件的螺栓连接	1)抗剪连接时应采用摩擦型高强度螺栓
		2)普通螺栓受拉连接应采取防止松动措施(双螺帽等)

续表

<table>
<tr><th>条文号</th><th>规定</th><th colspan="2">关键点把握</th></tr>
<tr><td rowspan="6">11.5.4</td><td rowspan="6">高强度螺栓连接</td><td colspan="2">1)均应施加预拉力 P</td></tr>
<tr><td colspan="2">2)环境温度为100～150℃时,承载力降低10%</td></tr>
<tr><td rowspan="4">3)承压型连接</td><td>不应用于直接承受动力荷载的结构</td></tr>
<tr><td>抗剪承压型连接,在正常使用情况下应符合摩擦型连接设计要求</td></tr>
<tr><td>连接处构件接触面应清除油污及浮锈</td></tr>
<tr><td>仅承受拉力时,不要求对接触面进行抗滑移处理</td></tr>
<tr><td>11.5.5</td><td>型钢构件拼接</td><td colspan="2">采用高强度螺栓连接时,拼接件宜采用钢板</td></tr>
<tr><td rowspan="4">11.5.6</td><td rowspan="4">螺栓连接设计</td><td colspan="2">1)连接处应有必要的螺栓施拧空间</td></tr>
<tr><td rowspan="2">2)螺栓连接或拼接节点中</td><td>每一杆件一端的永久性螺栓不少于2个</td></tr>
<tr><td>组合构件的缀条,端部连接的永久性螺栓可1个</td></tr>
<tr><td colspan="2">3)沿杆轴方向受拉的螺栓连接中的端板(法兰板)宜设置加劲肋</td></tr>
</table>

【要点分析】

1.本条是对紧固件连接的具体而详细的构造要求，实际工程中常用，应予以充分注意。

2. 第11.5.1条

1）螺栓孔的孔径与孔型，应符合下列规定：

（1）B级普通螺栓，孔径 $d_0=d+(0.2\sim0.5)$，C级普通螺栓 $d_0=d+(1.0\sim1.5)$；d 为螺栓的公称直径；

（2）高强度螺栓承压型连接采用标准圆孔时，孔径 d_0 按表11.5.1采用；

表11.5.1 高强度螺栓连接的孔型尺寸匹配（mm）d_0

<table>
<tr><th colspan="3">螺栓公称直径</th><th>M12</th><th>M16</th><th>M20</th><th>M22</th><th>M24</th><th>M27</th><th>M30</th></tr>
<tr><td rowspan="4">孔型</td><td>标准孔</td><td>直径</td><td>13.5</td><td>17.5</td><td>22</td><td>24</td><td>26</td><td>30</td><td>33</td></tr>
<tr><td>大圆孔</td><td>直径</td><td>16</td><td>20</td><td>24</td><td>28</td><td>39</td><td>35</td><td>38</td></tr>
<tr><td rowspan="2">槽孔</td><td>短向</td><td>13.5</td><td>17.5</td><td>22</td><td>24</td><td>26</td><td>30</td><td>33</td></tr>
<tr><td>长向</td><td>22</td><td>30</td><td>37</td><td>40</td><td>45</td><td>50</td><td>55</td></tr>
</table>

（3）高强度螺栓摩擦型连接，可采用标准孔、大圆孔和槽孔，孔型尺寸按表11.5.1；采用扩大孔连接时，同一连接截面，只能在盖板和芯板其中之一采用大圆孔或槽孔，其余仍采用标准孔；

（4）高强度螺栓摩擦型连接的盖板按大圆孔、槽孔制孔时，应增大垫圈厚度或采用连续型垫板，其孔径与标准垫圈相同，对M24及以下的螺栓，厚度不宜小于8mm；对M24以上的螺栓（即M27和M30），厚度不宜小于10mm。

2）对高强度螺栓摩擦型连接，补充说明如下：

（1）高强度螺栓摩擦型连接中，构件一般采用标准孔；

(2) 采用扩大连接时，盖板或芯板（两者之一）可采用大圆孔或槽孔（可理解为仅连接的附件之一，可采用大圆孔或槽孔）；

(3) 标准孔的孔径最大孔径为 $d_0=d+3$，计算标准孔引起的构件截面削弱时，可按 $d_0=d+4$ 计算；

(4) 对于大圆孔最大孔径可达 $d_0=d+8$，计算大圆孔引起的盖板或芯板截面削弱时，可按 d_0 计算；

(5) 槽孔的短向最大孔径为 $d_0=d+3$（与标准孔完全一致），计算槽孔短向引起的盖板或芯板截面削弱时，可按 $d_0=d+4$ 计算。

3. 第 11.5.2 条

1) 螺栓（铆钉）连接，宜采用紧凑布置，其连接中心宜与被连接构件截面的重心一致。螺栓或铆钉的间距、边距和端距容许值，应符合表 11.5.2 要求；

表 11.5.2　螺栓或铆钉的孔距、边距和端距容许值

<table>
<tr><th>名称</th><th colspan="3">位置和方向</th><th>最大容许间距
（取两者较小值）</th><th>最小容许间距</th></tr>
<tr><td rowspan="5">中心间距</td><td colspan="3">外排(垂直内力方向或顺内力方向)</td><td>$8d_0$ 或 $12t$</td><td rowspan="5">$3d_0$</td></tr>
<tr><td rowspan="3">中间排</td><td colspan="2">垂直内力方向</td><td>$16d_0$ 或 $24t$</td></tr>
<tr><td rowspan="2">顺内力方向</td><td>构件受压力</td><td>$12d_0$ 或 $18t$</td></tr>
<tr><td>构件受拉力</td><td>$16d_0$ 或 $24t$</td></tr>
<tr><td colspan="3">沿对角线方向</td><td>—</td></tr>
<tr><td rowspan="4">中心至构件边缘距离</td><td colspan="3">顺内力方向</td><td rowspan="4">$4d_0$ 或 $8t$</td><td>$2d_0$</td></tr>
<tr><td rowspan="3">垂直内力方向</td><td colspan="2">剪切边或手工切割边</td><td rowspan="2">$1.5d_0$</td></tr>
<tr><td rowspan="2">轧制边、自动气割或锯割边</td><td>高强度螺栓</td></tr>
<tr><td>其他螺栓或铆钉</td><td>$1.2d_0$</td></tr>
</table>

注：1. d_0 为螺栓或铆钉的孔径，对槽孔为短向尺寸，t 为外层较薄板件的厚度；
2. 钢板边缘与刚性构件（如角钢、槽钢等）相连的高强度螺栓的最大间距，可按中间排的数值采用；
3. 计算螺栓孔引起的截面削弱时，可取 $d+4$mm 和 d_0 的较大值。

2) 表 11.5.2 注 2 中的“最大间距”，可理解为最大中心间距；

3) 表 11.5.2 注 3 的理解见 11.5.1 条说明；由 d_0 控制的只有大圆孔和槽孔，而二者仅用于盖板和芯板。

4. 第 11.5.3 条

1) 直接承受动力荷载构件的螺栓连接，应符合下列要求：

(1) 抗剪连接时，采用摩擦型高强度螺栓；

(2) 普通螺栓受拉连接，应采用双螺帽或其他防止螺帽松动的有效措施。

2) 本条为对直接承受动力荷载构件之螺栓连接的特殊要求。

3) 防止螺帽松动的有效措施有：设置弹簧垫圈或将螺帽与螺杆焊死等。

5. 第 11.5.4 条

1) 高强度螺栓连接设计，应符合下列规定：

(1) 高强度螺栓连接，均应施加预拉力（按表 11.4.2-2）；

（2）采用承压型连接时，连接构件接触面应清除油污及浮锈，仅承受拉力的高强度螺栓连接，不要求对接触面进行抗滑移处理（注：抗滑移处理，可理解为按表 11.4.2-1 的处理，及接触面清除油污与浮锈处理等）；

（3）高强度螺栓承压型连接，不应用于直接承受动力荷载的结构，抗剪承压型连接在正常使用极限状态下，应符合摩擦型连接的设计要求；

（4）当高强度螺栓连接的环境温度为 100～150℃时，其承载力应降低 10%。

2）高强度螺栓受剪时的工作曲线见图 11.5.4-1，从图 11.5.4-1 可以发现：

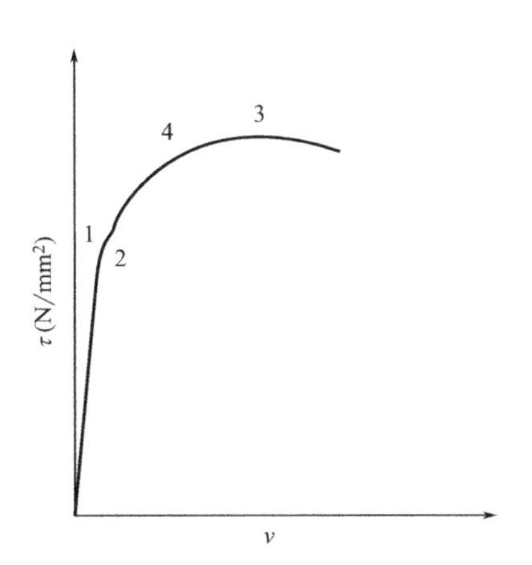

图 11.5.4-1　单个高强度螺栓受剪时的工作曲线

（1）摩擦型高强度螺栓，以曲线中的点“1”作为连接的受剪承载力极限值，靠板叠间的摩擦力传递剪力，可以看出后续还有很大的承载潜力；

（2）承压型高强度螺栓，以曲线中的最高点“3”作为连接的承载力极限，可以看出其更充分利用了螺栓的承载能力；

（3）承压型连接和摩擦型连接，是同一高强度螺栓连接的两个不同阶段，可以将摩擦型连接看成是承压型连接的正常使用状态，也可以把承压型连接看成是摩擦型连接的损伤极限状态；

（4）高强度螺栓承压型连接的剪切变形要大于摩擦型连接，因此只适用于承受静力荷载或间接承受动力荷载的结构中（不适用于承受动力荷载的结构和抗震设计的结构中）。同时，高强度螺栓承压型连接，在荷载设计值作用下将产生滑移，也不适宜承受反向内力的连接。

6. 第 11.5.5 条

1）当型钢构件拼接采用高强度螺栓连接时，其拼接件宜采用钢板。

2）本条规定的主要原因，是因为型钢的刚度大（刚性构件），采用钢板（钢板的厚度方向刚度较小）可以使钢板与型钢的摩擦面贴紧，更有利于高强度螺栓受力。

7. 第 11.5.6 条

1）螺栓连接设计，应符合下列规定：

（1）螺栓连接处应有必要的施拧空间（注：以确保施工质量）；

（2）螺栓连接或拼接节点，每一杆件一端的永久性螺栓数量宜≥2；对组合构件的缀条，其端部可采用 1 个螺栓；

（3）沿杆轴方向受拉的螺栓连接中的端板（法兰板），宜设置加劲肋。

2）端板受拉连接中的撬力难以预估，在偶然偏心荷载的作用下，常导致连接失效。建议实际工程中，对较为重要的节点，避免采用端板受拉连接，确保结构安全。

11.6　销轴连接

《钢标》对销轴连接的构造要求见表 11.6.0-1。

表 11.6.0-1 《钢标》对销轴连接的构造要求

条文号	规定	关键点把握
11.6.1	销轴连接的适用范围	铰接柱脚或拱脚、拉索或拉杆的端部的连接
	销轴与耳板的材料	Q345、Q390、Q420,45 号钢、35CrMo 或 40Cr 等钢材
		销孔和销轴表面要求机加工时,应符合机加工的质量要求
		直径大于 120mm 时,宜采用锻造加工工艺制作
11.6.2	销轴连接的构造	1)销轴孔中心应位于耳板的中心线上,其孔径与直径不应大于 1mm
		2)耳板两侧的宽厚比 $b/t \leqslant 4$
		3)销轴表面与耳板孔周表面宜进行机加工
11.6.3	连接耳板的抗拉、抗剪强度计算	1)耳板孔净截面处抗拉强度
		2)耳板端部截面抗拉(劈开)强度
		3)耳板抗剪强度
11.6.4	销轴承压、抗剪与抗弯强度计算	1)销轴承压强度
		2)销轴抗剪强度
		3)销轴抗弯强度
		4)计算截面同时受弯受剪时组合强度

【要点分析】

1. 结构设计中的铰接柱脚常采用销轴连接，应采取相应的计算和保证措施，实现结构设计的设想。本节的计算公式主要参考国外规范。

2. 第 11.6.1 条

1）销轴连接：

（1）适用于铰接柱脚或拱脚以及拉索、拉杆端部的连接；

（2）销轴与耳板宜采用 Q345、Q390 与 Q420，也可采用 45 号钢、35CrMo 和 40Cr 等钢材；

（3）当销孔和销轴表面要求机加工时，其质量要求应符合相应的机械零件加工标准的规定；

（4）当销轴直径大于 120mm 时，宜采用锻造加工工艺制作。

2）结构工程中的铰轴，宜优先常采用 Q345、Q390 或 Q420 等钢材；

3）工程中的销轴公称直径一般为 30～100mm，设计文件中应对销轴和耳板的轴孔精度、表面质量和销轴表面处理要求等予以明确（结构设计中的铰轴，其转动的频率较低，一般情况下销孔和销轴表面可不需要附加机加工要求）。

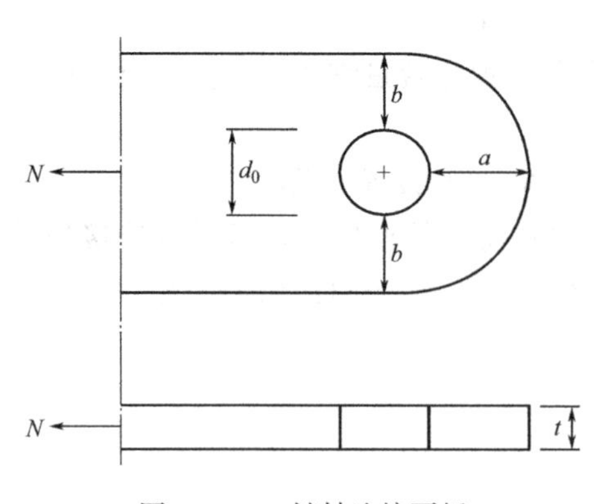

图 11.6.2 销轴连接耳板

3. 第 11.6.2 条

1）销轴连接的构造，应符合下列规定（图 11.6.2）：

（1）销轴孔中心应位于耳板的中心线上，其孔径与直径相差应≤1mm；

（2）耳板两侧宽厚比 b/t 宜≤4，几何尺寸应符合下列公式要求：

$$a \geqslant 4b_{e}/3 \tag{11.6.2-1}$$

$$b_{e} = 2t + 16 \leqslant b \tag{11.6.2-2}$$

式中：b ——连接耳板两侧边缘与销轴孔边缘的净距（mm）；

t ——耳板厚度（mm）；

a ——顺受力方向，销轴孔边距板边缘的最小距离（mm）；

b_{e}——有效宽度（mm）。

2）提出耳板两侧宽厚比 b/t 要求，是为避免耳板端部平面外失稳。

4. 第11.6.3条

1）连接耳板应按下列公式，进行抗拉、抗剪强度的计算：

（1）耳板净截面处的抗拉强度：

$$\sigma = \frac{N}{2tb_{1}} \leqslant f \tag{11.6.3-1}$$

$$b_{1} = \min\left(2t + 16, b - \frac{d_{0}}{3}\right) \tag{11.6.3-2}$$

（2）耳板端部截面抗拉（劈开）强度：

$$\sigma = \frac{N}{2t\left(a - \frac{2d_{0}}{3}\right)} \leqslant f \tag{11.6.3-3}$$

（3）耳板抗剪强度：

$$\tau = \frac{N}{2tZ} \leqslant f_{v} \tag{11.6.3-4}$$

$$Z = \sqrt{(a + d_{0}/2)^{2} - d_{0}^{2}/4} \tag{11.6.3-5}$$

上述各式中：N ——杆件轴向拉力设计值（N）；

b_{1} ——计算宽度（mm）；

d_{0} ——销轴孔径（mm）；

f ——耳板的抗拉强度设计值（N/mm^{2}）；

Z ——耳板端部抗剪截面宽度（图11.6.3）（mm）；

f_{v} ——耳板钢材抗剪强度设计值（N/mm^{2}）。

2）本条公式参考国外规范，实际工程中应按本条规定进行耳板验算。

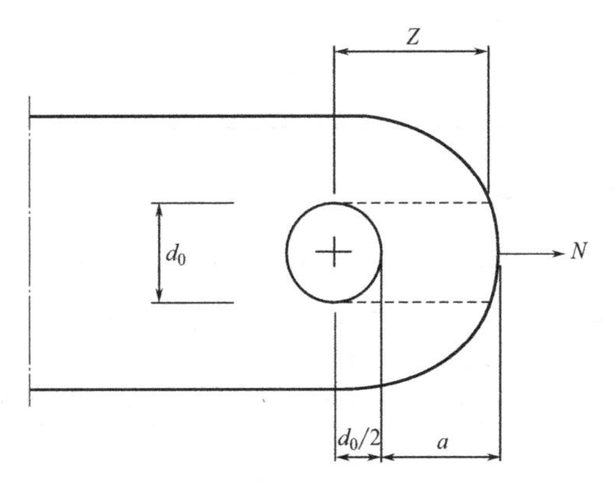

图11.6.3 销轴连接耳板受剪面示意图

5. 第11.6.4条

1）销轴应按下列公式，进行承压、抗剪和抗弯强度计算：

（1）销轴承压强度：

$$\sigma_{c} = \frac{N}{dt} \leqslant f_{c}^{b} \tag{11.6.4-1}$$

（2）销轴的抗剪强度：

$$\tau_b=\frac{N}{n_v\pi\frac{d^2}{4}}\leqslant f_v^b \tag{11.6.4-2}$$

（3）销轴的抗弯强度：

$$\sigma_b=\frac{M}{1.5\pi d^3/32}=6.79M/d^3\leqslant f^b \tag{11.6.4-3}$$

$$M=N(2t_e+t_m+4s)/8 \tag{11.6.4-4}$$

（4）计算截面同时受弯受剪时，组合强度应按（11.6.4-5）计算：

$$\sqrt{\left(\frac{\sigma_b}{f^b}\right)^2+\left(\frac{\tau_b}{f_v^b}\right)^2}\leqslant 1.0 \tag{11.6.4-5}$$

上述各式中：d——销轴的直径（mm）；

f_c^b——销轴连接中，耳板的承压强度设计值（N/mm^2）；

n_v——受剪面数目；

f_v^b——销轴的抗剪强度设计值（N/mm^2）；

M——销轴计算截面弯矩设计值（N·mm）；

f^b——销轴的抗弯强度设计值（N/mm^2）；

t_e——两端耳板厚度（mm）；

t_m——中间耳板厚度（mm）；

s——端耳板和中间耳板之间的距离（mm）。

2）本条公式参考国外规范，实际工程中应加强对销轴的各项验算。

11.7 钢管法兰连接构造

《钢标》对钢管法兰连接的构造要求见表 11.7.0-1。

表 11.7.0-1 《钢标》对钢管法兰连接的构造要求

条文号	规定	关键点把握
11.7.1	法兰板	可采用环状板或整板，宜设置加劲肋
11.7.2	法兰板上螺栓孔	应均匀分布，螺栓宜采用较高强度等级
11.7.3	钢管管端处理	钢管内壁不做防腐处理时，管端部法兰应做气密性焊接封闭
		钢管内用热浸镀锌做内外防腐蚀处理时，管端不应封闭

【要点分析】

1. 钢管的法兰连接，具有施工方便、施工速度快等优点，但也有连接用钢量大的不足。法兰连接耐受意外荷载的能力较弱，受力复杂的部位一般不宜采用法兰连接。

2. 第 11.7.1 条

1）法兰连接可采用环状板或整板，并宜设置加劲肋（注：同 11.5.6 条的规定）；

2）当钢管直径较小时，法兰可采用整板（整块钢板），钢管与法兰板的连接可采用单面角焊缝；

3）钢管直径较大时（钢管直径足够大，适合管内焊接），法兰一般采用环状，钢管与环板连接采用双面角焊缝（钢管内部应有焊缝）；

4）焊缝应避免三向交汇。

3. 第11.7.2条

1）法兰板上螺栓孔应均匀分布，螺栓宜采用较高强度等级。

2）法兰螺栓应采用高强度螺栓，并尽量贴近管壁，以提高连接效率，减小用钢量。

4. 第11.7.3条

1）当钢管内壁不做防腐处理时，钢管两端法兰应做气密性焊接封闭（注：焊缝封闭，满足气密性要求）；

2）当钢管用热浸镀锌作为内外防腐处理时，管端不应封闭（注：封闭后，浸锌易爆炸）。

第 12 章　节点

【说明】

节点设计属于钢结构设计中的重要内容，节点设计的合理与否，直接关系到计算假定是否合理，实际受力与计算假定是否一致的问题。结构设计中应根据规范的规定，并结合实际工程的具体情况，采用合理有效的节点做法。

12.1　一般规定

《钢标》对节点的一般规定见表 12.1.0-1。

表 12.1.0-1　《钢标》对节点的一般规定

条文号	规定	关键点把握
12.1.1	节点形式、材料及加工工艺	应根据结构的重要性、受力特点、荷载情况和工作环境等确定
12.1.2	节点设计	应满足承载力极限状态要求，传力可靠，减少应力集中
12.1.3 12.1.5	节点构造	应符合结构计算假定
		当构件在节点处偏心相交时，尚应考虑局部弯矩的影响
		应便于制作、运输、安装、维护， 防止积水、积尘，并采取防腐与防火措施
12.1.4	构造复杂的重要节点	应通过有限元分析确定其承载力，并宜进行试验验证
12.1.6	拼接节点	应能保证被连接构件的连续性

【要点分析】

1. 钢结构的节点受力复杂，是钢结构设计的关键部位，涉及计算假定和实际受力的一致性问题。由于实际工程的复杂性，对特殊节点应进行有限元分析和进行必要的试验研究。

2. 第 12.1.1 条

1）钢结构的节点设计，应根据结构的重要性、受力特点、荷载情况和工程环境等因素，选用节点形式、材料和加工工艺。

2）对复杂节点应进行专门研究。

3. 第 12.1.2 条

1）节点设计应满足承载力极限状态要求，传力可靠，减少应力集中。

2）节点的安全性主要取决于节点的承载力和刚度。

3）节点应采取措施防止连接（焊接连接或螺栓连接等）部位开裂引起节点失效，或节点变形过大造成结构内力重分布。

4. 第 12.1.3 条

1）节点构造应符合结构计算假定，当构件在节点偏心相交时，尚应考虑局部弯矩的影响。

2）通过合理的节点设计，使结构的实际受力情况与计算的刚接、铰接模型一致。

3）钢结构节点传力应直接顺畅，避免偏心相交。无法避免时，计算中应考虑偏心弯矩的影响。

5. 第12.1.4条

1）构造复杂的重要节点，应通过有限元分析确定其承载力，并宜进行试验验证。

2）对于构造复杂的重要节点，采用有限元分析方法计算节点承载力时：

（1）重要节点应保持弹性；

（2）一般节点，可允许节点局部进入塑性，但应严格控制进入塑性的范围（应根据实际工程情况和工程经验确定，当无可靠实际工程经验时，也可按不超过15%控制），严格控制节点板件、侧壁的变形量；

3）应进行试验验证，复杂节点或新型节点，由于实际工程经验不足，理论计算又有很多假定，往往需要通过试验验证其承载力。

6. 第12.1.5条

1）节点构造应便于制作、运输、安装、维护，防止积水、积尘，并应采取防腐与防火措施。

2）钢结构的特点是工厂制作，现场拼装，节点设计应考虑制作、运输、安装等各环节，适应这一特点。

3）钢结构还有后期维护的特点，节点设计应为钢结构节点的防腐防火留出操作空间。

7. 第12.1.6条

1）拼接节点，应保证被连接构件的连续性。

2）主要受力构件拼接可采用等强连接（如框架梁柱外悬臂梁段的等强拼接等）。

12.2 连接板节点

《钢标》对连接板节点的设计规定见表12.2.0-1。

表12.2.0-1 《钢标》对连接板节点的设计规定

<table>
<tr><th>条文号</th><th>规定</th><th colspan="3">关键点把握</th></tr>
<tr><td>12.2.1</td><td>连接节点处板件的抗拉强度计算</td><td colspan="3">板件的拉、剪撕裂</td></tr>
<tr><td>12.2.2</td><td>桁架节点板的抗拉强度计算</td><td colspan="3">有效宽度法（不适用于杆件轧制T形和双板焊接T形截面）</td></tr>
<tr><td rowspan="6">12.2.3</td><td rowspan="6">桁架节点板在斜腹杆压力作用下的稳定性计算</td><td rowspan="3">1）有竖腹杆相连的节点板验算</td><td>当 $c/t \leqslant 15\varepsilon_k$ 可不验算</td><td rowspan="6">c：受压腹杆连接肢端面中点，沿腹杆轴线方向至弦杆的净距离；
t：板件厚度</td></tr>
<tr><td>$c/t > 15\varepsilon_k$ 按《钢标》附录G验算</td></tr>
<tr><td>任何时候 c/t 应 $\leqslant 22\varepsilon_k$</td></tr>
<tr><td rowspan="3">2）无竖腹杆相连的节点板验算</td><td>当 $c/t \leqslant 10\varepsilon_k$ 稳定承载力取 $0.8b_e tf$</td></tr>
<tr><td>$c/t > 10\varepsilon_k$ 按《钢标》附录G验算</td></tr>
<tr><td>任何时候 c/t 应 $\leqslant 17.5\varepsilon_k$</td></tr>
</table>

续表

<table>
<tr><th>条文号</th><th>规定</th><th colspan="2">关键点把握</th></tr>
<tr><td rowspan="3">12.2.4</td><td rowspan="3">采用12.2.1条～12.2.3条的方法计算桁架节点板时</td><td colspan="2">1)节点板边缘与腹杆轴线之间的夹角应≥15°</td></tr>
<tr><td colspan="2">2)斜腹杆与弦杆的夹角应为30°～60°</td></tr>
<tr><td colspan="2">3) $l_f/t \leqslant 60\varepsilon_k$，$l_f$ 为节点板的自由边长度</td></tr>
<tr><td rowspan="6">12.2.5</td><td rowspan="6">形成T形接合的连接(垂直于杆件轴力方向的连接板或梁的翼缘采用焊接方式与工字形、H形或其他截面的未设置水平加劲肋的杆件翼缘相连)</td><td colspan="2">1)其母材和焊缝均应根据有效宽度进行强度计算</td></tr>
<tr><td colspan="2">2)工字形或H形截面杆件的有效截面宽度计算</td></tr>
<tr><td colspan="2">3)被连杆件截面为箱形或槽形，且其翼缘宽度与连接板件宽度相近时，有效宽度计算</td></tr>
<tr><td colspan="2">4)有效宽度最小值要求</td></tr>
<tr><td colspan="2">5)不满足4)要求时，被连接杆件的翼缘应设加劲肋</td></tr>
<tr><td colspan="2">6)连接板与翼缘的焊缝应能传递连接板的抗力 $b_p t_p f_{yp}$</td></tr>
<tr><td rowspan="4">12.2.6</td><td rowspan="4">杆件与节点板的连接焊缝</td><td colspan="2">1)宜采用两面侧焊</td></tr>
<tr><td colspan="2">2)可采用三面围焊，所有围焊的转角处必须连续施焊</td></tr>
<tr><td rowspan="2">3)弦杆与腹杆、腹杆与腹杆</td><td>之间的间隙不应小于20</td></tr>
<tr><td>相邻角焊缝焊趾间净距不应小于5</td></tr>
<tr><td rowspan="2">12.2.7</td><td rowspan="2">节点板厚度及平面尺寸</td><td colspan="2">1)厚度根据连接杆件的内力确定，且≥6</td></tr>
<tr><td colspan="2">2)节点板的平面尺寸应考虑制作和装配误差</td></tr>
</table>

【要点分析】

1. 连接板节点在钢结构连接中应用较多，连接板作为连接的重要部件，关系到连接的合理性，传力的有效性，连接的节点刚度与计算假定的一致性等。

2. 第12.2.1条

1）连接的节点处板件在拉、剪作用下的强度，应按下列公式计算：

$$\frac{N}{\sum(\eta_i A_i)} \leqslant f \tag{12.2.1-1}$$

$$A_i = t l_i \tag{12.2.1-2}$$

$$\eta_i = \frac{1}{\sqrt{1+2\cos^2\alpha_i}} \tag{12.2.1-3}$$

式中：N ——作用于板件的拉力（N）；

A_i ——第 i 段破坏面的截面面积（mm^2），当为螺栓连接时，应取净截面面积；

t ——板件厚度（mm）；

l_i ——第 i 破坏段的长度（图12.2.1）（mm），应取板件中最危险的破坏线长度（注：一般为破坏线的最小长度，当为螺栓连接时，图12.2.1的 l_2 应取净截面长度，说明见第12.2.2条）；

η_i ——第 i 段的拉剪折算系数；

α_i ——第 i 段破坏线与拉力轴线的夹角。

2）式（12.2.1-1）是根据双角钢杆件桁架节点板的试验研究的拟合公式，同样适合

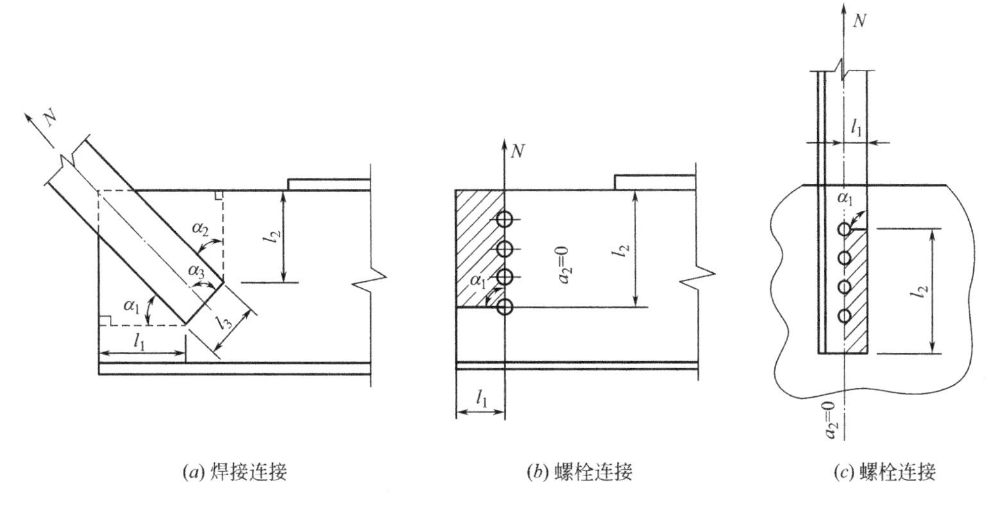

图 12.2.1 板件的拉、剪撕裂

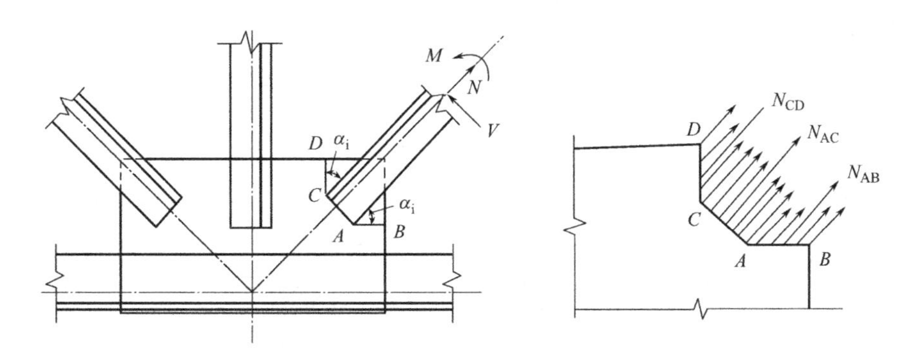

图 12.2.1-1 节点板受拉计算简图

于连接节点处的其他板件。

3）试验的桁架节点，多数是弦杆和腹杆均为双角钢的 K 形节点（图 12.2.1-1），撕裂面应力如图示。

3. 第 12.2.2 条

1）桁架节点板（杆件轧制 T 形和双板焊接 T 形截面者除外）的强度：

（1）可按 12.2.1 条计算。

（2）也可用有效宽度法，按公式（12.2.2）计算：

$$\sigma=\frac{N}{b_e t}\leqslant f \tag{12.2.2}$$

式中：b_e——板件的有效宽度（图 12.2.2）(mm)；当用螺栓（或铆钉）连接时，应减去孔径，孔径应取比螺栓（或铆钉）标称尺寸大 4mm。

2）节点板在计算螺栓孔（或铆钉孔）的截面削弱时，按 $d_0=d+4$ 计算，与表 11.5.1、表 11.5.2 的规定一致。

4. 第 12.2.3 条

1）桁架节点板在斜腹杆压力作用下的稳定性，可按下列方法计算：

（1）有竖腹杆相连的节点板（图 12.2.3-1）（c/t 不得$>22\varepsilon_k$）：

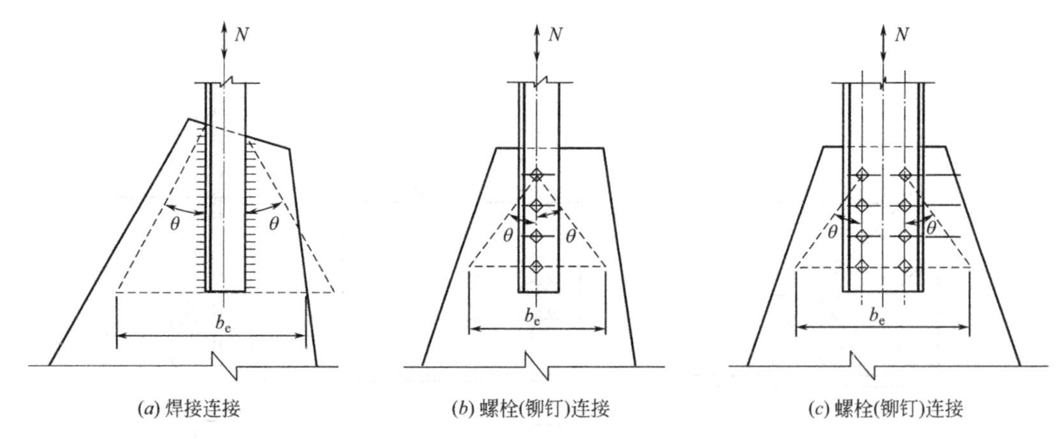

图 12.2.2　板件的有效宽度

① 当 $c/t \leqslant 15\varepsilon_k$ 时，可不计算稳定；c 为受压腹杆连接肢端面中点，沿腹杆轴线方向至弦杆的净距（注：对照图 12.2.3-1）；

② 当 $15\varepsilon_k < c/t \leqslant 22\varepsilon_k$ 时，应按《钢标》附录 G 进行稳定计算。

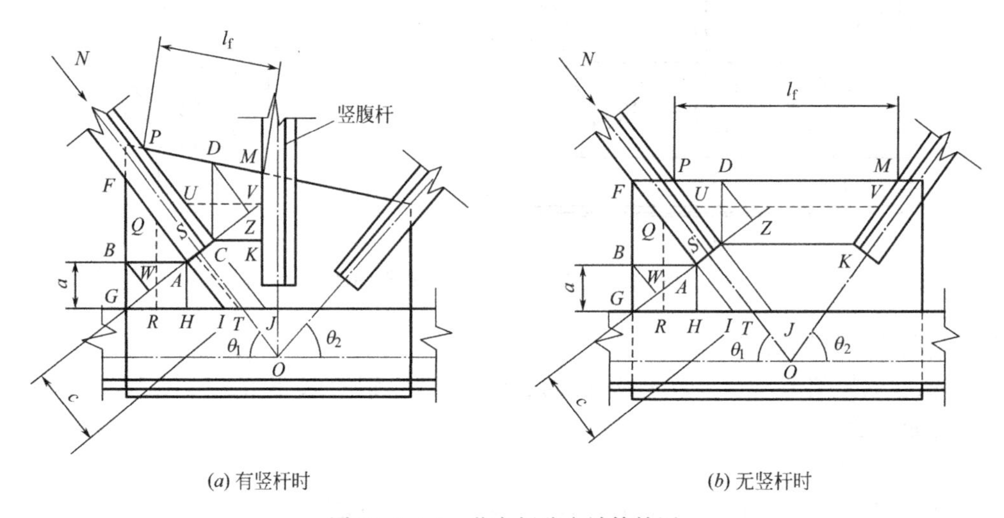

图 12.2.3-1　节点板稳定计算简图

（2）无竖腹杆相连的节点板（图 12.2.3-1）（c/t 不得 $>17.5\varepsilon_k$）：

① 当 $c/t \leqslant 10\varepsilon_k$ 时，节点板的稳定承载力可取 $0.8b_e tf$；

② 当 $10\varepsilon_k < c/t \leqslant 17.5\varepsilon_k$ 时，应按《钢标》附录 G 进行稳定计算。

2）节点板的稳定性计算较为复杂，实际工程中，应优先考虑采取构造措施，满足 c/t 要求，简化设计。

5. 第 12.2.4 条

1）采用第 12.2.1 条～第 12.2.3 条规定，计算桁架节点板时，还需满足下列构造要求：

（1）节点板边缘与腹杆轴线之间的夹角应≥15°；

（2）斜腹板与弦杆的夹角应为 30°～60°；

（3）节点板的自由边长度 l_f 与厚度 t 之比 $l_f/t \leqslant 60\varepsilon_k$。

2）上述构造规定，主要为满足受力的合理性和施工的便利性要求。

6. 第12.2.5条

1）T形接合时，母材和焊缝均应根据有效宽度进行强度计算：

（1）“T形接合”指，连接板（垂直于杆件轴向设置的）或梁的翼缘，采用焊接方式与其他截面（工字形、H形等）未设置水平加劲肋的杆件翼缘相连。

（2）工字形或H形截面杆件的有效宽度，按下式计算：

$$b_e = t_w + 2s + 5kt_f \tag{12.2.5-1}$$

$$k = \frac{t_f}{t_p} \cdot \frac{f_{yc}}{f_{yp}}\text{；当 } k > 1.0 \text{ 时取 } 1 \tag{12.2.5-2}$$

式中：b_e——T形接合的有效宽度（mm）；

f_{yc}——被连接杆件翼缘的钢材屈服强度（N/mm^2）；

f_{yp}——连接板的钢材屈服强度（N/mm^2）；

t_w——被连接杆件的腹板厚度（mm）；

t_f——被连接杆件的翼缘厚度（mm）；

t_p——连接板厚度（mm）；

s——对于被连接杆件，轧制工字形或H形截面杆件，取为圆角半径r；焊接工字形或H形截面杆件，取为焊脚尺寸h_f（mm）。

（3）当被连接杆件截面为箱形或槽形，且其翼缘宽度与连接板件宽度相近时，有效宽度按式（12.2.5-3）计算（图12.2.5）：

$$b_e = 2t_w + 5kt_f \tag{12.2.5-3}$$

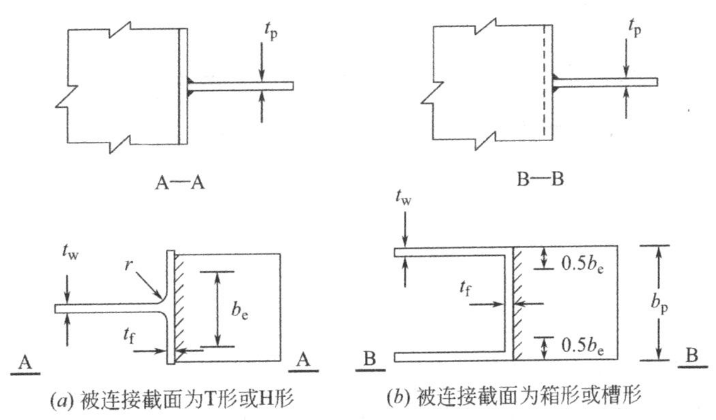

(*a*) 被连接截面为T形或H形　　(*b*) 被连接截面为箱形或槽形

图12.2.5　未设置加劲肋的T形连接节点的有效宽度

（4）有效宽度b_e还应满足式（12.2.5-4）要求：

$$b_e \geq \frac{f_{yp} b_p}{f_{up}} \tag{12.2.5-4}$$

式中：f_{up}——连接板的极限强度（N/mm^2）；

b_p——连接板的宽度（mm）。

（5）当连接板不满足式（12.2.5-4）要求时，被连接杆件的翼缘应设置加劲肋。

（6）连接板与翼缘的焊缝，应能传递连接板的抗力$b_p t_p f_{yp}$（按均布应力计算）。

2）试验研究表明，在节点板或梁翼缘的拉力作用下，柱翼缘板如同两块受线荷载作用的三边嵌固板 ABCD 和 A′B′C′D′，拉力在柱翼缘板的影响长度 p 约为 $12t_c$，每块板可承受的拉力可取 $3.5f_{y,c}t_c^2$。

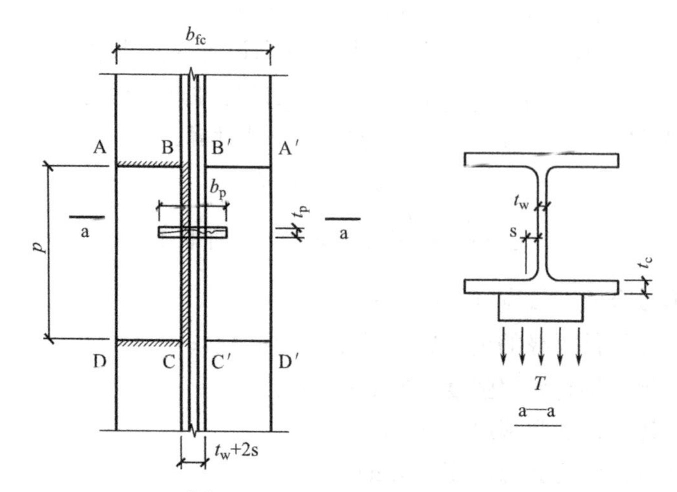

图 12.2.5-1 柱翼缘受力示意

3）实际工程中，对应于梁翼缘的柱腹板位置，应优先考虑设置横向加劲肋（见第 12.3.3 条），避免采用 T 形接合，必须采用时，应加强复核验算。

7. 第 12.2.6 条

1）杆件与节点板的连接焊缝（图 12.2.6）：

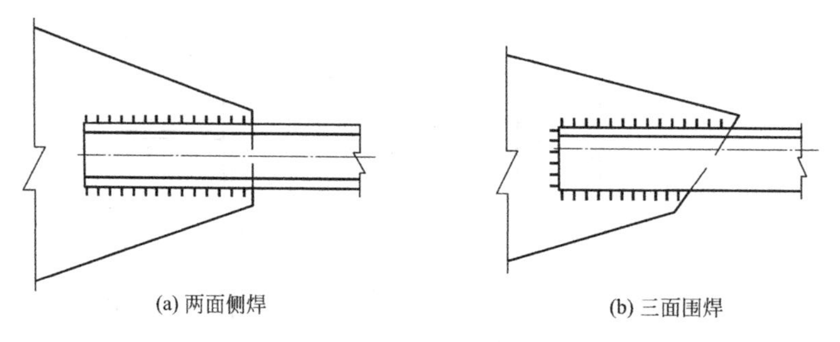

图 12.2.6 杆件与节点板的焊缝连接

（1）宜采用两面侧焊；

（2）也可采用三面围焊，所有围焊的转角处必须连续施焊；

（3）弦杆与腹杆、腹杆与腹杆之间的间隙应≥20mm，相邻角焊缝焊趾间的净距应≥5mm（注：管结构相贯连接节点处的焊缝有专门规定，可不受此限）。

2）试验研究表明，腹杆端部采用围焊时，对桁架节点板受力不利，节点有开裂现象，故宜采用两面侧焊，也可采用三面围焊；对直接承受动力荷载的桁架腹杆，节点板厚度应适当加大；

3）围焊的转角处，是连接的重要部位，应避免在此处熄火或起落弧加剧应力集中，必须连续施焊；

4）桁架节点处各杆件相互连接焊缝之间留有适当的净距，既有利于施焊，也可以改善焊缝附近钢材的抗脆断性能；

5）围焊中有端焊缝和侧焊缝，端焊缝刚度大（弹性模量 E 约为 1.5×10^6），而侧焊缝刚度较小（弹性模量 E 约为端焊缝的一半（0.7～1）$\times10^6$）。试验研究表明，在弹性工作阶段，端焊缝实际负担要高于侧焊缝；而当焊缝接近塑性状态时，端焊缝与侧焊缝应力趋于平均，端焊缝塑性变形较小，破坏突然（相关说明见第 11.2.2 条）。

8. 第 12.2.7 条

1）节点板厚度，宜根据所连接构件的内力计算确定，且≥6mm；

2）节点板的平面尺寸，应考虑制作和安装的误差。

12.3 梁柱连接节点

《钢标》对梁柱连接节点的设计规定见表 12.3.0-1。

表 12.3.0-1 《钢标》对连接板节点的设计规定

<table>
<tr><th>条文号</th><th>规定</th><th colspan="3">关键点把握</th></tr>
<tr><td>12.3.1</td><td>梁柱连接节点</td><td colspan="3">可采用栓焊混合连接、螺栓连接、焊接连接、端板连接、顶底角钢连接等构造</td></tr>
<tr><td>12.3.2</td><td>梁柱采用刚性或半刚性节点时</td><td colspan="3">节点应进行在弯矩和剪力作用下的强度验算</td></tr>
<tr><td rowspan="9">12.3.3</td><td rowspan="9">梁柱采用刚性连接，对应梁翼缘的柱腹板部位设置横向加劲肋时，节点域</td><td colspan="3">1）横向加劲肋的厚度不小于梁的翼缘板厚度时，节点域的受剪正则化宽厚比 $\lambda_{n,s}\leqslant0.8$</td></tr>
<tr><td colspan="3">2）对单层和低层轻型建筑 $\lambda_{n,s}\leqslant1.2$</td></tr>
<tr><td colspan="3">3）节点域的承载力验算要求</td></tr>
<tr><td colspan="3">4）节点域的受剪承载力要求</td></tr>
<tr><td rowspan="5">5）节点域的厚度不满足要求时的补强措施</td><td colspan="2">加厚节点域的柱腹板，腹板加厚范围伸出梁顶、梁底各≥150mm</td></tr>
<tr><td rowspan="3">节点域处贴焊补强板加强</td><td>补强板与柱加劲肋和翼缘可角焊</td></tr>
<tr><td>补强板与柱腹板采用塞焊，塞焊点间距 $\leqslant21t\varepsilon_k$，$t$ 为较薄板厚</td></tr>
<tr><td>设置节点域斜向加劲肋加强</td></tr>
<tr><td colspan="2"></td></tr>
<tr><td rowspan="2">12.3.4</td><td rowspan="2">梁柱刚性节点中，当工字形梁翼缘（采用焊透的对接焊缝）与H形柱（对应的柱腹板未设置水平加劲肋）的翼缘焊接</td><td colspan="3">1）在梁的受压翼缘处，柱腹板厚度的计算要求</td></tr>
<tr><td colspan="3">2）在梁的受拉翼缘处，柱翼缘板厚度的计算要求</td></tr>
<tr><td rowspan="9">12.3.5</td><td rowspan="9">采用焊接连接或栓焊混合连接（梁翼缘与柱焊接，腹板与柱高强螺栓连接）的梁柱刚接节点构造</td><td colspan="3">1）H形钢柱腹板对应于梁翼缘部位，宜设置横向加劲肋</td></tr>
<tr><td colspan="3">2）箱形（钢管）柱对应于梁翼缘部位，宜设置水平隔板</td></tr>
<tr><td colspan="3">3）梁柱节点宜采用柱贯通构造</td></tr>
<tr><td colspan="3">4）当柱采用冷成型管截面，或柱壁板厚度小于梁翼缘厚度较多时，梁柱节点宜采用横隔板贯通式构造</td></tr>
<tr><td rowspan="5">5）节点采用横隔板贯通式构造时</td><td colspan="2">柱与贯通式隔板应采用全熔透坡口焊缝连接</td></tr>
<tr><td colspan="2">贯通式隔板挑出长度 25mm≤ l ≤60mm</td></tr>
<tr><td colspan="2">隔板宜采用拘束度较小的焊接工艺</td></tr>
<tr><td colspan="2">隔板的厚度不应小于梁翼缘和柱壁板的厚度</td></tr>
<tr><td colspan="2">当隔板厚度≥36mm时，宜选用厚度方向钢板</td></tr>
</table>

续表

<table>
<tr><th>条文号</th><th>规定</th><th colspan="3">关键点把握</th></tr>
<tr><td rowspan="10">12.3.5</td><td rowspan="10">采用焊接连接或栓焊混合连接(梁翼缘与柱焊接,腹板与柱高强螺栓连接)的梁柱刚接节点构造</td><td rowspan="10">6)梁柱节点区柱腹板加劲肋或隔板</td><td rowspan="6">横向加劲肋</td><td>截面尺寸应经计算确定</td></tr>
<tr><td>厚度不宜小于梁翼缘厚度</td></tr>
<tr><td>宽度应符合传力、构造和板件宽厚比限值</td></tr>
<tr><td>上表面宜与梁翼缘的上表面对齐</td></tr>
<tr><td>以焊透的T形对接焊缝与柱翼缘连接</td></tr>
<tr><td>梁与H形截面柱弱轴方向连接时,即与腹板垂直相连形成刚接时,横向加劲肋与柱腹板的连接宜采用焊接对接连接</td></tr>
<tr><td rowspan="2">箱形柱中的横向隔板与翼缘的连接</td><td>宜采用焊透的T形对接焊缝</td></tr>
<tr><td>无法进行电弧焊的焊缝,且柱壁厚度≥16mm的可采用熔化嘴电渣焊</td></tr>
<tr><td rowspan="2">采用斜向加劲肋加强节点域时</td><td>加劲肋及其连接应能承担柱腹板所能承担剪力之外的剪力</td></tr>
<tr><td>加劲肋的截面尺寸应符合传力和板件宽厚比限值要求</td></tr>
<tr><td rowspan="5">12.3.6</td><td rowspan="5">端板连接的梁柱刚接节点</td><td colspan="3">1)宜采用外伸式端板,端板厚度不小于螺栓直径</td></tr>
<tr><td colspan="2" rowspan="2">2)节点中端板厚度与螺栓直径</td><td>由计算决定</td></tr>
<tr><td>计算时宜计入撬力</td></tr>
<tr><td colspan="2" rowspan="2">3)节点柱腹板对应于梁翼缘部位应设置加劲肋</td><td>与柱翼缘围隔成的节点域应按第12.3.3条进行抗剪强度验算</td></tr>
<tr><td>抗剪强度不足时,宜设置斜向加劲肋</td></tr>
<tr><td rowspan="3">12.3.7</td><td rowspan="3">采用端板连接的节点</td><td colspan="3">1)连接应采用高强度螺栓</td></tr>
<tr><td colspan="3">2)螺栓间距应满足表11.5.2的规定</td></tr>
<tr><td colspan="3">3)螺栓应对称布置,并应满足拧紧螺栓的施工要求</td></tr>
</table>

【要点分析】

1. 梁柱连接是钢结构连接的重要内容，也是结构设计的关注点，地震区钢结构梁柱节点，除应符合本节要求外，还应符合抗震设计的相关规定，如强柱弱梁等。

2. 第12.3.1条

1）梁柱连接节点，可采用栓焊混合连接（注：梁翼缘与柱焊接，腹板与柱高强度螺栓连接）、螺栓连接、焊接连接、端板连接、顶底角钢连接等构造；

2）采用焊接连接或栓焊混合连接，应优先考虑与梁上下翼缘对应位置，设置相应的柱横隔板（横隔板的厚度，宜取两侧对应梁翼缘厚度的较大值），满足相应的计算及构造要求（见第12.3.5条）；

3）端板连接一般可用于门式刚架等轻钢结构的房屋中，一般工程应避免采用；

4）考虑我国为地震区，所有工程都应该进行抗震设计，梁柱连接节点建议优先考虑栓焊连接，避免采用端板连接。

3. 第12.3.2条

1）梁柱采用刚性或半刚性节点时，节点应进行在弯矩和剪力作用下的强度验算；

2）这里的“弯矩和剪力”，可理解为弯矩和剪力设计值（见第12.3.3条）；

3）本条规定的验算，实际上只是节点在荷载或多遇地震作用下的验算，地震区梁柱节点还需按《抗规》要求，进行抗震设计的专项验算。

4. 第12.3.3条

1）当梁柱采用刚性连接，对应于梁翼缘的柱腹板部位设置横向加劲肋时，节点域应符合下列要求：

（1）当横向加劲肋厚度不小于梁的翼缘板厚度时，节点域的受剪正则化宽厚比 $\lambda_{n,s}$ 应 $\leqslant 0.8$；对单层或低层轻型建筑，$\lambda_{n,s}$ 应 $\leqslant 1.2$。

当 $h_c/h_b \geqslant 1.0$ 时：

$$\lambda_{n,s}=\frac{h_b/t_w}{37\varepsilon_k\sqrt{5.34+4(h_b/h_c)^2}} \tag{12.3.3-1}$$

当 $h_c/h_b<1.0$ 时：

$$\lambda_{n,s}=\frac{h_b/t_w}{37\varepsilon_k\sqrt{4+5.34(h_b/h_c)^2}} \tag{12.3.3-2}$$

（2）节点域的承载力应满足下式要求：

$$\frac{M_{b1}+M_{b2}}{V_p}\leqslant f_{ps} \tag{12.3.3-3}$$

H形截面柱：

$$V_p=h_{b1}h_{c1}t_w \tag{12.3.3-4}$$

箱形截面柱：

$$V_p=1.8h_{b1}h_{c1}t_w \tag{12.3.3-5}$$

圆形截面柱：

$$V_p=(\pi/2)h_{b1}d_ct_c \tag{12.3.3-6}$$

式中：M_{b1}、M_{b2}——分别为节点域两侧梁端弯矩设计值（N·mm）；

V_p——节点域的体积（mm^3）；

h_{c1}——柱翼缘中心线之间的宽度（mm）；

h_{b1}——梁翼缘中心线之间的高度（mm）；

t_w——柱腹板节点域的厚度（mm）；

d_c——钢管直径线上管壁中心线之间的距离（mm）；

t_c——节点域钢管壁厚（mm）；

f_{ps}——节点域的受剪承载力（N/mm^2）。

（3）节点域的受剪承载力 f_{ps} 按表12.3.3-1取值。

表 12.3.3-1　节点域的受剪承载力 f_{ps} 取值

情况	取值	关键点把握
$\lambda_{n,s} \leqslant 0.6$	$f_{ps}=4f_v/3$	当 $N/(Af)>0.4$ 时，乘以轴力修正系数 $\sqrt{1-\left(\frac{N}{Af}\right)^2}=0\sim0.91$
$0.6<\lambda_{n,s}\leqslant 0.8$	$f_{ps}=(7-5\lambda_{n,s})f_v/3=(1\sim4/3)f_v$	
$0.8<\lambda_{n,s}\leqslant 1.2$	$f_{ps}=[1-0.75(\lambda_{n,s}-0.8)]f_v=(0.7\sim1.0)f_v$	可理解为不再考虑轴力修正系数

（4）当节点域厚度不满足式（12.3.3-3）要求时，H形截面柱的节点域可采取下列补强措施：

① 加厚节点域的柱腹板，腹板加厚的范围应伸出梁的上下翼缘外各不小于150mm；

② 节点域处贴焊补强板，补强板与柱加劲肋和翼缘可采用角焊缝连接，与柱腹板采用塞焊连成整体，塞焊点之间的距离应$\leqslant 21t\varepsilon_k$，其中 t 为节点域柱腹板和补强板的较小厚度（注：一般情况下，补强板的厚度不应大于腹板厚度）；

③ 设置节点域斜向加劲肋加强（注：见第12.3.5条）。

2）关于节点域的计算，《抗规》、《钢标》和《高钢规》均有相似的规定，采用节点域受剪承载力提高4/3的方式，考虑略去柱剪力导致的节点域弯矩增加（一般框架结构中，略去柱端剪力会导致节点域弯矩增加约1.1～1.2倍）、节点域弹性变形在结构整体变形中的份额较小、节点域屈曲后的承载力有所提高等因素。

3）节点域的受剪承载力，与其宽厚比紧密相连、与轴力大小也有关系，当轴压比较小（$N/(Af)\leqslant 0.4$）时，对节点域的抗剪承载力的影响可不考虑，当轴压比较大（$N/(Af)>0.4$）时，应根据屈服条件进行修正（乘以相应的轴力修正系数，见表12.3.3-1）。

4）提高节点域受剪承载力，最常用的办法就是对节点域进行适当的加强（注意：节点域不能太强，也不能太弱，太强则不能充分发挥节点域的耗能能力，太弱则耗能能力太小），节点域在工厂制作，常用加工处理方法如下：

（1）可优先考虑节点域及其梁顶以上和梁底以下各150mm范围的柱腹板，更换为较厚腹板，加工简单，质量保证率高；更换柱腹板可以使节点域上下的梁顶和梁底各150mm范围得到同步加强，适合于重要工程和较为重要的节点；

（2）节点域范围的柱腹板，采用塞焊（塞焊主要用于提高抗剪强度并提高板件的整体性）补强，塞焊点中心间距$\leqslant 21t\varepsilon_k$；对节点域上下相关范围也要加强，可用于一般工程和一般节点；

（3）节点域设置斜向加劲肋，是提高节点域抗剪承载力的最有效、最直接的方法，有条件时应予以优先考虑；由于设置斜向加劲肋的局限性，对节点域上下相关范围没有加强作用，适合于节点域上下相关范围不需要加强的情况，可用于一般工程和一般节点。

5）抗震设计的钢结构节点，除应符合本条的节点抗剪承载力验算外，还应满足下列之一：

（1）满足第17.2节的节点域抗震承载力要求，和第17.3节的相应构造要求；

（2）满足《抗规》和《高钢规》节点域抗震承载力要求和相应构造要求。

6）节点域的受剪承载力验算公式（12.3.3-3）中，公式左端项 $\dfrac{M_{b1}+M_{b2}}{V_p}$ 可理解为节点域剪力设计值，公式右端项 f_{ps} 可理解为节点域的受剪承载力。

7）节点域的承载力计算中，多本规范对弹性承载力、塑性承载力、屈服承载力和极限承载力表述不一，实际工程中，规范有公式时，直接按公式计算，淡化名称；没有公式时，建议如表 12.3.3-2（规范有新的统一规定时，按新规定）：

表 12.3.3-2 钢结构弹性承载力、塑性承载力、屈服承载力和极限承载力

情况	承载力	关键点把握
1	弹性承载力用 Wf	W 为构件的弹性净截面模量（mm^3），可按第 6.1.1 条计算； f 为钢材的抗弯强度设计值（N/mm^2），按表 4.4.1 取值
2	塑性承载力用 W_pf （相关说明见第 5.5.7 条）	W_p 为构件的塑性净截面模量（mm^3），等于中和轴以上、以下净截面对中和轴的面积矩
3	屈服承载力用 W_pf_y	f_y 为钢材的屈服强度值（N/mm^2）
4	极限承载力用 W_pf_u	f_u 为钢材的抗拉强度值（N/mm^2）

5. 第 12.3.4 条

1）梁柱刚性节点中，当工字形梁翼缘采用焊透的 T 形对接焊缝与 H 形柱的翼缘焊接，同时对应的柱腹板未设置水平加劲肋时，柱翼缘和腹板应符合下列规定：

（1）在梁的受压翼缘处，柱腹板厚度 t_w 应同时满足：

$$t_w \geqslant \frac{A_{fb}f_b}{b_e f_c} \tag{12.3.4-1}$$

$$t_w \geqslant \frac{h_c}{30\varepsilon_{k,c}} \tag{12.3.4-2}$$

$$b_e = t_f + 5h_y \tag{12.3.4-3}$$

（2）在梁的受拉翼缘处，柱翼缘板的厚度 t_c 应满足（12.3.4-4）要求：

$$t_c \geqslant 0.4\sqrt{A_{ft}f_b/f_c} \tag{12.3.4-4}$$

式中：A_{fb}——梁受压翼缘的横截面面积（mm^2），等于受压翼缘的宽度和厚度的乘积；

f_b、f_c——分别为梁和柱钢材抗拉、抗压强度设计值（N/mm^2）；

b_e——在垂直于柱翼缘的集中压力作用下，柱腹板计算高度边缘处压力的假定分布长度（mm）；

h_y——自柱顶面至腹板计算高度上边缘的距离（mm），对轧制型钢截面取柱翼缘边缘至内弧起点间的距离，对焊接截面取柱翼缘厚度；

t_f——梁受压翼缘的厚度（mm）；

$\varepsilon_{k,c}$——柱的钢号修正系数；

A_{ft}——梁受拉翼缘的截面面积（mm^2）。

2）实际工程中的梁柱刚性节点，应优先通过在梁上下翼缘对应位置设置柱翼缘加劲肋（横隔板）的构造措施（见第 12.3.5 条）。

3）当设置柱横隔板有困难或使用要求不允许采用柱横隔板时，可采用本条的计算处理方法，基本思路是：

（1）在梁的受压翼缘处，柱腹板的厚度应满足强度和稳定性要求：

① 式（12.3.4-1），根据梁受压翼缘与柱腹板在有效宽度 b_e 范围内等强的条件，来计算柱腹板所需的厚度；计算中忽略了柱腹板轴向（即竖向）内力的影响，主要是因为在框架节点内，框架梁的支座反力主要通过柱翼缘传递，梁传给柱腹板的支座反力一般很小，实际工程中可以忽略不计；

② 式（12.3.4-2）是根据柱腹板在梁受压翼缘集中力作用下的局部稳定条件，偏安全地采用柱腹板的宽厚比的限值。

（2）在梁受拉翼缘处，柱翼缘板受到梁翼缘传来的拉力 $T=A_{ft}f_b$（A_{ft} 为梁的受拉翼缘截面面积 $A_{ft}=b_b\cdot t_b$，f_b 为梁钢材抗拉强度设计值），T 由柱翼缘板的三个组成部分承担（图 12.3.4-1）：

① 中间部分（分布长度为 m），直接传给柱腹板的力为 $f_b t_b m$；

② 柱腹板两侧 $ABCD$ 及其对称部分承担；

③ 拉力在柱翼缘板上的影响长度 $p\approx 12t_c$，按三边固定（在固定边因弯矩而形成塑性铰）一边自由的板件计算（与第 12.2.5 条类似）。

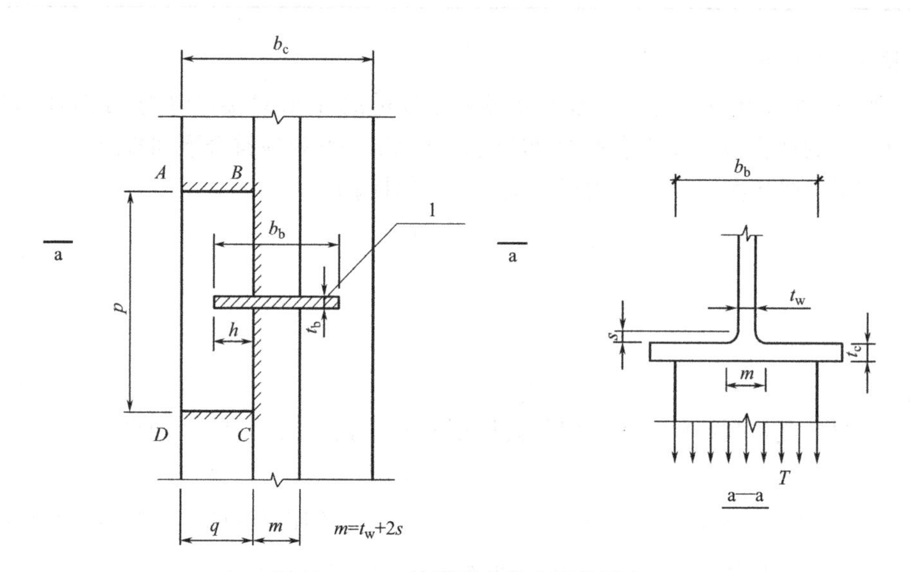

图 12.3.4-1　柱翼缘在拉力下的受力

1—线荷载 T；T—拉力；p—影响长度

（3）柱翼缘板按强度计算所需的厚度 t_c，可按式（12.3.4-4）计算。

6. 第 12.3.5 条

1）采用焊接连接或栓焊混合连接（梁翼缘与柱翼缘焊接，梁腹板与柱高强螺栓连接）的梁柱刚接节点，构造要求如下：

（1）H 型钢柱腹板对应于梁翼缘部位，宜设置横向加劲肋，箱形（钢管）柱对应于梁翼缘的位置，宜设置水平隔板（注：截面较大时可设置内隔板或内环板，截面较小时可设置外环板）；

（2）梁柱节点宜采用柱贯通构造（注：在抗震设计的梁柱节点中，有强柱弱梁要求，柱比梁重要，梁可以形成塑性铰），当柱采用冷成型管截面或壁板厚度小于梁翼缘厚度较多时，梁柱节点宜采用隔板贯通式构造（注：隔板厚度不小于梁的翼缘厚度）；

（3）节点采用隔板贯通式构造时，柱与贯通式隔板，应采用全熔透坡口焊缝连接。贯通式隔板挑出长度（注：指每边出柱边以外的长度）l 宜满足 25mm≤l≤60mm；隔板宜采用拘束度较小的焊接构造与工艺，其厚度≥t_f；≥t_c；其中，t_f 为梁翼缘厚度，t_c 为柱壁板厚度。当隔板厚度≥36mm 时，宜选用厚度方向钢板（注：第 4.3.5 条为≥40mm，此处要求更严）；

（4）梁柱节点区柱腹板加劲肋或隔板，应符合以下要求：

① 横向加劲肋（注：对应梁上下翼缘位置）的截面尺寸应经计算确定，其厚度不宜小于梁翼缘厚度，其宽度应符合传力、构造和板件宽厚比限值要求；

② 横向加劲肋的上表面，宜与梁翼缘的上表面对齐，并以焊透的 T 形对接焊缝与柱翼缘连接；当梁与 H 形截面柱的弱轴方向连接（注：即与腹板垂直相连形成刚接）时，横向加劲肋与柱腹板的连接，宜采用焊透的对接焊缝；

③ 箱形柱中的横向隔板与柱翼缘的连接，宜采用焊透的 T 形对接焊缝，对无法进行电弧焊的焊缝且柱壁板厚度≥16mm 时，可采用熔化嘴电渣焊；

④ 当采用斜向加劲肋加强节点域时，加劲肋及其连接应能传递相应剪力（柱腹板承担剪力之外的部分），其截面尺寸应符合传力和板件宽厚比限值的要求。

2）栓焊连接是框架节点设计中常用的连接形式，采取各种有效的构造措施，确保节点刚性的实现。

7. 第 12.3.6 条

1）端板连接的梁柱刚接节点，应符合下列规定：

（1）端板宜采用外伸式端板，端板的厚度不宜小于螺栓直径；

（2）节点中端板厚度与螺栓直径，应由计算确定，计算时宜计入撬力的影响；

（3）节点区，柱腹板对应于梁翼缘的部位，应设置横向加劲肋，其与柱翼缘围隔成的节点域，应按第 12.3.3 条进行抗剪强度验算，强度不足时宜设置斜向加劲肋加强。

2）端板连接施工方便、做法简单、施工速度快、受弯承载力和刚度较大，实际工程中应用较多，尤其是简易工程和轻型结构工程（如门式刚架结构等）。

3）撬力的计算，可查阅《钢结构设计手册》第四版公式（13.6-37）。

4）节点域设置斜向加劲肋加强的要求，见第 12.3.5 条。

5）实际工程中，结构设计的重要部位或关键节点的连接，应避免采用端板连接。

8. 第 12.3.7 条

1）采用端板连接的节点，应符合下列规定：

（1）连接应采用高强度螺栓，螺栓间距应满足表 11.5.2 的规定；

（2）螺栓应对称布置，并应满足拧紧螺栓的施工要求。

2）端板连接中，位于螺栓群两端的螺栓受力最大，应特别注意螺栓的施工质量，防止受力拉脱。

12.4　铸钢节点

《钢标》对铸钢节点的设计规定见表 12.4.0-1。

表 12.4.0-1 《钢标》对铸钢节点的设计规定

条文号	规定	关键点把握
12.4.1 12.4.2 12.4.3	铸钢节点	适用于几何形状复杂、杆件交汇密集、受力集中的部位
		应满足结构受力、铸造工艺、连接构造与施工安装要求
		应满足承载力极限状态要求
		受力状态可采用有限元方法确定
		根据实际情况对承载力进行试验验证
12.4.4	焊接结构用铸钢节点	材料的碳当量及硫、磷含量应符合相关规范的规定
12.4.5	铸钢件的最小壁厚、内圆角半径	应根据铸钢件的轮廓尺寸、夹角大小与铸造工艺确定
		铸钢件壁厚宜≤150mm
		壁厚变化斜率宜≤0.2
		内部肋板厚度不宜大于外侧壁厚
12.4.6	其他要求	1)铸造工艺应保证钢铸件节点内部组织致密、均匀
		2)钢铸件宜进行正火或调质热处理
		3)设计文件应注明铸钢件的毛皮尺寸的容许偏差

【要点分析】

1. 采用铸钢节点可以解决结构中较为复杂的节点设计和施工问题，但铸钢也同样具有材料强度低、材料用量大等不足。应特别注意铸钢节点使用的合理性问题，不是越多越好。

2. 第 12.4.1 条

1）铸钢节点，应满足结构受力、铸造工艺、连接构造与施工安装等要求；

2）铸钢节点，适用于几何形状复杂、杆件交汇密集、受力集中等部位；

3）铸钢节点，与相邻构件可采用焊接、螺纹或销轴等连接方式；

4）铸钢节点，适合于特殊部位、复杂部位、重点部位的连接，节点形式多种多样。

3. 第 12.4.2 条

1）铸钢节点应满足承载能力极限状态要求，节点应力符合式（12.4.2）要求：

$$\sqrt{\frac{1}{2}[(\sigma_1-\sigma_2)^2+(\sigma_2-\sigma_3)^2+(\sigma_3-\sigma_1)^2]}\leqslant\beta_f f \tag{12.4.2}$$

式中：σ_1、σ_2、σ_3——计算点处，在相邻构件荷载设计值作用下的第一、第二、第三主应力；

β_f——强度增大系数。当各主应力均为压应力时，$\beta_f=1.2$；当各主应力均为拉应力时，$\beta_f=1.0$，且最大主拉应力应满足 $\sigma_1\leqslant1.1f$；其他情况时，$\beta_f=1.1$；

f——铸钢的抗拉、抗压和抗弯强度设计值，按表 4.4.4 取值。

2）本条规定的是铸钢节点，在复杂受力状态下的极限承载力计算（即第四强度理论）。

3）关于材料力学中的四大强度理论：

（1）第一强度理论：最大拉应力理论，认为引起材料脆性断裂破坏的因素是最大拉应力，无论什么应力状态，只要构件内一点处的最大拉应力 σ_1 达到单向应力状态的极限应力值 σ_b，材料就会发生脆性断裂。适用于脆性材料，例如：铸铁等；

（2）第二强度理论：最大拉应变理论，认为最大拉应变是引起断裂的主要因素，无论什么应力状态，只要构件内一点处的最大拉应变 ε_1 达到单向应力状态的极限应变值 ε_u，材料就会发生脆性断裂。适用于极少数脆性材料，应用很少；

（3）第三强度理论：最大剪应力理论，认为最大剪应力是引起屈服的主要因素，无论什么应力状态，只要构件内一点处的最大剪应力 τ_{max} 达到单向应力状态的极限剪应力值 τ_0，材料就会发生屈服破坏。适用于塑性材料，如低碳钢等，形式简单，应用广泛；

（4）第四强度理论：畸变理论，认为畸变能密度是引起材料屈服的主要因素，无论什么应力状态，只要构件内一点处的畸变能密度达到单向应力状态的极限值，材料就会发生屈服破坏。适用于大多数塑性材料，比第三强度理论准确，但使用不便。

4. 第12.4.3条

1）铸钢节点可采用有限元法确定其受力状态，并可根据实际情况，对其承载力进行试验验证。

2）采用有限元法确定其受力状态时：

（1）宜采用实体单元，径厚比（直径/厚度）≥10的部位，可采用壳单元；

（2）作用于节点的外荷载和约束力的平衡条件，应与设计内力一致；

（3）根据节点的具体情况，确定与实际相符的有限元分析边界条件。

3）根据实际受力情况对其承载力进行试验验证：

（1）下列情况宜进行节点试验：

① 设计或建设方认为对结构安全至关重要的节点；

② 8度、9度抗震设防时，对结构安全有重要影响的节点；

③ 铸钢件与其他构件采用复杂连接方式的节点。

（2）铸钢节点试验，可根据需要进行验证性试验和破坏性试验；

（3）试件应采用与实际铸钢节点相同的加工制作参数；

（4）验证性试验的荷载值（最大加载值）不应小于荷载设计值的1.3倍；

（5）破坏性试验确定的荷载设计值，不应大于试验值（极限值）的1/2。

5. 第12.4.4条

1）焊接结构用铸钢节点材料应具有良好的可焊性，其碳当量及硫、磷含量，应符合《焊接结构用铸钢件》GB/T 7659的规定；

2）非焊接结构用铸钢节点材料，应符合《一般工程用铸造碳钢件》GB/T 11352的规定；

3）铸钢节点与构件母材焊接时，在碳当量基本相同的情况下，可按与构件母材相同技术要求，选用相应的焊条、焊丝和焊剂，并应进行焊接工艺评定。

6. 第12.4.5条

根据铸造工艺特点，提出对铸钢节点的尺寸要求：

1）铸钢节点，应根据铸件轮廓尺寸、夹角大小与铸造工艺确定最小壁厚、内圆角半径与外圆角半径；

2）铸钢件壁厚宜≤150mm，应避免壁厚急剧变化，壁厚变化斜率宜≤1/5；

3）内部肋板厚度不宜大于外侧壁厚。

7. 第 12.4.6 条

对铸钢节点铸造质量、热处理工艺及外形容许偏差等提出要求：

1）铸造工艺应保证节点内部组织致密、均匀，铸钢件宜进行正火或调质热处理；

2）设计文件应注明钢铸件的毛皮尺寸的容许偏差。

12.5 预应力索节点

《钢标》对预应力索节点的设计规定见表 12.5.0-1。

表 12.5.0-1 《钢标》对预应力索节点的设计规定

条文号	规定	关键点把握
12.5.1	预应力索张拉节点	应保证张拉有足够的施工空间，便于施工操作，且锚固可靠
		与主体结构的连接应考虑超张拉和使用阶段拉索的实际受力
12.5.2	预应力索锚固节点	应采用传力可靠、预应力损失低且施工便利的锚具
		应保证锚固区的局部承压强度和刚度
		应避免焊缝重叠、开孔等
		对锚固区域的主要受力杆件、板域进行应力分析和连接设计
12.5.3	预应力索转折节点	应设置滑槽或孔道
		滑槽或孔道内可涂润滑剂或加衬垫，或采用摩擦系数低的材料
		应验算转折节点处的局部承压强度，并采取加强措施

【要点分析】

1. 设置预应力索的钢结构，常用在有特殊需要的工程中，一般工程应避免采用。

2. 第 12.5.1 条

1）预应力高强拉索的张拉节点，应保证节点张拉区有足够的施工空间，便于操作，且锚固可靠；

2）预应力高强拉索张拉节点与主体结构的连接，应考虑超张拉和使用阶段拉索的实际受力大小，确保连接安全。

3. 第 12.5.2 条

1）预应力索锚固节点，应采用传力可靠、预应力损失低且施工便利的锚具，应保证锚固区的局部承压强度和刚度；

2）应对锚固节点区域的主要受力构件、板域，进行应力分析和连接计算；

3）节点应避免焊缝重叠、开孔等。

4. 第 12.5.3 条

1）预应力索转折节点，应设置滑槽或孔道，滑槽或孔道内可涂润滑剂或加衬垫，或采用摩擦系数低的材料；

2）应验算转折节点处的局部承压强度，并采取加强措施；

3）应避免钢结构中出现预应力索转折节点；

4）一般钢结构工程中，可允许预应力索滑动的情况；不允许滑动的索夹节点（如大跨度空间结构的径向索和环向索）等情况，不应滑动。

12.6 支座

《钢标》对支座的设计规定见表 12.6.0-1。

表 12.6.0-1 《钢标》对支座的设计规定

条文号	规定	关键点把握
12.6.1	梁或桁架支于砌体或混凝土上的平板支座	1)应验算下部砌体或混凝土的承压强度
		2)底板厚度应根据支座反力对底板产生的弯矩计算，且≥12mm
	梁的端部支承加劲肋的下端	按端面承压强度设计值计算时，应刨平顶紧(图 12.6.1)
	凸缘加劲板的伸出长度	不得大于其厚度的厚度的 2 倍(图 12.6.1)
12.6.2	弧形支座和辊轴支座	支座反力按规定计算(图 12.6.2)
12.6.3	铰轴支座(图 12.6.3)中，圆柱形枢轴的承压应力计算	适用于两相同半径的圆柱形弧面，自由接触面的中心角 $\theta \geqslant 90°$时
12.6.4	板式橡胶支座	1)底面积根据承压条件确定
		2)橡胶层总厚度根据橡胶剪切变形条件确定
		3)应满足水平力作用下的稳定性和抗滑移要求
		4)按构造设置的支座锚栓数量宜为 2～4 个，直径≥20mm
		5)受拉锚栓，直径及数量应按计算确定，应设置双螺母
		6)应采取防老化措施和可更换措施
		7)采取限位措施
12.6.5	球形支座	1)适用于受力复杂或大跨结构
		2)根据使用条件，采用固定、单向滑动或双向滑动等形式
		3)上盖板、球芯、底座和箱体均应采用铸钢制作
		4)滑动面应采取相应的润滑措施、支座应采取防尘防锈措施

【要点分析】

1. 支座在钢结构设计中占有重要地位，涉及结构的计算假定和构件的实际受力，关键支座应进行专门研究分析，必要时应进行专门试验验证。

2. 第 12.6.1 条

1）梁或桁架支于砌体（注：实际工程中应避免采用砌体支承，必须采用时，也宜设置钢筋混凝土构造柱等）或钢筋混凝土上的平板支座，应验算下部砌体或混凝土的承压强度，底板厚度应根据支座反力对底板的弯矩进行计算，且不小于 12mm；

2）梁的端部支承加劲肋的下端，按端面承压强度设计值进行计算时，应刨平顶紧，其中凸缘加劲板的伸出长度，不得大于其厚度的 2 倍，并采取限位措施（图 12.6.1）；

3）试验研究表明，凸缘支座的伸出长度不大于 2 倍端板加劲肋厚度时（当板的高厚

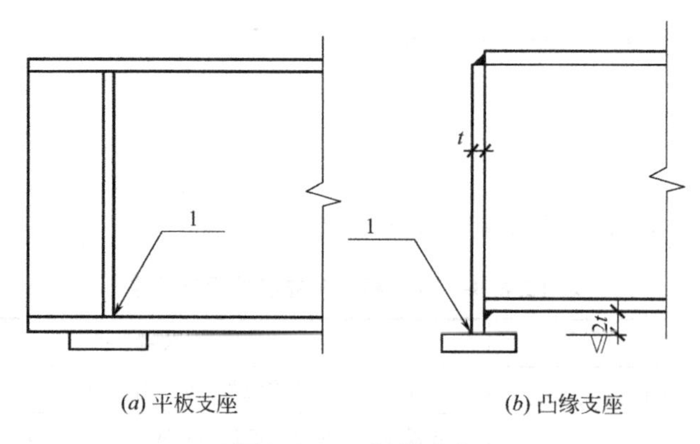

(a) 平板支座　　(b) 凸缘支座

图 12.6.1　梁的支座
1—刨平顶紧；t —端板厚度

比不大于 2 时，一般不会发生明显的弯扭现象，应力超过屈服点时，试件轴向变形明显，但压力尚能继续增加)，端板的稳定性有保证，端板承压强度设计值可按 f_{ce} 计算；但当凸缘支座的伸出长度大于 2 倍端板加劲肋厚度时，应将伸出部分作为轴心受压构件来验算其强度和稳定性（采用强度设计值 f ，按第 7.1 节和第 7.2 节的相关规定计算)；

4）对凸缘支座，第 6.3.7 条有具体而详细的规定，结构设计时可相互参考。

3. 第 12.6.2 条

弧形支座［图 12.6.2（a)］和辊轴支座［图 12.6.2（b)］的支座反力 R，应满足式（12.6.2）的要求：

$$R \leqslant 40ndlf^2/E \tag{12.6.2}$$

式中：d ——弧形表面接触点曲率半径 r 的 2 倍；

n ——辊轴数目，对弧形支座取 $n=1$；

l ——弧形表面或辊轴与平板的接触长度（mm)。

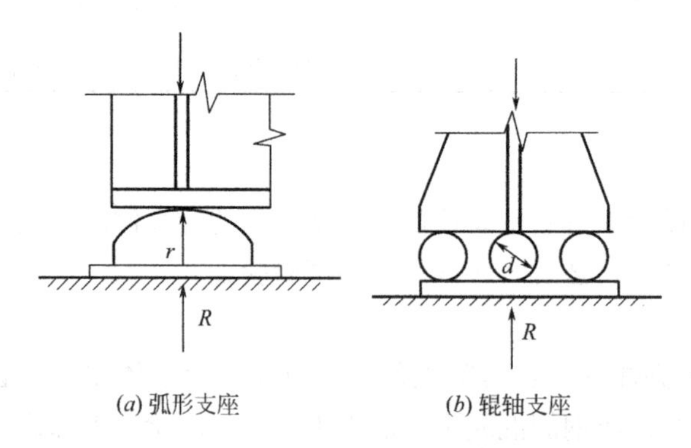

(a) 弧形支座　　(b) 辊轴支座

图 12.6.2　弧形支座和辊轴支座

4. 第 12.6.3 条

铰轴支座节点（图 12.6.3）中，当两相同半径的圆柱形弧面自由接触面的中心角 $\theta \geqslant 90°$时，其圆柱形枢轴的承压应力应按式（12.6.3）计算：

$$\sigma=\frac{2R}{dl}\leqslant f \qquad (12.6.3)$$

式中：d ——枢轴直径（mm）；

l ——枢轴纵向接触面长度（mm）。

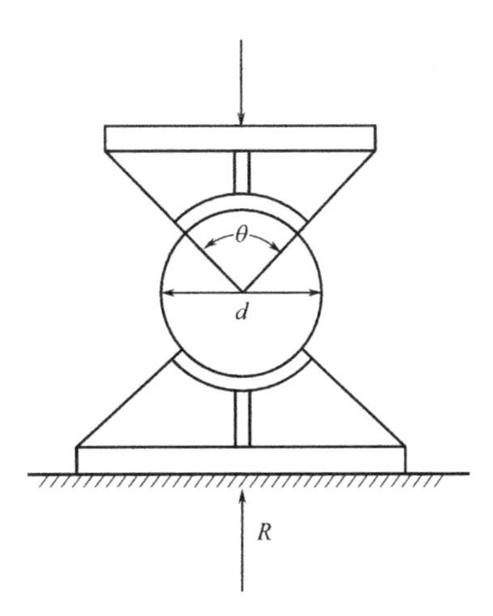

图 12.6.3　铰轴支座

5. 第 12.6.4 条

1）板式橡胶支座设计，应符合下列规定：

（1）板式橡胶支座的底面积，可根据承压条件确定；

（2）橡胶层总厚度，应根据橡胶剪切变形条件确定；

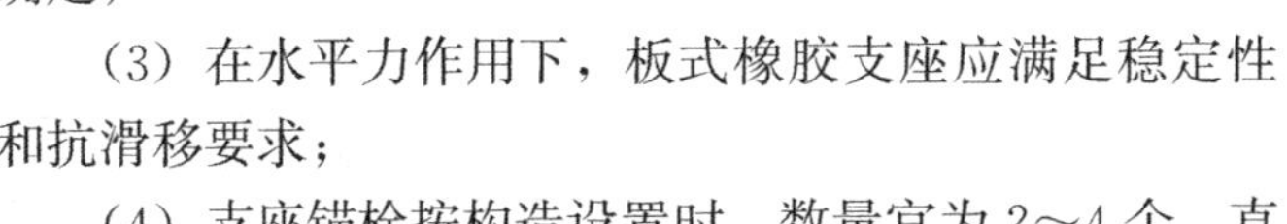

（3）在水平力作用下，板式橡胶支座应满足稳定性和抗滑移要求；

（4）支座锚栓按构造设置时，数量宜为 2～4 个，直径不宜小于 20mm；对于受拉锚栓，其直径和数量应按计算确定，并设置双螺母防止松动；

（5）板式橡胶支座，应采取防老化措施，并应考虑长期使用后因橡胶老化进行更换的可能性；

（6）板式橡胶支座宜采取限位措施。

2）橡胶支座有板式和盆式两种：

（1）板式支座的承载力小，但构造简单，安装方便；

（2）盆式支座的承载力大，除承受压力外，还可以承受剪力，承受少量的拔力（罕遇地震下的拉应力不宜超过 1MPa，可参考《抗规》对隔震支座的要求），具有较大的位移容许值（抗震支座的容许位移，可取支座有效直径的 0.55 倍和支座内部橡胶层总厚度 3 倍的较小值），且有限位和复位功能。

3）板式橡胶支座在实际工程中应用较为普遍，板式橡胶支座的设计，还应该考虑《抗规》中的相关要求，抗震设计时，宜优先考虑采用抗震支座。

6. 第 12.6.5 条

1）受力复杂或大跨度结构，宜采用球形支座；

2）球形支座应根据使用条件采用固定、单向滑动或双向滑动等形式；

3）球形支座的上盖板、球芯、底座和箱体，均应采用铸钢加工制作，滑动面应采取相应的润滑措施、支座整体应采用防尘及防锈措施；

4）球形抗震支座在工程中应用较多，万向球型钢支座和新型双曲型钢支座分为固定支座和可移动支座，优先采用抗震、减震支座和隔震支座，隔震支座减震效果明显（依据《抗规》隔震支座最多可隔震一度半）。

12.7　柱脚

《钢标》对柱脚设计的一般规定见表 12.7.0-1；对外露式柱脚的设计规定见表 12.7.0-2；对外包式柱脚的计算与构造规定见表 12.7.0-3；对埋入式柱脚的计算与构造规定见表 12.7.0-4；对插入式柱脚的计算与构造规定见表 12.7.0-5。

表 12.7.0-1 《钢标》对柱脚设计的一般规定

条文号	规定	关键点把握
12.7.1	多高层结构框架柱柱脚	可采用埋入式柱脚、插入式柱脚及外包柱脚
	多层结构框架柱柱脚	除上述柱脚形式外，还可采用外露式柱脚
	单层厂房刚接柱脚	可采用插入式柱脚、外露式柱脚，铰接柱脚宜采用外露式
12.7.2	钢柱与混凝土接触的范围内	不得涂刷油漆
	柱脚安装时	应清除钢柱表面的泥土、油污，用砂轮清除铁锈和焊渣等
12.7.3	柱端部采用铣平端	1)适用于轴心受压柱或压弯柱的端部
		2)柱的最大压力应直接由铣平端传递
		3)连接焊缝或螺栓应按最大压力的 15%与最大剪力中的较大值进行抗剪计算
		4)当压弯柱出现受拉区时，该区域的连接应按最大拉力计算

表 12.7.0-2 《钢标》对外露式柱脚的设计规定

条文号	规定	关键点把握
12.7.4	柱脚螺栓	不宜承受柱底水平反力
	柱底水平反力	由底板与混凝土之间的摩擦力(摩擦系数 0.4)或抗剪键承担
12.7.5	柱脚底板尺寸和厚度	根据柱端弯矩、轴心力、底板的支承条件和底板下混凝土的反力及柱脚构造确定
	柱脚锚栓	考虑使用环境并由计算确定
12.7.6	柱脚锚栓	应有足够的埋置深度
	设置锚板和锚梁	适用于埋置深度受限或锚栓在混凝土中的锚固较长时

表 12.7.0-3 《钢标》对外包式柱脚的计算与构造规定

<table>
<tr><th>条文号</th><th>规定</th><th colspan="2">关键点把握</th></tr>
<tr><td rowspan="14">12.7.7</td><td rowspan="10">1)外包式柱脚</td><td colspan="2">(1)底板应位于基础梁或筏板的混凝土保护层内(即钢筋以上)</td></tr>
<tr><td rowspan="3">(2)外包混凝土厚度</td><td>H 形截面柱≥160mm</td></tr>
<tr><td>矩形管或圆管柱≥180mm</td></tr>
<tr><td>还宜≥$0.3h_c$，h_c 为钢柱截面高度</td></tr>
<tr><td colspan="2">(3)混凝土强度等级≥C30</td></tr>
<tr><td rowspan="5">(4)柱脚混凝土</td><td>外包高度：H 形截面柱≥$2h_c$；h_c 为钢柱截面高度</td></tr>
<tr><td>外包高度：矩形管柱≥$2.5b_c$；b_c 为钢柱截面长边尺寸</td></tr>
<tr><td>外包高度：圆管柱≥$2.5D$；D 为钢管柱的外径</td></tr>
<tr><td>仅有一层地下室时，外包宽度增加 10%，高度可不增加</td></tr>
<tr><td>没有地下室时，外包宽度和高度各增加 20%</td></tr>
<tr><td rowspan="2">2)柱脚底板尺寸和厚度</td><td colspan="2">按结构安装阶段荷载作用下轴心力、底板的支承条件计算确定</td></tr>
<tr><td colspan="2">底板厚度≥16mm</td></tr>
<tr><td rowspan="2">3)柱脚螺栓按构造要求设置</td><td colspan="2">直径≥16mm</td></tr>
<tr><td colspan="2">锚固长度≥$20d$，d 为锚栓直径</td></tr>
</table>

续表

<table>
<tr><th>条文号</th><th>规定</th><th>关键点把握</th></tr>
<tr><td rowspan="8">12.7.7</td><td rowspan="2">4)应设置柱的水平加劲肋或横隔板</td><td>设置位置,在柱外包混凝土的顶部箍筋处</td></tr>
<tr><td>水平加劲肋或横隔板的宽厚比,应符合第 6.4 节的规定</td></tr>
<tr><td rowspan="2">5)圆管或矩形管应在管内浇灌混凝土</td><td>混凝土强度等级,不低于基础混凝土</td></tr>
<tr><td>浇灌高度,应高出外包混凝土顶面 h ,$h \geqslant b_c$;$\geqslant D$</td></tr>
<tr><td rowspan="4">6)外包钢筋混凝土的受弯和受剪承载力,受拉钢筋和箍筋的构造要求</td><td>符合《混规》的要求</td></tr>
<tr><td>主筋伸入基础内长度$\geqslant 25d$,d 为主筋直径</td></tr>
<tr><td>四角主筋两端应加弯钩,下弯长度≥150mm,下弯段宜与钢柱焊接</td></tr>
<tr><td>顶部箍筋应加强加密,不小于 3 根直径 12 的热轧钢筋(宜 HRB400)</td></tr>
</table>

表 12.7.0-4 《钢标》对埋入式柱脚的计算与构造规定

<table>
<tr><th>条文号</th><th>规定</th><th>关键点把握</th></tr>
<tr><td rowspan="8">12.7.8</td><td>柱埋入部分四周设置的主筋、箍筋</td><td>应根据柱脚底部弯矩和剪力按 GB 50010 计算,并满足构造要求</td></tr>
<tr><td rowspan="2">柱翼缘或管柱外边缘混凝土保护层厚度</td><td>边柱列:翼缘或管柱外边缘至基础梁端部距离应≥400mm</td></tr>
<tr><td>中间柱:翼缘或管柱外边缘至基础梁的梁边相交线的距离应≥250mm</td></tr>
<tr><td>基础梁边相交线的夹角</td><td>应做钝角,其坡度应≤1∶4</td></tr>
<tr><td>在基础或筏板的边部</td><td>应配置 U 形钢筋抵抗柱的水平冲切</td></tr>
<tr><td>应符合《钢标》12.7.7</td><td>柱脚部及底板、锚栓、水平加劲肋或横隔板的构造</td></tr>
<tr><td>圆管柱和矩形柱</td><td>应在管内浇灌混凝土</td></tr>
<tr><td>对于有拔力的柱</td><td>宜在埋入混凝土部分设置栓钉</td></tr>
<tr><td rowspan="3">12.7.9</td><td rowspan="3">埋入钢筋混凝土的深度</td><td>H 形、箱型截面柱,按式(12.7.9-1)计算</td></tr>
<tr><td>圆管柱,按式(12.7.9-2)计算</td></tr>
<tr><td>还应满足第 12.7.10 条的规定的构造要求</td></tr>
</table>

表 12.7.0-5 《钢标》对插入式柱脚的计算与构造规定

<table>
<tr><th>条文号</th><th>规定</th><th colspan="3">关键点把握</th></tr>
<tr><td rowspan="4">12.7.10</td><td rowspan="4">插入杯口的深度</td><td>实腹柱</td><td colspan="2">$\geqslant 1.5h_c$;或$\geqslant 1.5D$</td></tr>
<tr><td rowspan="3">双肢格构柱(单杯口或双杯口)</td><td colspan="2">应按式(12.7.10)计算</td></tr>
<tr><td colspan="2">$\geqslant 0.5h_c$ 和$\geqslant 1.5b_c$ 及$\geqslant 1.5D$ 的较大值</td></tr>
<tr><td colspan="2">不小于吊装时柱长度的 1/20,且≥500mm</td></tr>
<tr><td rowspan="8">12.7.11</td><td rowspan="8">插入式柱脚设计的其他规定</td><td rowspan="2">1)柱底板</td><td>钢管柱,应设置</td><td rowspan="2">柱底板应设置排气孔或浇筑孔</td></tr>
<tr><td>H 形实腹柱,宜设置</td></tr>
<tr><td rowspan="2">2)实腹柱柱底至基础杯口底的距离</td><td colspan="2">应≥50mm</td></tr>
<tr><td colspan="2">有柱底板时,可取 150mm</td></tr>
<tr><td colspan="3">3)实腹柱、双肢格构柱杯口基础的底板,柱吊装时,应验算局部受压和冲切承载力</td></tr>
<tr><td colspan="3">4)应采取便于施工时临时调整的技术措施</td></tr>
<tr><td rowspan="2">5)杯口基础的杯壁</td><td colspan="2">应按作用于基础顶面的柱底内力计算配筋</td></tr>
<tr><td colspan="2">厚度还应满足《地基规范》GB 50007 的有关规定</td></tr>
</table>

【要点分析】

1. 柱脚是结构设计的关键部位（受力较大的部位，对结构约束较强、对结构变形影响较大的部位），这里的柱脚指结构设计的嵌固端，对于有地下室的结构，一般为地下室顶板，对于无地下室的结构，一般为基础顶，结构设计时应加以区分和准确把握。实际工程和注册备考时，应注意与《高钢规》《抗规》和《混规》的一致性，重点把握柱脚验算原理和过程。

2. 第12.7.1条

1）多高层结构框架柱的柱脚，可采用埋入式柱脚、插入式柱脚及外包式柱脚；

2）多层结构框架柱尚可采用外露式柱脚；

3）单层厂房的刚接柱脚可采用插入式柱脚、外露式柱脚，铰接柱脚宜采用外露式柱脚；

4）采用埋入式或插入式柱脚，有利于实现刚接柱脚的要求（计算假定）；外包式柱脚一般很难实现刚接要求，多为半刚接；外露式柱脚常用于铰接柱脚，考虑钢结构的防护和耐久性要求，外露式柱脚宜采用外包混凝土防护；

5）钢柱底板下宜设置50厚的二次浇灌层，采用不低于C40（应比基础混凝土高一级）的无收缩细石混凝土（或砂浆，也可采用灌浆料）压力灌注。可查阅文献[24]，有图有说明。

3. 第12.7.2条

1）外包式、埋入式及插入式柱脚，钢柱与混凝土接触的范围内不得涂刷油漆；

2）柱脚安装时，应将钢柱表面的泥土、油污、铁锈和焊渣等用砂轮清刷干净；

3）本条为增加钢柱与混凝土连接面摩擦力的保证措施，与型钢混凝土构件的要求相同。

4. 第12.7.3条

1）轴心受压柱或压弯柱的端部为铣平端时，柱身的最大压力应直接由铣平端传递，其连接焊缝或螺栓应按最大压力的15%与最大剪力中的较大值进行抗剪计算；

2）当压弯柱出现受拉区时，该区的连接尚应按最大拉力计算；

3）铣平端直接传力，对加工工艺和加工质量要求较高，常用在特殊构件的特殊部位，结构设计中应尽量避免采用。必须采用时，应特别注意构件的拉力或构件内力反号引起的拉力（如地震作用和风荷载作用等）。

5. 第12.7.4条

1）柱脚螺栓，不宜用来承受柱脚底部的水平力。

2）柱脚底部的水平力，由柱脚底板与底板下混凝土之间的摩擦力（摩擦系数可取0.4），或设置抗剪键承担。

3）结构设计中：

（1）柱脚螺栓，一般只用来承担柱底弯矩引起的拉力（可不考虑螺栓受压和受剪，有资料建议在抗震设计中，可采用半经验半理论的方法，适当考虑外露式柱脚受压锚栓的抗剪作用）。

（2）柱脚的水平剪力：

① 剪力较小（不大于柱脚底板与底板下混凝土之间的摩擦力）时，可考虑由柱脚底板与底板下混凝土之间的摩擦力承担；

② 剪力较大（大于柱脚底板与底板下混凝土之间的摩擦力）时，应采用柱底抗剪键承担全部水平剪力（不再考虑柱脚底板与底板下混凝土之间的摩擦力）。

（3）当剪力较大（大于柱脚底板与底板下混凝土之间的摩擦力），且需要由螺栓承担全部水平剪力（螺栓受拉、受剪）时：

① 底板上的锚栓孔直径不应大于锚栓直径+5mm；

② 锚栓垫片下应设置盖板，盖板与柱底板焊接，并应计算焊缝的抗剪强度；

③ 单根锚栓的承载力按式（12.7.4-1）计算：

$$\left(\frac{N_t}{N_t^a}\right)^2+\left(\frac{V_v}{V_v^a}\right)^2\leqslant 1 \tag{12.7.4-1}$$

式中：N_t——单根锚栓承受的拉力设计值（N）；

V_v——单根锚栓承受的剪力设计值（N）；

N_t^a——单根锚栓的受拉承载力（N），$N_t^a=A_e f_t^a$；

V_v^a——单根锚栓的受剪承载力（N），$V_v^a=A_e f_v^a$；

A_e——单根锚栓的有效截面面积（mm^2）；

f_t^a——锚栓钢材抗拉强度设计值（N/mm^2），按第4.4.6条取值；

f_v^a——锚栓钢材抗剪强度设计值（N/mm^2），对Q235钢、Q345钢和Q390钢，分别取80、105和110。

④ 需要说明的是，考虑受拉锚栓的抗剪作用，工程界看法不一，《钢标》和《高钢规》的规定也不完全一致，实际工程应用时应适当留有余地。

6. 第12.7.5条

1）柱脚底板平面尺寸和厚度，应根据柱端弯矩、轴心力、底板的支承条件和底板下混凝土的反力及柱脚构造确定；

2）外露式柱脚的锚栓，应考虑使用环境由计算确定；

3）锚栓的工作环境变化较大，露天和室内环境的腐蚀情况各不相同，对容易被腐蚀的环境，锚栓应留有适当的腐蚀余量；

4）外柱脚底板及厚度的计算可参考《高钢规》的相关规定。

（1）钢柱轴力由底板直接传至底板下混凝土，按《混规》验算柱脚底板下混凝土的局部承压（承压面积为钢柱脚底板面积）。

（2）在轴力和弯矩共同作用下，按式（12.7.5-1）计算所需螺栓面积：

$$M\leqslant M_1 \tag{12.7.5-1}$$

式中：M——柱脚弯矩设计值（N·mm）。

M_1——在轴力和弯矩共同作用下，按钢筋混凝土压弯构件截面设计方法计算的，柱脚受弯承载力设计值（N·mm）（截面为底板面积，由受拉边的锚栓单独承受拉力，混凝土基础单独承受压力，受压边的锚栓不参加工作，锚栓和混凝土强度均取设计值）。

（3）抗震设计时，在柱与柱脚连接处，柱可能出现塑性铰的柱脚极限承载力，应大于钢柱的全塑性受弯承载力，按式（12.7.5-2）验算：

$$M_u \geqslant M_{pc} \tag{12.7.5-2}$$

式中：M_{pc}——考虑轴力时，柱的全塑性受弯承载力（N·mm）（按《高钢规》第 8.1.5 条计算，$M_p = W_p f_y$，相关说明见第 5.5.7 条）；

M_u——考虑轴力时，柱脚的极限承载力（N·mm），按公式（12.7.5-1）中的 M_1 方法计算，但锚栓采用 f_y，混凝土的强度取标准值（《高钢规》8.6.2 条）。

7. 第 12.7.6 条

1）柱脚锚栓应有足够的埋置深度；

2）当埋置深度受限或锚栓在混凝土中的锚固长度较长时，则可设置锚板或锚梁；

3）一般情况下：

（1）非受力锚栓宜采用 Q235 钢；

（2）锚栓在混凝土中的锚固长度宜≥$20d$；

（3）锚栓直径 d≥40mm 时，锚栓端部宜焊锚板，且锚栓的直段锚固长度宜≥$12d$。

8. 第 12.7.7 条

1）外包柱脚（图 12.7.7）的计算与构造，应符合下列要求：

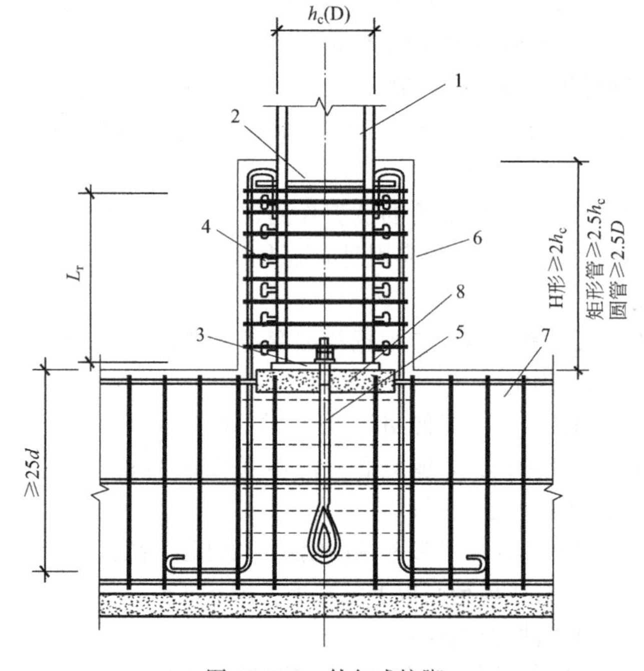

图 12.7.7　外包式柱脚

1—钢柱；2—水平加劲肋；3—柱底板；4—栓钉（可根据需要设置）；5—锚栓；6—外包混凝土；7—基础梁；8—无收缩细石混凝土；L_r—外包混凝土顶部箍筋至柱底板的距离

（1）外包柱脚底板，应位于基础梁或筏板的混凝土保护层内：

① 外包混凝土厚度：对 H 形柱宜≥160mm；对矩形管或圆管宜≥180mm；同时宜≥$0.3h_c$，其中 h_c 为钢柱截面高度；

② 混凝土强度等级宜≥C30；

③ 柱混凝土外包高度：对 H 形柱宜≥$2h_c$；对矩形管或圆管宜≥$2.5h_c$ 或≥$2.5D_c$，D_c 为圆钢柱外直径；

④ 没有地下室时，外包宽度和高度宜增加 20%；仅有一层地下室时，外包宽度宜增加 10%（注意，外包高度可不增加）。

（2）柱脚底板尺寸和厚度，应按结构安装阶段荷载作用下，轴心力、底板的支承条件计算确定，其厚度宜≥16mm；

（3）柱脚锚栓，应按构造要求设置，直径宜 d≥16mm，锚固长度（注：直线锚固长度）宜≥$20d$；

（4）柱在外包混凝土的顶部箍筋处，应设置水平加劲肋或横隔板，横隔板的宽厚比应符合第 6.4 节的相关要求；

（5）当框架柱为圆管或矩形管时，应在管内浇灌混凝土，强度等级不应低于基础混凝土。浇灌高度应高于外包混凝土，且不宜小于圆管直径或矩形管的长边；

（6）外包钢筋混凝土的受弯和受剪承载力验算，及受拉钢筋和箍筋的构造要求，应符合《混规》的有关规定，主筋伸入基础内的长度（注：应为直线长度）应≥$25d$，四角主筋两端应加弯钩，上端下弯长度应≥150mm，下弯段宜与钢柱焊接，顶部箍筋应加强加密，并不小于 3 根直径 12mm 的 HRB335 级钢筋（注：宜为 HRB400 级）。

2）将钢柱置于混凝土构件上，在钢柱四周外伸出钢筋，外包一段钢筋混凝土的柱脚，称为外包式柱脚，也称为非埋入式柱脚。

3）外包式柱脚属于钢和混凝土组合结构，内力传递复杂，影响因素较多：

（1）还有一些问题需要不断研究探索，目前采取较多的构造措施予以弥补；

（2）混凝土外包柱脚的钢柱弯矩（图 12.7.7-1），呈现外包柱脚顶部钢筋位置最大，底板处大致为零的规律；在外包混凝土刚度较大且充分配置顶部钢筋的条件下，可假定由外包柱脚顶部开始，从钢柱向柱混凝土传递内力；

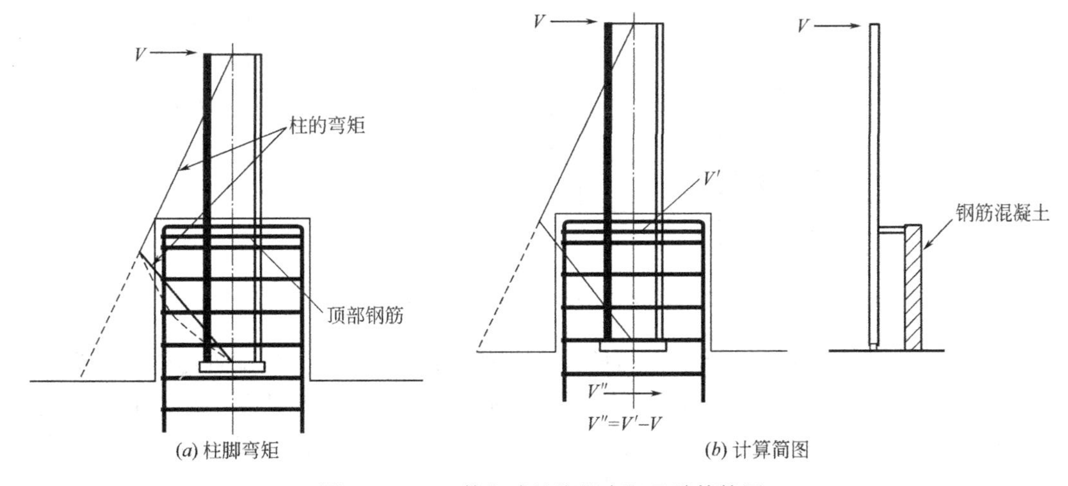

图 12.7.7-1　外包式柱脚的弯矩及计算简图

（3）外包柱脚的典型破坏模式（图 12.7.7-2）为下列四种，其中前三种破坏模式会导致承载力急剧下降，变形能力差，应采取措施加以避免（顶部配置足够的抗剪补强钢筋，外包柱脚箍筋加密等）。

① 钢柱的压力导致外包顶部混凝土压坏；

② 外包混凝土剪力引起的斜裂缝；

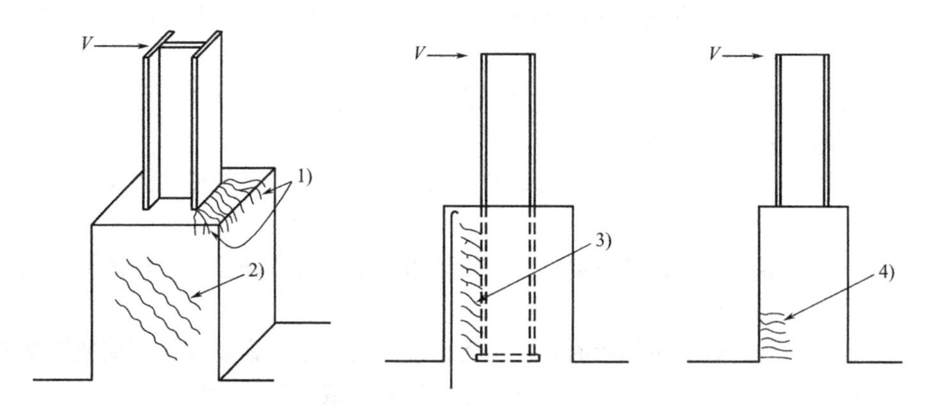

图 12.7.7-2　外包式柱脚的主要破坏模式

③ 主筋在外包混凝土的锚固区破坏；

④ 外包混凝土根部主筋屈服。

（4）外包柱脚高度越大，外包混凝土上作用的剪力越小，但主筋锚固力变大，可有效提高破坏时的承载力。外包混凝土高度通常取不小于钢柱截面高度的 2.5 倍；

（5）钢柱向外包混凝土传递内力，主要在顶部钢筋处实现，因此，外包混凝土可按钢筋混凝土悬臂梁模型设计（图 12.7.7-3）；

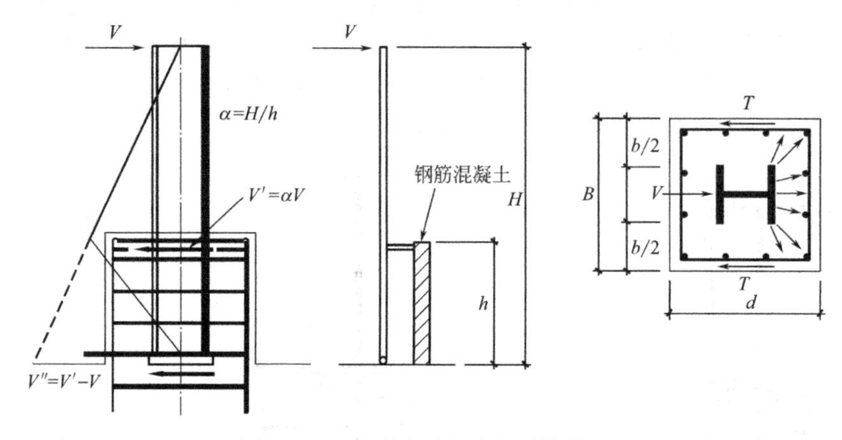

图 12.7.7-3　外包式柱脚的计算模型

（6）当外包混凝土尺寸较大时，可放大柱脚底板宽度，钢柱外侧配置锚栓，由锚栓承担适量的弯矩（图 12.7.7-4），也即，底板下部轴力和弯矩可分开计算，轴力由底板直接传给基础（注意抗冲切和局部承压验算），弯矩由受拉钢筋和锚栓共同承担（锚栓看成受拉钢筋，根据内力臂关系，适当分担柱底弯矩）；

（7）柱脚受拉时，当在弯矩较小的钢柱中性轴附近设置受拉锚栓，由锚栓承担全部拉力。

4）外包式柱脚在实际工程中应用较多，注意也可由外包钢筋混凝土承担柱底的弯矩和剪力，并按钢筋混凝土构件计算；柱底压力也可考虑由钢柱和外包混凝土共同承担；

5）注意：柱底板的设置位置（标高），柱的底板底面在基础梁箍筋外表面，即柱底板的设置，不破坏基础梁的钢筋；

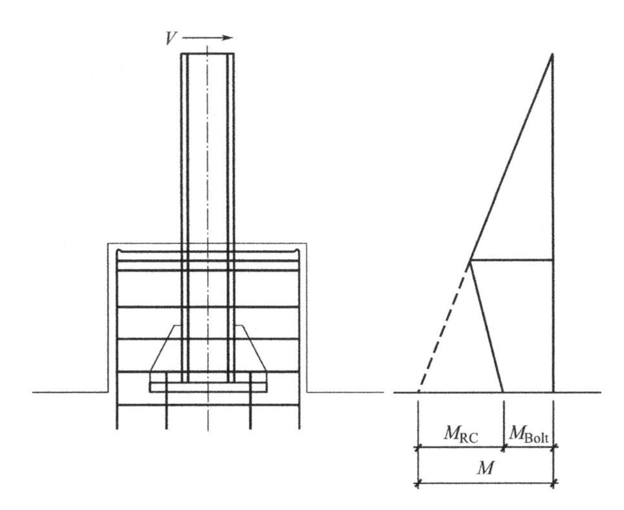

图 12.7.7-4 外包式柱脚锚栓的计算方法

6）柱主筋伸入基础内的长度，应理解为伸入基础内的直段长度≥25d，在基础的总锚固长度还应满足锚固长度 l_a 的要求；

7）外包混凝土柱的四角主筋两端都要设置弯钩（《钢标》图遗漏上端弯钩，图 12.7.7 已完善），上端弯钩还应与钢柱焊接（可按双面全长焊接）；

8）有拉力的柱或需要在外包段混凝土传递柱压力时，宜设置栓钉。

9. 第 12.7.8 条

1）埋入式柱脚应符合下列要求：

（1）柱埋入部分四周设置的主筋、箍筋，应根据柱脚底部弯矩和剪力，按《混规》计算确定，并应符合相关构造要求：

① 柱翼缘或管柱外边缘混凝土保护层厚度（图 12.7.8）、边列柱的翼缘或管柱外边缘至基础梁端部的距离，应≥400mm；

② 中间柱翼缘或管柱外边缘至基础梁边相交线的距离，应≥250mm；

③ 基础梁梁边相交线的夹角应做成钝角，其坡度应≤1∶4；

④ 在基础或筏板的边部，应配置水平 U 形箍筋，抵抗柱的水平冲切。

（2）柱脚端部及底板、锚栓、水平加劲板或横隔板的构造要求，应符合第 12.7.7 条

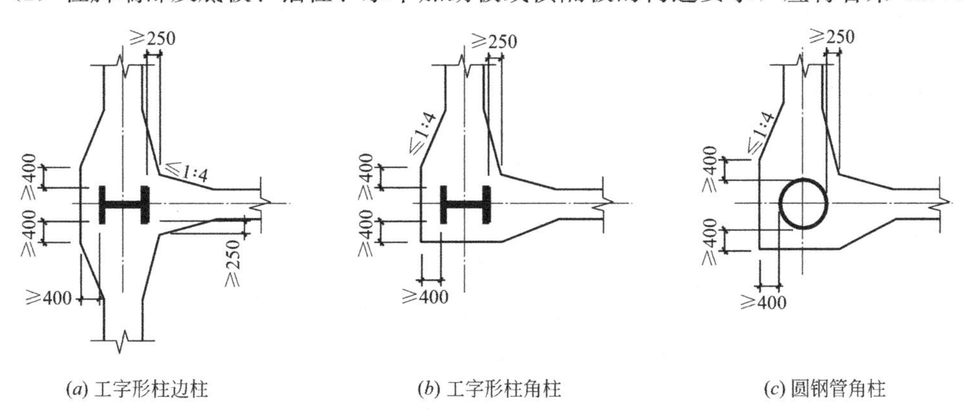

(a) 工字形柱边柱　(b) 工字形柱角柱　(c) 圆钢管角柱

图 12.7.8 柱翼缘或管柱外边缘混凝土保护层厚度（一）

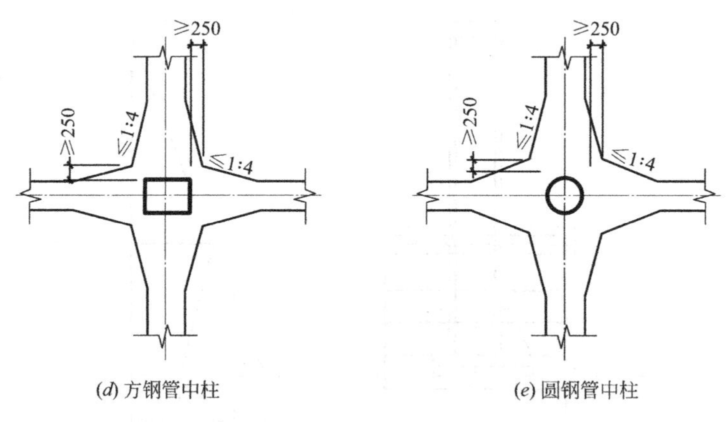

(d) 方钢管中柱　　(e) 圆钢管中柱

图 12.7.8　柱翼缘或管柱外边缘混凝土保护层厚度（二）

的规定；

（3）圆管柱或矩形管柱，应在管内浇灌混凝土（注：相关要求见第 12.7.7 条）；

（4）对于有拔力的柱，宜在柱埋入混凝土部分设置栓钉（根据计算设置并满足构造要求）。

2）埋入式柱脚（图 12.7.8-1）就是将钢柱直接埋入混凝土构件（基础、基础梁等）；

3）研究表明：栓钉对传递弯矩和剪力不起主要作用，但对于抗拉作用明显（栓钉抗剪，能传递内力），对于有拔力的柱，宜设置栓钉；

4）当埋入式柱底混凝土不能完全传递柱轴压力或结构需要采取更有效措施加强时，柱也宜在埋入混凝土部分设置栓钉；

5）埋入式柱脚埋入混凝土的构造要求，同插入式柱脚。

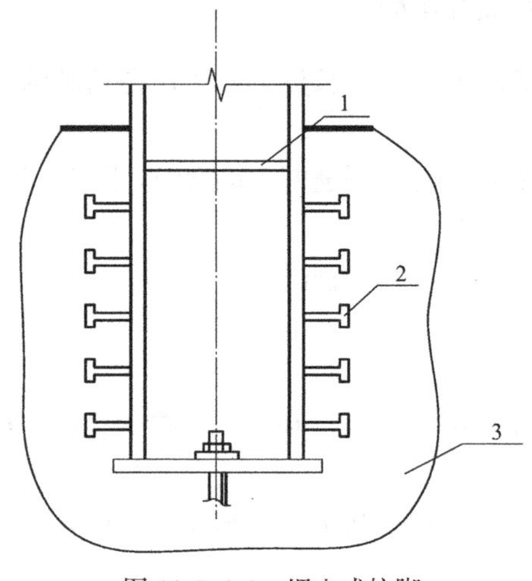

图 12.7.8-1　埋入式柱脚

1—加劲板；2—栓钉；3—钢筋混凝土基础

10. 第 12.7.9 条

1）埋入式柱脚，埋入钢筋混凝土柱的深度 d，应符合下列要求及第 12.7.10 条的要求：

H 形、箱形截面柱：

$$\frac{V}{b_f d}+\frac{2M}{b_f d^2}+\frac{1}{2}\sqrt{\left(\frac{2V}{b_f d}+\frac{4M}{b_f d^2}\right)^2+\frac{4V^2}{b_f^2 d^2}}\leqslant f_c \quad (12.7.9\text{-}1)$$

圆管柱：

$$\frac{V}{Dd}+\frac{2M}{Dd^2}+\frac{1}{2}\sqrt{\left(\frac{2V}{Dd}+\frac{4M}{Dd^2}\right)^2+\frac{4V^2}{D^2 d^2}}\leqslant 0.8 f_c \quad (12.7.9\text{-}2)$$

式中：M、V——柱脚底部的弯矩（N·mm）和剪力设计值（N）；

d——柱脚埋深（mm）；

b_f——柱翼缘宽度（mm）；

D——钢管柱外直径（mm）；

f_c——混凝土抗压强度设计值（N/mm^2），按《混规》取值。

2）柱脚边缘混凝土的承压应力，主要依据钢柱侧面混凝土受压区的支承反力，形成的抗力与钢柱的弯矩和剪力平衡，得出公式（12.7.9-1）和式（12.7.9-2）；

3）式（12.7.9-2）和式（12.7.9-1）相似，只是在公式左侧将 d 替换为 D 。

11. 第12.7.10条

1）插入式柱脚，插入混凝土杯口的深度，应符合表12.7.10的规定：

表12.7.10 《钢标》规定插入杯口的最小深度

柱截面形式	实腹柱	双肢格构柱（单杯口或双杯口）
最小插入深度 d_{min}	$1.5h_c$ 或 $1.5D$	$0.5h_c$ 和 $1.5b_c$ 或 $1.5D$ 的较大值

注：1. 实腹H形柱或矩形管柱的 h_c 为截面高度（长边尺寸），b_c 为柱截面宽度，D 为圆管柱的外直径；
2. 格构柱的 h_c 为两肢在垂直于虚轴方向最外边的距离，b_c 为沿虚轴方向的柱肢宽度；
3. 双肢格构柱柱脚，插入混凝土基础杯口的最小深度，不宜小于500mm，也不宜小于吊装时柱长度的1/20。

（1）实腹截面柱的柱脚，应根据第12.7.9条的规定计算。

（2）双肢格构柱的柱脚的埋入深度（注：计算受拉肢，取两肢埋入深度的较大值），应根按下列公式计算：

$$d \geqslant \frac{N}{f_t S} \tag{12.7.10-1}$$

$$S = \pi(D + 100) \tag{12.7.10-2}$$

式中：N——柱肢轴向拉力设计值（N）；

f_t——杯口内二次浇灌层细石混凝土抗拉强度设计值（N/mm^2）；

S——柱肢外轮廓线的周长（mm），对圆管柱可按式（12.7.10-2）计算。

2）将钢柱直接插入混凝土杯口基础内，经校准后，用细石混凝土浇灌至杯口基础顶面，使钢柱与基础刚性连接的柱脚就是插入式柱脚（图12.7.10-1）。

（1）柱脚的作用是，将钢柱下端的内力（轴力、弯矩和剪力）通过二次浇灌的细石混凝土传给基础，其作用的传递机理与埋入式柱脚相同；

（2）钢柱下部的弯矩和剪力，主要通过二次浇灌的细石混凝土，对钢柱翼缘的侧向压力所产生的弯矩来平衡；

（3）钢柱的轴向力，由二次浇灌的细石混凝土的粘结力和柱底反力承受；

（4）根据钢柱侧面混凝土的支承反力形成的抵抗弯矩，和承压高度范围内混凝土的抗力，与钢柱的弯矩和剪力平衡，得出公式（12.7.10-1）。

3）钢柱安装时应采取临时固定措施（一般可用缆绳固定）。

4）插入式基础的插入深度，与埋入式基础的计算相互通用，第12.7.10仅规定了双肢格构柱的插入深度，对H形、箱形截面柱和圆管柱的插入深度，应按第12.7.9的规定计算。

5）《钢标》未提出适合于多肢（三肢及三肢以上）格构柱的设计规定，实际工程中应尽量采用符合《钢标》要求的钢柱。必须采用时，也可结合工程经验，参考本条设计。

12. 第12.7.11条

1）插入式柱脚设计应符合下列规定：

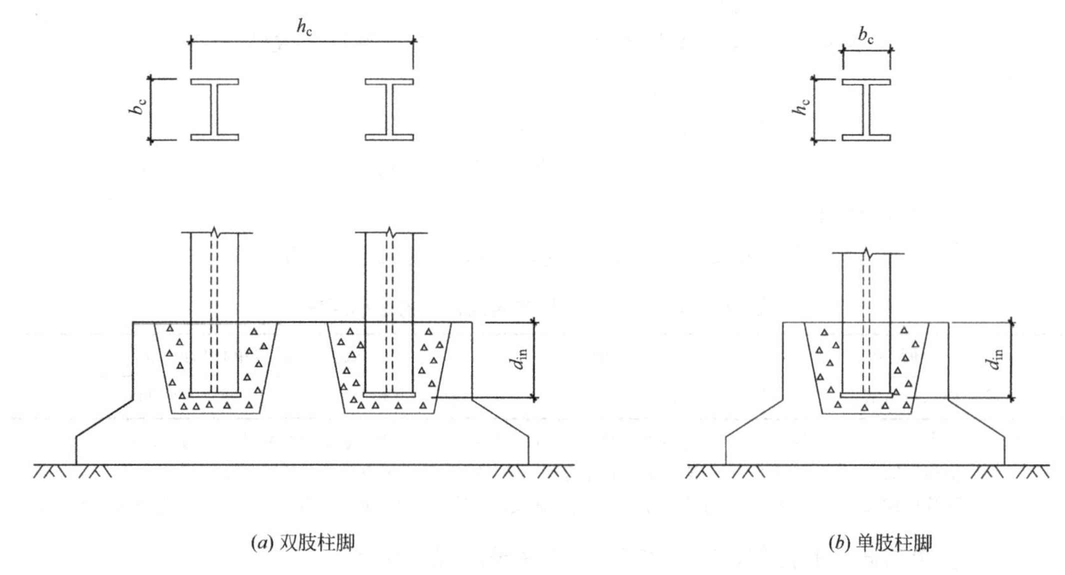

(a) 双肢柱脚　　(b) 单肢柱脚

图 12.7.10-1　插入式柱脚

(1) H 形实腹柱宜设柱底板，钢管柱应设柱底板，柱底板应设排气孔或浇筑孔；

(2) 实腹式柱柱底至基础杯口底的距离应≥50mm，当有柱底板时宜为 150mm；

(3) 实腹柱、双肢格构柱杯口基础底板，应验算柱吊装时的局部受压和冲切承载力；

(4) 宜采用便于施工临时调整的技术措施；

(5) 杯口基础的杯壁，应根据柱底部内力设计值（作用于杯口基础的顶面）配置钢筋，杯壁厚度不应小于现行《建筑地基基础规范》GB 50007 的有关规定。

2)“实腹柱柱底至基础杯口底的距离”，可理解为：实腹柱柱底至基础杯口底板顶面的距离。

3) 插入式基础和埋入式基础相似，最大的不同在于：

(1) 插入式基础为预制构件（预制钢筋混凝土柱、钢柱等）插入预制好的基础（如杯口基础等）中，通过二次浇灌（杯口内，柱侧及柱底同时浇灌细石混凝土）形成整体；

(2) 埋入式基础的主要特点是，柱（钢柱预埋，钢筋混凝土柱留筋，柱底设置细石混凝土二次浇灌层）与柱侧混凝土一次浇筑，形成整体；

(3) 插入式基础柱底的细石混凝土，可与柱侧（杯口内）细石混凝土同时浇注，因此需要在柱底板设置排气孔或混凝土浇筑孔。

4) 现行《建筑地基基础规范》GB 50007 对杯口基础有具体而详细的规定，适用于预制钢筋混凝土柱，而《钢标》的规定适合于钢柱（实腹式钢柱及双肢格构柱等），实际工程应用时可相互参照。

第 13 章　钢管连接节点

【说明】

钢管结构在结构设计中经常遇到，尤其是大跨度大悬挑结构中，合理采用钢管连接节点，对于保证钢管结构的安全尤为重要。本章重点内容是圆钢管和方钢管直接焊接节点和局部加劲节点的分析计算。

本章规定中的计算公式，均依据试验统计结合国内外资料，经回归分析归纳得出，公式冗长时，以理解公式的概念为主，不用死记硬背，具体计算可由计算机完成。实际工程及注册备考时，还应注意把握空间节点与平面节点的逻辑关系。

13.1　一般规定

《钢标》对钢管连接节点的一般规定见表 13.1.0-1。

表 13.1.0-1　《钢标》对钢管连接节点的一般规定

<table>
<tr><th>条文号</th><th>规定</th><th colspan="3">关键点把握</th></tr>
<tr><td>13.1.1</td><td>适用范围</td><td colspan="3">适用于不直接承受动力荷载的钢管桁架、拱架、塔架等</td></tr>
<tr><td rowspan="2">13.1.2</td><td rowspan="2">钢管的径厚比</td><td colspan="2">圆钢管≤$100\varepsilon_k^2$</td><td>直径/壁厚</td></tr>
<tr><td colspan="2">方钢管≤$40\varepsilon_k$</td><td>最大外边长/壁厚</td></tr>
<tr><td>13.1.3</td><td>采用无加劲直接焊接节点时</td><td colspan="3">钢管材料(屈强比和层状撕裂)应符合第 4.3.7 条的规定</td></tr>
<tr><td rowspan="3">13.1.4</td><td rowspan="3">采用无加劲直接焊接节点时的钢管桁架</td><td rowspan="3">节点偏心不超限时</td><td>计算节点承载力</td><td rowspan="2">可忽略偏心弯矩</td></tr>
<tr><td>受拉主管承载力</td></tr>
<tr><td>受压主管应按式(13.1.4)考虑偏心弯矩</td><td></td></tr>
<tr><td>13.1.5</td><td>无斜腹杆的空腹桁架</td><td colspan="3">采用无加劲钢管直接焊接节点时，应符合《钢标》附录 H</td></tr>
</table>

【要点分析】

1. 钢管连接节点，属于钢结构设计的特殊节点，《钢标》单独成章，实际工程设计时应予以重视。

2. 第 13.1.1 条

1）规定了钢管连接节点的适用范围，不直接承受动力荷载的钢管桁架、拱架、塔架等结构中的钢管连接节点；

2）钢框架结构中的钢管连接节点设计与构造，按第 12 章要求；

3）本条“钢管连接节点”的规定，适用于被连接构件中，至少有一根为圆钢管（或方钢管、矩形管），不包括其他异型截面钢管（如椭圆钢管等），也不包括由钢板焊接而成的焊接箱形截面构件。

3. 第 13.1.2 条

1）圆钢管的径厚比（外直径与壁厚之比）应$\leqslant 100\varepsilon_k^2$（注意：对于钢管是$\varepsilon_k^2$、不是$\varepsilon_k$）；

2）方钢管的宽厚比（最大外缘尺寸与壁厚之比）应$\leqslant 40\varepsilon_k$；

3）限制钢管径厚比或宽厚比，是为了防止钢管发生局部屈曲，本条限制目标为：边缘纤维达到屈服，但局部屈曲阻碍全塑性发展。

4. 第 13.1.3 条

无加劲直接焊接节点的钢管材料，应符合第 4.3.7 条的要求（屈强比要求、钢管防层状撕裂要求）。

5. 第 13.1.4 条

1）采用无加劲直接焊接节点的钢管桁架（图 13.1.4），当节点偏心不超限时：

（1）在计算节点和受拉主管承载力时，可忽略因偏心引起的弯矩的影响；

（2）在计算受压主管的承载力时，应考虑公式（13.1.4）计算的偏心弯矩影响：

$$M = \Delta N \cdot e \tag{13.1.4}$$

式中：ΔN——节点两侧主管的轴力差值（N）；

e——偏心距（mm）。

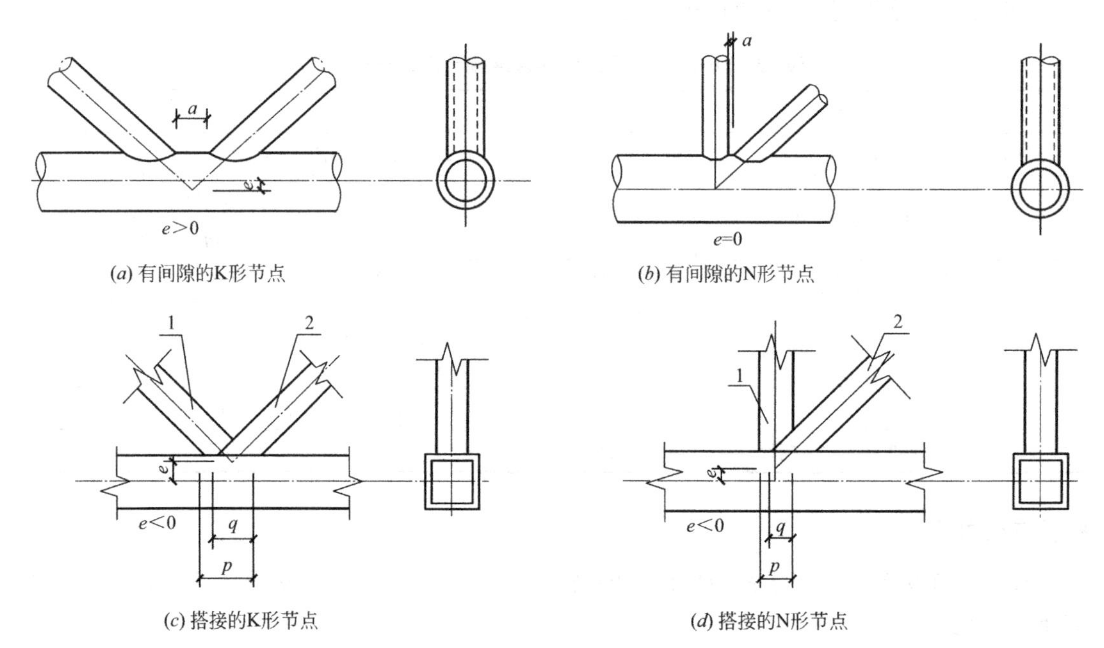

图 13.1.4　K 形和 N 形节点的偏心和间隙

1—搭接管；2—被搭接管

2）“无加劲直接焊接节点”指，对节点的钢管未采取设置加劲肋加强的措施；

3）“节点偏心不超限”，指不超过式（13.2.1）的限值；

4）在钢管桁架中，偏心弯矩的影响可区别对待：

（1）当节点无偏心或偏心弯矩较小（偏心弯矩较小而可以忽略不计）时，主管上的节间荷载，产生的弯矩，主管和节点设计时应考虑，可将主管按连续杆单元模型进行分析

(图 13.1.4-1)；

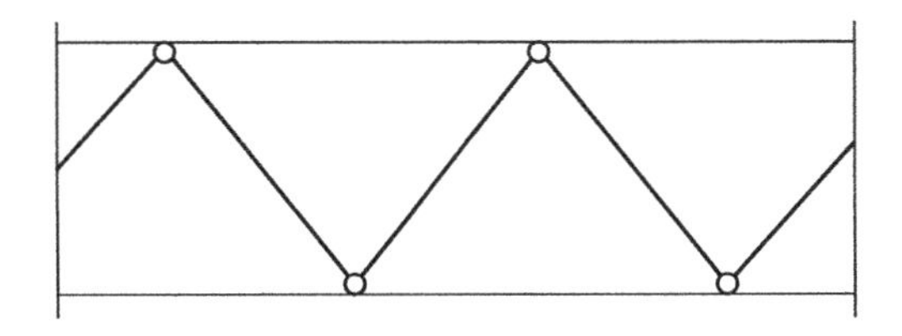

图 13.1.4-1　无偏心的腹杆端铰接桁架内力计算模型

(2) 节点偏心较大（超过第 13.2.1 条规定的限值）时，应考虑偏心弯矩对节点强度和杆件承载力的影响，可按不同的计算模型计算（图 13.1.4-2、图 13.1.4-3）。对桁架可优先考虑腹杆铰接模型（注意是腹杆杆端铰接，弦杆连续），即工程设计中常用的按"铰接计算，刚接构造"；当铰接模型计算结果不满足要求时，可考虑采用刚接桁架内力计算模型，T 形节点的刚度判别见《钢标》附录 H，并适当留有余地；

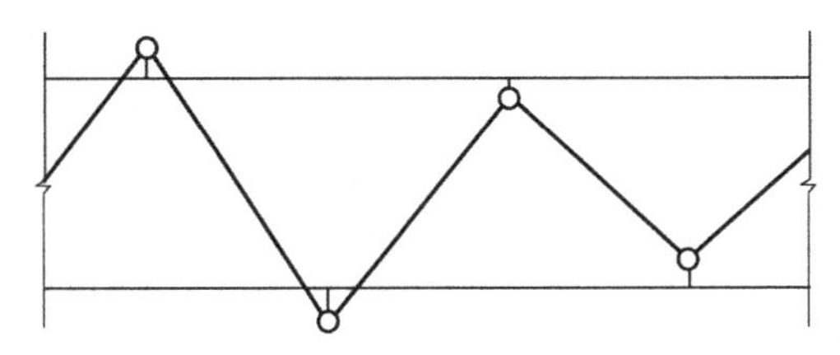

图 13.1.4-2　节点偏心的腹杆端铰接桁架内力计算模型

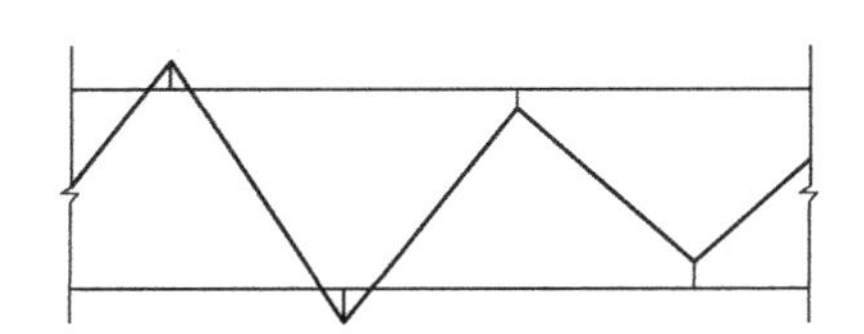

图 13.1.4-3　节点偏心的腹杆端刚接桁架内力计算模型

(3) 对分配有弯矩的每一个支管，应按照节点在支管轴力和弯矩共同作用下验算节点强度，同时对分配有弯矩的主管和支管按偏心受力构件进行验算。

6. 第 13.1.5 条

1) 空腹桁架（无斜腹杆），采用无加劲钢管直接焊接节点时，应符合《钢标》附录 H 的规定；

2) 空腹桁架（无斜腹杆），抵抗偶然作用的能力和耐受变形的能力均较差，结构设计中（尤其是抗震设计的结构中）应尽量避免采用。必须采用时，应按《钢标》附录 H 计算，并适当留有余地。

13.2　构造要求

《钢标》对钢管连接节点的构造要求见表 13.2.0-1。

表 13.2.0-1 《钢标》对钢管连接节点的构造要求

<table>
<tr><th>条文号</th><th>规定</th><th colspan="3">关键点把握</th></tr>
<tr><td rowspan="12">13.2.1</td><td rowspan="12">钢管直接焊接节点的构造要求</td><td>1)主管的外部尺寸</td><td colspan="2">不应小于支管的外部尺寸</td></tr>
<tr><td>2)主管与支管或支管轴线间</td><td colspan="2">夹角≥30°</td></tr>
<tr><td rowspan="2">3)支管与主管的连接节点</td><td colspan="2">宜避免偏心</td></tr>
<tr><td colspan="2">按式(13.2.1)控制偏心</td></tr>
<tr><td colspan="3">4)支管端部应使用自动切管机切割,管壁厚<6mm 时可不切坡口</td></tr>
<tr><td rowspan="7">5)支管与主管的连接焊缝</td><td colspan="2">支管搭接应符合第 13.2.2 条</td></tr>
<tr><td colspan="2">沿全周连续焊接并平稳过渡</td></tr>
<tr><td rowspan="3">焊缝形式</td><td>可沿全周采用角焊缝</td></tr>
<tr><td>部分对接焊缝、部分角焊缝</td></tr>
<tr><td>支管管壁与主管管壁之间的夹角≥120°的区域,采用对接焊缝或带坡口的角焊缝</td></tr>
<tr><td colspan="2">角焊缝的 $h_f \leqslant 2t$,t 为支管壁的厚度</td></tr>
<tr><td colspan="2">搭接支管周边角焊缝的 $h_f = 2t$</td></tr>
<tr><td rowspan="5">13.2.2</td><td rowspan="5">支管搭接型的直接焊接节点构造
(图 13.2.2)</td><td rowspan="2">1)支管搭接的平面 K 或 N 形节点</td><td colspan="2">搭接率 $25\% \leqslant \eta_{ov} \leqslant 100\%$</td></tr>
<tr><td colspan="2">确保在搭接支管之间的连接焊缝可靠传力</td></tr>
<tr><td colspan="3">2)支管外部尺寸不同时,外部尺寸较小者应搭接在较大者上</td></tr>
<tr><td colspan="3">3)支管壁厚不同时,较小壁厚搭接在较大壁厚上</td></tr>
<tr><td colspan="3">4)承受轴心压力的支管,宜在下方</td></tr>
<tr><td rowspan="12">13.2.3</td><td rowspan="12">无加劲直接焊接方式不能满足承载力要求时,主管内横向加劲板的设置</td><td rowspan="6">1)支管以承受轴力为主时</td><td colspan="2">可在管内设置 1、2 道加劲板</td></tr>
<tr><td colspan="2">节点需要满足抗弯连接要求时,设 2 道加劲板</td></tr>
<tr><td colspan="2">加劲板中面宜垂直于主管轴线</td></tr>
<tr><td rowspan="3">主管为圆管</td><td>设 1 道时,加劲板设置在支管与主管相贯面的鞍点处(图 13.2.3-1)</td></tr>
<tr><td>设 2 道时,加劲板设置距支管与主管相贯面冠点 $0.1D_1$ 附近(图 13.2.3-1)</td></tr>
<tr><td>主管为方管时,加劲板宜设 2 道(图 13.2.3-2)</td></tr>
<tr><td rowspan="2">2)加劲板厚度</td><td colspan="2">$\geqslant t_2$;t_2 为支管壁厚</td></tr>
<tr><td colspan="2">$\geqslant 2t_1/3$;$\geqslant d_1/40$;t_1 为主管壁厚;d_1 为主管内径</td></tr>
<tr><td colspan="3">3)加劲板宜采用部分熔透焊</td></tr>
<tr><td rowspan="2">4)主管为方管的加劲板</td><td colspan="2">靠支管一边与两侧边,宜采用部分熔透焊</td></tr>
<tr><td colspan="2">与支管连接反向的一边,可不焊接</td></tr>
<tr><td colspan="3">5)当主管直径较小,加劲板焊接必须断开主管时,主管的拼接焊缝宜设置在距支管相贯焊缝最外侧冠点 80mm 以外(图 13.2.3-1)</td></tr>
</table>

续表

条文号	规定	关键点把握	
13.2.4	钢管直接焊接节点采用主管表面贴加强板时	1)主管为圆管时	加强板宜包覆主管半圆(图13.2.4)
			加强板长度满足图13.2.4要求
			加强板厚度≥4mm
		2)主管为方管(或矩形管),且与支管相连处设置加强板	加强板长度 l_p 满足计算要求(图13.2.4)
			加强板宽度 b_p 接近主管宽度,并预留焊缝位置
			加强板的厚度≥$2t_2$,t_2 为支管最大壁厚
		3)主管为方管(或矩形管),且在主管两侧表面设置加强板时,加强板长度 l_p	T、Y和X形节点,按式(13.2.4-1)计算确定
			K形间隙节点,按式(13.2.4-2)计算确定
			T和Y形节点,按式(13.2.4-3)计算确定
		4)加强板与主管应采用四周围焊	对K、N形节点,$h_e \geqslant t_2$;t_2 为腹杆壁厚
			焊接前宜在加强板上钻一个排气小孔,焊后塞焊封闭

【要点分析】

1. 钢管节点受力复杂，计算模型与实际受力并不完全一致，节点的加强做法也多种多样，实际工程中，应采取合理而有效的构造措施，弥补计算的缺陷，并有利于结构安全。

2. 第13.2.1条

1）钢管直接焊接节点的构造要求：

（1）主管与支管的尺寸要求：

① 主管的外部尺寸不应小于支管的外部尺寸（注：就是主管不能小于支管，是因为当主管采用冷成型方形或矩形钢管时，其弯角部位的钢材受加工硬化作用而局部变脆，不宜在此部位焊接支管；如果支管与主管同宽，弯角部位焊缝构造处理困难）；

② 主管的壁厚不应小于支管的壁厚；

③ 在主管与支管的连接处不得将支管插入主管内。

（2）主管与支管（或主管轴线与支管轴线）间的夹角宜≥30°（注：是为了保证施焊条件，便于焊根熔透，也有利于减少尖端处焊缝的撕裂应力）。

（3）支管与主管的连接节点处，宜避免偏心；不可避免时，偏心值宜符合式（13.2.1）的限值：

$$-0.55 \leqslant e/D \text{ 或}(e/h) \leqslant 0.25 \qquad (13.2.1)$$

式中：e——偏心距（mm）（图13.1.4）（注：偏心距的正、负见图13.1.4）；

D——圆管主管外直径（mm）；

h——连接平面内的方形（矩形）管的主管截面高度（mm）。

（4）支管端部应使用自动切管机切割（注：考虑钢结构加工现状，有利于保证装配焊接质量），支管壁厚<6mm时，可不切坡口。

（5）支管与主管的连接焊缝：

① 除支管搭接应符合第13.2.2条规定外，应沿全周连续焊缝（注：不允许采用断续焊缝）并平滑过渡；

② 焊缝形式，可沿全周采用角焊缝，或部分采用对接焊缝，部分采用角焊缝；

③ 支管管壁与主管管壁之间的夹角≥120°的区域，宜采用对接焊缝或坡口角焊缝；

④ 角焊缝焊接尺寸宜$h_f \leqslant 2t$，其中t为支管的管壁厚度（注：当支管设计内力接近支管承载力时，角焊缝尺寸达到2倍支管管壁厚度时，才能满足承载力要求）；

⑤ 搭接支管（注：一支管搭在另一支管上，再与主管连接，图13.2.2）周边焊缝宜$h_f = 2t$，其中t为支管的管壁厚度；

(6) 在主管表面焊接的相邻支管的间隙a应$\geqslant t_1 + t_2$（图13.1.4），其中t_1和t_2分别为支管的管壁厚度。

2）钢管结构满足式（13.2.1）限值时，可忽略节点刚性和节点偏心弯矩的影响，采用腹杆铰接的桁架内力分析模型。

3）式（13.2.1）中的"−0.55"，指负偏心距比值，偏心距有正偏心距（就是杆件长度小于杆件轴线长度，形成正偏心弯矩，方向与负偏心弯矩相反）和负偏心距（就是杆件长度大于杆件轴线长度，形成负偏心弯矩，方向与正偏心弯矩相反，见图13.1.4）。

4）本条的各项规定用于保证节点的施工质量，从而确保实现计算要求的各项性能。

3. 第13.2.2条

1）支管搭接型的直接焊接节点的构造：

(1) 支管搭接的平面K形和N形节点（图13.2.2），其搭接率$\eta_{ov} = q/p \times 100\%$应满足$25\% \leqslant \eta_{ov} \leqslant 100\%$，且应确保在搭接的支管之间的连续焊缝，能可靠地传递内力；

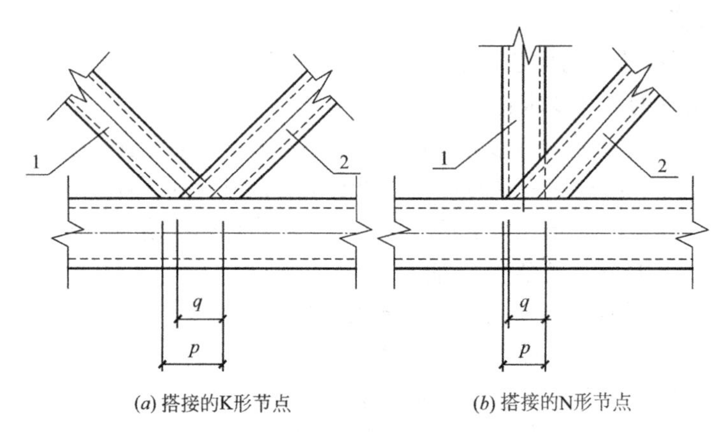

(a) 搭接的K形节点　　(b) 搭接的N形节点

图13.2.2　支管与支管的搭接构造

1—搭接支管；2—被搭接支管

(2) 当互相搭接的支管外部尺寸不同时，外部尺寸较小者应搭接在尺寸较大者上；当支管壁厚不同时，较小壁厚者应搭接在较大壁厚者上；承受轴心压力的支管宜在下方。

2）研究表明，搭接率小于25%时，节点承载力降低幅度较大，因此在结构设计中应控制节点的搭接率。

3）实际工程中，应依据传力合理、施焊可行的原则，确定支管与支管的相互关系：

(1) 应优先考虑采用相同强度等级的管材，当支管钢材强度等级不同时，低强度的支管应搭接在高强度支管上；

(2) 被搭接的支管，应采用直径和壁厚均不小于搭接支管的管件（当设计计算不需要采用较厚的管壁时，也应在节点区局部采用较厚管壁，即可用工厂焊接的不同壁厚管件）。

4）搭接连接的隐蔽部位（图 13.2.2-1）

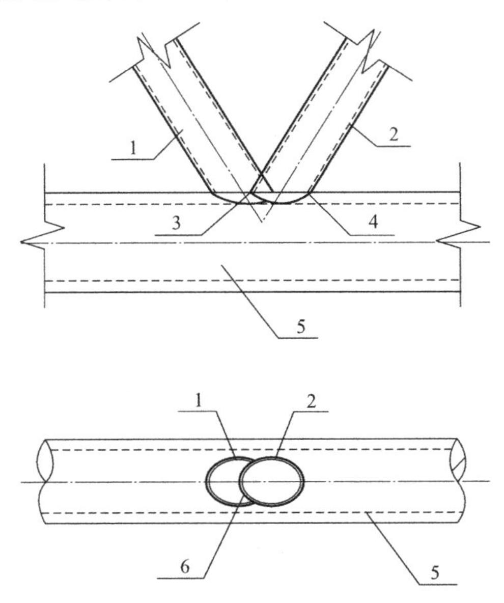

图 13.2.2-1 搭接连接的隐蔽部位

1—搭接支管；2—被搭接支管；3—趾部；4—根部；

5—主管；6—被搭接支管内隐蔽部位

（1）在搭接连接中，位于下方的被搭接支管，在所有管件组装、定位后，该支管与主管接触的这部分区域被搭接支管从上方覆盖，称为隐蔽部位；

（2）试验研究表明，当搭接率 25%～100%时，隐蔽部位是否焊接，对节点部位的弹性阶段变形和极限承载力没有明显影响。但节点在低周反复荷载作用下，当发生较大的塑性变形时，将会导致节点性能的降低，因此考虑风荷载和地震作用的往复性，地震区建筑和风荷载起控制作用的建筑，隐蔽部位宜焊接（8 度及 8 度以上地区的建筑，应焊接，图 13.2.2-2）；

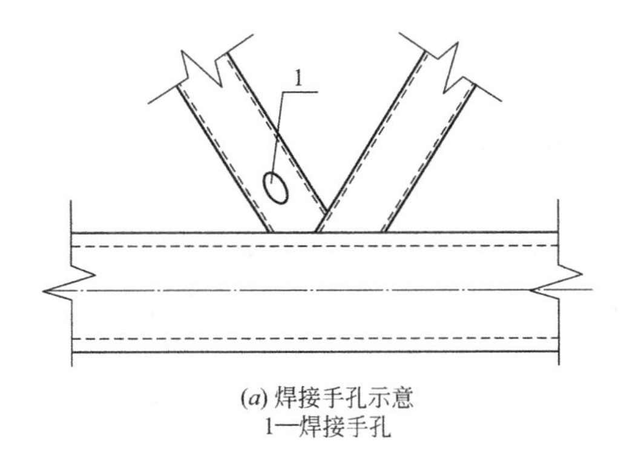

(*a*) 焊接手孔示意

1—焊接手孔

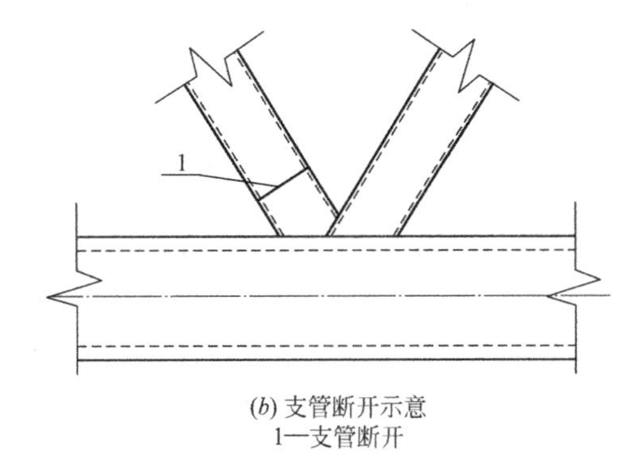

(*b*) 支管断开示意

1—支管断开

图 13.2.2-2 隐蔽部位的焊接

（3）K 形搭接节点的隐蔽部位，当受拉支管在下方时，如果隐蔽部位不焊接，则承载力大为降低；而当受压支管在下方时，无论隐蔽部位是否焊接，其承载力变化不大（<7%）。实际工程中，受压支管应在下方。

4. 第 13.2.3 条

1）无加劲直接焊接方式不能满足承载力要求时，可按下列要求在主管内设置横向加劲板（注意：只在主管内设置，支管内不设置）：

（1）支管以承受轴力为主时，可在主管内设 1 道或 2 道加劲板（图 13.2.3-1）。

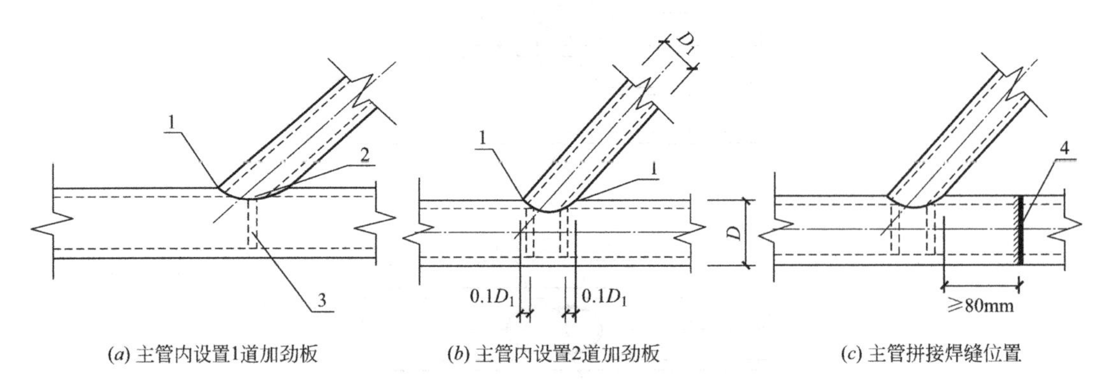

图 13.2.3-1　支管为圆管时横向加劲肋的位置

1—冠点；2—鞍点；3—加劲板；4—主管拼缝

① 节点需要满足抗弯连接要求时，应设 2 道；

② 主管为方管时，加劲板宜设置 2 块（图 13.2.3-2）；

③ 其他情况可设 1 道；

④ 加劲板中面宜垂直于主管轴线；

⑤ 当主管为圆管：

■ 设 1 道加劲板时，加劲板宜设置在支管与主管相贯面的鞍点（注：就是两个钢管管壁交点形成的马鞍形曲线的最低点）处；

■ 设置 2 道时，加劲板宜设置在距相贯面冠点（注：就是两个钢管管壁交点的最内侧和最外侧）$0.1D_1$ 附近（图 13.2.3-1），其中，D_1 为支管外直径。

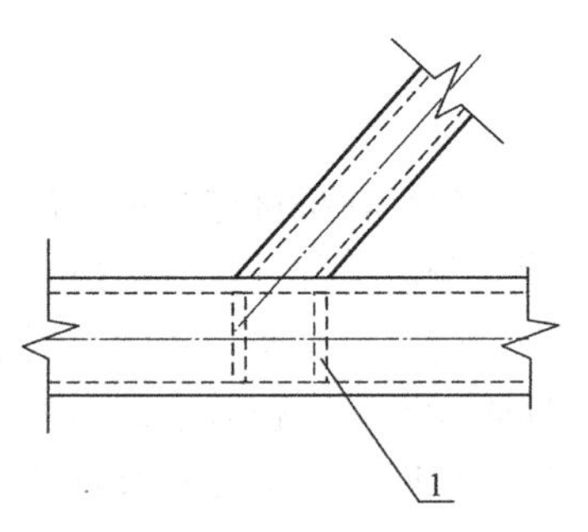

图 13.2.3-2　主管为方管或矩形管时加劲板的位置

1—加劲板

（2）加劲板厚度：

① 应$\geqslant t_2$（t_2 为支管的壁厚），宜$\geqslant 2t_1/3$（t_1 为主管的壁厚），$\geqslant D_2/40$（D_2 为主管的内直径）；

② 加劲板中央开孔为环板时，b/t 宜$\leqslant 15\varepsilon_k$，其中 b 为环板宽度；t 为环板厚度。

（3）加劲板宜采用部分熔透焊缝焊接，主管为方管的加劲板，靠支管一边与两侧边宜采用部分熔透焊接，与支管连接的反向一边可不焊接。

（4）主管直径较小时，加劲板的焊接必须断开主管钢管时，主管的拼接焊缝（工厂焊接），宜设置在距支管相贯焊缝最外侧冠点 80mm 以外处。

2）无加劲直接焊接节点不能满足承载力要求时，可采用以下方式加强：

（1）在节点区域主管采用厚管壁钢管（也就是节点范围内换用厚钢管，与钢管杆件在工厂焊接，形成强节点）；

（2）在主管内设置实心的或开孔的横向加劲板（有限元分析表明，设置主管内横向加劲肋，对提高节点的极限承载力有显著作用，但也不是设置得越多越好，实际工程中，满足本条要求即可)；

(3) 在主管外表面贴加强板（第 13.2.4 条)；

(4) 在主管内设置纵向加强板（应与主管管壁可靠焊接，当主管直径较小时，应在主管上下开槽，将加劲板插入焊接，图 13.2.3-3)；

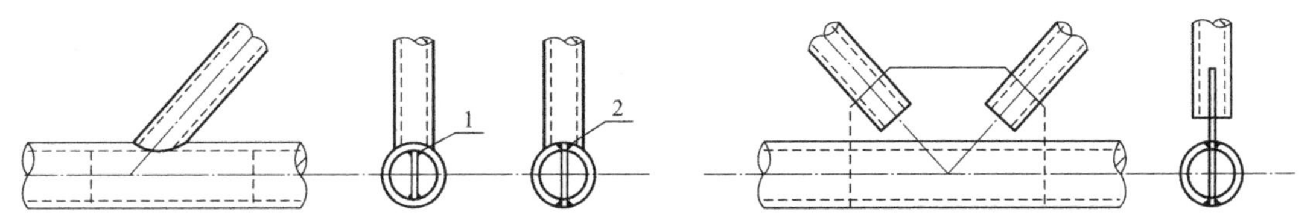

图 13.2.3-3 主管内纵向加劲的节点

1—内部焊接；2—开槽后焊接

(5) 在主管外周设置加劲肋环（有利于提高节点强度，但对外观影响较大，较少应用，图 13.2.3-4)。

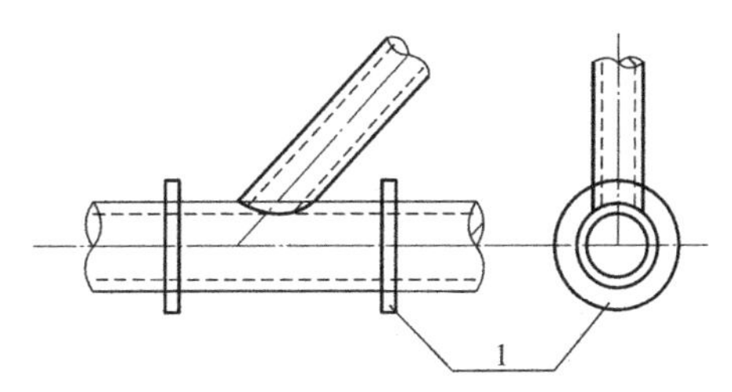

图 13.2.3-4 主管外周设置加劲环的节点

1—外周加劲环

3) 加劲板件和主管的共同工作，其机理分析较为复杂，实际工程中应同时采用下列两项措施：

(1) 采用经试验验证过的计算公式，确定节点的承载力，或采用数值分析方法计算节点的承载力；

(2) 采取措施，保证节点的承载力高于支管的承载力。

5. 第 13.2.4 条

1) 钢管直接焊接节点，采用主管表面贴加强板的方法加强时，要求如下：

(1) 主管为圆管时，加强板宜包覆主管半圆［图 13.2.4 (a)］，长度方向两侧均应超过支管最外侧焊缝 50mm 以上，但不宜超过支管直径的 2/3，加强板厚度宜≥4mm；

(2) 主管为方形（矩形）管，且在与支管相连表面设置加强板［图 13.2.4 (b)］时，加强板长度 l_p 按计算确定，宽度 b_p 宜接近主管宽度，并预留适当的焊缝位置，加强板厚度不宜小于支管最大厚度的 2 倍。

T、Y 和 X 形节点：

$$l_p \geqslant \frac{h_1}{\sin\theta_1} + \sqrt{b_p(b_p - b_1)} \tag{13.2.4-1}$$

K 形间隙节点：

$$l_p \geqslant 1.5\left(\frac{h_1}{\sin\theta_1} + a + \frac{h_2}{\sin\theta_2}\right) \tag{13.2.4-2}$$

式中：l_p、b_p——加强板的长度和宽度 (mm)；

h_1、h_2——支管 1、2 的截面高度 (mm)；

b_1——支管 1 的截面宽度 (mm)；

θ_1、θ_2——支管 1、2 的轴线与主管轴线的夹角；

a——两支管在主管表面的距离 (mm)。

（3）主管为方形（矩形）管，且在主管两侧表面设置加劲板［图 13.2.4（c）］时，K 形间隙节点：加强板的长度按式（13.2.4-2）确定，T、Y 形节点的加强板长度 l_p 可按式（13.2.4-3）确定：

$$l_p \geqslant \frac{1.5h_1}{\sin\theta_1} \tag{13.2.4-3}$$

（4）加强板与主管应采用四周围焊。对 K、N 形节点焊缝有效高度，不应小于腹杆壁厚。焊接前宜在加强板上先钻一个排气小孔，焊后应采用塞焊将孔封闭。

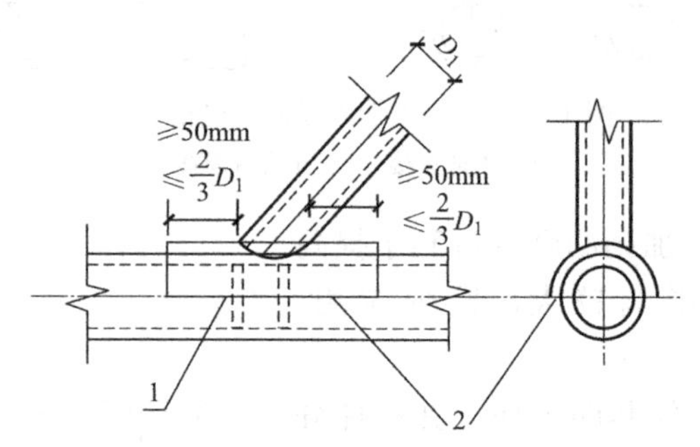

(a) 圆管表面的加强板

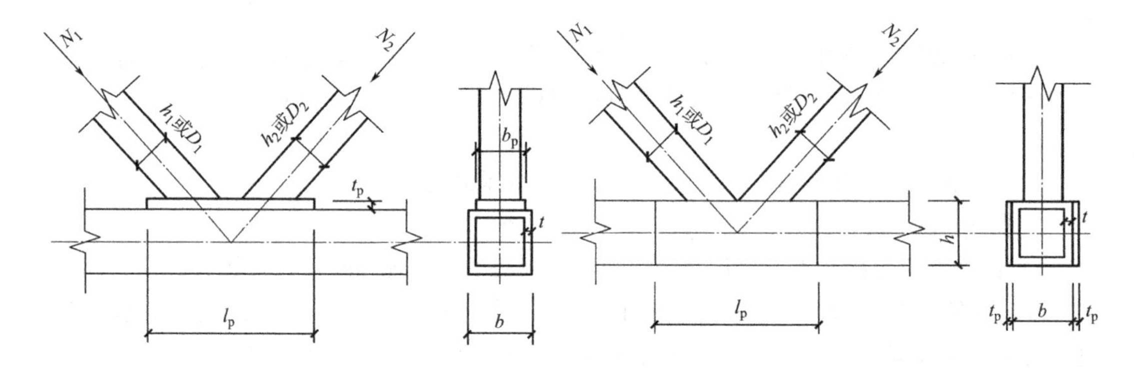

(b) 方(矩)形主管与支管连接表面的加强板

(c) 方(矩)形主管侧表面的加强板

图 13.2.4　主管外表面贴加强板的加劲方式

1—四周围焊；2—加强板

2）主管为圆管时，当支管与主管直径比≤0.7，可采用表面贴加强板的方式加强。

3）主管为方形（矩形）管时：

（1）当为了提高与支管连接的主管表面受弯承载力时，可采用在连接表面贴加强板方式加强；

（2）当主管侧壁承载力不足时，可采用在主管侧表面贴加强板的方式加强。

4）采用图 13.2.4 中（a）的圆管表面加强板做法时，节点承载力计算的相关规定见第 13.3.6 条。

13.3　圆钢管直接焊接节点和局部加劲节点的计算

《钢标》对圆钢管直接焊接节点和局部加劲节点的计算要求见表 13.3.0-1（本节规定

较为具体、详细，应注意相互比较）。

表 13.3.0-1 《钢标》对圆钢管直接焊接节点和局部加劲节点的计算要求

<table>
<tr><th>条文号</th><th>规定</th><th colspan="2">关键点把握</th></tr>
<tr><td rowspan="3">13.3.1</td><td rowspan="3">圆钢管连接节点</td><td colspan="2">1)支管与主管的外径之比、壁厚之比均应≥0.2,≤1.0</td></tr>
<tr><td colspan="2">2)主管与支管轴线间的夹角应≥30°</td></tr>
<tr><td colspan="2">3)支管轴线在主管横截面所在平面投影的夹角应≥60°,≤120°</td></tr>
<tr><td rowspan="16">13.3.2</td><td rowspan="16">无加劲直接焊接的<u>平面节点</u></td><td colspan="2">1)当支管按仅承受轴心力的构件设计时,支管节点处的承载力不得小于其支管杆件的轴心力设计值</td></tr>
<tr><td rowspan="2">2)平面 X 形节点,在管节点处的承载力设计值(图 13.3.2-1)</td><td>受压支管 N_{cx} 计算</td></tr>
<tr><td>受拉支管 N_{tx} 计算</td></tr>
<tr><td rowspan="2">3)平面 T 形(或 Y 形)节点,在管节点处的承载力设计值(图 13.3.2-2)</td><td>受压支管 N_{cT} 计算</td></tr>
<tr><td>受拉支管 N_{tT} 计算</td></tr>
<tr><td rowspan="2">4)平面 K 形间隙节点,在管节点处的承载力设计值(图 13.3.2-4)</td><td>受压支管 N_{cK} 计算</td></tr>
<tr><td>受拉支管 N_{tK} 计算</td></tr>
<tr><td rowspan="2">5)平面 K 形搭接节点,在管节点处的承载力设计值(图 13.3.2-5)</td><td>受压支管 N_{cK} 计算</td></tr>
<tr><td>受拉支管 N_{tK} 计算</td></tr>
<tr><td colspan="2">6)平面 DY 形节点,在管节点处的承载力设计值 N_{cDY}(图 13.3.2-6)</td></tr>
<tr><td rowspan="2">7)平面 DK 形节点,在管节点处的承载力设计值(图 13.3.2-7)</td><td>荷载正对称节点</td></tr>
<tr><td>荷载反对称节点</td></tr>
<tr><td rowspan="3">8)平面 KT 形节点,在管节点处的承载力设计值(图 13.3.2-9)</td><td>当竖杆不受力时,可按没有竖杆的 K 形节点计算</td></tr>
<tr><td>当竖杆受压时</td></tr>
<tr><td>当竖杆受拉时</td></tr>
<tr><td colspan="2">9)T、Y、X 形和有间隙的 K、N 形、平面 KT 形节点的冲切验算</td></tr>
<tr><td rowspan="7">13.3.3</td><td rowspan="7">无加劲直接焊接的<u>空间节点</u></td><td colspan="2">1)当支管按仅承受轴心力的构件设计时,支管在节点处的承载力不得小于其支管杆件的轴心力设计值</td></tr>
<tr><td rowspan="2">2)空间 TT 形节点</td><td>受压支管在管节点处的承载力 N_{cTT} 计算</td></tr>
<tr><td>受拉支管在管节点处的承载力 N_{tTT} 计算</td></tr>
<tr><td colspan="2">3)空间 KK 形节点,受压或受拉支管在空间管节点处的承载力,采用平面 K 形节点相应支管的承载力计算公式,并乘以空间调整系数 μ_{KK}</td></tr>
<tr><td rowspan="3">4)空间 KT 形圆管节点</td><td>K 形受压支管在管节点处的承载力设计值 N_{cKT} 计算</td></tr>
<tr><td>K 形受拉支管在管节点处的承载力设计值 N_{tKT} 计算</td></tr>
<tr><td>T 形支管在管节点处的承载力设计值 N_{KT} 计算</td></tr>
<tr><td rowspan="3">13.3.4</td><td rowspan="3">无加劲直接焊接的<u>平面 T、Y、X 形节点</u></td><td colspan="2">1)支管在管节点处,平面内受弯承载力设计值 M_{iT}</td></tr>
<tr><td colspan="2">2)支管在管节点处,平面外受弯承载力设计值 M_{oT}</td></tr>
<tr><td colspan="2">3)支管在平面内、外弯矩和轴力组合作用下的承载力验算</td></tr>
<tr><td>13.3.5</td><td>主管呈弯曲状的平面或空间圆管焊接节点</td><td>当 R≥5m 且 R/D≥12 时,可按第 13.3.2 条和第 13.3.4 条计算</td><td>R、D:分别为主管的曲率半径和直径</td></tr>
</table>

续表

<table>
<tr><th>条文号</th><th>规定</th><th colspan="2">关键点把握</th></tr>
<tr><td rowspan="2">13.3.6</td><td rowspan="2">当主管采用外贴加强板方式的节点时</td><td>1)当支管受压时,节点承载力设计值验算</td><td rowspan="2">外贴加强做法,见第13.2.4条第1款</td></tr>
<tr><td>2)支管受拉时,节点承载力设计值验算</td></tr>
<tr><td rowspan="7">13.3.7</td><td rowspan="7">支管为方(矩)形管的平面T、X形节点</td><td rowspan="3">1)T形节点</td><td>支管在节点处,轴向承载力设计值 N_{TR} 计算</td></tr>
<tr><td>支管在节点处,平面内受弯承载力设计值 M_{iTR} 计算</td></tr>
<tr><td>支管在节点处,平面外受弯承载力设计值 M_{oTR} 计算</td></tr>
<tr><td rowspan="3">2)X形节点</td><td>节点轴向承载力设计值 N_{XR} 计算</td></tr>
<tr><td>节点平面内受弯承载力设计值 M_{iXR} 计算</td></tr>
<tr><td>节点平面外受弯承载力设计值 M_{oXR} 计算</td></tr>
<tr><td colspan="2">3)节点冲剪验算</td></tr>
<tr><td rowspan="2">13.3.8</td><td rowspan="2">节点处的焊缝承载力不应小于节点承载力</td><td colspan="2">支管沿周边与主管相焊</td></tr>
<tr><td colspan="2">支管互相搭接处,搭接支管沿搭接边与被搭接支管相焊</td></tr>
<tr><td rowspan="3">13.3.9</td><td rowspan="3">T(Y)、X或K形间隙节点及其他非搭接节点,支管为圆管时</td><td colspan="2">1)支管仅受轴力作用时,焊接承载力设计值验算</td></tr>
<tr><td colspan="2">2)平面内弯矩作用下,焊接承载力设计值验算</td></tr>
<tr><td colspan="2">3)平面外弯矩作用下,焊接承载力设计值验算</td></tr>
</table>

【要点分析】

1.本节是对圆钢管节点的专门规定（适用于主管为圆钢管，支管为圆钢管、方钢管或矩形钢管的情况），圆钢管局部直接焊接节点和局部加劲节点的计算较为复杂，实际工程中除按规定进行分析计算外，还应重视相应的构造措施；本节公式均根据回归分析得出，公式较为冗长，实际理解和注册备考时，不必死记硬背，理解原理即可，更多复杂的计算可由电脑完成。

2. 第13.3.1条

1）圆钢管节点应符合下列规定：

（1）支管与主管外直径及壁厚之比，均应≥0.2，且≤1.0；

（2）主管与支管间的轴线夹角，应≥30°（注：同第13.2.1条规定）；

（3）支管轴线在主管横截面所在平面投影的夹角，应≥60°，且≤120°。

2）本条是对圆管管节点的构造要求，也是为便于连接和施焊的主要构造措施。

3. 第13.3.2条

1）无加劲直接焊接的平面节点，当支管按仅承受轴心力的构件设计时，支管在节点处的承载力设计值，不得小于其（注：指支管）轴心力设计值（注：也就是满足强节点要求）。

（1）平面X形节点（图13.3.2-1）：

① 受压支管在管节点处的承载力设计值 N_{cX}，应按式（13.3.2-1）计算：

$$N_{cX}=\frac{5.45}{(1-0.81\beta)\sin\theta}\psi_n t^2 f \qquad (13.3.2\text{-}1)$$

$$\beta=D_i/D \qquad (13.3.2\text{-}2)$$

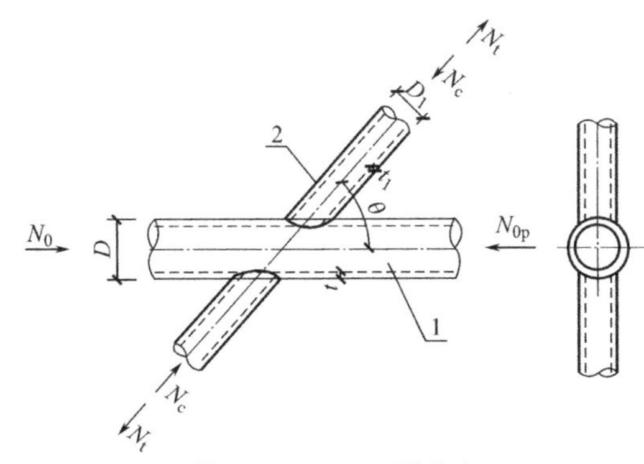

图 13.3.2-1 X形节点

1—主管；2—支管；N_{0p}—节点两侧主管轴心压力的较小绝对值

$$\psi_n = 1 - 0.3\frac{\sigma}{f_y} - 0.3\left(\frac{\sigma}{f_y}\right)^2 \tag{13.3.2-3}$$

式中：ψ_n——参数，当节点两侧或者一侧主管受拉时，取 $\psi_n=1$，其他情况按式（13.3.2-3）计算；

t——主管壁厚（mm）；

f——主管钢材的抗拉、抗压和抗弯强度设计值（N/mm^2）（注：按第 4.4 节取值）；

θ——主支管轴线间小于直角的夹角；

D、D_i——分别为主管和支管的外直径（mm）；

f_y——主管钢材的屈服强度（N/mm^2）（注：按第 4.4 节取值）；

σ——节点两侧主管轴心压应力中较小值的绝对值（N/mm^2）。

② 受拉支管在管节点处的承载力设计值 N_{tX}，应按式（13.3.2-4）计算：

$$N_{tX} = 0.78\left(\frac{D}{t}\right)^{0.2} N_{cX} \tag{13.3.2-4}$$

（2）平面 T 形（或 Y 形）节点（图 13.3.2-2、图 13.3.2-3）：

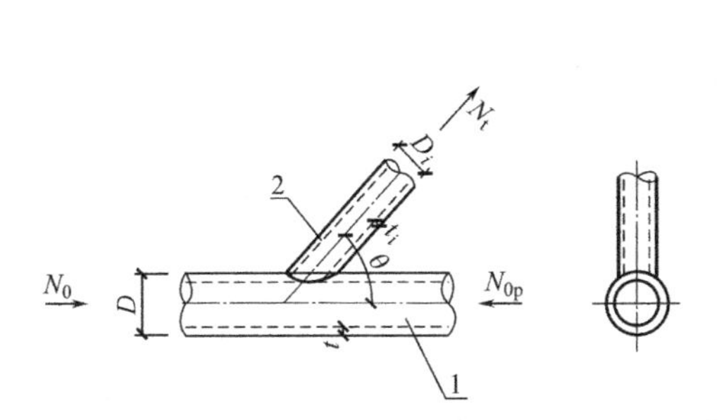

图 13.3.2-2 T形（或Y形）受拉节点

1—主管；2—支管

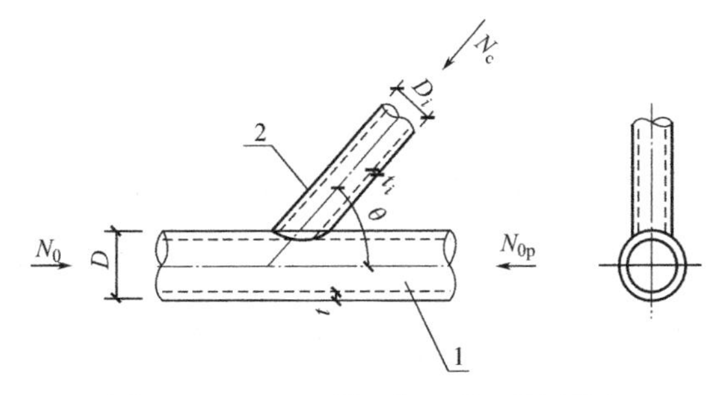

图 13.3.2-3 T形（或Y形）受压节点

1—主管；2—支管

① 受压支管在管节点处的承载力 N_{cT}（图 13.3.2-3），应按式（13.3.2-5）计算：

$$N_{cT} = \frac{11.51}{\sin\theta}\left(\frac{D}{t}\right)^{0.2}\psi_n\psi_d t^2 f \tag{13.3.2-5}$$

当 $\beta \leqslant 0.7$ 时：

$$\psi_d = 0.069 + 0.93\beta \tag{13.3.2-6}$$

当 $\beta > 0.7$ 时：

$$\psi_d = 2\beta - 0.68 \tag{13.3.2-7}$$

② 受拉支管在管节点处的承载力设计值 N_{tT}（图 13.3.2-2），应按式（13.3.2-8）和式（13.3.2-9）计算：

当 $\beta \leqslant 0.6$ 时：

$$N_{tT} = 1.4N_{cT} \tag{13.3.2-8}$$

当 $\beta > 0.6$ 时：

$$N_{tT} = (2-\beta)N_{cT} \tag{13.3.2-9}$$

（3）平面 K 形间隙节点（图 13.3.2-4）：

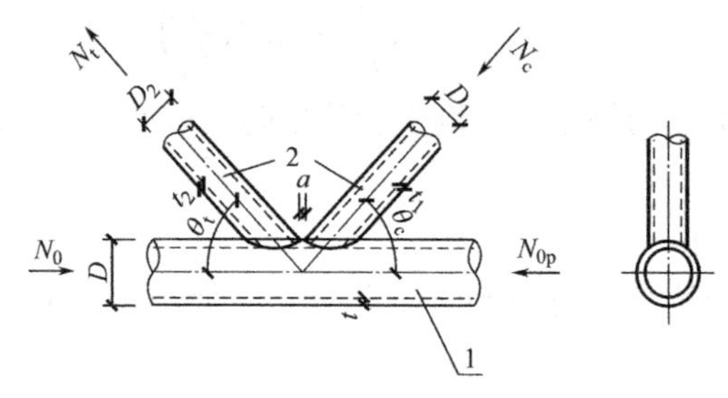

图 13.3.2-4　平面 K 形间隙节点

1—主管；2—支管

① 受压支管在管节点处的承载力设计值 N_{cK}，应按式（13.3.2-10）计算：

$$N_{cK} = \frac{11.51}{\sin\theta_c}\left(\frac{D}{t}\right)^{0.2}\psi_n\psi_d\psi_a t^2 f \tag{13.3.2-10}$$

$$\psi_a = 1 + \left(\frac{2.19}{1+7.5a/D}\right)\left(1-\frac{20.1}{6.6+D/t}\right)(1-0.77\beta) \tag{13.3.2-11}$$

式中：θ_c——受压支管轴线与主管轴线的夹角；

ψ_a——参数，按式（13.3.2-11）计算；

ψ_d——参数，按式（13.3.2-6）或式（13.3.2-7）计算；

a——两支管之间的间隙（mm）。

② 受拉支管在管节点处的承载力设计值 N_{tK}，应按式（13.3.2-12）计算：

$$N_{tK} = \frac{\sin\theta_c}{\sin\theta_t}N_{cK} \tag{13.3.2-12}$$

式中：θ_t——受拉支管轴线与主管轴线的夹角。

（4）平面 K 形搭接节点（图 13.3.2-5），支管在管节点处的承载力设计值，应按式（13.3.2-13）和式（13.3.2-14）计算：

① 受压支管：

$$N_{cK} = \left(\frac{29}{\psi_q + 25.2} - 0.074\right)A_c f \tag{13.3.2-13}$$

② 受拉支管：

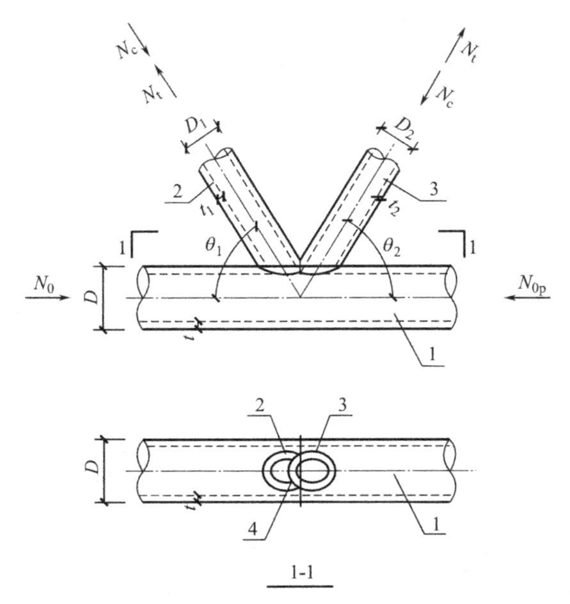

图 13.3.2-5 平面K形搭接节点

1—主管；2—搭接支管；3—被搭接支管；4—被搭接支管内隐蔽部分

$$N_{tK}=\left(\frac{29}{\psi_q+25.2}-0.074\right)A_t f=\frac{A_t}{A_c}N_{cK} \tag{13.3.2-14}$$

$$\psi_q=\beta^{\eta_{ov}}\gamma\tau^{0.8-\eta_{ov}} \tag{13.3.2-15}$$

$$\gamma=D/(2t) \tag{13.3.2-16}$$

$$\tau=t_i/t \tag{13.3.2-17}$$

式中：ψ_q——参数；

A_c——受压支管的截面面积（mm^2）；

A_t——受拉支管的截面面积（mm^2）；

f——支管钢材的强度设计值（N/mm^2）；

t_i——支管壁厚（mm）；

η_{ov}——支管的搭接率（见第13.2.2条）。

（5）平面DY形节点（图13.3.2-6），两受压支管的在管节点处的承载力设计值，应按式（13.3.2-18）计算：

$$N_{cDY}=N_{cX} \tag{13.3.2-18}$$

式中：N_{cX}——X形节点中受压支管极限承载力设计值（N）。

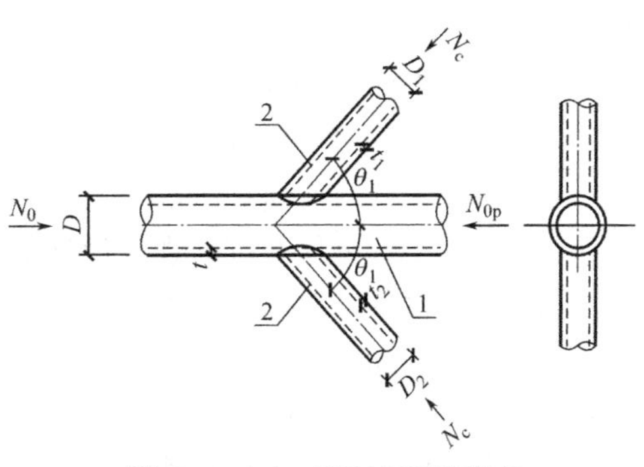

图 13.3.2-6 平面DY形节点

1—主管；2—支管

（6）平面DK形节点：

① 荷载正对称节点（图13.3.2-7）：

四支管同时受压时，支管在管节点处的承载力设计值，应按式（13.3.2-19）和式（13.3.2-20）计算：

$$N_1\sin\theta_1+N_2\sin\theta_2\leqslant N_{cXi}\sin\theta_i \tag{13.3.2-19}$$

$$N_{cXi}\sin\theta_i=\max(N_{cX1}\sin\theta_1,\ N_{cX2}\sin\theta_2) \tag{13.3.2-20}$$

四支管同时受拉时，支管在管节点处的承载力设计值，应按式（13.3.2-21）和式（13.3.2-22）计算：

$$N_1\sin\theta_1+N_2\sin\theta_2\leqslant N_{tXi}\sin\theta_i \tag{13.3.2-21}$$

$$N_{tXi}\sin\theta_i=\max(N_{tX1}\sin\theta_1,\ N_{tX2}\sin\theta_2) \tag{13.3.2-22}$$

式中：N_{cX1}、N_{cX2}——X形节点中支管受压时，节点承载力设计值（N）；

N_{tX1}、N_{tX2}——X形节点中支管受拉时，节点承载力设计值（N）。

② 荷载反对称节点（图 13.3.2-8）：

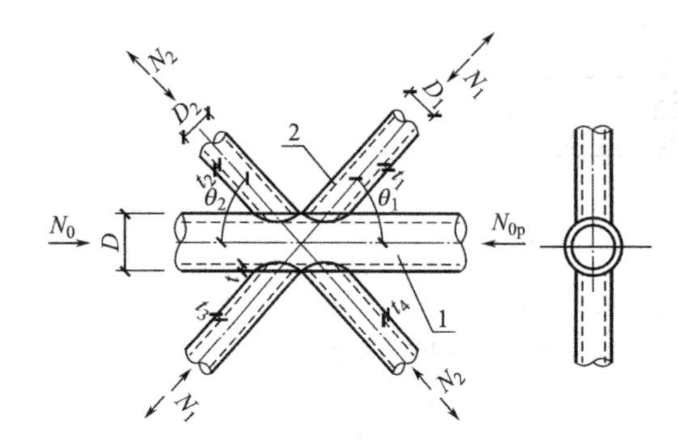

图 13.3.2-7　荷载正对称平面 DK 形节点

1—主管；2—支管

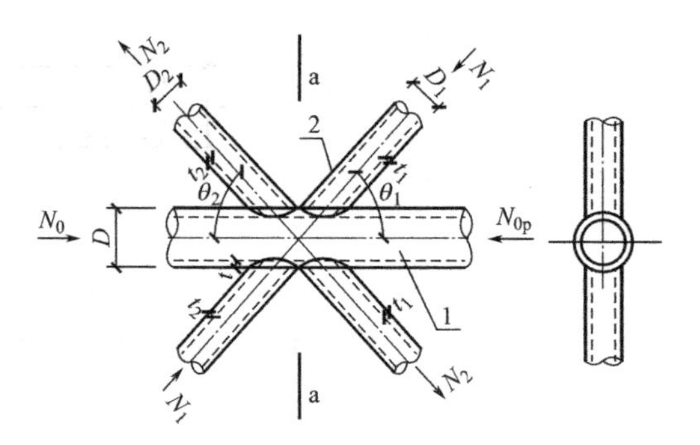

图 13.3.2-8　荷载反对称平面 DK 形节点

1—主管；2—支管

$$N_1\leqslant N_{cK} \tag{13.3.2-23}$$

$$N_2\leqslant N_{tK} \tag{13.3.2-24}$$

对于荷载反对称作用的间隙节点，还需补充验算截面 a—a 的塑性剪切承载力：

$$\sqrt{\left(\frac{\sum N_i\sin\theta_i}{V_{pl}}\right)^2+\left(\frac{N_a}{N_{pl}}\right)^2}\leqslant 1.0 \tag{13.3.2-25}$$

$$V_{pl}=\frac{2}{\pi}Af_v \tag{13.3.2-26}$$

$$N_{pl}=\pi(D-t)tf \tag{13.3.2-27}$$

式中：N_{cK}——平面K形节点中，受压支管的承载力设计值（N）；

N_{tK}——平面K形节点中，受拉支管的承载力设计值（N）；

V_{pl}——主管剪切承载力设计值（N）；

A——主管截面面积（mm^2）；

f_v——主管钢材的抗剪强度设计值（N/mm^2）；

N_{pl}——主管轴向承载力设计值（N）；

N_a——截面 a—a 处主管轴力设计值（N）。

（7）平面 KT 形（图 13.3.2-9）：

对有间隙的 KT 形节点，当竖杆不受力，可按没有竖杆的 K 形节点计算，其间隙值 a 取为两斜杆的趾间距；当竖杆受压时，可按式（13.3.2-28）、式（13.3.2-29）计算：

$$N_1\sin\theta_1+N_3\sin\theta_3\leqslant N_{cK1}\sin\theta_1 \tag{13.3.2-28}$$

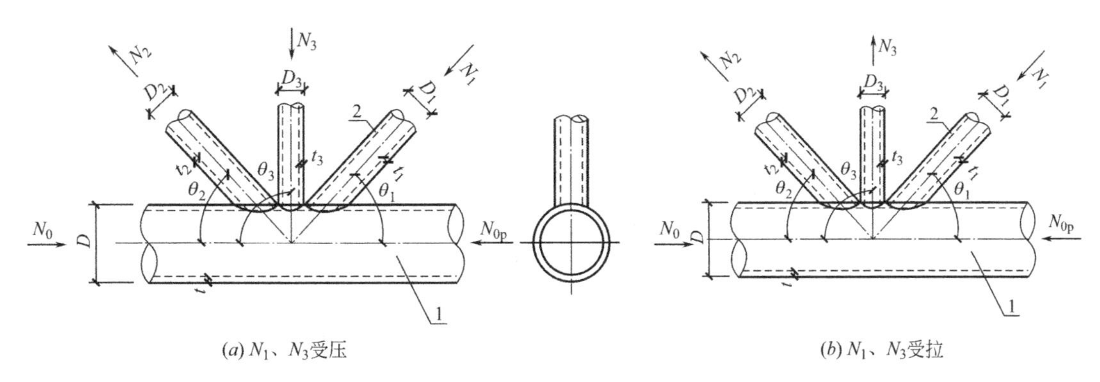

图 13.3.2-9 平面 KT 形节点

1—主管；2—支管

$$N_2\sin\theta_2 \leqslant N_{cK1}\sin\theta_1 \tag{13.3.2-29}$$

当竖杆受拉时，尚应按式（13.3.2-30）计算：

$$N_1 \leqslant N_{cK1} \tag{13.3.2-30}$$

式中：N_{cK1}——K 形节点支管承载力设计值，由式（13.3.2-10）计算，式（13.3.2-11）中的 $\beta=(D_1+D_2+D_3)/(3D)$；

a——受压支管与受拉支管在主管表面的间隙。

（8）T、Y、X 形和有间隙的 K、N 形、平面 KT 形节点的冲切验算，支管在节点处的冲切承载力设计值，应按式（13.3.2-31）计算：

$$N_{si}=\pi\frac{1+\sin\theta_i}{2\sin^2\theta_i}tD_if_v \tag{13.3.2-31}$$

2）注意：本条为平面节点，有别于 13.3.3 条的空间节点；

3）本条规定中的计算公式，均依据试验统计结合国内外试验数据，经回归分析归纳得出的，理解时可结合表 13.3.0-1，重点关注其公式的角码，受压（c）和受拉（t），应把握住以下两点：

（1）平面节点（注意与第 13.3.3 条空间节点的区别）形式有：平面 X 形、平面 T 形（或 Y 形）、平面 K 形（间隙节点和搭接节点）、平面 DY 形、平面 DK 形、平面 KT 形等；

（2）支管在节点处的承载力设计值，压杆的承载力设计值是基础，拉杆根据压杆的承载力设计值调整。

4）本条计算公式多，也较为烦琐，只要理解公式，根据节点情况，区别不同受力，实际工程设计时能找到相应公式即可，具体计算可由计算机完成。

4. 第 13.3.3 条

1）无加劲直接焊接的空间节点，当支管按仅承受轴力的构件设计时，支管在节点处的承载力设计值，不得小于其轴心力设计值（注：本条规定与第 13.3.2 条相同，可理解为强节点的要求）。

（1）空间 TT 形节点（图 13.3.3-1）：

① 受压支管在管节点处的承载力设计值 N_{cTT}，应按式（13.3.3-1）计算：

$$N_{cTT}=\psi_{a0}N_{cT} \tag{13.3.3-1}$$

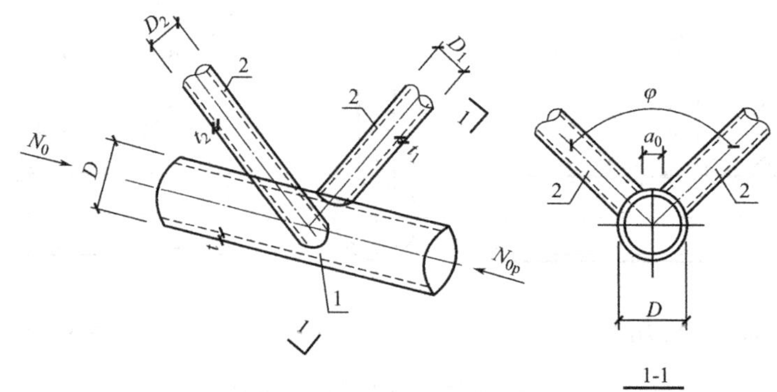

图 13.3.3-1 空间 TT 形节点

1—主管；2—支管

$$\psi_{a0}=1.28-0.64\frac{a_0}{D}\leqslant 1.1 \qquad (13.3.3\text{-}2)$$

式中：a_0——两支管的横向间隙；

N_{cT}——平面节点的受压支管，在管节点处的承载力设计值，按式（13.3.2-5）计算。

② 受拉支管在管节点处的承载力设计值 N_{tTT}，应按式（13.3.3-3）计算：

$$N_{tTT}=N_{tT} \qquad (13.3.3\text{-}3)$$

式中：N_{tT}——平面节点的受拉支管，在管节点处的承载力设计值［注意：《钢标》式（13.3.3-3）印刷错误，本书已修改］，按式（13.3.2-8）或式（13.3.2-9）计算。

（2）空间 KK 形节点（图 13.3.3-2）：

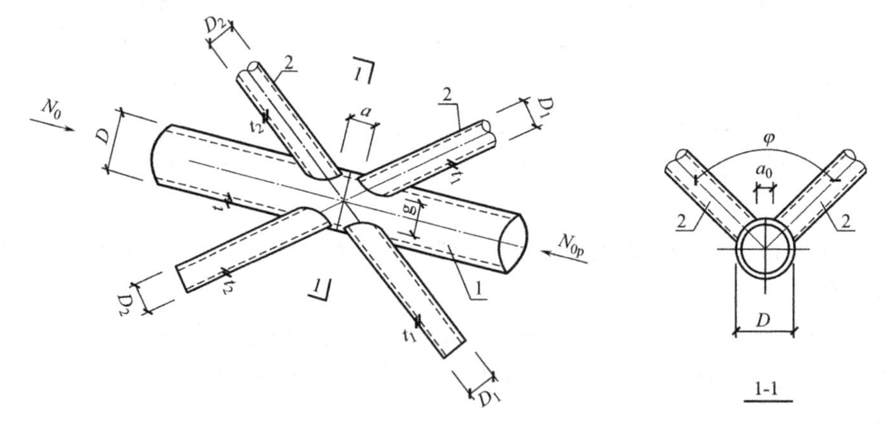

图 13.3.3-2 空间 KK 形节点

1—主管；2—支管

受压或受拉支管，在空间节点处的承载力设计值 N_{cKK} 或 N_{tKK}，应分别按平面 K 形节点相应支管的承载力设计值 N_{cK} 或 N_{tK}，乘以空间调整系数 μ_{KK} 计算。

① 支管为非全搭接型

$$\mu_{KK}=0.9 \qquad (13.3.3\text{-}4)$$

② 支管为全搭接型

$$\mu_{KK}=0.74\gamma^{0.1}\exp(0.6\zeta_t) \tag{13.3.3-5}$$

$$\zeta_t=\frac{q_0}{D} \tag{13.3.3-6}$$

式中：ζ_t——参数；

q_0——平面外两支管的搭接长度（mm）。

（3）空间KT形圆管节点（图13.3.3-3、图13.3.3-4）：

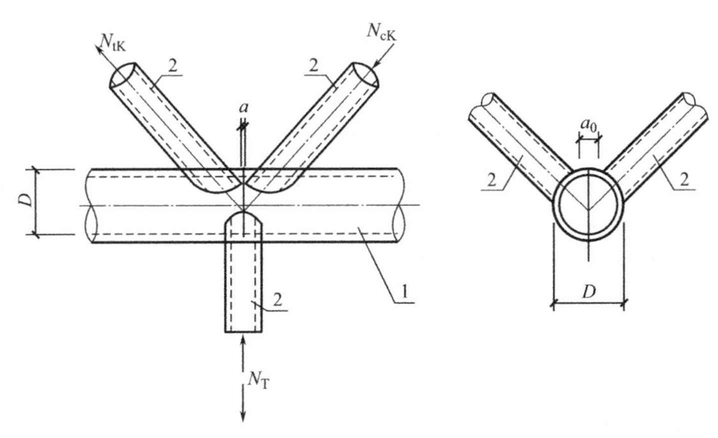

图13.3.3-3 空间KT形节点

1—主管；2—支管

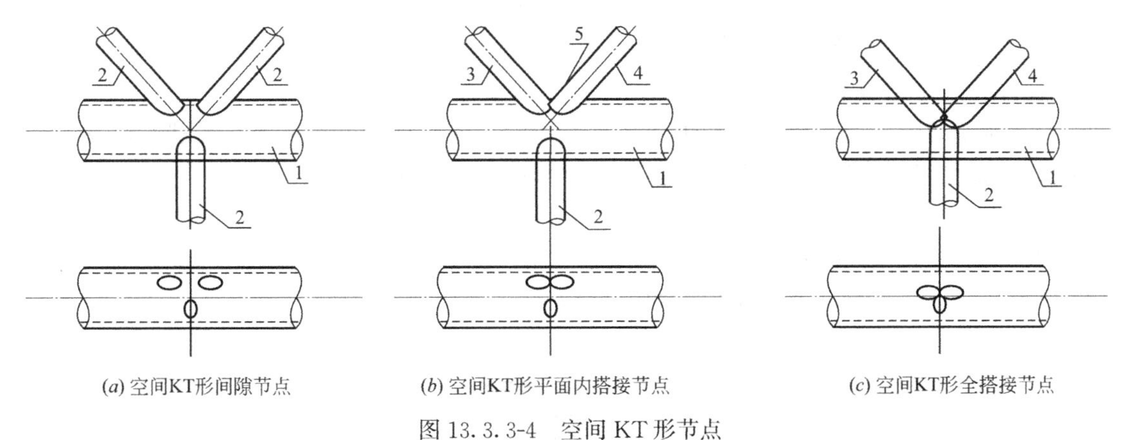

图13.3.3-4 空间KT形节点

1—主管；2—支管；3—贯通支管；4—搭接支管；5—内隐蔽部分

① K形受压支管，在节点处的承载力设计值N_{cKT}，应按式（13.3.3-7）计算：

$$N_{cKT}=Q_n\mu_{KT}N_{cK} \tag{13.3.3-7}$$

$$Q_n=\frac{1}{1+\frac{0.7n_{TK}^2}{1+0.6n_{TK}^2}} \tag{13.3.3-8}$$

$$n_{TK}=N_T/|N_{cK}| \tag{13.3.3-9}$$

$$\mu_{KT}=\begin{cases}1.15\beta_T^{0.07}\exp(-0.2\zeta_0) & \text{空间 KT 形间隙节点}\\ 1.0 & \text{空间 KT 形平面内搭接节点}\\ 0.74\gamma^{0.1}\exp(-0.25\zeta_0) & \text{空间 KT 形全搭接节点}\end{cases} \tag{13.3.3-10}$$

$$\zeta_0=\frac{a_0}{D}\text{ 或 }\frac{q_0}{D} \tag{13.3.3-11}$$

② K 形受拉支管，在管节点处的承载力设计值 N_{tKT}，应按式（13.3.3-12）计算：

$$N_{tKT}=Q_n\mu_{KT}N_{tK} \tag{13.3.3-12}$$

③ T 形支管，在管节点处的承载力设计值 N_{KT}，应按式（13.3.3-13）计算：

$$N_{KT}=|n_{TK}|N_{cKT} \tag{13.3.3-13}$$

式中：Q_n——支管轴力比影响系数；

n_{TK}——T 形支管轴力与 K 形支管轴力的比值，$-1\leqslant n_{TK}\leqslant 1$；

N_T、N_{cK}——分别为 T 形支管和 K 形支管的轴力设计值（N），以拉力为正，压力为负；

μ_{KT}——空间调整系数，根据图 13.3.3-4 的支管搭接方式分别取值；

β_T——T 形支管与主管的外直径比；

ζ_0——参数；

a_0——K 形支管与 T 形支管的平面外间隙（mm）；

q_0——K 形支管与 T 形支管的平面外搭接长度（mm）。

2）注意：本条为空间节点，有别于 13.3.2 条的平面节点。

3）和 13.3.2 条类似，本条规定中的计算公式，均依据试验统计结合国内外试验数据，经回归分析归纳得出的，理解时可结合表 13.3.0-1，应把握住以下两点：

（1）空间节点形式有：空间 TT 形、空间 KK 形、空间 KT 形等；

（2）支管在空间节点处的承载力设计值，在平面节点中支管的承载力设计值的基础上，乘以空间调整系数而得。

4）本条计算公式多，也较为烦琐，只要理解公式，根据节点情况，区别不同受力，实际工程设计时能找到相应公式即可，具体计算可由计算机完成。

5. **第 13.3.4 条**

1）无加劲直接焊接的平面 T、Y、X 形节点，当支管承受弯矩作用时（图 13.3.4-1、图 13.3.4-2），节点承载力应按下列规定计算：

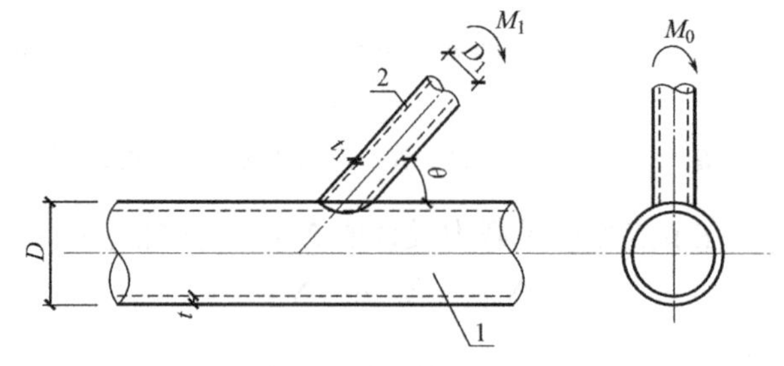

图 13.3.4-1　T 形（或 Y 形）节点的平面内受弯与平面外受弯

1—主管；2—支管

（1）支管在管节点处的平面内（注：支管平面内）受弯承载力 M_{iT}，应按下列公式计算：

$$M_{iT}=Q_xQ_f\frac{D_it^2f}{\sin\theta} \quad (13.3.4\text{-}1)$$

$$Q_x=6.09\beta\gamma^{0.42} \quad (13.3.4\text{-}2)$$

① 在节点两侧或一侧主管受拉时：

$$Q_f=1 \quad (13.3.4\text{-}3)$$

② 在节点两侧主管受压时：

$$Q_f=1-0.3n_p-0.3n_p^2 \quad (13.3.4\text{-}4)$$

$$n_p=\frac{N_{0p}}{Af_y}+\frac{M_{0p}}{Wf_y} \quad (13.3.4\text{-}5)$$

③ 当 $D_i\leqslant D-2t$ 时，平面内弯矩不应大于式（13.3.4-6）规定的抗冲剪承载力设计值：

$$M_{siT}=\left(\frac{1+3\sin\theta}{4\sin^2\theta}\right)D_i^2tf_v \quad (13.3.4\text{-}6)$$

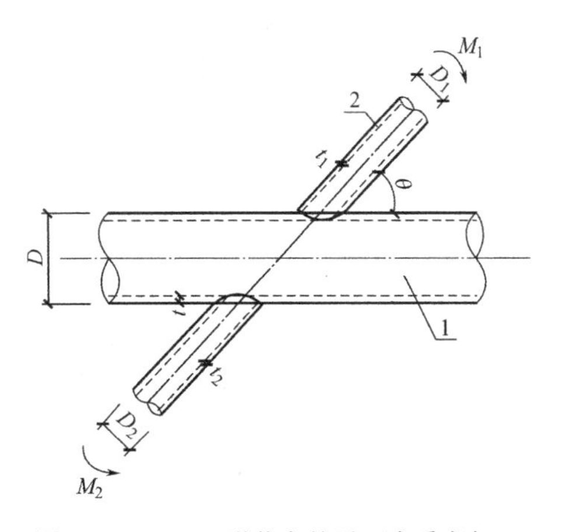

图 13.3.4-2 X形节点的平面内受弯与平面外受弯

1—主管；2—支管

式中：Q_x、Q_f——参数；

N_{0p}——节点两侧主管轴心压力的较小绝对值（N）；

M_{0p}——节点与 N_{0p} 对应一侧的主管平面内弯矩绝对值（N · mm）；

A——与 N_{0p} 对应一侧的主管截面面积（mm²）；

W——与 N_{0p} 对应一侧的主管截面模量（mm³）。

（2）支管在管节点处的平面外（注：支管平面外）受弯承载力设计值 M_{oT}，应按下列公式计算：

$$M_{oT}=Q_yQ_f\frac{D_it^2f}{\sin\theta} \quad (13.3.4\text{-}7)$$

$$Q_y=3.2\gamma^{(0.5\beta^2)} \quad (13.3.4\text{-}8)$$

当 $D_i\leqslant D-2t$ 时，平面外弯矩不应大于式（13.3.4-9）规定的抗冲剪承载力设计值：

$$M_{soT}=\left(\frac{3+\sin\theta}{4\sin^2\theta}\right)D_i^2tf_v \quad (13.3.4\text{-}9)$$

（3）支管在平面内、外弯矩和轴力组合作用下的承载力，应按式（13.3.4-10）验算：

$$\frac{N}{N_j}+\frac{M_i}{M_{iT}}+\frac{M_o}{M_{oT}}\leqslant 1.0 \quad (13.3.4\text{-}10)$$

式中：N、M_i、M_o——支管在管节点处的轴心力（N）、平面内弯矩、平面外弯矩（N · mm）；

N_j——支管在管节点处的承载力设计值，根据节点形式，按第 13.3.2 条计算（N）。

2）本条考虑的是支管承受弯矩作用的情况，不同于第 13.3.2 条（主管承受轴力的平面节点）和第 13.3.3 条（支管承受轴力的空间节点）情况。

3）本条规定了：支管仅承受平面内弯矩（无轴力）、支管仅承受平面外弯矩（无轴力）、支管在平面内外弯矩和轴力共同作用下的承载力验算。

4）实际工程中，无斜腹杆的桁架（即空腹桁架，应尽量避免采用）、单层网壳等结构，其构件承受的弯矩（同时承受弯矩和轴力的作用）在设计中是不可忽略的，这类结构采用无加劲肋直接焊接节点时，设计中应考虑节点的抗弯计算。

6. 第 13.3.5 条

1）主管呈弯曲状的平面或空间圆管焊接节点，当 $R \geqslant 5m$，且 $R/D \geqslant 12$（R 为主管曲率半径，D 为主管外直径）时，可采用第 13.3.2 条和第 13.3.4 条规定的公式进行承载力计算；

2）本条未明确除上述 1）以外的其他情况时的计算要求，实际工程设计中应采取措施，符合《钢标》的要求。

7. 第 13.3.6 条

1）当主管采用第 13.2.4 条第 1 款外贴加强板方式节点：

（1）当支管受压时，节点承载力设计值取相应未加强时节点承载力设计值的 $(0.23\tau_r^{1.18}\beta^{-0.68}+1)$ 倍；τ_r 为加强板厚度与主管管壁厚度的比值；

（2）当支管受拉时，节点承载力设计值取相应未加强时节点承载力设计值的 $1.13\tau_r^{0.59}$ 倍。

2）本条采用直接在原节点承载力基础上，乘以调整系数的方法来确定外贴加强板节点（即外贴半圆的加强板节点）的承载力，计算概念清晰、简单实用（调整系数的计算较为烦琐）。

8. 第 13.3.7 条

1）支管为方形（矩形）管的平面 T、X 形节点，支管在节点处的承载力，应按下列规定计算：

（1）T 形节点：

① 支管在节点处的轴向承载力设计值，应按式（13.3.7-1）计算：

$$N_{TR}=(4+20\beta_{RC}^2)(1+0.25\eta_{RC})\psi_n t^2 f \tag{13.3.7-1}$$

$$\beta_{RC}=\frac{b_1}{D} \tag{13.3.7-2}$$

$$\eta_{RC}=\frac{h_1}{D} \tag{13.3.7-3}$$

② 支管在节点处的平面内受弯承载力设计值，应按式（13.3.7-4）计算：

$$M_{iTR}=h_1 N_{TR} \tag{13.3.7-4}$$

③ 支管在节点处的平面外受弯承载力设计值，应按式（13.3.7-5）计算：

$$M_{oTR}=0.5b_1 N_{TR} \tag{13.3.7-5}$$

上述各式中：β_{RC}——支管的宽度与主管外直径的比值，$\beta_{RC} \geqslant 0.4$；

η_{RC}——支管的高度与主管外直径的比值，$\beta_{RC} \leqslant 4$；

b_1——支管的宽度（mm）；

h_1——支管的平面内高度（mm）；

t——主管壁厚（mm）；

f——主管钢材的抗拉、抗压和抗弯强度设计值（N/mm^2）。

（2）X 形节点：

① 节点轴向承载力设计值，应按式（13.3.7-6）计算：

$$N_{XR}=\frac{5(1+0.25\eta_{RC})}{1-0.81\beta_{RC}}\psi_n t^2 f \tag{13.3.7-6}$$

② 节点平面内受弯承载力设计值，应按式（13.3.7-7）计算：

$$M_{iXR}=h_i N_{XR} \tag{13.3.7-7}$$

③ 节点平面外受弯承载力设计值，应按式（13.3.7-8）计算：

$$M_{oXR}=0.5b_i N_{XR} \tag{13.3.7-8}$$

（3）节点尚应按式（13.3.7-9）进行冲剪计算：

$$(N_1/A_1+M_{x1}/W_{x1}+M_{y1}/W_{y1})t_1\leqslant tf_v \tag{13.3.7-9}$$

上述各式中：N_1——支管的轴向力（N）；

A_1——支管的横截面面积（mm^2）；

M_{x1}——支管轴线与主管表面相交处的平面内弯矩（N·mm）；

W_{x1}——支管在其轴线与主管表面相交处的，平面内弹性抗弯截面模量（mm^3）；

M_{y1}——支管轴线与主管表面相交处的平面外弯矩（N·mm）；

W_{y1}——支管在其轴线与主管表面相交处的，平面外弹性抗弯截面模量（mm^3）；

t_1——支管壁厚（mm）；

f_v——主管钢材的抗剪强度设计值（N/mm^2）。

2）和本节其他各条一样，本条的公式也是依据试验数据和国内外资料的回归统计得出的，理解和应用公式时，应注意对概念的把握，避免被繁杂的数字计算所左右。

9. 第13.3.8条

1）在节点处，支管沿周边与主管相焊；支管互相搭接处，搭接支管沿搭接边与被搭接支管相焊；

2）焊缝承载力不应小于节点承载力（注：主要为避免焊缝先于节点破坏）。

10. 第13.3.9条

1）T（Y）、X或K形间隙节点及其他非搭接节点中，支管为圆管时的焊缝承载力设计值，应按下列规定计算：

（1）支管仅受轴力作用时：

非搭接支管与主管的连接焊缝，可视为全周角焊缝进行计算。角焊缝的计算厚度沿支管周长取 $0.7h_f$，焊缝的承载力设计值 N_f 按下列公式计算：

$$N_f=0.7h_f l_w f_f^w \tag{13.3.9-1}$$

当 $D_i/D\leqslant 0.65$ 时：

$$l_w=(3.25D_i-0.025D)\left(\frac{0.534}{\sin\theta_i}+0.466\right) \tag{13.3.9-2}$$

当 $0.65<D_i/D\leqslant 1$ 时：

$$l_w=(3.81D_i-0.389D)\left(\frac{0.534}{\sin\theta_i}+0.466\right) \tag{13.3.9-3}$$

式中：h_f——焊脚尺寸（mm）；

f_f^w——角焊缝的强度设计值（N/mm^2）（注：按表4.4.5取值）；

l_w——焊缝的计算长度（mm）[按式（13.3.9-2）和式（13.3.9-3）计算]。

（2）平面内弯矩作用下：

支管与主管的连接焊缝，可视为全周角焊缝进行计算。角焊缝的计算厚度沿支管周长取 $0.7h_f$，焊缝的承载力设计值 M_{fi}，按式（13.3.9-4）计算：

$$M_{fi}=W_{fi}f_f^w \quad (13.3.9\text{-}4)$$

$$W_{fi}=\frac{I_{fi}}{x_c+D/(2\sin\theta_i)} \quad (13.3.9\text{-}5)$$

$$x_c=(-0.34\sin\theta_i+0.34)\cdot(2.188\beta^2+0.059\beta+0.188)\cdot D_i \quad (13.3.9\text{-}6)$$

$$I_{fi}=\left(\frac{0.826}{\sin^2\theta}+0.113\right)\cdot(1.04+0.124\beta-0.322\beta^2)\cdot\frac{\pi}{64}\cdot\frac{(D+1.4h_f)^4-D^4}{\cos\phi_{fi}} \quad (13.3.9\text{-}7)$$

$$\phi_{fi}=\arcsin(D_i/D)=\arcsin\beta \quad (13.3.9\text{-}8)$$

式中：W_{fi}——焊缝有效截面的平面内抗弯模量（mm^3），按式（13.3.9-5）计算；

x_c——参数（mm），按式（13.3.9-6）计算；

I_{fi}——焊缝有效截面的平面内抗弯惯性矩（mm^4），按式（13.3.9-7）计算。

（3）平面外弯矩作用下：

支管与主管的连接焊缝，可视为全角焊缝进行计算。角焊缝的计算厚度沿支管周长取 $0.7h_f$，焊缝的承载力设计值 M_{fo}，按式（13.3.9-9）计算：

$$M_{fo}=W_{fo}f_f^w \quad (13.3.9\text{-}9)$$

$$W_{fo}=\frac{I_{fo}}{D/(2\cos\phi_{fo})} \quad (13.3.9\text{-}10)$$

$$\phi_{fo}=\arcsin(D_i/D)=\arcsin\beta \quad (13.3.9\text{-}11)$$

$$I_{fo}=(0.26\sin\theta+0.74)\cdot(1.04-0.06\beta)\cdot\frac{\pi}{64}\cdot\frac{(D+1.4h_f)^4-D^4}{\cos^3\phi_{fo}} \quad (13.3.9\text{-}12)$$

式中：W_{fo}——焊缝有效截面的平面外抗弯模量（mm^3），按式（13.3.9-10）计算；

I_{fo}——焊缝有效截面的平面外抗弯惯性矩（mm^4），按式（13.3.9-12）计算。

2）在非搭接节点中，圆管（主管）与圆管（支管，注意不包括支管为方形管或矩形管的情况）交界面，沿圆形支管周长的焊缝为马鞍形，焊缝长度计算较为复杂（第13.4.5条主管为方形或矩形管时，计算较为简单），本条给出式（13.3.9-2）和式（13.3.9-3）。

3）在搭接节点中，圆管（主管）与圆管（支管）交界面处焊缝长度的计算也更为复杂，《钢标》也未给出建议公式，因此，实际工程中应尽量避免采用，尽量采用《钢标》明确的连接方式。

4）本条公式依据空间几何原理，经数值计算与回归分析后得出，公式极为复杂冗长，实际工程中，只要了解公式所代表的概念即可，没有不必要死记硬背。

13.4 矩形钢管直接焊接节点和局部加劲节点的计算

《钢标》对矩形钢管直接焊接节点和局部加劲节点的计算要求见表13.4.0-1（本节规定较为具体、详细，应注意相互比较）。

表 13.4.0-1　《钢标》对矩形钢管直接焊接节点和局部加劲节点的计算要求

<table>
<tr><th>条文号</th><th>规定</th><th colspan="3">关键点把握</th></tr>
<tr><td>13.4.1</td><td>适用范围</td><td colspan="3">适用于直接焊接且主管为矩形管，支管为矩形管或圆管的钢管节点</td></tr>
<tr><td rowspan="13">13.4.2</td><td rowspan="13">无加劲直接焊接的平面节点</td><td colspan="3">1)支管按仅承受轴心力的构件设计时，支管节点的承载力设计值，不得小于支管的轴心力设计值</td></tr>
<tr><td rowspan="4">2)支管为矩形管的平面T、Y和X形节点，支管在节点处的承载力设计值 N_{ui}</td><td>$\beta \leqslant 0.85$ 时</td><td rowspan="4">β:按表13.4.1计算；
b、t:分别为主管的截面宽度及壁厚</td></tr>
<tr><td>$\beta = 1.0$ 时</td></tr>
<tr><td>$0.85 < \beta < 1.0$ 时</td></tr>
<tr><td>$0.85 \leqslant \beta \leqslant 1-2t/b$ 时</td></tr>
<tr><td rowspan="2">3)支管为矩形管的有间隙的平面K形和N形节点</td><td colspan="2">节点处任一支管的承载力设计值 N_{ui}</td></tr>
<tr><td colspan="2">节点间隙处的主管轴心受力承载力设计值 N</td></tr>
<tr><td rowspan="3">4)支管为矩形管的搭接的平面K形和N形节点，搭接支管的承载力设计值 N_{ui}</td><td>$25\% \leqslant \eta_{ov} < 50\%$ 时</td><td rowspan="3">η_{ov}:钢管搭接率，按第13.2.2条计算</td></tr>
<tr><td>$50\% \leqslant \eta_{ov} < 80\%$ 时</td></tr>
<tr><td>$80\% \leqslant \eta_{ov} < 100\%$ 时</td></tr>
<tr><td rowspan="3">5)支管为矩形管的平面KT形节点，搭接支管的承载力设计值 N_{ui}</td><td rowspan="2">当为间隙KT形节点时</td><td>垂直支管内力为零时</td></tr>
<tr><td>垂直支管内力不为零时</td></tr>
<tr><td>当为搭接KT形方管节点时</td><td>可采用搭接K形和N形节点承载力公式检验每一根支管的承载力(注意搭接次序)</td></tr>
<tr><td rowspan="7">13.4.3</td><td rowspan="7">无加劲直接焊接的T形方管节点</td><td rowspan="7">当支管承受弯矩作用时，节点承载力计算</td><td rowspan="2">支管在节点处的轴心受压承载力设计值 N_{ui}^{*}</td><td>$\beta \leqslant 0.85$ 时</td></tr>
<tr><td>$\beta > 0.85$ 时</td></tr>
<tr><td rowspan="2">支管在节点处的受弯承载力设计值 M_{ui}</td><td>$\beta \leqslant 0.85$ 时</td></tr>
<tr><td>$\beta > 0.85$ 时</td></tr>
<tr><td>$\beta \leqslant 0.85$ 且 $n \leqslant 0.6$ 时</td><td rowspan="3">轴力和弯矩共同作用下的验算</td></tr>
<tr><td>$\beta \leqslant 0.85$ 且 $n > 0.6$ 时</td></tr>
<tr><td>$\beta > 0.85$ 时</td></tr>
<tr><td rowspan="4">13.4.4</td><td rowspan="4">采用局部加强的方(矩)形管节点时，支管在节点加强处的承载力设计值</td><td rowspan="3">1)主管与支管相连一侧采用加强板</td><td colspan="2">支管受拉的T、Y形和X形节点</td></tr>
<tr><td colspan="2">支管受压的T、Y形和X形节点</td></tr>
<tr><td colspan="2">K形间隙节点</td></tr>
<tr><td colspan="3">2)侧板加强的T、Y、X和K形间隙方管节点</td></tr>
<tr><td rowspan="4">13.4.5</td><td rowspan="4">方(矩)形管节点处焊缝承载力，不应小于节点承载力</td><td colspan="3">1)直接焊接的方(矩)形管节点，轴心受力支管与主管的连接焊缝</td></tr>
<tr><td rowspan="2">2)支管为方(矩)形管时，角焊缝长度</td><td colspan="2">有间隙的K形和N形节点</td></tr>
<tr><td colspan="2">T、Y和X形节点</td></tr>
<tr><td colspan="3">3)支管为圆管时，焊缝长度</td></tr>
</table>

【要点分析】

1. 实际工程中，方钢管（或矩形管）的应用越来越普遍（本节适用于主管为方钢管或矩形钢管，支管为圆形、方形或矩形管的情况，与第13.3节相比较为简单），本节依据试验研究结合国内外资料，回归分析得出相应的计算公式，公式较为复杂时，可注重概念，复杂计算由计算机完成。

2. 第13.4.1条

1）本节规定适用于直接焊接且主管为矩形管。

2）支管为矩形管或圆管的钢管节点（图13.4.1），其适用范围应符合表13.4.1的要求。

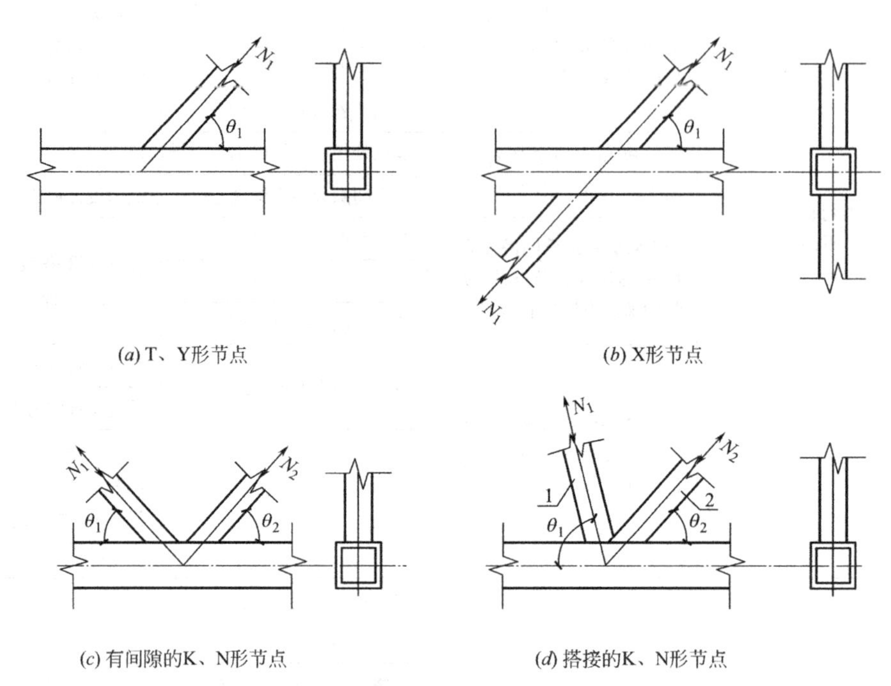

(a) T、Y形节点　(b) X形节点

(c) 有间隙的K、N形节点　(d) 搭接的K、N形节点

图13.4.1　矩形管直接焊接平面节点

1—搭接支管；2—被搭接支管

表13.4.1　主管为矩形管，支管为矩形管或圆管的节点几何参数适用范围

<table>
<tr><th colspan="2" rowspan="3">截面及
节点形式</th><th colspan="6">节点几何参数，$i=1$或2，表示支管；j表示被搭接支管</th></tr>
<tr><th rowspan="2">$\frac{b_i}{b}$、$\frac{h_i}{b}$或$\frac{D_i}{b}$</th><th colspan="2">$\frac{b_i}{t_i}$、$\frac{h_i}{t_i}$或$\frac{D_i}{t_i}$</th><th rowspan="2">$\frac{h_i}{b_i}$</th><th rowspan="2">$\frac{b}{t}$、$\frac{h}{t}$</th><th rowspan="2">a或η_{ov}
$\frac{b_i}{b_j}$、$\frac{t_i}{t_j}$</th></tr>
<tr><th>受压</th><th>受拉</th></tr>
<tr><td rowspan="3">支管为矩形管</td><td>T、Y与X</td><td>$\geqslant 0.25$</td><td rowspan="2">$\leqslant 37\varepsilon_{k,i}$
且$\leqslant 35$</td><td rowspan="3">$\leqslant 35$</td><td rowspan="3">$0.5\leqslant\frac{h_i}{b_i}\leqslant 2.0$</td><td rowspan="2">$\leqslant 35$</td><td>—</td></tr>
<tr><td>K与N
间隙节点</td><td>$\geqslant 0.1+0.01\frac{b}{t}$
$\beta\geqslant 0.35$</td><td>$0.5(1-\beta)\leqslant\frac{a}{b}\leqslant 1.5(1-\beta)$
$a\geqslant t_1+t_2$</td></tr>
<tr><td>K与N
搭接节点</td><td>$\geqslant 0.25$</td><td>$\leqslant 33\varepsilon_{k,i}$</td><td>$\leqslant 40$</td><td>$25\%\leqslant\eta_{ov}\leqslant 100\%$
$\frac{t_i}{t_j}\leqslant 1.0$
$0.75\leqslant\frac{b_i}{b_j}\leqslant 1.0$</td></tr>
</table>

续表

<table>
<tr><td rowspan="3">截面及
节点形式</td><td colspan="5">节点几何参数，$i=1$ 或 2，表示支管；j 表示被搭接支管</td></tr>
<tr><td rowspan="2">$\frac{b_i}{b}$、$\frac{h_i}{b}$ 或 $\frac{D_i}{b}$</td><td colspan="2">$\frac{b_i}{t_i}$、$\frac{h_i}{t_i}$ 或 $\frac{D_i}{t_i}$</td><td rowspan="2">$\frac{h_i}{b_i}$</td><td rowspan="2">$\frac{b}{t}$、$\frac{h}{t}$</td><td rowspan="2">a 或 η_{ov}
$\frac{b_i}{b_j}$、$\frac{t_i}{t_j}$</td></tr>
<tr><td>受压</td><td>受拉</td></tr>
<tr><td>支管为圆管</td><td>$0.4\leqslant\frac{D_i}{b}\leqslant0.8$</td><td>$\leqslant44\varepsilon_{k,i}$</td><td>$\leqslant50$</td><td colspan="3">取 $b_i=D_i$ 仍能满足上述相应条件</td></tr>
</table>

注：1. 当$\frac{a}{b}>1.5(1\text{-}\beta)$，则按 T 形或 Y 形节点计算；

2. b_i、h_i、t_i 分别为第 i 个矩形支管的截面宽度、高度和壁厚；D_i、t_i 分别为第 i 个圆支管的外直径和壁厚；b、h、t 分别为矩形主管的截面宽度、高度和壁厚；a 为支管间的间隙；η_{ov} 为搭接率；$\varepsilon_{k,i}$ 为第 i 个支管钢材的钢号调整系数；β 为参数：对 T、Y、X 形节点，$\beta=\frac{b_1}{b}$ 或 $\frac{D_1}{b}$，对 K、N形节点，$\beta=\frac{b_1+b_2+h_1+h_2}{4b}$ 或 $\beta=\frac{D_1+D_2}{b}$。

3）对于 K、N 形间隙节点，当 $\frac{a}{b}>1.5\ (1-\beta)$，在两支管产生错动变形时，两支管间的主管表面不形成或形成较弱的张拉场作用，可不考虑该张拉场对节点承载力的影响，而可以分解成单独的 T 形或 Y 形节点计算。

3. 第 13.4.2 条

1）无加劲直接焊接的平面节点，当支管按仅承受轴心力的构件设计时，支管在节点处的承载力设计值，不得小于其轴心力设计值（注：即强节点要求）。

（1）支管为矩形管的平面 T、Y 和 X 形节点：

① 当 $\beta\leqslant0.85$ 时，支管在节点处的承载力设计值 N_{ui}，应按式（13.4.2-1）计算：

$$N_{ui}=1.8\left(\frac{h_i}{bC\sin\theta_i}+2\right)\frac{t^2 f}{C\sin\theta_i}\psi_n \tag{13.4.2-1}$$

$$C=(1-\beta)^{0.5} \tag{13.4.2-2}$$

主管受压时：

$$\psi_n=1.0-\frac{0.25\sigma}{\beta f} \tag{13.4.2-3}$$

主管受拉时：

$$\psi_n=1.0 \tag{13.4.2-4}$$

上述各式中：C——参数，按式（13.4.2-2）计算；

ψ_n——参数，按式（13.4.2-3）或式（13.4.2-4）计算；

σ——节点两侧主管轴心压应力的较大值绝对值（N/mm^2）；

β——系数，见式（13.3.2-2）及表 13.4.1 注。

② 当 $\beta=1.0$ 时，支管在节点处的承载力设计值 N_{ui}，应按式（13.4.2-5）计算：

$$N_{ui}=\left(\frac{2h_i}{\sin\theta_i}+10t\right)\frac{tf_k}{\sin\theta_i}\psi_n \tag{13.4.2-5}$$

对于 X 形节点，当 $\theta_i<90°$ 且 $h\geqslant h_i/\cos\theta_i$ 时，尚应按式（13.4.2-6）计算：

$$N_{ui}=\frac{2htf_v}{\sin\theta_i} \tag{13.4.2-6}$$

当支管受拉时：

$$f_k = f \tag{13.4.2-7}$$

当支管受压时：

对T、Y形节点：

$$f_k = 0.8\varphi f \tag{13.4.2-8}$$

对X形节点：

$$f_k = (0.65\sin\theta_i)\varphi f \tag{13.4.2-9}$$

$$\lambda = 1.73\left(\frac{h}{t} - 2\right)\sqrt{\frac{1}{\sin\theta_i}} \tag{13.4.2-10}$$

式中：f_v——主管钢材抗剪强度设计值（N/mm²）；

f_k——主管钢材强度设计值（N/mm²），按式（13.4.2-7）～式（13.4.2-9）计算；

φ——轴心受压构件的稳定系数，长细比按式（13.4.2-10）确定。

③ 当 $0.85 < \beta < 1.0$ 时，支管在节点处的承载力设计值 N_{ui}，应按式（13.4.2-1）、式（13.4.2-5）或式（13.4.2-6）所计算的值，根据 β 值进行线性插值。此外，尚不应超过式（13.4.2-11）的计算值：

$$N_{ui} = 2.0(h_i - 2t_i + b_{ei})t_i f_i \tag{13.4.2-11}$$

$$b_{ei} = \frac{10}{b/t} \cdot \frac{tf_y}{t_i f_{yi}} \cdot b_i \leqslant b_i \tag{13.4.2-12}$$

④ 当 $0.85 \leqslant \beta \leqslant 1 - 2t/b$ 时，支管在节点处的承载力设计值 N_{ui}，尚不应超过式（13.4.2-13）的计算值：

$$N_{ui} = 2.0\left(\frac{h_i}{\sin\theta_i} + b'_{ei}\right)\frac{tf_v}{\sin\theta_i} \tag{13.4.2-13}$$

$$b'_{ei} = \frac{10}{b/t} \cdot b_i \leqslant b_i \tag{13.4.2-14}$$

式中：f_i——支管钢材抗拉、抗压和抗弯强度设计值（N/mm²）。

（2）支管为矩形管的有间隙的，平面K形和N形节点：

① 节点处任一支管的承载力设计值 N_{ui}，应取下列各式的最小值：

$$N_{ui} = \frac{8}{\sin\theta_i}\beta\left(\frac{b}{2t}\right)^{0.5} t^2 f\psi_n \tag{13.4.2-15}$$

$$N_{ui} = \frac{A_v f_v}{\sin\theta_i} \tag{13.4.2-16}$$

$$N_{ui} = 2.0\left(h_i - 2t_i + \frac{b_i + b_{ei}}{2}\right)t_i f_i \tag{13.4.2-17}$$

当 $\beta \leqslant 1 - 2t/b$ 时，支管在节点处的承载力设计值 N_{ui}，尚不应超过式（13.4.2-18）的计算值：

$$N_{ui} = 2.0\left(\frac{h_i}{\sin\theta_i} + \frac{b_i + b'_{ei}}{2}\right)\frac{tf_v}{\sin\theta_i} \tag{13.4.2-18}$$

$$A_v = (2h + \alpha b)t \tag{13.4.2-19}$$

$$\alpha = \sqrt{\frac{3t^2}{3t^2 + 4a^2}} \tag{13.4.2-20}$$

式中：A_v——主管的受剪面积（mm^2），应按式（13.4.2-19）计算；

α——参数，按式（13.4.2-20）计算（支管为圆管时 $\alpha=0$）；

a——支管间的间隙（mm）。

② 节点间隙处的主管轴心受力承载力设计值为：

$$N=(A-\alpha_v A_v)f \tag{13.4.2-21}$$

$$\alpha_v=1-\sqrt{1-\left(\frac{V}{V_p}\right)^2} \tag{13.4.2-22}$$

$$V_p=A_v f_v \tag{13.4.2-23}$$

式中：α_v——剪力对主管轴心承载力的影响系数，按式（13.4.2-22）计算；

V——节点间隙处，弦杆所受的剪力（N），可按任一支管的竖向力计算；

A——主管横截面面积（mm^2）。

（3）支管为矩形管的搭接的，平面K形和N形节点：

搭接支管的承载力设计值 N_{ui}，应根据不同的搭接率 η_{ov}，按下列公式计算：

① 当 $25\%\leqslant\eta_{ov}<50\%$ 时：

$$N_{ui}=2.0\left[(h_i-2t_i)\frac{\eta_{ov}}{0.5}+\frac{b_{ei}+b_{ej}}{2}\right]t_i f_i \tag{13.4.2-24}$$

$$b_{ej}=\frac{10}{b_j/t_j}\cdot\frac{t_j f_{yj}}{t_i f_{yi}}\cdot b_i\leqslant b_i \tag{13.4.2-25}$$

② 当 $50\%\leqslant\eta_{ov}<80\%$ 时：

$$N_{ui}=2.0\left(h_i-2t_i+\frac{b_{ei}+b_{ej}}{2}\right)t_i f_i \tag{13.4.2-26}$$

③ 当 $80\%\leqslant\eta_{ov}<100\%$ 时：

$$N_{ui}=2.0\left(h_i-2t_i+\frac{b_i+b_{ej}}{2}\right)t_i f_i \tag{13.4.2-27}$$

被搭接支管的承载力，应满足式（13.4.2-28）要求：

$$\frac{N_{uj}}{A_j f_{yj}}\leqslant\frac{N_{ui}}{A_i f_{yi}} \tag{13.4.2-28}$$

（4）支管为矩形的平面KT形节点：

① 当为间隙KT形节点时：

■ 若垂直支管内力为零（注：即零杆），则假设垂直支管不存在，按K形节点计算；

■ 若垂直支管内力不为零，则通过对K形和N形节点的承载力公式进行修正来计算，此时 $\beta\leqslant(b_1+b_2+b_3+h_1+h_2+h_3)/(6b)$，间隙值取两根受力较大且力的符号相反（拉或压）的腹杆间的最大间隙；

■ 对于图13.4.2所示受荷情况（P 为集中力，可以为零），应满足式（13.4.2-29）与式（13.4.2-30）的要求：

$$N_{u1}\sin\theta_1\geqslant N_2\sin\theta_2+N_3\sin\theta_3 \tag{13.4.2-29}$$

$$N_{u1}\geqslant N_1 \tag{13.4.2-30}$$

式中：N_1、N_2、N_3——腹杆所受的轴向力（N）；

② 当为搭接KT形方管节点时，可采用搭接K形和搭接N形节点的承载力公式，检验每一根支管的承载力。计算支管有效宽度时，应注意支管搭接次序。

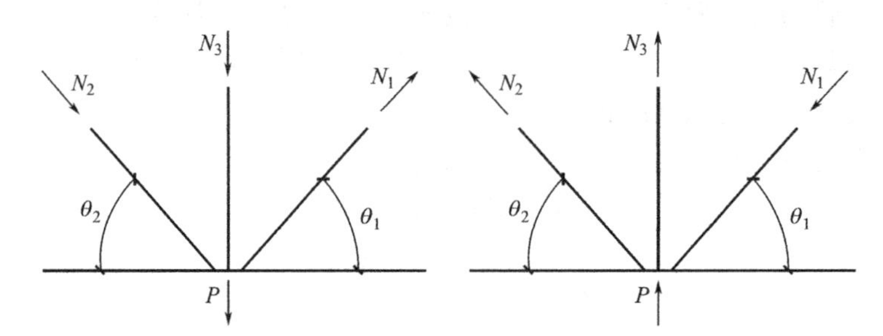

图 13.4.2　KT 形节点受荷情况

（5）支管为圆管的各种形式平面节点：

支管为圆管的 T、Y、X、K 及 N 形节点时，支管在节点处的承载力，可用上述相应的支管为矩形的节点管的承载力公式计算，这时需用 D_i 替代 b_i 和 h_i，并将计算结果乘以 $\pi/4$。

2）公式（13.4.2-12）中实际就是 $\frac{10}{b/t}\cdot\frac{tf_y}{t_if_{yi}}\leqslant1.0$；公式（13.4.2-14）中实际就是 $\frac{10}{b/t}\leqslant1.0$。

3）本条计算公式多，相互引用多，计算较为复杂，理解和应用时，宜从节点形式入手，结合表 13.4.0-1 对其进行了适当的梳理，分类和归纳，以便于实际工程应用。

4. 第 13.4.3 条

1）无加劲直接焊接的 T 形方管节点，当支管承受弯矩作用时：

（1）节点的承载力应按表 13.4.3-1 计算。

表 13.4.3-1　节点承载力验算规定

情况	β	n	计算公式
1	$\leqslant0.85$	$\leqslant0.6$	$\left(\frac{N}{N_{ul}^*}\right)^2+\left(\frac{M}{M_{ul}}\right)^2\leqslant1.0$　（13.4.3-1）
2	$\leqslant0.85$	>0.6	$\frac{N}{N_{ul}^*}+\frac{M}{M_{ul}}\leqslant1.0$　（13.4.3-2）
3	>0.85	—	

（2）支管在节点处的轴心受压承载力设计值 N_{ul}^*，应符合下列规定：

① 当 $\beta\leqslant0.85$ 时，按式（13.4.3-3）计算：

$$N_{ul}^*=t^2f\left[\frac{h_1/b}{1-\beta}(2-n^2)+\frac{4}{\sqrt{1-\beta}}(1-n^2)\right] \tag{13.4.3-3}$$

② 当 $\beta>0.85$ 时，按第 13.4.2 条的规定计算。

（3）支管在节点处的受弯承载力设计值 M_{ul}，应符合下列规定：

① 当 $\beta\leqslant0.85$ 时，按式（13.4.3-4）计算：

$$M_{ul}=t^2h_1f\left(\frac{b}{2h_1}+\frac{2}{\sqrt{1-\beta}}+\frac{h_1/b}{1-\beta}\right)(1-n^2) \tag{13.4.3-4}$$

$$n=\frac{\sigma}{f} \tag{13.4.3-5}$$

② 当$\beta>0.85$时，其受弯承载力设计值M_{ul}取式（13.4.3-6）和式（13.4.3-8）或式（13.4.3-9）计算的较小值：

$$M_{ul}=\left[W_1-\left(1-\frac{b_e}{b}\right)b_1t_1(h_1-t_1)\right]f_1 \qquad (13.4.3\text{-}6)$$

$$b_e=\frac{10}{b/t}\cdot\frac{tf_y}{t_1f_{y1}}b_1\leqslant b_1 \qquad (13.4.3\text{-}7)$$

当$t\leqslant 2.75\text{mm}$：

$$M_{ul}=0.595t(h_1+5t)^2(1-0.3n)f \qquad (13.4.3\text{-}8)$$

当$2.75\text{mm}<t\leqslant 14\text{mm}$：

$$M_{ul}=0.0025t(t^2-26.8t+304.6)(h_1+5t)^2(1-0.3n)f \qquad (13.4.3\text{-}9)$$

式中：n——参数，按式（13.4.3-5）计算，受拉时取$n=0$；

b_e——腹杆翼缘的有效宽度（mm），按式（13.4.3-7）计算；

W_1——支管的截面模量（mm^3）。

2）公式（13.4.3-7）中，也就是要求$\frac{10}{b/t}\cdot\frac{tf_y}{t_1f_{y1}}\leqslant 1.0$。

3）本条考虑支管承受弯矩时，节点的承载力情况，对应于第13.3.4条的相关规定。

5. 第13.4.4条

1）采用局部加强的方形（矩形）管节点时，支管在节点加强处的承载力设计值，应按下列规定确定：

（1）主管与支管相连一侧采用加强板［图13.2.4（b）］：

① 对支管受拉的T、Y形和X形节点，支管在节点处的承载力设计值N_{ui}，应按式（13.4.4-1）计算：

$$N_{ui}=1.8\left(\frac{h_i}{b_pC_p\sin\theta_i}+2\right)\frac{t_p^2f_p}{C_p\sin\theta_i} \qquad (13.4.4\text{-}1)$$

$$C_p=(1-\beta_p)^{0.5} \qquad (13.4.4\text{-}2)$$

$$\beta_p=b_i/b_p \qquad (13.4.4\text{-}3)$$

式中：f_p——加强板强度设计值（N/mm^2）；

C_p——参数，按式（13.4.4-2）计算。

② 对支管受压的T、Y和X形节点，当$\beta_p\leqslant 0.8$时，可按下式设计：

$$l_p\geqslant 2b/\sin\theta_i \qquad (13.4.4\text{-}4)$$

$$t_p\geqslant 4t_1-t \qquad (13.4.4\text{-}5)$$

③ 对K形间隙节点，可按第13.4.2条中相应公式计算承载力，用t_p代替t，用加强板的设计强度f_p代替主管设计强度f。

（2）对于侧板加强的T、Y、X和K形间隙方管节点［图13.2.4（c）］，可采用第13.4.2条中相应的，计算主管侧壁承载力的公式计算，用$t+t_p$代替t，A_v取$2h(t+t_p)$。

2）实际工程中，当桁架中个别节点承载力不能满足要求时（注意是个别节点，对较多节点承载力不满足时，应优先考虑采取节点的整体加强措施），进行个别节点加强是可行的：

（1）对于主管连接面塑性破坏模式不起控制性作用的节点，可采取主管与支管相连一侧采用加强板加强的方式加强；

（2）对于主管侧壁失稳起控制作用的节点，可采用侧板加强方式；

（3）主管连接面使用加强板加强的节点，当存在受拉支管时，只考虑加强板的作用，不考虑主管壁面作用。

3）本条规定第 2 款的做法与第 13.4.2 条中的第 5 款规定相似。

6. 第 13.4.5 条

1）方形（矩形）管节点处焊缝承载力，不应小于节点承载力，支管沿周边与主管相焊时，连接焊缝的计算应符合下列要求：

（1）直接焊接的方形（矩形）管节点中，轴心受力支管与主管的连接焊缝可视为全周角焊缝，焊缝承载力设计值 N_f，按式（13.4.5-1）计算：

$$N_f = h_e l_w f_f^w \tag{13.4.5-1}$$

式中：h_e——角焊缝的平均计算厚度（mm），当支管承受轴力时，$h_e=0.7h_f$；

l_w——焊缝的计算长度（mm），按式（13.4.5-2）～式（13.4.5-5）计算；

f_f^w——角焊缝的强度设计值（N/mm²）。

（2）支管为方形（矩形）管时，角焊缝的计算长度可按下列公式计算：

① 对于有间隙的 K 形和 N 形节点：

当 $\theta_i \geqslant 60°$时：

$$l_w = \frac{2h_i}{\sin\theta_i} + b_i \tag{13.4.5-2}$$

当 $\theta_i \leqslant 50°$时：

$$l_w = \frac{2h_i}{\sin\theta_i} + 2b_i \tag{13.4.5-3}$$

当 $50° < \theta_i < 60°$时：l_w 按插值法确定［在式（13.4.5-2）和式（13.4.5-3）之间插值］。

② 对于 T、Y 和 X 形节点：

$$l_w = \frac{2h_i}{\sin\theta_i} \tag{13.4.5-4}$$

（3）当支管为圆管时，焊缝计算长度应按式（13.4.5-5）计算：

$$l_w = \pi(a_0 + b_0) - D_i \tag{13.4.5-5}$$

$$a_0 = \frac{R_i}{\sin\theta_i} \tag{13.4.5-6}$$

$$b_0 = R_i \tag{13.4.5-7}$$

式中：a_0——椭圆相交线的长半轴（mm）；

b_0——椭圆相交线的短半轴（mm）；

R_i——圆支管半径（mm）；

θ_i——支管轴线与主管轴线的交角。

2）研究表明：在 K 形间隙节点中，当支管与主管夹角大于 60°时，支管跟部（与趾部对应）的焊缝是无效的，在 50°～60°之间，跟部焊缝从全部有效过渡到全部无效。尽管有些区域焊缝可能不是全部有效，当从结构连续性以及影响较小角度考虑，建议在实际工程中还应沿支管四周采用同样的焊缝。

3）在非搭接节点中，主管为方形或矩形管时，支管与主管的交界面焊缝长度计算相对较为简单（第13.3.9条为圆管与圆管相连时，交界面焊缝长度计算，较为复杂）：

（1）支管为方形或矩形管时，主管与支管的交接面为矩形；

（2）支管为圆管时，主管与支管的交界面为椭圆形。

第14章　钢与混凝土组合梁

【说明】

钢与混凝土组合梁在结构设计中应用较为普遍，应注意组合梁的适用范围、组合梁的型钢梁与混凝土楼板的连接、栓钉的设置等。应注意本章与第10章的相互关联。

14.1　一般规定

《钢标》对钢与混凝土组合梁的一般规定见表14.1.0-1。

表14.1.0-1　《钢标》对钢与混凝土组合梁的一般规定

<table>
<tr><th>条文号</th><th>规定</th><th colspan="4">关键点把握</th></tr>
<tr><td>14.1.1</td><td>适用范围</td><td colspan="4">适用于不直接承受动力荷载的组合梁</td></tr>
<tr><td>14.1.2</td><td>组合梁截面承载力验算时</td><td colspan="4">跨中及中间支座处混凝土翼板的有效宽度计算(图14.1.2)</td></tr>
<tr><td rowspan="7">14.1.3</td><td rowspan="7">组合梁正常使用极限状态验算时</td><td colspan="4">1)组合梁的挠度按弹性方法计算</td></tr>
<tr><td rowspan="2">2)连续组合梁负弯矩区段</td><td colspan="3">混凝土最大裂缝按第14.5节规定验算</td></tr>
<tr><td colspan="3">裂缝计算的负弯矩按弹性方法计算进行调幅</td></tr>
<tr><td rowspan="2">3)露天环境和直接受热源辐射的组合梁</td><td colspan="3">应考虑温度效应</td></tr>
<tr><td colspan="3">钢梁和混凝土翼板间的计算温差,按实际情况采用</td></tr>
<tr><td colspan="4">4)混凝土收缩产生的内力及变形,按翼板与钢梁之间的温差−15°考虑</td></tr>
<tr><td colspan="4">5)混凝土徐变影响,可将钢及混凝土的弹性模量比放大一倍</td></tr>
<tr><td rowspan="7">14.1.4</td><td rowspan="7">组合梁的验算要求</td><td rowspan="2">混凝土硬结前</td><td colspan="3">材料重量和施工荷载,由钢梁承担</td></tr>
<tr><td colspan="3">根据临时支撑情况验算钢梁的强度、稳定性和变形</td></tr>
<tr><td rowspan="5">组合梁的挠度及负弯矩区裂缝宽度验算</td><td colspan="3">应考虑施工方法及工序的影响</td></tr>
<tr><td rowspan="3">计算挠度时</td><td>施工阶段的挠度</td><td rowspan="2">挠度叠加</td></tr>
<tr><td>使用阶段续加荷载的挠度</td></tr>
<tr><td colspan="2">应考虑拆除临时支撑引起的附加变形</td></tr>
<tr><td colspan="3">计算组合梁负弯矩区裂缝宽度时,仅考虑形成组合梁后产生的支座弯矩</td></tr>
<tr><td>14.1.5</td><td>组合梁的抗剪连接设计</td><td colspan="4">在强度和变形满足要求时,可按部分抗剪连接设计</td></tr>
<tr><td rowspan="4">14.1.6</td><td>组合梁的板件宽厚比</td><td colspan="4">钢梁受压区的板件宽厚比,应符合第10章塑性设计要求</td></tr>
<tr><td rowspan="3">组合梁上翼缘不符合塑性设计的板件宽厚比限值,但连接满足要求时,仍可采用塑性设计</td><td colspan="3">1)当混凝土板沿全长和组合梁接触(如现浇楼板),连接件最大间距≤$22t_f\varepsilon_k$</td><td rowspan="3">t_f:钢梁受压上翼缘厚度</td></tr>
<tr><td colspan="3">2)当混凝土板和组合梁部分接触(如压型钢板横肋垂直于钢梁),连接件最大间距≤$15t_f\varepsilon_k$</td></tr>
<tr><td colspan="3">3)连接件的外侧边缘与钢梁翼缘边缘之间的距离≤$9t_f\varepsilon_k$</td></tr>
</table>

续表

<table>
<tr><th>条文号</th><th>规定</th><th colspan="2">关键点把握</th></tr>
<tr><td rowspan="3">14.1.7</td><td rowspan="3">组合钢梁承载能力按塑性分析方法计算时</td><td>连续组合梁</td><td rowspan="2">在竖向荷载下的内力，可采用不考虑混凝土开裂的模型，并按第10章调幅</td></tr>
<tr><td>框架组合梁</td></tr>
<tr><td colspan="2">楼板设计符合《混规》要求</td></tr>
<tr><td rowspan="2">14.1.8</td><td>组合梁混凝土翼板的纵向抗剪</td><td colspan="2">按第14.6节验算</td></tr>
<tr><td>托板的影响</td><td colspan="2">组合梁的强度、挠度和裂缝宽度验算中，不考虑托板截面</td></tr>
</table>

【要点分析】

1. 钢与混凝土组合梁在实际工程中应用普遍，混凝土组合楼板可以解决钢结构使用过程中的震颤问题、防火、防腐等相关问题；实际工程和注册备考时应注意。

2. 第14.1.1条

1）本章适用于不直接承受动力荷载的组合梁。

（1）对于直接承受动力荷载的组合梁，应按《钢标》附录J的要求，进行疲劳计算，其承载力应按弹性方法计算；

（2）组合梁的翼板，可采用混凝土板、混凝土叠合板或压型钢板混凝土组合板等，其中混凝土板除应符合本章的规定外，应符合《混规》的有关规定。

2）考虑组合梁的设计方法采用第14.2节给出的塑性设计法，不适用于直接承受动力荷载的情况。

3）试验研究和实际工程经验表明：直接承受动力荷载的组合梁设计时，应注意以下几点：

（1）需要进行疲劳验算，按《钢标》附录J给出的具体验算方法；

（2）应按照弹性理论进行承载力计算（不能采用塑性方法计算），即采用换算截面法，验算荷载效应设计值在组合梁截面产生的应力（正应力和剪应力等）小于材料的设计强度。

4）弹性设计方法，也可用于板件宽厚比不符合塑性设计法要求的钢梁。

5）组合梁的翼板可采用现浇混凝土板（宜采用钢筋桁架组合楼板等），也可采用混凝土叠合板（单向板或双向板），压型钢板混凝土组合板等。

3. 第14.1.2条

1）在进行组合梁截面承载能力验算时，跨中及中间支座处混凝土翼板的有效宽度 b_e（图14.1.2）应按式（14.1.2）计算：

$$b_e = b_0 + b_1 + b_2 \tag{14.1.2}$$

式中：b_0——板托顶部的宽度（mm）：当板托倾角 $\alpha < 45°$ 时，应按 $\alpha = 45°$ 计算；当无托板时，则取钢梁上翼缘的宽度；当混凝土板和钢梁不直接接触（如之间有压型钢板分割）时，取栓钉的横向间距，仅一列栓钉时取0；

b_1、b_2——梁外侧和内侧的翼板计算宽度（mm），当塑性中和轴位于混凝土楼板内时，各取梁有效跨径 l_e 的1/6。此外，b_1 尚不应超过混凝土翼板的实际外伸长度 S_1；b_2 不应超过相邻钢梁上翼缘或板托间净距 S_0 的1/2；

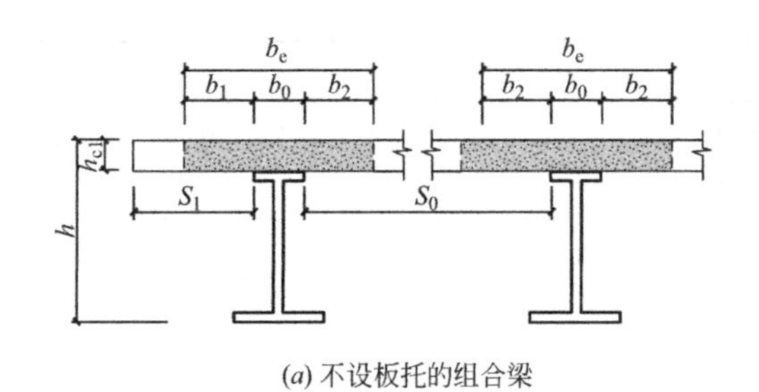

(a) 不设板托的组合梁

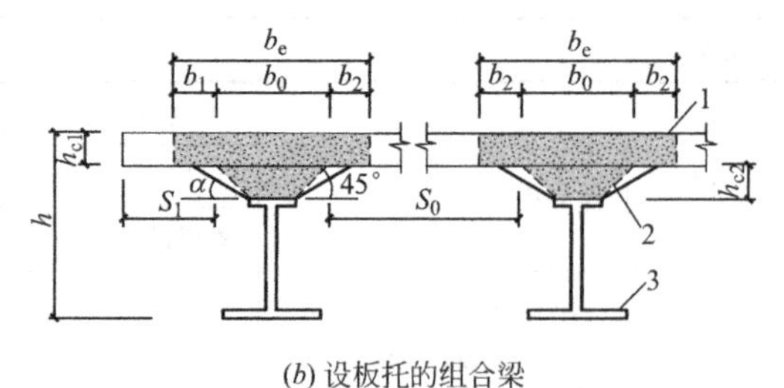

(b) 设板托的组合梁

图 14.1.2　混凝土翼板的计算宽度

1—混凝土翼板；2—板托；3—钢梁

l_e——等效跨径（mm）。对于简支组合梁，取为简支组合梁的跨度；对于连续组合梁，中间跨正弯矩区取为 $0.6l$，边跨正弯矩区取为 $0.8l$，l 为组合梁的跨度，支座负弯矩区，取相邻两跨跨度之和的 20%。

2）截面塑性中和轴是否位于混凝土板内，与组合梁的承载力计算（14.2.1 条）有关，与混凝土翼板的计算宽度关系不大。因此，此处可以忽略“当塑性中和轴位于混凝土板内”的规定，也就是无论塑性中和轴是否位于混凝土板内，都可以按本条规定计算混凝土翼板的有效宽度（考试按规范，实际工程还应注意《混规》5.2.4 条的规定）。

3）对于连续组合梁，其正弯矩区的有效宽度与正弯矩区的长度有关，负弯矩区的有效宽度与负弯矩区的长度（中间支座两侧负弯矩区的总长度）有关。

4）在进行结构整体内力和变形计算时，当组合梁和柱铰接或组合梁作为次梁时（仅承受竖向荷载，不参与结构整体抗侧），混凝土翼板的有效宽度，可统一按跨中截面的有效宽度取值。

5）考虑施工方便，结构设计中可优先考虑不带托板的组合梁。

6）实际工程和注册备考时，应注意对混凝土有效宽度的把握（见第 19.1 节第 19 题）。

4. 第 14.1.3 条

1）组合梁进行正常使用极限状态验算时，应符合下列规定：

（1）组合梁的挠度，应按弹性方法进行计算，弯曲刚度按第 14.4.2 条的规定计算；对于连续组合梁，在距中间支座两侧各 $0.15l$（l 为梁的跨度）范围内，不应计入受拉混凝土对刚度的影响，但宜计入翼缘板有效宽度 b_e 范围内纵向钢筋的作用；

（2）连续组合梁，应按第 14.5 节的规定验算负弯矩区段混凝土最大裂缝宽度，其负弯矩内力可按不考虑混凝土开裂的弹性分析方法，并进行调幅（相关说明见第 14.5.2 条）；

（3）对于露天环境下使用的组合梁，以及直接受热源辐射作用的组合梁，应考虑温度效应的影响。钢梁和混凝土翼板间的计算温差，应按实际情况采用；

（4）混凝土收缩产生的内力及变形，可按组合梁混凝土板与钢梁之间的温差－15℃计算；

（5）考虑混凝土徐变影响时，可将钢与混凝土的弹性模量比放大一倍。

2）组合梁的正常使用极限状态验算，包括挠度验算和负弯矩区裂缝宽度的验算。应采用弹性计算方法，并考虑混凝土板剪力滞后、混凝土开裂、混凝土徐变、温度效应等因素。

（1）组合梁的正常使用极限状态验算，之所以可以按弹性理论计算，是因为在荷载的标准组合作用下产生的弯矩，小于组合梁截面在弹性阶段的极限弯矩，组合梁在正常使用阶段仍处在弹性或基本弹性状态，相应的弹性计算假定和方法仍然适用；

（2）钢材和混凝土材料的温度线胀系数基本相同（约为 $1.0\times10^{-5}\sim1.2\times10^{-5}$），因此温度作用时，当两者同步升温和降温时，其温度变形基本协调，但是由于钢材和混凝土导热系数的巨大差异（钢材的导热系数是混凝土的 50 倍左右），当外界环境温度剧烈变化时，钢材的温度很快接近环境温度，而混凝土的温度变化则缓慢得多（即混凝土的热惰性），两种材料间的温差将会在组合梁内产生自平衡应力（即温度应力）；

（3）对钢与混凝土组合梁，等效收缩采用简化方法计算，按钢梁与混凝土翼板之间降温－15 ℃考虑；钢梁和混凝土计算温差的相关计算，也可查阅文献 [24]；

（4）计算组合梁挠度时，可假定刚梁和混凝土板都是理想的弹塑性体，可将混凝土翼板面积 A_c 换算成同样厚度的等效钢板 A_{se}（$A_{se}=A_c/\alpha_E$，α_E 为钢与混凝土的弹性模量比值），使混凝土翼板的形心位置不变，采用整个截面的换算刚度（等效钢梁的截面刚度 E_sI_{eq}）计算；

（5）统计研究表明：混凝土翼板与钢梁之间的相对滑移引起的附加挠度增加 10%～15%，采用栓钉等柔性连接（特别是部分抗剪连接）时，该滑移效应对挠度的影响不可忽略，在挠度计算时需要对换算截面刚度进行折减，因此在组合钢梁中，应重点关注现浇楼板与钢梁的连接；

（6）对组合连续梁，由于负弯矩区混凝土翼板开裂退出工作，实际上属于变截面连续梁，连续梁在正常使用极限状态下会出现明显的内力重分布现象，本条规定通过对弹性计算的弯矩调幅来实现；

（7）混凝土的徐变对温度应力的控制是有利的，在混凝土结构中一般可考虑将温度效应乘以 0.3 的折减系数。本条规定，对钢与混凝土组合梁，是对钢与混凝土的弹性模量比值 α_E 的放大，注意不是对弹性模量的放大。

3）实际工程和注册备考时，应注意对构件刚度的计算原则和具体计算方法的把握。

5. **第 14.1.4 条**

1）组合梁施工时，混凝土硬结前的材料重量和施工荷载，应由钢梁承担，钢梁应根据实际临时支撑的情况，按第 3 章和第 6 章的规定，验算强度、稳定性和变形。

2）计算组合梁的挠度和负弯矩区（混凝土翼板的）裂缝宽度时，应考虑施工方法及工序影响：

（1）计算组合梁挠度时，应将施工阶段的挠度和使用阶段续加荷载产生的挠度相叠加，当钢梁下有临时支撑时，应考虑拆除临时支撑时引起的附加变形；

（2）计算组合梁负弯矩区（混凝土翼板的）裂缝宽度时，可仅考虑形成组合截面后引起的支座负弯矩值。

3）组合钢梁的受力状态与施工条件密切相关：

（1）混凝土未达到强度前，需要对钢梁进行施工阶段的验算（要考虑有无临时支撑等情况）。

（2）正常使用极限状态验算（包括变形和负弯矩区混凝土翼板的裂缝宽度验算），需要考虑施工方法和施工顺序的影响。

（3）需要注意的是：

① 对于不直接承受动力荷载以及板件宽厚比满足塑性调幅设计法要求的组合梁（两个条件都要满足），由于采用塑性调幅设计法，组合梁的承载力极限状态验算，不必考虑施工方法和施工顺序的影响；

② 对于其他采用弹性设计方法的组合梁，其承载力极限状态验算仍需考虑施工方法和施工顺序。

（4）组合梁荷载与施工阶段的关系，类似于钢筋混凝土叠合构件，相关内容可查阅《混规》。

4）组合钢梁的验算，可按施工时钢梁下有无临时支撑分别考虑：

（1）施工时钢梁下不设置临时支撑的组合梁，应分两阶段计算：

① 第一阶段，在混凝土翼板强度等级达到75%以前，组合钢梁的自重、作用在钢梁上的全部施工荷载等，均由钢梁单独承担，按纯钢梁计算其强度、挠度和稳定性，但按弹性计算的钢梁强度和钢梁的挠度等，均应留有适当的余地，梁的跨中挠度除应满足《钢标》附录A的要求外，还应≤25mm（主要防止钢梁跨中挠度过大，增加混凝土用量和自重）；

② 第二阶段，当混凝土翼板的强度达到75%以上时，所增加的荷载应全部由组合梁承担：

■ 验算组合梁的挠度时，应将第一阶段和第二阶段计算所得的挠度叠加；

■ 组合梁按弹性方法计算强度时，应将第一阶段和第二阶段计算所得的应力叠加；

■ 支座负弯矩值，仅考虑第二阶段（形成组合截面之后）产生的弯矩值；

■ 第二阶段计算，可不考虑钢梁的整体稳定性，而组合梁按塑性分析法计算强度时，不必考虑应力叠加，可不分阶段，按照组合梁承受全部荷载（不分阶段，一次承受全部荷载）计算。

（2）施工时钢梁下设置临时支撑的组合梁：

① 应根据实际支承情况，验算钢梁（注意是钢梁，不是组合梁）的强度、稳定和变形；

② 在计算使用阶段组合钢梁承受的续加荷载产生的弹性内力和变形时，应把临时支承点的反力，作为反向续加荷载（进行临时支承反力作用下的单工况内力计算，计入用于裂缝宽度验算的支座弯矩值中）；

③ 当组合梁由变形控制，可采取将钢梁起拱等措施（注意：混凝土结构可通过调整梁板底模高度，实现单向或双向起拱，考虑钢结构加工制作的现实可行性，应尽量采用单向钢梁起拱）；钢梁的起拱应采用下料或机械方法，避免对成型钢梁火焰热烤（以工字形截面梁为例，应通过腹板按起拱下料，实现钢梁起拱）；

④ 塑性调幅设计法时，有无临时支撑对组合梁的极限抗弯承载力计算均无影响，故在计算极限抗弯承载力时，可不分施工阶段，按组合梁一次承受全部荷载计算；

⑤ 验算连续组合梁混凝土翼板的裂缝宽度时，支座负弯矩仅考虑形成组合截面后施工阶段荷载及正常使用续加荷载产生的弯矩值。为有效控制连续组合梁的负弯矩区混凝土翼板的裂缝宽度，可采取先浇筑正弯矩区混凝土，待混凝土强度达到75%以后，拆除临时支撑（支撑对支座负弯矩的影响消除），再浇筑负弯矩区混凝土（采用此方法的前提是，组合梁在跨中不会产生较大的挠度）。

5）连续组合梁中的栓钉：

（1）用于正弯矩区时，能充分保证钢梁与混凝土翼板的组合作用，提高构件的刚度和承载力；

（2）用于负弯矩区时，组合作用会使混凝土翼板受拉而易于开裂，降低结构性能和耐久性。实际工程中，可采取优化混凝土板浇筑顺序、合理确定支撑拆除时机等措施，降低负弯矩区混凝土板的拉应力，负弯矩区楼板适当提高配筋率，并采用较细钢筋及较密的钢筋布置，可提高抗裂效果。

6）实际工程和注册备考时，应注意对不同阶段荷载和刚度的把握，比较与钢筋混凝土叠合构件的异同。

6. 第14.1.5条

1）在强度和变形满足要求时，组合梁可按部分抗剪连接进行设计。

2）部分抗剪连接的组合梁（如压型钢板混凝土组合梁等），指配置的抗剪连接件数量少于完全抗剪连接所需要的抗剪连接件数量。

3）实际工程中，对部分抗剪连接（栓钉设置见第14.3.4条）的组合梁应把握以下两点：

（1）组合梁的重要性较低（如一般的次梁等）；

（2）组合梁的强度和变形均满足规范要求，并宜有适当的富余。

4）对较为重要的组合梁，不宜采用部分抗剪连接。

7. 第14.1.6条

1）按本章设计的组合梁，钢梁受压区的板件宽厚比应符合第10章中塑性设计的相关规定。当组合梁受压上翼缘（注：是跨中截面）不符合塑性设计要求的板件宽厚比（注：钢梁的板件宽厚比）限值，但连接满足下列要求时，仍可按塑性方法进行设计：

（1）当混凝土板沿全长和组合梁接触（如现浇楼板）时，连接件最大间距$\leqslant 22t_f\varepsilon_k$；当混凝土板和组合梁部分接触（如压型钢板垂直于钢梁）时，连接件最大间距$\leqslant 15t_f\varepsilon_k$；$\varepsilon_k$为钢号修正系数，$t_f$为钢梁受压上翼缘厚度；

（2）连接件的外侧边缘与钢梁翼缘边缘之间的距离$\leqslant 9t_f\varepsilon_k$。

2）当钢梁的板件宽厚比不符合第10.1.5条的规定的截面要求时，组合梁应按弹性设计方法。在组合梁中，栓钉也能为翼缘钢板提供有效的面外约束，具有提高板件受压局部稳定性的作用，当栓钉间距足够小时，则即使板件不符合塑性及弯矩调幅设计法要求的宽厚比限值，同样能够在达到塑性极限承载力之前，不发生局部屈曲（本条规定的本质就是，跨中钢梁板件宽厚比不足时，可通过加密栓钉布置来弥补）。

8. 第14.1.7条

1）组合梁承载力按塑性分析方法计算时，连续组合梁和框架组合梁在竖向荷载作用下的内力，可采用不考虑混凝土开裂的模型（注：按弹性刚度）计算，并按第10章的规定对弯矩进行调幅，楼板的设计应符合《混规》的有关规定；

2）连续组合梁，指组合梁的连续梁；

3）框架组合梁，指框架梁为组合梁。

9. 第14.1.8条

1）组合梁应按第14.6节的规定，进行混凝土翼板的纵向抗剪验算；在组合梁的强度、挠度和裂缝计算中，可不考虑托板截面；

2）组合梁的纵向抗剪验算，是组合梁的重要技术特征，实际工程中应予以重视；

3）托板对组合梁的强度、变形和混凝土翼板的裂缝宽度影响较小，为简化计算，不予考虑。

14.2 组合梁设计

《钢标》对组合梁设计的规定见表 14.2.0-1。

表 14.2.0-1 《钢标》对组合梁的设计规定

<table>
<tr><th>条文号</th><th>规定</th><th colspan="2">关键点把握</th></tr>
<tr><td rowspan="3">14.2.1</td><td rowspan="3">完全抗剪连接组合梁的受弯承载力计算</td><td rowspan="2">1)正弯矩作用区段</td><td>塑性中和轴在混凝土翼板内</td></tr>
<tr><td>塑性中和轴在钢梁截面内</td></tr>
<tr><td colspan="2">2)负弯矩作用区段</td></tr>
<tr><td rowspan="2">14.2.2</td><td rowspan="2">部分抗剪连接组合梁的受弯承载力计算</td><td colspan="2">1)正弯矩区段</td></tr>
<tr><td colspan="2">2)负弯矩区段</td></tr>
<tr><td>14.2.3</td><td>组合梁的受剪强度</td><td colspan="2">应按式(10.3.2)计算</td></tr>
<tr><td rowspan="3">14.2.4</td><td rowspan="3">用弯矩调幅法计算组合梁的强度时</td><td colspan="2">1)受正弯矩的组合梁截面,不考虑弯矩和剪力的相互影响</td></tr>
<tr><td rowspan="2">2)受负弯矩的组合梁截面</td><td>当 $V \leqslant 0.5h_{w}t_{w}f_{v}$ 时,负弯矩受弯承载力所用腹板的强度设计值,可不折减</td></tr>
<tr><td>当 $V > 0.5h_{w}t_{w}f_{v}$ 时,负弯矩受弯承载力所用腹板的强度设计值,按第 10.3.4 条折减</td></tr>
</table>

【要点分析】

1. 本节的计算内容较多引用第 10.3 节构件的塑性设计，设计基本原理相同，实际工程和注册备考时应注意区分比较。

2. 第 14.2.1 条

1）完全抗剪连接组合梁的受弯承载力，应符合下列规定：

（1）正弯矩作用区段：

① 塑性中和轴在混凝土翼板内（图 14.2.1-1），即 $Af \leqslant b_{e}h_{c1}f_{c}$ 时：

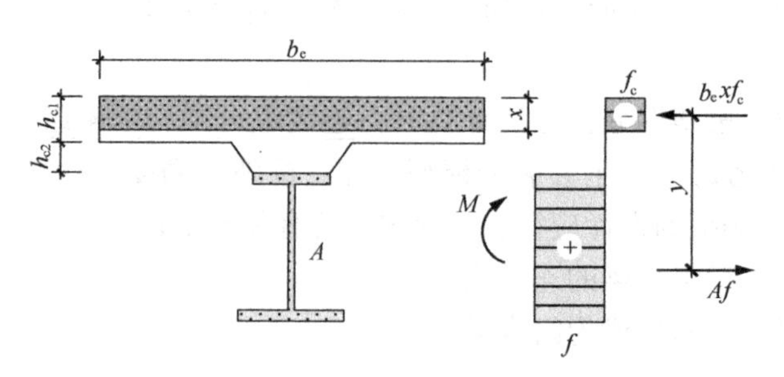

图 14.2.1-1 塑性中和轴在混凝土翼板内时的组合梁截面及应力图形

$$M \leqslant b_{e}xf_{c}y \tag{14.2.1-1}$$

$$x = Af/(b_{e}f_{c}) \tag{14.2.1-2}$$

式中：M——正弯矩设计值（N・mm）；

A——钢梁的截面面积（mm^2）；

x——混凝土翼板受压区高度（mm）；

y——钢梁截面应力的合力点，至混凝土受压区截面应力的合力点之间的距离（mm）；

f_c——混凝土抗压强度设计值（N/mm^2）。

② 塑性中和轴在钢梁截面内（图14.2.1-2），即 $Af > b_{e}h_{c1}f_{c}$ 时：

$$M \leqslant b_{e}h_{c1}f_{c}y_{1} + A_{c}fy_{2} \tag{14.2.1-3}$$

$$A_{c} = 0.5(A - b_{e}h_{c1}f_{c}/f) \tag{14.2.1-4}$$

式中：A_c——钢梁受压区截面面积（mm^2）；

y_1——钢梁受拉区截面形心，至混凝土翼板受压区截面形心的距离（mm）；

y_2——钢梁受拉区截面形心，至钢梁受压区截面形心的距离（mm）。

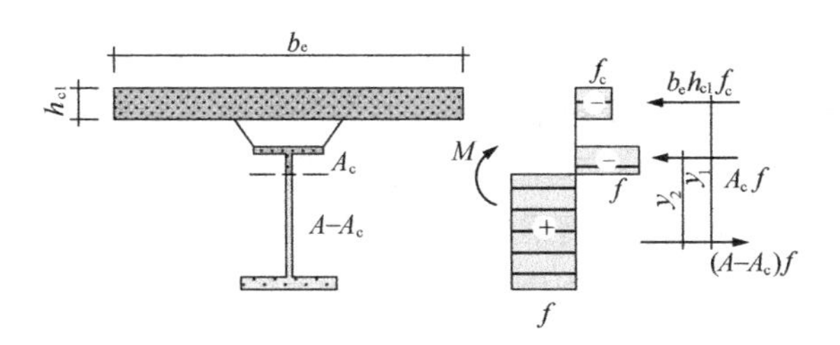

图14.2.1-2　塑性中和轴在钢梁内时的组合梁截面及应力图形

（2）负弯矩作用区段（图14.2.1-3）：

$$M' \leqslant M_{s} + A_{st}f_{st}(y_{3} + y_{4}/2) \tag{14.2.1-5}$$

$$M_{s} = (S_{1} + S_{2})f \tag{14.2.1-6}$$

$$f_{st}A_{st} + f(A - A_{c}) = fA_{c} \tag{14.2.1-7}$$

式中：M'——负弯矩设计值（N・mm）；

S_1、S_2——钢梁塑性中和轴（平分钢梁截面面积的轴线）以上和以下截面，对该塑性中和轴的面积矩（mm^3）；

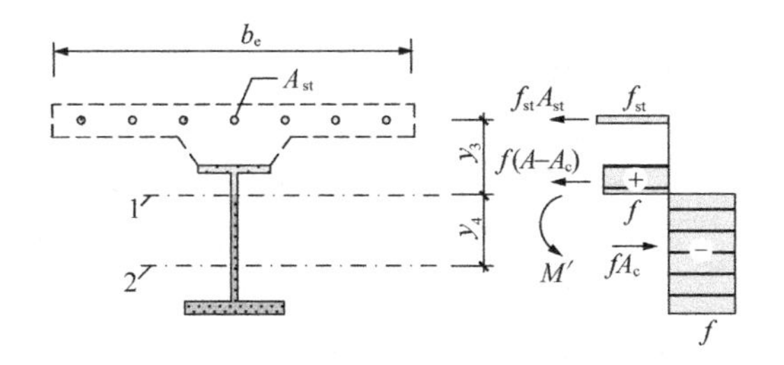

图14.2.1-3　负弯矩作用时组合梁截面及应力图形

1—组合截面塑性中和轴；2—钢梁截面塑性中和轴

A_{st}——负弯矩区混凝土翼板，有效宽度范围内的纵向钢筋截面面积（mm^2）；

f_{st}——钢筋抗拉强度设计值（N/mm^2）；

y_3——纵向钢筋截面形心至组合梁塑性中和轴的距离（mm），根据截面轴力平衡式（14.2.1-7）求出钢梁受压区面积 A_c，取钢梁拉压区交界处位置为组合梁塑性中和轴位置；

y_4——组合梁塑性中和轴至钢梁塑性中和轴的距离（mm）。当组合梁塑性中和轴在钢梁腹板内时，取 $y_4=A_{st}f_{st}/(2t_wf)$，当该中和轴在钢梁翼缘内时，可取 y_4 等于钢梁塑性中和轴至腹板上边缘的距离。

2）“完全抗剪连接组合梁”，指混凝土翼板与钢梁之间的抗剪连接件数量（按第14.3节计算），足以充分发挥组合梁截面的抗弯能力（对应于“部分抗剪连接组合梁”）。

3）“组合梁的塑性中和轴”，指将混凝土有效翼板等效为相同厚度的钢板，计算出平分组合梁截面（等效钢梁截面）面积的轴线，该轴线就是组合梁的塑性中和轴。

4）“钢梁的塑性中和轴”，指平分钢梁截面（不包括混凝土翼板）面积的轴线，该轴线就是钢梁的塑性中和轴。

5）组合梁设计可按简单塑性理论形成塑性铰的假定，来计算组合梁的抗弯承载力：

（1）位于塑性中和轴一侧的受拉混凝土，因为开裂而不参加工作，也不考虑托板，混凝土受压区假定为均匀受压，并达到轴心抗压强度设计值；

（2）根据塑性中和轴的位置，钢梁可能全部受拉（塑性中和轴位于翼板混凝土内）或部分受拉部分受压（塑性中和轴位于钢梁截面高度范围内），并达到钢材的抗拉或抗压强度设计值；

（3）不考虑钢筋混凝土翼板内受压钢筋的作用；

（4）用塑性设计法计算组合梁最终承载力时，可不考虑施工过程中有无临时支撑及混凝土徐变、收缩及温度作用的影响。

6）本条规定和梯形截面混凝土梁受力情况相似，实际工程和注册备考时应相互比较了解。

3. 第14.2.2条

1）部分抗剪连接组合梁：

（1）在正弯矩区段的受弯承载力，宜符合下列公式规定（图14.2.2）：

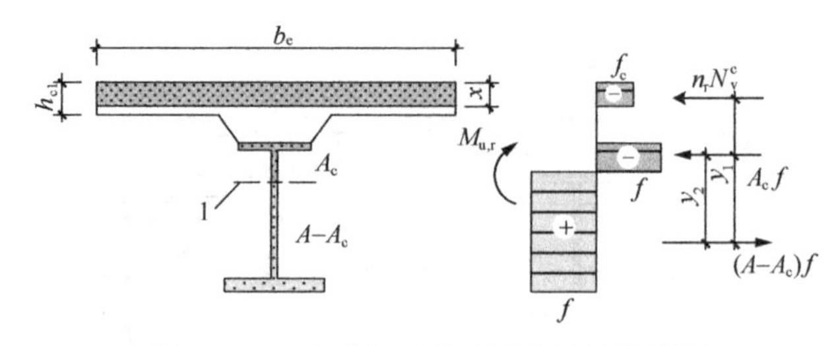

图14.2.2 部分抗剪连接组合梁计算简图

1—组合梁塑性中和轴

$$x = n_r N_v^c / (b_e f_c) \tag{14.2.2-1}$$

$$A_c = (Af - n_r N_v^c)/(2f) \tag{14.2.2-2}$$

$$M_{u,r} = n_r N_v^c y_1 + 0.5(Af - n_r N_v^c) y_2 \tag{14.2.2-3}$$

式中：$M_{u,r}$——部分抗剪连接时，组合梁截面正弯矩受弯承载力（N·mm）；

n_r——部分抗剪连接时，最大正弯矩验算截面，到最近零弯矩点之间的抗剪连接件数目；

N_v^c——每个抗剪连接件的纵向受剪承载力（N），按第14.3节计算；

y_1、y_2——图14.2.2所示，y_1为受拉钢梁合力点至受压混凝土合力点之间的距离（mm），y_2为受拉钢梁合力点至受压钢梁合力点之间的距离（mm），可按式（14.2.2-2）所示的轴力平衡关系式，确定受压钢梁的面积A_c，从而确定组合梁塑性中和轴的位置。

（2）计算在负弯矩作用区段的受弯承载力时，可按（14.2.1-5）计算，但$A_{st}f_{st}$应取$n_r N_v^c$和$A_{st}f_{st}$两者中的较小值，n_r取最大负弯矩验算截面到最近零弯矩点之间的抗剪连接件数目。

2）对组合梁的设计计算，考虑下列三种情况：

（1）完全抗剪连接组合梁设计法（第14.2.1条），连接件数量满足第14.3节规定的相关要求；实际工程中，应优先考虑采用完全抗剪连接组合梁设计法，以充分发挥钢梁与混凝土的组合作用；

（2）部分抗剪连接组合梁设计法（本条规定），连接件数量满足本条规定和第14.3节规定的相关要求；当采用部分抗剪连接组合梁设计法时，钢梁与混凝土的组合作用没有完全发挥，一般用在无法采用完全抗剪连接组合梁的特殊部位；

（3）不考虑组合作用的纯钢梁设计法，连接件数量不满足第14.3节规定的相关要求；采用纯钢梁设计法时，没有考虑钢梁与混凝土的协调作用，实际工程应避免采用。

3）当抗剪连接件的布置受构造等原因影响，不足以承受组合梁剪跨区段内总的纵向水平剪力时，可采用部分抗剪连接设计法（前提是：强度和变形满足要求）。对于单跨简支梁，采用简化塑性理论，按下列假定确定：

（1）在所计算截面（弯矩最大截面）左右两个剪跨区内，取连接件受剪承载力设计值之和$n_r N_v^c$中的较小值，作为混凝土翼板中的剪力（也即，按连接件实际所能承担的最大剪力计算）；

（2）抗剪连接件必须有一定的柔性，即理想的塑性状态，连接件工作时，全截面进入塑性状态；

（3）钢梁与混凝土翼板间产生相对滑移，以致在截面的应变图中，混凝土翼板与钢梁有各自的中和轴。

4）部分连接组合梁的受弯承载力计算，实际上是考虑剪跨（即最大弯矩截面到零弯矩截面之间）内混凝土翼板的平衡条件，混凝土翼板等效合力的大小，取决于最大弯矩截面到零弯矩截面之间抗剪连接件能够提供的总剪力，在每一剪跨内，部分抗剪连接组合梁的连接件数量不应小于完全抗剪连接组合梁的50%。

5）实际工程和注册备考时，应区分和掌握组合钢梁设计的三种不同的方法。

4. 第 14.2.3 条

1）组合梁的受剪强度，应按式（10.3.2）计算。

2）采用塑性设计和弯矩调幅设计计算公式，仅考虑钢梁腹板的抗剪作用，不考虑混凝土翼板和钢梁翼缘的抗剪作用，偏于安全。

5. 第 14.2.4 条

1）用弯矩调幅设计法计算组合钢梁强度时，按下列规定考虑弯矩和剪力的相互影响：

（1）受正弯矩的组合梁截面，不考虑弯矩和剪力的相互影响；

（2）受负弯矩的组合梁截面：

① 当剪力设计值 $V \leqslant 0.5h_w t_w f_v$ 时，验算负弯矩受弯承载力时，所用的腹板钢材强度设计值可不折减；

② 当 $V > 0.5h_w t_w f_v$ 时，验算负弯矩受弯承载力时，所用的腹板钢材强度设计值 f 应按第 10.3.4 条折减。

2）在梁的正弯矩区，最大正弯矩和最大剪力不出现在同一截面，因此抗弯承载力验算时，可不考虑弯矩和剪力的相互影响。

3）在负弯矩区（如连续梁的中间支座截面，弯矩和剪力均较大），钢梁同时受弯和受剪，弯矩和剪力相互作用的关系如下：

（1）当竖向剪力设计值较小（$V \leqslant 0.5V_s$，$V_s = h_w t_w f_v$）时，竖向剪力对受弯承载力的影响可以忽略，抗弯计算时可利用整个截面；

（2）当竖向剪力设计值很大（$V = V_s$）时，钢梁腹板只能用于抗剪，不能再承担荷载引起的弯矩，此时弯矩由混凝土翼板有效宽度范围内的纵向钢筋（与钢梁同方向的钢筋）和钢梁上下翼缘共同承担；

（3）当竖向剪力设计值较大（$0.5V_s < V < V_s$）时，钢梁腹板承受较大剪力，不能完全承担荷载引起的弯矩，此时采用第 10.3.4 条的方法，对腹板钢材强度设计值折减。

4）实际工程和注册备考时，应注意对本条的把握。

14.3 抗剪连接件的计算

《钢标》对组合梁抗剪连接件的计算规定见表 14.3.0-1。

表 14.3.0-1 《钢标》对组合梁抗剪连接件的计算规定

条文号	规定	关键点把握	
14.3.1	抗剪连接件的类型	宜采用栓钉、可采用槽钢或有可靠依据的其他类型连接件	
	连接件的受剪承载力设计值 N_v^c	1)圆柱头焊钉连接件	
		2)槽钢连接件	通过肢背和肢尖两条通长角焊缝与钢梁连接
			角焊缝按承受该连接件的受剪承载力 N_v^c 计算
14.3.2	采用压型钢板混凝土组合板为翼板的组合梁	焊钉连接件的受剪承载力计算	板肋与钢梁平行时(图 14.3.2)
			板肋与钢梁垂直时(图 14.3.2)
14.3.3	负弯矩区段的抗剪连接件	受剪承载力设计值 N_v^c 应乘以折减系数 0.9(与第 14.3.2 条同时考虑)	

续表

<table>
<tr><th>条文号</th><th>规定</th><th colspan="2">关键点把握</th></tr>
<tr><td rowspan="7">14.3.4</td><td rowspan="7">采用柔性抗剪连接件时</td><td colspan="2">抗剪连接件的计算应以弯矩绝对值最大点及支座为界，划分若干区段，逐段布置</td></tr>
<tr><td rowspan="2">每个剪跨区段内，钢梁与混凝土翼板交界面纵向剪力</td><td>正弯矩最大点到边支座区段</td></tr>
<tr><td>正弯矩最大点到中支座区段</td></tr>
<tr><td colspan="2">完全抗剪连接组合梁，每个区段的连接件按计算配置</td></tr>
<tr><td colspan="2">部分抗剪连接组合梁，每个区段的连接件≥50%计算值</td></tr>
<tr><td rowspan="2">连接件布置</td><td>可在对应区段内均匀布置</td></tr>
<tr><td>当区段内有较大集中荷载时，按集中荷载两侧剪力图面积的比例分配后，再各自均匀布置</td></tr>
</table>

【要点分析】

1. 抗剪连接件是钢梁混凝土组合梁组合作用的关键，应优先采用完全抗剪连接设计。

2. 第 14.3.1 条

1）组合梁的抗剪连接件，宜采用圆柱头焊钉，也可采用槽钢或有可靠依据的其他同类连接件（图 14.3.1）。单个抗剪连接件的受剪承载力设计值，应由下列公式确定：

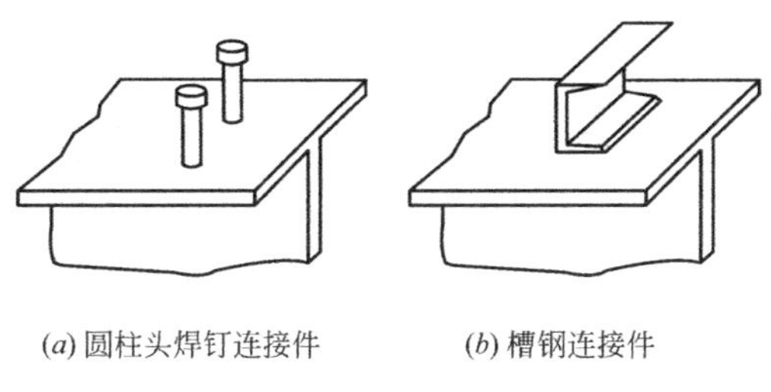

(*a*) 圆柱头焊钉连接件　　(*b*) 槽钢连接件

图 14.3.1　抗剪连接件

（1）圆柱头焊钉连接件：

$$N_v^c = 0.43 A_s \sqrt{E_c f_c} \leqslant 0.7 A_s f_u \tag{14.3.1-1}$$

式中：E_c——混凝土的弹性模量（N/mm²）；

A_s——圆柱头焊钉钉杆截面面积（mm²）；

f_u——圆柱头焊钉极限抗拉强度设计值（N/mm²），需满足现行《电弧螺柱焊用圆柱头焊钉》GB/T 10433 的要求。

（2）槽钢连接件：

$$N_v^c = 0.26(t + 0.5 t_w) l_c \sqrt{E_c f_c} \tag{14.3.1-2}$$

式中：t——槽钢翼缘的平均厚度（mm）；

t_w——槽钢腹板的厚度（mm）；

l_c——槽钢的长度（mm）。

槽钢连接件通过肢尖、肢背两条通长角焊缝与钢梁连接时，角焊缝按承受该连接件的受剪承载力设计值 N_v^c 设计。

2）圆柱头焊钉连接件，是工程中常用的连接件，具有施工简单、质量容易保证等特点，应优先采用。

(1) 试验研究表明：焊钉在混凝土中的抗剪作用类似弹性地基梁，在焊钉根部混凝土受局部承压作用。影响受剪承载力的主要因素有：焊钉的直径（或焊钉的截面面积 $A_s=\pi d^2/4$）、混凝土的弹性模量 E_c 以及混凝土的强度等级等；

(2) 焊钉的受剪承载力不随混凝土强度的提高而无限提高，其有一个上限值（即 $0.7A_sf_u$），相当于焊钉的极限抗剪强度。

3）槽钢连接件：在没有条件采用焊钉连接件的地区，可采用槽钢连接件代替。

4）考虑弯筋连接件施工不便，质量难以保证，实际工程中不应采用。

5）抗剪连接件起抗剪和抗拔作用，一般情况下连接件的抗拔要求能自然满足，不需要专门验算。在负弯矩区，为了释放混凝土板的拉应力，必要时可采用只有抗拔作用而不起抗剪作用的特殊连接件。

6）实际工程和注册备考时，应注意栓钉的设置，并根据组合构件的三种不同设计方法，确定相应的栓钉数量要求。

3. 第 14.3.2 条

1）对于用压型钢板混凝土组合板做翼缘的组合梁（图 14.3.2），其焊钉连接件的受剪承载力设计值，应分别按以下两种情况（注：压型钢板的布置方向）予以降低：

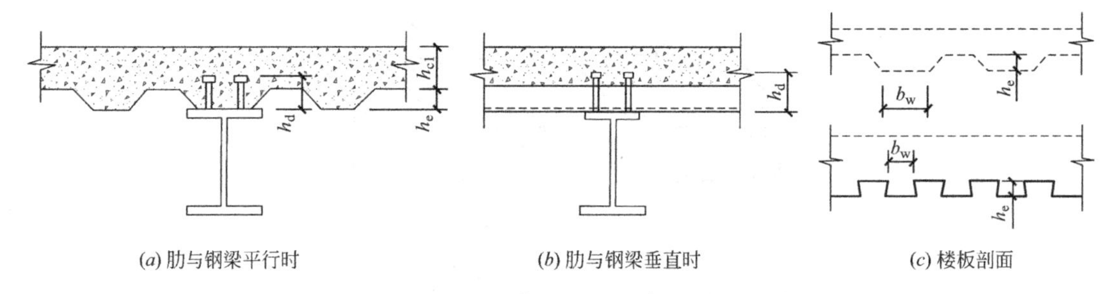

图 14.3.2　压型钢板作为混凝土翼板底模的组合梁

2）当压型钢板肋平行于钢梁布置时［图 14.3.2（a）］，$b_w/h_e<1.5$ 时，按式（14.3.1-1）算得的 N_v^c，应乘以折减系数 β_v，β_v 按式（14.3.2-1）计算：

$$\beta_v=0.6\frac{b_w}{h_e}\left(\frac{h_d-h_e}{h_e}\right)\leqslant 1 \tag{14.3.2-1}$$

式中：b_w——混凝土凸肋的平均宽度（mm），当肋的上部宽度小于下部宽度时［图 14.3.2-1（c）］，改取上部宽度；

h_e——混凝土凸肋高度（mm）；

h_d——栓钉高度（mm）。

3）当压型钢板肋垂直于钢梁布置时［图 14.3.2（b）］，焊钉连接件承载力的折减系数按式（14.3.2-2）计算：

$$\beta_v=\frac{0.85}{\sqrt{n_0}}\frac{b_w}{h_e}\left(\frac{h_d-h_e}{h_e}\right)\leqslant 1 \tag{14.3.2-2}$$

式中：n_0——在梁某截面处，一个肋中布置的栓钉数，当 $n_0\geqslant 3$ 时，取 $n_0=3$ 计算。

4）本条规定适用于栓钉位于正弯矩区的情况，当栓钉位于负弯矩区时见14.3.3条。

5）实际工程中，当采用压型钢板混凝土组合板时，压型钢板需要搭接在钢梁翼缘上（一般搭接长度50mm），其抗剪连接件一般都用圆柱头焊钉，圆柱头焊钉需要穿过压型钢板焊接在钢梁翼缘上，焊钉根部没有混凝土的约束。当压型钢板垂直于钢梁长度方向布置时，由于压型钢板波纹形成的混凝土肋是不连续的，因此要对栓钉的受剪承载力折减（折减系数根据试验分析得出）。

6）圆柱头焊钉一般采用直径16mm（一般适用于梁跨度4.5m以下）和直径19mm两种，更多问题可查阅文献［24］。

7）实际工程和注册备考时，应注意把握压型钢板现浇混凝土组合板的组合梁，对栓钉的特殊要求。

4. 第14.3.3条

1）位于负弯矩区的抗剪连接件，其受剪承载力设计值 N_v^c 应乘以折减系数0.9。

2）当栓钉位于负弯矩区时，混凝土翼缘处于受拉状态，焊钉周围混凝土对其约束程度降低（不如正弯矩区焊钉受到混凝土的约束程度高），因此也要折减，本条与第14.3.2条同时考虑。

3）考虑正弯矩区与负弯矩区的不同，采用与第14.3.2条相同的方法，对负弯矩区连接件的受剪承载力乘以0.9的折减系数（即正、负弯矩区域都要考虑连接件受剪承载力的折减，负弯矩区的折减系数相对正弯矩区更加简单）。

5. 第14.3.4条

1）当采用柔性抗剪连接件时，抗剪连接件的计算应以弯矩绝对值最大点及支座为界限，划分若干区段（图14.3.4），逐段进行布置。每个剪跨区段内钢梁与混凝土翼板交界面的纵向剪力 V_s，应按下列公式计算：

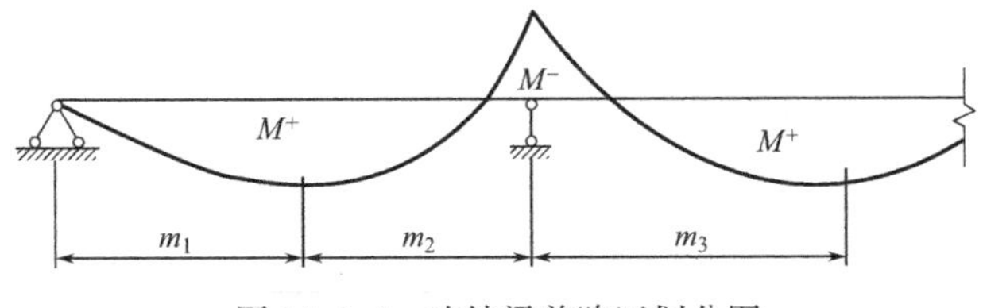

图14.3.4 连续梁剪跨区划分图

（1）正弯矩最大点到边支座的区段（即 m_1 区段），V_s 取 Af 和 $b_e h_{c1} f_c$ 中的较小值。

（2）正弯矩最大点到中支座（负弯矩最大点）区段（即 m_2 区段、m_3 区段）：

$$V_s = \min\{Af,\ b_e h_{c1} f_c\} + A_{st} f_{st} \tag{14.3.4-1}$$

（3）按完全抗剪连接组合梁设计时，每个剪跨区段内需要的连接件总数 n_f 按式（14.3.4-2）计算：

$$n_f = V_s / N_v^c \tag{14.3.4-2}$$

（4）按部分抗剪连接组合梁设计时，其连接件的实配个数应≥50%n_f。

（5）按（14.3.4-2）算得的连接件数量，可在对应的剪跨区段内均匀布置。当在此剪跨区段内有较大的集中荷载作用时，应将连接件个数 n_f 按剪力图面积比例分配后，再各自均匀布置。

2）焊钉、槽钢等可归类为柔性抗剪连接件，本条只规定了设置柔性抗剪连接件的做法，实际工程中，组合梁应避免采用刚性连接件。

3）连接件的数量，应按每个剪跨区段单独计算（以图 14.3.4 为例，应 m_1、m_2、m_3 三个区段分别计算各自区段内的连接件数量），并在每个区段内按下述 4）原则配置。

4）按剪力图的面积比例确定连接件数量的分布，是连接件布置的基本原则：

（1）当剪跨区段内有集中荷载时，在集中荷载两边，剪力有突变，可按集中荷载两边的剪力图细分为各自小区段，按每个小区段的剪力图面积比例来分配该区段内总的连接件数量 n_f，并将连接件在每个小区段内均匀分布；

（2）试验研究表明：栓钉等柔性抗剪连接件，具有很好的剪力重分布能力，实际工程中对剪力变化不大（或剪力变化有规律）的剪跨区段，可不用按剪力图分配连接件。当剪跨区段内没有集中荷载作用时，可将连接件数量 n_f 在该区段内均匀分布。

5）实际工程及注册备考时，本条应熟练掌握。

14.4 挠度计算

《钢标》对组合梁挠度计算的规定见表 14.4.0-1。

表 14.4.0-1 《钢标》对组合梁挠度计算的规定

<table>
<tr><th>条文号</th><th>规定</th><th colspan="2">关键点把握</th></tr>
<tr><td rowspan="5">14.4.1</td><td rowspan="5">组合梁的挠度</td><td colspan="2">应分别按荷载的标准组合和准永久组合计算，取较大值</td></tr>
<tr><td colspan="2">挠度按结构力学方法计算</td></tr>
<tr><td rowspan="3">梁的刚度</td><td>仅受正弯矩作用的组合梁，应考虑滑移效应的折减刚度</td></tr>
<tr><td>连续组合梁，按变截面刚度梁计算</td></tr>
<tr><td>按荷载的标准组合和准永久组合计算时，取相应折减刚度</td></tr>
<tr><td>14.4.2</td><td>组合梁的折减刚度计算</td><td colspan="2">考虑滑移效应</td></tr>
<tr><td>14.4.3</td><td>刚度折减系数</td><td colspan="2"></td></tr>
</table>

【要点分析】

1. 组合梁的挠度控制，是组合梁设计的重要内容，钢梁的挠度计算应考虑组合梁作用；组合梁的挠度按弹性计算（更接近于钢梁），当考虑混凝土翼板作用时，需要考虑不同荷载组合时的截面刚度折减等。实际工程和注册备考时，对构件刚度（负弯矩区和正弯矩区）应注意把握。

2. 第 14.4.1 条

1）组合梁的挠度，应分别按荷载的标准组合和准永久组合进行计算，以其中的较大值作为依据（注意：要按两种组合计算，取挠度较大值）。

（1）挠度可按结构力学方法进行计算（注：即可按静力计算手册的弹性挠度计算公式计算，刚度用第 14.4.2 条的 B 代替），构件刚度取值如下：

① 仅正弯矩作用的组合梁，其弯曲刚度应取考虑滑移效应的折算刚度（注：即混凝

土翼板的有效宽度按第 14.1.2 条确定，再按第 14.4.2 条计算经折减后的截面刚度 B，注意：依据第 14.4.2 条的规定，对于不同的荷载组合，截面刚度的也不同)；

② 连续组合梁宜按变截面刚度梁进行计算（注：即跨中截面刚度计算同上述①，支座截面，依据第 14.1.3 条第 1 款的规定，在距中间支座两侧各 $0.15l$ 范围内，不应计入受拉混凝土对刚度的影响，但宜计入翼缘板有效宽度 b_e 范围内纵向钢筋的作用，按纯钢梁截面刚度计算

(2) 和准永久组合进行计算时，组合梁应各取其相应的折减刚度。

种计算结果的较大值，也就是要计算两个挠度，即按荷载的

的准永久组合计算的挠度，取两者的较大值作为组合梁的计

1 款的规定相配合，组合梁的挠度按弹性方法计算（采

用 钢梁的计算方法)：

翼板影响的弯曲刚度进行折减（即折减成为等效弹性

刚度， 相统一)，对负弯矩区采用纯钢梁的截面刚度，因

此组合 更接近于钢梁的弹性计算方法；

(2) 和准永久组合（注意：采用弯矩调幅设计的构

件，承载力 和准永久组合)。

4) 组合 见第 14.4.3 条。

3. 第 14.

1) 组合梁考 （14.4.2）计算：

（14.4.2）

式中：E——钢梁的

I_{eq}——组合梁的 原则见本条说明 5)]；

ξ——刚度折减系

2) 试验研究表明：采 钢-混凝土组合梁，连接件在传递钢梁与混凝土翼缘界面 周围混凝土也会发生压缩变形，导致钢梁与混凝土翼缘的 度。

3) 组合梁有下列三种，考 方法均适用：

(1) 完全抗剪连接的组合梁；

(2) 部分抗剪连接的组合梁；

(3) 钢梁和压型钢板混凝土组合

4) 压型钢板混凝土组合板构成的组 较弱截面”，可理解为取压型钢板波峰处混凝土板的截面厚度计算。

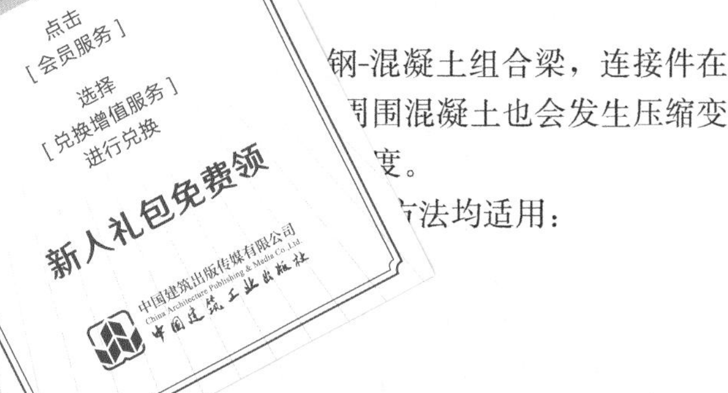

5) 依据第 14.1.3 条的规定，对于连续组合梁，公式（14.4.2）用于除支座两侧各 $0.15l$ 以外的区域，公式应用时，应特别注意对 I_{eq} 的取值（荷载组合不同，计算方法也不同，还要特别注意钢梁与压型钢板混凝土组合板构成的组合梁)：

(1) 对荷载的标准组合，可将截面中的混凝土翼板有效宽度，除以钢与混凝土的弹性模量的比值 α_E，换算为等效钢截面宽度后，计算整个截面的惯性矩；

(2) 对荷载的准永久组合，可将截面中的混凝土翼板有效宽度除以 $2\alpha_E$ 进行换算（与第 14.1.3 条相呼应）；

(3) 对于钢梁与压型钢板混凝土组合板构成的组合梁，应取其较弱截面（就是与压型钢板波峰对应的混凝土翼板厚度）的换算截面进行计算，且不计压型钢板的作用。

6) 依据第 14.1.3 条的规定，对于连续组合梁，支座两侧各 $0.15l$ 的区域组合梁刚度，不考虑翼板混凝土的作用，即直接采用钢梁的弹性截面刚度。

4. 第 14.4.3 条

1) 刚度折减系数 ξ，宜按下列公式计算(当 $\xi \leqslant 0$ 时，取 $\xi = 0$)：

$$\xi = \eta\left(0.4 - \frac{3}{j^2 l^2}\right) \tag{14.4.3-1}$$

$$\eta = \frac{36Ed_c pA_0}{n_s khl^2} \tag{14.4.3-2}$$

$$j = 0.81\sqrt{\frac{n_s N_v^c A_1}{EI_0 p}} \tag{14.4.3-3}$$

$$A_0 = \frac{A_{cf}A}{\alpha_E A + A_{cf}} \tag{14.4.3-4}$$

$$A_1 = \frac{I_0 + A_0 d_c^2}{A_0} \tag{14.4.3-5}$$

$$I_0 = I + \frac{I_{cf}}{\alpha_E} \tag{14.4.3-6}$$

式中：j——系数（mm^{-1}）；

A_{cf}——混凝土翼板截面面积（mm^2）；对压型钢板混凝土组合板的翼板，应取其较弱截面的面积，且不考虑压型钢板；

I——钢梁截面惯性矩（mm^4）；

I_{cf}——混凝土翼板的截面惯性矩（mm^4）；对压型钢板混凝土组合板的翼板，应取其较弱截面的惯性矩，且不考虑压型钢板；

d_c——钢梁截面形心到混凝土翼板截面（对压型钢板混凝土组合板为其较弱截面）形心的距离（mm）；

h——组合梁截面高度（mm）；

p——抗剪连接件的纵向（注：沿梁跨度方向）平均间距（mm）；

k——抗剪连接件的刚度系数（N/mm），$k = N_v^c$；

n_s——抗剪连接件在一根梁上的列数（注：就是沿梁长度方向的排数）。

2) 本条规定的折减系数仅用于公式（14.4.2），计算公式较为复杂（系数较多，概念不直观），重点可关注钢梁和压型钢板混凝土组合板构成的组合梁（各种折减，如抗剪承载力按第 14.3.2 条折减、刚度计算时的折减等）。

14.5 负弯矩区裂缝宽度计算

《钢标》对组合梁负弯矩区裂缝宽度计算的规定见表 14.5.0-1。

表 14.5.0-1 《钢标》对组合梁负弯矩区裂缝宽度计算的规定

条文号	规定	关键点把握
14.5.1	最大裂缝宽度	按《混规》计算
14.5.2	纵向钢筋应力计算	开裂截面,按荷载效应的标准组合计算

【要点分析】

1. 负弯矩区，是弯曲应力和剪应力的高度集中区，也是受拉混凝土裂缝的集中区域，要满足工程的正常使用极限状态要求，应验算混凝土的裂缝宽度，并满足规范的要求，实际工程中，还应采取有效构造措施，控制裂缝的开展和裂缝宽度。应把握组合构件裂缝计算的基本原则，比较与《混规》的异同并熟练应用。

2. 第 14.5.1 条

1）组合梁负弯矩区段混凝土，在正常使用极限状态下，考虑长期作用影响的最大裂缝宽度 w_{max}，应按《混规》的规定，按轴心受拉构件进行计算。

2）裂缝宽度，应符合《混规》的规定。

3）关于组合梁负弯矩区混凝土翼板的裂缝问题：

（1）混凝土的抗拉强度很低，因此在没有施加预应力的连续组合梁中，负弯矩区的混凝土翼板很容易开裂（形成贯穿混凝土翼板的上下贯通裂缝）；

（2）引起组合梁负弯矩区混凝土翼板开裂的因素很多（和钢筋混凝土构件一样），如材料质量、施工工艺、环境条件以及荷载作用等；

（3）混凝土翼板开裂后会降低结构构件的刚度，影响耐久性（加速钢筋的锈蚀和混凝土的碳化等），也影响外观；

（4）试验研究表明：组合梁负弯矩区混凝土翼板的受力状况，与混凝土轴心受拉构件相似（组合梁受弯矩作用时，负弯矩区混凝土接近全截面受拉），可按《混规》计算受拉混凝土翼板的裂缝宽度（相关计算参数的取值，见第 14.5.2 条）；

（5）在验算混凝土裂缝宽度时，可仅按荷载的标准组合计算（因为在荷载的标准组合下计算裂缝宽度的公式中，已考虑了荷载长期作用的影响）；

（6）混凝土翼板的上表面裂缝宽度大于翼板的下表面，实际工程中，可只验算混凝土翼板的上表面裂缝宽度（混凝土翼板的下表面裂缝宽度可不验算）。

3. 第 14.5.2 条

1）按荷载效应的标准组合计算的，开裂面纵向受拉钢筋的应力 σ_{sk}，按式（14.5.2-1）计算：

$$\sigma_{sk}=\frac{M_k y_s}{I_{cr}} \tag{14.5.2-1}$$

$$M_k=M_e(1-\alpha_r) \tag{14.5.2-2}$$

式中：I_{cr}——由纵向普通钢筋与钢梁形成的组合截面惯性矩（mm^4）；

y_s——钢筋截面重心至中和轴（由钢筋和钢梁形成的组合截面）的距离（mm）；

M_k——钢与混凝土形成组合截面之后，考虑了弯矩调幅的标准荷载作用下，支座截面的负弯矩组合值（N·mm）；对于悬臂组合梁，式（14.5.2-2）中的 M_k 应根据平衡条件计算得出；

M_e——钢与混凝土形成组合截面之后，在标准荷载作用下，按未开裂模型进行弹性计算，得到的连续组合梁中支座的负弯矩设计值（N·mm）；

α_r——连续组合梁中支座负弯矩调幅系数，其取值不宜超过15%［说明见下述6)］。

2）尽管采用《混规》的裂缝计算原则，但具体计算参数还得结合钢与混凝土组合梁的特点调整。

3）连续组合梁负弯矩开裂截面，纵向受拉钢筋的应力水平 σ_{sk} 是决定裂缝宽度的重要因素，需要得到在标准荷载作用下截面负弯矩组合值 M_k，M_k 的计算需要考虑施工步骤的影响，但仅考虑形成组合截面之后，在施工阶段荷载及使用阶段荷载作用下，所产生的弯矩值。

4）《混规》对塑性内力重分布的钢筋混凝土构件的裂缝控制要求：

（1）按正常使用极限状态要求，验算构件的挠度和裂缝宽度满足规范要求；采用荷载效应的标准组合或准永久组合，承载力设计时的弯矩调幅，不影响荷载的标准组合和准永久组合，也可以理解为在满足构件的正常使用极限状态要求时，构件的承载力可以适当放松；

（2）控制负弯矩调幅的幅度，钢筋混凝土连续梁≤25%；钢筋混凝土板≤20%（比较可以发现，调幅的幅度要比钢结构大）；

（3）调幅后梁端截面的相对受压区高度≤0.35（本条控制较为严格，受压区高度的控制，也就严格控制了截面的内力）。

5）关于考虑塑性调幅组合梁的裂缝宽度验算：

（1）由于支座混凝土的开裂导致截面刚度降低（混凝土出现微裂缝），正常使用极限状态下连续组合梁会出现内力重分布现象（伴随着混凝土裂缝开展）；

（2）对于考虑塑性内力重分布的梁，裂缝可理解为由两部分组成，一是塑性内力重分布过程产生的裂缝，二是在塑性内力重分布以后的弯矩产生的裂缝；

（3）按第10.1.3条的规定，采用荷载的标准值（承载力调幅设计，不影响荷载的标准组合），并按弹性理论验算组合梁的挠度（对组合梁考虑刚度折减）；

（4）验算混凝土的裂缝宽度时，按调幅以后的支座弯矩，验算受拉钢筋的应力 σ_{sk}［说明见下述6)］；

（5）本条同时配合弯矩调幅的限值控制（试验表明，当正常使用极限状态下弯矩调幅不超过15%时，按调幅以后的弯矩计算受拉钢筋的应力 σ_{sk} 并验算裂缝宽度，是可行的）；可以发现调幅的限值，比钢筋混凝土梁更严；

6）关于公式（14.5.2-2），对于弯矩调幅设计的组合梁，第10.1.3条规定："正常使用极限状态验算时，应采用荷载的标准值，并按弹性理论计算"。M_k 完全可以按照荷载的标准组合计算（若对开裂翼缘的轴向刚度折减，概念可能更加清晰），公式（14.5.2-2）与混凝土构件的正常使用极限状态验算原则不一致，也与第10.1.3条的规定不同。系数 α_r 也值得思考，弯矩调幅是对承载能力极限状态，不属于正常使用极限状态。目前情况下，实际工程中仍可按本条进行大致估算。

7）悬臂梁弯矩不得调幅。

14.6 纵向抗剪计算

《钢标》对组合梁纵向抗剪计算的规定见表14.6.0-1。

表 14.6.0-1 《钢标》对组合梁纵向抗剪计算的规定

条文号	规定	关键点把握
14.6.1	组合梁板托及翼缘板	纵向受剪承载力，应分别验算图中四个受剪界面（图 14.6.1）
14.6.2	单位纵向长度内，受剪界面上的纵向承载力设计值	1）单位纵向长度上 b、c、d 三个受剪面
		2）单位纵向长度上 a 受剪面
14.6.3	组合梁板托及翼缘板界面	纵向受剪承载力计算
14.6.4	横向钢筋	应满足本条规定的最小配筋要求

【要点分析】

1. 试验研究表明：在剪力连接件集中剪力作用下，组合梁混凝土板可能发生纵向开裂现象，实际工程中应予以重视。本节属于组合构件计算的特殊规定，应注意了解。

2. 第 14.6.1 条

1）组合梁板托及翼缘板纵向受剪承载力验算时，应分别验算图 14.6.1 所示的纵向受剪界面 a-a、b-b、c-c 及 d-d。

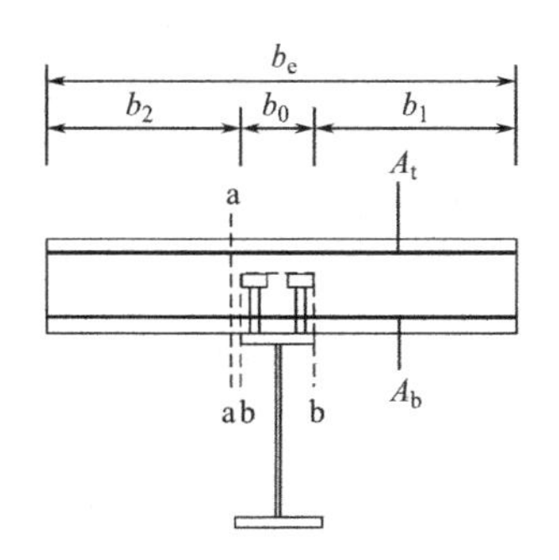

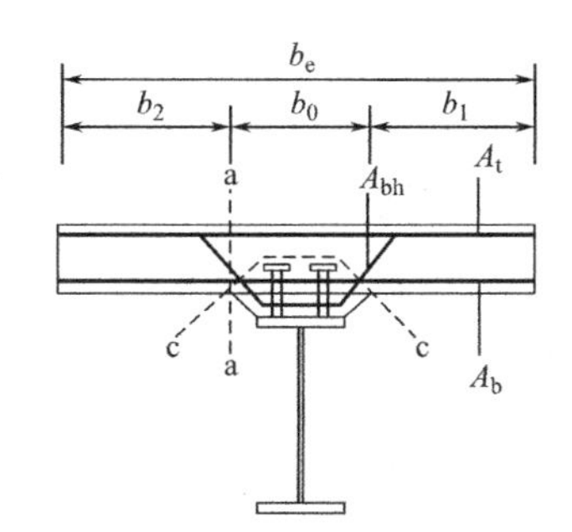

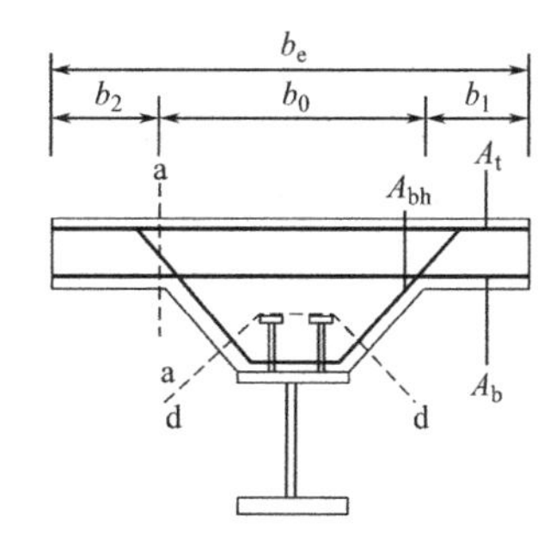

图 14.6.1 混凝土板纵向受剪界面

A_t—混凝土板顶部附近单位长度内钢筋面积的总和（mm^2/mm），包括混凝土板内抗弯和构造钢筋；

A_b、A_{bh}—分别为混凝土板底部承托底部单位长度内钢筋面积的总和（mm^2/mm）

2）"受剪界面"，即沿着一个既定的平面抗剪，组合梁的混凝土板（板托、翼板）在纵向水平剪力作用下，属于界面抗剪。图 14.6.1 中给出了对应不同翼板形式的组合梁纵向抗剪最不利界面：

（1）a-a 抗剪界面长度，为混凝土板厚度；

（2）b-b 抗剪界面长度，取刚好包络栓钉外缘时对应的长度。

（3）c-c、d-d 抗剪界面长度，取最外侧焊钉外边缘连线长度加上距承托两侧斜边轮廓线的垂线长度。

3）组合梁纵向抗剪能力大小，与混凝土板尺寸及板内横向钢筋的配筋率等因素有关。

3. 第 14.6.2 条

1）单位纵向长度内受剪界面上的纵向剪力设计值，应按下列公式计算：

（1）单位纵向长度上，b-b、c-c 及 d-d 受剪界面（图 14.6.1）的计算纵向剪力为：

$$v_{l,1}=\frac{V_s}{m_i} \tag{14.6.2-1}$$

（2）单位纵向长度上，a-a受剪界面（图14.6.1）的计算纵向剪力为：

$$v_{l,1}=\max\left(\frac{V_s}{m_i}\times\frac{b_1}{b_e},\ \frac{V_s}{m_i}\times\frac{b_2}{b_e}\right) \qquad (14.6.2\text{-}2)$$

式中：$v_{l,1}$——单位纵向长度内，受剪界面上的纵向剪力设计值（N/mm）；

V_s——每个剪跨区段内，钢梁与混凝土翼板交界面的纵向剪力（N），按第14.3.4条的规定计算；

m_i——剪跨区段长度（mm）（图14.3.4）；

b_1、b_2——分别为混凝土翼板左右两侧跳出的宽度（mm）（图14.6.1）；

b_e——混凝土翼板的有效宽度（mm），应按对应跨的跨中有效宽度取值，有效宽度应按第14.1.2条规定计算。

2）组合梁单位纵向长度内受剪界面上的纵向剪应力 $v_{l,1}$（就是每延米纵向剪力，注意第一个角码是 l），可以按实际受力状态计算，也可以按极限状态下的平衡关系计算：

（1）按实际受力状态计算时，采用弹性分析方法，计算较为烦琐；

（2）按极限状态下的平衡关系计算时，采用塑性简化计算方法，计算方便，和承载力塑性调幅设计法相统一，且偏于安全；

（3）《钢标》建议按限状态下的平衡关系计算。

4. 第14.6.3条

1）组合梁板托及翼缘板界面纵向受剪承载力计算，应符合下列公式规定：

$$v_{l,1}\leqslant v_{lu,1} \qquad (14.6.3\text{-}1)$$

$$v_{lu,1}=0.7f_tb_f+0.8A_ef_r \qquad (14.6.3\text{-}2)$$

$$v_{lu,1}=0.25b_ff_c \qquad (14.6.3\text{-}3)$$

式中：$v_{lu,1}$——单位纵向长度内界面受剪承载力（N/mm），取式（14.6.3-2）和式（14.6.3-3）的较小值；

f_t——混凝土抗拉强度设计值（N/mm^2）；

b_f——受剪界面的横向长度（mm），按图14.6.1所示的a-a、b-b、c-c及d-d连线，在抗剪连接件以外的最短长度取值；

A_e——单位长度上，横向钢筋的截面面积（mm^2/mm），按图14.6.1和表14.6.3取值；

f_r——横向钢筋的强度设计值（N/mm^2）。

表14.6.3　单位长度上横向钢筋的截面面积 A_e

剪切面	a-a	b-b	c-c	d-d
A_e	A_b+A_t	$2A_b$	$2(A_b+A_{bh})$	$2A_{bh}$

2）研究表明：组合梁混凝土板纵向抗剪能力主要由混凝土和横向钢筋两部分提供，横向钢筋的配筋率对组合梁受剪承载力的影响最为显著。

3）组合梁混凝土翼板的横向钢筋中，除了板托中的横向钢筋 A_{bh} 外，其余的横向钢筋 A_t 和 A_b 可同时作为混凝土板的受力钢筋和构造钢筋使用（即可兼顾作为组合梁混凝土翼板的横向钢筋、混凝土板的受力钢筋和构造钢筋），应满足《混规》的要求。

4）本条规定中的“承托”就是“板托”。

5. **第 14.6.4 条**

1）横向钢筋的最小配筋率应满足式（14.6.4）要求：

$$A_e f_r / b_f > 0.75 \quad (14.6.4)$$

2）规定组合梁横向钢筋的最小配筋率，是为了保证组合梁在达到承载力极限状态之前，不发生纵向剪切破坏，并考虑到荷载长期效应和混凝土收缩等的不利影响。

3）式（14.6.4）为单位长度上，横向钢筋的最小配筋率（$N/mm/mm=N/mm^2$）。

14.7　构造要求

《钢标》对组合梁的构造要求见表 14.7.0-1。

表 14.7.0-1　《钢标》对组合梁的构造要求

<table>
<tr><th>条文号</th><th>规定</th><th colspan="3">关键点把握</th></tr>
<tr><td rowspan="2">14.7.1</td><td>组合梁的截面高度</td><td colspan="3">宜≤$2h_{sb}$，h_{sb} 为钢梁截面高度</td></tr>
<tr><td>混凝土托板高度 h_{c2}</td><td colspan="3">宜≤$1.5h_{c1}$，h_{c1} 为翼板厚度</td></tr>
<tr><td rowspan="2">14.7.2</td><td rowspan="2">组合梁边梁混凝土翼板（图 14.7.2）</td><td colspan="3">有托板时，伸出长度≥h_{c2}</td></tr>
<tr><td colspan="3">无托板时，伸出钢梁中心线≥150mm 且伸出钢梁翼缘边≥50mm</td></tr>
<tr><td>14.7.3</td><td>连续组合梁</td><td colspan="3">在中间支座负弯矩区的上部纵筋及分布筋，按《混规》设置</td></tr>
<tr><td rowspan="6">14.7.4</td><td rowspan="6">抗剪连接件的设置</td><td colspan="2">1）圆柱头焊钉连接件，钉头下表面</td><td rowspan="2">与翼板底部钢筋顶面的距离 h_{e0} ≥30mm</td></tr>
<tr><td colspan="2">2）槽钢连接件，上翼缘下表面</td></tr>
<tr><td colspan="2">3）连接件沿跨度方向的最大间距</td><td>应≤$3h_{e1}$ 且≤300mm</td></tr>
<tr><td colspan="2">4）连接件的外翼缘边缘与钢梁翼缘之间的距离</td><td>应≥20mm</td></tr>
<tr><td colspan="2">5）连接件的外侧边缘至混凝土翼板边缘间的距离</td><td>应≥100mm</td></tr>
<tr><td colspan="2">6）连接件顶面的混凝土保护层厚度</td><td>应≥15mm</td></tr>
<tr><td rowspan="8">14.7.5</td><td rowspan="8">圆柱头焊钉连接件（除应满足第 14.7.4 条的要求外）
t_f：钢梁上翼缘厚度；
d_d：焊钉直径</td><td rowspan="2">1）焊钉位置不正对腹板时</td><td colspan="2">钢梁上翼缘受拉时，焊钉钉杆直径应≤$1.5t_f$</td></tr>
<tr><td colspan="2">钢梁上翼缘不受拉时，焊钉钉杆直径应≤$2.5t_f$</td></tr>
<tr><td colspan="3">2）焊钉长度应>$4d_d$</td></tr>
<tr><td rowspan="2">3）焊钉间距</td><td colspan="2">沿梁轴线方向应≥$6d_d$</td></tr>
<tr><td colspan="2">垂直于梁轴线方向应≥$4d_d$</td></tr>
<tr><td rowspan="3">4）<u>用压型钢板作底模的组合梁</u></td><td colspan="2">焊钉 d_d≤19mm</td></tr>
<tr><td colspan="2">混凝土凸肋宽度应≥$2.5d_d$</td></tr>
<tr><td colspan="2">焊钉高度 h_d≥h_e+30（图 14.3.2）</td></tr>
<tr><td>14.7.6</td><td>槽钢连接件</td><td colspan="3">可采用 Q235 钢，截面不大于[12.6</td></tr>
<tr><td rowspan="3">14.7.7</td><td rowspan="3">横向钢筋</td><td colspan="3">1）间距应≤$4h_{e0}$，且应≤200mm</td></tr>
<tr><td rowspan="2">2）板托中</td><td colspan="2">应配 U 形横向加强钢筋（图 14.6.1）</td></tr>
<tr><td colspan="2">横向钢筋的下部水平段应设置在距钢梁上翼缘 50mm 范围内</td></tr>
</table>

续表

条文号	规定	关键点把握
14.7.8	承受负弯矩的箱型截面组合梁	可在钢箱梁底板上方或腹板内侧设置抗剪连接件并浇筑混凝土

【要点分析】

1. 构造要求是组合梁受力的基本保证，实际工程中和注册备考时应重视。

2. 第 14.7.1 条

1）组合梁的截面高度宜$\leqslant 2h_{sb}$，h_{sb} 为钢梁截面高度；混凝土托板高度 $h_{c2}\leqslant 1.5h_{c1}$，$h_{c1}$ 为翼板厚度。

2）组合钢梁的高跨比一般为 1/20～1/15，钢梁的截面高度宜大于组合梁截面高度的 1/2，以使钢梁的抗剪强度与组合梁的抗弯强度相匹配。

3）钢梁截面高度的确定，还可查阅文献［24］。

（1）框架梁截面高度：

一般情况下，框架梁高度取跨度 L（mm）的 $L/20+100$。当荷载偏大时可适当加大上下翼缘的厚度及宽度，荷载特别大时需要适当加大梁高。

（2）次梁截面高度：

一般情况下，两端简支的次梁高度取跨度 L（mm）的 $L/20$～$L/30$。当其他专业需要在腹板上开小洞时，次梁高度基本接近框架梁高度，使得孔洞中心线标高接近同一值。

3. 第 14.7.2 条

1）组合梁边梁混凝土翼板的构造，应满足下列要求：

（1）有托板时，伸出长度宜$\geqslant h_{c2}$；

（2）无托板时，应同时满足伸出钢梁中心线$\geqslant$150mm、伸出钢梁边缘$\geqslant$50mm 的要求（图 14.7.2）。

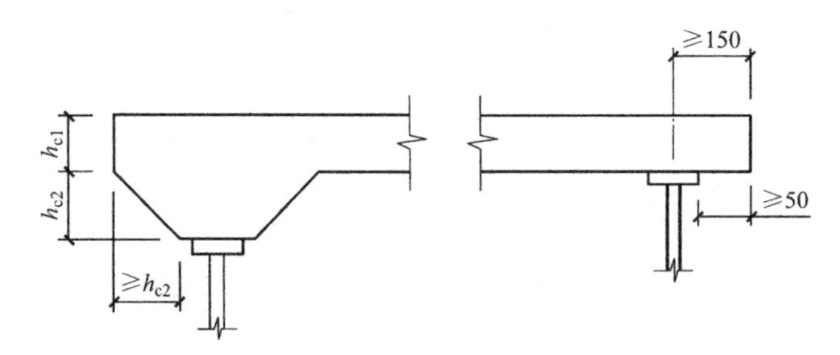

图 14.7.2　边梁构造图

2）由于托板设置施工困难，实际工程中可采用不设置托板的构造，可适当加厚混凝土板厚度。

4. 第 14.7.3 条

1）连续组合梁在中间支座负弯矩区的上部纵向钢筋及分布钢筋，应按《混规》的规定设置；

2）连续组合梁的中间支座负弯矩区，是弯矩和剪力均较大的区域，该区域内混凝土板受力大、受力复杂，实际工程中应适当加大并加密配筋和构造钢筋，减小楼板的裂缝。

5. 第 14.7.4 条

1）抗剪连接件的设置，应符合下列要求：

（1）圆柱头焊钉连接件钉头下表面，或槽钢连接件上翼缘下表面，与翼板底部钢筋顶面的距离 h_{e0} 宜≥30mm；

（2）连接件沿梁跨度方向（注：梁的长度方向）的最大间距，应≤$3h_{c1}$，且≤300mm；

（3）连接件外侧边缘与钢梁翼缘边缘之间的距离，应≥20mm；

（4）连接件的外侧边缘至混凝土翼板边缘的距离，应≥100mm；

（5）连接件顶面的混凝土保护层厚度，应≥15mm。

2）关于连接件的设置构造：

（1）提出连接件下表面（焊钉钉头下表面或槽钢上翼缘下表面）距混凝土底部钢筋的最小距离要求，是为了保证连接件在混凝土翼板与钢筋之间发挥抗掀起作用；

（2）底部钢筋作为连接件根部附近的横向钢筋，防止混凝土由于连接件的局部受压作用而开裂；

（3）规定连接件沿梁跨度方向的最大间距，是为了防止混凝土翼板与钢梁接触面间产生过大的裂缝，影响组合梁的整体工作性能和耐久性。

6. 第 14.7.5 条

1）圆柱头焊钉连接件，除应满足第 14.7.4 条的要求外，还应符合下列规定：

（1）当焊钉位置不正对钢梁腹板时，若钢梁上翼缘承受拉力，则焊钉钉杆直径应≤$1.5t_f$，t_f 为钢梁的上翼缘厚度；若钢梁上翼缘不承受拉力时，则焊钉钉杆直径应≤$2.5t_f$；

（2）焊钉长度应≥$4d_d$，d_d 为焊钉钉杆直径；

（3）焊钉沿梁轴线方向的间距应≥$6d_d$，垂直于梁轴线方向的间距应≥$4d_d$；

（4）用压型钢板作翼板混凝土底模的组合梁，焊钉钉杆直径宜 d_d≤19mm（注：可采用 16mm），混凝土凸肋宽度应≥$2.5d_d$；焊钉高度 h_d 应≥h_e+30（见图 14.3.2）。

2）“用压型钢板作底模的组合梁”，可理解为“用压型钢板作混凝土翼板底模的组合梁”。

3）规定焊钉的最小间距，是为了保证焊钉充分发挥受剪承载力，焊钉高度一般不大于 h_e+75。焊钉设置的其他要求，还可查阅文献 [24]。

7. 第 14.7.6 条

1）槽钢连接件一般采用 Q235 钢，截面不宜大于 [12.6。

2）槽钢的刚度要大于焊钉，为实现柔性连接件的要求，对槽钢材料提出要求；对槽钢高度的要求，主要是结合实际工程中翼板厚度的实际情况，实际工程中还应适当控制槽钢段的长度（宜 100mm）。

8. 第 14.7.7 条

1）横向钢筋的构造要求，应符合下列规定：

（1）横向钢筋的间距应≤$4h_{e0}$，且≤200mm；

（2）托板中应配置 U 形横向钢筋加强（见图 14.6.1）。托板中横向钢筋的下部水平段，应设置在距离钢梁上翼缘 50mm 的范围内。

2）托板中设置 U 形横向钢筋，是因为托板中临近钢梁上翼缘的部分混凝土受到抗剪连接件的局部压力作用，容易产生劈裂，故而采取加强措施。

9. 第 14.7.8 条

1）对于承受负弯矩的箱形截面组合梁，可在钢箱梁底板上方或腹板内侧设置抗剪连接件，并浇筑混凝土。

2）“承受负弯矩的箱型截面组合梁”：

（1）组合钢梁承受负弯矩时，钢箱梁底板受压，在钢箱梁底板上方浇筑混凝土（注意：如果仅是钢箱梁底板受力需要，可在箱梁底板上浇筑适当厚度混凝土，可与混凝土楼板厚度相当，混凝土区域两端设置横隔板封堵）与箱梁底板形成组合作用，共同承受压力，有效提高受压钢板的稳定性。

（2）在梁端负弯矩剪力较大的区域，为了提高钢箱梁的受剪承载力和刚度，可在钢箱梁腹板内侧设置抗剪连接件，并浇筑混凝土（注意：是钢箱梁截面内部填满浇筑，混凝土区域两端设置横隔板封堵，本质上是方钢管混凝土），以充分发挥钢梁腹板和内填混凝土的抗剪作用。

第 15 章　钢管混凝土柱及节点

【说明】

钢管混凝土柱包括矩形钢管混凝土柱和圆形钢管混凝土柱等，钢管混凝土柱是钢结构的一种主要构件，在结构设计中主要用作承担轴力、弯矩较大的柱子，尤其是大空间柱子等重要构件（圆形钢管混凝土柱广泛应用于非正交轴网的工程，利于梁柱的连接），结构设计中应特别予以重视。《高规》附录 F 有相似的规定，实际工程应用和注册备考时应注意相互对照。

15.1　一般规定

《钢标》对钢管混凝土柱及节点设计的一般规定见表 15.1.0-1。

表 15.1.0-1　《钢标》对钢管混凝土柱及节点设计的一般规定

<table>
<tr><th>条文号</th><th>规定</th><th colspan="2">关键点把握</th></tr>
<tr><td>15.1.1</td><td>适用范围</td><td colspan="2">适用于不直接承受动力荷载的钢管混凝土柱及节点设计</td></tr>
<tr><td>15.1.2</td><td>钢管混凝土柱的适用范围</td><td colspan="2">框架结构、框架-剪力墙结构、框架-核心筒结构、框架-支撑结构、筒中筒结构、部分框支-剪力墙结构、塔杆结构</td></tr>
<tr><td>15.1.3</td><td>与钢管混凝土柱相连的框架梁</td><td colspan="2">宜采用钢梁、钢-混凝土组合梁、现浇混凝土梁</td></tr>
<tr><td rowspan="4">15.1.4</td><td rowspan="4">钢管混凝土柱的选材</td><td>钢管</td><td>符合第 4 章要求</td></tr>
<tr><td rowspan="3">混凝土</td><td>强度等级，与钢材强度等级相匹配</td></tr>
<tr><td>不得使用对钢管有腐蚀作用的外加剂</td></tr>
<tr><td>抗压强度和弹性模量符合《混规》要求</td></tr>
<tr><td>15.1.5</td><td>钢管混凝土柱节点计算</td><td colspan="2">符合《钢管混凝土结构技术规范》GB 50936 要求</td></tr>
<tr><td rowspan="3">15.1.6</td><td rowspan="3">钢管混凝土柱设计</td><td colspan="2">1)应进行使用阶段的承载力设计</td></tr>
<tr><td rowspan="2">2)进行施工阶段的承载力验算</td><td>采用空管截面</td></tr>
<tr><td>在施工阶段的轴向应力，不应大于空管柱抗压强度设计值的 60%，并满足稳定要求</td></tr>
<tr><td>15.1.7</td><td>钢管内浇筑混凝土时</td><td colspan="2">应采取有效措施保证混凝土的密实性</td></tr>
<tr><td>15.1.8</td><td>钢管混凝土柱</td><td colspan="2">宜考虑徐变对承载力的不利影响</td></tr>
</table>

【要点分析】

1. 本章的所有计算理论和试验研究均建立在静载荷和间接承受动荷载的基础上，钢管可采用无缝钢管和焊接钢管（直缝焊接管或螺旋缝焊接管等），钢管内混凝土的强度等级宜适当（宜适当采用较高的混凝土强度等级）。

2. 第 15.1.1 条

1）本章适用于不直接承受动力荷载的钢管混凝土柱及节点设计和计算；

2）限定钢管混凝土柱及节点的适用范围，不是说钢管混凝土柱和节点只适应于规定的范围，而是目前的理论分析和试验研究，仅局限于不直接承受动力荷载的钢管混凝土柱及节点，实际工程中需要扩大适用范围前，还需要更深入的理论分析和试验研究。

3. 第 15.1.2 条

1）钢管混凝土柱可用于框架结构、框架-剪力墙结构、框架-核心筒结构、框架-支撑结构、筒中筒结构、部分框支-剪力墙结构和杆塔结构等。

2）由于钢管对其内部混凝土的约束作用（套箍效应），和内部混凝土对钢管稳定性的有利影响，钢管混凝土柱由于轴向承载力大、延性好等特点，广泛应用在工业与民用建筑中（尤其是高层建筑）。还由于圆钢管的各向同性，适合于非正交的复杂柱网和复杂平面布置的工程。

3）《高规》对钢管混凝土柱和节点也有专门规定。

4. 第 15.1.3 条

1）在工业与民用建筑中，与钢管混凝土柱相连的框架梁，宜采用钢梁或钢-混凝土组合梁，也可采用现浇钢筋混凝土梁。

2）实际工程中与钢管柱相连的梁，宜优先考虑钢梁（采用混凝土楼板）、和混凝土梁，避免采用型钢混凝土梁（主要是型钢混凝土梁与钢梁相比优势不大，还由于重量大、工序交叉多、施工复杂等因素，不建议优先采用）：

（1）采用钢梁时，钢梁与型钢混凝土柱连接节点简单，一般在节点设置横隔板（钢管混凝土柱截面较大时，宜设置内环板，周边设置气孔，柱截面较小时宜设置外环板），与钢梁采用悬臂梁段连接（栓焊连接）；

（2）采用混凝土梁时，节点做法与钢梁相同（宜设置悬臂短梁，梁钢筋与悬臂短钢梁机械连接或焊接，部分钢筋也可穿钢柱，钢筋穿柱处钢柱应采取局部加强措施）；

（3）必须采用型钢混凝土梁时，型钢梁与钢柱连接采用上述（1）的做法，梁钢筋穿柱采用上述（2）的做法。注意：型钢混凝土梁设计时，应以型钢梁受力为主。

5. 第 15.1.4 条

1）钢管混凝土柱的材料要求：

（1）钢管的选用，应符合第 4 章的有关规定；

（2）混凝土的强度等级应与钢材强度相匹配；

（3）不得使用对钢管有腐蚀作用的外加剂；

（4）混凝土的抗压强度和弹性模量应按《混规》的规定采用。

2）强调钢管材料与内部混凝土强度等级的协调一致性，有利于钢管和混凝土的共同工作。钢管混凝土柱中的混凝土：对 Q235 钢管宜采用 C30～C40；对 Q345（或 Q355）钢管宜采用 C40～C50；对 Q390、Q420 钢管宜≥C50；地震区不宜采用 C70 以上的高强混凝土（当采用 C80 及以上的高强混凝土时，应有可靠依据并经专门论证）。

3）对钢管有腐蚀作用的混凝土外加剂，会对构件安全带来隐患，不得采用。

6. 第 15.1.5 条

1）钢管混凝土柱和节点的计算，应符合现行《钢管混凝土结构技术规范》GB 50936

的有关规定；

2）由于钢管柱属于结构设计中的重要构件（荷载大，作用大），对钢管混凝土柱应加强验算；梁柱节点是结构体系和传力的保证，也应按规定进行验算并满足规范要求。

7. 第15.1.6条

1）钢管混凝土柱，除应进行使用阶段承载力设计外，尚应进行施工阶段的承载力验算。进行施工阶段的承载力验算时，应采用空钢管截面，空钢管柱在施工阶段的轴向应力，不应大于空钢管抗压强度设计值的60%，并满足稳定性要求；

2）在高层建筑和单层厂房施工时，一般先安装空钢管，然后再一次性向管内浇灌或压灌混凝土，或连续浇筑楼面混凝土（混凝土容重可取22～24kN/mm^3）。在空钢管柱和管内混凝土没有形成钢管混凝土之前，这些荷载将在钢管中形成初应力，将影响钢管柱的稳定承载力，为此应控制钢管初应力（经分析和试验研究，初应力的应力比应≤60%）；

3）按空钢管截面柱验算在施工荷载下的内力，计算在仅轴力作用下钢柱的轴向应力值≤$0.6f$，f 为钢管钢材的抗压强度设计值（N/mm^2）。

8. 第15.1.7条

1）钢管内浇筑混凝土时，应采取措施保证混凝土的密实性。

2）宜采用自密实混凝土（自上而下的高抛工艺）或压灌混凝土（自下而上的压力泵送方式），柱横隔板与柱壁板交接处应设置排气孔。

9. 第15.1.8条

1）钢管混凝土宜考虑混凝土徐变对稳定承载力的不利影响；

2）混凝土的徐变（主要发生在混凝土浇筑后的前三个月内，之后徐变趋缓，可查阅文献［21］、［24］）造成钢管柱内力重分布，导致钢管和混凝土应力的改变（钢管应力增加，混凝土应力减小），使钢管混凝土柱承载力下降（约降低10%左右）。

15.2　矩形钢管混凝土柱

《钢标》对矩形钢管混凝土柱的设计规定见表15.2.0-1。

表15.2.0-1　《钢标》对矩形钢管混凝土柱的设计规定

条文号	规定	关键点把握
15.2.1	矩形钢管的选用	可采用冷成型的直缝钢管、螺旋缝焊接管及热轧管
		可采用由冷弯型钢、热轧钢板、型钢焊接成型的矩形管
	矩形钢管的连接	可采用高频焊、自动或半自动焊、手工对接焊缝
		矩形钢管混凝土构件采用钢板或型钢组合时，壁板间的连接焊缝应采用全熔透焊接
15.2.2	矩形钢管混凝土柱	边长宜≥150mm，钢管壁厚度应≥3mm
15.2.3	矩形钢管混凝土柱应考虑角部对混凝土约束的减弱	当长边>1m时，应采取构造措施增强矩形钢管对混凝土的约束作用，减小混凝土的收缩影响
15.2.4	矩形钢管混凝土柱计算	受压计算时，应考虑混凝土的轴心受压承载力承担系数
		受拉计算时，可仅计算钢管的受拉承载力

【要点分析】

1. 与圆形钢管混凝土柱相比，矩形钢管对管内混凝土的约束较弱，应采取必要的设计及构造措施。对矩形钢管混凝土柱，《高规》也有相应的规定。

2. 第 15.2.1 条

1）矩形钢管的材料及焊接：

（1）矩形钢管：可采用冷成型的直缝钢管或螺旋缝焊接管及热轧管，也可采用冷弯成型或热轧钢板、型钢焊接成型的矩形管；

（2）连接：可采用高频焊、自动或半自动焊和手工对接焊缝。当矩形钢管混凝土构件采用钢板或型钢组合时，其壁板间的连接焊缝应采用全熔透焊缝。

2）矩形钢管的形式很多，可采用热轧的或冷成型，也可采用直缝的和螺旋焊缝的焊接矩形管，还可采用钢板和型钢组合的矩形管（如四角等边角钢和四周钢板组合成的矩形钢管等）。

3）矩形管的焊缝应满足等强连接要求（高频焊、自动或半自动焊和手工对接焊缝，自动满足），其他焊缝应采用全熔透焊缝。

3. 第 15.2.2 条

1）矩形钢管混凝土柱边长尺寸宜≥150mm，钢管管壁厚度应≥3mm。

2）矩形钢管混凝土柱截面尺寸不宜太小，有利于保证管内混凝土质量；钢管管壁不宜太小（宜≥5mm），有利于提高钢管混凝土柱的承载力和钢管的耐久性。

4. 第 15.2.3 条

1）矩形钢管混凝土柱，应考虑角部对混凝土约束的作用的减弱，当边长>1m 时，应采取构造措施，增强矩形钢管对混凝土的约束作用和减小混凝土收缩的影响。

2）矩形钢管对管内混凝土的约束要比圆形钢管弱，当矩形钢管混凝土柱截面较大（如>1m）时，应考虑混凝土的收缩影响。工程中常用的措施是在柱子内壁焊接栓钉，设置纵向加劲肋及设置管内钢筋笼等。

5. 第 15.2.4 条

1）矩形钢管混凝土柱受压计算时，混凝土的轴心受压承载力承担系数，可考虑钢管与混凝土的变形协调来分配；受拉计算时，可不考虑混凝土的作用，仅计算钢管的受拉承载力。

2）矩形钢管混凝土柱受压计算时，混凝土的轴心受压承载力承担系数 α_c，应控制在 0.1～0.7 之间，可根据钢管与混凝土的弹性模量及截面面积乘积的相互关系确定（注意：变形协调与弹性模量有关，条文说明中的承载力比值，不是变形协调关系），即：

$$\alpha_c=\frac{A_cE_c}{A_cE_c+A_sE_s} \tag{15.2.4-1}$$

式中：A_c——矩形钢管混凝土柱中混凝土的截面面积（mm^2）；

E_c——矩形钢管混凝土柱中混凝土的弹性模量（N/mm^2）；

A_s——矩形钢管混凝土柱中钢管的截面面积（mm^2）；

E_s——矩形钢管混凝土柱中钢管的弹性模量（N/mm^2）。

3）矩形钢管混凝土柱的受拉承载力 T，按式（15.2.4-2）计算：

$$T = A_s f \quad (15.2.4\text{-}2)$$

式中：A_s——矩形钢管的截面面积（mm^2）；

f——矩形钢管的抗拉强度设计值（N/mm^2）。

15.3　圆形钢管混凝土柱

《钢标》对圆形钢管混凝土柱的设计规定见表 15.3.0-1。

表 15.3.0-1　《钢标》对圆形钢管混凝土柱的设计规定

条文号	规定	关键点把握
15.3.1	圆钢管	可采用焊接圆钢管、热轧无缝钢管等
15.3.2 15.3.3 15.3.4	圆形钢管混凝土柱	1)直径宜≥180mm,壁厚应≥3mm
		2)应采取措施确保钢管对混凝土的环箍作用
		3)直径大于 2m 时,应采取措施减小混凝土的收缩影响
		4)受拉弹性阶段计算,仅计算钢管受拉(不考虑混凝土)
		5)钢管屈服后,可考虑钢管与混凝土共同工作,受拉承载力可适当提高

【要点分析】

1. 圆形钢管混凝土柱是最理想的截面形式，外圈钢管对内部混凝土约束（套箍作用）强，约束均匀，圆形截面柱各向同性，适合于复杂柱网、复杂连接的工程。对圆形钢管混凝土柱，《高规》也有相应的规定。

2. 第 15.3.1 条

1）圆形钢管可采用焊接圆钢管或热轧无缝钢管。

2）焊接圆钢管可以宜采用螺旋焊接管，也可采用直缝焊接管；

3）受产品规格限制，热轧无缝管一般适用于中小直径钢管。

3. 第 15.3.2 条

1）圆形钢管混凝土柱截面直径宜≥180mm，钢管壁厚应≥3mm；

2）圆形钢管混凝土柱截面尺寸不宜太小，有利于保证管内混凝土质量；

3）钢管管壁不宜太小（轧制管宜≥4mm，焊接管宜≥5mm），有利于提高钢管混凝土柱的承载力和钢管的耐久性。

4. 第 15.3.3 条

1）圆形钢管混凝土柱，应采取有效措施保证钢管对混凝土的套箍作用；当直径>2m 时，应采取措施减小混凝土收缩的影响。

2）圆形钢管混凝土的环箍系数（《高规》称为“套箍指标”）与含钢率直接相关，是决定构件延性、承载力及经济性的重要指标。环箍系数过小，对管内混凝土的约束作用太小；环箍系数过大，则钢管管壁过厚，不经济。

3）钢管直径过大时，管内混凝土的收缩将导致钢管与管内混凝土脱开，共同作用降低，因此，一般情况下，当圆钢管直径大于 2m 时，圆钢管应采取减少混凝土收缩的措施，工程中常用的方法是，管内设置钢筋笼、钢管内壁设置栓钉或加劲板等。

5. 第 15.3.4 条

1）圆形钢管混凝土柱受拉弹性阶段计算时，可不考虑混凝土的作用，仅计算钢管受拉承载力；钢管屈服后，可考虑钢管和混凝土的共同工作，受拉承载力可适当提高。

2）钢管混凝土受拉力作用时，管内混凝土开裂，不承担拉力作用（仅钢管承担拉力），但当钢管受拉伸长时，径向将收缩，由于管内混凝土的阻碍，成为纵向和环向均受拉的双向受拉应力状态，受拉强度可提高约 10%。

3）圆形钢管混凝土柱的受压承载力计算可查阅《高规》。

15.4 钢管混凝土柱与钢梁连接节点

《钢标》对钢管混凝土柱与钢梁连接节点的设计规定见表 15.4.0-1。

表 15.4.0-1 《钢标》对钢管混凝土柱与钢梁的连接节点的设计规定

条文号	规定	关键点把握
15.4.1	矩形钢管混凝土柱与钢梁连接	可采用隔板贯通节点、内隔板节点、外环板节点、外肋环板节点
15.4.2	圆形钢管混凝土柱与钢梁连接	可采用外加强环节点、内加强环节点、钢梁穿心节点等
15.4.3	柱内隔板	应设置混凝土浇筑孔，孔径应≥200mm
		应设置混凝土浇筑透气孔，孔径宜≥25mm
15.4.4	节点外环板或外加强板	外环板的挑出长度，应满足传递梁端弯矩和局部稳定要求

【要点分析】

1. 钢管混凝土柱与钢梁的连接节点做法很多，实际工程中应根据工程的具体情况选择传力可靠，施工简单的节点。

2. 第 15.4.1 条

1）矩形钢管混凝土柱与钢梁连接节点，可采用隔板贯通节点、内隔板节点、外环板节点和外肋环板节点。

2）钢管混凝土梁柱的节点，是钢结构的主要连接形式，应满足钢结构节点设计的一般规定。

3）柱截面较大时，宜采用内隔板节点，柱截面较小时，宜采用外环板节点。

3. 第 15.4.2 条

1）圆形钢管混凝土柱与钢梁连接节点，可采用外加强环节点、内加强环节点、钢梁穿心节点。

2）和第 15.4.1 条相同，柱截面较大时，宜采用内环板节点或钢梁穿心节点，柱截面较小时，宜采用外环板节点。

4. 第 15.4.3 条

1）柱内隔板上应设置混凝土浇筑孔和透气孔，混凝土浇筑孔孔径应≥200mm，透气孔孔径宜≥25mm（注意：在纯钢结构构件中，透气孔宜为 20mm）；

2）隔板厚度应满足板件宽厚比限值，且≥t_f，t_f 为钢梁翼缘厚度。柱内隔板上的混凝土浇筑孔及透气孔设置见图 15.4.3-1。

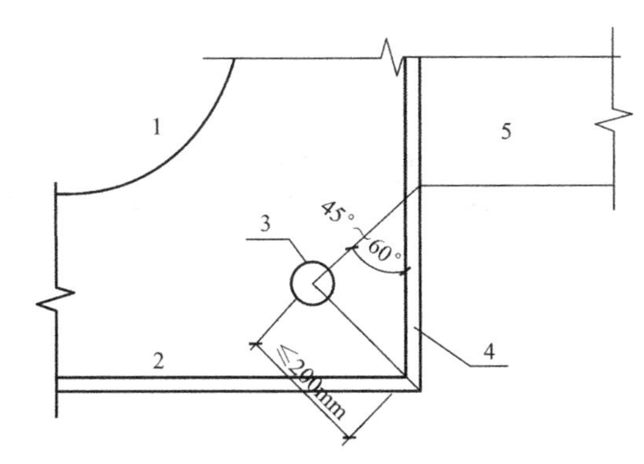

图 15.4.3-1 柱内隔板上的混凝土浇筑孔及透气孔设置

1—浇筑孔；2—内隔板；3—透气孔；4—柱钢管壁；5—梁翼缘

5. 第 15.4.4 条

1）节点设置外环板或外加强板时，外环板的挑出宽度，应满足可靠传递梁端弯矩和局部稳定要求。

2）圆钢管混凝土柱的外环板节点中，外环板的挑出宽度$\geqslant 0.7b_f$（厚度宜$\geqslant t_f$），其中，b_f为钢梁翼缘宽度，t_f为钢梁翼缘厚度；

3）矩形钢管混凝土柱的外环板节点中，外环板挑出的宽度宜$\geqslant$100mm（也宜$\geqslant 0.7b_f$），且$\leqslant 15t_d\varepsilon_k$（宜$t_d \geqslant t_f$），其中，$t_d$为隔板厚度。

第16章　疲劳计算及防脆断设计

【说明】

1. 在动力荷载作用下，钢结构的疲劳设计和钢结构的防脆断设计都是钢结构设计的特色内容。结构设计中，当遇有动力荷载作用时，低温情况时，应特别注意。

2. 疲劳计算和防脆断设计主要应用于特殊地区特殊的工业建筑，现阶段以满足《钢标》规定的构造措施为首选，也不会增加太多费用；对民用建筑的结构设计人员，也需要适当了解。

3. 实际工程和注册备考时，对疲劳和防脆断设计应把握概念。

16.1　一般规定

《钢标》对疲劳计算及防脆断设计的一般规定见表16.1.0-1。

表16.1.0-1　《钢标》对疲劳计算及防脆断设计的一般规定

条文号	规定	关键点把握
16.1.1	直接承受动力荷载重复作用的钢结构构件及其连接	当应力变化的循环次数 $n \geqslant 5 \times 10^4$ 次时，应进行疲劳计算
16.1.2	不适宜疲劳验算的情况	1)构件表面温度高于150℃
		2)处于海水腐蚀环境
		3)焊后经热处理消除残余应力
		4)构件处于低周-高应变疲劳状态
16.1.3	疲劳强度计算	1)应采用基于名义应力的容许应力幅法
		2)名义应力按弹性状态计算
		3)容许应力幅按构件和连接类别、应力循环次数及计算部位的板件厚度确定
		4)对于非焊接的构件和连接，其应力循环中不出现拉应力的部位，可不计算疲劳强度
16.1.4	防脆断设计范围	在低温下工作或制作安装的钢结构构件
16.1.5	计算疲劳构件所用的钢材	1)应具有冲击韧性的合格保证
		2)钢材质量等级选用应符合第4.3.3条的规定

【要点分析】

1. 目前，对基于可靠度理论的疲劳极限状态设计方法还缺乏研究，疲劳设计仍采用传统的基于名义应力幅的方法（以经验为主），以名义应力幅作为衡量疲劳性能的指标，通过大量试验得出各种构件和连接构造的疲劳性能统计数据，并加以控制。

2. 第16.1.1条

1）直接承受动力荷载重复作用的钢结构构件及其连接，当应力变化的循环次数 $n \geqslant 5 \times 10^4$ 次时，应进行疲劳计算。

2）本条明确了疲劳验算的适用范围：

（1）直接承受动力荷载重复作用的钢结构（构件及连接），如工业厂房的吊车梁、有悬挂吊车的屋盖结构、桥梁（有车辆荷载）、海洋钻井平台（受风及海浪反复作用）、风力发电机结构、大型旋转娱乐设施等；

（2）荷载产生的应力变化的循环次数 $n \geqslant 5 \times 10^4$ 次时（当循环次数小于限值时，可不进行疲劳验算，且可按不需要验算疲劳的要求选用钢材）；

（3）依据第16.1.2条的规定，疲劳验算适用于常温、无强烈腐蚀作用的环境的情况。

3）需要进行疲劳验算的结构，应满足第16.3节规定的构造要求。

3. 第16.1.2条

1）钢结构构件及连接的疲劳验算，不适用于下列情况：

（1）构件表面温度≥150℃；

（2）处于海水腐蚀环境；

（3）焊后经热处理消除残余应力；

（4）构件处于低周-高应变疲劳状态。

2）疲劳验算对钢结构构件及其连接的环境要求：

（1）适用于常温、无强烈腐蚀作用环境的工程；

（2）对于海水腐蚀环境、低周-高应变疲劳等特殊使用条件中结构的疲劳验算，应按各专门规范采取相应的措施；

（3）高温使用环境、焊接经回火消除残余应力的结构构件及连接，其材料强度设计值与《钢标》不同，应按专门规范考虑。

4. 第16.1.3条

1）疲劳计算：

（1）应采用基于名义应力的容许应力幅法；

（2）名义应力应按弹性状态计算；

（3）容许应力幅应按构件和连接类别、应力循环次数及计算部位的板件厚度确定；

（4）对非焊接的构件和连接，其应力循环中不出现拉应力的部位，可不计算疲劳强度。

2）对疲劳计算的应力幅法，是目前国际上公认的最有效的方法，大量的试验研究和理论分析表明，对于焊接钢结构疲劳强度起控制作用的是应力幅 $\Delta\sigma$，而几乎与其他因素（如：最大应力、最小应力及应力比等）无关：

（1）焊接残余应力：焊接及其随后的冷却，构成不均匀热循环过程，使焊接结构内部产生自相平衡的内应力，在焊接附近出现局部残余拉应力高峰（残余拉应力高峰值往往会达到钢材的屈服强度），横截面其余部位则形成残余压应力与之平衡；

（2）焊接应力集中：焊接连接部位，因为原截面形状的改变，总会产生不同程度的应力集中现象；

（3）残余应力和应力集中两大因素的同时存在，使疲劳裂缝发生于焊接熔合线的表面缺陷处，或焊缝内部缺陷处，然后沿垂直于外力作用方向扩展，直到最后断裂；

(4) 容许应力幅值是根据疲劳试验数据统计分析得出的，试验中包括了局部应力集中可能产生屈服区的影响，整个构件可按弹性计算，不考虑连接本身的应力集中；

(5) 按应力幅概念计算，承受压应力循环和承受拉应力循环是完全相同的，试验中也有压应力区出现疲劳的现象。焊接结构的疲劳强度之所以和应力幅密切相关，本质上是由于焊接部位存在较大的残余拉应力，造成名义上受压应力部位仍会疲劳开裂，只是裂缝扩展的速度比较慢，裂缝扩展的长度有限，当裂缝扩展到残余拉应力释放后便会停止；

(6) 疲劳强度与连接类别有关，不同的连接将引起不同类型的应力集中（包括连接的外形变化和内在缺陷的影响等），设计中应避免采用可能导致应力集中的连接构造；

(7) 容许应力幅与钢材的静力强度无关，即以疲劳控制的构件无需采用强度较高的钢材。

5. 第 16.1.4 条

1) 在低温下工作或制作安装的钢结构构件，应进行防脆断设计；

2) “低温”通常指不高于－20℃；

3) 对于厚钢板（厚度≥40mm），除按第 4.3.4 条和第 4.3.5 条进行防撕裂设计外，当加工及使用环境温度不低于－20℃时，宜进行防脆断设计（建议满足防脆断构造要求）；

4) 对高强度钢材，当加工及使用环境温度不低于－20℃时，宜进行防脆断设计（建议满足防脆断构造要求）；

5) 钢结构的环境温度，应包括钢结构构件加工制作和建筑物正常使用的全生命周期内温度。

6. 第 16.1.5 条

1) 需计算疲劳构件所用的钢材，应具有冲击韧性的合格保证，钢材质量等级的选用，应符合第 4.3.3 条的要求；

2) 依据第 4.3.3 条的规定，根据焊接结构和非焊接结构、疲劳计算要求、钢结构的环境温度（包括钢结构构件加工制作和建筑物正常使用的全生命周期内温度）等，选用合适的钢材。

16.2 疲劳计算

《钢标》对疲劳计算的规定见表 16.2.0-1。

表 16.2.0-1 《钢标》对疲劳计算的规定

条文号	规定	关键点把握	
16.2.1	在结构使用寿命期间，当常幅疲劳或变幅疲劳的最大应力幅符合相关要求时，疲劳强度满足要求	1)正应力幅疲劳计算要求	
		2)剪应力幅疲劳计算要求	
		3)板厚或直径修正系数计算	对于横向角焊缝和对接连接
			对于螺栓轴向受拉连接
			其他情况
16.2.2	当常幅疲劳计算不能满足第 16.2.1 条要求时	1)应进行正应力幅的疲劳计算	
		2)应进行剪应力幅的疲劳计算	

续表

条文号	规定	关键点把握
16.2.3	当变幅疲劳计算不能满足第16.2.1条要求时	1)应进行正应力幅的疲劳计算
		2)应进行剪应力幅的疲劳计算
16.2.4	重级工作制吊车梁和重级、中级工作制吊车桁架的变幅疲劳	1)可取应力循环中最大的应力幅
		2)正应力幅的疲劳计算规定
		3)剪应力幅的疲劳计算规定
16.2.5	直接承受动力荷载重复作用的高强螺栓连接	1)抗剪摩擦型连接,可不进行疲劳验算,但其连接开孔的主体金属应进行疲劳验算
		2)栓焊并用连接应力应按全部剪力由焊接承担,对焊缝进行疲劳计算

【要点分析】

1. 本节规定疲劳计算的具体方法，可重点关注应力幅，分清常幅疲劳和变幅疲劳，对应力循环次数有大致的了解。

2. 第16.2.1条

1）结构使用寿命期间，当常幅疲劳或变幅疲劳的最大应力幅，符合下列公式时，则疲劳强度满足要求。

（1）正应力幅的疲劳计算：

$$\Delta\sigma < \gamma_t [\Delta\sigma_L]_{1\times10^8} \tag{16.2.1-1}$$

对焊接部位：

$$\Delta\sigma = \sigma_{max} - \sigma_{min} \tag{16.2.1-2}$$

对非焊接部位：

$$\Delta\sigma = \sigma_{max} - 0.7\sigma_{min} \tag{16.2.1-3}$$

（2）对剪应力幅的疲劳计算：

$$\Delta\tau < [\Delta\tau_L]_{1\times10^8} \tag{16.2.1-4}$$

对焊接部位：

$$\Delta\tau = \tau_{max} - \tau_{min} \tag{16.2.1-5}$$

对非焊接部位

$$\Delta\tau = \tau_{max} - 0.7\tau_{min} \tag{16.2.1-6}$$

（3）板厚或直径修正系数 γ_t 应按下列规定采用：

① 对于横向角焊缝连接或对接焊接连接，当连接板厚 $t>25$mm 时，应按式（16.2.1-7）确定：

$$\gamma_t = \left(\frac{25}{t}\right)^{0.25} \tag{16.2.1-7}$$

② 对于螺栓轴向受拉连接，当螺栓的公称直径 $d>30$mm 时，应按式（16.2.1-8）确定：

$$\gamma_t = \left(\frac{30}{d}\right)^{0.25} \tag{16.2.1-8}$$

③ 其余情况取 $\gamma_t = 1.0$。

式中：$\Delta\sigma$——构件或连接计算部位的正应力幅（N/mm^2）；

σ_{max}——计算部位应力循环中的最大拉应力（N/mm^2），取正值；

σ_{min}——计算部位应力循环中的最小拉应力（N/mm^2），拉应力取正值，压应力取负值；

$\Delta\tau$——构件或连接计算部位的剪应力幅（N/mm^2）；

τ_{max}——计算部位应力循环中的最大剪应力（N/mm^2）；

τ_{min}——计算部位应力循环中的最小剪应力（N/mm^2）；

$[\Delta\sigma_L]_{1\times10^8}$——正应力幅的疲劳截止限（$N/mm^2$），根据《钢标》附录 K 规定的构件和连接类别，按表 16.2.1-1 采用；

$[\Delta\tau_L]_{1\times10^8}$——剪应力幅的疲劳截止限（$N/mm^2$），根据《钢标》附录 K 规定的构件和连接类别，按表 16.2.1-2 采用。

表 16.2.1-1　正应力幅的疲劳计算参数

构件与连接的类别	构件与连接的相关参数		循环次数 n 为 2×10^6 次的容许正应力幅 $[\Delta\sigma]_{2\times10^6}$ (N/mm^2)	循环次数 n 为 5×10^6 次的容许正应力幅 $[\Delta\sigma]_{5\times10^6}$ (N/mm^2)	疲劳截止限 $[\Delta\sigma_L]_{1\times10^8}$ (N/mm^2)
	C_Z	β_Z			
Z1	1920×10^{12}	4	176	140	85
Z2	861×10^{12}	4	144	115	70
Z3	3.91×10^{12}	3	125	92	51
Z4	2.81×10^{12}	3	112	83	46
Z5	2.00×10^{12}	3	100	74	41
Z6	1.46×10^{12}	3	90	66	36
Z7	1.02×10^{12}	3	80	59	32
Z8	0.72×10^{12}	3	71	52	29
Z9	0.50×10^{12}	3	63	46	25
Z10	0.35×10^{12}	3	56	41	23
Z11	0.25×10^{12}	3	50	37	20
Z12	0.18×10^{12}	3	45	33	18
Z13	0.13×10^{12}	3	40	29	16
Z14	0.09×10^{12}	3	36	26	14

注：构件与连接的分类应符合《钢标》附录 K 的规定。

表 16.2.1-2　剪应力幅的疲劳计算参数

构件与连接的类别	构件与连接的相关参数		循环次数 n 为 2×10^6 次的容许剪应力幅 $[\Delta\tau]_{2\times10^6}$ (N/mm^2)	疲劳截止限 $[\Delta\tau_L]_{1\times10^8}$ (N/mm^2)
	C_J	β_J		
J1	4.01×10^{11}	3	59	16
J2	2.00×10^{16}	5	100	46
J3	8.61×10^{21}	8	90	55

注：构件与连接的分类应符合《钢标》附录 K 的规定。

2）“常幅疲劳”，就是应力循环内的应力幅保持常量的疲劳形式。常幅疲劳是一种假定，也就是适用于重复作用的荷载变幅较小的情况。

3）“变幅疲劳”，就是应力循环内的应力幅不是常量的疲劳形式。实际工程中重复作用的荷载，一般都不是固定值，变幅疲劳适用于重复作用的荷载变幅较大的情况。

4）国外对疲劳进行了大量的研究，试验研究表明：

（1）无论是常幅疲劳还是变幅疲劳，低于疲劳截止限的应力幅，一般不会导致疲劳破坏；

（2）对变幅疲劳，低应力幅在高循环阶段的疲劳损伤程度较低，且存在一个不会疲劳损伤的截止限。

3. 第 16.2.2 条

1）当常幅疲劳计算不能满足式（16.2.1-1）或式（16.2.1-4）要求时，应按下式规定计算：

（1）正应力幅的疲劳计算，应符合下列公式的规定：

$$\Delta\sigma < \gamma_t[\Delta\sigma] \tag{16.2.2-1}$$

当 $n \leqslant 5\times10^6$ 时：

$$[\Delta\sigma]=\left(\frac{C_z}{n}\right)^{1/\beta_z} \tag{16.2.2-2}$$

当 $5\times10^6 < n \leqslant 1\times10^8$ 时：

$$[\Delta\sigma]=\left[([\Delta\sigma]_{5\times10^6})\frac{C_z}{n}\right]^{1/(\beta_z+2)} \tag{16.2.2-3}$$

当 $n > 1\times10^8$ 时：

$$[\Delta\sigma]=[\Delta\sigma_L]_{1\times10^8} \tag{16.2.2-4}$$

（2）剪应力幅的疲劳计算，应符合下列公式的规定：

$$\Delta\tau \leqslant [\Delta\tau] \tag{16.2.2-5}$$

当 $n \leqslant 1\times10^8$ 时：

$$[\Delta\tau]=\left(\frac{C_J}{n}\right)^{1/\beta_J} \tag{16.2.2-6}$$

当 $n > 1\times10^8$ 时：

$$[\Delta\tau]=[\Delta\tau_L]_{1\times10^8} \tag{16.2.2-7}$$

式中：$[\Delta\sigma]$——常幅疲劳的容许正应力幅（N/mm^2）；

n——应力循环次数；

C_z、β_z——构件和连接的相关参数，应根据《钢标》附录 K 规定的构件和连接类别，按表 16.2.1-1 采用；

$[\Delta\sigma]_{5\times10^6}$——循环次数 n 为 5×10^6 次的容许正应力幅（N/mm^2），应根据《钢标》附录 K 规定的构件和连接类别，按表 16.2.1-1 采用；

$[\Delta\tau]$——常幅疲劳的容许剪应力幅（N/mm^2）；

C_J、β_J——构件和连接的相关参数，应根据《钢标》附录 K 规定的构件和连接类别，按表 16.2.1-2 采用。

2）对不满足正应力幅疲劳计算公式（16.2.1-1）和剪应力幅疲劳计算公式（16.2.1-4）的常幅疲劳问题，提供了按照结构预期使用寿命的常幅疲劳强度的计算方法，即采用式（16.2.2-1）和式（16.2.2-5）进行疲劳计算。

3）正应力幅的常幅疲劳计算公式与正应力幅的变幅疲劳公式协调，对不同应力循环次数范围内的正应力幅计算，采用不同的斜率。

4）正应力幅和剪应力幅的常幅疲劳计算，都在应力循环次数 $n=1\times10^8$ 处，分别设置疲劳截止限（即正应力不超过表 16.2.1-1 或剪应力不超过表 16.2.1-2 规定的限值时，不再考虑疲劳问题）$[\Delta\sigma_L]$ 和 $[\Delta\tau_L]$。

4. 第 16.2.3 条

1）当变幅疲劳的计算不能满足式（16.2.1-1）、式（16.2.1-4）要求时，可按下列公式规定计算：

（1）正应力幅的疲劳计算，应符合下列公式的规定：

$$\Delta\sigma_e \leqslant \gamma_t [\Delta\sigma]_{2\times10^6} \qquad (16.2.3\text{-}1)$$

$$\Delta\sigma_e = \left[\frac{\sum n_i(\Delta\sigma_i)^{\beta_z} + ([\Delta\sigma]_{5\times10^6})^{-2}\sum n_j(\Delta\sigma_j)^{\beta_z+2}}{2\times10^6}\right]^{1/\beta_z} \qquad (16.2.3\text{-}2)$$

（2）剪应力幅的疲劳计算，应符合下列公式的规定：

$$\Delta\tau_e \leqslant [\Delta\tau]_{2\times10^6} \qquad (16.2.3\text{-}3)$$

$$\Delta\tau_e = \left[\frac{\sum n_i(\Delta\tau_i)^{\beta_J}}{2\times10^6}\right]^{1/\beta_J} \qquad (16.2.3\text{-}4)$$

式中：$\Delta\sigma_e$——由变幅疲劳预期使用寿命（总循环次数 $n=\sum n_i+\sum n_j$）折算成循环次数 n 为 2×10^6 次的等效正应力幅（N/mm^2）；

$[\Delta\sigma]_{2\times10^6}$——循环次数 n 为 2×10^6 次的容许正应力幅（N/mm^2），应根据《钢标》附录 K 规定的构件和连接类别，按表 16.2.1-1 采用；

$\Delta\sigma_i$、n_i——应力谱中，在 $\Delta\sigma_i \geqslant [\Delta\sigma]_{5\times10^6}$ 范围内的正应力幅（N/mm^2）及其频次；

$\Delta\sigma_j$、n_j——应力谱中，在 $[\Delta\sigma_L]_{1\times10^8} \leqslant \Delta\sigma_j < [\Delta\sigma]_{5\times10^6}$ 范围内的正应力幅（N/mm^2）及其频次；

$\Delta\tau_e$——由变幅疲劳预期使用寿命（总循环次数 $n=\sum n_i$）折算成循环次数 n 为 2×10^6 次常幅疲劳的等效剪应力幅（N/mm^2）；

$[\Delta\tau]_{2\times10^6}$——循环次数 n 为 2×10^6 次的容许剪应力幅（N/mm^2），应根据《钢标》附录 K 规定的构件和连接类别，按表 16.2.1-2 采用；

$\Delta\tau_i$、n_i——应力谱中，在 $\Delta\tau_i \geqslant [\Delta\tau_L]_{1\times10^8}$ 范围内的剪应力幅（N/mm^2）及其频次。

2）对不满足正应力幅疲劳计算公式（16.2.1-1）和剪应力幅疲劳计算公式（16.2.1-2）的变幅疲劳问题，提供了按照结构预期使用寿命的等效常幅疲劳（即采用与常幅疲劳强度相似的计算方法）强度的计算方法，即采用式（16.2.2-1）和式（16.2.2-5）进行疲劳计算。

3）本条公式较为复杂，尤其是式（16.2.3-2），对于较为复杂的公式，没有必要死记硬背，只要了解公式的意义和适用范围，需要时能快速找到即可。

5. 第 16.2.4 条

1）重级工作制吊车梁和重级、中级工作制吊车桁架的变幅疲劳，可取应力循环中最大的应力幅，按下列公式计算：

（1）正应力幅的疲劳计算，应符合式（16.2.4-1）的要求：

$$\alpha_f \Delta\sigma \leqslant \gamma_t [\Delta\sigma]_{2\times10^6} \quad (16.2.4\text{-}1)$$

（2）剪应力幅的疲劳计算，应符合式（16.2.4-2）的要求：

$$\alpha_f \Delta\tau \leqslant [\Delta\tau]_{2\times10^6} \quad (16.2.4\text{-}2)$$

式中：α_f——欠载效应的等效系数，按表16.2.4采用；

$\Delta\sigma$——设计应力谱中最大的正应力幅（N/mm^2）；

$\Delta\tau$——设计应力谱中最大的剪应力幅（N/mm^2）；

$\alpha_f\Delta\sigma$——吊车梁或吊车桁架的等效正应力幅（N/mm^2）；

$\alpha_f\Delta\tau$——吊车梁或吊车桁架的等效剪应力幅（N/mm^2）。

表16.2.4　吊车梁和吊车桁架欠载效应的等效系数 α_f

吊车类别	α_f
A6、A7、A8工作级别（重级）的硬钩吊车	1.0
A6、A7工作级别（重级）的软钩吊车	0.8
A4、A5工作级别（中级）的吊车	0.5

2）根据对大量统计数据的分析研究，提出适用于吊车梁（重级工作制）和吊车桁架（重级、中级工作制）的，简化的疲劳计算公式（16.2.4-1）和式（16.2.4-2）。

3）对于轻级工作制的吊车梁和吊车桁架，以及大多数中级工作制的吊车梁，根据设计经验和实际工程使用情况，可不进行疲劳计算。

6. 第16.2.5条

1）直接承受动力荷载重复作用的高强螺栓连接，其疲劳计算应符合下列原则：

（1）抗剪摩擦型连接，可不进行疲劳验算，但其连接处开孔主体金属应进行疲劳计算；

（2）栓焊并用连接应力，应按全部剪力由焊缝承担的原则，对焊缝进行疲劳计算。

2）“开孔主体”，可理解为开孔构件的板件，如工字形截面的翼缘和腹板，不包括连接板。

3）栓焊连接的连接应力计算时，应注意区分剪力的作用方向与焊缝方向，正确应用公式。

16.3　构造要求

《钢标》对疲劳设计的构造见表16.3.0-1。

表16.3.0-1　《钢标》对疲劳设计的构造要求

条文号	规定	关键点把握
16.3.1	直接承受动力重复作用并需进行疲劳验算的焊接连接	1）应符合第11.3.4条的规定
		2）严禁使用塞焊、槽焊、电渣焊和气电立焊连接

续表

<table>
<tr><th>条文号</th><th>规定</th><th colspan="4">关键点把握</th></tr>
<tr><td rowspan="5">16.3.1</td><td rowspan="5">直接承受动力重复作用并需进行疲劳验算的焊接连接</td><td rowspan="2">3)焊接连接中，当拉应力与焊缝轴线垂直时</td><td colspan="3">严禁采用部分焊透对接焊缝</td></tr>
<tr><td colspan="3">严禁采用背面不清根的无衬垫焊缝</td></tr>
<tr><td rowspan="3">4)不同厚度板材或管材对接时</td><td colspan="3">均应加工成斜坡过渡</td></tr>
<tr><td rowspan="2">接口的错边量小于较薄板件厚度时</td><td colspan="2">宜将焊缝焊成斜坡状</td></tr>
<tr><td colspan="2">将较厚的板面加工成斜坡</td></tr>
<tr><td rowspan="22">16.3.2</td><td rowspan="22">需要疲劳验算的吊车梁、吊车桁架及类似结构</td><td rowspan="2">1)焊接吊车梁的翼缘</td><td colspan="3">宜用一层钢板</td></tr>
<tr><td colspan="3">当用两层钢板时，应采取措施</td></tr>
<tr><td colspan="4">2)支承夹钳或刚性料耙、硬钩起重机以及类似起重机的结构，不宜采用吊车桁架和制动桁架</td></tr>
<tr><td rowspan="2">3)焊接吊车桁架(图16.3.2-1)</td><td colspan="3">在桁架节点处的构造要求</td></tr>
<tr><td colspan="3">杆件的填板当焊接连接时的构造要求</td></tr>
<tr><td rowspan="3">4)吊车梁翼缘板或腹板的焊接拼接</td><td colspan="3">应采用加引弧板和引出板的焊透对接焊缝</td></tr>
<tr><td colspan="3">引弧板和引出板割去处，应打磨平整</td></tr>
<tr><td colspan="3">焊接吊车梁和焊接吊车桁架的工地整段拼接，应采用焊接或高强螺栓摩擦型连接</td></tr>
<tr><td colspan="4">5)在焊接吊车梁或吊车桁架中，焊透的T形连接对接与角接组合焊缝焊趾距腹板的距离，宜符合图16.3.2-2的要求</td></tr>
<tr><td rowspan="8">6)吊车梁横向加劲肋要求</td><td colspan="3">加劲肋宽度宜≥90mm</td></tr>
<tr><td colspan="3">支座处的横向加劲肋，应在腹板两侧成对设置，并与梁上下翼缘刨平顶紧</td></tr>
<tr><td rowspan="4">中间横向加劲肋</td><td colspan="2">上端，与梁上翼缘刨平顶紧</td></tr>
<tr><td colspan="2">下端，宜距受拉下翼缘50～100mm处断开，其与腹板的连接焊接不宜在肋下端起落弧</td></tr>
<tr><td colspan="2">重级工作制吊车梁，应在腹板两侧成对布置</td></tr>
<tr><td colspan="2">中、轻级工作制吊车梁，可单侧设置或两侧错开设置</td></tr>
<tr><td colspan="3">焊接吊车梁的横向加劲肋(含短加劲肋)，不得与受拉翼缘焊接(可与受压翼缘焊接)</td></tr>
<tr><td colspan="3">端部支承加劲肋，可与梁上下翼缘焊接</td></tr>
<tr><td colspan="4">7)吊车梁的受拉翼缘(或吊车桁架下弦)与支撑连接时，不宜采用焊接</td></tr>
<tr><td colspan="4">8)直接铺设轨道的吊车桁架上弦，构造要求同连续吊车梁</td></tr>
<tr><td rowspan="3">9)重级工作制吊车梁</td><td colspan="3">上翼缘与柱或制动桁架传递水平力的连接，宜采用高强螺栓摩擦型连接</td></tr>
<tr><td colspan="3">上翼缘与制动梁的连接，可采用高强螺栓摩擦型连接或焊接连接</td></tr>
<tr><td colspan="3">吊车梁端部与柱的连接构造，应减少由于吊车梁弯曲变形而在连接处产生的附加应力</td></tr>
</table>

续表

<table>
<tr><th>条文号</th><th>规定</th><th colspan="3">关键点把握</th></tr>
<tr><td rowspan="14">16.3.2</td><td rowspan="14">需要疲劳验算的吊车梁、吊车桁架及类似结构</td><td rowspan="3">10)吊车桁架和重级工作制吊车梁跨度≥12m,或轻、中级工作制吊车梁跨度≥18m</td><td colspan="2">宜设置辅助桁架和下翼缘(下弦)水平支撑系统</td></tr>
<tr><td colspan="2">设置垂直支撑时,位置不宜在吊车梁或吊车桁架竖向挠度的较大处</td></tr>
<tr><td colspan="2">吊车桁架,应采取措施防止其上弦因轨道偏心而扭转</td></tr>
<tr><td rowspan="2">11)重级工作制吊车梁的受拉翼缘板(或吊车桁架的受拉弦杆)边缘</td><td colspan="2">宜为轧制边或自动气割边</td></tr>
<tr><td colspan="2">当为手工气割或剪切机切割时,应沿全长刨边</td></tr>
<tr><td rowspan="2">12)吊车梁的受拉翼缘(或吊车桁架的受拉弦杆)上</td><td colspan="2">不得焊接悬挂设备的零件</td></tr>
<tr><td colspan="2">不宜在该处打火或焊接夹具</td></tr>
<tr><td rowspan="2">13)起重机钢轨的连接构造</td><td colspan="2">应保证车轮平稳通过</td></tr>
<tr><td colspan="2">当采用焊接长轨且用压板与吊车梁连接时,压板与钢轨应留有1mm左右的水平空隙</td></tr>
<tr><td rowspan="4">14)起重量 $Q\geq100$t(包括吊具重量)的重级工作制(A6~A8级)吊车梁</td><td colspan="2">不宜采用变截面梁</td></tr>
<tr><td colspan="2">简支变截面吊车梁,不宜采用圆弧式突变支座,宜采用直角式突变支座</td></tr>
<tr><td rowspan="2">重级工作制(A6~A8级)简支变截面吊车梁</td><td>应采用直角式突变支座</td></tr>
<tr><td>其他构造见图16.3.2-3</td></tr>
</table>

【要点分析】

1.在抗疲劳设计中，计算和构造都是重要内容，构造可以理解为抗疲劳的保证措施，应予以重视。

2.第16.3.1条

1）直接承受动力重复作用，并需要进行疲劳验算的焊接连接，除应符合第11.3.4条的规定外，还应符合下列要求：

（1）严禁使用塞焊、槽焊、电渣焊和气电立焊连接；

（2）焊接连接中，当拉应力与焊缝轴线垂直时，严禁采用部分焊透对接焊缝、背面不清根的无衬垫焊缝；

（3）不同厚度的板材或管材对接时，均应加工成斜坡过渡；接口的错边量小于较薄板件厚度时，宜将焊缝焊成斜坡状，或将较厚板的一面（或两面）及管材的外壁（或内壁），在焊前加工成斜坡，其坡度应≤1∶4。

2）将较厚的板面“加工成斜坡过渡”的具体做法是：将较厚板的一面（或两面）及管材的外壁（或内壁），在焊接前加工成斜坡（见第11.3.3条），其坡度应≤1∶4。

3.第16.3.2条

1）需要验算疲劳的吊车梁、吊车桁架及类似结构，应符合下列规定：

（1）焊接吊车梁的翼缘板宜用一层钢板，当采用两层钢板时，外层钢板宜沿梁通长设置，并应在设计和施工中采取措施，使上翼缘两层钢板紧密接触（注：就是要采取确保两层板共同受力的保证措施）。

（2）支承夹钳或刚性料耙硬钩起重机，以及类似起重机的结构，不宜采用吊车桁架和制动桁架。

（3）焊接吊车桁架应符合下列要求：

① 在桁架节点处，腹杆与弦杆之间的间隙 a 宜≥50mm；

② 节点板的两侧边，宜做成半径 r≥60mm 的圆弧；

③ 节点板边缘与腹杆轴线的夹角 θ 应≥30°（图 16.3.2-1）；

④ 节点板与角钢弦杆的连接焊缝，起落弧点应至少缩进 5mm（图 16.3.2-1）；

⑤ 节点板与 H 形截面弦杆的 T 形对接与角接组合焊缝，应焊透，圆弧处不得有起落弧缺陷，其中重级工作制吊车桁架的圆弧处应打磨，使之与弦杆平缓过渡（图 16.3.2-1）；

⑥ 杆件的填板，当用焊缝连接时，焊缝起落弧点应缩进至少 5mm（图 16.3.2-1），重级工作制吊车桁架杆件的填板，应采用高强度螺栓连接。

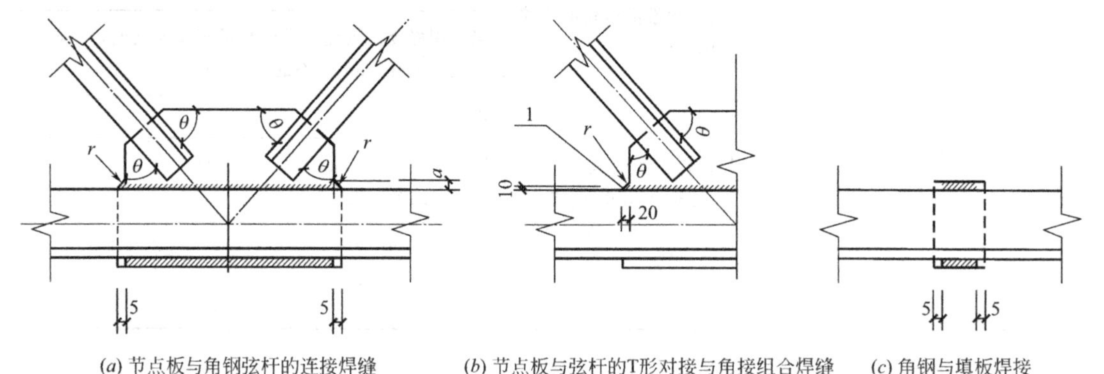

(*a*) 节点板与角钢弦杆的连接焊缝　(*b*) 节点板与弦杆的T形对接与角接组合焊缝　(*c*) 角钢与填板焊接

图 16.3.2-1　吊车桁架节点

1—用砂轮磨去

（4）吊车梁翼缘板与腹板的焊接拼接，应采用加引弧板和引出板的焊透对接焊缝，引弧板和引出板割去处应打磨平整。焊接吊车梁和焊接吊车桁架的工地整段拼接，应采用焊接或高强度螺栓摩擦型连接。

（5）焊接吊车梁或吊车桁架中，焊透的 T 形连接对接与角接组合焊缝的焊趾距腹板的距离，宜取腹板厚度的 1/2 和 10mm 中的较小值（图 16.3.2-2）。

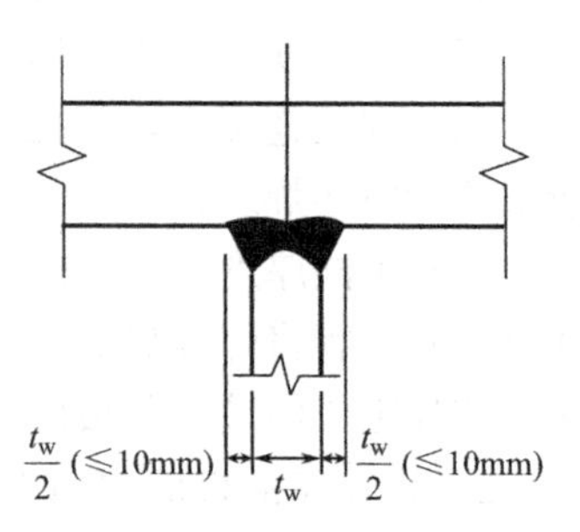

图 16.3.2-2　焊透的 T 形连接对接与角接组合焊缝

（6）吊车梁横向加劲肋：

① 宽度宜≥90mm；

② 在支座处的横向加劲肋，应在腹板两侧设置，并与梁上下翼缘刨平顶紧；

③ 中间横向加劲肋的上端，应与梁上翼缘刨平顶紧。在重级工作制吊车梁中，中间横向加劲肋也应在腹板两侧成对布置，中级、轻级工作制吊车梁则可单侧设置或错开设置（注：宜在腹板两侧成对布置）；

④ 在焊接吊车梁中，横向加劲肋（含短加劲肋）不得与受拉翼缘相焊，但可与受压翼缘焊接；

⑤ 端部支承加劲肋，可与梁上下翼缘相焊。中间横向加劲肋的下端，宜在距受拉下翼缘 50～100mm 处断开，其与腹板的连接焊缝不宜在肋下端起落弧；

⑥ 当吊车梁受拉翼缘（或吊车桁架下弦）与支撑连接时，不宜采用焊接。

（7）直接铺设轨道的吊车桁架上弦，其构造要求应与连续吊车梁相同。

（8）重级工作制吊车梁中，上翼缘与柱或制动桁架传递水平力的连接，宜采用高强度螺栓的摩擦型连接，而上翼缘与制动梁的连接，可采用高强度螺栓摩擦型连接或焊缝连接。吊车梁端部与柱的连接构造，应设法减少在连接处产生的附加应力（由于吊车梁弯曲变形而引起）。

（9）吊车桁架和吊车梁的支撑系统（水平支撑和垂直支撑）：

① 当吊车桁架和重级工作制吊车梁跨度≥12m 或轻级、中级工作制吊车梁跨度≥18m 时，宜设置辅助桁架和下翼缘（下弦）水平支撑系统；

② 当设置垂直支撑时，其位置不宜在吊车梁或吊车桁架竖向挠度较大处；

③ 对吊车桁架，应采取构造措施，防止其上弦因轨道偏心而扭转。

（10）重级工作制吊车梁的受拉翼缘板（或吊车桁架的受拉弦杆）边缘，宜为轧制边或自动气割边，当用手工气割或剪切机切割时，应沿全长刨边。

（11）吊车梁的受拉翼缘（或吊车桁架的受拉弦杆）上，不得焊接悬挂设备的零件，并不宜在该处打火或焊接夹具。

（12）起重机钢轨的连接构造，应保证车轮平稳通过。当采用焊接长轨且用压板与吊车梁连接时，压板与钢轨间应留有水平空隙（约 1mm）。

（13）起重量 $Q \geqslant 100t$（包括吊具重量）的重级工作制（A6～A8 级）吊车梁，不宜采用变截面。简支截面吊车梁不宜采用圆弧式突变支座，宜采用直角式突变支座。重级工作制（A6～A8 级）简支截面吊车梁，应采用直角式突变支座，支座截面高度 h_2 宜 $\geqslant 2h/3$，其中 h 为吊车梁的原截面高度，支座加劲板距变截面处的距离 a 宜 $\leqslant 0.5h_2$，下翼缘连接长度 b 宜 $\geqslant 1.5a$（图 16.3.2-3）。

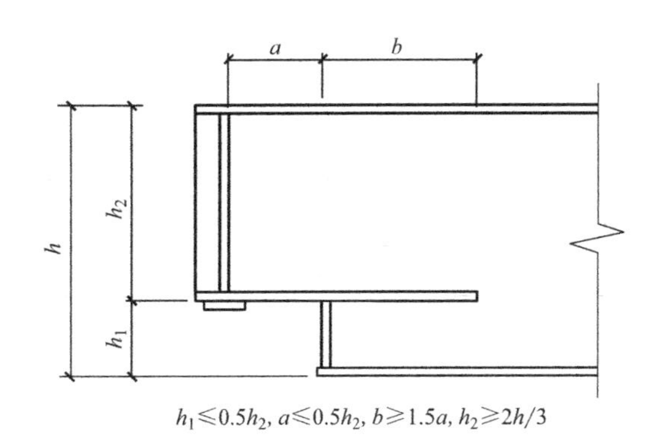

图 16.3.2-3 直角式突变支座构造

2）在总结实际工程经验的基础上，结合《焊接规范》的规定，对吊车梁及吊车桁架提出了具体而详细的规定，实际工程中应予以重视。

3）焊接吊车梁翼缘宜避免采用两层钢板，必须采用时，外层钢板宜沿梁通长设置，并应在设计和施工中采取措施，使上翼缘两层钢板紧密接触。

4）圆弧式突变支座的抗疲劳性能较差（与直角式突变支座相比），实际工程中应尽量采用直角式突变支座（重级工作制的吊车梁不应采用）。

16.4 防脆断设计

《钢标》对防脆断设计的要求见表 16.4.0-1。

表 16.4.0-1 《钢标》对防脆断设计的要求

<table>
<tr><th>条文号</th><th>规定</th><th colspan="2">关键点把握</th></tr>
<tr><td rowspan="6">16.4.1</td><td rowspan="6">钢结构设计要求</td><td rowspan="3">1)连接构造和加工工艺</td><td>应减少结构的应力集中</td></tr>
<tr><td>应减少焊接约束应力</td></tr>
<tr><td>焊接构件宜采用较薄的板件组成</td></tr>
<tr><td colspan="2">2)应避免现场低温焊接</td></tr>
<tr><td colspan="2">3)减少焊缝的数量、减小焊缝尺寸</td></tr>
<tr><td colspan="2">4)避免焊缝过分集中或多条焊缝交汇</td></tr>
<tr><td>16.4.2</td><td>工作温度不高于－30℃时</td><td colspan="2">焊接构件宜采用实腹式构件，避免手工焊接的格构式构件</td></tr>
<tr><td rowspan="3">16.4.3</td><td rowspan="3">工作温度不高于－20℃时</td><td rowspan="3">焊接连接的构件</td><td>在桁架节点板上，腹杆与弦杆相邻焊缝间净距宜≥2.5t，t 为节点板厚度</td></tr>
<tr><td>节点板与构件主材的焊接连接，宜做成半径 r≥60mm 的圆弧，并予以打磨，使之平缓过渡（图 16.3.2-1）</td></tr>
<tr><td>在构件拼接连接部位，应使构件自由段长度≥5t，t 为拼接件厚度（图 16.4.3）</td></tr>
<tr><td rowspan="6">16.4.4</td><td rowspan="6">工作温度不高于－20℃时</td><td rowspan="6">结构设计与施工措施</td><td>承重构件和节点连接，宜采用螺栓连接</td></tr>
<tr><td>施工时临时安装连接，应避免采用焊接连接</td></tr>
<tr><td>受拉构件的钢材边缘，宜为轧制边或自动气割边，对厚度大于10mm 的钢材，采用手工气割或剪切边时，应沿全长刨边</td></tr>
<tr><td>板件制孔，应采用钻成孔或先冲后扩孔</td></tr>
<tr><td>受拉构件或受弯构件的拉应力区，不宜使用角焊缝</td></tr>
<tr><td>对接焊缝的质量等级，不低于二级</td></tr>
<tr><td>16.4.5</td><td>特别重要或特殊的结构构件和连接节点</td><td colspan="2">可采用断裂力学和损伤力学的方法，对其进行抗断裂验算</td></tr>
</table>

【要点分析】

1. 钢结构的脆断事故时有发生。本节区分工作温度不高于－30℃和工作温度不高于－20℃的地区，并提出了设计及施工的具体规定，实际工程中对寒冷地区钢结构工程应特别注意。

2. 第 16.4.1 条

1）钢结构设计时应符合下列规定：

（1）钢结构连接构造和加工工艺的选择，应减少结构的应力集中和焊接约束应力，焊接构件宜采用较薄的板件组成；

（2）应避免现场低温焊接；

（3）减少焊接的数量和降低焊缝尺寸，同时避免焊缝过分集中或多条焊缝交汇。

2）本条对钢结构设计做出原则规定：

（1）合理的结构布置和合理的连接方式，可以避免结构构件或节点的应力集中；

（2）合理采用焊接节点，可最大限度地避免构件或节点的焊接约束应力；

（3）较薄板件具有材料强度高，易于焊接等特点，实际工程中的焊接构件宜尽量采用较薄板件；

（4）实际工程中，还宜尽量采用钢结构型材，避免采用过多的板件焊接构件（更有利于绿色环保可持续发展）；

（5）应采取措施避免过多的现场焊接（更应避免现场低温焊接），尽量采用工厂焊接。

3. 第 16.4.2 条

1）在工作温度不高于－30℃的地区，焊接构件宜采用实腹式构件，避免采用手工焊接的格构式构件。

2）本条规定主要为避免在寒冷地区采用过多过于零碎的焊缝，手工焊缝的质量受环境影响太大，在寒冷地区应避免采用。

4. 第 16.4.3 条

1）在工作温度不高于－20℃的地区，焊接连接的构造应符合下列要求：

（1）在桁架节点板上，腹杆与弦杆相邻焊缝焊趾间净距宜≥2.5t，t 为节点板厚度；

（2）节点板与构件主材的焊接连接处（图 16.3.2-1）宜做成半径 r≥60mm 的圆弧并予以打磨，使之平缓过渡（注：同 16.3.2 条的规定）；

（3）在构件拼接连接部位，应使拼接件自由段的长度≥5t，t 为拼接件厚度（图 16.4.3）。

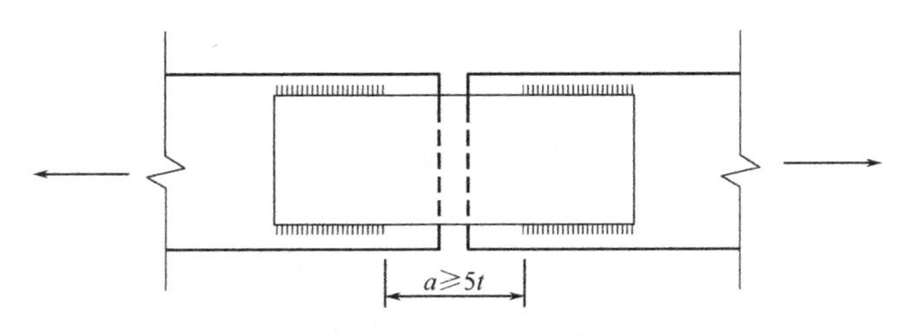

图 16.4.3　盖板拼接处构造

2）本条为焊接构造的基本规定，其目的是通过措施减少应力集中和焊接残余应力，有些措施与抗疲劳设计措施相同。

5. 第 16.4.4 条

1）在工作温度不高于－20℃的地区，结构设计及施工应符合下列规定：

（1）承重构件和节点的连接，宜采用螺栓连接，施工临时安装连接应避免采用焊缝连接；

(2) 受拉构件的钢材边缘，宜为轧制边或自动气割边，对厚度>10mm 的钢材采用手工气割或剪切边时，应全长刨边（注：本规定同第 16.3.2 条）；

(3) 板件制孔应采用钻成孔或先冲后扩孔；

(4) 受拉构件或受弯构件的拉应力区，不宜使用角焊缝；

(5) 对接焊缝的质量等级，不得低于二级。

2) 在工作温度不高于−20℃的地区，应采取防脆断措施，在工作温度高于−20℃的地区，对重要结构，宜在构件受拉区采取减少应力集中和焊接残余应力的措施。

6. 第 16.4.5 条

1) 对于特别重要或特殊的结构构件和连接节点，可采用断裂力学和损伤力学的方法，对其进行抗脆断验算。

2) 实际工程中，对于板厚大于 50mm 的厚板或超厚板构件和节点、承受较大冲击荷载的构件和节点、低温和疲劳共同作用的构件和节点、强腐蚀或强辐射环境中的构件或节点等，均可理解为“特别重要或特殊的结构构件和连接节点”。

3) 采用断裂力学方法进行构件和连接的抗断裂验算，包含初始缺陷构件、连接节点的断裂力学参量的计算和材料断裂韧性的选取等两个方面。

(1) 断裂力学参量的计算，首先是需要确定初始模型，可参考构件和连接的疲劳类别、施工条件、工程质量验收规范、当前的施工水平、探伤水平等因素，假定初始缺陷的位置、形状和尺寸；

(2) 断裂力学参量的计算：当受力状态和几何条件较为简单时，可采用简化裂纹模型；当受力状态和几何条件较为复杂时，可采用数值模型。

4) 材料断裂韧性的确定：可利用已有的相应材料的断裂韧性值，当缺乏数据时，需要通过试验对材料的断裂韧性进行测定，可按现行《金属材料准静态断裂韧度的统一试验方法》GB/T 21143 进行：

(1) 根据构件和连接的疲劳类别，以及结构构件的受力特征和应力状态，确定存在脆性断裂危险的构件和节点；

(2) 根据疲劳类别的细节、质量验收要求等，假定构件和连接中可能存在的初始缺陷的位置、形状和尺寸；

(3) 选取断裂力学参数和断裂判据；

(4) 确定相应设计条件（温度、板厚、焊接等）下，构件和连接节点材料的断裂韧性；

(5) 选取合理的断裂数据，对断裂力学计算得到的设计应力水平下的断裂参量，和相应设计条件下的材料断裂韧性进行比较，完成抗断裂验算。

5) 抗断裂验算是较为专业的工作，一般专注于民用建筑工程的设计人员，可适当了解即可。

第17章　钢结构抗震性能化设计

【说明】

1.结构的抗震性能化设计，是结构抗震概念设计的重要部分，《钢标》提出的抗震性能化设计方法，与《抗规》和《高规》的规定有较大的不同，结构设计时，应注意这种变化。

2.《钢标》的抗震性能化设计主要适用于构件和节点。

3.《钢标》的本章适用范围较为有限，不适用于房屋高度超过100m的钢结构（仅适用于$H \leqslant 100$m的钢结构工程，事实上，钢结构具有很好的性能，理应适应房屋高度更高的工程），不适用于高烈度区工程［不适用于8度（0.3g）及9度区工程，而钢结构具有很好的延性，在高烈度区应该有广阔的应用空间］，可理解为是对构件和节点抗震性能化设计的初探。

4.实际工程和注册备考时，应把握钢结构抗震性能化设计的基本思路，对重要构件及重要节点的抗震性能化设计方法有所了解。

17.1　一般规定

《钢标》对钢结构构件和节点抗震性能化设计的一般规定见表17.1.0-1。

表17.1.0-1　《钢标》对钢结构构件和节点抗震性能化设计的一般规定

<table>
<tr><th>条文号</th><th>规定</th><th colspan="2">关键点把握</th></tr>
<tr><td rowspan="4">17.1.1</td><td rowspan="3">构件和节点的抗震性能化设计适用范围</td><td colspan="2">抗震设防烈度不高于8度(0.2g)</td></tr>
<tr><td colspan="2">结构高度≤100m</td></tr>
<tr><td colspan="2">结构体系:框架结构、支撑结构、框架-支撑结构</td></tr>
<tr><td>地震动参数和性能化设计原则</td><td colspan="2">应符合《抗规》规定</td></tr>
<tr><td>17.1.2</td><td>抗震设防分类</td><td colspan="2">应符合《分类标准》的规定</td></tr>
<tr><td rowspan="3">17.1.3</td><td rowspan="3">钢结构构件的抗震性能化设计应综合分析比较确定抗震性能目标(表17.1.3)</td><td colspan="2">考虑:设防类别、设防烈度、场地条件、结构类型和不规则性</td></tr>
<tr><td colspan="2">考虑:构件在整体结构中的作用、使用功能和附属设施要求</td></tr>
<tr><td colspan="2">考虑:投资大小、震后损失和修复的难易程度等</td></tr>
<tr><td rowspan="5">17.1.4</td><td rowspan="5">构件的抗震性能化设计步骤和方法</td><td colspan="2">1)按《抗规》规定进行多遇地震作用验算</td></tr>
<tr><td colspan="2">2)初步选择塑性耗能区的承载性能等级(表17.1.4-1)</td></tr>
<tr><td rowspan="3">3)设防地震下的承载力验算</td><td>建立合适的结构计算模型进行结构分析</td></tr>
<tr><td>设定塑性耗能区性能系数、选择塑性耗能区截面,使其实际承载性能等级与设定值接近</td></tr>
<tr><td>其他构件承载力标准值,应进行计入性能系数的内力组合效应验算,当构件承载力满足延性等级Ⅴ级的内力组合效应验算时,可忽略机构控制验算</td></tr>
</table>

续表

<table>
<tr><th>条文号</th><th>规定</th><th colspan="3">关键点把握</th></tr>
<tr><td rowspan="4">17.1.4</td><td rowspan="4">构件的抗震性能化设计步骤和方法</td><td colspan="3">4)构件和节点的延性等级按表 17.1.4-2 确定</td></tr>
<tr><td rowspan="3">5)当塑性耗能区的最低承载性能等级为性能 5、6、7 时</td><td>进行罕遇地震下结构的弹塑性分析</td><td rowspan="2">竖向构件的弹塑性层间位移角满足抗震规范要求</td></tr>
<tr><td>或按构件工作状态形成新的结构等效弹性分析模型</td></tr>
<tr><td colspan="2">构造要求均满足构件延性等级Ⅰ级要求时，弹塑性层间位移角限值可增加 25%</td></tr>
<tr><td rowspan="6">17.1.5</td><td rowspan="6">钢结构构件的性能系数</td><td colspan="3">1)不同部位的构件、同一部位的水平和竖向构件，可不同</td></tr>
<tr><td colspan="3">2)塑性耗能区及其连接的承载力，应符合强节点弱杆件要求</td></tr>
<tr><td colspan="3">3)框架结构中，同层框架柱宜高于框架梁</td></tr>
<tr><td colspan="3">4)支撑结构和框架-中心支撑结构中，同层框架柱高于框架梁，框架梁高于支撑</td></tr>
<tr><td colspan="3">5)框架-偏心支撑结构中，同层框架柱宜高于支撑，支撑宜高于框架梁，框架梁宜高于消能梁段</td></tr>
<tr><td colspan="3">6)关键构件不应低于一般构件</td></tr>
<tr><td rowspan="8">17.1.6</td><td rowspan="8">构件的材料要求</td><td rowspan="3">1)不同工作温度 T 时，钢材的质量等级要求</td><td colspan="2">>0℃时，不低于 B 级</td></tr>
<tr><td colspan="2">0℃≥T>−20℃ 时，Q235、Q345 不应低于 B 级，Q390、Q420、Q460 不低于 C 级</td></tr>
<tr><td colspan="2">T≤−20℃ 时，Q235、Q345 不应低于 C 级，Q390、Q420、Q460 不低于 D 级</td></tr>
<tr><td rowspan="4">2)构件塑性耗能区的要求</td><td colspan="2">屈强比应≤0.85</td></tr>
<tr><td colspan="2">有明显的屈服台阶，伸长率≥20%</td></tr>
<tr><td colspan="2">屈服强度实测值不高于上一级钢材屈服强度</td></tr>
<tr><td colspan="2">工作温度时，夏比冲击韧性不宜低于 27J</td></tr>
<tr><td colspan="3">3)关键焊缝的填充金属应检验 V 形切口的冲击韧性，其工作温度时，夏比冲击韧性不应低于 27J</td></tr>
<tr><td>17.1.7</td><td>钢结构布置</td><td colspan="3">应符合《抗规》要求</td></tr>
</table>

【要点分析】

1. 钢结构的抗震性能化设计：

（1）与《抗规》不完全相同，提出了适合于钢结构材料特性和结构特性的新的设计方法（可简称为性能系数法）；

（2）钢结构抗震性能化设计的基本思路是，进行塑性机构的控制（类似塑性设计中的“塑性机构分析”，采取措施进行延性开展机构的控制，第 17.2.4 条～第 17.2.12 条为塑性机构控制验算的具体规定）；

（3）性能系数法目前只适合于构件和连接，实际工程使用时，应结合工程的具体情况，确定采用《抗规》方法或《钢标》方法。

2. 第 17.1.1 条

1）本章适用于抗震设防烈度不高于 8 度（0.2g），结构高度不高于 100m 的框架结构、支撑结构和框架-支撑结构的构件和节点的抗震性能化设计。地震动参数和性能化设计原则应符合《抗规》的规定。

2）本条规定中的“结构高度”不明确（如房屋顶部的出屋顶层、抗风架等是否考虑），变数较多，建议此处可理解为“房屋高度”（表 17.1.4-1 表述清晰）。

3）本条规定较为笼统，对适用范围理解细化如下：

（1）抗震设防烈度不高于 8 度（0.2g）地区的工程［不适用于 8 度（0.3g）和 9 度区工程］；

（2）房屋高度 $H \leqslant 100$m 的钢结构（结合表 17.1.4-1 的规定，理解为对所有房屋高度的限值）；

（3）结构形式：钢框架结构、支撑结构和框架-支撑结构；

（4）结构构件和节点的抗震性能化设计。

3. 第 17.1.2 条

1）钢结构建筑的抗震设防类别，应按《分类标准》的规定采用。

2）钢结构的性能化设计，采用延性等级反映构件的延性，采用承载力性能等级反映构件的承载力水平，延性等级和承载力性能等级匹配组成性能系数，从而实现“高延性-低弹性承载力”或“低延性-高弹性承载力”的设计思路：

（1）《钢标》力图通过对延性和承载力的数值模拟，来量化构件的抗震性能（即用性能系数表征构件的抗震性能）；

（2）考虑实际地震的难以准确预知性，以设防烈度为依据的细致的构件性能化设计，尤其是“低延性-高弹性承载力”的设计的适宜性，还需在实际工程中不断验证。

4. 第 17.1.3 条

1）钢结构构件的抗震性能化设计，应根据建筑的抗震设防类别、设防烈度、场地条件、结构类型和不规则性，结构构件在整个结构中的作用、使用功能和附属设施功能的要求、投资的大小、震后损失和修复难易程度等，经综合分析比较选定其抗震性能目标。构件在塑性耗能区的抗震承载性能等级及其在不同地震动水准下的性能目标，可按表 17.1.3 划分。

表 17.1.3　构件塑性耗能区的抗震承载性能等级和目标

承载性能等级	地震动水准		
	多遇地震	设防地震	罕遇地震
性能1	完好	完好	基本完好
性能 2	完好	基本完好	基本完好～轻微变形
性能 3	完好	实际承载力满足高性能系数要求	轻微变形
性能 4	完好	实际承载力满足较高性能系数要求	轻微变形～中等变形
性能 5	完好	实际承载力满足中性能系数要求	中等变形
性能 6	基本完好	实际承载力满足低性能系数要求	中等变形～显著变形
性能 7	基本完好	实际承载力满足低性能系数要求	显著变形

注：性能 1～性能 7，性能目标依次降低，性能系数的高、低取值见第 17.2 节。

2）本条仅规定构件塑性耗能区的抗震性能目标，对塑性耗能区理解如下：

（1）对于框架结构，塑性耗能区为框架梁的梁端（单层房屋和多高层房屋的顶层除外）；

（2）对于支撑结构（注意，是支撑结构，不是框架-支撑结构），塑性耗能区宜为成对设置的支撑；

（3）对于框架-中心支撑结构，塑性耗能区宜为成对设置的支撑、框架梁的梁端；

（4）对于框架-偏心支撑结构，塑性耗能区宜为耗能梁段、框架梁的梁端。

3）“完好”和“基本完好”的定义：

（1）“完好”指：承载力设计值满足弹性计算内力（注意：对应于中震和大震，采用不考虑抗震措施放大的内力设计值）设计值的要求；

（2）“基本完好”指：承载力设计值满足刚度适当折减后的内力设计值或承载力标准值满足要求（注意：满足承载力标准值要求，就是保证在正常使用条件下，确保结构处在弹性或基本弹性状态下，构件的变形仍可按弹性假定计算）；

（3）“轻微变形”指：层间侧移约为1/200时（注意：层间侧移属于定性控制，以概念设计为主），塑性耗能区的变形；

（4）“显著变形”指：层间侧移约为1/50～1/40时（注意：层间侧移属于定性控制，以概念设计为主），塑性耗能区的变形；

（5）“多遇地震不坏”指：允许耗能构件的损坏处于日常维修范围内，此时可采用耗能构件刚度适当折减的计算模型，进行弹性分析并满足承载力设计值要求。

5. 第17.1.4条

1）钢结构构件的抗震性能化设计，可采用下列基本步骤和方法：

（1）按《抗规》的规定，进行多遇地震作用验算，结构承载力及侧移应满足其规定，位于塑性耗能区的构件进行承载力计算时，可考虑将该构件刚度折减形成等效的弹性模型。

（2）抗震设防类别为标准设防类（丙类）的建筑，可按表17.1.4-1初步选择塑性耗能区的承载性能等级。

表17.1.4-1　塑性耗能区的承载性能等级参考选用表

设防烈度	单层	$H\leqslant 50$m	50m$<H\leqslant$100m
6度(0.05g)	性能3～7	性能4～7	性能5～7
7度(0.10g)	性能3～7	性能5～7	性能6～7
7度(0.15g)	性能4～7	性能5～7	性能6～7
8度(0.20g)	性能4～7	性能6～7	性能7

注：H为钢结构房屋的高度，即室外地面到主要屋面板板顶的高度（不包括局部突出屋面的部分）。

（3）按第17.2节的有关规定，进行设防地震下的承载力抗震验算：

① 建立合适的结构计算模型进行结构分析；

② 设定塑性耗能区的性能系数、选择塑性耗能区的截面，使其实际承载性能等级与设定的性能系数尽量接近；

③ 其他构件承载力标准值，应进行计入性能系数的内力组合效应验算，当结构构件

的承载力满足延性等级为Ⅴ级的内力组合效应验算时，可忽略机构控制验算；

④ 必要时可调整截面或重新设定塑性耗能区的性能系数。

（4）构件和节点的延性等级，应根据设防类别及塑性耗能区最低承载性能等级，按表17.1.4-2确定，并按第17.3节的规定，对不同延性等级的相应要求采取抗震措施。

表17.1.4-2 结构构件最低延性等级

设防类别	塑性耗能区最低承载性能等级						
	性能1	性能2	性能3	性能4	性能5	性能6	性能7
适度设防类（丁类）	—	—	—	Ⅴ	Ⅳ	Ⅲ	Ⅱ
标准设防类（丙类）	—	—	Ⅴ	Ⅳ	Ⅲ	Ⅱ	Ⅰ
重点设防类（乙类）	—	Ⅴ	Ⅳ	Ⅲ	Ⅱ	Ⅰ	—
特殊设防类（甲类）	Ⅴ	Ⅳ	Ⅲ	Ⅱ	Ⅰ	—	—

注：Ⅰ级至Ⅴ级，结构构件延性等级依次降低。

（5）当塑性耗能区的最低承载性能等级为性能5、性能6或性能7时，通过罕遇地震下结构的弹塑性分析或按构件工作状态，形成新的结构等效弹性分析模型，进行竖向构件的弹塑性层间位移角验算，并满足《抗规》的弹塑性层间位移角限值；当所有构造要求均满足结构构件延性等级为Ⅰ级的要求时，弹塑性层间位移角限值可增加25%。

2）钢结构构件及其节点的抗震性能化设计，应分清以下名称：

（1）塑性耗能区的抗震"承载性能等级"，共7个等级（从性能1到性能7，性能1最高，性能7最低）；

（2）构件的"延性等级"，共5个等级（从Ⅰ级到Ⅴ级，Ⅰ级最高，Ⅴ级最低）；

（3）构件的"性能系数"，按表17.2.2-1取值，从性能1到性能7，性能系数从1.10到0.28，相差近4倍（3.93倍），结构体系不同，性能系数的相互关系（同层，由高到低）也不同：

① 框架结构，框架柱→框架梁；

② 支撑结构和框架-中心支撑结构，框架柱→框架梁→支撑；

③ 偏心支撑结构，框架柱→支撑→框架梁→消能梁段。

3）为指导设计，本条给出了钢结构的抗震性能化设计的路线图，可通过以下几方面实现：

（1）根据结构要求的不同，选用不同的性能系数（见表17.2.2-1）；由于地震的不确定性，对钢结构来说，延性比承载力更为重要，对于多高层民用钢结构，一般应采用高延性-低弹性承载力的设计思路；而对于工业建筑，为降低造价，可采用低延性-高弹性承载力的设计思路。

（2）按高延性-低弹性承载力（低是相对延性措施的提高而言的，这里的"低弹性承载力”可理解为满足规范要求的承载力，或对关键构件适当提高承载力）思路进行的设计，采用下列措施进行延性开展机构的控制：

① 采用能力设计法，进行塑性开展机构的控制；

② 引入非塑性耗能区内力调整系数，引导构件相对强弱符合延性开展的要求；

③ 引入相邻构件材料相对强弱系数，确保延性开展机构的实现；

④ 通过对承载力和延性间的权衡，使得结构在相同的安全度下，更具经济性。

4）为避免结构在罕遇地震下的倒塌，除单层钢结构外，当结构的延性较差时，层间位移角控制应适当从严（建议可提高10%等）。

5）关于延性要求，不同结构对不同楼层的延性要求均不相同，一般情况下，结构底层的延性要求最高，当不同楼层实际性能系数明显不同时，各楼层可采用不同的结构构件延性等级，实际工程中，可根据需要对构件的性能系数进行适当的归并。

6）采用低延性-高弹性承载力设计思路时，无需进行机构控制验算（第17.2.4条～第17.2.12条为机构控制验算的具体规定，低延性-高弹性承载力设计可不验算），但当性能系数Ω小于1时，支撑系统构件还应考虑压杆屈曲和卸载的影响。

7）抗震性能化设计时，多遇地震的设计与设防地震和罕遇地震要求不同，仍应满足抗震设计规范的相关要求，设计时应注意区分。位于塑性耗能区的构件进行承载力计算时，可将该构件的刚度折减形成等效弹性模型。

8）编者在文献［21］中曾提到过：小震设计采用的是不带“*”的地震效应组合设计值，需要考虑抗震等级的调整和放大；而性能化设计采用的是带“*”的地震效应组合设计值，不需要考虑抗震等级的调整和放大，两种情况有很大的不同，因此，抗震性能化设计没有必要引入小震设计内容，可直接简化为中震和大震设计。

6. 第17.1.5条

1）钢结构构件的性能系数，应符合下列规定：

（1）整个结构中不同部位的构件、同一部位的水平构件和竖向构件，可有不同的性能系数，塑性耗能区及其连接的承载力应符合强节点弱杆件的要求；

（2）对框架结构，同层框架柱的性能系数宜高于框架梁；

（3）对支撑结构和框架-中心支撑结构的支撑系统，同层框架柱（注：为支撑框架柱）的性能系数宜高于框架梁（注：为支撑框架梁），框架梁（注：为支撑框架梁）的性能系数宜高于支撑；

（4）框架-偏心支撑结构的支撑系统，同层框架柱（注：为支撑框架柱）的性能系数宜高于支撑，支撑的性能系数宜高于框架梁（注：为支撑框架梁），框架梁（注：为支撑框架梁）的性能系数应高于消能梁段；

（5）关键构件的性能系数，不应低于一般构件。

2）“支撑结构和框架-中心支撑结构的支撑系统”，这里的“支撑系统”，也就是“支撑结构的支撑系统”和“框架-中心支撑结构的支撑系统”，支撑系统由支撑和支撑周边的框架梁和框架柱组成，支撑周边的框架梁可称为“支撑框架梁”，支撑周边的框架柱可称为“支撑框架柱”。

3）“框架-偏心支撑结构的支撑系统”，支撑系统由偏心支撑和支撑周边的框架梁和框架柱组成，支撑周边的框架梁可称为“支撑框架梁”，支撑周边的框架柱可称为“支撑框架柱”。

4）本条规定为性能化设计的基本原则（第 17.2 节和第 17.3 节为对基本原则的细化），性能系数的高低，反映的是构件重要性程度，塑性耗能区性能系数最低，关键构件和节点的性能系数最高。

5）关键构件和节点：

（1）关键构件和节点的性能系数宜≥0.55（采用低延性-高弹性承载力设计思路时，可适当放宽）。

（2）下列部位可确定为关键部位：

① 通过增加其承载力，能保证结构预定传力路径的构件和节点；

② 关键传力部位；

③ 薄弱部位。

（3）柱脚、多高层钢结构中房屋下部 1/3 总高度范围内的框架柱、伸臂结构竖向桁架的立柱、水平伸臂与竖向桁架交汇杆件、直接传递转换构件内力的抗震构件等都应按关键构件处理。

7. 第 17.1.6 条

1）采用抗震性能化设计的钢结构构件，其材料应符合下列规定：

（1）钢材的质量等级应符合下列规定：

① 当工作温度高于 0℃时，其质量等级不应低于 B 级；

② 当工作温度不高于 0℃，但高于－20℃时，Q235、Q345 钢不应低于 B 级，Q390、Q420 及 Q460 钢不应低于 C 级；

③ 当工作温度不高于－20℃时，Q235、Q345 钢不应低于 C 级；Q390、Q420 及 Q460 钢不应低于 D 级。

（2）构件塑性耗能区采用的钢材，还应符合下列规定：

① 钢材的屈服强度实测值与抗拉强度实测值的比值，应≤0.85；

② 钢材应有明显的屈服台阶，且伸长率应≥20%；

③ 钢材应满足屈服强度实测值不高于上一级（注：钢材等级指 Q235、Q345、Q390、Q420 和 Q460）钢材屈服强度规定的条件（如钢材为 Q235，则其上一级就是 Q345 级）；

④ 考虑钢材工作温度时，夏比冲击韧性宜≥27J。

（3）钢结构构件关键性焊缝的填充金属，应检验 V 形切口的冲击韧性，其工作温度时夏比冲击韧性应≥27J。

2）本条对弹性区钢材提出在不同工作温度下的可焊性和冲击韧性要求。对塑性耗能区提出钢材的基本抗震性能要求，其目的是为了保证焊缝和构件具有足够的塑性变形能力，真正做到"强连接弱杆件"并实现确定的屈服机制。

3）需要说明的是，《钢标》提出的材料要求，是构件加工后的要求，不是对构件加工前材料检测报告的要求，实际工程中应避免采用已损失部分塑性（如加工损失等）的钢材作为塑性耗能区钢材使用。

4）本条提出，塑性耗能区钢材的屈服强度，应满足屈服强度实测值不高于上一级钢材屈服强度的规定值的要求，主要考虑我国钢材平均屈服强度为名义屈服强度的 1.2 倍，离散性很大的特点。

5）按钢结构房屋连接焊缝的重要性，下列四条焊缝为结构设计的关键性焊缝（应予以重视并记牢)：

（1）框架结构的框架梁翼缘与框架柱的连接焊缝；

（2）框架结构的框架梁腹板与框架柱的连接焊缝；

（3）框架结构的抗剪连接板与柱的连接焊缝；

（4）节点域及其上下各 600mm 范围内，框架柱翼缘与框架柱腹板间或箱形框架柱壁板间的连接焊缝。

6）现阶段对 Q355 可按 Q345 对待。

8. 第 17.1.7 条

1）钢结构布置，应符合《抗规》的规定。

2）本条提出钢结构的概念设计要求，在钢结构抗震设计中，概念设计是最为重要的(由于实际地震的不可预知性，计算模型与实际受力的不一致性，计算假定的局限性等)，当结构均匀对称并具有清晰直接的地震作用传力路径时，对地震性能的预测可能更为可靠。

17.2 计算要点

《钢标》对钢结构构件和节点抗震性能化设计计算的规定见表 17.2.0-1。

表 17.2.0-1 《钢标》对钢结构构件和节点抗震性能化设计计算的规定

<table>
<tr><th>条文号</th><th>规定</th><th colspan="2">关键点把握</th></tr>
<tr><td rowspan="6">17.2.1</td><td rowspan="6">结构的分析模型及其参数</td><td colspan="2">1)模型应正确反映构件及其连接在各地震动水准下的工作状态</td></tr>
<tr><td colspan="2">2)结构弹性分析,可采用线性分析法</td></tr>
<tr><td colspan="2">3)弹塑性分析,可根据预期构件的工作状态,分别采用增加阻尼的等效线性方法、静力或动力非线性设计方法</td></tr>
<tr><td colspan="2">4)罕遇地震下应计入重力二阶效应</td></tr>
<tr><td colspan="2">5)弹性分析的阻尼比,可按《抗规》规定,弹塑性分析的阻尼比可适当增加,等效线性化方法时不宜大于 5%</td></tr>
<tr><td colspan="2">6)构成支撑系统的梁柱,计算重力荷载代表值产生的效应时,不宜考虑支撑的作用</td></tr>
<tr><td rowspan="8">17.2.2</td><td rowspan="8">钢构件的性能系数</td><td colspan="2">1)构件的性能系数要求</td></tr>
<tr><td rowspan="5">2)塑性耗能区的性能系数</td><td>规则结构,按表 17.2.2-1 确定</td></tr>
<tr><td>不规则结构,比规则结构增加 15%～50%</td></tr>
<tr><td>塑性耗能区实际性能系数计算</td></tr>
<tr><td>支撑系统在水平地震作用下,非塑性耗能区内力调整</td></tr>
<tr><td>支撑结构及框架-中心支撑结构的同层支撑性能系数,最大值不宜大于最小值的 1.2 倍</td></tr>
<tr><td colspan="2">3)支撑结构的延性等级为Ⅴ级时,支撑实际性能系数计算</td></tr>
<tr><td colspan="2">4)当结构构件的延性等级为Ⅴ级时,非塑性耗能区内力调整系数取 1.0</td></tr>
<tr><td>17.2.3</td><td>构件的承载力</td><td colspan="2">按式(17.2.3-2)计算</td></tr>
</table>

续表

<table>
<tr><th>条文号</th><th>规定</th><th colspan="4">关键点把握</th></tr>
<tr><td rowspan="14">17.2.4</td><td rowspan="14">框架梁的抗震承载力验算</td><td colspan="4">1)框架结构中框架梁受剪计算</td></tr>
<tr><td rowspan="2">2)框架-偏心支撑结构中的非消能梁段的框架梁</td><td colspan="3">应按压弯构件计算</td></tr>
<tr><td colspan="3">计算弯矩和轴力效应时，非塑性耗能区内力调整系数按 1.1η_y 采用</td></tr>
<tr><td rowspan="3">3)交叉支撑系统中的框架梁</td><td colspan="3">按压弯构件计算</td></tr>
<tr><td colspan="3">轴力按式(17.2.4-2)计算</td></tr>
<tr><td colspan="3">计算弯矩效应时，非塑性耗能区内力调整系数按式(17.2.2-9)计算</td></tr>
<tr><td rowspan="8">4)人字形、V 形支撑系统中的框架梁</td><td colspan="3">在支撑连接处应保持连续，并按压弯构件计算</td></tr>
<tr><td colspan="3">轴力按式(17.2.4-2)计算</td></tr>
<tr><td colspan="3">弯矩按不计入支撑点作用的梁承受重力荷载和支撑屈曲时不平衡作用计算</td></tr>
<tr><td rowspan="5">竖向不平衡力计算</td><td colspan="2">顶层和出屋面房间的框架梁除外，取式(17.2.4-5)计算的 50%</td></tr>
<tr><td colspan="2">其他按式(17.2.4-5)计算</td></tr>
<tr><td rowspan="3">屈曲约束支撑，计算轴力效应时</td><td>非塑性耗能区的内力调整系数宜取 1.0</td></tr>
<tr><td>弯矩计算要求</td></tr>
<tr><td>梁的挠度验算要求</td></tr>
<tr><td rowspan="12">17.2.5</td><td rowspan="12">框架柱的抗震承载力验算</td><td rowspan="2">1)柱端截面的强度验算</td><td colspan="3">等截面梁的验算</td></tr>
<tr><td colspan="3">端部翼缘变截面梁的验算</td></tr>
<tr><td rowspan="6">2)无需验算的条件(满足之一即可)</td><td colspan="3">单层框架和框架顶层柱</td></tr>
<tr><td colspan="3">本层受剪承载力比相邻上一层高 25%的规则框架</td></tr>
<tr><td colspan="3">不满足强柱弱梁要求的柱子，提供的受剪承载力之和，不超过总受剪承载力的 20%</td></tr>
<tr><td colspan="3">与支撑斜杆相连的框架柱</td></tr>
<tr><td colspan="3">框架柱的轴压比 $N_p/N_y \leqslant 0.4$，且柱的截面板件宽厚比等级满足 S3 级要求</td></tr>
<tr><td colspan="3">柱满足构件延性等级Ⅴ级时的承载力要求</td></tr>
<tr><td rowspan="4">3)框架柱应按压弯构件计算</td><td colspan="3">计算弯矩效应和轴力效应时，非塑性耗能区的内力调整系数宜≥1.1η_y</td></tr>
<tr><td rowspan="2">对于框架结构</td><td colspan="2">受剪计算时，剪力按式(17.2.5-5)计算</td></tr>
<tr><td colspan="2">弯矩计算时，多高层底层柱的非塑性耗能区内力调整系数应≥1.35</td></tr>
<tr><td colspan="3">对于框架-中心支撑结构和支撑结构，框架柱的计算长度系数宜≥1</td></tr>
</table>

续表

<table>
<tr><th>条文号</th><th>规定</th><th colspan="3">关键点把握</th></tr>
<tr><td rowspan="2">17.2.5</td><td rowspan="2">框架柱的抗震承载力验算</td><td rowspan="2">3)框架柱应按压弯构件计算</td><td rowspan="2">计算支撑系统框架柱的弯矩和轴力时</td><td>非塑性耗能区内力调整系数宜按式(17.2.2-9)采用</td></tr>
<tr><td>支撑处重力荷载代表值产生的效应,宜由框架柱承担</td></tr>
<tr><td>17.2.6</td><td>受拉构件或截面受拉区域</td><td colspan="3">截面应符合式(17.2.6)的要求</td></tr>
<tr><td>17.2.7</td><td>偏心支撑结构中</td><td colspan="3">支撑的非塑性耗能区内力调整系数,应取 $1.1\eta_y$</td></tr>
<tr><td rowspan="2">17.2.8</td><td rowspan="2">消能梁段的受剪承载力计算</td><td>$N_{p,l} \leqslant 0.15Af_y$</td><td colspan="2">受剪承载力取式(17.2.8-1)和式(17.2.8-2)的较小值</td></tr>
<tr><td>$N_{p,l} > 0.15Af_y$</td><td colspan="2">受剪承载力取式(17.2.8-3)和式(17.2.8-4)的较小值</td></tr>
<tr><td rowspan="4">17.2.9</td><td rowspan="4">塑性耗能区的连接计算</td><td colspan="3">1)与塑性耗能区连接的极限承载力,应大于与其连接的构件屈服承载力</td></tr>
<tr><td colspan="3">2)梁与柱刚性连接的极限承载力,应满足式(17.2.9-1)和式(17.2.9-2)要求</td></tr>
<tr><td colspan="3">3)与塑性耗能区的连接及支撑拼接的极限承载力,应按式(17.2.9-3)和式(17.2.9-4)验算</td></tr>
<tr><td colspan="3">4)柱脚与基础的连接极限承载力,应满足式(17.2.9-5)的要求</td></tr>
<tr><td rowspan="4">17.2.10</td><td rowspan="4">框架结构的梁柱采用刚性连接时,H形和箱形截面柱的节点域抗震承载力</td><td rowspan="2">1)当与梁翼缘平齐的柱横向加劲肋厚度,不小于梁翼缘厚度时</td><td colspan="2">当结构构件延性等级为Ⅰ或Ⅱ级时,节点域验算按式(17.2.10-1)</td></tr>
<tr><td colspan="2">当结构构件延性等级为Ⅲ或Ⅳ级时,节点域验算按式(17.2.10-2)</td></tr>
<tr><td rowspan="2">2)不满足上述1)时</td><td colspan="2">按第12.3.3条采取补强措施</td></tr>
<tr><td colspan="2">补强板的厚度及焊接,应能传递补强板所分担的剪力</td></tr>
<tr><td rowspan="3">17.2.11</td><td rowspan="3">支撑系统的节点计算</td><td>1)交叉支撑结构、成对布置的单斜支撑结构的支承系统</td><td colspan="2">上、下层支撑斜杆交汇处节点的极限承载力验算</td></tr>
<tr><td>2)人字形或V形支撑,支撑斜杆、横梁与立柱的交汇点</td><td colspan="2">节点的极限承载力验算</td></tr>
<tr><td>3)同层同一竖向平面内,有两个支撑斜杆汇交于一根柱子时</td><td colspan="2">该节点的极限承载力不宜小于支撑屈服和屈曲产生的平衡力的 η_j 倍</td></tr>
<tr><td rowspan="6">17.2.12</td><td rowspan="6">柱脚承载力验算</td><td rowspan="2">1)支撑系统的立柱,柱脚的极限承载力</td><td colspan="2">不宜小于相连斜撑1.2倍屈服拉力产生的剪力</td></tr>
<tr><td colspan="2">不宜小于相连斜撑1.2倍屈服拉力的组合拉力</td></tr>
<tr><td colspan="3">2)柱脚受剪承载力验算时,剪力性能系数不宜小于1.0</td></tr>
<tr><td rowspan="3">3)对框架结构或双重抗侧力结构(框架承担的总水平地震剪力50%以上)中框架部分的柱脚,当采用外露式时,锚栓设置要求</td><td colspan="2">实腹柱刚接柱脚,按锚栓毛截面屈服计算的受弯承载力,不宜小于钢柱全截面塑性受弯承载力的50%</td></tr>
<tr><td colspan="2">格构柱分离式柱脚,受拉肢的锚栓毛截面受拉承载力标准值,不宜小于钢柱分肢受拉承载力标准值的50%</td></tr>
<tr><td colspan="2">实腹式铰接柱脚,锚栓毛截面受拉承载力标准值,不宜小于钢柱最薄弱截面受拉承载力标准值的50%</td></tr>
</table>

【要点分析】

1. 本节是对抗震性能化设计计算的具体细化，主要适用于采用高延性-低弹性承载力设计方法时。

2. 第17.2.1条

1）结构的分析模型及其参数，应符合下列规定：

（1）模型应正确反映构件及其连接在不同地震动水准下的工作状态；

（2）整个结构的弹性分析，可采用线性方法，弹塑性分析可根据预期构件的工作状态，分别采用增加阻尼的等效线性化方法，及静力或动力非线性设计方法；

（3）在罕遇地震下应计入重力二阶效应；

（4）弹性分析的阻尼比，可按《抗规》的规定采用，弹塑性分析的阻尼比可适当增加，采用等效线性化方法时宜≤5%；

（5）构成支撑的梁柱，计算重力荷载代表值产生的效应时，不宜考虑支撑的作用。

2）支撑系统的支撑，尽管采取了避免承受竖向荷载的措施，但实际上仍会承担部分竖向荷载，地震时，这些抗侧力构件首先达到极限状态，在地震的往复作用下，支撑构件的承载力将出现退化，导致原先承受的竖向荷载重新转移到相连的柱子上。

3）中震下构件的阻尼比，可取大震与小震的平均值。

3. 第17.2.2条

1）钢结构构件的性能系数，应符合下列规定：

（1）钢结构构件的性能系数，应按式（17.2.2-1）确定：

$$\Omega_i \geqslant \beta_e \Omega_{i,\min}^a \tag{17.2.2-1}$$

（2）塑性耗能区的性能系数，应符合下列规定：

① 对框架结构、中心支撑结构、框架-支撑结构，规则结构塑性耗能区不同承载性能等级对应的性能系数最小值，宜符合表17.2.2-1的规定：

表17.2.2-1　规则结构塑性耗能区不同承载性能等级对应的性能系数最小值

承载性能等级	性能1	性能2	性能3	性能4	性能5	性能6	性能7
性能系数最小值	1.10	0.90	0.70	0.55	0.45	0.35	0.28

② 不规则结构塑性耗能区的构件性能系数最小值，宜比规则结构增加15%～50%；

③ 塑性耗能区实际性能系数可按下列公式计算：

框架结构：

$$\Omega_0^a = (W_E f_y - M_{GE} - 0.4M_{Evk2})/M_{Ehk2} \tag{17.2.2-2}$$

支撑结构：

$$\Omega_0^a = \frac{(N'_{br} - N'_{GE} - 0.4N'_{Evk2})}{(1+0.7\beta_i)N'_{Ehk2}} \tag{17.2.2-3}$$

框架-偏心支撑结构：

设防地震性能组合的消能梁段轴力 $N_{p,l}$，可按下式计算：

$$N_{p,l} = N_{GE} + 0.28N_{Ehk2} + 0.4N_{Evk2} \tag{17.2.2-4}$$

当 $N_{p,l} \leqslant 0.15Af_y$ 时，实际性能系数应取式（17.2.2-5）和式（17.2.2-6）的较小值：

$$\Omega_0^a=(W_{p,l}f_y-M_{GE}-0.4M_{Evk2})/M_{Ehk2} \tag{17.2.2-5}$$

$$\Omega_0^a=(V_l-V_{GE}-0.4V_{Evk2})/V_{Ehk2} \tag{17.2.2-6}$$

当 $N_{p,l}>0.15Af_y$ 时，实际性能系数应取式（17.2.2-7）和式（17.2.2-8）的较小值：

$$\Omega_0^a=(1.2W_{p,l}f_y[1-N_{p,l}/(Af_y)]-M_{GE}-0.4M_{Evk2})/M_{Ehk2} \tag{17.2.2-7}$$

$$\Omega_0^a=(V_{lc}-V_{GE}-0.4V_{Evk2})/V_{Ehk2} \tag{17.2.2-8}$$

④ 支撑系统的水平地震作用非塑性耗能区内力调整系数，应按式（17.2.2-9）计算：

$$\beta_{br,ei}=1.1\eta_y(1+0.7\beta_i) \tag{17.2.2-9}$$

⑤ 支撑结构及框架-中心支撑结构的，同层支撑性能系数最大值（$\Omega_{br,max}$）与最小值（$\Omega_{br,min}$）之差，不宜超过最小值的20%（注：也即 $\Omega_{br,max}-\Omega_{br,min}\leqslant 0.2\Omega_{br,min}$，得 $\Omega_{br,max}\leqslant 1.2\Omega_{br,min}$）。

（3）当支撑结构的延性等级为Ⅴ级时，支撑的实际性能系数，应按式（17.2.2-10）计算：

$$\Omega_{br}^a=\frac{(N_{br}-N_{GE}-0.4N_{Evk2})}{N_{Ehk2}} \tag{17.2.2-10}$$

上述各式中：Ω_i——i 层构件性能系数；

η_y——钢筋超强系数，可按表17.2.2-3采用，其中塑性耗能区、弹性区分别采用梁、柱替代；

β_e——水平地震作用非塑性耗能区内力调整系数，塑性耗能区构件应取1.0，其余构件宜 $\geqslant 1.1\eta_y$，支撑系统应按式（17.2.2-9）计算确定；

$\Omega_{i,min}^a$——i 层构件塑性耗能区实际性能系数最小值；

Ω_0^a——构件塑性耗能区实际性能系数；

W_E——构件塑性耗能区截面模量（mm^3），按表17.2.2-2取值；

f_y——钢材屈服强度（N/mm^2）；

M_{GE}、N_{GE}、V_{GE}——分别为重力荷载代表值产生的弯矩效应（N·mm）、轴力效应（N）和剪力效应（N），可按《抗规》的规定确定；

M_{Ehk2}、V_{Ehk2}——分别为按弹性或等效弹性计算的，构件水平设防地震作用标准值的弯矩效应（N·mm）和剪力效应（N）；

M_{Evk2}、V_{Evk2}——分别为8度且高度大于50m时，按弹性或等效弹性计算的，构件竖向设防地震作用标准值的弯矩效应（N·mm）和剪力效应（N）；

N'_{br}、N'_{GE}——支撑对承载力标准值、重力荷载代表值产生的轴力效应（N）。计算承载力标准值时，压杆的承载力应乘以按式（17.2.4-3）计算的受压支撑剩余承载力系数 η；

N'_{Ehk2}、N'_{Evk2}——分别为按弹性或等效弹性计算的，支撑对水平设防地震作用标准值的轴力效应（N）、8度且高度大于50m时，按弹性或等效弹性计算的，支撑对竖向设防地震作用标准值的轴力效应（N）；

N_{Ehk2}、N_{Evk2}——分别为按弹性或等效弹性计算的，支撑水平设防地震作用标准值的轴力效应（N）、8度且高度大于50m时，按弹性或等效弹性计算的，支撑竖向设防地震作用标准值的轴力效应（N）；

$W_{p,l}$——消能梁段塑性截面模量（mm^3）；

V_l、V_{lc}——分别为消能梁段受剪承载力和计入轴力影响的受剪承载力（N）；

β_i——i 层支撑水平地震剪力分担率，当>0.714 时取 $\beta_i=0.714$。

表 17.2.2-2 构件截面模量 W_E 取值

截面板件宽厚比等级	S1	S2	S3	S4	S5
构件截面模量	$W_E=W_p$		$W_E=\gamma_x W$	$W_E=W$	有效截面模量

注：W_p 为塑性截面模量；γ_x 为截面塑性发展系数，按表 8.1.1 采用；W 为弹性截面模量；有效截面模量：均匀受压翼缘的有效外伸宽度≤$15t_f\varepsilon_k$，腹板可按第 8.4.2 条规定采用。

表 17.2.2-3 钢材超强系数 η_y

弹性区 \ 塑性耗能区	Q235	Q345、Q345GJ
Q235	1.15	1.05
Q345、Q345GJ、Q390、Q420、Q460	1.2	1.1

注：当塑性耗能区的钢材为管材时，η_y 可取表中数值乘以 1.1。

(4) 当钢结构构件延性等级为Ⅴ级时，非塑性耗能区内力调整系数可取 1.0。

2) 本条对于竖向地震的规定，与《抗规》及《高规》的规定略有不同：

① 本条规定为“8 度［注：指 8 度（0.2g）］且高度大于 50m 时”；

②《抗规》及《高规》的规定为：9 度时应该考虑竖向地震；7 度（0.15g）、8 度的大跨度及长悬臂结构，应考虑竖向地震作用。

3) 本条规定是对性能系数的细化，公式较多较长，可从以下几方面理解：

(1) 采用非塑性耗能区的内力调整系数 β_e，区分结构中不同构件的差异化要求，对关键构件和关键节点，非塑性耗能区内力调整系数还要适当加大；

(2) 由于塑性耗能区为设计预定的屈服部位，其性能系数依据塑性耗能区的实际承载力确定，当性能系数符合表 17.2.2-1 要求时，塑性耗能区无需进行承载力验算；

(3) 当结构布置不符合《抗规》的规定的规则性要求时，结构的延性将受到不利影响，承载力要求必须提高（提高系数一般可取 1.25）；

(4) 机构控制即控制结构的破坏路径，因此，非耗塑性能区的性能系数必须高于塑性耗能区；

(5) 普通支撑结构延性较差，计算支撑结构的性能系数时，除以 1.5 的系数；

(6) 框架-中心支撑结构，支撑系统的承载力，根据支撑系统的剪力分担率的不同，乘以相应的增大系数；

(7) 结构的抗震性能化设计是个系统工程，具有循环论证、自我调整的功能，当塑性耗能区构件承载力越高，则结构的地震作用越大。当取某一性能系数乘以设防地震作用，进行内力分析并据此验证塑性耗能区构件满足承载力要求时，则塑性耗能区构件的性能系数将不会低于事先设定的性能系数，利用这种特性，可以极大地简化实际工程中的抗震性能化设计。

4. 第 17.2.3 条

1) 钢结构构件的承载力，应按下列公式验算：

$$S_{E2}=S_{GE}+\Omega_i S_{Ehk2}+0.4S_{Evk2} \quad (17.2.3\text{-}1)$$

$$S_{E2}\leqslant R_k \quad (17.2.3\text{-}2)$$

式中：S_{E2}——构件设防地震内力性能组合值；

S_{GE}——构件重力荷载代表值的效应，按《抗规》或《构抗规》的规定采用；

S_{Ehk2}、S_{Evk2}——分别为按弹性或等效弹性计算的，构件水平设防地震作用标准值效应、8度且高度大于50m时，按弹性或等效弹性计算的，构件竖向设防地震作用标准值效应；

R_k——按屈服强度（注：就是均用 f_y）计算的构件实际截面承载力标准值。

2）本条计算公式和《抗规》及《高规》的规定类似（理解及分析应用时，可与相关规范比较对照），需要注意以下几点：

（1）设防地震的内力组合值，采用效应的标准组合。

（2）注意弹性计算与等效弹性计算的区别：

① 弹性计算，就是材料是弹性的，按弹性假定计算，小震计算就是弹性计算（承载力计算有 γ_{RE}）；

② 等效弹性计算（是一种近似计算方法），就是计算仍采用弹性计算模型，确定计算参数时，考虑结构或构件及其节点实际已经出现的非弹性受力状态，对弹性计算的参数进行适当的折减。实际工程中的中震和大震承载力设计，常采用等效弹性的计算方法（承载力计算用 R_k，没有 γ_{RE}）。

（3）本条对于竖向地震的规定，与《抗规》及《高规》的规定略有不同，应注意区分（详见第17.2.2条说明）。

3）本条公式中效应及承载力的单位，应根据具体效应或承载力情况确定（如轴力效应单位为N，弯矩效应单位为N·mm等）。

5. 第17.2.4条

1）框架梁的抗震承载力验算，应符合下列规定：

（1）框架结构中，框架梁进行受剪计算时，剪力应按式（17.2.4-1）计算：

$$V_{pb}=V_{Gb}+\frac{W_{Eb,A}f_y+W_{Eb,B}f_y}{l_n} \quad (17.2.4\text{-}1)$$

（2）框架-偏心支撑结构中，非消能梁段的框架梁：

① 应按压弯构件计算；

② 计算弯矩及轴力时，非塑性耗能区内力调整系数，宜按 $1.1\eta_y$ 采用。

（3）交叉支撑系统中的框架梁：

① 应按压弯构件计算；

② 轴力可按（17.2.4-2）计算；

③ 计算弯矩效应时，其非塑性耗能区内力调整系数，按式（17.2.2-9）确定。

$$N=A_{br1}f_y\cos\alpha_1-\eta\varphi A_{br2}f_y\cos\alpha_2 \quad (17.2.4\text{-}2)$$

$$\eta=0.65+0.35\tanh(4-10.5\lambda_{n,br}) \quad (17.2.4\text{-}3)$$

$$\lambda_{n,br}=\frac{\lambda_{br}}{\pi}\sqrt{\frac{f_y}{E}} \quad (17.2.4\text{-}4)$$

（4）人字形、V形支撑系统中的框架梁：

① 在支撑连接处，应保持连续，并按压弯构件计算；

② 轴力可按式（17.2.4-2）计算；

③ 弯矩效应，按承受特定作用（重力荷载作用和支撑屈服时的不平衡作用）的梁（不计入支撑支点）计算，竖向不平衡力计算宜符合下列规定：

■ 除顶层和出屋面房间的框架梁外，竖向不平衡力可按下列公式计算：

$$V=\eta_{red}(1-\eta\varphi)A_{br}f_y\sin\alpha \tag{17.2.4-5}$$

$$\eta_{red}=1.25-0.75\frac{V_{P,F}}{V_{br,k}} \tag{17.2.4-6}$$

■ 顶层和出屋面房间的框架梁，竖向不平衡力，宜按式（17.2.4-5）计算的50%取值。

■ 当为屈曲约束支撑：

计算轴力效应时，非塑性耗能区内力调整系数宜取1.0；

计算弯矩效应时，按承受特定作用（重力荷载作用和支撑拉压力标准组合下的不平衡力作用）的梁（注：不计入支撑支点作用，即支撑点用力来代替）计算；

在恒载和支撑最大拉压力标准组合下的变形，不宜超过梁跨度（注：不考虑支撑支点作用，即支撑点用力来代替）的1/240。

上述各式中：V_{Gb}——梁在重力荷载代表值作用下，截面的剪力值标准值（N）；

$W_{Eb,A}$、$W_{Eb,B}$——梁端截面A和B处的构件截面模量（mm^3），可按表17.2.2-2确定；

l_n——梁的净跨（mm）；

A_{br1}、A_{br2}——分别为上、下层支撑截面面积（mm^2）；

α_1、α_2——分别为上、下层支撑斜杆与横梁的交角；

λ_{br}——支撑最小长细比；

η——受压支撑剩余承载力系数，应按式（17.2.4-3）计算；

$\lambda_{n,br}$——支撑正则化长细比（注：稳定控制，与λ_{br}不同，没有最大和最小之分）；

E——钢材弹性模量（N/mm^2）；

α——支撑斜杆与横梁的交角；

η_{red}——竖向不平衡力折减系数；当按式（17.2.4-6）计算的结果<0.3时，取$\eta_{red}=0.3$；大于1.0时，取$\eta_{red}=1.0$；

A_{br}——支撑杆截面面积（mm^2）；

φ——支撑的稳定系数（注：按λ_{br}确定）；

$V_{P,F}$——框架独立形成侧移机构时，抗侧承载力标准值（N）；

$V_{br,k}$——支撑发生屈曲时，由人字形支撑提供的抗侧承载力标准值（N）。

2）本条规定过长，内容较多，理解与应用时注意分类归并：

(1) 本条规定的“框架梁”，可分为支撑系统外和支撑系统内两类：

① 支撑系统外的框架梁（计算要求同框架结构中的框架梁），包括：

■ 框架结构中的框架梁；

■ 其他各类支撑结构中，支撑系统以外的框架梁。

②支撑系统内的框架梁（有不同的计算规定），包括：

■ 框架-偏心支撑结构中，非消能梁段的框架梁（该梁在支撑系统中，即与斜撑组成支撑系统，消能梁段的受剪承载力验算见第17.2.8条）；

■ 交叉支撑系统（可理解为中心支撑系统）中的框架梁（该梁在支撑系统中，即与斜撑组成支撑系统）；

■ 人字形、V形支撑系统中的框架梁（该梁在支撑系统中，即与斜撑组成支撑系统）。

(2) 本条规定适应于各类结构中的框架梁的抗震承载力验算，框架梁的效应标准值，按照构件的实际截面及屈服强度计算；

(3) “支撑系统中的框架梁”，指与支撑一起形成支撑系统的框架梁，也就是支撑上下楼层处的框架梁，该梁承受支撑引起的内力同时还要承受楼面荷载作用。应注意区分其与“框架结构中的框架梁”；

(4) 框架-中心支撑结构中，非支撑系统的框架梁计算与框架结构的框架梁相同，采用支撑屈服后的计算模型；

(5) 支撑斜杆应在支撑前屈服（支撑应在梁柱节点失效、支撑系统梁柱屈服或屈曲发生前屈服），研究表明，受压斜杆的卸载系数与支撑斜杆的正则化长细比有关（见图17.2.4-1）。本条考虑支撑杆件屈曲后的压杆卸载情况，与《抗规》的规定一致。

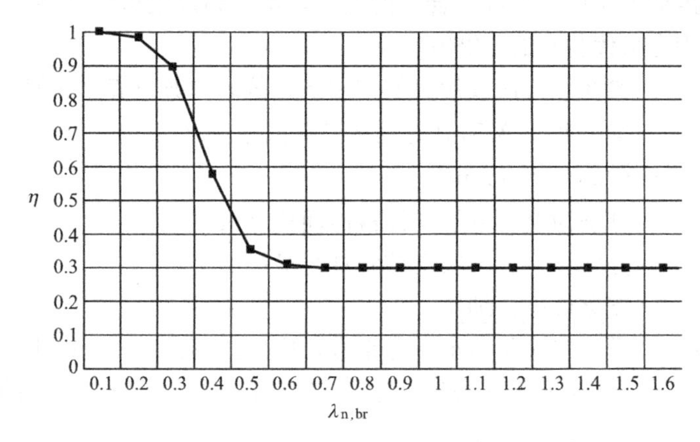

图17.2.4-1 受压支撑卸载系数 η 与支撑正则化长细比 $\lambda_{n,br}$ 的关系

(6) 为保证屈曲约束支撑在预期的楼层位移下，拉压支撑均达到屈服，梁应有足够的刚度，故提出梁在荷载和支撑拉压力标准组合下的挠度控制要求。

6. 第17.2.5条

1) 框架柱的抗震承载力验算，应符合下列规定：

(1) 柱端截面的强度应符合下列规定：

① 等截面梁：

■ 柱截面板件宽厚比等级为S1、S2时：

$$\sum W_{Ec}(f_{yc}-N_p/A_c)\geqslant\eta_y\sum W_{Eb}f_{yb} \tag{17.2.5-1}$$

■ 柱截面板件宽厚比等级为S3、S4时：

$$\sum W_{Ec}(f_{yc}-N_p/A_c)\geqslant 1.1\eta_y\sum W_{Eb}f_{yb} \tag{17.2.5-2}$$

② 端部翼缘为变截面的梁：

■ 柱截面板件宽厚比等级为S1、S2时：

$$\sum W_{Ec}(f_{yc}-N_p/A_c)\geqslant\eta_y(\sum W_{Eb1}f_{yb}+V_{pb}s) \tag{17.2.5-3}$$

■ 柱截面板件宽厚比等级为S3、S4时：

$$\sum W_{Ec}(f_{yc}-N_p/A_c)\geqslant 1.1\eta_y(\sum W_{Eb1}f_{yb}+V_{pb}s) \qquad (17.2.5\text{-}4)$$

（2）符合下列情况之一的框架柱，可不按上述（1）的要求验算：

① 单层框架和框架顶层柱；

② 规则框架，本层的受剪承载力比相邻上一层的受剪承载力高出25%；

③ 不满足强柱弱梁要求的柱子，提供的受剪承载力之和，不超过总受剪承载力的20%；

④ 与支撑斜杆相连的框架柱；

⑤ 框架柱的轴压比 $N_p/N_y\leqslant 0.4$，且柱的截面板件宽厚比等级满足S3的要求；

⑥ 柱满足构件延性等级Ⅴ级时的承载力要求。

（3）框架柱应按压弯构件计算：

① 计算弯矩效应和轴力效应时，其非塑性耗能区内力调整系数宜$\geqslant 1.1\eta_y$。

② 对于框架结构：

■ 进行受剪计算时，剪力应按式（17.2.5-5）计算；

■ 计算弯矩效应时，多高层钢结构的底层柱的，非塑性耗能区内力调整系数 η 应$\geqslant 1.35$。

③ 对于框架-中心支撑结构和支撑结构：

■ 框架柱的计算长度系数宜$\geqslant 1$；

■ 计算支撑系统框架柱的弯矩效应和轴力效应时，非塑性耗能区内力调整系数，宜按式（17.2.2-9）计算，支撑处重力荷载代表值产生的效应，宜由框架柱承担。

$$V_{pc}=V_{Gc}+\frac{W_{Ec,A}f_y+W_{Ec,B}f_y}{h_n} \qquad (17.2.5\text{-}5)$$

上述各式中：W_{Eb1}——梁塑性铰截面的截面模量（mm^3），按表17.2.2-2采用；

W_{Ec}、W_{Eb}——分别为交汇于节点的柱和梁的截面模量（mm^3），按表17.2.2-2采用；

f_{yc}、f_{yb}——分别为柱和梁的钢材屈服强度（N/mm^2）；

N_p——设防地震内力性能组合的柱轴力（N），应按式（17.2.3-1）计算，非塑性耗能区内力调整系数可取1.0，性能系数可根据承载力性能等级，按表17.2.2-1采用；

A_c——框架柱的截面面积（mm^2）；

V_{pb}、V_{pc}——产生塑性铰时，塑性铰截面的剪力（N），应分别按式（17.2.4-1）和式（17.2.5-5）计算；

s——塑性铰截面至柱侧面的距离（mm）；

V_{Gc}——在重力荷载代表值作用下，柱的剪力效应（N）；

$W_{Ec,A}$、$W_{Ec,B}$——柱端截面A和B处的构件截面模量（mm^3），按表17.2.2-2的规定采用；

h_n——柱的净高（mm）。

2）钢结构对强柱弱梁的规定，和《抗规》及《高钢规》的基本规定相同，内容更加细化。不等式的左侧是按压弯构件计算的框架柱的承载力（表达式相同），不等式的右侧是框架梁的屈服承载力（表达式基本相同，略有变化）。

3）关于强柱弱梁免除验算的情况：

（1）单层框架和多高层框架的顶层柱，在柱顶形成塑性铰，结构不会丧失稳定性（单层框架变成排架，多高层框架的顶层变成排架），这和混凝土结构的规定相同；

（2）当规则框架的层受剪承载力比相邻上一层的受剪承载力高出25%时，表明本层为非薄弱层，侧移发展有限，无需满足强柱弱梁的要求，本条和《高钢规》的规定相同；

（3）当柱子提供的受剪承载力之和（按层计算），不超过层总受剪承载力的20%（也就是支撑承担不小于全部剪力的80%）时，此类柱子承担的剪力有限，无需满足强柱弱梁的要求；

（4）非耗能梁端、柱子和斜撑形成一个几何不变的三角形，梁柱节点不会发生相对的塑性转动，也无需满足强柱弱梁的要求（由于有耗能梁段的保护）；

（5）《高钢规》还有“柱轴力符合 $N_2 \leqslant \varphi A_c f$ 时（N_2 为2倍地震作用下的组合轴力设计值）”的规定（注意这里的“2倍地震作用下的组合轴力设计值”，是将小震地震力加倍计算得出的组合内力设计值，而不是仅地震作用加倍得出的单工况内力设计值），《钢标》采用性能化设计方法，对低延性-高弹性承载力设计方法有专门规定。

7. 第17.2.6条

1）受拉构件或构件受拉区域的截面，应符合式（17.2.6）的规定：

$$A f_y \leqslant A_n f_u \tag{17.2.6}$$

式中：A——受拉构件或构件受拉区域的毛截面面积（mm^2）；

A_n——受拉构件或构件受拉区域的净截面面积（mm^2），当构件（注：指受拉构件或构件受拉区域）多个截面有孔时，应取最不利截面；

f_y——受拉构件或构件受拉区域钢材屈服强度（N/mm^2）；

f_u——受拉构件或构件受拉区域钢材抗拉强度最小值（N/mm^2）。

2）本条规定为钢构件的延性要求，目的是为避免在净截面处断裂（可理解为受拉构件的净截面强度要求），和轴心受压构件的强度计算要求相似（见第7.1.1条）。

8. 第17.2.7条

1）偏心支撑结构中，支撑的非塑性耗能区内力调整系数应取 $1.1\eta_y$。

2）本条规定的目的是，为了实现耗能梁段对非耗能梁段的保护。

9. 第17.2.8条

1）消能梁段的受剪承载力计算，应符合下列规定：

（1）当 $N_{p,l} \leqslant 0.15 A f_y$ 时，受剪承载力应取式（17.2.8-1）和式（17.2.8-2）的较小值。

$$V_l = A_w f_{yv} \tag{17.2.8-1}$$

$$V_l = 2W_{p,l} f_y / a \tag{17.2.8-2}$$

（2）当 $N_{p,l} > 0.15 A f_y$ 时，受剪承载力应取式（17.2.8-3）和式（17.2.8-4）的较小值。

$$V_{lc} = 2.4 W_{p,l} f_y [1 - N_{p,l}/(A f_y)]/a \tag{17.2.8-3}$$

$$V_{lc} = A_w f_{yv} \sqrt{1 - [N_{p,l}/(A f_y)]^2} \tag{17.2.8-4}$$

式中：A_w——消能梁段腹板截面面积（mm^2）；

f_{yv}——钢材的屈服抗剪强度（N/mm^2），可取钢材屈服强度的0.58倍（注：即 $f_{yv}=0.58f_y$）；

a——消能梁段的净长度（mm）；

$N_{p,l}$——设防地震性能组合的消能梁段轴力（N），按式（17.2.2-4）计算。

2）《高钢规》有相似的规定，对应于式（17.2.8-2），《高钢规》采用钢材强度设计值 f，公式应用时，应注意区分。

10. 第17.2.9条

1）塑性耗能区的连接计算，应符合下列规定：

（1）与塑性耗能区连接的极限承载力，应大于与其连接的构件的屈服承载力；

（2）梁与柱刚性连接的极限承载力，应按下列公式验算：

$$M_u^j \geqslant \eta_j W_E f_y \tag{17.2.9-1}$$

$$V_u^j \geqslant 1.2[2(W_E f_y)/l_n] + V_{Gb} \tag{17.2.9-2}$$

（3）与塑性耗能区的连接及支撑拼接的极限承载力，应按下列公式验算：

① 支撑连接和拼接：

$$N_{ubr}^j \geqslant \eta_j A_{br} f_y \tag{17.2.9-3}$$

② 梁的连接：

$$M_{ub,sp}^j \geqslant \eta_j W_E f_y \tag{17.2.9-4}$$

（4）柱脚与基础的连接极限承载力，应按式（17.2.9-5）验算：

$$M_{u,base}^j \geqslant \eta_j M_{pc} \tag{17.2.9-5}$$

式中：V_{Gb}——梁在重力荷载代表值作用下，按简支梁分析的梁端截面剪力效应（N）；

M_{pc}——考虑轴力影响时，柱的塑性受弯承载力（N·mm）（注：依据第17.2.3条，可按 W_{np} 和 f_y 计算）；

M_u^j、V_u^j——分别为连接的极限受弯承载力（N·mm）、极限受剪承载力（N）；

N_{ubr}^j——支撑连接的极限受拉（或受压）承载力（N）；

$M_{ub,sp}^j$——梁拼接的极限受弯承载力（N·mm）；

η_j——连接系数，可按表17.2.9采用，当梁腹板采用改进型过焊孔（注：见图17.2-9-2）时，梁柱刚性连接的连接系数，可以乘以不小于0.9的折减系数。

表17.2.9　连接系数 η_j

母材牌号	梁柱连接		支撑连接、构件拼接		柱脚	
	焊接	螺栓连接	焊接	螺栓连接		
Q235	1.40	1.45	1.25	1.30	埋入式	1.2
Q345	1.30	1.35	1.20	1.25	外包式	1.2
Q345GJ	1.25	1.30	1.15	1.20	外露式	1.2

注：1. 屈服强度高于Q345的钢材，按Q345的规定采用；
2. 屈服强度高于Q345GJ的GJ钢材，按Q345GJ的规定采用；
3. 翼缘焊接腹板栓接时，连接系数分别按表中形式取用；
4. 有下划线的数据与《抗规》及《高钢规》不同。

2）本条规定与《抗规》及《高钢规》的规定基本一致，塑性耗能区宜避免拼接，无法避免时，应考虑按剪应力集中于腹板中央区验算。

3）栓焊混合节点，因腹板采用螺栓连接，螺栓孔直径比螺栓直径大1.5～2.5mm，在罕遇地震作用下，螺栓克服摩擦力滑动，滑动过程也是剪应力重分布过程，滑移后上、下翼缘的焊缝承担了其不该承担的剪应力，导致上、下翼缘的焊缝开裂，实际工程中，应优先采用能够把塑性变形分布在更长长度上的，延性较好的改进型工艺孔。

4）极限状态时，高强螺栓一般已滑移，计算高强度螺栓的极限承载力时，应按螺杆剪断或连接板拉断作为其极限破坏的判别准则，可按《高钢规》计算。

5）关于连接系数 η_j，《高钢规》和《抗规》均有相关规定，列表 17.2.9-1。

表 17.2.9-1 《抗规》和《高钢规》规定的连接系数 η_j

母材牌号	梁柱连接		支撑连接、构件拼接		柱脚	
	焊接	螺栓连接	焊接	螺栓连接		
Q235	1.40	1.45	1.25	1.30	埋入式	1.2[1.0]
Q345	1.30(1.35)	1.35(1.40)	1.20	1.25	外包式	1.2[1.0]
Q345GJ	1.25	1.30	1.15	1.20	外露式	1.1(1.0)

注：1.“（）”内为《高钢规》数值，“[]”内数值用于箱形柱或圆形柱。
2.其他见表 17.2.9 注。

（1）《钢标》取值与《抗规》大致相同，仅外露式柱脚略有不同；

（2）《高钢规》与《钢标》的数值有较大的差别；

（3）实际工程中，可根据工程的具体情况选用连接系数，建议：

① 柱脚宜按《钢标》选用（柱脚优先采用埋入式和外包式，避免采用外露式）；

② 高层钢结构可按《高钢规》选用（柱脚除外）。

6）常规型过焊孔（图 17.2.9-1）和改进型过焊孔（图 17.2.9-2）。

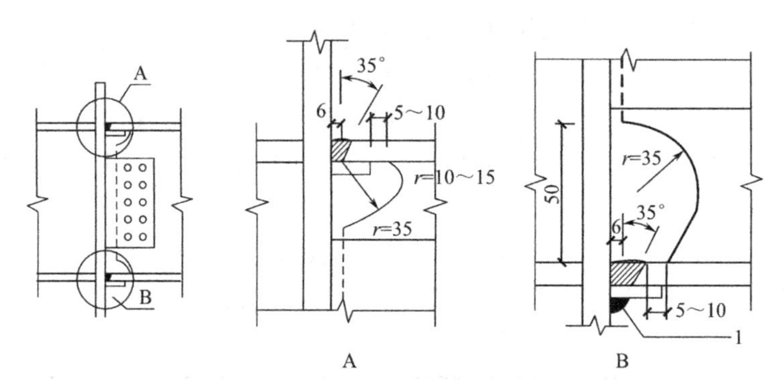

图 17.2.9-1 常规型过焊孔

1—$h_e \approx 5$mm，长度等于翼缘总宽度

7）多本规范对塑性承载力的计算方法未予明确，可见表 12.3.3-2。

11. 第 17.2.10 条

1）当框架结构的梁柱采用刚性连接时，H 形和箱形截面柱的节点域抗震承载力，应符合下列规定：

（1）当与梁翼缘平齐的柱横向加劲肋的厚度，不小于梁翼缘厚度时，H 形和箱形截面柱的节点域抗震承载力验算，应符合下列规定：

① 当结构延性等级为Ⅰ级或Ⅱ级时，节点域的承载力验算，应符合式（17.2.10-1）

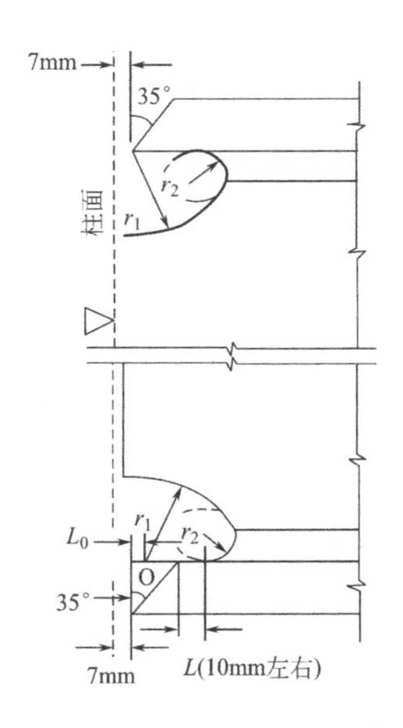

(a) 坡口和焊接孔加工

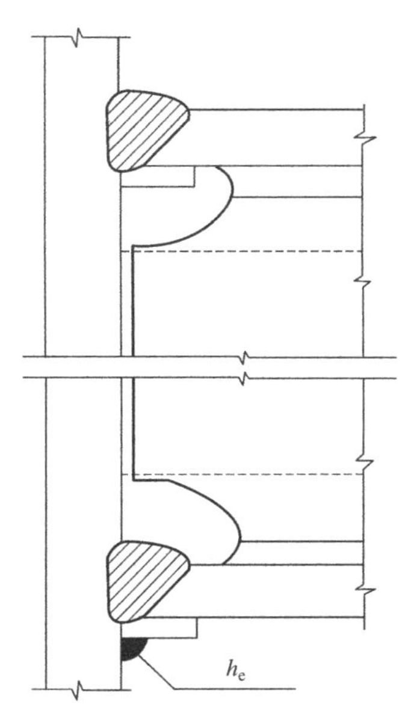

(b) 全焊透焊缝

图 17.2.9-2　改进型过焊孔

r_1=35mm 左右；r_2≥10mm

0 点位置：t_f<22mm：$L_0=0$

t_f≥22mm：L_0=（$0.75t_f-15$）(mm)，t_f 为下翼缘板厚度

h_e≈5mm，长度等于翼缘总宽度

要求：

$$\alpha_p \frac{M_{pb1}+M_{pb2}}{V_p} \leqslant \frac{4}{3} f_{yv} \tag{17.2.10-1}$$

② 当结构延性等级为Ⅲ级、Ⅳ级或Ⅴ级时，节点域的承载力验算，应符合式（17.2.10-2）要求：

$$\frac{M_{b1}+M_{b2}}{V_p} \leqslant f_{ps} \tag{17.2.10-2}$$

式中：　V_p——节点域的体积（mm^3），应按第 12.3.3 条规定计算；

M_{b1}、M_{b2}——分别为节点域两侧梁端的设防地震性能组合的弯矩（N·mm），应按式（17.2.3-1）计算，非塑性耗能区内力调整系数可取 1.0；

M_{pb1}、M_{pb2}——分别为与框架柱节点域连接的左、右梁端截面的全塑性受弯承载力（N·mm）（注：可按 $M_{pb}=W_{np}f_y$ 计算）；

f_{ps}——节点域的抗剪强度（N/mm^2），按第 12.3.3 条规定计算（注：其中抗剪强度由抗剪屈服强度 f_{yv} 代替，且没有 γ_{RE} 问题）；

α_p——节点域弯矩系数，边柱取 0.95，中柱取 0.85。

（2）当节点域的计算不满足上述（1）的规定时：

① 应根据第 12.3.3 条的规定，采取加厚柱腹板或贴焊补强板的构造措施；

② 补强板的厚度及其焊接，应按传递补强板所分担剪力的要求设计。

2）本条规定与《高钢规》和《抗规》的规定相同；式（17.2.10-2）与式（12.3.3-3）

形式相同，但意义不同，使用时应相互比较。

3）当框架梁采用S1、S2级截面时，要求节点域不先于框架梁的梁端屈服；采用梁端全截面塑性弯矩的表达式。中柱采用0.85系数，是考虑H形截面梁全截面塑性弯矩一般为边缘屈服弯矩的1.15倍。

4）柱轴压比较小时，一般可不考虑轴力对节点域承载力的影响。

5）本条验算基于节点满足强柱弱梁要求，当不满足强柱弱梁要求时，将梁端的承载力替换为柱端的受弯承载力。

6）本条内容在历年注册考试中常有出现，实际工程和注册备考时应注意把握。

12. 第17.2.11条

1）支撑系统的节点计算，应符合下列规定：

（1）交叉支撑结构、成对布置的单斜杆支撑结构的支撑系统，上、下层支撑斜杆交汇点处，节点的极限承载力，不宜小于按下列公式确定的竖向不平衡剪力V的η_j倍，其中η_j为连接系数，应按表17.2.9确定。

$$V = \eta\varphi A_{br1} f_y \sin\alpha_1 + A_{br2} f_y \sin\alpha_2 + V_G \tag{17.2.11-1}$$

$$V = A_{br1} f_y \sin\alpha_1 + \eta\varphi A_{br2} f_y \sin\alpha_2 - V_G \tag{17.2.11-2}$$

（2）人字形或V形支撑，支撑斜杆、横梁与立柱的交汇点，节点的极限承载力，不宜小于按式（17.2.11-3）计算的剪力的η_j倍。

$$V = A_{br} f_y \sin\alpha + V_G \tag{17.2.11-3}$$

上述各式中：V——支撑斜杆交汇处的竖向不平衡力（N）；

φ——支撑稳定系数；

V_G——在重力荷载代表值作用下的横梁的梁端剪力（N），对于人字形或V形支撑，不应计算支撑的作用；

η——受压支撑剩余承载力系数，可按式（17.2.4-3）计算。

（3）当同层同一竖向平面内，有两个支撑斜杆交汇于一个柱子时，该节点的极限承载力，不宜小于左右支撑屈服和屈曲产生的不平衡力的η_j倍。

2）本条是对支撑节点的抗剪极限承载力验算，均根据交汇于交点的各构件的实际截面及屈服强度验算，要注意，所有计算值均应再乘以η_j。

3）交叉支撑的节点竖向不平衡力按图17.2.11-1计算：

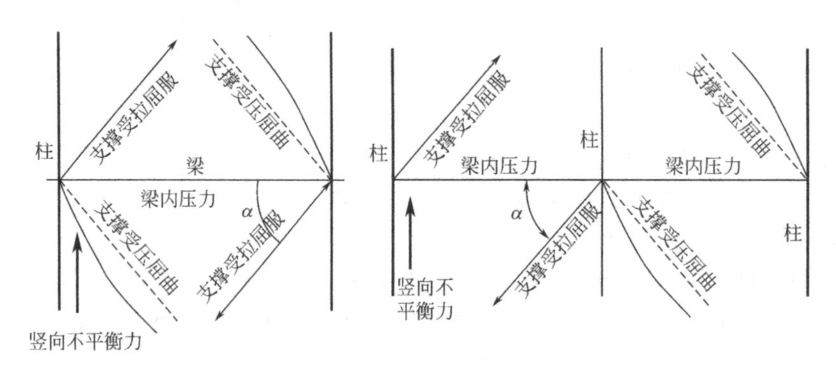

图17.2.11-1　交叉支撑节点不平衡力示意

4）应特别注意：对于人字形或V形支撑，V_G 计算时不应考虑支撑的作用（即按无支撑的梁计算）。

13. 第17.2.12条

1）柱脚的承载力验算，应符合下列要求：

（1）支撑系统的立柱柱脚的极限承载力，不宜小于与其相连斜撑的1.2倍屈服拉力产生的剪力和组合拉力。

（2）柱脚进行受剪承载力验算时，剪力性能系数宜≥1.0。

（3）对于框架结构或框架承担的总水平地震剪力50%以上的，双重抗侧力结构中的框架部分的框架柱脚，采用外露式柱脚时，锚栓宜符合下列要求：

① 实腹柱刚接柱脚，按锚栓毛截面屈服计算的受弯承载力，不宜小于钢柱全截面受弯承载力的50%；

② 格构式分离柱脚，受拉肢的锚栓毛截面受拉承载力标准值，不宜小于钢柱分肢受拉承载力标准值的50%；

③ 实腹柱铰接柱脚，锚栓毛截面受拉承载力标准值，不宜小于钢柱最薄弱截面受拉承载力标准值的50%。

2）柱脚承载力验算时，应注意：

（1）“支撑系统的立柱”，为与支撑和横梁一起组成支撑系统的框架柱。双重抗侧力体系中的“框架部分”的框架柱，不包括支撑系统的立柱；

（2）“柱脚的极限承载力”，可理解为以柱子在柱脚部位的截面面积 A_n、按材料极限强度设计值 f_u 计算的承载力；

（3）“支撑系统的立柱柱脚的极限承载力”，包括极限剪力和极限拉力；

（4）“1.2倍屈服拉力产生的剪力和组合拉力”，可按“1.2倍屈服拉力产生的剪力”和“1.2倍屈服拉力的组合拉力”来理解；

（5）斜撑的屈服拉力可理解为：以斜撑构件的截面面积 A_{br}、按材料的受拉屈服强度设计值 f_y 计算的轴向拉力：

① 斜撑的“1.2倍屈服拉力产生的剪力”，根据支撑的角度，计算出与斜撑1.2倍屈服拉力相应的剪力；

② 斜撑“1.2屈服拉力的组合拉力”，可理解为对斜撑1.2倍屈服拉力与其他荷载产生的拉力的组合（包括可能承受的竖向荷载等）。

（6）锚栓的“毛截面屈服受弯承载力”，可理解为取锚栓的毛截面模量、按锚栓的屈服强度设计值 f_y 计算的屈服承载力设计值；

（7）钢柱的“全截面塑性受弯承载力”，可理解为取钢柱的净截面塑性模量 W_{np}（即全截面应力达到 f_y）、按钢柱的强度设计值 f_y 计算的受弯承载力设计值；

（8）锚栓的“毛截面受拉承载力标准值”，可理解为取锚栓的毛截面面积、按锚栓的受拉强度 f_t 计算的承载力值（对应于效应的标准组合）；

（9）“钢柱分肢受拉承载力标准值”，可理解为取钢柱分肢截面面积、按钢柱材料的受拉强度 f_y 计算的承载力值（对应于效应的标准组合）；

（10）“钢柱最薄弱截面”，可理解为与柱脚相连的这一层高度范围内，钢柱有效截面面积（扣除孔洞，摩擦型高强度螺栓的螺栓孔可不扣除）最小的位置。

3）实际工程设计时，钢柱应按计算要求设计，首层柱截面不能放大太多，否则会引起柱脚锚栓按本条构造设计困难。

4）实际工程和注册备考时，应把握本条概念。

17.3　基本抗震措施

《钢标》对钢结构构件和节点抗震性能化设计的基本抗震措施见表 17.3.0-1。

表 17.3.0-1　《钢标》对钢结构构件和节点抗震性能化设计的基本抗震措施

条文号	规定	关键点把握	
Ⅰ 一般规定			
17.3.1	钢结构节点连接	1)应符合《焊接规范》的规定	
		2)高度大于 50m 或 7 度(及以上)时	截面板件宽厚比等级不宜采用 S5 级
			采用 S5 级时，经 $\sqrt{\sigma_{max}/f_y}$ 修正后满足 S4
17.3.2	构件塑性耗能区要求	1)塑性耗能区板件间的连接，应采用完全焊透的对接焊缝	
		2)位于塑性耗能区的梁或支撑，宜采用整根材料(可等强焊接)	
		3)位于塑性耗能区的支撑，不宜现场拼接	
17.3.3	在支撑系统之间，直接与支撑系统构件相连的刚接钢梁	当其在受压斜杆屈曲前屈服时	应按框架结构的框架梁设计
			非塑性耗能区内力调整系数可取 1.0
			截面板件宽厚比等级满足受弯构件 S1 要求
Ⅱ 框架结构			
17.3.4	对框架梁的要求	1)构件延性等级对应的塑性耗能区(梁端)	板件宽厚比等级要求
			设防地震性能组合下的最大轴力 N_{E2} 限值
			按式(17.2.4-1)计算的剪力 V_{pb} 限值
		2)梁端塑性耗能区为工字形截面时，应符合下列条件之一	梁上翼缘应有楼板且布置间距不大于 2 倍梁高的加劲肋
			梁受弯正则化长细比 $\lambda_{n,b}$ 限值符合表 17.3.4-2 要求
			梁上下翼缘均设置支承
17.3.5	框架柱的长细比	宜符合表 17.3.5 要求	
17.3.6	框架结构的梁柱采用刚性连接时	H 形和箱形截面柱的节点域受剪正则化宽厚比 $\lambda_{n,s}$ 限值，应符合表 17.3.6 要求	
17.3.7	当框架结构塑性耗能区延性等级为Ⅰ、Ⅱ级时，梁柱刚性节点要求	1)梁翼缘与柱翼缘焊接时，应采用全熔透焊缝	
		2)在梁翼缘上下各 600mm 范围内	柱翼缘与柱腹板间或箱形柱壁板间的连续焊缝，应采用全熔透焊缝
			梁上下翼缘标高处设置的柱水平加劲肋或隔板的厚度，不应小于梁翼缘厚度
		3)梁腹板的过焊孔	宜采用改进型过焊孔，可采用常规过焊孔
			应使其端部与梁翼缘和柱翼缘间的全熔透坡口焊缝，完全隔开

续表

<table>
<tr><th>条文号</th><th>规定</th><th colspan="3">关键点把握</th></tr>
<tr><td rowspan="3">17.3.7</td><td rowspan="3">当框架结构塑性耗能区延性等级为Ⅰ、Ⅱ级时，梁柱刚性节点要求
b_f 为翼缘宽度；
t_f 为翼缘厚度</td><td rowspan="3">4)梁翼缘和柱翼缘焊接孔下焊接衬板(图17.3.7)</td><td colspan="2">衬板长度取 b_f+50 及 b_f+2t_f 的较大值</td></tr>
<tr><td rowspan="2">与柱翼缘的焊接构造</td><td>上翼缘衬板与柱翼缘焊接，可采用角焊缝，引弧部分可采用绕角焊</td></tr>
<tr><td>下翼缘衬板与柱翼缘焊接，应采用从上部往下熔透的焊缝</td></tr>
<tr><td rowspan="7">17.3.8</td><td rowspan="7">梁柱节点采用骨形连接时</td><td colspan="3">1)内力分析模型按未削弱的截面计算时，无支撑框架结构侧移限值应乘以0.95；钢梁的挠度限值应乘以0.90</td></tr>
<tr><td colspan="3">2)进行削弱截面的受弯承载力验算时，削弱截面的弯矩可按梁端弯矩的0.8倍进行验算</td></tr>
<tr><td colspan="3">3)梁的线刚度可按等截面计算的数值乘以0.9倍计算</td></tr>
<tr><td colspan="3">4)强柱弱梁应满足式(17.2.5-3)、式(17.2.5-4)要求</td></tr>
<tr><td rowspan="3">5)骨形削弱应采用自动切割(图17.3.8)</td><td>$a=(0.5\sim0.75)b_f$</td><td rowspan="3">b_f:梁翼缘宽度；
h_b:梁截面高度</td></tr>
<tr><td>$b=(0.65\sim0.85)h_b$</td></tr>
<tr><td>$c=(0.15\sim0.25)b_f$</td></tr>
<tr><td rowspan="6">17.3.9</td><td rowspan="6">梁柱节点采用梁端加强的方法来保证塑性铰外移时</td><td colspan="3">1)加强段塑性弯矩的变化，宜与梁端形成塑性铰时的弯矩图相近</td></tr>
<tr><td colspan="3">2)采用盖板加强节点时，盖板的计算长度应以离开柱子表面50mm处为起点</td></tr>
<tr><td rowspan="3">3)采用翼缘加宽的方法时</td><td colspan="2">翼缘边的斜角不应大于1∶2.5</td></tr>
<tr><td colspan="2">加宽的起点和柱翼缘间的距离，宜为 $(0.3\sim0.4)h_b$</td></tr>
<tr><td colspan="2">翼缘加宽后的宽厚比，应 $\leqslant 13\varepsilon_k$</td></tr>
<tr><td colspan="3">4)柱子为箱形截面时，宜增加翼缘厚度</td></tr>
<tr><td>17.3.10</td><td>框架梁上覆混凝土楼板时</td><td colspan="3">其楼板钢筋应可靠锚固</td></tr>
<tr><td colspan="5">Ⅲ　支撑结构及框架-支撑结构</td></tr>
<tr><td rowspan="3">17.3.11</td><td rowspan="3">框架-中心支撑结构的框架部分</td><td colspan="3">框架部分的定义，即不传递支撑内力的梁柱构件</td></tr>
<tr><td rowspan="2">抗震构造</td><td colspan="2">按表17.1.4-2，确定延性等级</td></tr>
<tr><td colspan="2">根据延性等级，按框架结构采用</td></tr>
<tr><td rowspan="2">17.3.12</td><td rowspan="2">支撑长细比、板件宽厚比等级</td><td colspan="3">1)根据其结构构件延性等级，按表17.3.12确定</td></tr>
<tr><td colspan="3">2)支撑的截面板件宽厚比等级，按第3.5.2条确定</td></tr>
<tr><td rowspan="3">17.3.13</td><td rowspan="3">中心支撑结构</td><td colspan="3">1)支撑宜成对设置，各层同一水平地震作用方向的不同倾斜方向，杆件截面水平投影面积之差宜≤10%</td></tr>
<tr><td rowspan="2">2)交叉支撑结构、成对布置的单斜杆支撑系统</td><td colspan="2">支撑斜杆的长细比>130时，内力计算时可不计入压杆作用(仅按受拉斜杆计算)</td></tr>
<tr><td colspan="2">当结构层数超过两层时，长细比应≤180</td></tr>
<tr><td rowspan="3">17.3.14</td><td rowspan="3">钢支撑连接节点</td><td colspan="3">1)支撑和框架采用节点板连接时，支撑端部至节点最近嵌固点，在沿杆件轴线方向的距离，宜 $\geqslant 2t$，t 为节点板厚度</td></tr>
<tr><td rowspan="2">2)人字形支撑与横梁的连接节点处</td><td colspan="2">应设置侧向支承</td></tr>
<tr><td colspan="2">轴力设计值应 $\geqslant 2\% N_b$，N_b 为梁轴向承载力设计值</td></tr>
</table>

续表

<table>
<tr><th>条文号</th><th>规定</th><th colspan="3">关键点把握</th></tr>
<tr><td rowspan="11">17.3.15</td><td rowspan="11">当结构构件延性等级为Ⅰ级时,消能梁段构造要求</td><td colspan="3">1)$N_{p,l}>0.16Af_y$ 时,消能梁段长度,应符合要求</td></tr>
<tr><td colspan="3">2)消能梁段的腹板,不得贴焊补强板,不得开洞</td></tr>
<tr><td rowspan="4">3)消能梁段与支撑连接处</td><td colspan="2">应在其腹板两侧配置加劲肋</td></tr>
<tr><td colspan="2">加劲肋高度,应为梁腹板高度</td></tr>
<tr><td>一侧的加劲肋宽度,应$\geqslant(b_f/2-t_w)$</td><td rowspan="2">b_f:梁翼缘宽度
t_w:梁腹板厚度</td></tr>
<tr><td>加劲肋厚度,应$\geqslant 0.75t_w$,$\geqslant$10mm</td></tr>
<tr><td colspan="3">4)消能梁段设置加劲肋要求</td></tr>
<tr><td rowspan="2">5)消能梁段与柱连接时</td><td colspan="2">其长度应$\leqslant 1.6W_{p,l}f_y/V_l$</td></tr>
<tr><td colspan="2">还应满足相关规范的要求</td></tr>
<tr><td rowspan="2">6)消能梁段上、下两端翼缘</td><td colspan="2">应设置侧向支撑</td></tr>
<tr><td colspan="2">支撑的轴力设计值应$\geqslant 6\% N_b$,N_b 为梁轴向承载力设计值</td></tr>
<tr><td colspan="5">Ⅳ 柱脚</td></tr>
<tr><td>17.3.16</td><td>采用外包式、埋入式及插入式做法的实腹式柱脚</td><td colspan="3">埋入深度,应符合《抗规》和《构抗规》的规定</td></tr>
</table>

【要点分析】

1. 基本抗震措施是结构抗震设计的基本保证，其目的是保证节点的破坏不先于构件破坏，同时根据不同的延性要求，采取相应的构造措施，保证结构设计的经济性。

2. 第17.3.1条

1）抗震设防的钢结构：

（1）节点连接应符合现行《焊接规范》的规定；

（2）房屋高度大于50m，或抗震设防烈度高于7度的多高层钢结构，截面板件宽厚比等级不宜采用S5级；

（3）截面板件宽厚比等级采用S5级的构件，其板件经$\sqrt{\sigma_{max}/f_y}$修正后，宜满足S4级截面要求（注：依据第17.2.3条的规定，此处的σ_{max}应按设防地震计算）。

2）地震作用属于强烈的动力作用（尤其是设防烈度地震和罕遇地震作用下），节点的连接应满足承受动力荷载（动力作用）的构造要求。

3）由于地震的不确定性，要求抗震钢结构具有一定的延性。板件宽厚比等级为S5级的构件延性较差，不符合抗震钢结构设计的基本延性要求，应予以适当加强或限制其使用。

3. 第17.3.2条

1）构件塑性耗能区，应符合下列要求：

（1）塑性耗能区板件间的连接，应采用完全焊透的对接焊缝；

（2）位于塑性耗能区的梁或支撑，宜采用整根材料，当热轧型钢超过材料最大长度规格时，可进行等强拼接；

（3）位于塑性耗能区的支撑，不宜进行现场拼接。

2）对塑性耗能区构件的连接提出限制要求，避免塑性耗能区的梁或支撑现场连接，确保塑性耗能区构件的性能满足设计要求。

3）实际工程中，与塑性耗能区相连的梁或支撑，当必须设计连接时，应远离塑性耗能区。

4. 第17.3.3条

1）在支撑系统之间，直接与支撑系统构件相连的刚接钢梁，当其在受压斜杆屈曲前屈服时，应按框架结构的框架梁设计，非塑性耗能区内力调整系数可取1.0，截面板件宽厚比等级宜满足受弯构件S1级要求。

2）支撑系统之间、直接与支撑系统构件刚接的框架梁（和一般框架梁的受力情况有很大的不同），除承受竖向荷载外，还承受由于地震引起的较大的梁端弯矩、剪力和轴力等，其梁端受力类似连梁，也类似于偏心支撑的耗能梁段。

3）支撑系统之间的框架梁设计时（应采取比一般框架梁更严格的构造措施）：

（1）与支撑相连的梁端宜设置塑性耗能区，满足消能梁段的构造规定时，按消能梁段确定承载力；

（2）当不满足消能梁段的构造要求时，应按框架结构的框架梁要求设计。

5. 第17.3.4条

1）框架梁应符合下列要求：

（1）结构构件延性等级对应的塑性耗能区（梁端），截面板件宽厚比等级和设防地震性能组合下的最大轴力 N_{E2}，按式（17.2.4-1）计算的剪力 V_{pb}，应符合表17.3.4-1的要求：

表17.3.4-1　结构构件延性等级对应的塑性耗能区（梁端）截面板件宽厚比等级和轴力、剪力限值

结构构件延性等级	Ⅴ级	Ⅳ级	Ⅲ级	Ⅱ级	Ⅰ级
截面板件宽厚比最低等级	S5	S4	S3	S2	S1
N_{E2}	—	$\leqslant 0.15Af$		$\leqslant 0.15Af_y$	
V_{pb}（未设置纵向加劲肋）	—	$\leqslant 0.5h_w t_w f_v$		$\leqslant 0.5h_w t_w f_{yv}$	

注：单层或顶层无需满足最大轴力与最大剪力的限值。

（2）当梁端塑性耗能区为工字形截面时，还应符合下列要求之一：

① 工字形梁上翼缘有楼板，且布置间距$\leqslant 2h_b$（h_b 为梁高）的加劲肋；

② 工字形梁受弯正则化长细比 $\lambda_{n,b}$ 限值，符合表17.3.4-2的要求；

③ 上、下翼缘均设置侧向支承。

表17.3.4-2　工字梁受弯正则化长细比 $\lambda_{n,b}$ 的限值

结构构件延性等级	Ⅰ级、Ⅱ级	Ⅲ级	Ⅳ级	Ⅴ级
上翼缘有楼板	0.25	0.40	0.55	0.80

注：受弯正则化长细比 $\lambda_{n,b}$ 按式（6.2.7-3）计算。

2）通过控制框架梁的轴力和剪力，来保证潜在耗能区的塑性耗能能力。

3）试验研究和分析表明：

（1）无加紧肋的平腹板梁，塑性机构转动点会偏离截面中心轴，而腹板中央的屈服和屈曲由剪应力控制，且剪应力集中于腹板中央区；

（2）设置纵向加劲肋的梁，可以均化塑性铰区腹板中央集中的剪力，使整个加劲区域的腹板剪应力均匀分布。

4）基于上述原因，塑性耗能区位于梁端时，结构设计中应优先考虑设置纵向加紧肋（尤其当梁端剪力较大时），只要合理设置了纵向加劲肋，其剪力可由腹板全截面承担；而当梁端不设置纵向加劲肋时，腹板的剪力不应大于截面受剪承载力的50%。

6. 第17.3.5条

1）框架柱的长细比，宜符合表17.3.5的要求：

表17.3.5 框架柱的长细比要求

结构构件延性等级	Ⅴ级	Ⅳ级	Ⅰ级、Ⅱ级、Ⅲ级
$N_p/(Af_y)\leqslant 0.15$	180	150	$120\varepsilon_k$
$N_p/(Af_y)>0.15$	$125[1-N_p/(Af_y)]\varepsilon_k$		

2）柱子长细比和轴压比是影响柱子性能的两大重要因素，一般情况下，柱子的长细比越大、轴压比越大时，构件的承载能力和塑性变形能力就越小，侧向刚度降低，容易引起结构的整体失稳。在强烈地震作用下，框架柱有可能进入塑性，因此对于抗震设防的钢柱，需要控制框架柱的长细比和轴压比。

3）为便于结构设计，引入轴压比N_p/N_y（其中$N_y=Af_y$）和长细比λ表示的控制条件，当$N_p/N_y\leqslant 0.15$（轴压比很小）时，对结构的稳定性影响也小，最大长细比可取150，可不考虑轴压比和长细比的耦合。

4）表中的最大长细比180，用于表17.1.4-2中Ⅴ级的框架柱。

7. 第17.3.6条

1）当框架结构的梁柱采用刚性连接时，H形和箱形截面柱的节点域受剪正则化宽厚比$\lambda_{n,s}$限值，应符合表17.3.6的要求：

表17.3.6 H形和箱形截面柱节点域受剪正则化宽厚比$\lambda_{n,s}$的限值

结构构件延性等级	Ⅰ级、Ⅱ级	Ⅲ级	Ⅳ级	Ⅴ级
$\lambda_{n,s}$	0.4	0.6	0.8	1.2

注：节点受剪正则化宽厚比$\lambda_{n,s}$，按式（12.3.3-1）或式（12.3.3-2）计算。

2）依据试验研究和数据分析得出的表17.3.6条的要求，体现出高延性-低弹性承载力和低延性-高弹性承载力的设计构造特点。

8. 第17.3.7条

1）当框架结构塑性耗能区延性等级为Ⅰ级或Ⅱ级时，梁刚性节点应符合下列规定：

（1）梁翼缘与柱翼缘焊接时，应采用全熔透焊缝。

（2）在梁翼缘上、下各600mm的节点范围内，柱翼缘与柱腹板间或箱型柱壁板间的连接焊缝，应采用全熔透焊缝。在梁上、下翼缘标高处设置的柱水平加劲肋或隔板的厚度，不应小于梁翼缘厚度。

（3）梁腹板的过焊孔，应使其端部与梁翼缘和柱翼缘之间的全熔透坡口焊缝完全隔开，并宜采用改进型过焊孔（也可采用常规型过焊孔）。

（4）梁翼缘和柱翼缘焊接孔下焊接衬板长度，应$\geqslant b_f+50$、$\geqslant b_f+2t_f$（其中，b_f 为梁翼缘宽度，t_f 为梁的翼缘厚度）；与柱翼缘的焊接构造（图 17.3.7）应符合下列规定：

① 上翼缘的焊接衬板可采用角焊缝，引弧部分应采用绕角焊；

② 下翼缘衬板，应采用从上部往下熔透的焊缝与柱翼缘焊接。

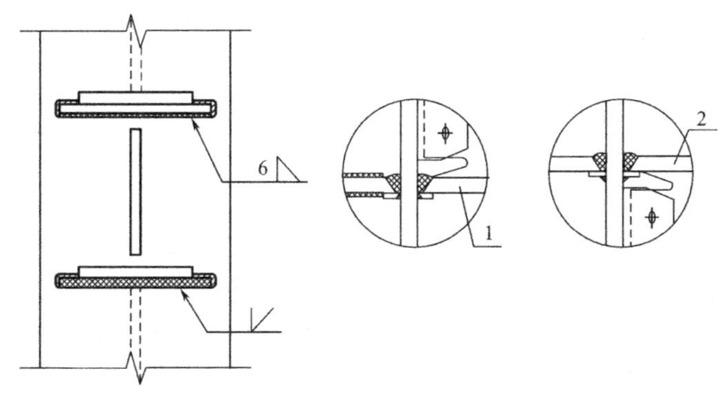

图 17.3.7　衬板与柱翼缘的焊接构造

1—下翼缘；2—上翼缘

2）本条是对焊缝的具体要求，再次强调了钢结构设计中的四条关键焊缝（见第 17.1.6 条）。

9. 第 17.3.8 条

1）当梁柱刚性节点采用骨形节点（图 17.3.8）时，应符合下列要求：

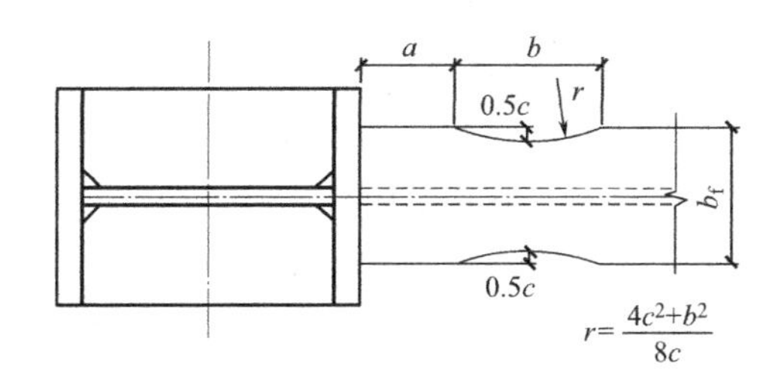

图 17.3.8　骨形节点

（1）内力分析模型按未削弱的截面计算时，无支撑框架结构侧移限值应乘以 0.95；钢梁的挠度限值应乘以 0.90；

（2）进行削弱截面的受弯承载力验算时，削弱截面的弯矩可按梁端弯矩的 0.8 倍进行验算；

（3）梁的线刚度，可按等截面计算的数值乘以 0.90 倍计算；

（4）强柱弱梁，应满足式（17.2.5-3）、式（17.2.5-4）要求；

（5）骨形削弱段应采用自动切割，可按图 17.3.8 设计，尺寸 a、b、c 可按下列公式计算：

$$a=(0.5\sim 0.75)b_f \tag{17.3.8-1}$$

$$b=(0.65\sim0.85)h_b \tag{17.3.8-2}$$

$$c=(0.15\sim0.25)b_f \tag{17.3.8-3}$$

式中：b_f——框架梁翼缘宽度（mm）；

h_b——框架梁截面高度（mm）。

2）骨形连接以削弱截面的抗弯刚度，造成梁端截面刚度的局部降低，来保证塑性铰位置在预设的骨形连接部位。

3）按未削弱模型计算时，侧移和挠度限值从严（调整侧移和挠度计算值更合理）。

4）梁端截面承载力计算时，按梁端截面未削弱模型的计算弯矩的80%计算。

5）梁的线刚度取等截面（不考虑骨形节点）线刚度的90%。

6）骨形节点，材料消耗较大，费用较高，一般用于高烈度地区的工程或有特殊要求的工程。

10. 第17.3.9条

1）当梁柱节点采用梁端加强的方法，来保证塑性铰外移要求时，应符合下列要求：

（1）加强段的塑性弯矩的变化，宜与梁端形成塑性铰时的弯矩图相近；

（2）采用盖板加强时，盖板的计算长度应以离开柱子表面50mm处为起点；

（3）采用翼缘加宽的方法时，翼缘边的斜角不应大于1∶2.5；加宽的起点和柱翼缘间的距离宜为（0.3～0.4）h_b，h_b 为梁截面的高度；翼缘加宽后的宽厚比应≤13ε_k；

（4）当柱子为箱形截面时，宜增加翼缘厚度。

2）采用梁端加腋、梁端换厚板、梁翼缘楔形加宽和上下翼缘加盖板等方法，其本质是一种梁端变截面梁，目的是迫使梁端塑性铰往外转移，使梁的加强段及等截面部分长度内均能够产生一定程度的塑性，也就是将梁端塑性铰的转动需求分散在更长的长度上，从而改善结构的延性，适当减小对节点的转动需求（《高钢规》及《抗规》有详细规定，可参照）。

3）采用梁端加强型做法，也存在计算难度大（梁端刚度增加的影响难以准确分析），加强要求高等特点，实际工程中，应慎重采用。

11. 第17.3.10条

1）当框架梁上覆混凝土楼板时，其楼板钢筋应可靠锚固。

2）框架梁上覆混凝土楼板时，地震时，梁端塑性铰区混凝土受拉，钢柱周边的楼板钢筋 A_s 应采取有效锚固措施（图17.3.10-1），并按第14.5节验算混凝土楼板的裂缝宽度。

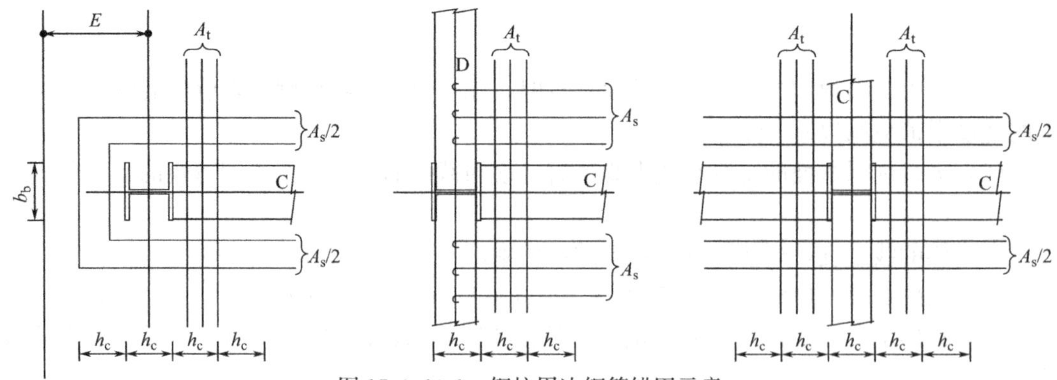

图17.3.10-1 钢柱周边钢筋锚固示意

A_t—板顶钢筋

12. 第 17.3.11 条

1）框架-中心支撑结构的框架部分（即不传递支撑内力的梁柱构件），其抗震构造应根据表 17.1.4-2 确定的延性等级，按框架结构采用。

2）本条明确了框架-中心支撑结构中的“框架部分”的定义，就是不包含与支撑一起组成支撑结构的部分（即可理解为不直接传递支撑内力的梁柱构件）。

3）本条关于“框架部分”的定义，同样适应于所有各类双重抗侧力体系的结构，如框架-偏心支撑结构等（支撑结构没有框架部分）。

13. 第 17.3.12 条

1）支撑长细比、截面板件宽厚比等级，应根据其结构构件延性等级符合表 17.3.12 的要求，其中支撑截面板件宽厚比，应按表 3.5.2 对应的构件板件宽厚比等级的限值采用。

表 17.3.12　支撑长细比、截面板件宽厚比等级

抗侧力构件	结构构件延性等级			支撑长细比	支撑截面板件宽厚比最低等级	备注
	支撑结构	框架-中心支撑结构	框架-偏心支撑结构			
交叉中心支撑或对称设置的单斜杆支撑	Ⅴ级	Ⅴ级	—	符合第 7.4.6 条的规定；当内力计算时不计入压杆作用，按受拉斜杆计算时，符合第 7.4.7 条规定	符合第 7.3.1 条的规定	λ 为支撑的最小长细比（下同）
	Ⅳ级	Ⅲ级	—	$65\varepsilon_k<\lambda\leqslant130$	BS3	
	Ⅲ级	Ⅱ级	—	$33\varepsilon_k<\lambda\leqslant65\varepsilon_k$	BS2	缺 $65\varepsilon_k<\lambda\leqslant130$
				$130<\lambda\leqslant180$	BS2	
	Ⅱ级	Ⅰ级	—	$\lambda\leqslant33\varepsilon_k$	BS1	
人字形或 V 字形中心支撑	Ⅴ级	Ⅴ级	—	符合第 7.4.6 条的规定	符合第 7.3.1 的规定	—
	Ⅳ级	Ⅲ级	—	$65\varepsilon_k<\lambda\leqslant130$	BS3	与支撑相连的梁截面板件宽厚比等级不低于 S3
	Ⅲ级	Ⅱ级	—	$33\varepsilon_k<\lambda\leqslant65\varepsilon_k$	BS2	与支撑相连的梁截面板件宽厚比等级不低于 S2
				$130<\lambda\leqslant180$	BS2	框架承担 50%以上总水平地震剪力；与支撑相连的梁截面板件宽厚比等级不低于 S1
	Ⅱ级	Ⅰ级	—	$\lambda\leqslant33\varepsilon_k$	BS1	与支撑相连的梁截面板件宽厚比等级不低于 S1
				采用屈曲约束支撑	—	—

续表

抗侧力构件	结构构件延性等级			支撑长细比	支撑截面板件宽厚比最低等级	备注
	支撑结构	框架-中心支撑结构	框架-偏心支撑结构			
偏心支撑	—	—	Ⅰ级	$\lambda \leqslant 120\varepsilon_k$	符合第 7.3.1 条的规定	消能梁段截面板件宽厚比要求，应符合《抗规》的规定

2）中心支撑由于设计简单、施工方便而在实际工程中广泛应用。

3）在地震往复作用下，中心支撑经历失稳-拉直的过程，滞回曲线随长细比的不同变化很大。当长细比小时，滞回曲线丰满而对称（表现为弹性受力状态，受压承载力不退化），当长细比大时，滞回曲线复杂、不对称，受压承载力不断退化，存在一个拉直的不受力滑移阶段，因此支撑的长细比与结构构件延性等级密切相关。

4）中心交叉支撑设计时，长细比宜为 120～200 之间（对于 Q235 钢），关键是防止局部屈曲部位过大的、集中的塑性变形而导致的开裂。长细比较大的支撑杆，传递的力也较小，更容易设计成延性较好的节点，长细比大的构件，结构的刚度小，更容易处在长周期范围，地震作用更小。

5）长细比大的支撑，抗震性能好，但也需要相应的配套设计措施，实际工程设计时：

（1）由受拉支撑提供的抗力应≤70%，且≥30%；

（2）当水平力全部由支撑承担时，对 Q235 钢，长细比应≤120；

（3）对框架-中心支撑结构，支撑的长细比很大（由于支撑两端距离大），受压承载力很小，要求框架部分应能承担 30%～70%的地震作用，也有利于实现结构的二道防线。

14. 第 17.3.13 条

1）中心支撑结构，应符合下列规定：

（1）支撑宜成对设置，各层同一水平地震作用方向的，不同倾斜方向斜杆截面的水平投影面积之差宜≤10%；

（2）交叉支撑结构、成对布置的单斜杆支撑结构的支撑系统，当支撑斜杆的长细比＞130，内力计算时可不计入压杆作用，仅按受拉斜杆计算，当结构层数＞2 层时，长细比应≤180。

2）《抗规》和《高钢规》有相似的规定，其目的是使结构在任意方向地震作用下，表现出相同或相似的变形特征，从而具有更好的延性。

3）民用建筑的结构设计中（工业建筑由于其特殊的工艺要求，除外），应避免采用两向动力特性差异很大的结构体系，如一方向为框架结构，另一方向为框架-支撑结构等。

15. 第 17.3.14 条

1）钢支撑连接节点，应符合下列规定：

（1）支撑和框架采用节点板连接时，支撑端部至节点板最近嵌固点，在沿支撑杆件轴线方向的距离，宜≥$2t$（t 为节点板的厚度，见图 7.4.6-2）；

（2）人字形支撑与横梁的连接节点处，应设置侧向支撑，其轴力设计值应≥2%N_b（N_b 梁的轴向承载力设计值）。

2）规定支撑端部至节点板最近嵌固点的最小距离，是为了尽量减小应力集中现象，使节点板在支撑杆平面外屈曲时，不至于产生过大的计算中未考虑的应力而导致焊缝的过早破坏。

3）人字形支撑与梁的连接节点处设置的侧向支撑，主要为确保支撑在梁面外的稳定性，按梁全截面 A_b 的轴向承载力设计值 N_b 计算（注意是梁的全截面，采用梁材料屈服强度设计值 f_y，即 $N_b=A_b f_y$）。

16. 第17.3.15条

1）当结构构件延性等级为Ⅰ级时，消能梁段的构造应符合下列规定：

（1）当 $N_{p,l}>0.16Af_y$ 时，消能梁段的长度应符合下列规定：

当 $\rho(A_w/A)<0.3$ 时：

$$a<1.6W_{p,l}f_y/V_l \tag{17.3.15-1}$$

当 $\rho(A_w/A)\geqslant 0.3$ 时：

$$a<[1.15-0.5\rho(A_w/A)]1.6W_{p,l}f_y/V_l \tag{17.3.15-2}$$

$$\rho=N_{p,l}/V_{p,l} \tag{17.3.15-3}$$

式中：a——消能梁段的长度（mm）；

$V_{p,l}$——设防地震性能组合的消能梁段剪力（N）；

$N_{p,l}$——设防地震性能组合的消能梁段轴力（N），按式（17.2.2-4）计算；

A_w——消能梁段的腹板截面面积（mm^2）；

A——消能梁段的截面面积（mm^2）。

（2）消能梁段的腹板，不得贴焊补强板（注：实际工程中可换厚板），也不得开孔。

（3）消能梁段与支撑连接处，应在其腹板两侧配置加劲肋：

① 加劲肋的高度 $h_s=h_w$（h_w 为梁腹板高度）；

② 一侧加劲肋（注：应双侧成对布置）的外伸宽度 b_s 应≥（$b_f/2-t_w$）（b_f 为梁翼缘宽度，t_w 为梁腹板厚度）；

③ 加劲肋的厚度 t_s 应≥$0.75t_w$，≥10mm（取较大值）。

（4）消能梁段应按下列要求，在其腹板上设置中间加劲肋：

① 当 $a\leqslant 1.6W_{p,l}f_y/V_l$ 时，加劲肋间距应≤（$30t_w-h/5$）（注：同下述③）；

② 当 $2.6W_{p,l}f_y/V_l<a\leqslant 5W_{p,l}f_y/V_l$ 时，应在距消能梁端部 $1.5b_f$ 处配置中间加劲肋，中间加劲肋的间距应≤（$52t_w-h/5$）；

③ 当 $1.6W_{p,l}f_y/V_l<a\leqslant 2.6W_{p,l}f_y/V_l$ 时，中间加劲肋的间距宜在（$30t_w-h/5$）和（$52t_w-h/5$）之间线性插值确定（注：第1道可取 $1.5b_f$ 和加劲肋间距的较小值）；

④ 当 $a>5W_{p,l}f_y/V_l$ 时，可不配置中间加劲肋；

⑤ 中间加劲肋，应与消能梁段的腹板等高；当消能梁段的截面高度≤640mm时，可配置单侧加劲肋（注：宜双侧成对配置）；当消能梁段的截面高度>640mm时，应在两侧配置加劲肋（注：成对配置），一侧加劲肋的宽度 b_s 应≥（$b_f/2-t_w$）（b_f 为梁翼缘宽度，t_w 为梁腹板厚度）；加劲肋的厚度 t_s 应≥t_w，≥10mm（取较大值）。

（5）消能梁段与柱连接时，其长度应 $a\leqslant 1.6W_{p,l}f_y/V_l$，且应满足相关标准要求。

（6）消能梁段两端上、下翼缘，应设置侧向支撑，支撑的轴力设计值不得小于消能梁段翼缘轴向承载力设计值的6%。

2）本条规定与《抗规》、《高钢规》一致（可相互参照），采用的是"消能梁段翼缘轴向承载力设计值"，用的是翼缘材料屈服强度设计值 f_y。

3）钢结构工程中，有多种加劲肋，有横向加劲肋、纵向加劲肋、短加劲肋，支座加劲肋、耗能梁段加劲肋等，《钢标》也在多处有相同或相似的规定，实际工程应用时应注意区分。

4）实际工程中，还应注意一般梁的面外支撑、人字形支撑与梁连接节点处的侧向支撑（第 17.3.14 条）和消能梁段的侧向支撑设置的异同。

17. 第 17.3.16 条

1）实腹式柱脚采用外包式、埋入式及插入式柱脚的埋入深度，应符合《抗规》或《构抗规》的有关规定。

2）柱脚设计还应符合第 12.7 节的相关规定。

第18章　钢结构防护

【说明】

1. 结构的防护是钢结构设计的特有内容，钢结构的防腐蚀与防火是影响钢结构设计与应用的重要因素。由于钢结构构特殊的防护要求，使得钢结构的应用较大程度地局限在单一业主的工程，严重制约了钢结构住宅等在业主较为分散工程中的应用。

2. 实际工程和注册备考时，应对钢结构防护有基本的了解。

18.1　抗火设计

《钢标》对钢结构抗火设计的规定见表18.1.0-1。

表18.1.0-1　《钢标》对钢结构抗火设计规定

条文号	规定	关键点把握
18.1.1	钢结构的防护措施及其构造	应根据工程实际、考虑结构类型、耐火极限要求、工程环境等因素确定
18.1.2	建筑钢构件的设计耐火极限	满足《建筑防火规范》规定
18.1.3	钢构件的耐火时间，不能达到规定的耐火极限要求时	应进行防火保护设计
		应按《钢结构防火规范》进行耐火性能验算
18.1.4	钢结构设计文件（结构设计文件中应标明）	应注明结构的耐火等级、构件的耐火极限、防火保护措施及防火材料的性能要求
18.1.5	采用防火涂料进行防火保护时	高强螺栓连接处的涂层厚度，不应小于相邻构件的涂料厚度

【要点分析】

1. 防火和防腐是影响钢结构应用的两大重要因素，也是限制钢结构住宅应用的关键因素（在钢结构住宅的正常使用期内，如何对钢结构房屋进行定期的防火和防腐检查及施工，目前还没有得到很好的解决，同时，防火和防腐的费用，在房屋买卖合同和物业管理中也没有明确，为此建议：只有在上述问题得到很好的解决之后，才适合购买钢结构住宅）。

2. 第18.1.1条

1）钢结构防火保护措施及其构造，应根据工程实际，考虑结构类型、耐火极限要求、工作环境等因素，按照安全可靠、经济合理的原则确定。

2）钢结构不耐火，在火灾烈焰下，构件温度迅速上升，钢材的屈服强度和弹性模量随温度的上升而急剧下降（无防火保护措施的钢结构耐火时间，仅为15～20min）。当钢材温度超过300℃时，其强度降低而塑性增加，至750℃时，结构完全丧失承载能力（见

图 18.1.1-1 及表 18.3.2-1)，变形迅速增加，导致结构倒塌。因此，钢结构设计中，对结构中的梁、柱、支撑及起承重作用的压型钢板等，要喷涂防火涂料加以保护（需要在房屋的全生命周期内进行定期施工，这是影响钢结构房屋推广使用的重大问题）。

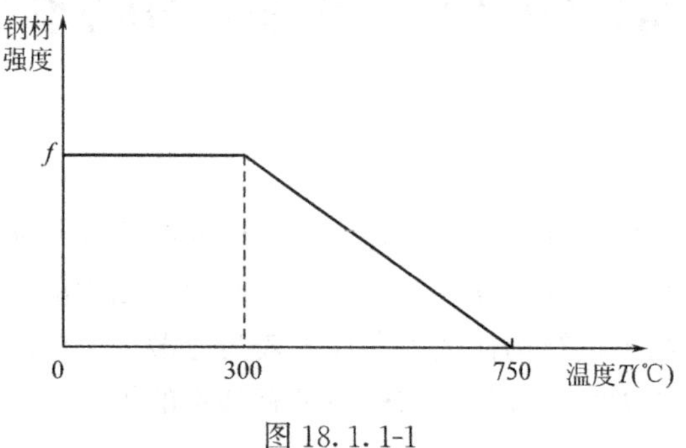

图 18.1.1-1

3）钢结构工程中常用的防火保护措施有：外包混凝土或砌筑砌体、涂覆防火涂料、包覆防火板、包裹柔性毡状隔热材料等。

3. 第 18.1.2 条

1）建筑钢构件的设计耐火极限，应符合《建筑防火规范》的有关规定。

2）结构设计时，应注意耐火极限要求，和建筑专业一起做好钢结构构件的防护。相关内容可查阅文献 [24]。

4. 第 18.1.3 条

1）当钢构件的耐火极限时间，不能达到规定的设计耐火极限要求时，应进行防火保护设计，建筑钢结构应按《钢结构防火规范》进行抗火性能验算。

2）钢结构的抗火性能验算，应采用具有相应功能的计算软件，结构设计时，应注重防火概念设计，并注意防火构造设计。

5. 第 18.1.4 条

1）在结构设计文件中，应注明结构的设计耐火等级，构件的设计耐火极限、所需要的防火保护措施及其保护材料的性能要求。

2）本条明确规定设计文件中应标明的具体内容，结构设计时应特别注意，不能遗漏，重要工程应有钢结构防火专篇。

6. 第 18.1.5 条

1）构件采用防火涂料进行防火保护时，其高强度螺栓连接处的涂层厚度，不应小于相邻构件的涂层厚度。

2）本条规定的是对钢结构构件设计及施工的细部防火要求，在设计和施工时，构件本身的防护一般很容易被关注，也很容易实现，而这些部位往往容易被忽略，应予以重点的关注和保护。

18.2 防腐蚀设计

《钢标》对钢结构防腐蚀设计的规定见表 18.2.0-1。

表 18.2.0-1 《钢标》对防腐蚀设计的规定

<table>
<tr><th>条文号</th><th>规定</th><th colspan="3">关键点把握</th></tr>
<tr><td rowspan="5">18.2.1</td><td rowspan="5">钢结构的防腐蚀设计</td><td colspan="3">1)应遵循安全可靠、经济合理原则</td></tr>
<tr><td colspan="3">2)应合理确定防腐蚀设计年限(根据建筑物的重要性、环境腐蚀条件、施工和维修条件等)</td></tr>
<tr><td colspan="3">3)应考虑环保节能要求</td></tr>
<tr><td colspan="3">4)除必须采取防腐蚀措施外,尚应尽量避免加速腐蚀的不良设计</td></tr>
<tr><td colspan="3">5)应考虑钢结构全寿命期内的检查、维护和大修</td></tr>
<tr><td rowspan="5">18.2.2</td><td rowspan="5">防腐蚀设计应因地制宜,综合选择防腐蚀方案或其组合</td><td colspan="3">考虑环境中介质的腐蚀性、环境条件、施工和维修条件等因素</td></tr>
<tr><td colspan="3">1)防腐蚀涂料</td></tr>
<tr><td colspan="3">2)各种工艺形成的锌、铝等金属保护层</td></tr>
<tr><td colspan="3">3)阴极保护措施</td></tr>
<tr><td colspan="3">4)耐候钢</td></tr>
<tr><td rowspan="5">18.2.3</td><td rowspan="2">关键部位应加强保护</td><td rowspan="2">关键部位</td><td colspan="2">对危及人身安全和维修困难的部位</td></tr>
<tr><td colspan="2">重要的承重结构和构件</td></tr>
<tr><td rowspan="2">采用耐候钢或外包混凝土</td><td rowspan="2">适用条件</td><td colspan="2">处于严重腐蚀环境</td></tr>
<tr><td colspan="2">仅靠涂装难以有效保护的主要承重钢结构构件</td></tr>
<tr><td>次要构件应便于更换</td><td colspan="3">适用于:次要构件的设计使用年限与主体结构不同时</td></tr>
<tr><td rowspan="15">18.2.4</td><td rowspan="15">结构防腐蚀设计规定</td><td colspan="3">1)采用型钢组合的杆件时,型钢间的间隙宽度宜满足防护层施工、检修和维修要求</td></tr>
<tr><td colspan="3">2)不同金属材料接触会加速腐蚀时,应在接触部位采用隔离措施</td></tr>
<tr><td rowspan="4">3)焊条、螺栓、垫圈、节点板等连接构件的耐腐蚀性能</td><td colspan="2">不应低于主材</td></tr>
<tr><td colspan="2">螺栓直径应≥12mm</td></tr>
<tr><td colspan="2">不应采用弹簧垫圈</td></tr>
<tr><td colspan="2">螺栓、螺母和垫圈应采用镀锌等方法防护,安装后防护同主体结构</td></tr>
<tr><td colspan="3">4)设计使用年限≥25年的建筑物,对不易维修的结构应加强保护</td></tr>
<tr><td colspan="3">5)避免出现难于检查、清理和涂漆之处,避免能积留湿气和大量灰尘的死角和凹槽,闭口截面构件应沿全长和端部焊接封闭</td></tr>
<tr><td rowspan="7">6)柱脚在地面以下的部分,应采用强度等级较低的混凝土包裹</td><td colspan="2">保护层厚度应≥50mm</td></tr>
<tr><td rowspan="2">包裹的混凝土</td><td>应高出室外地面≥150mm</td></tr>
<tr><td>宜高出室内地面≥50mm</td></tr>
<tr><td colspan="2">采取措施防止水分残留</td></tr>
<tr><td rowspan="2">柱脚底面在地面以上时,柱脚底面</td><td>应高出室外地面≥100mm</td></tr>
<tr><td>宜高出室内地面≥50mm</td></tr>
<tr><td colspan="2"></td></tr>
<tr><td rowspan="3">18.2.5</td><td rowspan="3">钢材表面原始锈蚀等级和除锈等级</td><td colspan="3">1)应符合《钢材表面处理标准》GB/T 8923 的规定</td></tr>
<tr><td colspan="3">2)表面原始锈蚀等级为D级的钢材,不应用作结构钢</td></tr>
<tr><td colspan="3">3)喷砂或抛丸用的磨料等表面处理材料,应符合防腐蚀产品对表面清洁度和粗糙度的要求,并符合环保要求</td></tr>
</table>

续表

<table>
<tr><th>条文号</th><th>规定</th><th colspan="2">关键点把握</th></tr>
<tr><td rowspan="2">18.2.6</td><td rowspan="2">钢结构防腐蚀涂料的配套方案</td><td colspan="2">根据环境腐蚀条件、防腐蚀设计年限、施工和维修条件等设计</td></tr>
<tr><td colspan="2">修补和焊缝部位的底漆，应能适应表面处理的条件</td></tr>
<tr><td rowspan="3">18.2.7</td><td rowspan="3">钢结构设计文件中，应注明防腐蚀方案</td><td rowspan="2">1)采用涂(镀)层方案时，应注明：</td><td>所要求的钢材除锈等级</td></tr>
<tr><td>所用涂料(或镀层)及涂(镀)层的厚度</td></tr>
<tr><td colspan="2">2)宜制定防腐蚀计划，并注明在使用过程中对钢结构防腐蚀进行定期检查和维修的要求</td></tr>
</table>

【要点分析】

1. 防腐蚀设计是钢结构设计的重要内容之一，也是钢结构设计的特有内容。

2. 第 18.2.1 条

1）钢结构应遵循安全可靠、经济合理的原则，按下列要求进行防腐蚀设计：

（1）钢结构防腐蚀设计，应根据建筑物的重要性、环境腐蚀条件、施工和维修条件等要求，合理确定防腐蚀设计年限；

（2）防腐蚀设计应考虑环保节能的要求；

（3）钢结构除必须采取防腐蚀措施外，还应尽量避免加速腐蚀的不良设计；

（4）防腐蚀设计中，应考虑钢结构全寿命期内的检查、维护和大修。

2）钢结构的防腐蚀设计使用年限设计，应考虑一次投入和维护费用的高低，考虑维修条件和维修困难的影响等，一般钢结构的防腐蚀年限不低于 5 年，重要结构不低于 15 年。

3）防腐蚀设计与环保相关的主要内容是：防腐蚀材料的挥发性有机物含量，重金属、有毒溶剂等危害健康的物质含量，各防腐蚀材料的生产运输和施工的能耗等。

3. 第 18.2.2 条

1）钢结构防腐蚀设计，应综合考虑环境中介质的腐蚀性、环境条件、施工和维修条件等因素，因地制宜，从下列方案中综合选择防腐蚀方案或其组合：

（1）防腐蚀涂料；

（2）各种工艺形成的锌、铝等金属保护层；

（3）阴极保护措施；

（4）耐候钢。

2）实际工程中防腐蚀方案建议

（1）防腐蚀涂料是实际工程中常用的防腐蚀方案，主要适用于便于维护的区域的结构构件；

（2）对重要构件或重要部位以及难以维修的部位，必要时也可采用各种工艺形成的锌、铝等金属保护层，包括：热喷锌、热喷铝、热喷锌铝合金、热浸锌、电镀锌、冷喷锌、冷喷铝等；

（3）对处于严重腐蚀的使用环境，且仅靠涂装难以有效保护的主要承重钢结构构件，宜采用耐候钢或外包混凝土（第 18.2.3 条）及考虑防腐蚀余量（可按 0.01mm/年考虑）。

4. 第18.2.3条

1）对危及人身安全和维修困难的部位，以及重要的承重结构和构件应加强保护。对处于严重腐蚀的使用环境，且仅靠涂装难以有效保护的主要承重钢结构构件，宜采用耐候钢或外包混凝土。

2）当某些次要构件的设计使用年限与主体结构的设计使用年限不同时，次要构件应便于更换。

3）本条强调了重要构件、重点部位，及难以维护的部位，和严重腐蚀环境的钢结构构件的保护。

5. 第18.2.4条

1）钢结构防腐蚀设计，应符合下列规定：

（1）当采用型钢组合的杆件时，型钢间的空隙宽度宜满足防护层施工、检查和维修要求。

（2）不同金属材料接触面会加速腐蚀时，应在接触部位采用隔离措施。

（3）焊条、螺栓、垫圈、节点板等连接构件的耐腐蚀性能，不应低于主材材料。

① 螺栓直径不应小于12mm，垫圈不应采用弹簧垫圈；

② 螺栓、螺母和垫圈应采用镀锌等方法保护，安装后再采用与主体结构相同的防腐蚀方案。

（4）设计使用年限≥25年的建筑物，对不易维修的结构应加强保护。

（5）避免出现难于检查、清理和涂漆之处，以及能积留湿气和大量灰尘的死角或凹槽；闭口截面构件应沿全长和端部焊接封闭。

（6）柱脚在地面以下的部分，应采用强度等级较低的混凝土包裹：

① 混凝土保护层厚度应≥50mm；

② 混凝土高出室外地面应≥150mm，高出室内地面宜≥50mm，并采取措施防止水分残留；

③ 当柱脚底面在地面以上时，柱脚底面高出室外地面应≥100mm，高出室内地面宜≥50mm。

2）防腐蚀施工喷涂方法有：喷涂、辊涂、刷涂等，通常刷涂对空隙宽度的要求较小，考虑维修需要，型钢间的空隙宽度指安装防护后的宽度。

3）防护层质量检查和维护质量检查，一般采用带伸缩杆的反光镜，能够刷涂到的部位一般都能检查。

4）不同金属之间存在电位差，直接接触时会发生电偶腐蚀，电位低的金属被腐蚀（如铁与铜直接接触时，铁的电位低于铜，铁发生电偶腐蚀）。

5）弹簧垫圈由于存在缝隙，水汽和电解质容易积留，易产生缝隙腐蚀，实际工程中应采取措施避免。

6）对于柱脚的包裹措施，主要适用于有可能接触水或腐蚀介质的柱脚，对无水的办公楼、宾馆等室内柱脚可不采用。

6. 第18.2.5条

1）钢材表面原始锈蚀等级和钢材除锈等级标准，应符合现行《涂覆涂料前钢材表面处理 表面清洁度的目视评定》GB/T 8923的规定。

（1）表面原始锈蚀等级为D级的钢材，不应用作结构钢；

（2）喷砂或抛丸用的磨料等表面处理材料，应符合防腐蚀产品对表面清洁度和粗糙度的要求，并符合环保要求。

2）表面原始锈蚀等级为D级的钢材，由于存在一些深入钢板内部的点蚀，这些点蚀会进一步锈蚀，影响结构强度，因此，不宜用来作为结构钢。

3）喷砂抛丸是实际工程中钢结构表面处理的常用方法，所采用的磨料特性对被处理构件的表面效果及环境影响很大：

① 某些磨料难以达到防腐蚀产品要求的粗糙度和清洁度；

② 某些磨料会嵌在钢材内部；

③ 河沙、海沙的含水量、含盐量高（喷砂处理后导致钢材表面快速返锈），喷砂过程中产生的大量粉尘中含有游离硅，人体吸入后会导致严重的肺部疾病。

7. 第18.2.6条

1）钢结构防腐蚀涂料的配套方案，可根据环境腐蚀条件、防腐蚀设计使用年限、施工的维修条件等要求设计。修补和焊缝部位的底漆，应能适应表面处理的条件。

2）实际工程中的涂料防腐蚀方案，一般分为底漆、中间漆和面漆。面漆、中间漆和底漆应相容配套，新的配套方案未经工程实践应用时，应进行相容性试验。

（1）底漆具有化学防腐或者电化学防腐的功能；

（2）中间漆具有隔水隔气的作用；

（3）面漆具有保光保色等耐候性能。

8. 第18.2.7条

1）在钢结构设计文件中，应注明防腐蚀方案，如采用涂层（或镀层）方案，须注明所要求的钢材除锈等级，和所要用的涂料（或镀层）及涂层（或镀层）的厚度，并注明使用单位在使用过程中，对钢结构防腐蚀进行定期检查和维修的要求，建议制订防腐蚀维护方案。

2）钢结构的维护计划由工程使用的业主方和防腐蚀施工单位、防腐蚀材料供应单位，按结构设计文件中的防腐蚀要求制订，并在工程投入使用后进行定期维护。

3）一般情况下，当维护检查中发现钢结构的锈蚀比例高于1%时，应进行大修。

4）到目前为止，多业主的住宅钢结构的维护费用（尤其是大修费用）还没有明确的规定，应多方协商解决。

18.3 隔热

《钢标》对钢结构隔热设计的规定见表18.3.0-1。

表18.3.0-1 《钢标》对钢结构隔热设计的规定

条文号	规定	关键点把握
18.3.1	处于高温环境中的钢结构，应按承载能力极限状态和正常使用极限状态设计	1)应考虑高温作用对结构的影响
		2)高温工作环境的设计状况为持久状况
		3)高温作用为可变荷载

续表

条文号	规定	关键点把握
18.3.2	钢结构的温度超过100℃，进行承载力和变形验算时	应考虑长期高温作用对钢材和钢结构连接性能的影响
18.3.3	高温环境下的钢结构温度超过100℃时	1)应进行结构温度作用验算，并根据不同情况采取防护措施
		2)当钢结构可能受到炽热融化金属的侵害时，应采用隔热层(砌块或耐热固体材料)，加以保护
		3)当钢结构可能受到短时间火焰直接作用时，应采取隔热防护措施(加耐热、隔热涂层、热辐射屏蔽等)
		4)当高温环境下钢结构的承载力不满足要求时，应采取隔热降温措施(增大构件截面、采用耐火钢或采用加耐热隔热涂层、热辐射屏蔽、水套等)
		5)当高强度螺栓连接长期受热达150℃以上时，应采取隔热防护措施(加耐热隔热涂层、热辐射屏蔽等)
18.3.4	钢结构的隔热保护措施	在相应工作环境下，应具有耐久性，并与钢结构的防腐、防火保护措施相容

【要点分析】

1. 不耐热是钢结构的最大缺点之一，实际工程中应优先避免在高温区（或低温区，或温度变化剧烈区）采用钢结构，必须使用时，应采取有效措施。

2. 第18.3.1条

1）处于高温工作环境中的钢结构，应考虑高温作用对结构的影响。高温工作环境的设计状况为持久设计状况，高温作用为可变荷载，设计时应按承载力极限状态和正常使用极限状态设计。

2）高温工作环境对钢结构的影响主要是温度效应，包括结构的热膨胀效应和高温对钢结构材料的力学性能的影响。

3）高温环境下结构设计时：

（1）应通过传热分析，确定处于高温环境下钢结构的温度分布及温度值；

（2）在结构分析中，应考虑热膨胀效应的影响及高温对钢材的力学性能参数的影响。

3. 第18.3.2条

1）钢结构的温度超过100℃时，进行钢结构的承载力和变形验算时，应考虑长期高温作用对钢材和钢结构连接性能的影响。

2）高温工作环境（注意不是一般温度变化的环境，通常指温度超过100℃的情况）下的温度作用，是一种持续的作用，与火灾类的短期高温作用不同，也与超长结构的温度作用不同，主要体现在蠕变和松弛上。

（1）当钢结构温度不超过100℃时，钢材的设计强度和弹性模量与常温下相同。

（2）当钢结构温度超过100℃时，高温下钢材的设计强度和弹性模量降低（见表18.3.2-1）：

① 高温下钢材的强度设计值为常温下强度设计值的 η_T 倍；

② 高温下钢材的弹性模量为常温下弹性模量的 χ_T 倍；

③ 高温下钢材的热膨胀系数 $\alpha_s = 1.2 \times 10^{-6}$ m/（m·℃）。

表 18.3.2-1　高温下钢材的强度设计值、弹性模量的折减系数

温度 T_s(℃)	η_T	χ_T	温度 T_s(℃)	η_T	χ_T
100	1.000	1.000	360	0.703	0.872
120	0.942	0.986	380	0.676	0.851
140	0.928	0.980	400	0.647	0.826
160	0.913	0.974	410	0.632	0.812
180	0.897	0.968	420	0.616	0.797
200	0.880	0.961	440	0.584	0.763
210	0.871	0.957	460	0.551	0.722
220	0.862	0.953	480	0.516	0.673
240	0.842	0.945	500	0.480	0.617
260	0.822	0.937	510	0.461	0.585
280	0.801	0.927	520	0.441	0.551
300	0.778	0.916	540	0.401	0.475
310	0.766	0.910	560	0.359	0.388
320	0.754	0.904	580	0.315	0.288
340	0.729	0.889	600	0.269	0.173

4. 第 18.3.3 条

1）高温环境下的钢结构温度超过 100℃时，应进行结构温度作用验算，并应根据不同情况采取防护措施：

（1）当钢结构可能受到炽热熔化金属的侵害时，应采用砌块或耐热固体材料做成的隔热层加以保护；

（2）当钢结构可能受到短时间的火焰直接作用时，应采用加耐热隔热涂层、热辐射屏蔽等隔热防护措施；

（3）高温环境下，钢结构的承载力不满足要求时，应采取增大构件截面、采用耐火钢或采用加耐热隔热涂层、热辐射屏蔽、水套隔热降温措施等隔热降温措施；

（4）当高强度螺栓连接长期受热达 150℃以上时，应采用加耐热隔热涂层、热辐射屏蔽等隔热防护措施。

2）本条是强制性条文，结构设计中应予以高度重视。

3）处于高温环境下的钢构件，一般分为两类，一类是本身处于热环境的钢构件；另一类是受辐射影响的钢构件。

（1）对本身处于热环境的钢构件（如高温下的钢烟道等），应优先考虑采取有效的降温措施，否则，应满足热环境下的承载力设计要求；

（2）对于受辐射影响的钢构件，应优先考虑采取隔热降温措施（如设置耐热隔热层，热辐射屏蔽或水套管等），当采取的热降温措施后，钢结构温度仍高于 100℃时，仍需要进行高温环境下的承载力验算；

（3）由于缺乏设计依据，高强度螺栓温度不应超过 150℃。

4）理解和应用时，应注意区分“隔热降温措施”和“隔热防护措施”。

5. 第18.3.4条

1）钢结构的隔热保护措施，在相应的工作环境下应具有耐久性，并与钢结构的防腐、防火保护措施相容。

2）实际工程设计时，钢结构的防火、防腐蚀及耐久性设计等，应综合考虑，兼顾各种需求。

第19章　一级注册钢结构试题解答

为加深对《钢标》的理解并熟练应用，本章结合《可靠性标准》对2011年至2018年全国一级注册结构工程师专业考试的钢结构试题，进行解答。为方便解答，此处将《钢结构设计规范》GB 50017—2003简称为《钢规》。

19.1　2011年一级钢结构

表19.1.0　2011年一级钢结构考题主要内容汇总

题号	主要内容	主要规范条文号	说明
17	办公楼阻尼比	《抗规》8.2.2	
18	高强度螺栓计算	《钢标》11.4.2	
19	混凝土翼板宽度计算	《钢标》14.1.2	
20	框架柱的计算长度系数	《钢标》8.3.1、附录E	
21	框架柱弯矩作用平面内的稳定性	《钢标》8.2.1、附录D	较难
22	支撑斜杆受压承载力限值	《抗规》8.2.6、7.1.2、附录D	较难
23	梁的抗弯强度计算	《钢标》6.1.1、6.1.2	
24	桁架弦杆的稳定性计算	《钢标》7.4.1、7.2.2、附录D	
25	焊缝长度计算	《钢标》4.4.1、4.4.5、11.2.2、11.3.5	
26	长细比验算	《钢标》7.4.6、7.2.2、7.4.1	
27	抗脆断设计	《钢标》16.4.1、16.4.4	
28	钢材和焊缝强度	《钢标》4.4.1	
29	吊车梁的疲劳	《钢标》3.1.6、3.1.7	
30	钢梁合理截面选用	《钢标》11.2.7、11.3.5	

【题17～23】 某钢结构办公楼，结构布置如图19.1.17～23（Z）所示。框架梁、柱采用Q345，次梁、中心支撑、加劲板采用Q235，楼面采用150mm厚C30混凝土楼板，钢梁顶采用抗剪栓钉与楼板连接。

【题17】 当进行多遇地震下的抗震计算时，根据《抗规》，该办公楼阻尼比宜采用下列何项数值？

(A) 0.035　　(B) 0.04

(C) 0.045　　(D) 0.05

【答案】(B)

根据《抗规》第8.2.2条第1款，高度不大于50m时可取0.04。

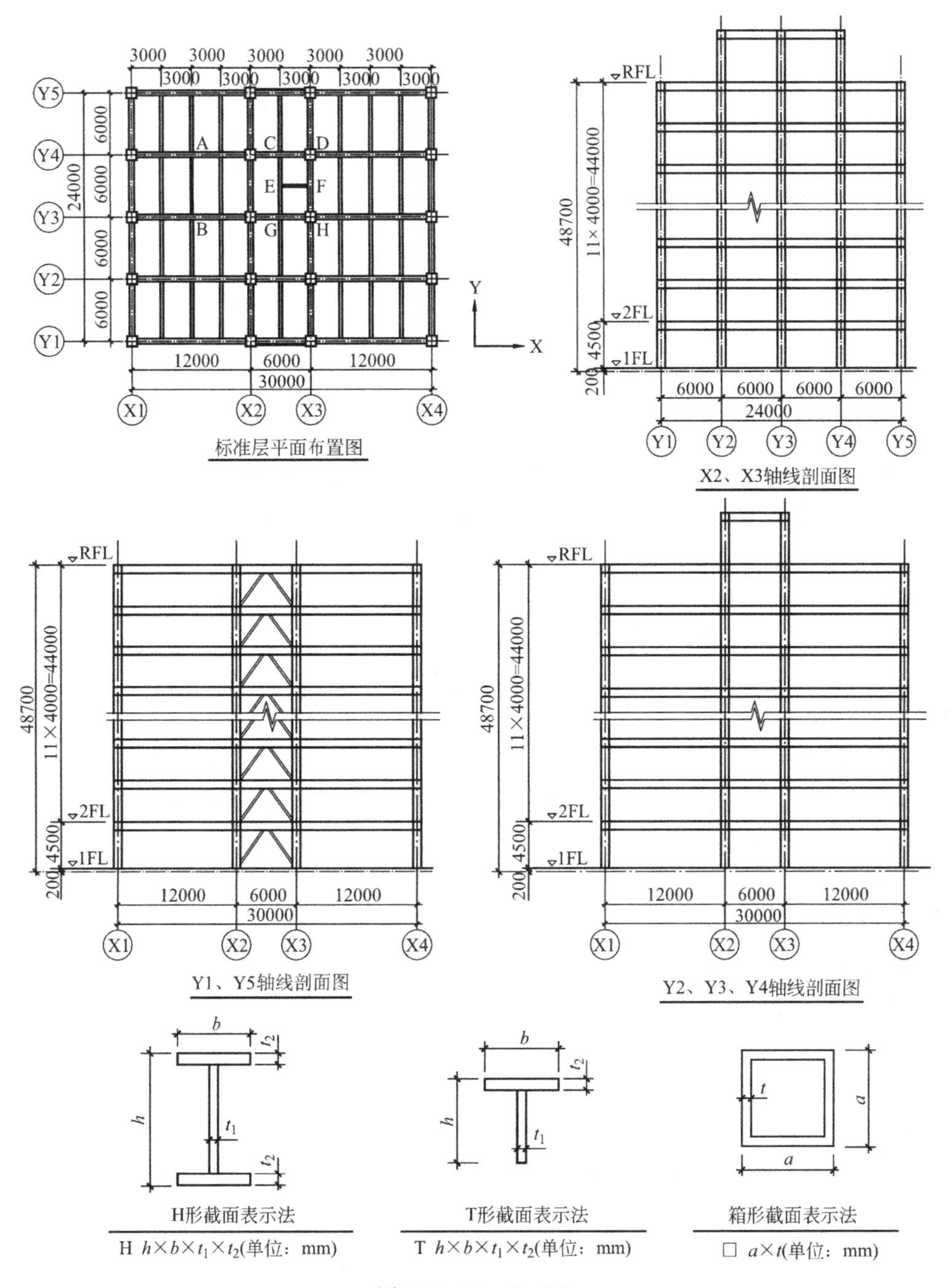

图 19.1.17～23（Z）

【解题说明】

阻尼比为抗震设计所需的主要参数之一，设计者应熟悉。

【题 18】次梁与主梁连接采用 10.9 级 M16 的高强度螺栓摩擦型连接（标准孔型），连接处钢材接触表面的处理方法为抛丸（喷砂），其连接形式如图 19.1.18 所示，考虑了连接偏心的不利影响后，取次梁端部剪力设计值 $V=110.2\text{kN}$，连接所需的高强度螺栓数量（个），与下列何项数值最为接近？

(A) 2　　(B) 3

(C) 4　　(D) 5

【答案】(C)

根据《钢标》式(11.4.2-1)及表11.4.2-1和表11.4.2-2,一个10.9级M16高强度螺栓的抗剪承载力设计值为:

$$N_v^b = 0.9kn_f\mu P = 0.9\times1\times1\times0.40\times100 = 36\text{kN}$$

高强度螺栓数量计算:$n=\dfrac{V}{N_v^b}=\dfrac{110.2\times10^3}{36\times10^3}=3.1$ 取4个。

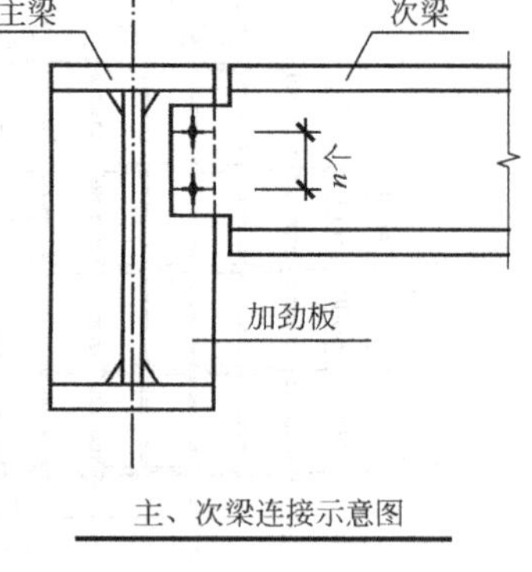

图 19.1.18

【解题说明】

1. 高强度螺栓连接的内容为《钢标》第11.4节,相比《钢规》有以下几点变化:

1) 增加了孔型系数 k,题目中在括号内做了补充说明,孔型查《钢标》表11.5.1,孔型系数按第11.4.2条确定;

2) 摩擦面的抗滑移系数 μ,按表11.4.2-1取值,与《钢规》相比有较大变化,题中对连接构件接触面的处理方法限定为抛丸(喷砂);

3) 一个高强度螺栓的预拉力设计值 P,按表11.4.2-2确定。

2. 构件连接计算为大纲要求需掌握的内容,主次梁采用高强度螺栓摩擦型连接为常规设计,设计者应熟练掌握。要点:传力摩擦面数目取值;抗滑移系数取值;预拉力取值。

3. 本题虽为简单的连接设计,但容易产生是否计算偏心,以及如何计算偏心的问题,实际上,偏心的大小与连接端部的刚度有关,简单地说,偏心的上限为梁中心至螺栓中心的距离。实际工程中,当钢梁顶部为现浇混凝土楼板时,可采用剪力系数来考虑偏心的不利影响(题中已作为已知条件给出)。

【题19】次梁AB截面为H346×174×6×9,当楼板采用无板托连接,按组合梁计算时,混凝土翼板的有效宽度(mm),与下列何项数值最为接近?

(A) 1050　　(B) 1400

(C) 2150　　(D) 2300

【答案】(C)

根据《钢标》第14.1.2条,梁外侧和内侧的翼板计算宽度,各取梁跨度的1/6且不大于相邻梁净距的1/2。

$$b_1=b_2=\frac{1}{6}\times6000=1000\text{mm}<\frac{1}{2}\times(3000-174)=1413\text{mm}$$

$$b_e=b_0+b_1+b_2=174+1000\times2=2174\text{mm}。$$

【解题说明】

1. 钢与混凝土组合梁为《钢标》第14章的内容;钢与混凝土组合梁设计为大纲要求需熟悉的内容,混凝土翼板的有效宽度确定为进行组合梁设计的最基本步骤之一。

2. 次梁AB为中间次梁,按《钢标》第14.1.2条确定,可不考虑第14.1.2条中"当塑性中和轴位于混凝土板内时"的要求。考试按规范,实际工程还宜考虑《混规》的规定。

【题20】假定,X 向平面内与柱JK上、下端相连的框架梁远端为铰接。试问,当计算柱

JK 在重力作用下的稳定性时，X 向平面内计算长度系数与下列何项数值最为接近？

提示：1. 按《钢标》作答。

2. 结构 X 向满足强支撑框架的条件，符合刚性楼面假定。

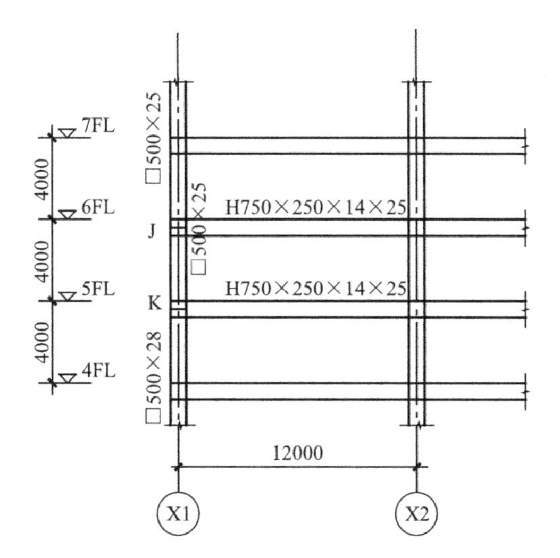

截面	I_x (mm^4)
H750×250×14×25	2.04×10^9
□500×25	1.79×10^9
□500×28	1.97×10^9

图 19.1.20

(A) 0.80　　(B) 0.90

(C) 1.00　　(D) 1.50

【答案】(B)

根据《钢标》第 8.3.1 条，强支撑框架，框架柱计算长度系数按无侧移框架柱的计算长度系数确定。

相交于柱上端梁的线刚度之和　$\dfrac{2.04\times10^9\times1.5}{12000}\times E=2.55\times10^5\times E$

相交于柱上端节点柱的线刚度之和　$\left(\dfrac{1.79\times10^9}{4000}+\dfrac{1.79\times10^9}{4000}\right)\times E=8.95\times10^5\times E$

相交于柱下端梁的线刚度之和　$\dfrac{2.04\times10^9\times1.5}{12000}\times E=2.55\times10^5\times E$

相交于柱下端节点柱的线刚度之和　$\left(\dfrac{1.79\times10^9}{4000}+\dfrac{1.97\times10^9}{4000}\right)\times E=9.4\times10^5\times E$

$K_1=\dfrac{2.55\times10^5\times E}{8.95\times10^5\times E}=0.28$　　$K_2=\dfrac{2.55\times10^5\times E}{9.4\times10^5\times E}=0.27$

查《钢标》表 E.0.1，得 $\mu=0.9$。

【解题说明】

1. 压弯构件计算为大纲要求需掌握的内容，计算长度的确定为进行压弯构件计算的最基本步骤之一。

2. 强支撑框架为支撑结构满足《钢标》式（8.3.1-6）要求的框架，框架柱的计算长度系数按《钢标》表 E.0.1 的无侧移框架柱计算长度系数确定，也可按式（8.3.1-7）计算。

3. K_1、K_2 的计算属于结构力学的计算，没有变化。

【题 21】框架柱截面为□500×25 箱形柱，按单向弯矩计算时，弯矩设计值见框架柱弯矩图，轴压力设计值 $N=2693.7$kN，在进行弯矩作用平面外的稳定性计算时，构件以应力形式表达的稳定性计算数值（N/mm²），与下列何项数值最为接近？

提示：1. 框架柱截面分类为 C 类，$\lambda_y/\varepsilon_k=41$。

2. 框架柱所考虑构件段无横向荷载作用。

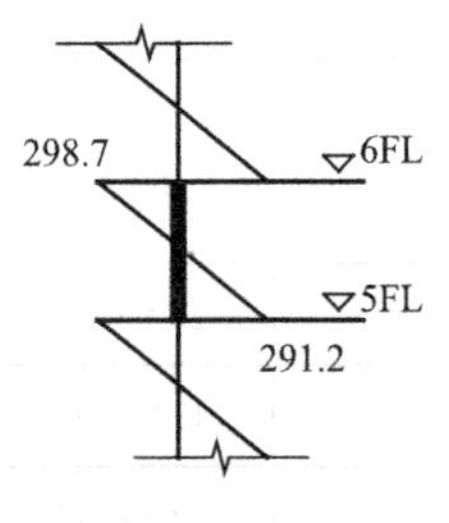

框架柱弯矩图
(单位：kN · m)

图 19.1.21

截面	A	I_x	W_x
	mm²	mm⁴	mm³
□500×25	4.75×10^4	1.79×10^9	7.16×10^6

(A) 75　　(B) 90

(C) 100　　(D) 110

【答案】(A)

根据《钢标》第 8.2.1 条，$\eta=0.7$，$\varphi_b=1.0$

$$\beta_{tx}=0.65+0.35\frac{M_2}{M_1}=0.65-0.35\times\frac{291.2}{298.7}=0.31$$

根据提示，框架柱截面分类为 C 类，$\lambda_y/\varepsilon_k=41$

查《钢标》附录表 D.0.3，$\varphi_y=0.833$

$$\frac{N}{\varphi_y A}+\eta\frac{\beta_{tx}M_x}{\varphi_b W_{1x}}=\frac{2693.7\times10^3}{0.833\times4.75\times10^4}+0.7\times\frac{0.31\times298.7\times10^6}{1\times7.16\times10^6}=68.1+9.1=77.2$$

【解题说明】

1. 压弯构件计算为大纲要求需掌握的内容，弯矩作用平面外的稳定性计算为压弯构件的计算内容之一。本题要点：通过正确判断端弯矩取值符号，正确计算等效弯矩系数 β_{tx}；正确选取截面影响系数 η 的取值。

2. 压弯构件的稳定计算属于《钢标》第 8.2 节的内容；压弯构件平面外的稳定计算见《钢标》式（8.2.1-3）。

3. 弯矩作用平面外的轴心受压构件稳定系数 φ_y，按《钢标》第 7.2.1 条规定，根据平面外的长细比 λ_y 和构件截面分类（表 7.2.1-1），查《钢标》附录表 D.0.3 确定。

【题 22】中心支撑为轧制 H 型钢 H250×250×9×14，几何长度 5000mm，考虑地震作用时，支撑斜杆的受压承载力限值（kN），与下列何项数值最为接近？

提示：$f_{ay}=235$N/mm²，$E=2.06\times10^5$N/mm²，假定支撑的计算长度系数为 1.0。

截面	A	i_x	i_y
	mm²	mm	mm
H250×250×9×14	91.43×10^2	108.1	63.2

(A) 1100　　(B) 1450

(C) 1650　　(D) 1800

【答案】(A)

根据《抗规》第8.2.6条式(8.2.6-1)~式(8.2.6-3),

$$\frac{N}{\varphi A_{br}} \leqslant \frac{\psi f}{\gamma_{RE}} \qquad \psi = \frac{1}{1+0.35\lambda_n} \qquad \lambda_n = \left(\frac{\lambda}{\pi}\right)\sqrt{\frac{f_{ay}}{E}} \qquad \lambda_y = \frac{5000}{63.2} = 79$$

查《钢标》表7.1.2-1,该支撑斜杆为Q235轧制型钢,$b/h=1$, 的截面分类为c类

查《钢标》附录表D.0.3,$\varphi_y=0.584$

$$\lambda_n = \left(\frac{\lambda}{\pi}\right)\sqrt{\frac{f_{ay}}{E}} = \frac{79}{3.14}\sqrt{\frac{235}{2.06\times10^5}} = 0.85$$

$$\psi = \frac{1}{1+0.35\lambda_n} = \frac{1}{1+0.35\times0.85} = 0.77$$

根据《抗规》表5.4.2,$\gamma_{RE}=0.8$

$$N \leqslant \frac{\psi f(\varphi A_{br})}{\gamma_{RE}} = \frac{0.77\times215\times0.584\times9143\times10^{-3}}{0.8} = 1105\text{kN}。$$

【解题说明】

1. 支撑设计属于钢结构设计的重要组成部分,设计者应熟练掌握。注意设计时钢构件长细比取值,题中涉及《抗规》的内容没有变化,涉及《钢标》的内容有调整。

2.《钢标》表7.1.2的截面分类,根据构件为轧制的H形截面,$b/h=1$对于y轴为b^*类,依据表注1,对Q235取c类,查《钢标》附录表D.0.3,$\varphi_y=0.584$。

3. 钢材的抗压强度设计值f,按Q235厚度=14,查《钢标》表4.4.1确定。

【题23】CGHD区域内无楼板,次梁EF均匀受弯,弯矩设计值为4.05kN·m,当截面采用T125×125×6×9,$\gamma_{x1}=1.05$,$\gamma_{x2}=1.2$, 试问,构件抗弯强度计算数值(N/mm^2),与下列何项数值最为接近?

截面	A	W_{x1}	W_{x2}	i_y
	mm^2	mm^3	mm^3	mm
T125×125×6×9	1848	8.81×10^4	2.52×10^4	28.2

(A) 60　　(B) 130

(C) 150　　(D) 160

【答案】(B)

根据《钢标》第6.1.1条

$$\frac{M_x}{\gamma_{x1}W_{nx1}} = \frac{4.05\times10^6}{1.05\times8.81\times10^4} = 44$$

$$\frac{M_x}{\gamma_{x2}W_{nx2}} = \frac{4.05\times10^6}{1.2\times2.52\times10^4} = 134。$$

【解题说明】

1. 本题为T形截面梁在主平面内受弯的强度计算,也就是《钢标》第6.1节内容;

2. 按《钢标》式(6.1.1),计算截面在单向弯矩作用下的最大弯曲应力值。

【题 24～26】某厂房屋面上弦平面布置如图 19.1.24～26（Z）所示，钢材采用 Q235，焊条采用 E43 型。

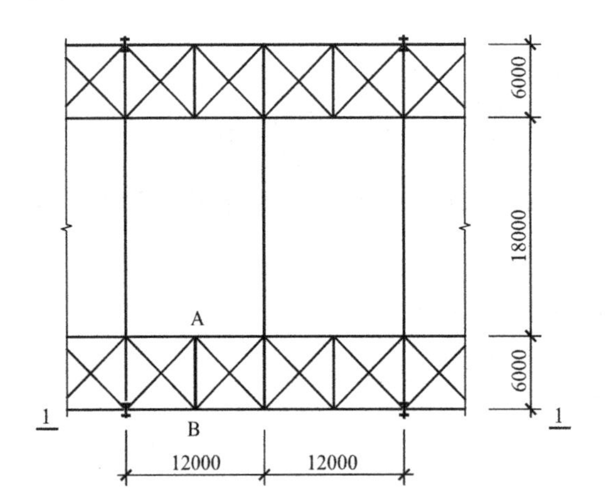

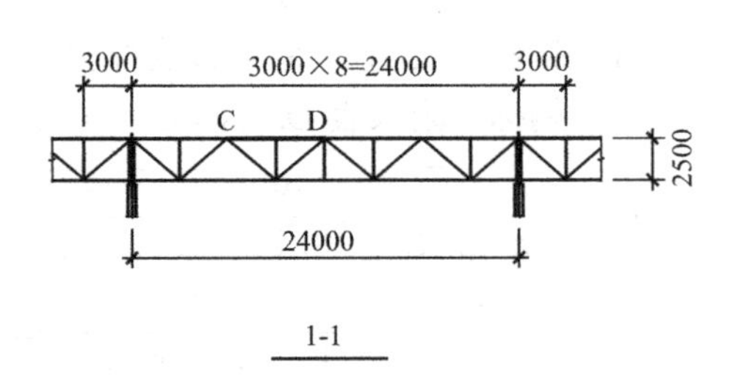

图 19.1.24～26（Z）

【题 24】托架上弦杆 CD 选用双角钢┐┌140×10（截面面积 $A=5475\text{mm}^2$；回转半径 $i_x=43.4\text{mm}$；$i_y=61.2\text{mm}$），轴心压力设计值为 450kN，以应力形式表达的稳定性计算数值（N/mm^2），与下列何项数值最为接近？

(A) 100　　(B) 110

(C) 130　　(D) 150

【答案】(D)

上弦杆 CD 长度 $l_{cd}=6000\text{mm}$，根据《钢标》表 7.4.1-1，平面内计算长度为 3000mm，平面外计算长度为 6000mm，

$$\lambda_x=\frac{3000}{43.4}=69.1 \qquad \lambda_y=\frac{6000}{61.2}=98 \qquad \lambda_z=3.9\frac{b}{t}=3.9\times140/10=54.6$$

$\lambda_y>\lambda_z$

根据《钢标》式（7.2.2-5）

$$\lambda_{yz}=\lambda_y\left[1+0.16\left(\frac{\lambda_z}{\lambda_y}\right)^2\right]=98\times\left[1+0.16\times\left(\frac{54.6}{98}\right)^2\right]=103$$

查《钢标》表 7.2.1-1，对 x 轴和 y 轴均为 b 类，查《钢标》表 D.0.2，得 $\varphi_{min}=0.535$

根据《钢标》式（7.2.1）

$$\frac{N}{\varphi_{min}A}=\frac{450\times10^3}{0.535\times5475}=154\text{N/mm}^2。$$

【解题说明】

1. 本题为轴心受压构件的稳定性计算，为《钢标》7.2 节内容，主要是稳定系数 φ 的计算；

2. 依据《钢标》第 7.2.2 条的规定，双角钢组合 T 形截面构件，应采用绕对称轴的换算长细比 λ_{yz}，$\lambda_y>\lambda_z$，按式（7.2.2-5）计算；

3. 根据 λ_{yz} 确定相应的稳定系数 φ。

【题 25】腹杆截面采用┐┌56×5，角钢与节点板采用两侧角焊缝连接，焊脚尺寸 $h_f=$

5mm，连接形式如图所示，如采用受拉等强连接，焊缝连接实际长度 a（mm），与下列何项数值最为接近？

提示：截面无削弱，肢尖、肢背内力分配比例为 3∶7。

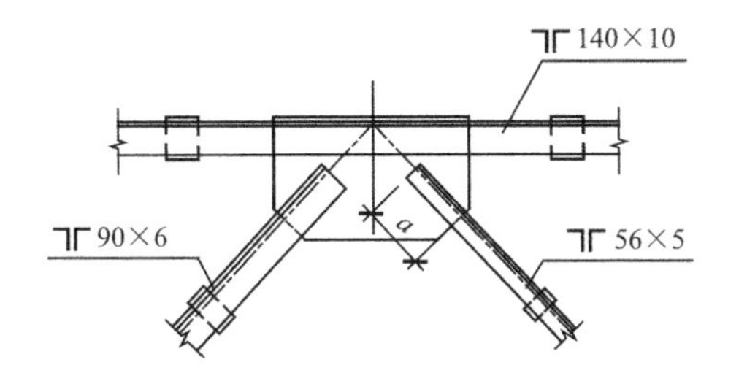

截面	A（mm^2）
56×5	1083

(A) 140　　(B) 160

(C) 290　　(D) 300

【答案】(B)

根据《钢标》表 4.4.1、第 7.1.1 条计算，杆件受拉承载力为

$N=fA_n=215\times1083\times10^{-3}=232.8\text{kN}$

由于采用等强连接，根据《钢标》表 4.4.5、第 11.2.2 条及第 11.3.5 条计算：

由式 $\tau_f=\dfrac{N}{h_e l_w}\leqslant f_f^w$ 得：

肢背焊缝计算长度 $l_w=\dfrac{0.7N}{2\times0.7h_f f_f^w}=\dfrac{0.7\times232.8\times10^3}{2\times0.7\times5\times160}=146\text{mm}$

$8h_f=8\times5=40<l_w<60h_f=60\times5=300$ 满足要求。

焊缝实际长度为 $l_w+2h_f=146+2\times5=156\text{mm}$。

【解题说明】

1. 本题为角焊缝计算，《钢标》与《钢规》的规定变化不大；
2. 焊缝长度平行于轴向力作用方向；
3. 角焊缝的实际长度为角焊缝的计算长度加 $2h_f$。

【题 26】图 19.1.24～26（Z）中，AB 杆为双角钢十字截面，采用节点板与弦杆连接，当按杆件的长细比选择截面时，下列何项截面最为合理？

提示：杆件的轴心压力很小（小于其承载能力的 50%）。

(A) ┐└63×5（$i_{min}=24.5\text{mm}$）　　(B) ┐└70×5（$i_{min}=27.3\text{mm}$）

(C) ┐└75×5（$i_{min}=29.2\text{mm}$）　　(D) ┐└80×5（$i_{min}=31.3\text{mm}$）

【答案】(B)

根据《钢标》表 7.4.6，式（7.2.2-1）和式（7.2.2-2）及表 7.4.1-1

$i_{min}=\dfrac{0.9\times6000}{200}=27\text{mm}<27.3\text{mm}$，取 B 项截面。

【解题说明】

1. 轴心受力构件计算为大纲要求需掌握的内容，构件的计算长度和允许长细比为轴心受力构件计算的内容之一。本题应注意桁架平面内、平面外、斜平面的概念；

2. AB 杆为桁架平面内的水平构件，相应于平面桁架的竖腹杆，依据表 7.4.1-1 注 2，对于双角钢十字截面腹杆，应验算斜平面长细比；

3. 查表 7.4.1-1，腹杆斜平面的计算长度为 0.9l；

4. 查《钢标》表 7.4.6，AB 杆为水平支撑，容许长细比 200；

5. 采用十字形截面的最小回转半径计算。

【题 27】在工作温度等于或者低于－30℃的地区，下列关于提高钢结构抗脆断能力的叙述有几项是错误的?

Ⅰ. 对于焊接构件应尽量采用厚板；

Ⅱ. 应采用钻成孔或先冲后扩钻孔；

Ⅲ. 对接焊缝的质量等级可采用三级；

Ⅳ. 对厚度大于 10mm 的受拉构件的钢材采用手工气割或剪切边时，应沿全长刨边；

Ⅴ. 安装连接宜采用焊接。

(A) 1 项　　(B) 2 项

(C) 3 项　　(D) 4 项

【答案】(C)

根据《钢标》第 16.4.1 条、第 16.4.4 条。

【解题说明】

1. 本题为概念题。由于寒冷地区钢结构项目的增多，有必要了解此类地区钢结构设计的基本要求，钢结构的防脆断设计见《钢标》第 16.4 节；

2. 依据《钢标》第 16.4.1 条规定，焊接构件宜采用较薄的板件组成，Ⅰ错误；

3. 依据《钢标》第 16.4.4 条规定，Ⅱ正确；Ⅲ错误；Ⅳ正确；Ⅴ错误；

4. 共有三项错误。

【题 28】关于钢材和焊缝强度设计值的下列说法中，下列何项有误?

Ⅰ. 同一钢号不同质量等级的钢材，强度设计值相同；

Ⅱ. 同一钢号不同厚度的钢材，强度设计值相同；

Ⅲ. 钢材在常温和低温环境中，强度设计值不同；

Ⅳ. 对接焊缝强度设计值与母材厚度有关；

Ⅴ. 角焊缝的强度设计值与焊缝质量等级有关。

(A) Ⅱ、Ⅲ、Ⅴ　　(B) Ⅱ、Ⅴ

(C) Ⅲ、Ⅳ　　(D) Ⅰ、Ⅳ

【答案】(A)

根据《钢标》第 4.4.1 条、第 18.3.2 条。

【解题说明】

1. 本题为概念题。钢材和焊缝强度设计值为钢结构设计的基础，有必要了解其取值方法；

2. 根据《钢标》表 4.4.1 及第 18.3.2 条，钢材强度设计值随钢材厚度增加而降低，与工作温度（非高温环境）和质量等级无关；

3. 根据《钢标》表 4.4.5，对接焊缝强度设计值随母材厚度增加而降低，角焊缝的强度设计值仅与焊条型号有关。

【题 29】试问，计算吊车梁疲劳时，作用在跨间内的下列何种吊车荷载取值是正确的?

（A）荷载效应最大的一台吊车的荷载设计值

（B）荷载效应最大的一台吊车的荷载设计值乘以动力系数

（C）荷载效应最大的一台吊车的荷载标准值

（D）荷载效应最大的相邻两台吊车的荷载标准值

【答案】（C）

根据《钢标》第3.1.6条、第3.1.7条的规定。

【解题说明】

1.钢结构的疲劳计算为大纲要求需掌握的内容，本题考查疲劳计算荷载取值；

2.根据《钢标》第3.1.6条的规定，计算疲劳时，应采用荷载效应的标准组合；

3.根据《钢标》第3.1.7条的规定，对于直接承受动力荷载的结构，计算疲劳时，动力荷载标准值不乘动力系数，起重机荷载应按作用在跨间内荷载效应最大的一台起重机确定。

【题30】材质为Q235的焊接工字钢次梁，截面尺寸见图19.1.30，腹板与翼缘的焊接采用双面角焊缝，焊条采用E43型非低氢型焊条，最大剪力设计值$V=204$kN，翼缘与腹板连接焊缝焊脚尺寸h_f（mm）取下列何项数值最为合理？

提示：最为合理指在满足规范的前提下数值最小。

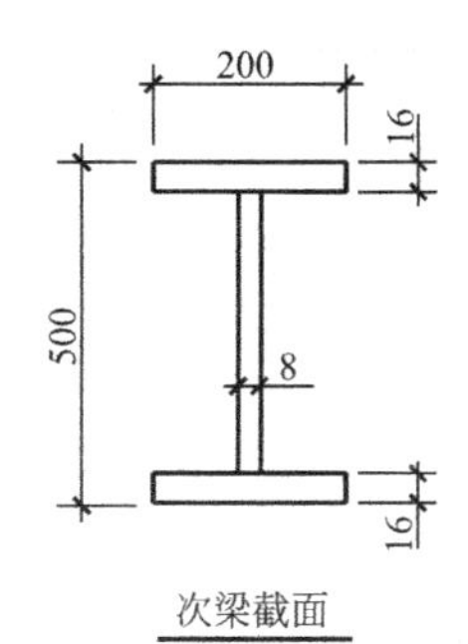

截面	I_x	S
	mm^4	mm^3
见左图	4.43×10^8	7.74×10^5

图19.1.30

（A）2　　（B）4

（C）6　　（D）8

【答案】（C）

根据《钢标》式（11.2.7）

$$\frac{1}{2h_e}\sqrt{\left(\frac{VS_f}{I}\right)^2+\left(\frac{\psi F}{\beta_f l_z}\right)^2}\leqslant f_f^w$$

已知$V=204$kN，$F=0$，$I=4.43\times10^8\text{mm}^4$，$S_f=7.74\times10^5\text{mm}^3$，$f_f^w=160$MPa

解得$h_e=1.1$mm，$h_f=\dfrac{h_e}{0.7}=1.6$mm

根据《钢标》表11.3.5，当$t=16$mm时，$h_f\geqslant6$mm，取$h_f=6$mm。

【解题说明】

1.通过本题计算，了解焊接组合梁翼缘与腹板间焊缝计算及构造要求，合理设计焊缝；

2.按《钢标》式（11.2.7）确定计算需要的直角角焊缝的计算厚度，根据《钢标》第11.2.2条转换为焊缝的焊脚尺寸；

3.根据《钢标》表11.3.5要求，确定构造要求的角焊缝最小焊脚尺寸；

4.本题也可根据《钢标》式（6.1.3）解答

$$\tau=\frac{VS}{It}=\frac{204000\times7.74\times10^5}{4.43\times10^8\times8}=44.6\text{MPa}$$

水平剪力 $V=\tau t=44.6\times8=356.8\text{N/mm}$

焊角尺寸 $h_e=\frac{V}{2f_f^w}=\frac{356.8}{2\times160}=1.1\text{mm}$，按《钢标》第11.2.2条 $h_f=h_e/0.7=1.1/0.7=1.6\text{mm}$。

19.2 2012年一级钢结构

表19.2.0 2012年一级钢结构考题主要内容汇总

题号	主要内容	主要规范条文号	说明
17	钢结构设计要求	《钢标》4.3.2、4.3.3、11.1.6、4.4.1、11.4.2、11.4.3	
18	塑性设计的判断	《钢标》10.1.1、10.1.5	
19	格构柱的构造要求	《钢标》7.2.5、7.2.3	
20	实腹式轴心受压构件的稳定	《钢标》7.2.2、7.2.1、附录D	
21	角焊缝设计计算	《钢标》12.7.3、11.3.5	
22	高强度螺栓设计计算	《钢标》11.4.2	
23	角焊缝应力计算	《钢标》11.2.2	
24	抗震设计对板件宽厚比的要求	《抗规》9.2.14	
25	框架上柱长细比要求	《抗规》9.2.13	
26	梁的整体稳定系数	《钢标》附录C	
27	刚架梁的整体稳定性验算	《钢标》7.2.2、6.2.2、附录C	
28	钢架柱的计算长度系数	《钢标》8.3.1、附录E	
29	压弯构件的整体稳定性	《钢标》7.2.1、8.1.1、8.2.1	
30	厂房构件抗震设计	《抗规》9.2.9、9.2.10	

【题17】关于钢结构设计要求的以下说法：

Ⅰ.在其他条件完全一致的情况下，焊接结构的钢材要求应不低于非焊接结构；

Ⅱ.在其他条件完全一致的情况下，钢结构受拉区的焊缝质量要求应不低于受压区；

Ⅲ.在其他条件完全一致的情况下，钢材的强度设计值与钢材厚度无关；

Ⅳ.吊车梁的腹板与上翼缘之间的T形接头焊缝均要求焊透；

Ⅴ.摩擦型连接和承压型连接高强度螺栓的承载力设计值的计算方法相同。

试问，针对上述说法正确性的判断，下列何项正确？

(A) Ⅰ、Ⅱ、Ⅲ正确，Ⅳ、Ⅴ错误　　(B) Ⅰ、Ⅱ正确，Ⅲ、Ⅳ、Ⅴ错误
(C) Ⅳ、Ⅴ正确，Ⅰ、Ⅱ、Ⅲ错误　　(D) Ⅲ、Ⅳ、Ⅴ正确，Ⅰ、Ⅱ错误

【答案】(B)

Ⅰ.根据《钢标》第4.3.2条、第4.3.3条，正确；

Ⅱ.根据《钢标》第11.1.6条，正确；

Ⅲ.根据《钢标》表4.4.1，错误；

Ⅳ.根据《钢标》第11.1.6条，错误；

Ⅴ.根据《钢标》第11.4.2条及第11.4.3条，错误。

【解题说明】

1) 本题为概念题，主要考查对钢结构及其连接材料的一些基本知识。

2) 根据《钢标》第4.3.2条和第4.3.3条，承重结构采用的钢材，对焊接结构尚应具有含碳量的合格保证。如果需要进行疲劳计算，尚需具有冲击韧性的合格保证。由此可知，焊接结构的材料要求不但应不低于非焊接结构，还应高于非焊接结构。

3) 在工程中常能发现由于对钢结构材料的错误认识导致的设计不合理的情况。比如某些工程设计人员极其偏好熔透焊，并且对所有的对接焊缝，其焊缝质量一律要求一级，这样的要求从设计角度看并不存在安全问题，但在实际工程中，由于市场竞争和消费水平的关系，加工费用并不能随着设计要求的增加而增加，施工单位为保证一定的利润，在自己认为可以降低要求的部位降低了要求，或不再严格执行对一级焊缝的检测。因此，从某种意义来说，如果不分主次，不考虑施工的实际情况，对所有焊缝全部要求很高，就有可能反而会造成要保证部位的安全度降低，因此，合理要求极其重要。

4) 较为粗糙的钢坯晶粒，经过轧制后，会越来越均匀，钢材质量也越来越好，轧钢中用压缩比来粗略地反映钢材的质量，压缩比越大，其质量越好，因此，随着板厚的增加，钢材的强度设计值在降低。

5) 不是所有吊车梁的腹板与上翼缘之间的T形接头焊缝均要求焊透，根据《钢标》第11.1.6条，其中只对重级工作制和起重量大于等于50t的中级工作制的吊车梁做出了焊透的要求。

6) 承压型高强度螺栓和摩擦型高强度螺栓除预拉力相同外，其他都不相同，特别是承载力设计值的计算方法相去甚远。

【题18】不直接承受动力荷载，且钢材的各项性能满足塑性设计要求的下列钢结构：

Ⅰ.符合计算简图19.2.18-1，材料采用Q355钢，截面均采用焊接H型钢H300×200×8×12；

Ⅱ.符合计算简图19.2.18-2，材料采用Q355钢，截面均采用焊接H型钢H300×200×8×12；

Ⅲ.符合计算简图19.2.18-3，材料采用Q235钢，截面均采用焊接H型钢H300×200×8×12；

Ⅳ.符合计算简图19.2.18-4，材料采用Q355钢，截面均采用焊接H型钢H300×200×8×12。

试问，根据《钢标》的有关规定，针对上述结构是否可采用塑性设计的判断，下列何项正确?

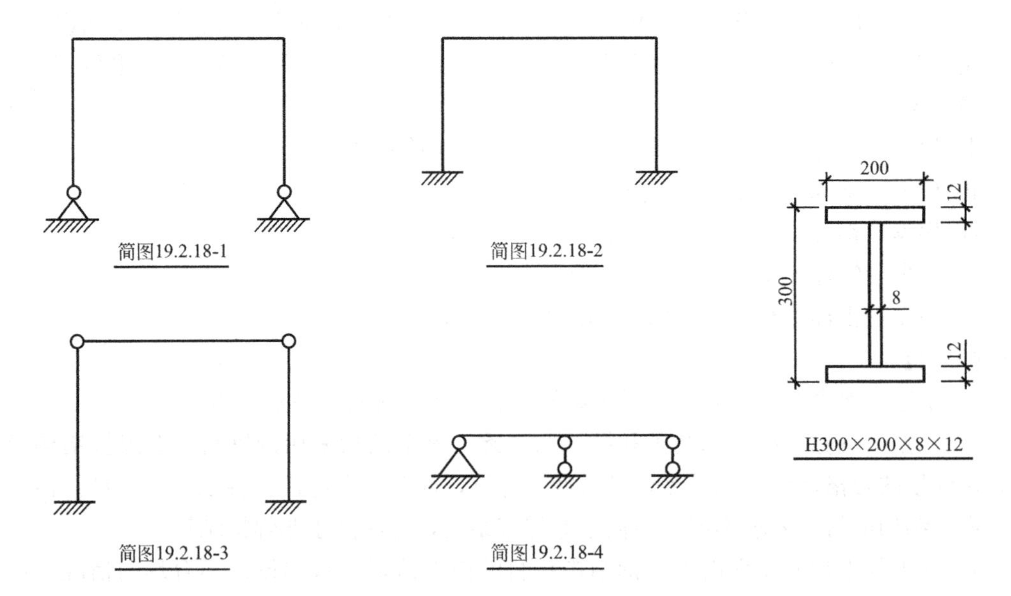

(A) Ⅱ、Ⅲ、Ⅳ可采用，Ⅰ不可采用　　(B) Ⅳ可采用，Ⅰ、Ⅱ、Ⅲ不可采用

(C) Ⅲ、Ⅳ可采用，Ⅰ、Ⅱ不可采用　　(D) Ⅰ、Ⅱ、Ⅲ、Ⅳ均不可采用

【答案】(D)

根据《钢标》第 10.1.1 条，适用的结构有Ⅰ、Ⅱ、Ⅳ。

焊接 H 型钢 H300×200×8×12，$b=\dfrac{200-8}{2}=96$。

根据《钢标》第 10.1.5 条，焊接 H 型钢应满足板件宽厚比 S1 级的要求，查表 3.5.1，对应于 S1 级 H 形截面，翼缘的板件宽厚比限值为 $9\varepsilon_k$，腹板的板件高厚比为 $65\varepsilon_k$，$\varepsilon_k=\sqrt{\dfrac{235}{355}}=0.814$。

翼缘板件宽厚比　$\dfrac{b}{t}=\dfrac{96}{12}=8.0>9\times0.814=7.3$，不满足要求。

腹板的板件高厚比　$\dfrac{h_0}{t_w}=\dfrac{276}{8}=34.5<65\times0.814=52.9$ 满足要求。

按《钢标》规定，翼缘的板件宽厚比不满足 S1 级的要求，答案 (D)。

【解题说明】

1) 本题为概念题，主要考查考生对钢结构塑性设计的适用范围及截面宽厚比要求的认识；

2) 对于塑性设计，《钢标》中所研究的适用范围还仅限于超静定的梁，单层框架和多层框架等结构；

3) 所谓塑性设计，是要求某些截面形成塑性铰并能产生所需要的转动，因此，对构件中的板件宽厚比进行了严格控制，以避免由于板件局部失稳而降低构件的承载能力；

4) 简图 19.2.18-1，图 19.2.18-2，和图 19.2.18-4 符合《钢标》对于塑性设计的适用范围，但是构件的截面宽厚比超过了《钢标》表 3.5.1 的规定；由本题也可以发现，截面板件宽厚比能满足《钢规》的要求，而不能满足《钢标》的要求，表明《钢标》对板件宽厚比等级比《钢规》从严了；

5）计算宽厚比时，要注意不同强度的钢材（Q355和Q235）对宽厚比的影响。

【题19～21】某钢结构平台，由于使用中增加荷载，需增设一格构柱，柱高6m，两端铰接，轴心压力设计值为1000kN，钢材采用Q235钢，焊条采用E43型，截面无削弱，格构柱如图19.2.19～21（Z）所示。

提示：所有板厚均≤16mm。

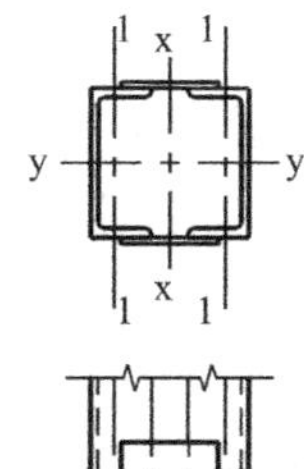

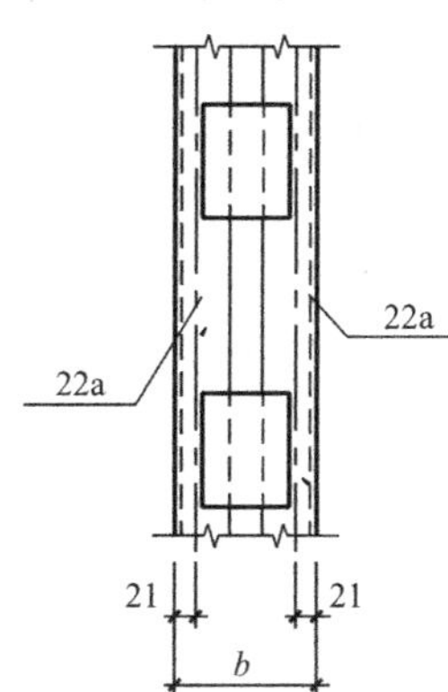

截面	A	I_1	i_y	i_1
	mm^2	mm^4	mm	mm
[22a	3180	1.58×10^6	86.7	22.3

图19.2.19～21（Z）

【题19】试问，根据构造确定，柱宽b（mm）与下列何项数值最为接近？

（A）150　　（B）250

（C）350　　（D）450

【答案】（B）

$l_{0x}=l_{0y}=6000$，$\lambda_{0x}\approx\lambda_y=\dfrac{6000}{86.7}=69.2$，取$\lambda_{max}=69.2$。

根据《钢标》第7.2.5条，$\lambda_1\leqslant0.5\lambda_{max}=0.5\times69.2=35<40$，取$\lambda_1=35$。

根据《钢标》式（7.2.3-1）：$\lambda_{0x}=\sqrt{\lambda_x^2+\lambda_1^2}$

得：$\lambda_x=60$，$i_x\geqslant\dfrac{6000}{60}=100$mm

得 $I_x\geqslant2A\cdot i_x^2=2\times3180\times100^2=6.36\times10^7$mm^4

$$I_x\leqslant2I_1+\left(\frac{1}{2}b-21\right)^2\cdot2A$$

$$b>21\times2+2\times\sqrt{\frac{I_x-2I_1}{2A}}=42+2\times\sqrt{\frac{6.36\times10^7-2\times1.58\times10^6}{2\times3180}}=237\text{mm}$$

答案B最为接近。

【解题说明】

1. 本题要点为缀板柱轴心受力的计算。轴心受力构件的计算是钢结构考题中的必考内容之一，务必熟练地掌握，特别是轴心受压构件的稳定系数，轴心受压构件的截面分类，构件在 x、y 两个方向的长细比等。

2. 理解本题的要点为轴心受力构件的计算，再从轴心受力构件的计算中，很容易判断出是实腹式轴心受压构件的稳定性计算。

3. 判断构件的截面分类。根据轴心受压构件的截面分类表，查出由 2 个槽钢组成的格构式截面对 x、y 两个轴的截面分类均为 b 类。

4. 求得轴心受压构件的长细比。一般情况下，长细比是通过已知的截面特性计算得到。本题是在截面和截面特性待求的情况下通过已知条件反求长细比，这一步也是求解本题的关键。

5. 根据长细比反求截面特性，这里就是反求截面的回转半径。

6. 按照截面特性计算公式，就可以导算出两个槽钢之间的间距。本题计算过程比较复杂，难度较大。

【题 20】缀板的设置满足《钢标》的规定。试问，该格构柱作为轴心受压构件，当采用最经济截面进行绕 y 轴的稳定性计算时，以应力形式表达的稳定性计算值（N/mm^2），与下列何项数值最为接近？

(A) 210　　(B) 190

(C) 160　　(D) 140

【答案】(A)

根据《钢标》第 7.2.2 条：

$$\lambda_y = \frac{l_{oy}}{i_y} = \frac{6000}{86.7} = 69.2，\text{ b 类截面}$$

查表 D.0.2，　$\varphi_y = 0.756$，根据公式（7.2.1）

$$\frac{N}{\varphi A} = \frac{1000 \times 10^3}{0.756 \times 2 \times 3180} = 208\text{N/mm}^2，\text{应选答案 A。}$$

【解题说明】

1. 本题的要点为实腹式轴心受压构件的稳定性计算。由于构件是由两个槽钢组成的格构式截面，因此，为了避免出现误判，考题中明确了进行绕 y 轴方向的稳定性计算。显然，绕 x 轴方向进行稳定性的计算是受两个槽钢之间的间距影响的，而两个槽钢之间的间距是未知的，尽管在上题中已经求出，但是不能用作本题的已知条件。而 y 轴方向的稳定性计算则不受槽钢之间间距的影响，本题的考点设置时避开了这个问题。

2. 理解了本题的考点为轴心受力构件的计算，再从轴心受力构件的计算中，很容易判断出是实腹式轴心受压构件的稳定性计算。

3. 判断构件的截面分类。根据轴心受压构件的截面分类表，查出由两个槽钢组成的格构式截面对 x、y 两个轴的截面分类均为 b 类。

4. 根据已知条件查表求得轴心受压构件的稳定系数。

5. 将稳定系数代入《钢标》式（7.2.1）就可以得到最终计算结果。

【题 21】柱脚底板厚度为 16mm，端部要求铣平，总焊缝计算长度取 $l_w = 1040$mm。试问，柱与底板间的焊缝采用下列何种做法最为合理?

（A）角焊缝连接，焊脚尺寸为 8mm

（B）柱与底板焊透，一级焊缝质量要求

（C）柱与底板焊透，二级焊缝质量要求

（D）角焊缝连接，焊脚尺寸为 12mm

【答案】（A）

根据《钢标》第 12.7.3 条，焊脚尺寸应满足 $h_f \geqslant \dfrac{15\% \times 1000 \times 10^3}{0.7 \times 160 \times 1040} = 1.28\text{mm}$

根据《钢标》第 11.3.5 条，$h_f \geqslant 6\text{mm}$

应选答案 A。

【解题说明】

1.本题的要点为柱与底板的连接计算，主要目的是让考生了解实际工程中柱与底板连接所需的焊缝。

2.在有的工程中，柱与底板的焊接采用了熔透焊，仅此一项，全国每年耗费的电量就相当大。当施工单位对此做法提出疑问时，设计人经常以抗震构造作答，实际上，很多柱脚在任何工况下都不会产生拉力，或只有很小的拉力，柱与底板的焊接通过计算（地震作用下可采用弹性承载力超强设计思路）采用角焊缝连接较为合理。

3.根据《钢标》第 12.7.3 条，对于轴心受压柱，当端部为铣平端时，其连接焊缝应按最大压力的 15% 进行计算。从其结算结构可知，计算值很小。

4.根据《钢标》第 11.3.5 条，焊缝的最小计算高度应满足对焊缝的构造规定。显然，按上述计算的焊缝高度不符合构造要求。因此，本题的正解应该是根据《钢标》第 11.3.5 条的构造规定计算的结果。

5.从上述受力计算结果和构造要求的计算结果可以看出，柱与底板的焊接采用角焊缝是合理的，而一律采用熔透焊则是不经济的。

【题 22、23】某钢梁采用端板连接接头，钢材为 Q355 钢，采用 10.9 级高强度螺栓摩擦型连接，连接处钢材接触表面的处理方法为未经处理的干净轧制表面，其连接形式见图 19.2.22～23（Z）所示，考虑了各种不利影响后，取弯矩设计值 $M = 260\text{kN} \cdot \text{m}$，剪力设计值 $V = 65\text{kN}$，轴力设计值 $N = 100\text{kN}$（压力）。

提示：设计值均为非地震作用组合内力。

【题 22】试问，连接可采用的高强度螺栓最小规格为下列何项?

提示：① 梁上、下翼缘板中心间的距离取 $h = 490\text{mm}$；

② 忽略轴力和剪力影响。

（A）M20　　（B）M22

（C）M24　　（D）M27

【答案】（B）

单个螺栓最大拉力 $N_t = \dfrac{M}{n_1 h} = \dfrac{260 \times 10^3}{4 \times 490} = 132.7\text{kN}$

根据《钢标》第 11.4.2 条第 2 款及表 11.4.2-2，

单个螺栓预拉力 $P \geqslant \dfrac{132.7}{0.8} = 165.9\text{kN} < 190\text{kN}$，应选答案 B。

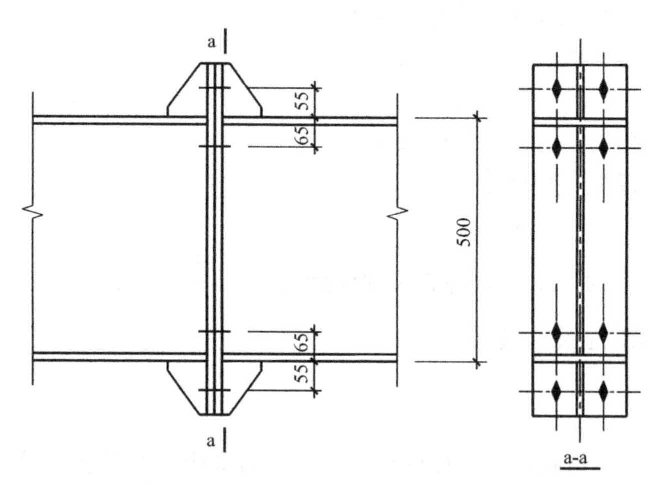

图 19.2.22～23（Z）

【解题说明】

1. 本题的要点是高强度螺栓摩擦型连接的计算。关于高强度螺栓摩擦型连接的计算，主要有三个方面的问题。其一是抗剪连接计算，其二是螺栓杆轴方向的受拉计算，其三是同时承受摩擦面间的剪力和螺栓杆轴方向的拉力计算。因此，为了简化计算，在题目设计时特别提示忽略轴力和剪力的影响，也就是说只计算弯矩产生的影响。

2. 本题的考点为高强度螺栓摩擦型连接的计算。再从提示条件可知，忽略轴力和剪力的影响，因此，本题只需对高强螺栓进行杆轴方向的受拉计算。

3. 解题关键点之一：在计算杆轴方向受拉的连接时，每个高强度螺栓的承载力设计值取 0.8 倍高强度螺栓的预拉力 P。

4. 解题关键点之二：根据提示 1，可知弯矩的力臂高度为 490mm，因此，可以直接求出每个高强度螺栓所承受的杆轴方向的拉力。

5. 注意，本题的所有提示都是为简化计算所设置的。实际工程设计中，需要进行同时承受拉、弯、剪共同作用的计算。

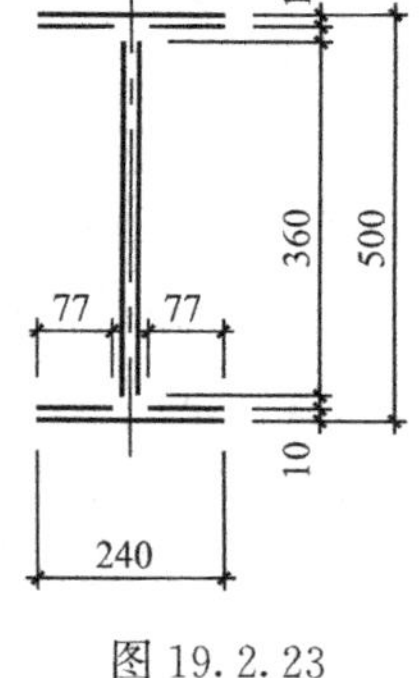

图 19.2.23

【题 23】端板与梁的连接焊缝采用角焊缝，焊条为 E50 型，焊缝计算长度如图 19.2.23 所示，翼缘焊脚尺寸 $h_f=8$mm，腹板焊脚尺寸 $h_f=6$mm。试问，按承受静力荷载计算，角焊缝最大应力（N/mm²），与下列何项数值最为接近?

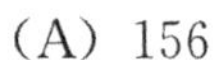

（A）156　　（B）164

（C）190　　（D）199

【答案】（C）

$$A_f=(240\times2+77\times4)\times0.7\times8+360\times2\times0.7\times6=7436.8\text{mm}^2$$

$$I_f\approx240\times0.7\times8\times250^2\times2+77\times0.7\times8\times240^2\times4+\frac{1}{12}\times0.7\times6\times360^3\times2=3\times10^8\text{mm}^4$$

$$W_f=\frac{I_f}{250}=1.2\times10^6\text{mm}^3$$

根据《钢标》第11.2.2条，

$$\sigma_{\mathrm{f}}=\frac{M}{W_{\mathrm{f}}}+\frac{N}{A_{\mathrm{f}}}=\frac{260\times10^{6}}{1.2\times10^{6}}+\frac{100\times10^{3}}{7436.8}=216.7+13.4$$

$$=230.1\mathrm{N/mm^2}<\beta_{\mathrm{f}}f_{\mathrm{f}}^{\mathrm{w}}=1.22\times200=244\mathrm{N/mm^2}$$

$$\tau_{\mathrm{f}}=\frac{V}{A_{\mathrm{f}}}=\frac{65\times10^{3}}{7436.8}=8.7\mathrm{N/mm^2}$$

$$\sqrt{\left(\frac{\sigma_{\mathrm{f}}}{\beta_{\mathrm{f}}}\right)^{2}+\tau_{\mathrm{f}}^{2}}=\sqrt{\left(\frac{230.1}{1.22}\right)^{2}+8.7^{2}}=188.8\mathrm{N/mm^2}<f_{\mathrm{f}}^{\mathrm{w}}=200\mathrm{N/mm^2}。$$

【解题说明】

1.本题考点为梁与端板焊缝连接的计算，主要目的是让考生了解实际工程中梁与端板连接所需的焊缝。

2.有工程要求梁翼缘与端板连接采用了熔透焊，事实上，当梁与端板连接采用熔透焊时，端板必定变形，此时，施工单位一般采用火焰烤平，有些工程中往往不平整也就连上了，既增加造价又影响结构的安全。实际工程中，由于门式刚架截面采用的是超屈曲截面，地震作用下应采用弹性承载力超强设计思路，梁与端板连接应通过计算采用角焊缝连接较为合理。

3.本题考点为直角角焊缝的强度计算。在计算中，要考虑以下几个方面的情况。

1）当作用力垂直于焊缝长度方向时，进行焊缝的受拉计算；

2）当作用力平行于焊缝长度方向时，进行焊缝的受剪计算；

3）当各种力综合作用时，需进行受拉和受剪共同作用的计算；

4）注意题中要求“按承受静力荷载计算”，因此，要考虑角焊缝的强度设计值增大系数。最后代入《钢标》式（11.2.2-3）即可以求出计算结果。

【题24～26】某单层工业厂房，屋面及墙面的围护结构均为轻质材料，屋面梁与上柱刚接，梁柱均采用Q355焊接H型钢，梁、柱H型截面表示方式为：梁高×梁宽×腹板厚度×翼缘厚度。上柱截面为H800×400×12×18，梁截面为H1300×400×12×20，抗震设防烈度为7度，框架上柱最大设计轴力为525kN。

【题24】试问，在进行构件的强度和稳定性的承载力计算时，应满足以下何项地震作用要求？

提示：假定，梁、柱腹板宽厚比均符合《钢标》弹性设计阶段的板件宽厚比限值。

（A）按有效截面进行多遇地震下的验算

（B）满足多遇地震下的要求

（C）满足1.5倍多遇地震下的要求

（D）满足2倍多遇地震下的要求

【答案】（D）

根据《抗规》第9.2.14第2款的规定，轻屋面厂房，塑性耗能区板件宽厚比限值可根据其承载力的高低按性能目标确定。

柱截面：

翼缘 $\frac{b}{t}=\frac{194}{18}=10.8>12\sqrt{\frac{235}{355}}=9.8$

腹板 $\frac{h_0}{t_w}=\frac{764}{12}=63.7>50\sqrt{\frac{235}{355}}=40.7$

梁截面：

翼缘 $\frac{b}{t}=\frac{194}{20}=9.7>11\sqrt{\frac{235}{355}}=9.0$

腹板 $\frac{h_0}{t_w}=\frac{1260}{12}=105>72\sqrt{\frac{235}{355}}=58.6$

塑性耗能区板件宽厚比为C类。

根据《抗规》第9.2.14条文说明的规定，由于其板件宽厚比为C类，因此，应满足高承载力2倍多遇地震下的要求。

【解题说明】

1.本题为概念题，主要考查考生对板件宽厚比限值和弹性抗震承载力关系的理解。

2.抗震设计可按高延性-低弹性承载力或低延性-高弹性承载力，本题即采用了低延性-高弹性承载力的设计概念。

3.本题解答的主要依据是《抗规》第9.2.14条和相应的条文说明中的规定。由此可以看出，考生在备考时，除了对规范的条文做到熟练掌握之外，还需要通过对条文说明的学习，加深对规范条文的理解，了解条文的内涵和来龙去脉。

4.塑性耗能区板件宽厚比限值按A、B、C三类在《抗规》第9.2.14条的条文说明中做出了相应的规定。

【题25】试问，本工程框架上柱长细比限值应与下列何项数值最为接近？

(A) 150　　(B) 123

(C) 99　　(D) 80

【答案】(A)

框架柱截面面积 $A=400\times18\times2+764\times12=23568\text{mm}^2$

框架柱轴压比为 $\frac{N}{Af}=\frac{525\times10^3}{23568\times295}=0.08<0.2$

根据《抗规》第9.2.13条，框架柱长细比限值为150。

应选答案A。

【解题说明】

1.本题主要考查考生是否了解轴压比与长细比的关系及有关构件长细比钢号修正原则。构件长细比钢号修正原则：其一是拉杆长细比无须修正；其二是由于产生弹性屈曲后，压杆临界承载力与钢材屈服强度无关，所以无须修正。

2.在解答本题时，首先要清楚以下两点：一是需要考虑抗震设计，二是单层钢结构厂房。这两条在题目中做出了明确的交代。根据这两点，就可以从《抗规》第9章单层工业厂房的第9.2.13条中，很容易得到正确答案。

【题26】本工程柱距6m，吊车梁无制动结构，截面如图19.2.26所示，采用Q345钢，最大弯矩设计值 $M_x=960\text{kN}\cdot\text{m}$。试问，梁的整体稳定系数与下列何项数值最为接近？

提示：$\beta_b=0.696$，$\eta_b=0.631$。

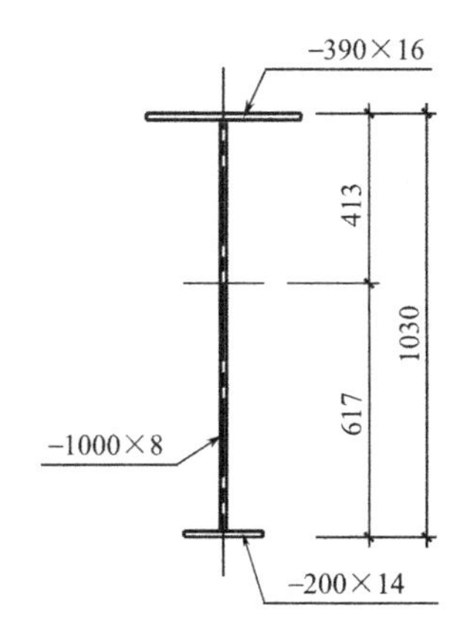

图 19.2.26

截面	A	I_x	I_y	W_{x1}	W_{x2}	i_y
	mm²	mm⁴	mm⁴	mm³	mm³	mm
见图 19.2.26	17040	2.82×10^9	8.84×10^7	6.82×10^6	4.566×10^6	72

(A) 1.25　　(B) 1.0

(C) 0.85　　(D) 0.5

【答案】(C)

$$\lambda_y=\frac{6000}{72}=83$$

根据《钢标》式（C.0.1-1），

$$\varphi_b=\beta_b\cdot\frac{4320}{\lambda_y^2}\cdot\frac{Ah}{W_x}\left[\sqrt{1+\left(\frac{\lambda_y t_1}{4.4h}\right)^2}+\eta_b\right]\cdot\varepsilon_k^2$$

$$=0.696\times\frac{4320}{83^2}\times\frac{17040\times1030}{6.82\times10^6}\left[\sqrt{1+\left(\frac{83\times16}{4.4\times1030}\right)^2}+0.631\right]\times\left(\sqrt{\frac{235}{355}}\right)^2$$

$$=1.24>0.6$$

根据《钢标》式（C.0.1-7），

$$\varphi_b'=1.07-\frac{0.282}{\varphi_b}=1.07-\frac{0.282}{1.24}=0.84<1\text{ 取 }\varphi_b=\varphi_b'=0.84$$

应选答案C。

【解题说明】

1.本题考查整体稳定系数的计算，主要考查不对称截面计算时，各项参数的选定。为了简化计算，给出了部分参数。如梁整体稳定的等效临界弯矩系数和截面不对称影响系数等。

2.关于稳定系数，有三个概念要理解透彻。其一是弯矩作用平面内的轴心受压构件稳定系数；其二是弯矩作用平面外的轴心受压构件稳定系数；其三是均匀弯曲的受弯构件整体稳定系数。本题的考点为上述第三点，即梁的整体稳定系数。

3.梁的整体稳定系数在《钢标》附录中有详细的计算公式。但是，考生在系数的采用上务必做到正确理解系数的含义，应注意本题中由于截面的非对称性，截面的抵抗矩上、下各不相同。

【题27～29】某车间设备平台改造增加一跨，新增部分跨度8m，柱距6m，采用柱下端铰接、梁柱刚接、梁与原有平台铰接的刚架结构，平台铺板为钢格栅板；刚架计算简图如图

19.2.27～29（Z）所示；图中长度单位为 mm。刚架与支撑全部采用 Q235-B 钢，手工焊接采用 E43 型焊条。

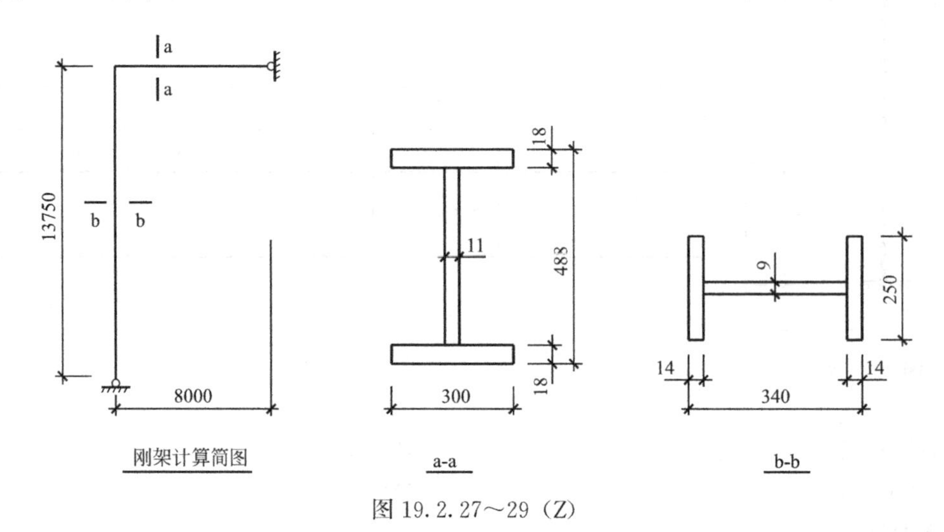

图 19.2.27～29（Z）

构件截面参数：

截面	截面面积 A(mm^2)	惯性矩(平面内) I_x(mm^4)	回转半径 i_x(mm)	回转半径 i_y(mm)	截面模量 W_x(mm^3)
HM340×250×9×14	99.53×10^2	21200×10^4	14.6×10	6.05×10	1250×10^3
HM488×300×11×18	159.2×10^2	68900×10^4	20.8×10	7.13×10	2820×10^3

【题 27】假定，刚架无侧移，刚架梁及柱均采用双轴对称轧制 H 型钢，梁计算跨度 $l_x=8$m，平面外自由长度 $l_y=4$m，梁截面为 HM488×300×11×18，柱截面为 HM340×250×9×14；刚架梁的最大弯矩设计值为 $M_{xmax}=486.4$kN·m，且不考虑截面削弱。试问，刚架梁整体稳定验算时，以应力形式表达的稳定性计算数值（N/mm^2），与下列何项数值最为接近？

提示：假定梁为均匀弯曲的受弯构件。

(A) 163　　(B) 173

(C) 183　　(D) 193

【答案】(B)

$$\lambda_y=\frac{l_y}{i_y}=\frac{4000}{71.3}=56.1<120$$

根据《钢标》公式（C.0.5-1），

$$\varphi_b=1.07-\frac{\lambda_y^2}{44000}=1.07-\frac{56.1^2}{44000}=0.998$$

根据《钢标》第 6.2.2 条计算：

$$\frac{M_x}{\varphi_b W_x}=\frac{486.4\times10^6}{0.998\times2820\times10^3}=172.8\text{N/mm}^2。$$

【解题说明】

1. 本题考点为双轴对称截面梁的整体稳定性计算，整体稳定性的计算是钢结构考试的重点之一，考生务必熟练掌握。

2. 题中给出条件平台铺板为钢格栅板，可以理解为其不能阻止梁受压翼缘的侧向位移，虽有铺板，但不是密铺板，否则根据《钢标》第 6.2.1 条的规定，可以不必计算其整体稳定性。

3. 整体稳定系数的计算需按《钢标》附录公式（C.0.1-1）进行计算。但是，对于均匀弯曲的受弯构件，采用 Q235-B 钢，当 $\lambda_y \leqslant 120$ 时，其整体稳定系数可以按《钢标》附录 公式（C.0.5-1）进行简化计算。对此，考生务必深刻理解。

【题 28】刚架梁及柱的截面同题 27，柱下端铰接采用平板支座。试问，框架平面内，柱的计算长度系数，与下列何项数值最为接近？

提示：忽略横梁轴心压力的影响。

(A) 0.79　　(B) 0.76

(C) 0.73　　(D) 0.70

【答案】(C)

如题图：柱高度取 $H=13750\text{mm}$，梁跨度 $L=8000\text{mm}$

根据《钢标》第 8.3.1 条及表 E.0.1，柱下端铰接采用平板支座：$K_2=0.1$；

柱上端，梁远端为铰接：

$$K_1=\frac{1.5I_bH}{I_cL}=\frac{1.5\times68900\times10^4\times13750}{21200\times10^4\times8000}=8.4$$

查表 E.0.1，计算长度系数 $\mu=0.73$。

【解题说明】

1. 本题考点为框架柱的计算长度或计算长度系数。为了简化计算，题中给出了刚架无侧移的条件。

2. 由于刚架无侧移，使计算过程得到了大大的简化。一般情况下，考题的设计除了考查考生的计算能力之外，还会重点考查考生对概念的理解。因此，在概念清楚的情况下，考题的计算设计一般都会尽量简化，这一点考生在通过复习时，要有充分的理解。不要一味追求去求解步骤很多的难题。

3. 知道了考点，根据《钢标》第 8.3.1 条的规定，柱子的计算长度系数可以按附录表 E.0.1 无侧移框架柱的计算长度系数确定。

4. 在计算横梁的线刚度时，要关注《钢标》附录表 E.0.1 下面注的内容。其中说明了当梁的远端为铰接时，应将横梁的线刚度乘以 1.5 。在此需要提醒考生，规范表中的内容和表下面注中的内容是同等重要的，对此一定要高度重视。有时候，条文说明中的内容也会纳入到考题中来。考生全面掌握理解了规范，考试就必定会取得好的成绩。

【题 29】设计条件同题 27，刚架柱上端的弯矩及轴向压力设计值分别为 $M_2=192.5\text{kN}\cdot\text{m}$，$N=276.6\text{kN}$；刚架柱下端的弯矩及轴向压力设计值分别为 $M_1=0.0\text{kN}\cdot\text{m}$，$N=292.1\text{kN}$；且无横向荷载作用。假设刚架柱在弯矩作用平面内计算长度取 $l_{0x}=10.1\text{m}$。试问，对刚架柱进行弯矩作用平面内整体稳定性验算时，以应力形式表达的稳定性计算数值（N/mm^2），与下列何项数值最为接近？

提示：$1-0.8\dfrac{N}{N'_{EX}}=0.942$，$\gamma_x=1.05$。

(A) 134　　(B) 156

(C) 173　　(D) 189

【答案】(A)

$$\lambda_x=\frac{l_{0x}}{i_x}=\frac{10100}{146}=69.2$$

根据《钢标》表 7.2.1-1 及附录表 D.0.1，a 类截面 $\varphi_x=0.843$

根据《钢标》表 8.1.1 及第 8.2.1 条计算：

$$\beta_{mx}=0.6+0.4\frac{M_2}{M_1}=0.6$$

$$\frac{N}{\varphi_x A}+\frac{\beta_{mx}M_x}{\gamma_x W_{1x}\left(1-0.8\dfrac{N}{N'_{EX}}\right)}=\frac{276.6\times10^3}{0.843\times99.53\times10^2}+\frac{0.6\times192.5\times10^6}{1.05\times1250\times10^3\times0.942}$$

$$=33+93.4=126.4\text{N/mm}^2。$$

【解题说明】

1. 本题考点为刚架柱在弯矩作用平面内整体稳定性的计算。刚架柱在弯矩作用平面内整体稳定性的计算是钢结构考试重点内容之一。考生务必熟练掌握。同样的考点还有刚架柱在弯矩作用平面外的稳定性计算，考生要通过学习，能够做到举一反三。

2. 从题中给出的条件可知，本题的考点是刚架柱在弯矩作用平面内整体稳定性的计算，由此根据《钢标》第 8.2.1 条的公式就可以直接进行计算，再结合提示内容"$1-0.8\dfrac{N}{N'_{EX}}=0.942$"，就可以看出并充分说明《钢标》式（8.2.1-1）是本题的解。为了简化计算，对某些计算量较大的系数，一般都会在提示中给出作为已知条件。

3. 根据题中条件，刚架梁及柱均采用双轴对称轧制 H 型钢，从《钢标》表 7.2.1-1 可知，需要计算的刚架柱在弯曲平面内对 x 轴的截面分类为 a 类，这是求解本题很关键的一个步骤。如果截面分类出现错误，将直接导致稳定系数的错误，从而导致错误的计算结果。这一点，考生需要高度关注。

【题 30】某厂房抗震设防烈度 8 度，关于厂房构件抗震设计的以下说法：

Ⅰ. 竖向支撑桁架的腹杆应能承受和传递屋盖的水平地震作用；

Ⅱ. 屋盖横向水平支撑的交叉斜杆可按拉杆设计；

Ⅲ. 柱间支撑采用单角钢截面，并单面偏心连接；

Ⅳ. 支承跨度大于 24m 的屋盖横梁的托架，应计算其竖向地震作用。

试问，针对上述说法是否符合相关规范要求的判断，下列何项正确？

(A) Ⅰ、Ⅱ、Ⅲ符合，Ⅳ不符合　　(B) Ⅱ、Ⅲ、Ⅳ符合，Ⅰ不符合

(C) Ⅰ、Ⅱ、Ⅳ符合，Ⅲ不符合　　(D) Ⅰ、Ⅲ、Ⅳ符合，Ⅱ不符合

【答案】(C)

根据《抗规》第 9.2.9 条，Ⅰ、Ⅱ、Ⅳ正确。

根据《抗规》第 9.2.10 条，Ⅲ错误。

【解题说明】

1.本题为概念题，主要考点是钢结构构件在考虑抗震设计时的具体要求。因此，考生在备考钢结构考试时，除了熟悉《钢标》之外，还需要掌握《抗规》中的相关内容。同样道理，对于《荷规》中的相关内容也会作为钢结构的考点。

2.从题中给出的条件可知，厂房抗震设防烈度为8度，因此，答案需在《抗规》中寻找，再找到其中的钢结构章节中的对应条款，不难发现正确答案。

3.根据《抗规》第9.2.9条，可知Ⅰ、Ⅱ、Ⅳ正确，根据《抗规》第9.2.10条，可知Ⅲ错误，从而得出正确答案。

19.3　2013年一级钢结构

表19.3.0　2013年一级钢结构考题主要内容汇总

题号	主要内容	主要规范条文号	说明
17	屋面檩条的挠度计算	《钢标》3.1.5《荷规》5.4.3、7.1.5、3.2.8	
18	檩条上翼缘的最大正应力计算	《钢标》6.1.1、6.1.2	
19	檩条的整体稳定性计算	《钢标》附录C	
20	钢梁的合理截面	结构概念设计	
21	焊接工字形截面梁的强度和稳定性	《钢标》6.1.1、6.1.3、6.3.1、6.3.2、6.3.3、6.3.4	
22	影响梁整体稳定性的主要因素	梁整体稳定的概念	
23	插入式钢柱的插入深度	《抗规》9.2.16	
24	上段钢柱弯矩作用平面内的稳定性计算	《钢标》7.2.2、8.1.1、8.2.1附录D	
25	压弯构件弯矩作用平面外的稳定性计算	《钢标》8.2.1、附录C、D	
26	连接板的长度	《钢标》11.2.2、11.3.6	
27	高强度螺栓计算	《钢标》11.4.2	
28	高强度螺栓拉应力计算	《钢标》7.1.1	
29	钢柱的有效截面计算	《钢标》7.3.1、7.3.3、7.3.4	
30	支撑的平衡力计算	《抗规》8.2.6	

【题17～19】某轻屋盖钢结构厂房，屋面不上人，屋面坡度为1/10。采用热轧H型钢屋面檩条，其水平间距为3m，钢材采用Q235钢。屋面檩条按简支梁设计，计算跨度l=12m。假定，屋面水平投影面上的荷载标准值：屋面自重为0.18kN/m^2，均布活荷载为0.5kN/m^2，积灰荷载为1.00kN/m^2，雪荷载为0.65kN/m^2。热轧H型钢檩条型号为H400×150×8×13，自重为0.56kN/m，其截面特性：$A=70.37\times10^2\text{mm}^2$，$I_x=18600\times10^4\text{mm}^4$，$W_x=929\times10^3\text{mm}^3$，$W_y=97.8\times10^3\text{mm}^3$，$i_y=32.2\text{mm}$。屋面檩条的截面形式如图19.3.17～19（Z）所示。

【题17】试问，屋面檩条垂直于屋面方向的最大挠度（mm），与下列何项数值最为接近？

(A) 40　　(B) 50

(C) 60　　(D) 80

【答案】(A)

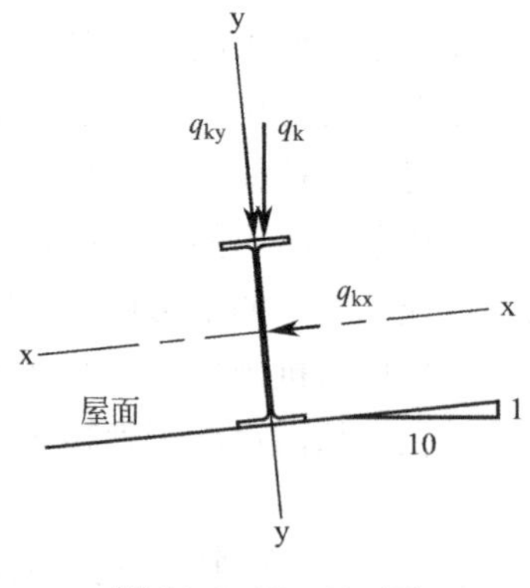

图 19.3.17～19 (Z)

根据《钢标》第 3.1.5 条：按正常使用极限状态设计钢结构时，应考虑荷载效应的标准组合。

根据《荷规》第 5.4.3 条：积灰荷载应与雪荷载或不上人的屋面均布活荷载两者中的较大值同时考虑。

根据《荷规》第 7.1.5 条：雪荷载的组合值系数可取 0.7。

根据《荷规》第 3.2.8 条：作用在屋面檩条上的线荷载标准值为：

$$q_k = (0.18\times3+0.56) + (1.00+0.7\times0.65)\times3 = 5.465\text{kN/m}$$

垂直于屋面方向的荷载标准值为：

$$q_{ky} = 5.465\times\frac{10}{\sqrt{10^2+1^2}} = 5.44\text{kN/m}$$

$$\upsilon = \frac{5}{384}\cdot\frac{q_{ky}l^4}{EI_x} = \frac{5}{384}\cdot\frac{5.44\times12000^4}{206\times10^3\times18600\times10^4} = 38.3\text{mm}。$$

【解题说明】

1. 长期以来，按正常使用极限状态进行结构设计不如按承载能力极限状态那样受到重视，但随着结构材料强度的提高和构件的轻型化，按正常使用极限状态进行结构设计变得越来越重要。钢结构按正常使用极限状态进行设计，对于受弯构件主要是要求有足够的抗弯刚度，即在荷载标准值作用下，受弯构件的最大挠度不应大于《钢标》规定的挠度容许值。就屋盖结构而言，若屋盖檩条的挠度过大，不但容易导致屋面积水返水，而且影响美观，让使用者感到不安。因此，控制屋盖檩条的挠度对屋盖钢结构的设计十分重要。本题主要考查以下两个方面的内容：

(1) 在使用过程中，当承重钢结构上可能同时出现多个可变荷载时，如何正确计算荷载标准组合的效应设计值?

(2)《钢标》第 3.1.5 条规定，按正常使用极限状态设计钢结构时，应考虑荷载效应的标准组合。

2.《荷规》第 5.4.3 条规定，积灰荷载应与雪荷载或不上人的屋面均布活荷载两者中的较大值同时考虑。因此，本题应考虑积灰荷载与雪荷载共同作用。

3. 单跨简支梁在满跨均布荷载标准值作用下产生的挠度与荷载呈线性关系；本题中屋面积灰荷载标准值大于雪荷载标准值，故进行荷载标准组合的效应设计值计算时，雪荷载标准值应乘以组合值系数。根据《荷规》第 7.1.5 条，雪荷载的组合值系数可取 0.7。

4. 根据《荷规》第 3.2.8 条，可以计算出作用在屋盖檩条上的均布线荷载标准值。

5. 在满跨均布荷载作用下，单跨简支梁最大挠度的计算公式属于常用的结构计算公式，考生应当掌握此类基本公式。

【题 18】假定，屋面檩条垂直于屋面方向的最大弯矩设计值 $M_x=133\text{kN}\cdot\text{m}$，同一截面处平行于屋面方向的侧向弯矩设计值 $M_y=0.3\text{kN}\cdot\text{m}$。试问，若计算截面无削弱，在上述弯矩作用下，强度计算时，屋面檩条上翼缘的最大正应力计算值 (N/mm^2)，与下列何项数值最为接近？

(A) 180　　(B) 165

(C) 150　　(D) 140

【答案】(D)

钢梁截面，$b/t_f \approx (150-8)/(2\times13)=5.5$，$h_0/t_w \approx (400-2\times13)/8=46.8$。

满足S3级要求（查《钢标》表3.5.1）。

计算截面无削弱，根据《钢标》第6.1.2条：$\gamma_x=1.05$，$\gamma_y=1.20$

$$\frac{M_x}{\gamma_x W_{nx}}+\frac{M_y}{\gamma_y W_{ny}}=\frac{133\times10^6}{1.05\times929\times10^3}+\frac{0.3\times10^6}{1.20\times97.8\times10^3}=136.3+2.6=138.9\text{N/mm}^2。$$

【解题说明】

1. 本题主要考查的内容是：双向弯曲型钢结构受弯构件的抗弯强度计算。

2. 根据本题图19.3.17～19(Z)所示，屋盖檩条垂直于屋面放置，因此竖向线荷载q可分解为垂直于截面两个主轴x-x和y-y的分荷载，从而引起双向弯曲。根据本题已知条件和《钢标》第6.1.1条，可以计算得出答案(D)正确。

3. 计算时应注意截面塑性发展系数的采用。

4. 由于本题中屋面坡度很小，仅为1∶10，且设有横向水平支撑系统，故平行于屋面的分荷载引起的绕y轴的弯矩很小；但当屋面坡度较大或没有设置横向水平支撑时，绕y轴的弯曲对屋盖檩条抗弯强度的影响就不容忽视了。

【题19】屋面檩条支座处已采取构造措施以防止梁端截面的扭转。假定，屋面不能阻止屋面檩条的扭转和受压翼缘的侧向位移，而在檩条间设置水平支撑系统，则檩条受压翼缘侧向支承点之间间距为4m。弯矩设计值同题18。试问，对屋面檩条进行整体稳定性计算时（$\gamma_y=1.20$），以应力形式表达的整体稳定性计算值（N/mm²），与下列何项数值最为接近？

(A) 205　　(B) 190

(C) 170　　(D) 145

【答案】(C)

根据《钢标》附录C.0.1计算屋面檩条的整体稳定系数φ_b：

根据《钢标》附录C表C.0.1，$\beta_b=1.20$

$$l_1=4000\text{mm},\ i_y=32.2\text{mm},\ \lambda_y=\frac{l_1}{i_y}=\frac{4000}{32.2}=124.2$$

$h=400$mm，$t_1=13$mm，$A=70.37\times10^2\text{ mm}^2$，$W_x=929\times10^3\text{ mm}^3$，$\eta_b=0$，

$f_y=235\text{N/ mm}^2$

$$\varphi_b=\beta_b\frac{4320}{\lambda_y^2}\cdot\frac{Ah}{W_x}\left[\sqrt{1+\left(\frac{\lambda_y t_1}{4.4h}\right)^2}+\eta_b\right]\varepsilon_k^2$$

$$=1.20\times\frac{4320}{124.2^2}\cdot\frac{70.37\times10^2\times400}{929\times10^3}\left[\sqrt{1+\left(\frac{124.2\times13}{4.4\times400}\right)^2}+0\right]\times1^2$$

$$=1.20\times0.8485\times1.357=1.38>0.6$$

根据《钢标》附录C.0.1公式(C.0.1-7)：

$$\varphi'_{b}=1.07-\frac{0.282}{\varphi_{b}}=1.07-\frac{0.282}{1.38}=0.866<1.0$$

根据《钢标》第 6.2.3 条：

$$\frac{M_{x}}{\varphi_{b}W_{x}}+\frac{M_{y}}{\gamma_{y}W_{y}}=\frac{133\times10^{6}}{0.866\times929\times10^{3}}+\frac{0.3\times10^{6}}{1.20\times97.8\times10^{3}}=165.3+2.6=167.9\text{N/mm}^{2}。$$

【解题说明】

1. 钢结构受弯构件一般来说高而窄，其侧向刚度很差，如果在其侧向没有足够多的支撑，当弯矩作用达到某一限值时，钢梁会突然发生侧向弯曲和扭转变形而破坏，此现象称为弯扭屈曲，也称为丧失整体稳定。因此，钢结构受弯构件设计时应对其整体稳定问题予以充分重视。对屋盖檩条来说，屋面是否能阻止屋盖檩条的扭转和受压翼缘的侧向位移取决于屋面板的安装方式：屋面板采用咬合型连接时，宜将其看成对檩条上翼缘无约束，此时应设置横向水平支撑加以约束；屋面板采用自攻螺钉与屋盖檩条连接时，可视其为檩条上翼缘的约束。本题主要考查的内容是：在两个主平面受弯的 H 型钢截面构件，其整体稳定性的计算。

2. 本题中屋盖檩条不符合《钢标》第 6.2.1 条所示情况，应计算其整体稳定性。

3.《钢标》附录 C.0.5 “受弯构件整体稳定系数的近似计算”仅适用于均匀弯曲的受弯构件，而在实际工程中均匀弯曲的受弯构件极少，显然屋盖檩条不是均匀弯曲的受弯构件。因此，本题中屋盖檩条的整体稳定系数不能按此近似计算公式进行计算。

4. 对于等截面焊接工字形和轧制 H 型钢简支梁，应根据《钢标》附录 C.0.1 计算其整体稳定系数。特别要注意的是：当按公式（C.0.1-1）算得的 φ_{b} 值大于 0.6 时，应用公式（C.0.1-7）计算的 φ'_{b} 代替 φ_{b} 值。

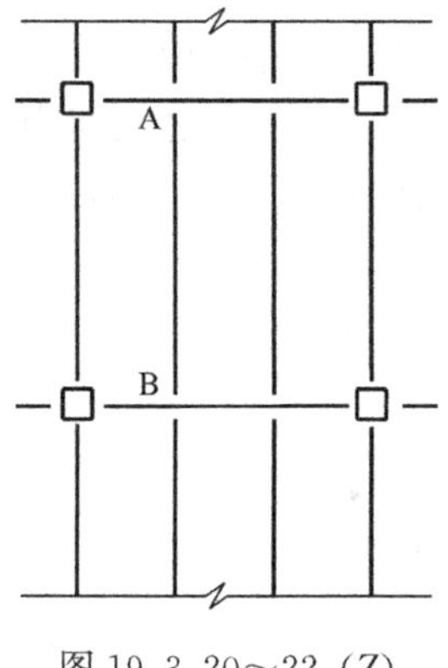

图 19.3.20～22（Z）

【题 20～22】某构筑物根据使用要求设置一钢结构夹层，钢材采用 Q235 钢，结构平面布置如图 19.3.20～22（Z）所示。构件之间连接均为铰接。抗震设防烈度为 8 度。

【题 20】假定，夹层平台板采用混凝土并考虑其与钢梁组合作用。试问，若夹层平台钢梁高度确定，仅考虑钢材用量最经济，采用下列何项钢梁截面形式最为合理？

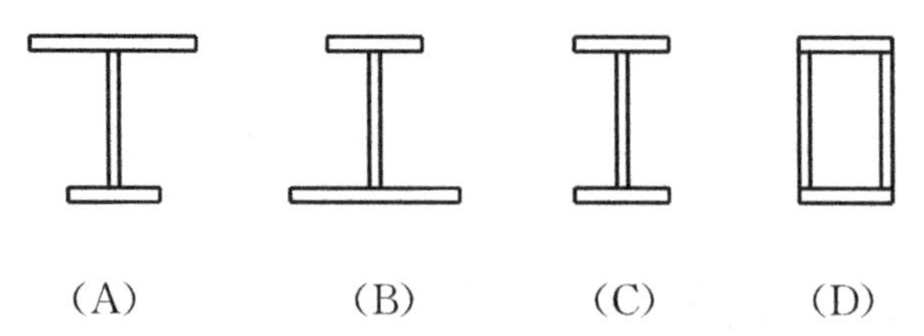

【答案】(B)

答案 B 所示钢梁截面形式可以充分利用混凝土的抗压承载力，从而减少钢结构的用钢量。

【解题说明】

1. 钢与混凝土组合梁是钢梁和所支承的钢筋混凝土板通过抗剪连接件组合成一个整体

而共同工作的梁，组合梁可以充分发挥钢材的抗拉性能和混凝土的抗压性能。本题主要考查的内容是：设计钢与混凝土组合梁时，如何正确选择钢梁截面形式从而减少钢梁的用钢量。

2. 钢梁在钢与混凝土组合梁中主要承受拉力和剪力，钢梁的上翼缘用作混凝土翼板的支座并用来固定抗剪连接件，在组合梁受弯时，其抵抗弯曲应力的作用远不及下翼缘，故钢梁宜设计成上翼缘截面小于下翼缘截面的不对称截面形式。在钢梁高度确定的前提下，答案（B）所示钢梁截面形式可以充分发挥混凝土的抗压承载力和钢梁下翼缘板的抗拉承载力，从而最大限度地减少钢梁的用钢量。

【题21】假定，钢梁AB采用焊接工字形截面，截面尺寸为I600×200×6×12，如图19.3.21所示。试问，下列说法何项正确？

（A）钢梁AB应符合《抗规》抗震设计时板件宽厚比的要求

（B）按《钢标》式（6.1.1）、式（6.1.3）计算强度，按《钢标》第6.3.2条设置横向加劲肋，无需计算腹板稳定性

（C）按《钢标》式（6.1.1）、式（6.1.2）计算强度，并按《钢标》第6.3.2条设置横向加劲肋及纵向加劲肋，无需计算腹板稳定性

（D）可按《钢标》第6.4节计算腹板屈曲后强度

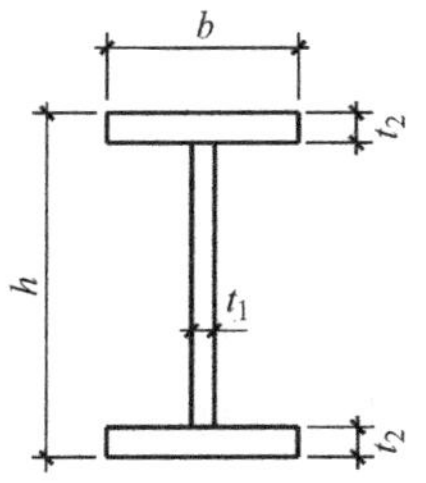

I形钢梁表示法

I $h \times b \times t_1 \times t_2$(单位：mm)

图19.3.21

【答案】（D）

腹板高厚比计算：$\dfrac{600-2\times12}{6}=96>80$

根据《钢标》第6.3.1条，均应计算腹板稳定性，因此，B、C错误；由于钢梁AB为次梁，仅承受静力荷载，可考虑腹板屈曲后强度，因此D正确。

由于题目明确钢梁所有连接均为铰接，钢梁AB为非抗震构件，无需按《抗规》进行抗震设计，因此A错误。

【解题说明】

1. 本题主要考查的内容是：如何正确考虑钢梁腹板的局部稳定。

2. 本题中钢梁AB为铰接次梁，是非抗震构件，所以不要求其符合《抗规》中关于钢结构框架梁、柱板件宽厚比的规定。答案（A）错误。

3.《钢标》第6.3.1条明确规定：承受静力荷载和间接承受动力荷载的组合梁，可考虑腹板屈曲后强度，按第6.4节的规定计算其受弯和受剪承载力。答案（D）正确。

4. 本题答案（B）、（C）的错误主要在于答案中要求“无需计算腹板稳定性”，这不符合《钢标》第6.3.1条的规定。

【题22】假定，不考虑平台板对钢梁的侧向支承作用。试问，采取下列何项措施对增加梁的整体稳定性最为有效？

（A）上翼缘设置侧向支承点　　（B）下翼缘设置侧向支承点

（C）设置加劲肋　　（D）下翼缘设置隅撑

【答案】（A）

首先，侧向支承点应设置在受压翼缘处，由于简支梁的受压翼缘为上翼缘，因此，B、D 错误，而若让加劲肋作为侧向支撑点，需要满足各种条件，故本题 A 正确。

【解题说明】

1. 本题主要考查的内容是：如何正确保证受弯构件的整体稳定或增强受弯构件的抗整体失稳能力。

2. 受弯构件丧失整体稳定时，一般只有弯扭屈曲一种形式。工字形截面梁发生整体失稳的原因是受压翼缘和相邻的一部分腹板如轴心压杆一样，随着压应力的增大而不能保持原有的平衡位置和形状，由于受到钢梁受拉部分的约束，失稳变形不可能出现在梁平面内，而是出现在平面外，而且出平面的侧向变形也会受到受拉部分的牵制，这种牵制作用使得梁在侧向变形的同时还会发生扭转变形。因此，增强受弯构件的抗整体失稳能力主要应采取有效措施阻止受压翼缘的侧向位移。

3. 根据本题已知条件，钢梁均为简支梁，其上翼缘为受压翼缘，故答案（A）正确，答案（B）、（D）错误。通常情况下，钢梁仅设置一般横向加劲肋并不能有效地阻止受压翼缘的侧向位移，答案（C）错误。

【题 23～25】某轻屋盖单层钢结构多跨厂房，中列厂房柱采用单阶钢柱，钢材采用 Q355 钢。上段钢柱采用焊接工字形截面 H1200×700×20×32，翼缘为焰切边，其截面特性：$A=675.2\times10^2\text{mm}^2$，$W_x=29544\times10^3\text{mm}^3$，$i_x=512.3\text{mm}$，$i_y=164.6\text{mm}$；下段钢柱为双肢格构式构件。厂房钢柱的截面形式和截面尺寸如图 19.3.23～25（Z）所示。

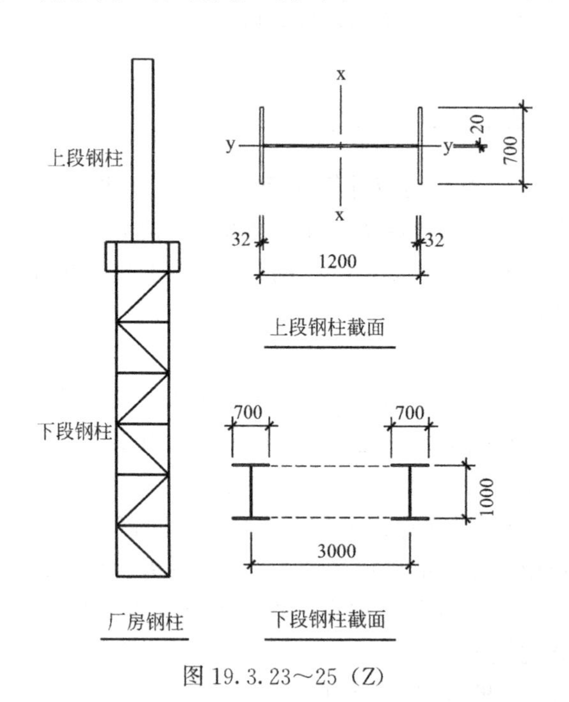

图 19.3.23～25（Z）

【题 23】厂房钢柱采用插入式柱脚。试问，若仅按抗震构造措施要求，厂房钢柱的最小插入深度（mm），与下列何项数值最为接近？

(A) 2500　　(B) 2000

(C) 1850　　(D) 1500

【答案】（A）

根据《抗规》第9.2.16条：格构式柱的最小插入深度不得小于单肢截面高度（或外径）的2.5倍，且不得小于柱总宽度的0.5倍。

$2.5\times1000=2500\text{mm}>0.5\times(3000+700)=1850\text{mm}$。

【解题说明】

1. 当钢柱直接插入混凝土杯口基础内用二次浇灌层固定时，即为插入式柱脚。对单层工业厂房来说，这种柱脚构造简单、节约钢材、安全可靠。本题主要考查的内容是：仅按抗震构造措施要求时，如何正确计算格构式厂房钢柱采用插入式柱脚的埋入深度。

2. 本题比较简单，根据《抗规》第9.2.16条第2款规定，很容易计算得出答案（A）正确。

【题24】假定，厂房上段钢柱框架平面内计算长度 $H_{0x}=30860\text{mm}$，框架平面外计算长度 $H_{0y}=12230\text{mm}$。上段钢柱的内力设计值：弯矩 $M_x=5700\text{kN}\cdot\text{m}$，轴心压力 $N=2100\text{kN}$。试问，上段钢柱作为压弯构件，进行弯矩作用平面内的稳定性计算时，以应力形式表达的稳定性计算值（N/mm^2），与下列何项数值最为接近？

提示：取等效弯矩系数 $\beta_{mx}=1.0$，$\gamma_x=1.05$。

(A) 215 (B) 235

(C) 270 (D) 295

【答案】（B）

根据《钢标》第7.2.2条第1款规定：$\lambda_x=\dfrac{H_{0x}}{i_x}=\dfrac{30860}{512.3}=60.24$。

b类截面，根据 $\lambda_x\varepsilon_k=60.24\times\sqrt{\dfrac{355}{235}}=74$ 查附录表D.0.2，$\varphi_x=0.726$。

《钢标》式（8.2.1-2）：

$$N'_{Ex}=\frac{\pi^2EA}{1.1\lambda_x^2}=\frac{\pi^2\times206\times10^3\times675.2\times10^2}{1.1\times60.24^2}\times10^{-3}=34390\text{kN}$$

根据《钢标》公式（8.2.1-1）：

$$\frac{N}{\varphi_xA}+\frac{\beta_{mx}M_x}{\gamma_xW_{1x}\left(1-0.8\dfrac{N}{N'_{Ex}}\right)}=\frac{2100\times10^3}{0.726\times675.2\times10^2}+\frac{1.0\times5700\times10^6}{1.05\times29544\times10^3\times\left(1-0.8\times\dfrac{2100}{34390}\right)}$$

$$=42.8+193.2=236\text{N/mm}^2。$$

【解题说明】

1. 钢结构的稳定性能是决定其承载力的一个特别重要的因素，压弯构件的截面尺寸通常是由稳定承载力确定的。在轴心力 N 和弯矩 M_x 作用下的压弯构件，有两种可能的失稳形式，即弯矩作用平面内的弯曲失稳和弯矩作用平面外的弯扭失稳。本题主要考查的内容是：弯矩作用在对称轴平面内的实腹式压弯构件，其弯矩作用平面内的稳定性计算。

2. 首先计算该构件弯矩作用平面内的轴心受压构件稳定系数 φ_x。根据已知条件计算出该构件平面内长细比 λ_x，查《钢标》表7.2.1-1知该构件平面内轴心受压构件的截面分类为b类，再查附录表D.0.2可得 φ_x 值，由于钢材采用Q355钢，在查附录表D.0.2时，构件平面内长细比 λ_x 应乘以放大系数 $\sqrt{355/235}$。

3. 然后根据《钢标》公式（8.2.1-1），分步计算可得答案（B）正确。

【题 25】已知条件同题 24。试问，上段钢柱作为压弯构件，进行弯矩作用平面外的稳定性计算时，以应力形式表达的稳定性计算值（N/mm^2），与下列何项数值最为接近？

提示：取等效弯矩系数 $\beta_{tx}=1.0$。

(A) 215　　(B) 235

(C) 270　　(D) 295

【答案】(C)

根据《钢标》第 8.2.1 条规定：

$$\lambda_y=\frac{H_{0y}}{i_y}=\frac{12230}{164.6}=74.3$$

b 类截面，根据 $\lambda_y/\varepsilon_k=74.3\times\sqrt{\frac{355}{235}}=91.3$ 查附录表 D.0.2，$\varphi_y=0.612$。

根据《钢标》式（C.0.5-1）：

$$\varphi_b=1.07-\frac{\lambda_y^2}{44000}/\varepsilon_k^2=1.07-\frac{74.3^2}{44000}\times\frac{355}{235}=0.88$$

$\eta=1.0$，$\beta_{tx}=1.0$。

根据《钢标》公式（8.2.1-3）：

$$\frac{N}{\varphi_y A}+\eta\frac{\beta_{tx}M_x}{\varphi_b W_{1x}}=\frac{2100\times10^3}{0.621\times675.2\times10^2}+1.0\times\frac{1.0\times5700\times10^6}{0.88\times29544\times10^3}$$
$$=50+219.2=269.2N/mm^2。$$

【解题说明】

1. 本题主要考查的内容是：弯矩作用在对称轴平面内的实腹式压弯构件，其弯矩作用平面外的稳定性计算。

2. 本题的解题分析类似题 24。首先计算该构件弯矩作用平面外的轴心受压构件稳定系数 φ_y；其次工字形截面的压弯构件的整体稳定系数 φ_b 可按《钢标》第 C.0.5 条确定，最后根据《钢标》式（8.2.1-3），分步计算可得答案（C）正确。

【题 26～28】某钢结构平台承受静力荷载，钢材均采用 Q235 钢。该平台有悬挑次梁与主梁刚接。假定，次梁上翼缘处的连接板需要承受由支座弯矩产生的轴心拉力设计值 $N=360kN$。

【题 26】假定，主梁与次梁的刚接节点如图 19.3.26 所示，次梁上翼缘与连接板采用角焊缝连接，三面围焊，焊缝长度一律满焊，焊条采用 E43 型。试问，若角焊缝的焊脚尺寸 $h_f=8mm$，次梁上翼缘与连接板的连接长度 L（mm），采用下列何项数值最为合理？

(A) 120　　(B) 260

(C) 340　　(D) 420

【答案】(A)

根据《钢标》第 11.2.2 条：首先计算正面角焊缝能承受的轴心拉力 N_1。

根据《钢标》第 11.3.6 条：所有围焊的转角处必须连续施焊。

正面角焊缝的计算长度取其实际长度：$l_{w1}=160mm$

$N_1=\beta_f f_f^w h_e l_{w1}=1.22\times160\times0.7\times8\times160\times10^{-3}=175kN$

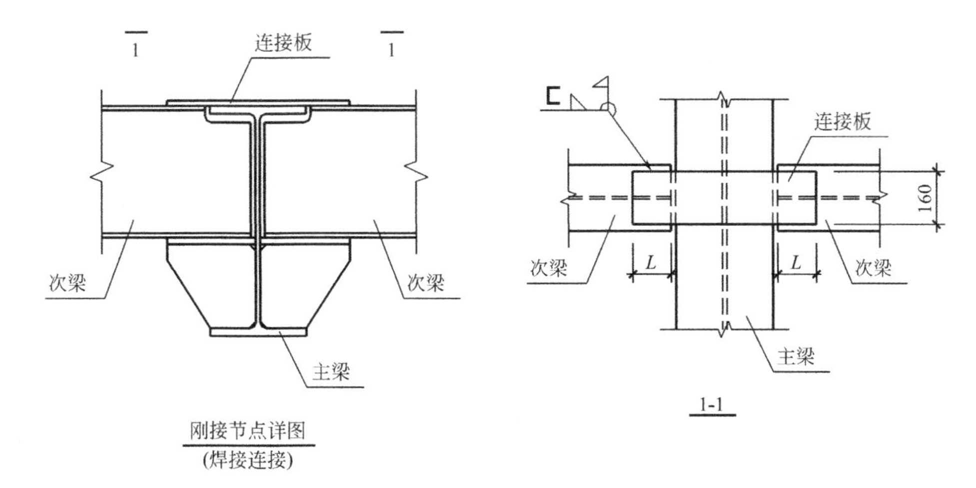

图 19.3.26

其余轴心拉力由两条侧面角焊缝承受，其计算长度 l_{w2} 为：

$$l_{w2}=\frac{N-N_1}{2\times h_e f_f^w}=\frac{360\times10^3-175\times10^3}{2\times0.7\times8\times160}=103\text{mm}$$

$L\geqslant l_{w2}+h_f=103+8=111\text{mm}$。

【解题说明】

1. 钢结构是由若干构件组合而成的，连接的作用就是采取一定的手段将各个构件组合成整体结构，以保证其共同工作。钢结构的连接方法主要有焊接连接、螺栓连接和铆钉连接三种，而焊接连接是现代钢结构最主要的连接方法。本题主要考查的内容是：直角角焊缝的强度计算。

2. 次梁上翼缘处由支座弯矩产生的轴心拉力 N 由三面围焊的直角角焊缝来传递。根据本题已知条件，可以认为连接板所承受的轴心拉力作用在连接焊缝中心，焊缝应力是均匀分布的。

3. 首先应计算正面角焊缝所承受的内力 N_1。根据《钢标》第 11.3.6 条的规定“所有围焊的转角处必须连续施焊”，故正面角焊缝没有起弧落弧所引起的焊口缺陷，其计算长度取实际长度；本题已经明确“钢结构平台承受静力荷载”，则按《钢标》式（11.2.2-1）计算 N_1 时，应取正面角焊缝的强度设计值增大系数 $\beta_f=1.22$。

4. 其余轴心拉力由两条侧面角焊缝承受。根据《钢标》式（11.2.2-2）可以计算出侧面角焊缝的计算长度，由于连接板两侧角焊缝各有一端有起弧落弧缺陷，故侧面角焊缝的实际长度应取其计算长度增加 h_f。

【题 27】假定，悬挑次梁与主梁的焊接连接改为高强度螺栓摩擦型连接，次梁上翼缘与连接板每侧各采用 6 个高强度螺栓，其刚接节点如图 19.3.27 所示。高强度螺栓的性能等级为 10.9 级（标准孔型），连接处构件接触面采用抛丸（喷砂）处理。试问，次梁上翼缘处连接所需高强度螺栓的最小规格应为下列何项？

提示：按《钢标》作答。

（A）M24　　（B）M22

（C）M20　　（D）M16

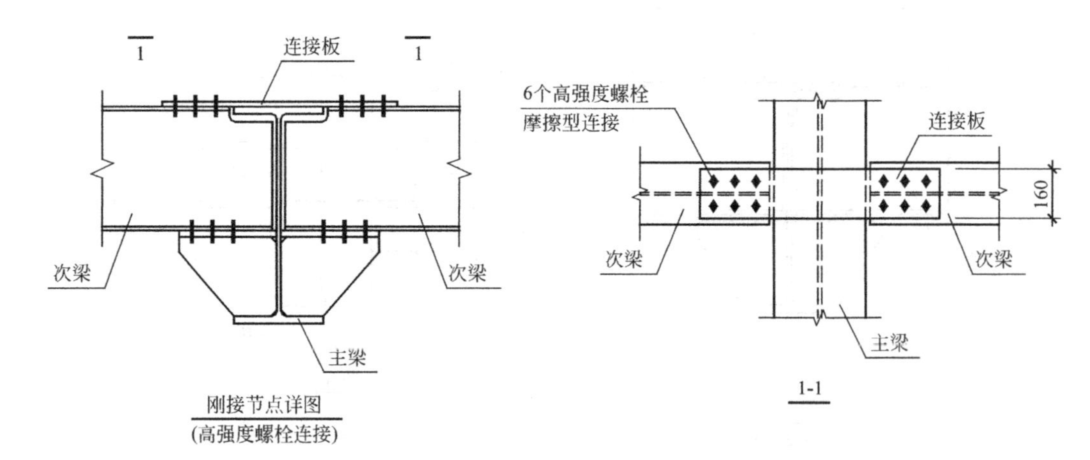

图 19.3.27

【答案】(B)

根据《钢标》第 11.4.2 条第 1 款规定及表 11.4.2-1：

$\mu=0.40$，$n_f=1$，$k=1$，按《钢标》式（11.4.2-1）：

一个高强度螺栓的预拉力 $P \geqslant \dfrac{N}{n \times k \times 0.9 n_f \mu}=\dfrac{360}{6 \times 1 \times 0.9 \times 1 \times 0.40}=167\text{kN}$

根据《钢标》表 11.4.2-2，次梁上翼缘处连接所需高强度螺栓（10.9 级）的最小规格应为 M22。

【解题说明】

1. 高强度螺栓从受力特征分为摩擦型连接和承压型连接两种类型。高强度螺栓摩擦型连接完全依靠被连接构件间的摩擦阻力传递剪力，并以荷载设计值引起的剪力不超过摩擦阻力这一条件作为设计准则，而摩擦阻力的大小除了螺栓的预拉力外，还与被连接构件的材料及其接触面的表面处理所确定的摩擦面抗滑移系数 μ 有关。本题主要考查的内容是：高强度螺栓摩擦型连接抗剪承载力的计算。

2. 根据《钢标》第 11.4.2 条第 1 款规定，可反算得出答案（B）正确。

【题 28】假定，次梁上翼缘处的连接板厚度 $t=16\text{mm}$，在高强度螺栓处连接板的净截面面积 $A_n=18.5\times10^2\text{mm}^2$。其余条件同题 27。试问，该连接板按轴心受拉构件进行计算，在高强度螺栓摩擦型连接处的最大应力计算值（N/mm^2），与下列何项数值最为接近？

(A) 140　　(B) 165

(C) 195　　(D) 215

【答案】(B)

根据《钢标》第 7.1.1 条，轴心受拉构件在高强度螺栓摩擦型连接处的强度应按下列公式计算：

按《钢标》式（7.1.1-3）：

$$\sigma=\left(1-0.5\frac{n_1}{n}\right)\frac{N}{A_n}=\left(1-0.5\times\frac{2}{6}\right)\frac{360\times10^3}{18.5\times10^2}=162.2\text{N/mm}^2$$

按《钢标》式（7.1.1-1）：

$$\sigma=\frac{N}{A}=\frac{360\times10^3}{160\times16}=140.6\text{N/mm}^2$$

应取两者中较大值。

【解题说明】

1. 本题主要考查的内容是：高强度螺栓摩擦型连接的连接板按轴心受拉构件的强度计算。

2. 高强度螺栓摩擦型连接的杆件除了按毛截面计算强度外，还应验算净截面强度。计算净截面强度时，应考虑截面上每个螺栓所传之力的一部分已经由摩擦力在孔前传走，则净截面处所受内力应扣除传走的力，因此，应验算最外列螺栓处的净截面强度。根据《钢标》第7.1.1条，可计算得出答案（B）正确。

【题29】某非抗震设防的钢柱采用焊接工字形截面H900×350×10×20，钢材采用Q235钢。假定，该钢柱作为受压构件，其腹板高厚比不符合《钢标》关于受压构件腹板局部稳定的要求。试问，若腹板不能采用纵向加劲肋加强，在计算该钢柱的强度和稳定性时，其截面面积（mm^2），应采用下列何项数值？

提示：计算截面无削弱，$\lambda=60$。

(A) $86\times10^2\text{mm}^2$　　(B) $140\times10^2\text{mm}^2$

(C) $180\times10^2\text{mm}^2$　　(D) $226\times10^2\text{mm}^2$

【答案】(C)

首先根据《钢标》第7.3.1条进行钢柱翼缘板的局部稳定计算：

翼缘取 $\rho_1=1.0$

$h_0/t_w=(900-2\times20)/10=86>52\varepsilon_k$，按《钢标》式（7.3.4-4）：

$\rho_2=(29\varepsilon_k+0.25\lambda)t/b=(29\times1+0.25\times60)/86=0.512$

再根据《钢标》式（7.3.3-3）：

$A_n=A=2\times350\times20\times1.0+860\times10\times0.512=14000+4403=184\times10^2\text{mm}^2$。

【解题说明】

1. 轴心受压构件和压弯构件通常是由一些板件组成的，而板件的厚度与其宽度相比一般都较小，如果组成板件丧失局部稳定，就会导致构件有效截面减少，加速构件整体失稳而丧失承载能力。因此，受压构件设计时不仅应考虑构件的整体稳定，还应考虑构件的局部稳定问题。保证板件局部失稳不先于整体失稳的主要办法之一，就是对其宽厚比加以控制。本题主要考查的内容是：如何正确考虑受压构件的局部稳定。

2. H形、工字形和箱形截面受压构件的腹板，其高厚比不符合《钢标》第7.3.1条要求时，可在腹板中部设置纵向加劲肋加强，若因使用条件的限制不能设置纵向加劲肋，除了加厚腹板（此法不经济）外，可以根据腹板屈曲后强度的概念，取与翼缘板连接处的一部分腹板截面作为有效截面。本题首先应进行钢柱翼缘板的局部稳定计算，然后根据《钢标》第7.3.4条和第7.3.3条的规定，可计算得出答案（C）正确。

【题30】某高层钢结构办公楼，抗震设防烈度为8度，采用框架-中心支撑结构，如图19.3.30所示。试问，与V形支撑连接的框架梁AB，关于其在C点处不平衡力的计算，下列说法何项正确？

(A) 按受拉支撑的最大屈服承载力和受压支撑最大屈曲承载力计算

(B) 按受拉支撑的最小屈服承载力和受压支撑最大屈曲承载力计算

（C）按受拉支撑的最大屈服承载力和受压支撑最大屈曲承载力的 0.3 倍计算

（D）按受拉支撑的最小屈服承载力和受压支撑最大屈曲承载力的 0.3 倍计算

【答案】（D）

根据《抗规》第 8.2.6 条第 2 款规定，正确答案为 D。

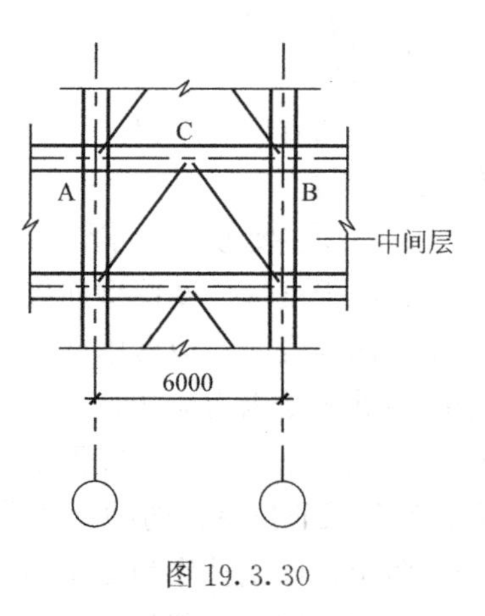

图 19.3.30

【解题说明】

1. 本题主要考查的内容是：钢结构中心支撑框架构件的抗震承载力验算时，如何正确计算人字支撑和 V 形支撑的框架梁在支撑屈曲时所承受的不平衡力。

2. 人字形支撑或 V 形支撑的斜杆在地震作用下受压屈曲后，承载力急剧下降，此时，拉压两支撑斜杆将在支撑与框架横梁连接处引起不平衡集中力，可能导致横梁破坏和楼板下陷或向上隆起。根据《抗规》第 8.2.6 条第 2 款规定：人字支撑和 V 形支撑的框架梁在支撑连接处应保持连续，并按不计入支撑支点作用的梁验算重力荷载和支撑屈曲时不平衡力作用下的承载力；不平衡力应按受拉支撑的最小屈服承载力和受压支撑最大屈曲承载力（Af_y）的 0.3 倍计算。答案（D）正确。

19.4 2014 年一级钢结构

表 19.4.0 2014 年一级钢结构考题主要内容汇总

题号	主要内容	主要规范条文号	说明
17	钢柱弯矩作用平面内计算长度计算	《钢标》8.3.3、附录 E	
18	柱强度计算	《钢标》8.1.1、8.4.1、8.4.2、3.5.1	较难
19	钢柱弯矩作用平面内稳定计算	《钢标》8.2.2	
20	缀条稳定性计算	《钢标》7.2.6、7.2.7、8.2.7、7.4.1、附录 D	
21	支撑强度计算	《抗规》9.2.10、《钢标》附录 D	较难
22	高强度螺栓计算	双向剪力的合力计算	
23	吊车梁的疲劳计算	《钢标》16.1.3、6.3.2、16.3.2	
24	框架柱的稳定性计算	《钢标》8.3.1	
25	框架梁的高强度螺栓拼接	《钢标》11.5.2	
26	钢与混凝土组合梁	《钢标》14.1.4、14.1.6、14.4.1	
27	梁柱截面选择	《抗规》8.1.3	
28	柱截面选择与布置	结构基本概念	
29	梁端铰接次梁设计	《钢标》6.3.1、6.3.2、6.3.6	
30	网壳稳定性判断	《网格规程》4.3.1	

【题 17～23】某单层钢结构厂房，钢材均为 Q235B。边列单阶柱截面及内力见图 19.4.17～23（Z），上段柱为焊接工字形截面实腹柱，下段柱为不对称组合截面格构柱，所有板件均为火焰切割。柱上端与钢屋架形成刚接，无截面削弱。

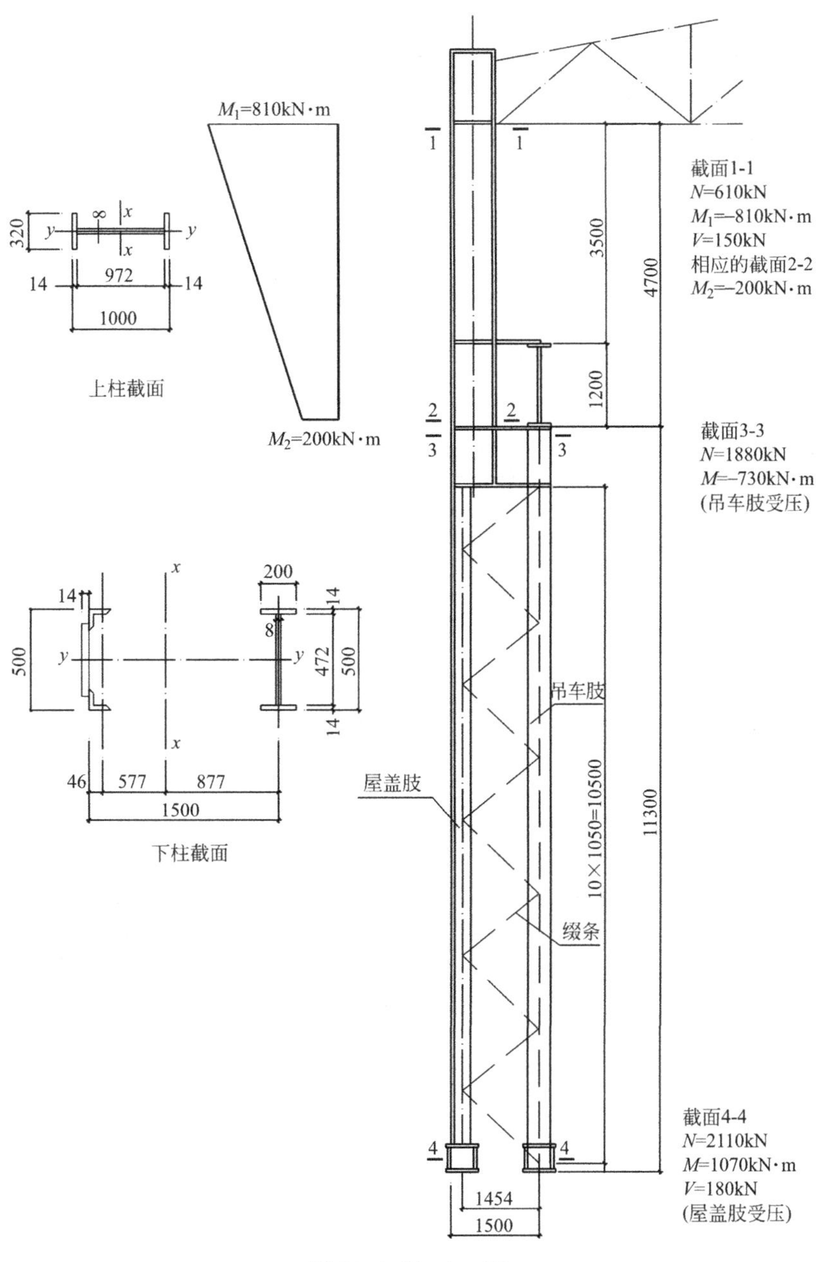

图 19.4.17～23（Z）

截面特性：

		面积 A (cm^2)	惯性矩 I_x (cm^4)	回转半径 i_x (cm)	惯性矩 I_y (cm^4)	回转半径 i_y (cm)	弹性截面模量 W_x (cm^3)
上柱		167.4	279000	40.8	7646	6.4	5580
下柱	屋盖肢	142.6	4016	5.3	46088	18.0	
	吊车肢	93.8	1867		40077	20.7	

续表

	面积 A (cm²)	惯性矩 I_x(cm⁴)	回转半径 i_x(cm)	惯性矩 I_y(cm⁴)	回转半径 i_y(cm)	弹性截面模量 W_x(cm³)	
下柱组合柱截面	236.4	1202083	71.3			屋盖肢侧 19295	吊车肢侧 13707

【题 17】假定，厂房平面布置如图 19.4.17 时，试问，柱平面内计算长度系数，与下列何项数值最为接近？

提示：格构式下柱惯性矩取为 $I_2=0.9\times1202083\text{cm}^4$。

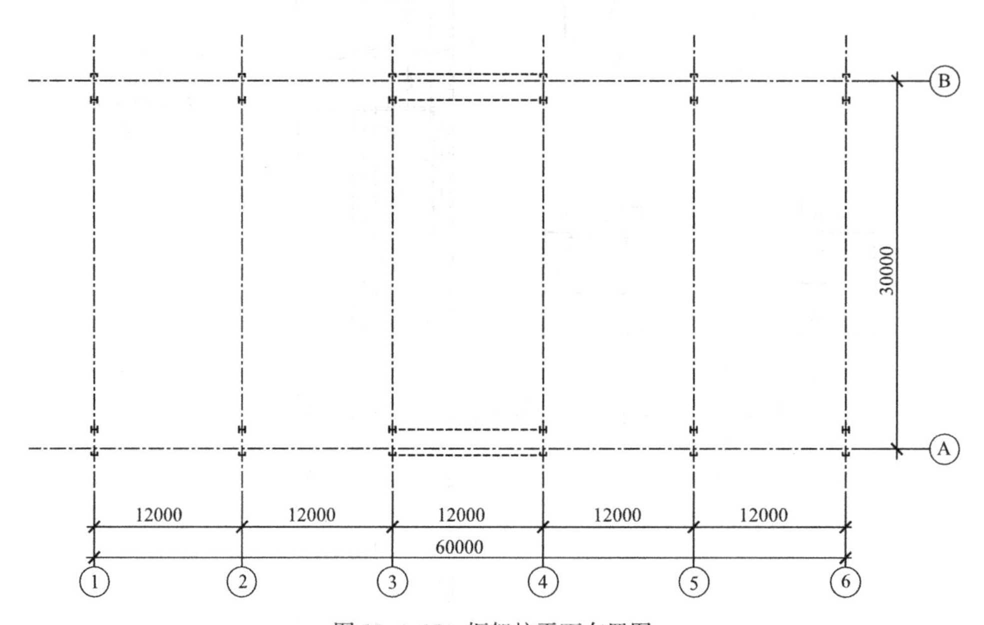

图 19.4.17 框架柱平面布置图

(A) 上柱 1.0、下柱 1.0　　(B) 上柱 3.52、下柱 1.55

(C) 上柱 3.91、下柱 1.55　　(D) 上柱 3.91、下柱 1.72

【答案】(B)

$$K_1=\frac{I_1}{I_2}\cdot\frac{H_2}{H_1}=\frac{279000}{0.9\times1202083}\times\frac{11.3}{4.7}=0.62$$

$$\eta_1=\frac{H_1}{H_2}\cdot\sqrt{\frac{N_1}{N_2}\cdot\frac{I_2}{I_1}}=\frac{4.7}{11.3}\times\sqrt{\frac{610}{2110}\times\frac{0.9\times1202083}{279000}}=0.44$$

查《钢标》表 E.0.4，得下柱计算长度系数 $\mu_2=1.72$

根据《钢标》式 (8.3.3-4)，得上柱计算长度系数 $\mu_1=\dfrac{\mu_2}{\eta_1}=\dfrac{1.72}{0.44}=3.91$

根据框架柱平面布置图，查表 8.3.3，得折减系数为 0.9

因此，上柱计算长度系数为 $0.9\times3.91=3.52$，下柱计算长度系数为 $0.9\times1.72=1.55$

正确答案为 (B)。

【解题说明】

1. 本题主要考察单阶厂房柱平面内计算长度系数的计算，考点为单阶厂房柱计算长度的折减。

2. 根据《钢标》表 E.0.4 计算的单层厂房阶形柱计算长度系按独立柱求得，如该柱受到最大竖向荷载作用时，与其相连的其他柱子竖向荷载较小，将提高其稳定承载力。阶形柱主要承受吊车荷载，当一侧柱达到最大竖向荷载时，由于相对另一侧柱的竖向荷载较小，将对其起支承作用，因此，计算长度需要折减，根据表 8.3.3 可以看到，折减系数分为 0.9、0.8、0.7 三档，基本规律是单跨、纵向柱列小于 6 列或大于 6 列但无空间作用时折减系数最大（折减最少），多跨、纵向柱列大于 6 列且可有空间作用时折减系数最小（折减最多）。

3. 本题中的阶形柱为单跨且柱列不超过 6，因此，折减系数为 0.9。

【题 18】假定，上柱长细比 $\lambda=41.7$，试问，上柱强度设计值（N/mm^2）与下列何项数值最为接近？

提示：① 考虑是否需要采用有效截面；

② 取应力梯度 $\alpha_0=\dfrac{\sigma_{max}-\sigma_{min}}{\sigma_{max}}=1.59$，$\gamma_x=1.0$。

（A）175　　（B）191

（C）195　　（D）209

【答案】（B）

上柱为 H 形压弯构件，根据《钢标》8.4.1 及表 3.5.1

翼缘 $b/t=(320-8)/(2\times14)=11.1<15\varepsilon_k=15$，满足 S4 级要求，不出现局部失稳，取 $\rho_1=1.0$。

腹板 $h_0/t_w=972/8=121.5>(45+25\alpha_0^{1.66})\varepsilon_k=(45+25\times1.59^{1.66})\times1=99$

按《钢标》式（8.4.2-4）

$$k_\sigma=\frac{16}{2-\alpha_0+\sqrt{(2-\alpha_0)^2+0.112\alpha_0^2}}=\frac{16}{2-1.59+\sqrt{(2-1.59)^2+0.112\times1.59^2}}$$
$$=14.8$$

按《钢标》式（8.4.2-3）

$$\lambda_{n,p}=\frac{h_w/t_w}{28.1\sqrt{k_\sigma}}\cdot\frac{1}{\varepsilon_k}=\frac{121.5}{28.1\times\sqrt{14.8}}=1.12$$

按《钢标》式（8.4.2-2b）

$$\rho_2=\frac{1}{\lambda_{n,p}}\left(1-\frac{0.19}{\lambda_{n,p}}\right)=\frac{1}{1.12}\left(1-\frac{0.19}{1.12}\right)=0.74$$

$h_w=972mm$，$h_c=972/1.59=611mm$，$h_e=0.74\times611=452mm$，

$h_{e1}=0.4\times452=181mm$，无效腹板截面宽度$=611-452=159mm$

有效截面积 $A_e=2\times320\times14\times1.0+(972-159)\times8=15464mm^2$

$$W_e=\frac{279000\times10^4-8\times159^3/12-8\times159\times(972/2-181-159/2)^2}{500}$$

$$=\frac{279000\times10^4-32096796-64681518}{500}=5386443mm^3$$

考虑到腹板屈曲，取 $\gamma_x=1.0$

$$\sigma=\frac{N}{A}+\frac{M}{\gamma_x W_x}=\frac{610\times10^3}{15464}+\frac{810\times10^6}{1.0\times5386443}=39.4+150.4=189.8\text{N/mm}^2$$

【解题说明】

1.本题主要考察实腹柱强度计算，考点是有效截面计算的相关问题。

2.对于工业厂房，阶形柱上柱腹板板厚取值对用钢量有很大的影响，以本题为例，当腹板板件宽厚比取为80时，腹板厚度将达978/80= 12.2mm，腹板用钢量增加30%以上。

3.合理选择腹板板件宽厚比是钢结构设计的一项重要内容，当腹板板件宽厚比较大时，《钢标》第8.4.2条规定或采用纵向加劲肋加强或在计算构件强度和稳定性时将腹板的截面仅考虑计算高度范围内的有效截面（计算构件稳定系数 φ 时，仍用全截面），另外，部分腹板将出现局部失稳，故截面发展系数取1.0。

【题19】假定，下柱在弯矩作用平面内的计算长度系数为2，由换算长细比确定：$\varphi_x=0.916$，$N'_{EX}=34476$kN。试问，以应力形式表达的平面内稳定性计算最大值（N/mm^2），与下列何项数值最为接近？

提示：① $\beta_{mx}=1$；

② 按全截面有效考虑。

(A) 125　　(B) 143

(C) 156　　(D) 183

【答案】(C)

根据《钢标》式（8.2.2-1）

屋盖肢受压：

$$\frac{2110\times10^3}{0.916\times23640}+\frac{1.0\times1070\times10^6}{19295\times10^3\times(1-2110/34476)}=97.4+59.1=156.5$$

吊车肢受压：

$$\frac{1880\times10^3}{0.916\times23640}+\frac{1.0\times730\times10^6}{13707\times10^3\times(1-1880/34476)}=86.8+56.3=143.2$$

答案为（C）。

【解题说明】

1.本题主要考察格构柱平面内稳定性计算，考点是非对称格构柱截面长细比计算，应根据受力情况按受压肢计算。

2.一般情况下，重型钢结构厂房边下柱采用非对称格构柱截面更为经济，原因自然是由于非对称截面可根据工程具体情况灵活应用，如吊车荷载较大则加大吊车肢截面。采用《钢标》式（8.2.2-1）计算时，应分别计算吊车肢和屋盖肢受压时的稳定性。

【题20】假定，缀条采用单角钢∟90×6（采用无节点板连接），∟90×6截面特性：面积 $A_1=1063.7\text{mm}^2$，回转半径 $i_x=27.9$mm，$i_u=35.1$mm，$i_v=18.0$mm。试问，缀条稳定计算时的应力设计值（N/mm^2）与下列何项数值最为接近？

(A) 120　　(B) 127

(C) 136　　(D) 188

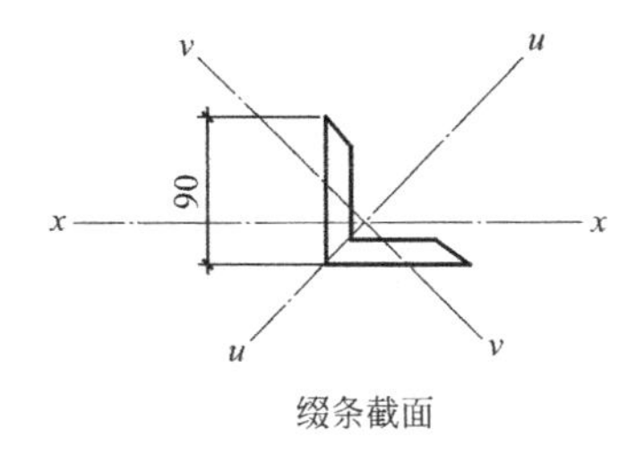

缀条截面

【答案】(D)

根据《钢标》第 7.2.6 条、第 7.2.7 条、第 8.2.7 条，

$$V=180\text{kN}>\frac{Af}{85}/\varepsilon_k=\frac{236.4\times10^2\times215}{85\times1}=59.8\text{kN}$$

缀条长度 $l_1=\sqrt{1050^2+1454^2}=1793\text{mm}$

$A_1=1063.7\text{mm}^2$，$i_v=18.0\text{mm}$

根据《钢标》表 7.4.1-1

$$\lambda_v=\frac{1793}{18}=99.6$$

查表 7.2.1-1，截面类型为 b，根据《钢标》表 D.0.2，$\varphi=0.558$

缀条压力 $N=\frac{1793}{1454}\times\frac{180}{2}=111\text{kN}$

$$\frac{N}{\varphi A_1}=\frac{111\times10^3}{0.558\times1063.7}=187\ \text{N/mm}^2。$$

【解题说明】

1. 主要考察轴心受力构件的计算。

2. 本题主要考察单角钢回转半径取值。

3. 本题的缀条，不符合《钢标》第 7.6.1 条考虑单面连接单角钢强度设计值的折减要求。

【题 21】假定，抗震设防烈度 8 度，采用轻屋面，2 倍多遇地震作用下水平作用组合值为 400kN 且为最不利组合，柱间支撑采用双片支撑，布置见图 19.4.21，单片支撑截面采用

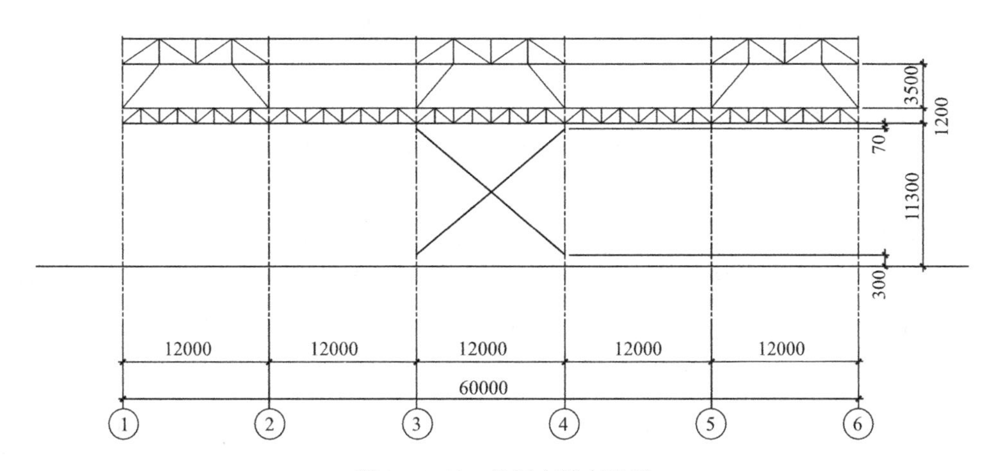

图 19.4.21　柱间支撑布置图

槽钢 12.6，截面无削弱，槽钢 12.6 截面特性：面积 $A_1=1569\text{mm}^2$，回转半径 $i_x=49.8\text{mm}$，$i_y=15.6\text{mm}$。试问，支撑杆的强度设计值（N/mm^2），与下列何项数值最为接近？

提示：① 按拉杆计算，并计及相交受压杆的影响；

② 支撑平面内计算长细比大于平面外计算长细比。

(A) 86　　(B) 118

(C) 159　　(D) 323

【答案】(C)

根据《抗规》第 9.2.10 条，

交叉支撑可按受拉构件设计

$$l_{br}=\sqrt{(11300-300-70)^2+12000^2}=16232\text{mm}$$

平面内计算长度为 $0.5l_{br}=8116\text{mm}$

$$长细比\ \lambda=\frac{8116}{49.8}=163$$

根据 $\lambda=163$，b 类截面，查《钢标》表 D.0.2，得压杆稳定系数 $\varphi=0.267$

根据《抗规》第 9.2.10 条

$$单肢轴力\ N_{br}=\frac{1}{1+0.3\times0.267}\times\frac{16232}{12000}\times\frac{400000}{2}=2.50\times10^5\text{N}=250\text{kN}$$

$$强度设计值\ \frac{N_{br}}{A_n}=\frac{250000}{1569}=159\ \text{N/mm}^2$$

因此，正确答案为（C）。

【解题说明】

1.本题主要考察柱间支撑的计算，本题考点，对于工业厂房，地震作用下交叉支撑不需计算压杆的承载力。

2.对于支撑受力而言，当支撑对中的压杆产生屈曲，支撑对仍然具有承载力及延性，因此，《抗规》第 9.2.10 条规定，支撑考虑拉压杆共同作用，地震作用及验算按拉杆计算。

3.试验研究表明，在往复荷载作用下，成对设置的支撑受压承载力将根据其长细比的不同产生程度不同的折减：

1）当支撑长细比不大于 $33\varepsilon_k$ 时，受压承载力基本不折减；

2）当支撑长细比大于 $33\varepsilon_k$ 且不大于 $65\varepsilon_k$ 时，折减系数大致在 0.3～1 之间；

3）当支撑长细比大于 $65\varepsilon_k$ 时，折减系数约为 0.3。

大部分交叉支撑的长细比在 $65\varepsilon_k$ 至 130 之间，此时折减系数约为 0.3。

4.《抗规》第 9.2.10 条规定，计算拉杆内力时，支撑压杆卸载系数宜取 0.3，值得注意的是，规范计算拉杆内力时采用内力分配模式，此时假定的压杆内力可能比受压承载力大，以本题为例，支撑受压承载力为 $0.3\varphi_i A_{br} f_y=0.3\times0.267\times1569\times235=29.5\text{kN}$，而按力分配压杆得到的力为 $N_{br}=0.3\times0.267\times\dfrac{16232}{12000}\times400000=43\text{kN}$，由于压杆承载力与拉杆相比很小（大部分不超过 10%），因此，虽然内力与承载力概念不同，但对拉杆内力计算结果影响可忽略不计。

5. 另外，《抗规》第9.2.10条规定受拉支撑在地震作用下应力比不宜大于0.75，其本质是考虑由于支撑结构延性较差，按小震计算的承载力要求增加了25%。

【题22】假定，吊车肢柱间支撑截面采用2∟90×6，其所承受最不利荷载组合值为120kN。支撑与柱采用高强螺栓摩擦型连接，如图19.4.22所示。试问，单个高强螺栓承受的最大剪力设计值（kN），与下列何项数值最为接近?

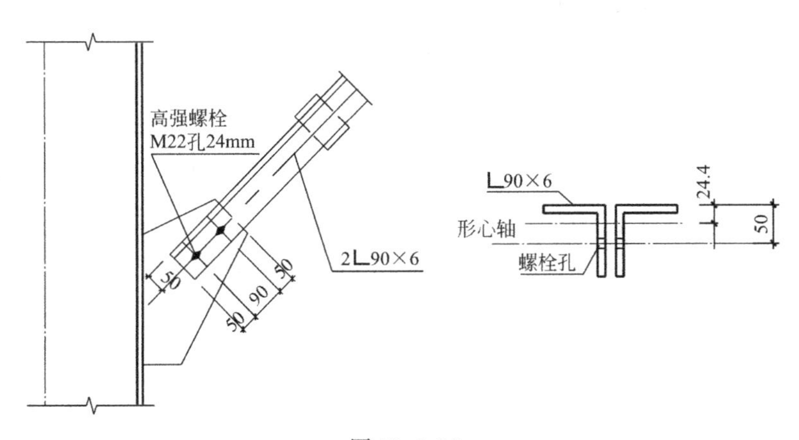

图19.4.22

(A) 60　　(B) 70

(C) 95　　(D) 120

【答案】(B)

按力计算

螺栓中心与构件形心偏差产生的弯矩

$120\times10^3\times(50-24.4)=120\times10^3\times25.6=3.07\times10^6\text{N}\cdot\text{mm}$

高强螺栓承受的最大剪力（双剪）

$$\sqrt{\left(\frac{3.07\times10^6}{90}\right)^2+\left(\frac{120\times10^3}{2}\right)^2}=69018\text{N}=69\text{kN}$$

因此，正确答案为(B)。

【解题说明】

1. 本题主要考察高强螺栓连接计算，本题考点为高强螺栓偏心连接计算。

2. 本题主要根据构件内力直接进行内力计算，只要正确考虑偏心引起的剪力增加即可，由于弯矩产生的剪力方向垂直于构件方向，因此最大剪力为$\sqrt{(N_{vy})^2+(N_{vx})^2}$。

3. 实际工程中，进行抗震设计时，支撑高强螺栓连接仅按内力计算是不够的，应该根据《抗规》第9.2.11条4款进行极限承载力验算。以本题为例，支撑杆件塑性承载力为：$A_{br}f_y=2128\times235=500\text{kN}$

首先考虑螺栓出现剪切破坏，

一个M22高强螺栓极限承载力

$N_u^b=A_{eff}f_u^b=303\times0.58\times1040=183\text{kN}$

$$1.2\times\sqrt{\left(\frac{500\times10^3\times(50-24.4)\times45}{2\times45^2}\right)^2+\left(\frac{500\times10^3}{2}\right)^2}=288\text{kN}>183\text{kN}$$

由此可知，本连接不满足抗震要求。

取 $n_v=4$ 时，高强度螺栓连接是否满足抗震设计要求（假定孔径=22+4=26mm，螺栓中心距为 90mm，$A_{eff}=303\ \text{mm}^2$）。

4.高强度螺栓连接进入极限状态产生的破坏模式有两种：

1）摩擦面滑移后螺栓螺杆和螺纹部分进入承压状态下螺栓出现剪切破坏

当 $n_v=4$ 时，验算摩擦面滑移后螺栓螺杆和螺纹部分进入承压状态下螺栓出现剪切破坏

$$1.2\times\sqrt{\left(\frac{500\times10^3\times(50-24.4)\times135}{2\times(45^2+135^2)}\right)^2+\left(\frac{500\times10^3}{4}\right)^2}=131.8\text{kN}<183\text{kN}$$

螺栓不会进入剪切破坏。

2）连接板破坏

连接板件的极限承载力计算：

2L90×6

$$\sum(\eta_i A_i)f_u=\left[(40-13)+\frac{45-13+3\times(90-26)}{\sqrt{3}}\right]\times6\times2\times370=694\text{kN}$$

$$>1.2A_{br}f_y=1.2\times500=600\text{kN}$$

连接板件计算略。

因此，计算显示，当 $n_v=4$ 时，高强度螺栓连接满足抗震要求。

【题 23】假定，焊接截面吊车梁需进行疲劳计算，试问，吊车梁设计时下列说法何项正确？

（A）疲劳计算部位主要是受压板件及焊缝

（B）尽量使腹板板件高厚比不大于 $80\varepsilon_k$

（C）吊车梁受拉翼缘上不得焊接悬挂设备的零件

（D）疲劳计算采用以概率理论为基础的极限状态设计方法

【答案】（C）

根据《钢标》第 16.1.3 条可知（A）错误；

根据《钢标》第 6.3.2 条可知（B）错误；

根据《钢标》第 16.3.2 条可知（C）正确；

根据《钢标》第 16.1.3 条可知（D）错误。

【解题说明】

1.本题主要考察有关吊车梁设计的基本概念。

2.虽然按应力幅概念计算，承受压应力循环与承受拉应力循环完全相同，但鉴于裂缝形成后，残余应力即自行释放，在全压力循环中裂缝不会继续扩展，因此《钢标》第 16.1.3 规定，对非焊接的构件和连接，在应力循环中不出现拉应力的部位可不计算疲劳。

3.一般吊车梁腹板板件高厚比越大，经济性越好，但超过 $80\varepsilon_k$ 时，应根据《钢标》第 6.3.2 条的规定设置加劲肋。

4.疲劳试验中发现，当试验梁在受拉翼缘处打过火时，疲劳破坏就从打火处开始，因

此，《钢标》第 16.3.2 条规定，不允许在吊车梁受拉翼缘上焊接悬挂设备的零件。

5. 现阶段对不同类型构件连接的疲劳裂缝形成、扩展以致断裂这一全过程的极限状态，包括其严格的定义和影响发展过程的有关因素都还研究不足，掌握的疲劳强度数据只是结构抗力表达式中的材料强度部分，因此疲劳仍按容许应力法验算。

【题 24～28】某 4 层钢结构商业建筑，层高 5m，房屋高度 20m，抗震设防烈度 8 度，采用框架结构，布置如图 19.4.24～28（Z）所示。框架梁柱采用 Q345。框架梁截面采用轧制型钢 H600×200×11×17，柱采用箱形截面 B450×450×16。梁柱截面特性如下：

	面积 A (mm^2)	惯性矩 I_x (mm^4)	回转半径 i_x (mm)	截面弹性模量 W_x (cm^3)
梁截面	13028	7.44×10^8		
柱截面	27776	8.73×10^8	177	3.88×10^6

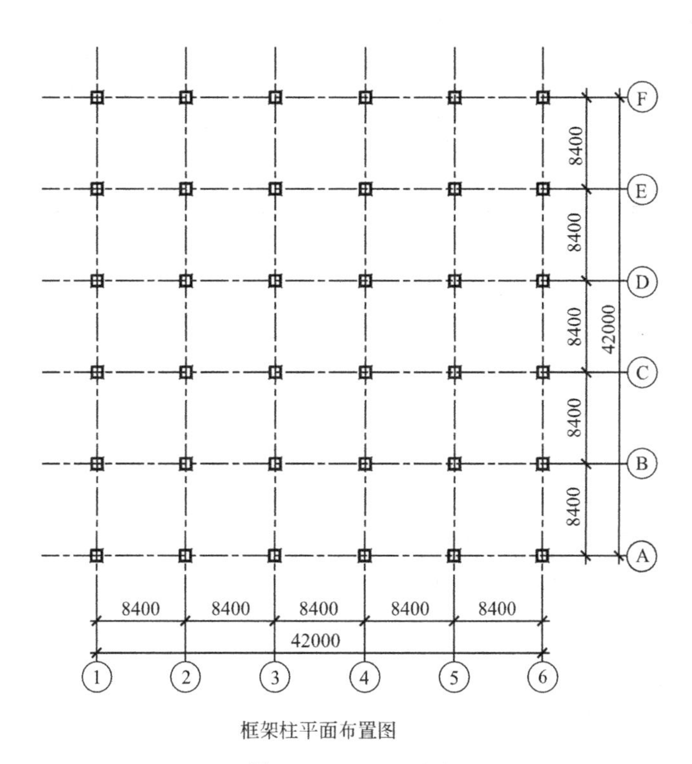

框架柱平面布置图

图 19.4.24～28（Z）

【题 24】假定，框架柱几何长度为 5m，采用二阶弹性分析方法计算且考虑假想水平力时，框架柱进行稳定性计算时下列何项说法正确？

（A）只需计算强度，无须计算稳定　　（B）计算长度取 4.275m

（C）计算长度取 5m　　（D）计算长度取 7.95m

【答案】（C）

根据《钢标》第 8.3.1 条，得计算长度系数 $\mu=1$，计算长度为 5m。

【解题说明】

1. 本题主要考察有关稳定设计的基本概念。

2. 结构稳定性设计应在结构分析或构件设计中考虑二阶效应。

3. 现阶段，大部分钢结构分析时都采用一阶分析，而在构件设计时采用计算长度法考虑二阶效应，因此，无支撑框架结构中框架柱的计算长度均大于几何长度。

4. 当采用二阶弹性分析方法计算且考虑假想水平力时，在结构内力分析中已考虑 P-Δ 效应，在构件设计时仅考虑 P-δ 效应即可，因此，《钢标》第 8.3.1 条规定，当采用二阶弹性分析方法计算内力且在每层柱顶附加考虑假想水平力时，框架柱的计算长度系数 $\mu=1.0$。

【题 25】假定，框架梁拼接采用图 19.4.25 所示的栓焊节点，高强螺栓采用 10.9 级 M22 螺栓，连接板采用 Q345B，试问，下列何项说法正确？

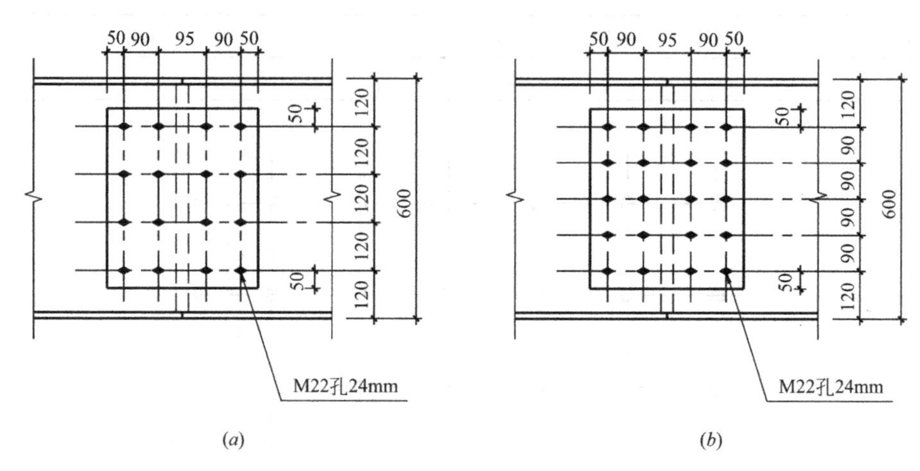

图 19.4.25

(A) 图 (a)、图 (b) 均符合螺栓孔距设计要求

(B) 图 (a)、图 (b) 均不符合螺栓孔距设计要求

(C) 图 (a) 符合螺栓孔距设计要求

(D) 图 (b) 符合螺栓孔距设计要求

【答案】(D)

按腹板等强估算连接板

厚度 $t=11\times600/(2\times460)=7.2\text{mm}$

取 $t=8\text{mm}$

图 (a) 孔中心间距为 $120\text{mm}>12t=96\text{mm}$ 不符合《钢标》表 11.5.2 规定。

【解题说明】

1. 本题主要考察有关螺栓间距的内容。

2.《钢标》表 11.5.2 规定了螺栓或铆钉的最大、最小容许距离。

3. 紧固件的最大容许距离取值原则：

1) 顺内力方向，取决于钢板的紧密贴合以及紧固件间钢板的稳定；

2) 垂直于内力方向，取决于钢板间的紧密贴合条件。因此，螺栓最大容许间距一般不允许违反。

4. 紧固件的最小容许距离取值原则：

1）顺内力方向，按母材抗挤压和抗剪切等强度的原则而定。

2）垂直于内力方向：

（1）应使钢材净截面的抗拉强度不小于钢材的承压强度；

（2）尽量使毛截面屈服先于净截面破坏；

（3）受力时避免在孔壁周围产生过度的应力集中；

（4）施工的影响。

【题26】假定，次梁采用钢与混凝土组合梁设计，施工时钢梁下不设临时支撑，试问，下列何项说法正确？

（A）混凝土硬结前的材料重量和施工荷载应与后续荷载累加由钢与混凝土组合梁共同承受

（B）钢与混凝土使用阶段的挠度按下列原则计算：按荷载的标准组合计算组合梁产生的变形

（C）考虑全截面塑性发展进行组合梁强度计算时，钢梁所有板件的板件宽厚比应符合《钢标》第10.1.5条的规定

（D）混凝土硬结前的材料重量和施工荷载应由钢梁承受

【答案】（D）

根据《钢标》第14.1.4条可知（A）错误、（D）正确；

根据《钢标》第14.4.1条可知（B）错误；

根据《钢标》第14.1.6条可知（C）错误。

【解题说明】

1.本题主要考察组合梁设计的基本概念。

2.当施工时钢梁下不设临时支撑的钢与混凝土组合梁，在混凝土翼板达到75%以前，组合梁自重及作用在其上的全部施工荷载基本上由钢梁单独承受，当混凝土翼板达到75%以后所增加的荷载由组合梁承受。组合梁的刚度和承载力大大高于纯钢梁，因此，《钢标》第14.1.4条规定，混凝土硬结前的材料重量和施工荷载应由钢梁承受。

3.组合梁的挠度计算与钢筋混凝土梁类似，需要分别计算在荷载标准组合及荷载准永久值组合下的截面折减刚度并以此来计算组合梁的挠度。

4.由于钢结构受压板件有可能失稳而影响其塑性发展，因此，对于板件宽厚比的要求，基本上都是针对受压区域。

【题27】假定，梁截面采用焊接工字形截面H600×200×8×12，柱采用焊接箱形截面B450×450×20，试问，下列何项说法正确？

提示：不考虑梁轴压比。

（A）框架梁柱截面板件宽厚比均符合设计规定

（B）框架梁柱截面板件宽厚比均不符合设计规定

（C）框架梁截面板件宽厚比不符合设计规定

（D）框架柱截面板件宽厚比不符合设计规定

【答案】（C）

根据《抗规》表8.1.3、表8.3.2，本结构抗震等级为三级。

柱板件宽厚比$=\dfrac{450-40}{20}=20.5<38\sqrt{235/355}=30.9$

梁翼缘板件宽厚比$=\dfrac{(200-8)/2}{12}=8<10\sqrt{235/355}=8.1$

梁腹板板件高厚比$=\dfrac{600-2\times 12}{8}=72>70\sqrt{235/355}=57$

因此，框架梁板件宽厚比不符合设计要求。

因此，答案为（C）。

【解题说明】

1. 本题主要考察框架梁柱板件宽厚比的抗震要求。

2. 根据《抗规》第 8.1.3 条根据房屋高度及烈度决定了多高层钢结构的抗震等级，钢构件板件宽厚比大小直接决定其延性的高低。严格地说，塑性耗能区板件宽厚比的大小决定了结构延性的高低，因此，非塑性耗能区的板件宽厚比可适当放宽。

【题 28】假定，①轴和⑥轴设置柱间支撑，试问，当仅考虑结构经济性时，柱采用下列何种截面最为合理？

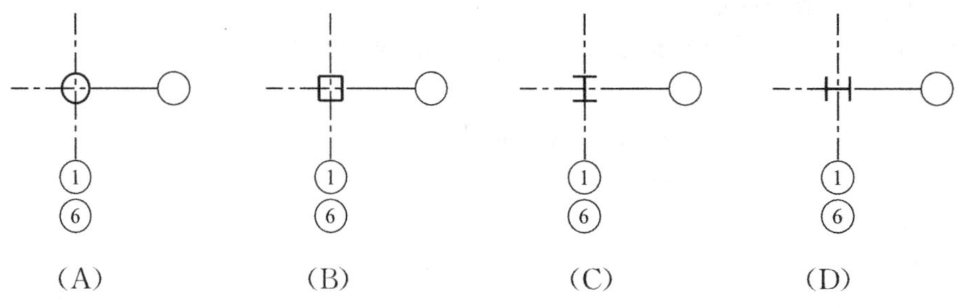

【答案】(D)

一般来说截面双向受弯时，适合采用箱型截面，轴心受压时适合采用圆管截面，单向受弯适合采用强轴承受弯矩的 H 形截面。另外，箱形截面相对于 H 形截面来说，节点构造复杂，加工费用高。

【解题说明】

1. 本题考察与钢结构合理化设计有关的基本概念。

2. 本题关于截面形式适用性，涉及最基本的概念，对于框架结构、框架支撑结构基本适用，但并不排除在某些特定的情形下的例外，也不排除为了其他需要，在实际工程应用中选择的并不是结构经济性最优的方案。

【题 29】假定，某承受静力荷载作用且无局部压应力的两端铰接钢结构次梁，腹板仅配置支承加劲肋，材料采用 Q235，截面如图 19.4.29 所示，试问，当符合《钢标》第 6.4.1 条的设计规定时，下列说法何项最为合理？

提示："合理"指结构造价最低。

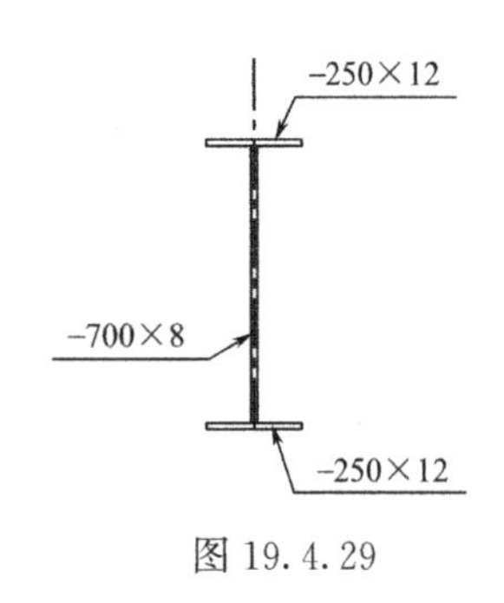

图 19.4.29

（A）应加厚腹板

（B）应配置横向加劲肋

（C）应配置横向及纵向加劲肋

（D）无须增加额外措施

【答案】(D)

翼缘板件宽厚比：$\frac{b}{t_f}=\frac{(250-8)/2}{12}=10.1<13$ 满足 S3 级要求。

腹板板件高厚比：$h_0/t_w=700/8=87.5>80$。

根据《钢标》6.3.1 条的规定，正确答案为 D。

【解题说明】

1. 本题主要考察局部稳定的概念。

2. 正确选择构件板件宽厚比是钢结构合理设计的要点之一。

3. 本题钢结构梁承受静力荷载作用且无局部压应力，根据《钢标》第 6.3.1 条的规定，宜考虑腹板的屈曲后强度，同时 6.3.1 条规定，直接承受动力荷载的吊车梁及类似构件或其他不考虑屈曲后强度的焊接截面梁，应按 6.3.2 条、6.3.6 条的规定配置加劲肋，因此，当腹板板件宽厚比大于 $80\varepsilon_k$ 时，设置加劲肋并不是必要条件。另外，本题假定构件为次梁，因此，也不涉及结构延性，一般，对于受弯构件腹板板件宽厚比越大经济性越好。

【题 30】下列网壳结构如图 19.4.30（*a*）、（*b*）、（*c*）所示，针对其是否需要进行整体稳定性计算的判断，下列何项正确？

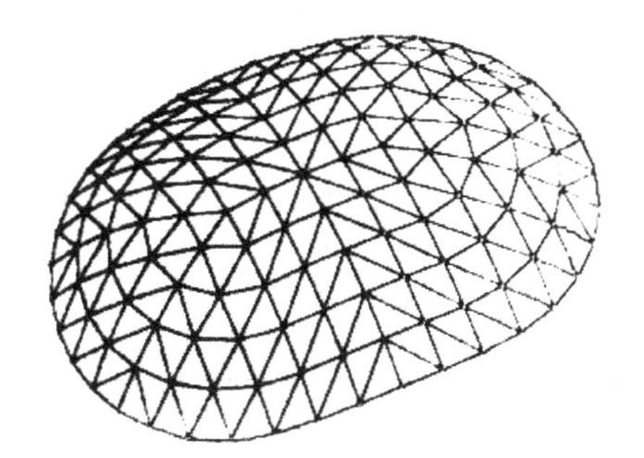

(*a*) 单层网壳，跨度30m椭圆底面网格

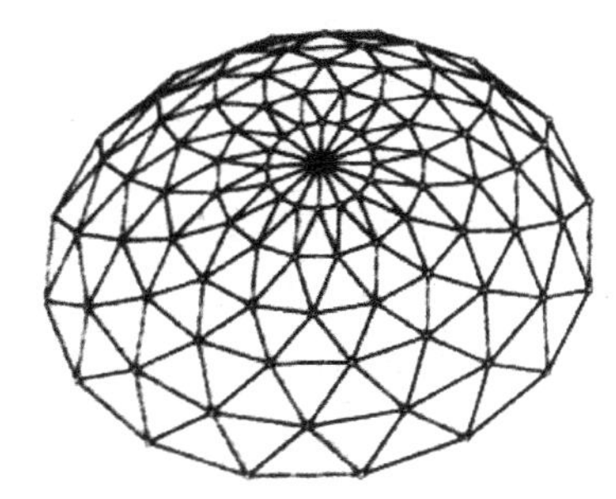

(*b*) 双层网壳，跨度50m，高度0.9m葵花形三向网格

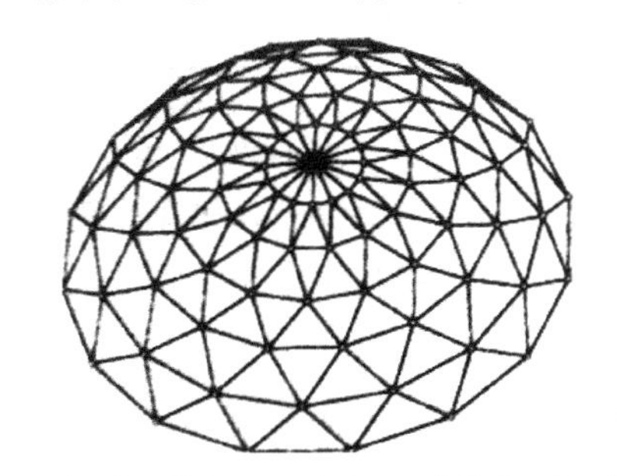

(*c*) 双层网壳，跨度60m，高度1.5m葵花形三向网格

图 19.4.30

（A）（*a*）、（*b*）需要；（*c*）不需要　　（B）（*a*）、（*c*）需要；（*b*）不需要

（C）（*b*）、（*c*）需要；（*a*）不需要　　（D）（*c*）需要；（*a*）、（*b*）不需要

【答案】（A）

根据《空间网格结构技术规程》第 4.3.1 条，“单层网壳以及厚度小于跨度 1/50 的双层网壳均应进行稳定性计算”。

【解题说明】

1. 钢结构设计中对稳定性考虑不周，是许多钢结构事故最主要的原因之一。本题主要考察关于空间结构稳定性的基本概念。

2. 本题中的稳定性计算系指荷载-位移全过程分析，刚度较差的空间结构均需要进行稳定性计算，单层网壳和厚度较小的双层网壳为其中的一种，均存在整体失稳的可能性。

19.5 2016年一级钢结构

表 19.5.0 2016年一级钢结构考题主要内容汇总

题号	主要内容	主要规范条文号	说明
17	吊车梁钢材选用	《钢标》4.3.3	
18	吊车梁内力计算	结构力学知识	
19	吊车梁抗弯强度计算	《钢标》6.1.1、6.1.2	
20	吊车梁腹板计算及稳定措施	《钢标》6.3.1、6.3.2	
21	屋面支撑截面选择	《抗规》9.2.9、《钢标》7.4.2、7.4.7	
22	焊缝长度计算	《抗规》9.2.11	
23	厂房地震作用计算	《抗规》9.2.14	
24	框架柱弯矩作用平面外的计算长度系数	《钢标》附录E	
25	框架柱弯矩作用平面外稳定性计算	《钢标》8.2.5	
26	节点域屈服承载力计算	《抗规》8.1.3、8.2.5、《高钢规》7.3.5	
27	次梁栓钉设置	《钢标》14.7.4、14.7.5	
28	强柱弱梁要求	《抗规》8.2.8	
29	支撑不平衡力计算	《抗规》8.2.6、《钢标》7.2.1、附录D	
30	钢梁开孔	《高钢规》8.5.5、8.5.6	

【题17～23】某冷轧车间单层钢结构主厂房，设有两台起重量为25t的重级工作制（A6）软钩吊车。吊车梁系统布置见图19.5.17～23（Z），吊车梁钢材为Q355。

【题17】假定，非采暖车间，最低日平均室外计算温度为−7.2℃。试问，焊接吊车梁钢材选用下列何种质量等级最为经济？

提示：最低日平均室外计算温度为吊车梁工作温度。

(A) Q355A (B) Q355B

(C) Q355C (D) Q355D

【答案】(C)

重级工作制吊车梁应进行疲劳计算，根据《钢标》4.3.3条，应具有0℃冲击韧性的合格保证，即质量等级为C级。

正确答案（C）。

【解题说明】

1. 当结构或构件在单次荷载作用下安全，但重复多次后结构或构件断裂，称为疲劳失效，所谓疲劳失效实际上为裂纹扩展的过程。据统计，由疲劳导致的工程事故占相当大的比例，但最简单的结构也很难准确计算出疲劳寿命，因此除计算外设计原则相当重要，研

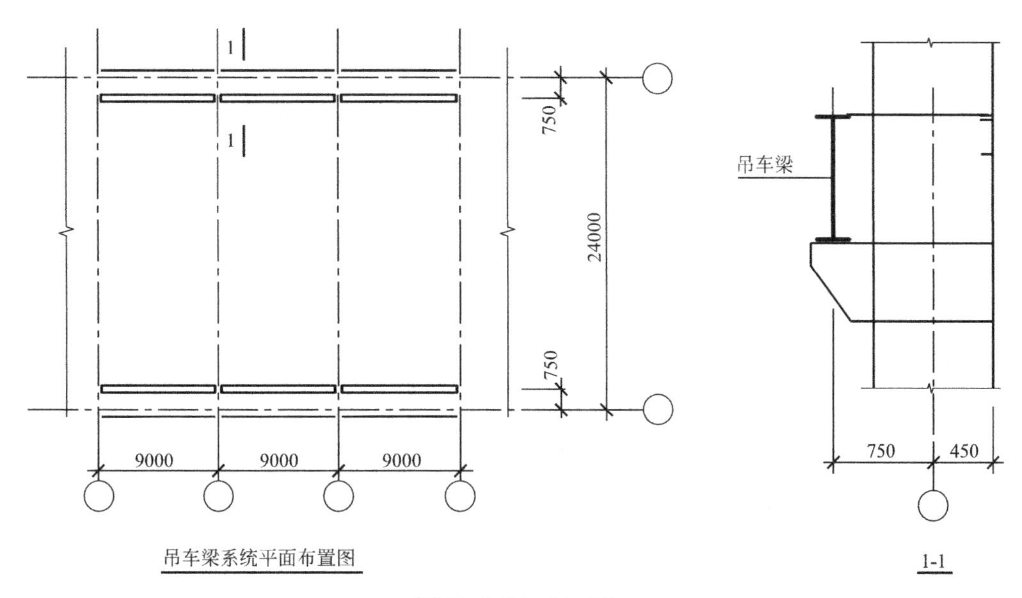

图 19.5.17～23（Z）

究表明，钢材的韧性和疲劳存在相当大的相关性。本题要求考生了解在规定工作温度下钢材质量等级的选择。

2.《钢标》第 4.3.3 条规定：对于需要验算疲劳的焊接结构的钢材，应具有常温冲击韧性的合格保证。当结构工作温度不高于 0℃但高于－20℃，Q235 钢和 Q345 钢不应低于 C 级。

【题 18】吊车资料见下表。试问，仅考虑最大轮压作用时，吊车梁 C 点处竖向弯矩标准值（kN・m）及相应较大剪力标准值（kN，剪力绝对值较大值），与下列何项数值最为接近？

吊车起重量 Q(t)	吊车跨度 L_k(m)	台数	工作制	吊钩类别	吊车简图	最大轮压 $P_{k,max}$(kN)	小车重 g(t)	吊车总重 G(t)	轨道型号
25	22.5	2	重级	软钩	参见图 19.5.18	178	9.7	21.49	38kg/m

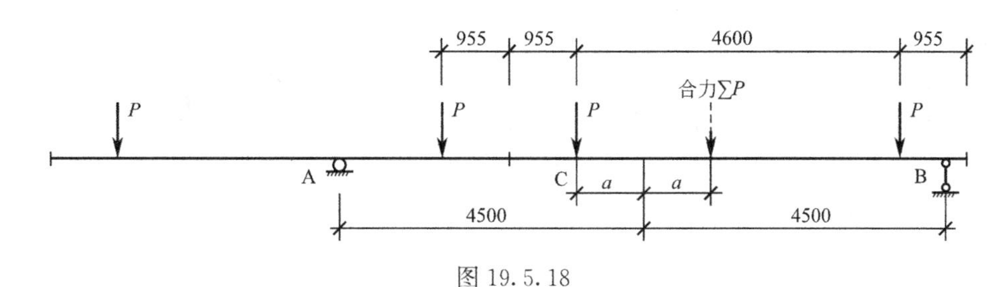

图 19.5.18

（A）430，35　　　　（B）430，140

（C）635，60　　　　（D）635，120

【答案】(D)

求合力点位置：

$2a+(2a+2\times955)=4600-2a$，得 $a=448\text{mm}$。

已知最大轮压 $P_{k,max}$=178kN，吊车梁最大竖向弯矩标准值：

$$M_{Ck}=\frac{(4.5-0.448)^2}{9}\times 3P_{k,max}-2\times 0.955\times P_{k,max}=3.56P_{k,max}=3.56\times 178$$

$$=634kN\cdot m。$$

C 点的剪力标准值：

$$V_{Ck}=\frac{4.5+0.448}{9}\times 3P_{k,max}-P_{k,max}=0.65P_{k,max}=0.65\times 178=116kN$$

正确答案（D）。

【解题说明】

1. 设计吊车梁时，需要进行抗弯和抗剪强度计算。由于吊车为移动荷载，进行抗弯计算时，首先需要计算产生最大弯矩时荷载的位置。

设合力点为 O，则：

$$R_B=\left(\frac{l_{AO}}{l_{AB}}\right)\cdot 3P=\frac{3l_{AO}}{l_{AB}}P$$

$$M_{Ck}=R_B\cdot(l_{CO}+l_{AB}-l_{AO})-4.6P=\frac{3l_{AO}}{l_{AB}}P\cdot(l_{CO}+l_{AB}-l_{AO})-4.6P$$

求 M_{Ck} 最大值，对 M_{Ck} 求导，取导数为 0，得：

$$\frac{3P}{l_{AB}}\cdot[(l_{CO}+l_{AB})-2l_{AO}]=0$$

$$l_{AO}=\frac{(l_{CO}+l_{AB})}{2}。$$

2. 当合力点和 C 点间的中点在跨中时，弯矩最大。本题主要考察移动荷载最大弯矩和相应处最大剪力的计算。

3. 当给定产生最大弯矩的移动荷载位置时，本题是简单的结构力学计算问题。由于 C 点处作用有集中力，解答时需要注意左侧和右侧剪力大小不同。

【题 19】吊车梁截面见图 19.5.19，截面几何特性见下表。假定，吊车梁最大竖向弯矩设计值为 1200kN·m，相应水平向弯矩设计值为 100kN·m。试问，在计算吊车梁抗弯强度时，其计算值（N/mm²）与下列何项数值最为接近？

吊车梁对 x 轴毛截面模量（mm³）		吊车梁对 x 轴净截面模量（mm³）		吊车梁制动结构对 y_1 轴净截面模量（mm³）
$W_x^{上}$	$W_x^{下}$	$W_{nx}^{上}$	$W_{nx}^{下}$	$W_{ny1}^{左}$
8202×10^3	5362×10^3	8085×10^3	5266×10^3	6866×10^3

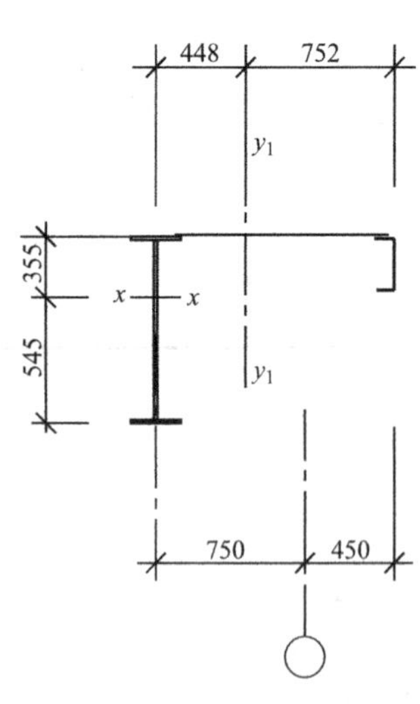

图 19.5.19

（A）150　　（B）165

（C）230　　（D）240

【答案】（C）

根据《钢标》式（6.1.1）

上翼缘正应力 $\sigma=\dfrac{M_{x,max}}{W_{nx}^{上}}+\dfrac{M_{y,max}}{W_{ny1}^{左}}=\dfrac{1200\times10^6}{8085\times10^3}+\dfrac{100\times10^6}{6866\times10^3}=163\text{N/mm}^2$

下翼缘正应力 $\sigma=\dfrac{M_{x,max}}{W_{nx}^{下}}=\dfrac{1200\times10^6}{5266\times10^3}=228\text{N/mm}^2$

正确答案（C）。

【解题说明】

1.本题主要考察抗弯强度的计算。出于经济性的考虑，吊车梁采用上下翼缘不等宽的设计较为普遍，因此，进行吊车梁抗弯强度计算时，应分别计算上、下翼缘的抗弯强度。进行上翼缘抗弯强度计算时，除考虑吊车梁的竖向弯矩外，尚应考虑水平弯矩。

2.本题计算时主要注意以下几个方面：

1）上、下翼缘的强度均应计算取其较大值，并注意非对称截面模量取值；

2）根据《钢标》第6.1.1条的规定，强度计算时截面模量应采用净截面模量。

3.根据《钢标》第6.1.2条的规定，需要计算疲劳的梁截面塑性发展系数取1.0。

【题20】假定，吊车梁腹板采用—900×10截面。试问，采用下列何种措施最为合理？

（A）设置横向加劲肋，并计算腹板的稳定性

（B）设置纵向加劲肋

（C）加大腹板厚度

（D）可考虑腹板屈曲后强度，按《钢标》第6.4节的规定计算抗弯和抗剪承载力

【答案】（A）

根据《钢标》第6.3.1条、第6.3.2条，

$$\frac{h_0}{t_w}=\frac{900}{10}=90>80\sqrt{\frac{235}{355}}=65$$

$$<170\sqrt{\frac{235}{355}}=138$$

正确答案（A）。

【解题说明】

1.受弯构件的腹板厚度取值对构件用钢量影响很大。一般来说，相同的构件承载力，板件宽厚比越大，其截面用钢量越低，截面延性越差。对于吊车梁，由于吊车梁截面较高而截面延性要求不高，且纵向加劲肋加工费用较高，同时为了避免塑性变形的逐步积累而发生破坏，一般采用弹性设计而不采用考虑屈曲后强度的设计，因此在工程实践中，最常用的吊车梁采用设置腹板横向加劲肋的设计。

2.根据《钢标》第6.3.1条规定，直接承受动力荷载的吊车梁应按6.3.2条的规定配置加劲肋。第6.3.2条规定：当 $h_0/t_w>80\varepsilon_k$ 应配置横向加劲肋，当受压翼缘连有刚性楼板，扭转受到约束时，$h_0/t_w>170\varepsilon_k$ 或按计算需要时应配置纵向加劲肋。

【题21】假定，厂房位于8度区，采用轻屋面，屋面支撑布置见图19.5.21（交叉点相互连接），支撑采用Q235。试问，屋面支撑采用下列何种截面最为合理（满足规范要求且用钢量最低）？

各支撑截面特性如下：

截面	回转半径 i_x(mm)	回转半径 i_y(mm)	回转半径 i_v(mm)
L70×5	21.6	21.6	13.9
L110×7	34.1	34.1	22.0
2L63×5	19.4	28.2	
2L90×6	27.9	39.1	

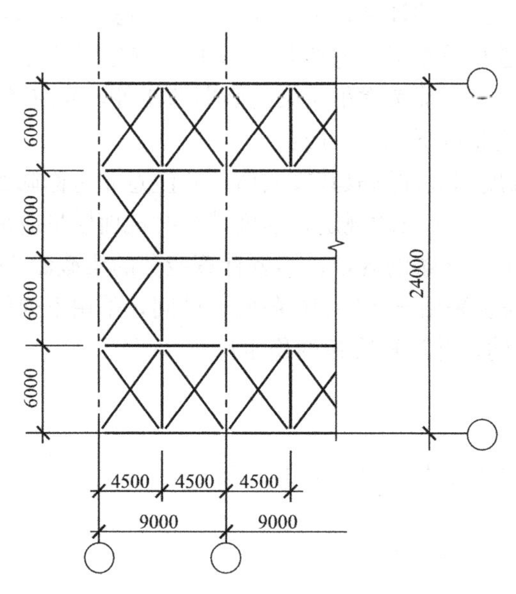

图 19.5.21 屋面支撑布置图

(A) L70×5　　(B) L110×7

(C) 2L63×5　　(D) 2L90×6

【答案】(A)

支撑长度计算：$l_{br}=\sqrt{4500^2+6000^2}=7500\text{mm}$

根据《抗规》第 9.2.9 条 2 款，屋面支撑交叉斜杆可按拉杆设计，因此，根据《钢标》表 7.4.7，允许长细比取 350（有重级工作制吊车的厂房屋面支撑）。

根据《钢标》7.4.2 条 2 款：

平面外拉杆计算长度为 $l_{br}=7500\text{mm}$

单角钢斜平面计算长度为 $0.5l_{br}=\dfrac{7500}{2}=3750\text{mm}$

采用等边单角钢时，构造要求的最小回转半径计算：

$i_x=i_y\geqslant\dfrac{7500}{350}=21.4\text{mm}$　　$i_v\geqslant\dfrac{3750}{350}=10.7\text{mm}$

因此，正确答案为（A）。

【解题说明】

1. 实践证明，合理的屋面支撑设计用钢量不高但抗震效果极为显著。一般，屋面支撑截面设计很少由承载力控制，其截面选择主要取决于长细比要求。盲目应用计算机结果导致屋面支撑用钢量偏大的设计屡见不鲜，实际工程中，结构工程师应避免采用无效设计

(即只增加结构用钢量，而不能有效提高结构安全度)，是工程师的工作职责之一。如本题屋面支撑按压杆要求采用容许长细比为150设计时支撑截面采用2L90×6，设置屋面的支撑用钢量高达9.3kg/m²，而正确的选择支撑截面L70×5则设置屋面的支撑用钢量仅需3kg/m²。本题主要考查屋面支撑设计。

2.本题计算时主要注意以下几个方面：

1）根据《抗规》第9.2.9条2款，屋面支撑交叉斜杆按拉杆设计；

2）根据《钢标》表7.4.7，有重级工作制吊车的厂房屋面支撑允许长细比取350。

3.根据《钢标》第7.4.2条第2款的规定，拉杆的计算长度取桁架节点中心间的距离(交叉点不作为节点考虑)，当确定交叉腹杆中单角钢杆件斜平面内的长细比时，计算长度取节点中心至交叉点的距离。

【题22】假定，厂房位于8度区，支撑采用Q235，吊车肢下柱柱间支撑采用2L90×6，截面面积$A=2128\text{mm}^2$。试问，根据《抗规》的规定，图19.5.22柱间支撑与节点板最小连接焊缝长度l（mm），与下列何项数值最为接近？

提示：① 焊条采用E43型，焊接时采用绕焊，即焊缝计算长度可取标示尺寸；

② 不考虑焊缝强度折减；角焊缝极限强度$f_u^f=240\text{N/mm}^2$；

③ 肢背处内力按总内力的70%计算。

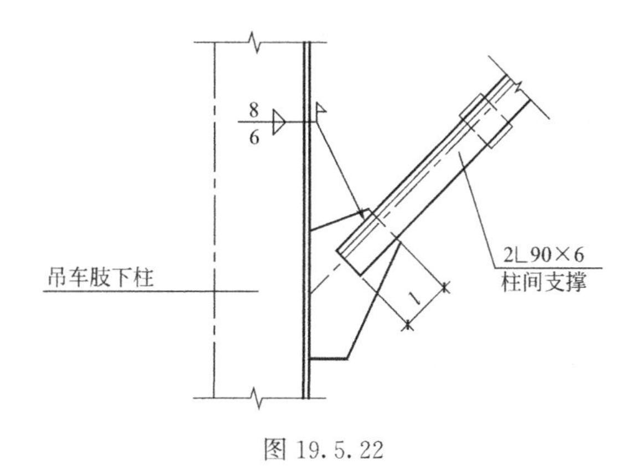

图19.5.22

（A）90　　　　（B）135

（C）160　　　　（D）235

【答案】(C)

根据《抗规》第9.2.11条第4款，柱间支撑与构件的连接，不应小于支撑杆件塑性承载力的1.2倍。(参考《抗规》式（8.2.8-3））

支撑杆件塑性受拉承载力：

$2128\times235=500.08\times10^3\text{N}=500.08\text{kN}$

肢背焊缝长度：$\dfrac{0.7\times1.2\times500.08\times10^3}{2\times0.7\times8\times240}=156\text{mm}$

肢尖焊缝长度：$\dfrac{0.3\times1.2\times500.08\times10^3}{2\times0.7\times6\times240}=89\text{mm}$

因此，正确答案为（C）。

【解题说明】

1. 对于钢结构抗震，强节点弱杆件是非常重要的设计原则。由于钢材本身具有良好的延性而焊缝产生的破坏为脆性断裂，因此钢结构建筑在地震作用时的节点安全至关重要，研究与实践证明，钢支撑屈服先于节点断裂为保证整个建筑安全的重要手段，因此，抗震节点的验算与构件和节点的承载力有关而与其实际受力无关。本题主要考查支撑连接节点的抗震设计要求。

2. 本题计算时主要注意以下几个方面：

1）柱间支撑为轴心受力构件，因此肢背与肢尖受力可按构件重心处的作用线性分配至焊缝作用处。

2）根据《抗规》第 9.2.11 条第 4 款，柱间支撑与构件的连接，不应小于支撑杆件塑性承载力的 1.2 倍。支撑杆件塑性承载力指支撑截面的毛截面面积乘以支撑的屈服强度而非设计强度。

【题 23】假定，厂房位于 8 度区，采用轻屋面，梁、柱的板件宽厚比均符合《钢标》弹性设计阶段的板件宽厚比限值要求，但不符合《抗规》表 8.3.2 的要求，其中，梁翼缘板件宽厚比为 13。试问，在进行构件强度和稳定的抗震承载力计算时，应满足以下何项地震作用要求?

（A）满足多遇地震的要求，但应采用有效截面

（B）满足多遇地震下的要求

（C）满足 1.5 倍多遇地震下的要求

（D）满足 2 倍多遇地震下的要求

【答案】（D）

根据《抗规》第 9.2.14 条的规定及条文说明，当构件的强度和稳定承载力均满足高承载力即 2 倍多遇地震作用下的要求时，可采用现行《钢标》弹性设计阶段的板件宽厚比限制。另外，由于梁翼缘板件宽厚比为 13，所以板件宽厚比不满足 B 类截面要求，因此答案 C 不符合要求。

【解题说明】

1. 抗震设防的目标为小震不坏、中震可修、大震不倒，由于设防地震作用（简称中震作用）大致是多遇地震作用（简称小震作用）的 2.8 倍，考虑到结构固有的延性，设计时可考虑 2 倍小震作用（地震作用组合，不是单工况内力）代替中震，因此，当构件的强度和稳定承载力均满足 2 倍多遇地震作用下的要求时，可采用弹性设计截面。

2. 对于单层工业厂房钢结构，构件截面一般都由吊车决定，构件抗震承载力非常高，大部分构件能满足中震弹性要求且由于工业厂房截面高度远远高于民用建筑，为提高构件延性而要求过于严格的板件宽厚比基本上不具备可操作性。

3. 本题考查单层工业厂房的采用高承载力低延性设计时的设计思路。

4. 本题为概念题，根据《抗规》第 9.2.14 条的规定及条文说明，很容易得出（D）为正确答案的结论。

【题 24～30】某 9 层钢结构办公建筑，房屋高度 $H=34.9$m，抗震设防烈度为 8 度，布置如图 19.5.24～30（Z）所示，所有连接均采用刚接。支撑框架为强支撑框架，各层均满足刚性平面假定。框架梁柱采用 Q355。框架梁采用焊接截面，除跨度为 10m 的框架梁截

面采用 H700×200×12×22 外，其他框架梁截面均采用 H500×200×12×16，柱采用焊接箱形截面 B500×22。梁柱截面特性如下：

截面	面积 A (mm^2)	惯性矩 I_x (mm^4)	回转半径 i_x (mm)	弹性截面模量 W_x (mm^3)	塑性截面模量 W_{px} (mm^3)
H500×200×12×16	12016	4.77×10^8	199	1.91×10^6	2.21×10^6
H700×200×12×22	16672	1.29×10^9	279	3.70×10^6	4.27×10^6
B500×22	42064	1.61×10^9	195	6.42×10^6	

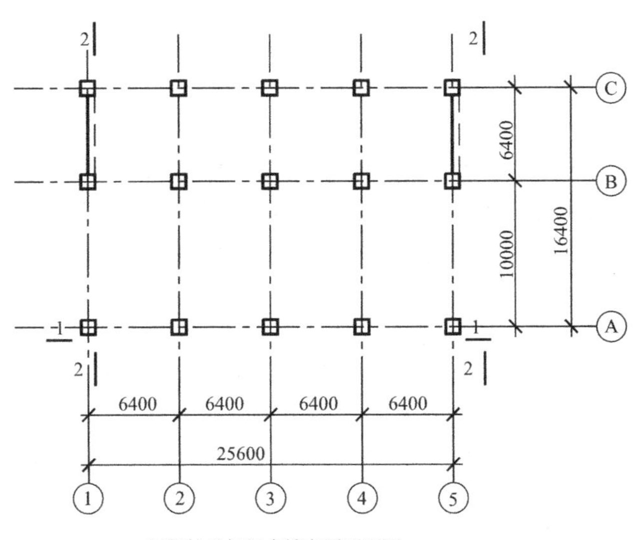

框架柱及柱间支撑布置平面图

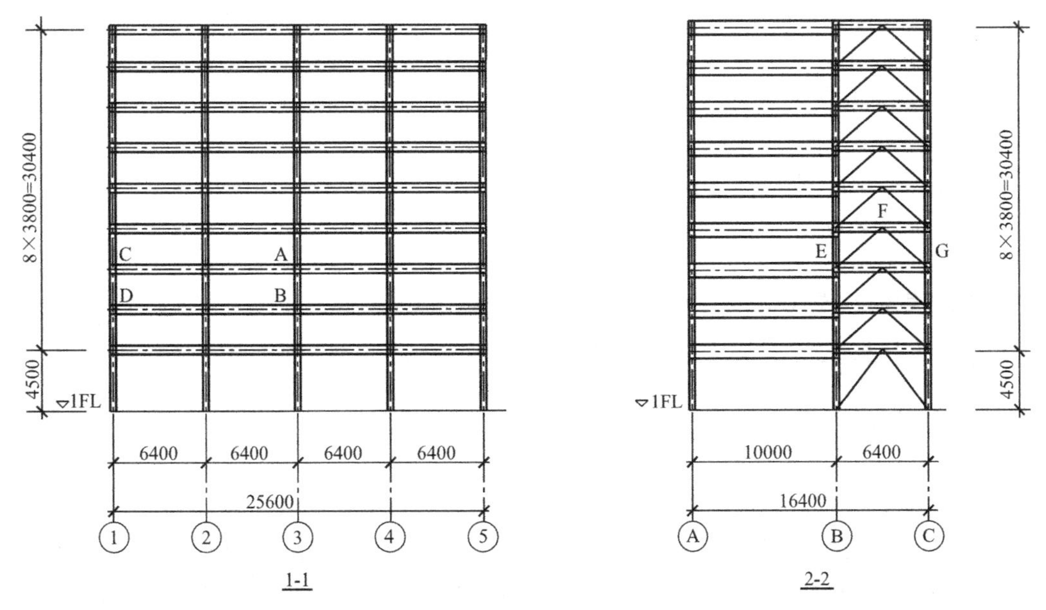

图 19.5.24～30（Z）

【题 24】试问，当按剖面 1-1（Ⓐ轴框架）计算稳定性时，框架柱 AB 平面外的计算长度系数与下列何项数值最为接近？

（A）0.89　　（B）0.95

（C）1.80　　（D）2.59

【答案】（B）

首先，由于采用刚性平面假定，因此平面外为无侧移框架。

根据《钢标》表 E.0.1

$$K_1=K_2=\frac{\sum i_b}{\sum i_c}=\frac{1.29\times10^9}{1000}\Big/\left(2\times\frac{1.61\times10^9}{3800}\right)=0.15$$

得计算长度系数 $\mu=0.946$

正确答案（B）。

【解题说明】

1. 在结构力学中，只有角位移而无线位移的结构称为无侧移结构，一般在钢结构中对有强支撑的框架称为无侧移框架。由于建筑需要，民用钢结构支撑布置限制较多，建筑布局较为紧凑且楼板也较为完整，因此同一方向的框架只要当其支撑为强支撑时即可设定为无侧移框架。

2. 本题考查无侧移框架柱计算长度系数的计算。

3. 本题解题要点主要是根据刚性平面假定，推导出所计算框架的平面外为无侧移框架的结论，其他直接根据《钢标》查表 E.0.1 即可。

【题 25】假定，剖面 1-1 中的框架柱 CD 在Ⓐ轴框架平面内计算长度系数取为 2.4，平面外计算长度系数取为 1.0，试问，当按公式 $\frac{N}{\varphi_x A}+\frac{\beta_{mx}M_x}{\gamma_x W_x\left(1-0.8\frac{N}{N'_{Ex}}\right)}+\eta\frac{\beta_{ty}M_y}{\varphi_{by}W_y}$ 进行平面内（M_x 方向）稳定性计算时，N'_{Ex}的计算值（N）与下列何项数值最为接近？

（A）2.40×10^7　　（B）3.50×10^7

（C）1.40×10^8　　（D）2.20×10^8

【答案】（B）

框架柱平面内长细比计算：

$$\lambda_x=\frac{2.4\times3800}{195}=47$$

根据《钢标》式（8.2.1-2），

$$N'_{Ex}=\frac{\pi^2EA}{1.1\lambda_x^2}=\frac{\pi^2\times2.06\times10^5\times42064}{1.1\times47^2}=3.52\times10^7\text{N}$$

正确答案（B）。

【解题说明】

1. 本题主要考察弯矩作用在对称轴平面内的实腹式压弯构件稳定性计算。

2. 本题比较简单，根据《钢标》第 8.2.5 条的相关规定，很容易计算得出（B）正确。

【题 26】假定，地震作用下图 1-1 中 B 处框架梁 H500×200×12×16 弯矩设计最大值为 $M_{x,左}=M_{x,右}=163.9\text{kN}\cdot\text{m}$，试问，当按公式 $\psi(M_{pb1}+M_{pb2})/V_p\leqslant\frac{4}{3}f_{yv}$ 验算梁柱节点

域屈服承载力时，剪应力 $\psi(M_{pb1}+M_{pb2})/V_p$ 计算值（N/mm^2），与下列何项数值最为接近？

（A）36　　　　（B）80

（C）100　　　　（D）165

【答案】（C）

根据《抗规》表8.1.3，可知本建筑物抗震等级为三级，故取 $\psi=0.6$

$M_{Pb1}=M_{Pb2}=2.21\times10^6\times355=7.84\times10^8N\cdot mm$

根据《抗规》式（8.2.5-5）

$V_P=1.8h_{b1}h_{c1}t_w=1.8\times(500-16)\times(500-22)\times22=9161539.2mm^3$

根据《抗规》式（8.2.5-3）

$$\tau=\frac{\psi(M_{pb1}+M_{pb2})}{V_P}=\frac{0.6\times7.84\times10^8\times2}{9161539.2}=102.7N/mm^2$$

正确答案（C）。

【解题说明】

1.节点域设计是钢结构抗震设计的重要组成部分，但各规范的规定不尽相同。

2.《抗规》第8.2.5条的规定的节点域屈服承载力验算按下式计算：

$$\psi(M_{pb1}+M_{pb2})/V_P\leqslant(4/3)f_{yv} \tag{8.2.5-3}$$

其中 ψ 取值与抗震等级有关，一、二级时取为0.7，三、四级时取为0.6。

工字截面柱与箱形截面柱节点域按下列公式验算：

$$t_w\geqslant(h_b+h_c)/90$$

（8.2.5-7）（注：与《钢标》公式一致）

$$(M_{b1}+M_{b2})/V_P\leqslant(4/3)f_v/\gamma_{RE} \tag{8.2.5-8}$$

3.《高钢规》第7.3.5条规定节点域抗剪承载力按下式计算：

$$(M_{b1}+M_{b2})/V_P\leqslant(4/3)f_v\text{（注：小震时，不等式右边应有 }/\gamma_{RE}\text{）} \tag{7.3.5}$$

抗震设计时屈服承载力按下式计算：

$$\psi(M_{pb1}+M_{pb2})/V_P\leqslant(4/3)f_{yv} \tag{7.3.8}$$

其中 ψ 取值与抗震等级有关，一、二级时取为0.85，三、四级时取为0.75。

4.如上可知，节点域设计为钢结构设计中较为复杂的问题之一，但总的可以归结为：根据受力进行设计承载力验算和直接根据其屈服承载力进行抗震验算。本题主要考察梁柱刚性连接时节点域抗震设计的概念。

5.进行梁柱刚性连接时节点域抗震验算时主要注意两点：一是抗震等级的选择，二是梁的塑性受弯承载力计算。

【题27】假定，次梁采用H350×175×7×11，底模采用压型钢板，$h_e=76mm$，混凝土楼板总厚为130mm，采用钢与混凝土组合梁设计，沿梁跨度方向栓钉间距约为350mm。试问，栓钉应选用下列何项？

（A）采用 $d=13mm$ 栓钉，栓钉总高度100mm，垂直于梁轴线方向间距 $a=90mm$

（B）采用 $d=16mm$ 栓钉，栓钉总高度110mm，垂直于梁轴线方向间距 $a=90mm$

（C）采用 $d=16mm$ 栓钉，栓钉总高度115mm，垂直于梁轴线方向间距 $a=125mm$

（D）采用 $d=19mm$ 栓钉，栓钉总高度120mm，垂直于梁轴线方向间距 $a=125mm$

【答案】(B)

根据《钢标》第 14.7.4 条的有关规定，栓钉应满足下式：

$$\frac{\text{梁上翼缘宽度}-\text{栓钉横向间距}-\text{栓钉直径}}{2}=\frac{165-a-d}{2}\geqslant 20\text{mm}$$

只有（A）、(B）符合。

根据《钢标》第 14.7.5 条的有关规定，栓钉应符合下列条件：

1. 栓钉长度$\geqslant 4d$，(A)、(B）均符合。

2. 垂直于梁轴线方向间距 $a\geqslant 4d$，(A)、(B）均符合。

3. 栓钉直径$\leqslant$19mm，栓钉高度 $76+30=106\text{mm}\leqslant h_d\leqslant 76+75=151\text{mm}$，

只有（B）符合，正确答案（B)。

【解题说明】

1. 本题主要考察进行钢与混凝土组合梁设计时栓钉的选择问题。栓钉的主要作用是保证有效传递钢与混凝土间的剪力并防止其滑移，同时避免混凝土翼板与钢梁间脱离即抗掀作用，因此规定了其最大最小间距和高度要求。

2. 本题根据《钢标》第 14.7.4 条和第 14.7.5 条的规定选择即可。

【题 28】假定，结构满足强柱弱梁要求，比较如下图所示的栓焊连接。试问，下列说法何项正确？

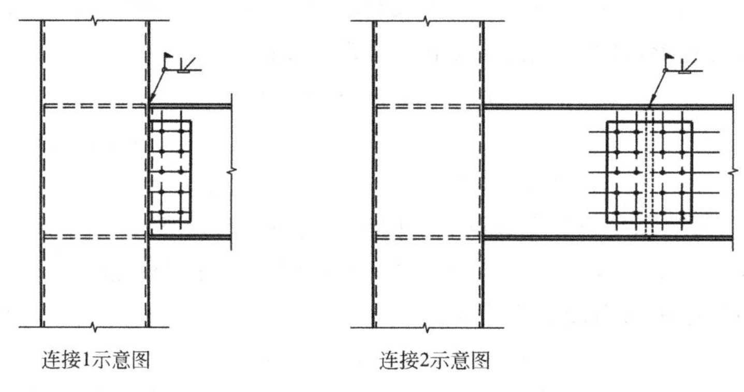

图 19.5.28

(A）满足规范最低设计要求时，连接 1 比连接 2 极限承载力要求高

(B）满足规范最低设计要求时，连接 1 比连接 2 极限承载力要求低

(C）满足规范最低设计要求时，连接 1 与连接 2 极限承载力要求相同

(D）梁柱连接按内力计算，与承载力无关

【答案】(A)

梁柱连接应根据《抗规》8.2.8 条计算，连接 1 根据式（8.2.8-1、2）计算，连接 2 根据式（8.2.8-4）进行连接计算。其中连接系数根据表 8.2.8 取值，可知连接 1 比连接 2 极限承载力要求高。正确答案（A)。

【解题说明】

1. 本题主要考察抗震节点设计概念，考点为连接节点极限承载力概念的应用。

2. 根据《抗规》表 8.2.8，梁柱连接的连接系数有着下列规律：螺栓连接大于焊接，

普通钢材大于建筑结构用钢板（GJ 钢），Q235 大于 Q345，同时同类连接的梁柱连接系数大于构件拼接连接系数。

3.塑性变形要求越高，连接系数越高；因此，同类连接的梁柱连接系数大于构件拼接连接系数。钢材超强系数越高，连接系数越高；因此，连接系数随钢材性能的提高而递减，钢材强度等级的提高而递减。螺栓连接受滑移影响，且钉孔使截面削弱，影响其承载力，因此，螺栓连接的连接系数大于焊接。

4.钢结构节点设计的重要原则是连接的极限承载力应大于相连构件的屈服承载力。为保证这点《抗规》第 8.2.8 条规定连接的极限承载力不小于构件屈服承载力乘以连接系数。根据表 8.2.8 可知连接 1 的连接系数大于连接 2 的连接系数，因此满足规范最低设计要求时，连接 1 比连接 2 极限承载力要求高，答案（A）正确。

【题 29】假定，支撑均采用 Q235，截面采用 P299×10 焊接钢管，截面面积为 9079mm^2，回转半径为 102mm。当框架梁 EG 按不计入支撑支点作用的梁，验算重力荷载和支撑屈曲时不平衡力作用下的承载力，试问，计算此不平衡力时，受压支撑提供的竖向力计算值（kN），与下列何项最为接近？

（A）430　　　　（B）550

（C）1400　　　　（D）1650

【答案】（A）

首先计算支撑计算长度：$\sqrt{3200^2+3800^2}=4968\text{mm}$

长细比计算：$\dfrac{4968}{102}=49$

根据《钢标》表 7.2.1-1，可知焊接钢管为 b 类截面，查表 D.0.2，可知

$\varphi=0.861$

根据《抗规》第 8.2.6 条第 2 款，受压支撑提供的竖向力为

$0.3\times0.861\times9079\times235\times\dfrac{3800}{4968}=422\text{kN}$

正确答案为（A）。

【解题说明】

1.强烈地震作用下，当 V 形支撑屈曲时，其受压承载力将随着往复荷载的作用逐渐下降，试验表明，最常用的中等长细比支撑，其受压承载力最终将下降至最大屈曲承载力（Af_y）的 0.3。本题考查 V 形支撑极限承载力概念的掌握。

2.首先进行受压构件承载力的计算，随后根据《抗规》第 8.2.6 条 2 款的规定进行折减并换算成竖向力即可。

【题 30】以下为关于钢梁开孔的描述：

Ⅰ.框架梁腹板不允许开孔；

Ⅱ.距梁端相当于梁高范围的框架梁腹板不允许开孔；

Ⅲ.次梁腹板不允许开孔；

Ⅳ.所有腹板开孔的孔洞均应补强。

试问，上述说法有几项正确？

（A）1　　　　（B）2

(C) 3　　(D) 4

【答案】(A)

根据《高钢规》第8.5.5条规定，可知Ⅰ、Ⅲ、Ⅳ不正确，Ⅱ正确。

因此，正确答案为(A)。

【解题说明】

1.一般来说，层高的大小对于整个建筑的造价有着显著影响，因此腹板开孔技术对于钢结构建筑设计有着重要的应用价值。

2.对于受弯构件，除塑性耗能区外，其他截面的腹板均可开孔，当满足规范《高钢规》第8.5.6条规定的构造要求时，在设计时避免其侧向扭转屈曲外验算其受弯、受剪及挠度即可。

3.此外，由于腹板面积约占总截面面积的50%左右，因此，腹板孔口不予补强的梁也有着较好的技术经济指标。虽然《高钢规》第8.5.6条规定，当管道穿过钢梁时，腹板的孔口应予补强，但众所周知，蜂窝梁作为成熟的构件广泛应用于国外的结构中，而蜂窝梁的孔口一般不予补强，且孔口直径一般也较1/3梁高大，因此，除挠度验算外，蜂窝梁应根据下列设计原则进行补充验算：

1）梁上下翼缘承受弯矩产生的压应力和拉应力。对受压部分侧向支承、最小宽厚比及容许压应力进行校核；

2）对腹板承受垂直剪力的承载力进行校核，包括腹板的实腹部分和孔洞的T形截面部分；

3）腹板孔洞部分受弯承载力校核应考虑由垂直剪力形成的次弯矩应与主弯矩产生的正应力叠加；

4）进行腹板实腹部分验算时，应考虑腹板传递轴向力，腹板沿梁中和轴实腹部分承受的水平剪力，腹板截面承受弯曲压应力。

4.本题主要考察腹板开孔梁的一般设计要求，考点为腹板开孔梁的应用范围。

5.根据《高钢规》第8.5.6条规定的“不应在距梁端相当于梁高的范围内设孔”，该条同时规定“圆形孔直径小于或等于1/3梁高时，可不予补强”，由此可知：

1）框架梁和次梁腹板均可以开孔，因此选项Ⅰ“框架梁腹板不允许开孔”、选项Ⅲ“次梁腹板不允许开孔”均为错误答案；

2）选项Ⅱ“距梁端相当于梁高范围的框架梁腹板不允许开孔”为正确答案；

3）选项Ⅳ“所有腹板开孔的孔洞均应补强”为错误答案。

19.6　2017年一级钢结构

表19.6.0　2017年一级钢结构考题主要内容汇总

题号	主要内容	主要规范条文号	说明
17	钢梁抗弯强度计算	《钢标》6.1.1	
18	轴心受压钢柱稳定性计算	《钢标》7.2.1、附录D	
19	钢柱弯矩作用平面内稳定性计算	《钢标》8.2.1	

续表

题号	主要内容	主要规范条文号	说明
20	钢柱弯矩作用平面外稳定性计算	《钢标》8.2.1、附录C	
21	钢管截面设计	《钢标》7.4.6	
22	高强度螺栓计算	《钢标》11.4.2	
23	梁的整体稳定	《钢标》6.2.3、附录C	
24	高强度螺栓连接计算	《钢标》7.1.1	
25	钢柱强度设计值	《钢标》4.4.1	
26	钢管KK型节点承载力设计值	《钢标》13.3.2、13.3.3	
27	钢管角焊缝计算	《钢标》13.3.9	
28	组合梁抗弯承载力计算	《钢标》14.1.2、14.2.1、14.2.2	
29	完全抗剪连接设计	《钢标》14.3.1、14.3.4	
30	螺栓孔引起的截面削弱	《钢标》3.4.2、6.1.1、6.1.3、6.2.2	

【题17～23】某商厦增建钢结构入口大堂，其屋面结构布置如图19.6.17～23（Z）所示，新增钢结构依附于商厦的主体结构。钢材采用Q235B钢，钢柱GZ-1和钢梁GL-1均采用热轧H型钢H446×199×8×12制作，其截面特性为：A=8297mm^2，I_x=28100×10^{4}mm^4，I_y=1580×10^{4}mm^4，i_x=184mm，i_y=43.6mm，W_x=1260×10^{3}mm^3，W_y=159×10^{3}mm^3。钢柱高15m，上、下端均为铰接，弱轴方向5m和10m处各设一道系杆XG。

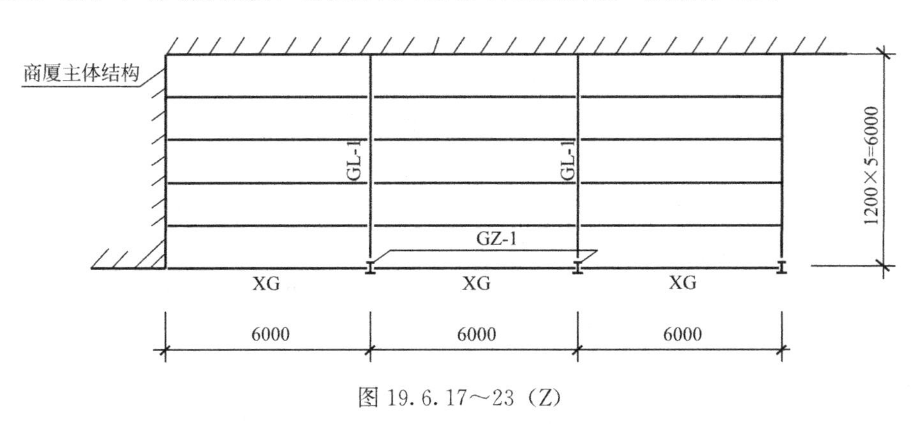

图19.6.17～23（Z）

【题17】假定，钢梁GL-1按简支梁计算，计算简图如图19.6.17所示，永久荷载设计值G=55kN，可变荷载设计值Q=15kN。试问，对钢梁GL-1进行抗弯强度验算时，最大弯曲应力设计值（N/mm^2），与下列何项数值最为接近？

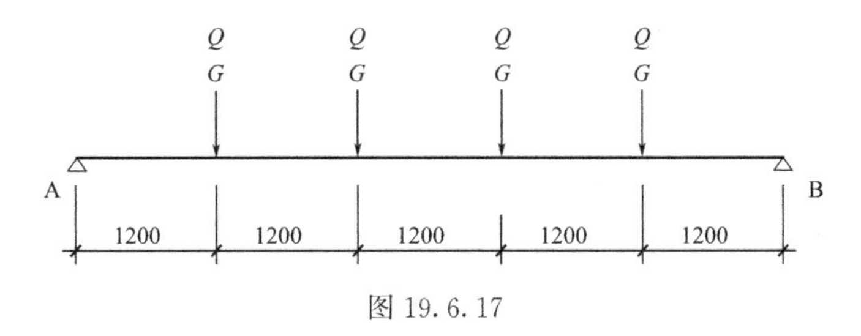

图19.6.17

提示：不计钢梁的自重，$\gamma_x=1.05$。

(A) 170　　(B) 180

(C) 190　　(D) 200

【答案】(C)

$R_A=(55+15)\times 2=140\text{kN}$

$M_{max}=140\times 3-(55+15)\times(1.8+0.6)=252\text{kN}\cdot\text{m}$或$M_{max}=140\times 2.4-(55+15)\times 1.2=252\text{kN}\cdot\text{m}$

根据《钢标》式(6.1.1)

$$\sigma_x=\frac{M}{\gamma_x W_x}=\frac{252\times 10^6}{1.05\times 1206\times 10^3}=190.5\text{N/mm}^2。$$

【解题说明】

1. 本题的主要考点为钢结构受弯构件的强度计算。在受弯构件的计算中，一般需要考虑双向受弯的情况；但本考题考点仅涉及一个方向即主轴平面内受弯。此外，本题需要考虑截面塑性发展系数以及截面的惯性模量的取值等。

2. 本题的另一个考点是简支梁结构在多个集中荷载作用下的跨中弯矩计算，也是作为结构工程师需要掌握的最基本的结构力学计算方法之一。

3. 首先，根据题意可以清楚地看出本题的考点为钢结构受弯构件的强度计算问题。因此，根据《钢标》第6.1.1条可以直接引用相应的计算公式，将已知条件代入公式(6.1.1)即可得到本题的正确答案。

4. 计算时需要注意以下两点。其一，在受弯构件的计算中，需要考虑截面塑性发展系数，对工字型截面而言，在X和Y两个方向的系数是不同的。虽然本题中仅需考虑一个方向，但考生须通过对规范条文的理解，完整掌握两个方向的意义，以便在今后的注册考试和设计工作中正确应用。其二，截面的惯性模量取值须按净截面模量取值。在本题的考点设置中，没有专门要求考虑截面削弱，这就意味着题中所给出的截面模量就是净截面模量，因此可以直接应用该截面模量进行计算。

5. 在进行抗弯强度计算前，必须根据已知的荷载条件和给出的计算简图，按照结构力学的方法求出梁截面的最大跨中弯矩设计值。

【题18】假定，钢柱GZ-1轴心压力设计值$N=330\text{kN}$。试问，对该钢柱进行稳定性验算，由N产生的最大应力设计值(N/mm^2)与下列何项数值最为接近？

(A) 50　　(B) 65

(C) 85　　(D) 100

【答案】(C)

根据《钢标》第7.2.1条计算

主轴平面内：$\lambda_x=\frac{l_{0x}}{i_x}=\frac{15000}{184}=82$

查附录D表D.0.1，a类截面，$\varphi_x=0.77$。

主轴平面外：$\lambda_y=\frac{l_{0y}}{i_y}=\frac{5000}{43.6}=115$

查附录D表D.0.2，b类截面，$\varphi_y=0.464$。

$$\sigma_y = \frac{N}{\varphi_y A} = \frac{330 \times 10^3}{0.464 \times 8297} = 85.7\text{N/mm}^2$$

$\sigma_{max} = \sigma_y = 85.7\text{N/mm}^2$。

【解题说明】

1. 本题的考点为轴心受压构件的稳定性计算，并且需考虑构件截面主轴平面内和平面外两个方向。

2. 在进行轴心受压构件的稳定性计算时，需要考虑受压构件在两个方向的截面分类，再根据截面分类确定两个方向相应的稳定系数，因此稳定系数的正确选取是本题的关键。

3. 不能仅考虑一个方向，因为在稳定系数未知的情况下，有些截面的危险方向是难以确定的。

4. 本题的考点为轴心受力构件的计算，再从轴心受力构件的计算中，很容易判断出是实腹式轴心受压构件的稳定性计算。

5. 判断构件的截面分类，根据轴心受压构件的截面分类表，查出构件截面两个方向的截面分类分别为 a 类和 b 类。

6. 根据已知条件查表求得两个方向轴心受压构件的稳定系数。

7. 将两个稳定系数分别代入《钢标》公式（7.2.1）就可以得到两个方向的计算结果。

8. 最终计算值取两者之中的较大值即为正确答案。

【题 19】假定，钢柱 GZ-1 主平面内的弯矩设计值 $M_x = 88.0\text{kN} \cdot \text{m}$。试问，对该钢柱进行平面内稳定性验算，仅由 M_x 产生的应力设计值（N/mm^2），与下列何项数值最为接近？

提示：$\frac{N}{N'_{EX}} = 0.135$，$\beta_{mx} = 1.0$，$\gamma_x = 1.05$。

(A) 75　　(B) 90

(C) 105　　(D) 120

【答案】(A)

根据《钢标》第 8.2.2 条第 1 款计算

$\beta_{mx} = 1.0$。

根据《钢标》式（8.2.1-1）第 2 项计算即可得

$$\sigma_m = \frac{\beta_{mx} M_x}{\gamma_x W_{1x}\left(1 - 0.8\frac{N}{N'_{EX}}\right)} = \frac{1.0 \times 88 \times 10^6}{1.05 \times 1260 \times 10^3 (1 - 0.8 \times 0.135)} = 74.6\text{N/mm}^2。$$

【解题说明】

1. 本题的主要考点为钢结构压弯构件平面内的稳定性计算。

2. 弯矩作用在对称轴平面内的实腹式压弯构件，其稳定性应计算两个方向：

1）弯矩作用平面内的稳定性，按《钢标》式（8.2.1-1）进行计算；

2）弯矩作用平面外的稳定性，按《钢标》式（8.2.1-3）进行计算。

3. 如果题目的条件略加改变，即将考点改为计算压弯构件平面外的稳定性也是完全可以的。这就提醒考生要学会举一反三，通过一个考点掌握其他相关内容和考点。

4. 上述公式中的参数很多，计算起来也很复杂。因此，在设计考题时，一般会将复杂的计算参数作为已知条件给出，但考生在复习准备时必须理解这些参数的物理意义，比如弯矩等效系数和截面塑性发展系数以及轴心受压构件稳定系数等。

5. 本题的考点非常明确，就是对钢柱进行平面内稳定性计算。只要知道了考点，就可以很快从《钢标》中找到相应的条款第 8.2.1 条。

6. 结合题目中所给出的提示，明确答题所采用的计算公式（8.2.1-1）。

7. 式（8.2.1-1）中，左端有 2 项，第 1 项是由轴力引起的截面应力设计值，第 2 项是由弯矩引起的截面应力设计值。为简化计算，题目中仅需按要求进行第 2 项由弯矩引起的截面应力设计值的计算。

【题 20】设计条件同题 19。试问，对钢柱 GZ-1 进行弯矩作用平面外稳定性验算，仅由 M_x 产生的应力设计值（N/mm^2）与下列何项数值最为接近？

提示：等效弯矩系数 $\beta_{tx}=1.0$，截面影响系数 $\eta=1.0$。

(A) 70　　(B) 90

(C) 100　　(D) 110

【答案】(B)

$$\lambda_y=\frac{5000}{43.6}=115<120$$

按附录式（C.0.5-1）计算整体稳定系数 φ_b

$$\varphi_b=1.07-\frac{\lambda_y^2}{44000}/\varepsilon_k^2=1.07-\frac{115^2}{44000\times1}=0.769$$

根据《钢标》式（8.2.1-3）第 2 项计算

$\eta=1.0$，$\beta_{tx}=1.0$（已知条件）

$$\sigma_m=\eta\frac{\beta_{tx}M_x}{\varphi_b W_{1x}}=1.0\times\frac{1.0\times88\times10^6}{0.769\times1260\times10^3}=90.8N/mm^2。$$

【解题说明】

1. 本题的主要考点为钢结构压弯构件平面外的稳定性计算，压弯构件平面外的稳定性计算也是钢结构考题中的必考内容之一。

2. 弯矩作用在对称轴平面内的实腹式压弯构件，其稳定性应计算两个方向：

1）弯矩作用平面内的稳定性，按《钢标》式（8.2.1-1）进行计算；

2）弯矩作用平面外的稳定性，按《钢标》式（8.2.1-3）进行计算。

3. 本题的考点是计算压弯构件平面外的稳定性，即《钢标》式（8.2.1-3）。这就提醒考生要学会举一反三，通过一个考点掌握其他相关内容和考点。

4. 关于稳定系数，有下列三个稳定系数需要理解透彻：

1）弯矩作用平面内的轴心受压构件稳定系数；

2）弯矩作用平面外的轴心受压构件稳定系数；

3）均匀弯曲的受弯构件整体稳定系数。

本题的考点为第三点，即梁的整体稳定系数。

5. 本题的考点非常明确，就是对钢柱进行平面外稳定性计算。只要知道了考点，就可很快从《钢标》中找到相应的条款第 8.2.1 条。

6. 结合题目中所给出的提示，明确答题所采用的计算公式（8.2.1-3）。

7. 注意本题计算时需计算整体稳定系数 φ_b。

8. 公式（8.2.1-3）中，左端有2项，第1项是由轴力引起的截面应力设计值，第2项是由弯矩引起的截面应力设计值。为简化计算，题目中仅需按要求进行第2项由弯矩引起的截面应力设计值的计算。

【题21】假定，系杆XG采用钢管制作。试问，该系杆选用下列何种截面的钢管最为经济？

（A）d76×5 钢管 $i=2.52\text{cm}$　　（B）d83×5 钢管 $i=2.76\text{cm}$

（C）d95×5 钢管 $i=3.19\text{cm}$　　（D）d102×5 钢管 $i=3.43\text{cm}$

【答案】(C)

根据《钢标》第7.4.6条表7.4.6，用以减小受压构件长细比的杆件，容许长细比为200。

$i=600/200=3.0\text{cm}$

d95×5 钢管 $i=3.19\text{cm}>3.0\text{cm}$。

【解题说明】

1. 对钢柱平面内和平面外的稳定性进行计算是有前提条件的。在题干中明确指出，钢柱高15m，上、下端均为铰接，弱轴方向5m和10m处各设一道系杆XG。为了对钢柱的平面外进行侧向支承，所以需要设置系杆。本题的考点就是作为柱子侧向支承的杆件长细比的大小和选取。

2. 根据《钢标》表7.4.6中第5行的规定，用以减小受压构件长细比的杆件，容许长细比为200。显然，题中给出的系杆即是用以减小钢柱的侧向构件长细比的杆件。

3. 由于需要保证柱子的侧向稳定，因此该系杆不能按受拉构件的长细比对系杆进行构件截面的设计和计算。

【题22】假定，次梁和主梁采用8.8级M16高强度螺栓摩擦型连接，接触面抛丸（喷砂），连接节点如图19.6.22所示，考虑连接偏心的影响后，次梁剪力设计值 $V=38.6\text{kN}$。试问，连接所需的高强度螺栓个数应为下列何项数值？

提示：按《钢标》作答，孔型系数 $k=1.0$。

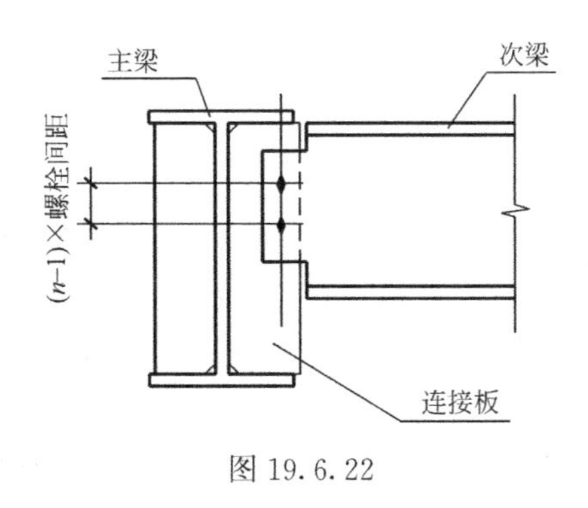

图19.6.22

（A）2　　（B）3

（C）4　　（D）5

【答案】(A)

根据《钢标》表11.4.2-1，$\mu=0.40$。

根据《钢标》表11.4.2-2，$P=80\text{kN}$。

根据《钢规》式（11.4.2-1）

$N_v^b = 0.9kn_f\mu P = 0.9\times1\times1\times0.40\times80 = 28.8\text{kN}$

$n = \dfrac{V}{N_v^b} = \dfrac{38.6}{28.8} = 1.34$，取 $n=2$。

【解题说明】

1. 本题的考点为高强度螺栓摩擦型连接的计算，计算类型为抗剪计算。影响摩擦型连接强度计算的重要因素，是摩擦面的抗滑移系数和单个高强度螺栓的预拉力。

2. 根据考点很容易找出规范中的相应条款和计算公式。

3. 由题中条件，根据《钢标》表 11.4.2-1，可查得摩擦系数 μ —0.40；

4. 由题中条件，根据《钢标》表 11.4.2-2，查得单个高强度螺栓的预拉力 $P=80\text{kN}$；

5. 根据《钢标》式（11.4.2-1）求得单个高强度螺栓的抗剪承载力；

6. 根据题中的剪力设计值求出连接所需的高强度螺栓个数，取整数 $n=2$。

【题 23】假定，构造不能保证钢梁 GL-1 上翼缘平面外稳定。试问，在计算钢梁 GL-1 整体稳定时，其允许的最大弯矩设计值 M_x（kN·m）与下列何项数值最为接近？

提示：梁整体稳定的等效临界弯矩系数 $\beta_b=0.83$。

(A) 185　　(B) 200

(C) 215　　(D) 230

【答案】(A)

$\lambda_y = 6000/43.6 = 138$

按《钢标》附录式（C.0.1-1）计算

$$\varphi_b = \beta_b \cdot \frac{4320}{\lambda_y^2}\cdot\frac{Ah}{W_x}\left[\sqrt{1+\left(\frac{\lambda_y t_1}{4.4h}\right)^2}+\eta_b\right]\varepsilon_k^2$$

$$=0.83\times\frac{4320}{138^2}\times\frac{8297\times446}{1260\times10^3}\times\left[\sqrt{1+\left(\frac{138\times12}{4.4\times446}\right)^2}+0\right]\times1^2$$

$$=0.83\times0.227\times2.937\times1.308=0.72>0.6$$

$\varphi_b' = 1.07-0.282/0.72=0.68$

取 $\varphi_b=\varphi_b'=0.68$

根据《钢标》式（6.2.3）

$M_x=\varphi_b W_x f = 0.68\times1260\times10^3\times215\times10^{-6}=184\text{kN}\cdot\text{m}$。

【解题说明】

1. 本题的主要考点为钢结构受弯构件（梁）的整体稳定性计算。梁的整体稳定在受弯构件的计算中是非常重要的内容。

2. 同强度计算一样，稳定计算一般也需要考虑双向受弯的情况（本考题的考点只涉及一个方向），在实际工程的整体稳定计算中，根据《钢标》的规定，需要考虑梁的整体稳定系数，还需要注意截面的惯性模量须取毛截面模量等。

3. 根据题意，可以清楚地看出本题的考点为钢结构受弯构件的整体稳定性计算。因此，根据《钢标》第 6.2.3 条可以直接找到相应的计算公式，将已知条件代入公式（6.2.3），并将公式稍作变形，即可得到本题的正确答案。

4. 计算时需要注意以下两点：

1）在受弯构件的整体稳定计算中，需要考虑整体稳定系数，而整体稳定系数的计算需按照《钢标》要求，依据附录C确定。根据题目条件可知，梁是等截面轧制H型钢简支梁，因此，需按照附录C.0.1条采用，并按公式（C.0.1-1）计算，式中所有条件均为已知；

2）根据规范要求，当按公式（C.0.1-1）算得的φ_b值大于0.6时，应该对φ_b值进行修正，修正值的计算公式为《钢标》（C.0.1-7）。

【题24】假定，钢梁按内力需求拼接，翼缘承受全部弯矩，钢梁截面采用焊接H型钢H450×200×8×12，连接接头处弯矩设计值M=210kN·m，采用摩擦型高强度螺栓连接，如图19.6.24所示。试问，该连接处翼缘板的最大应力设计值σ（N/mm²），与下列何项数值最为接近？

提示：翼缘板根据弯矩按轴心受力构件计算。

（A）120　　（B）150

（C）190　　（D）215

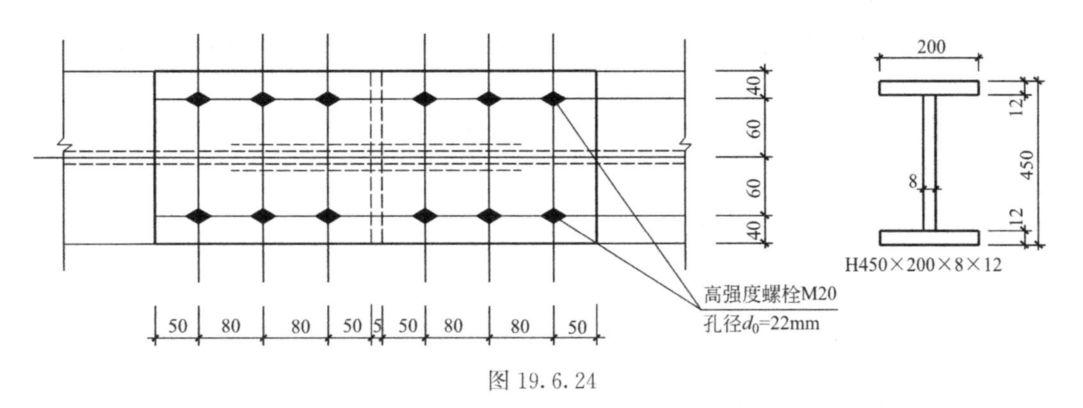

图19.6.24

【答案】（D）

$$N=\frac{210\times10^6}{450-12}\times10^{-3}=479.5\text{kN}$$

按《钢标》式（7.1.1-3）$\sigma=\left(1-0.5\dfrac{n_1}{n}\right)\dfrac{N}{A_n}$

其中：$n_1=2$，$n=6$

$A_n=(200-2\times22)\times12=1872\text{mm}^2$

$\sigma=(1-0.5\times2/6)\times479.5\times10^3/1872=213\text{N/mm}^2$

按《钢标》式（7.1.1-1）

$$\sigma=\frac{N}{A}=\frac{479.5\times10^3}{200\times12}=199.8\text{N/mm}^2。$$

【解题说明】

1.本题的考点为高强度螺栓摩擦型连接处的强度计算。根据《钢标》的要求，高强度螺栓摩擦型连接处的强度，需按照两种情况进行计算。

2.计算螺栓孔处净截面的强度。

3.计算无螺栓孔处毛截面的强度。

4. 由提示可知：翼缘板按轴心受力构件计算，根据已知弯矩可以求出轴力，注意：力臂应取两个翼缘板厚度中心线之间的距离。

5. 计算螺栓孔处净截面面积。

【题 25】假定，某工字型钢柱采用 Q390 钢制作，翼缘厚度 40mm，腹板厚度 16mm。试问，作为轴心受压构件，该柱钢材的抗拉、抗压和抗弯强度设计值（N/mm^2）应取下列何项数值？

(A) 295　　(B) 330

(C) 345　　(D) 390

【答案】(B)

根据《钢标》表 4.4.1 及其注。

【解题说明】

1. 本题的考点为钢材材料的强度设计值。钢材的强度设计值应根据材料厚度或直径的大小选取相应的设计值，厚度越厚或直径越大的钢材板件，其设计强度相对越低。

2. 根据《钢标》表 4.4.1 及其注，作为轴心受拉和轴心受压构件，当构件由不同厚度的材料制作时，该构件的强度设计值系指组成构件的板件中较厚板件的强度设计值。

【题 26、27】某桁架结构，如图 19.6.26～27（Z）所示。桁架上弦杆、腹杆及下弦杆均采用热轧无缝钢管，桁架腹杆与桁架上、下弦杆直接焊接连接；钢材均采用 Q235B 钢，手工焊接使用 E43 型焊条。

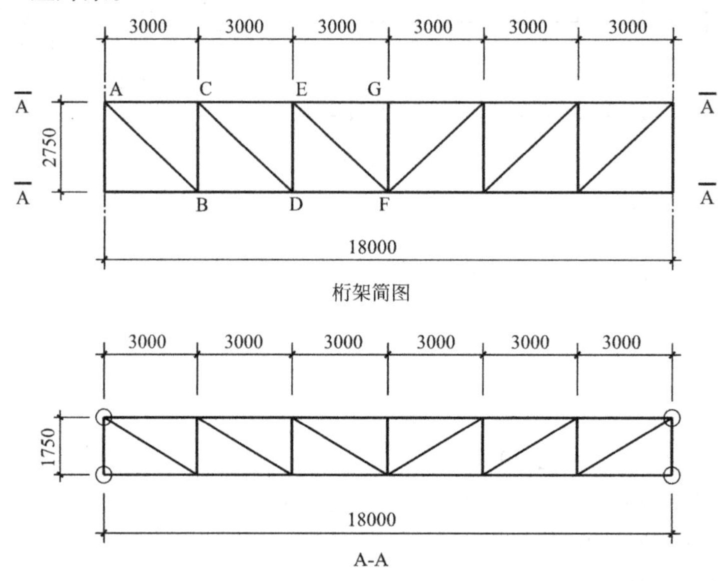

图 19.6.26～27（Z）

【题 26】桁架腹杆与上弦杆在节点 C 处的连接如图 19.6.26 所示。上弦杆主管贯通，腹杆支管搭接，主管规格为 d140×6，支管规格为 d89×4.5，杆 CD 与上弦主管轴线的交角为 $\theta_t=42.51°$。假定，节点 C 处受压支管 CB 的承载力设计值 $N_{ck}=125kN$。试问，受拉支管 CD 的承载力设计值 N_{tk}（kN），与下列何项数值最为接近？

(A) 170　　(B) 150

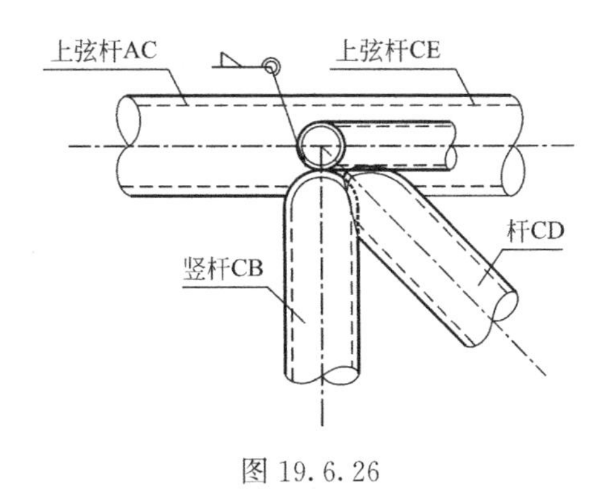

图 19.6.26

(C) 130　　　　(D) 110

【答案】(D)

根据《钢标》式（13.3.2-14）计算：

$\frac{A_t}{A_c}=1$，$N_{ck}=125\text{kN}$

$N_{tk}=\frac{A_t}{A_c}N_{ck}=1\times125=125\text{kN}$

根据《钢标》第13.3.3条2款，KK形节点，取K形节点支管承载力的0.9倍，$N_{tkk}=0.9N_{tk}=0.9\times125=112.5\text{kN}$。

【解题说明】

1.本题的考点为钢管结构的杆件计算。为保证钢管结构连接节点处主管的强度，支管的轴心力根据主管与支管的节点连接形式不同，分别采取不同的计算公式。

2.节点的连接形式有：X形节点、T形（或Y形）节点、K形节点、TT形节点、KK形节点，其中TT形节点和KK形节点均为空间节点。主管与支管的连接采用直接焊接节点，其节点承载力和支管的轴心力根据上述节点连接的形式不同而分别采用相应的方法进行计算。

3.本题设计的主管与支管的连接，在两个方向均为K形节点连接，相当于空间节点，实际是由两个方向的K形节点形成的KK形节点。

4.根据《钢标》式（13.3.2-14）计算。

5.根据《钢标》第13.3.3条2款，KK形节点，须取K形节点支管承载力的0.9倍，以此考虑钢管结构的空间作用。

【题27】设计条件及节点构造同题26。假定，支管CB与上弦主管间用角焊缝连接，焊缝全周连续焊接并平滑过渡，焊脚尺寸$h_f=6\text{mm}$。试问，该焊缝的承载力设计值（kN），与下列何项数值最为接近？

(A) 190　　　　(B) 180

(C) 170　　　　(D) 160

【答案】(A)

$D_i/D=89/140=0.64\leqslant0.65$，$\theta_i=90^\circ$

根据《钢标》第13.3.9条式（13.3.9-2）计算：

$l_w = (3.25D_i - 0.025D) \times \left(\frac{0.534}{\sin\theta_i} + 0.466\right) = 3.25 \times 89 - 0.025 \times 140 = 286\text{mm}$

根据《钢标》式（13.3.9-1）计算：

$N = 0.7h_f l_w f_f^w = 0.7 \times 6 \times 286 \times 1 \times 160 \times 10^{-3} = 192.2\text{kN}$。

【解题说明】

1. 本题的考点为钢管结构支管与主管连接节点处焊缝承载力的计算。支管与主管的连接焊缝可视为全周角焊缝，该角焊缝的计算厚度和计算长度都是变化的，需根据不同的要求和公式进行相应的计算。

2. 当支管轴心受力时，角焊缝的厚度取平均计算厚度，角焊缝的计算长度根据支管与主管的管径比和支管与主管之间的夹角，由专门的计算公式计算。

【题 28、29】某综合楼标准层楼面采用钢与混凝土组合结构。钢梁 AB 与混凝土楼板通过抗剪连接件（栓钉）形成钢与混凝土组合梁，栓钉在钢梁上按双列布置，其有效截面形式如图 19.6.28～29（Z）所示。楼板的混凝土强度等级为 C30，板厚 h =150mm，钢材采用 Q235B 钢。

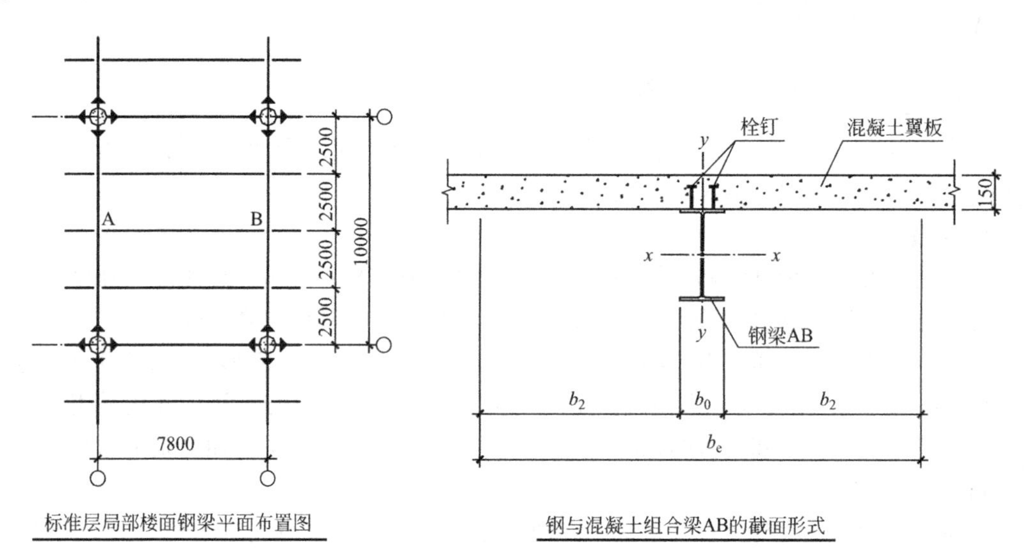

图 19.6.28～29（Z）

【题 28】假定，组合楼盖施工时设置了可靠的临时支撑，梁 AB 按单跨简支组合梁计算，钢梁采用热轧 H 型钢 H400×200×8×13，截面面积 A =8337 mm²。试问，梁 AB 按考虑全截面塑性发展进行组合梁的强度计算时，完全抗剪连接的最大抗弯承载力设计值 M(kN·m)，与下列何项数值最为接近？

提示：塑性中和轴在混凝土翼板内。

(A) 380　　　　(B) 440

(C) 510　　　　(D) 580

【答案】(D)

根据《钢标》第 14.1.2 条及第 14.2.1 条

7800/6=1300mm＞1250－100=1150mm，取 b_2=1150mm

$b_e = b_0 + 2b_2 = 200 + 1150 \times 2 = 2500\text{mm}$

根据提示，塑性中和轴在混凝土翼板内

$$x=\frac{Af}{b_{e}f_{c}}=\frac{8337\times215}{2500\times14.3}=50.1\text{mm}$$

$$y=200+150-\frac{x}{2}=350-\frac{50.1}{2}=325\text{mm}$$

$$M_{u}=Afy=8337\times215\times325\times10^{-6}=582\text{kN}\cdot\text{m}$$

或 $M_{u}=b_{e}xf_{c}y=2500\times50.1\times14.3\times325\times10^{-6}=582\text{kN}\cdot\text{m}$。

【解题说明】

1. 本题的考点为完全抗剪连接组合梁的最大抗弯承载力设计值计算。

2. 完全抗剪连接的组合梁根据《钢标》第14.2.1条的相关规定和公式计算。

3. 部分抗剪连接的组合梁根据《钢标》第14.2.2条的相关规定和公式计算。

4. 本题的命题思路是通过一个考点的设置，使考生掌握相关章节的内容，便于融会贯通。

【题29】假定，栓钉材料的性能等级为4.6级，栓钉钉杆截面面积 $A_{s}=190\text{mm}^2$，其余条件同题28。试问，梁AB按完全抗剪连接设计时，其全跨需要的最少栓钉总数 n_{f}（个），与下列何项数值最为接近？

提示：钢梁与混凝土翼板交界面的纵向剪力 V_{s} 按钢梁的截面面积和设计强度确定，取 $f=215\text{N/mm}^2$，$f_{u}=370\text{N/mm}^2$。

(A) 38　　(B) 58

(C) 76　　(D) 98

【答案】(C)

根据《钢标》第14.3.1条第1款规定，当栓钉材料性能等级为4.6级时，

$$0.7A_{s}f_{u}=0.7\times190\times370\times10^{-3}=49.2\text{kN}$$

$$0.43A_{s}\sqrt{E_{c}f_{c}}=0.43\times190\times\sqrt{3.00\times10^{4}\times14.3}\times10^{-3}=53.5\text{kN}。$$

取一个抗剪连接件的承载力设计值 $N_{v}^{c}=49.2\text{kN}$

根据《钢标》第14.3.4条

$$V_{s}=Af=8337\times215\times10^{-3}=1792\text{kN}$$

$n_{f}=2\times V_{s}/N_{v}^{c}=2\times1792/49.2=73$，取 $n_{f}=76$(个)。

【解题说明】

1. 本题的考点为组合梁按完全抗剪连接设计时，其全跨需要的最少栓钉总数。该考点的命题思路中涵盖了以下三个方面的概念：

(1) 单个栓钉作为抗剪连接件的承载力设计值的计算；

(2) 每个剪跨区段内钢梁与混凝土翼板交界面之间纵向剪力的计算；

(3) 简支组合梁的剪跨数的确定。

2. 计算单个剪跨内按照完全抗剪连接时需要的连接件总数。

【题30】试问，某主平面内受弯的实腹构件，当其截面上有螺栓孔时，下列何项计算应考虑螺栓孔引起的截面削弱？

(A) 构件的变形计算

(B) 构件的整体稳定性计算

(C) 高强螺栓摩擦型连接的构件抗剪强度计算

(D) 构件的抗弯强度计算

【答案】(D)

根据《钢标》第 3.4.2 条，第 6.1.1 条，第 4.1.3 条和第 6.2.2 条。

【解题说明】

1. 本题为概念题，考察考生对构件的净截面与毛截面分别在钢结构设计计算中的运用，共罗列的钢结构构件设计时常常遇到的 4 种情况。

2. 根据《钢标》第 3.4.2 条，计算结构和构件的变形时，可不考虑螺栓（或铆钉）引起的截面削弱。

3. 根据《钢标》第 6.2.2 条，整体稳定计算时，构件截面的惯性模量按受压纤维确定的梁毛截面模量。

4. 根据《钢标》第 6.1.3 条，在主平面受弯的实腹构件，其抗剪强度计算时，构件截面的惯性矩取毛截面惯性矩。

5. 根据《钢标》第 6.1.1 条，在主平面受弯的实腹构件，其抗弯强度计算时，构件截面的模量取净截面模量。

19.7 2018 年一级钢结构

表 19.7.0 2018 年一级钢结构考题主要内容汇总

题号	主要内容	主要规范条文号	说明
17	钢梁正应力计算	《钢标》6.1.1	
18	框架柱计算长度系数	《钢标》8.3.1、附录 E	
19	框架柱弯矩作用平面外稳定性	《钢标》7.2.1、8.2.1	
20	柱脚设计	《钢标》12.7.4	
21	框架柱的计算长度	《钢标》8.3.1	
22	框架柱截面选择原则	《钢标》7.2.1	
23	常幅疲劳设计	《钢标》16.2.2	
24	框架柱计算长度	《钢标》8.3.1、附录 E	
25	梁柱刚性连接	《钢标》12.3.4、《抗规》8.2.5、8.2.8、8.3.4、8.3.6	
26	组合梁设计	《钢标》10.1.5、14.1.6	
27	受压支撑杆计算长度	《钢标》7.4.2	
28	钢管连接节点	《钢标》13.3.8	
29	支撑杆件设计	《钢标》7.4.2、7.4.6、7.4.7	
30	受压钢柱的强度和稳定性	《钢标》7.3.1、7.3.3、7.3.4	

【题 17～22】某非抗震设计的单层钢结构平台，钢材均为 Q235B，梁柱均采用轧制 H 型钢，X 向采用梁柱刚接的框架结构，Y 向采用梁柱铰接的支撑结构，平台满铺 $t=6$mm 的花纹钢板，见图 19.7.17～22 (Z)。假定，平台自重（含梁自重）折算为 1kN/m^2（标准值），活荷载为 4kN/m^2（标准值），梁均采用 H300×150×6.5×9，柱均采用 H250×250×

9×14，所有截面均无削弱，不考虑楼板对梁的影响。

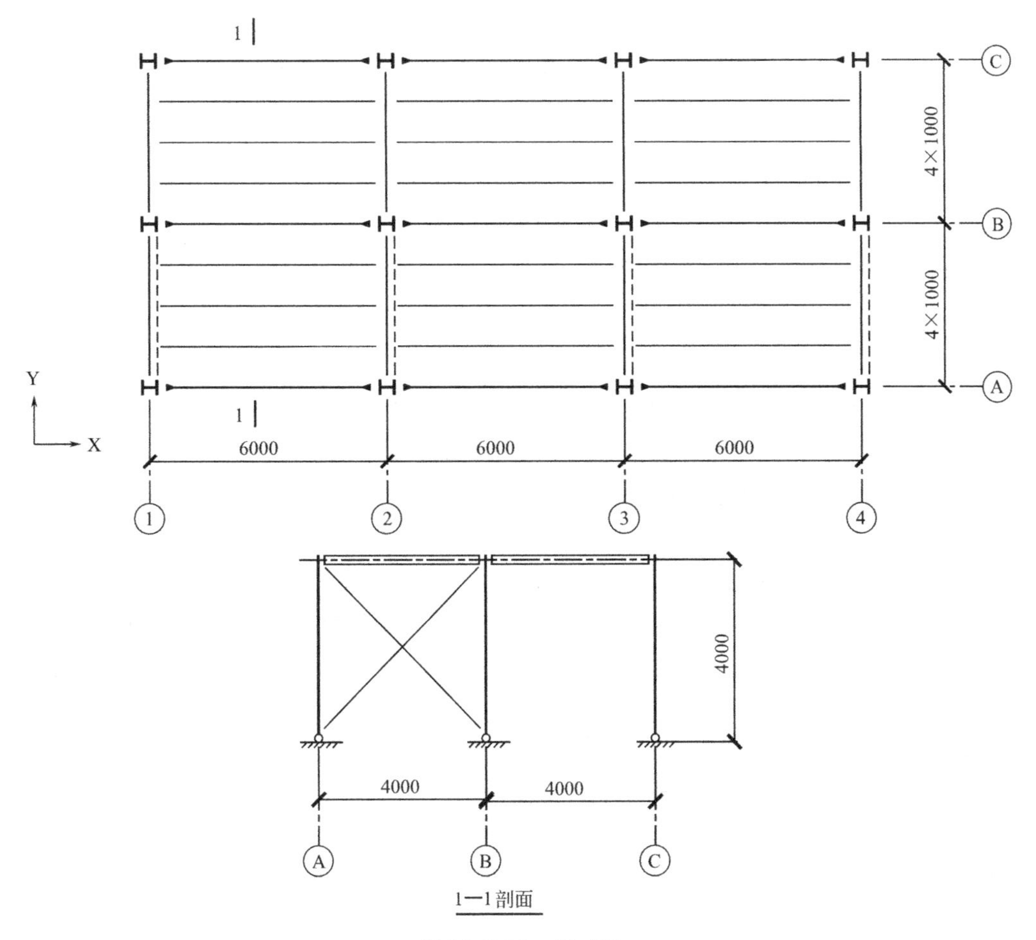

图 19.7.17～22（Z）

截面特性：

	面积 A (cm^2)	惯性矩 I_x (cm^4)	回转半径 i_x (cm)	惯性矩 I_y (cm^4)	回转半径 i_y (cm)	弹性截面模量 W_x (cm^3)
H300×150×6.5×9	46.78	7210	12.4	508	3.29	481
H250×250×9×14	91.43	10700	10.8	3650	6.31	860

【题 17】假定，荷载传递路径为板传递至次梁，次梁传递至主梁。试问，在设计弯矩作用下，②轴主梁正应力计算值（N/mm^2），与下列何项数值最为接近？

(A) 80　　(B) 90

(C) 120　　(D) 180

【答案】(D)

传递至②轴主梁的集中力设计值：

$N_d = (1.3\times1+1.5\times4)\times1\times6 = 43.8kN$

②轴主梁跨中弯矩设计值：

$M_d = 43.8 \times \frac{3}{2} \times 2 - 43.8 \times 1 = 87.6\text{kN} \cdot \text{m}$

板件宽厚比：$b/t \approx \frac{150-6.5}{2}/9 = 7.8$，$h_0/t_w \approx \frac{300-2\times9}{6} = 47$

查表 3.5.1，满足不低于 S3 级的要求，

根据《钢标》第 6.1.2 条，$\gamma_x = 1.05$

根据《钢标》第 6.1.1 条式（6.1.1）

$$\frac{M_d}{\gamma_x W_x} = \frac{87.6\times10^6}{1.05\times481\times10^3} = 176\ \text{N/mm}^2$$

答案选（D）。

【解题说明】

1. 虽然，作为良好的结构材料，钢材不仅具有很好的变形能力，而且其抗拉承载力在塑性阶段也不下降，但当钢构件截面的板件宽厚比较大时，截面将无法产生塑性发展，因此，《钢标》规定，当梁的截面板件宽厚比等级不低于 S3 级时，可以按《钢标》第 6.1.2 条的要求，采用≥1.0 的截面塑性发展系数 γ_x 考虑其塑性发展。本题主要考查考生是否掌握受弯构件的强度计算方法。

2. 弯矩设计值主要根据《可靠性标准》选取恒载分项系数 1.3 和活载分项系数 1.5 计算得到，而强度设计值则由《钢标》式（6.1.1）计算确定，其中截面塑性发展系数 γ_x 取为 1.05。

【题 18】假定，内力计算采用一阶弹性分析，柱脚铰接，取 $K_2=0$。试问，②轴柱 X 向平面内计算长度系数，与下列何项数值最为接近？

（A）0.9　　（B）1.0

（C）2.4　　（D）2.7

【答案】（C）

根据《钢标》第 8.3.1 条第 1 款按附录 E 表 E.0.2

$$K_1 = \Sigma\frac{I_b}{l_b}/\Sigma\frac{I_c}{l_c} = 2\times\frac{7210}{600}/\frac{10700}{400} = 0.9$$

$K_2 = 0$

$$\mu = 2.64 - \frac{2.64-2.33}{1-0.5}\times(0.9-0.5) = 2.39$$

答案选（C）。

【解题说明】

1. 解决板件、构件直至结构的稳定性问题是钢结构设计的显著特点之一，柱子的稳定设计一般采用计算长度法，即分析方法基于线弹性分析，采用折减柱子承载能力或放大一阶线性弯矩的方法来考虑二阶效应，其本质是基于欧拉失稳理论，假定所有柱子同时屈曲，即内力计算采用线弹性分析，构件采用计算长度法进行稳定性设计来近似解决结构的稳定性问题。本题主要考查考生采用计算长度法时，是否掌握确定柱子的计算长度系数的方法。

2. 显而易见，②轴 X 向平面内属无支撑纯框架，因此，根据《钢标》第 8.3.1 条第 1 款第 1 项，当采用一阶弹性方法计算内力时，框架柱的计算长度系数 μ 按附录 E 表 E.0.2 有侧移框架柱的计算长度系数确定。

【题19】假定，某框架柱轴心压力设计值为163.2kN，X向弯矩设计值为$M_x=20.4\text{kN}\cdot\text{m}$，Y向计算长度系数取为1。试问，对于框架柱X向，以应力形式表达的弯矩作用平面外稳定性计算最大值（N/mm^2），与下列何项数值最为接近？

提示：所考虑构件段无横向荷载作用。

(A) 20　　(B) 40

(C) 60　　(D) 80

【答案】(B)

$$\lambda_y=\frac{4000}{63.1}=63.4$$

根据《钢标》表7.2.1-1截面为c类

查表D.0.2，$\varphi_y=0.686$

$$\varphi_b=1.07-\frac{\lambda_y^2}{44000\varepsilon_k^2}=1.07-\frac{63.4^2}{44000\times1}=0.98$$

根据《钢标》第8.2.1条，柱底铰接$M_2=0$

$$\beta_{tx}=0.65+0.35\frac{M_2}{M_1}=0.65$$

根据《钢标》式（8.3.1-3）

$$\frac{N}{\varphi_yA}+\eta\frac{\beta_{tx}M_x}{\varphi_bW_{1x}}=\frac{163.2\times1000}{0.686\times91.43\times100}+1.0\times\frac{0.65\times20.4\times10^6}{0.98\times860\times10^3}=26+15.7=41.7\text{N/mm}^2$$

答案选（B）。

【解题说明】

1.在轴力和弯矩作用下的压弯构件，可能产生平面内的弯曲失稳和平面外的弯扭失稳。对于平面外的弯扭失稳，一般在实际工程中，作为柱子的压弯构件的长细比都较小，其平面外的弯扭失稳通常属弹塑性失稳模式，规范公式来源于与理论计算结果相拟合的相关公式。本题主要考查考生是否掌握规范规定的压弯构件平面外稳定计算。

2.本题根据《钢标》第8.2.1条简单套用规范公式计算。由于柱子中间无横向荷载，因此可采用《钢标》式（C.0.5-1）的近似计算公式计算整体稳定系数φ_b。

【题20】假定，柱脚竖向压力设计值为163.2kN，水平反力设计值为30kN。试问，关于图19.7.20柱脚，下列何项说法符合《钢标》规定？

(A) 柱与底板必须采用熔透焊缝

(B) 底板下必须设抗剪键承受水平反力

(C) 必须设置预埋件与底板焊接

(D) 可以通过底板与混凝土基础间的摩擦传递水平反力

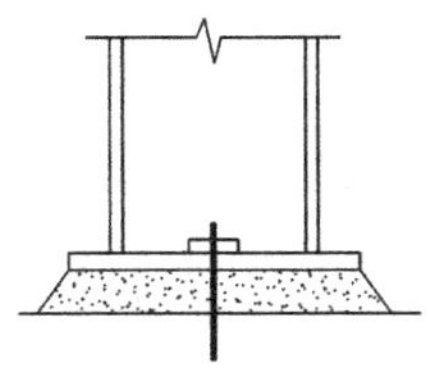

图19.7.20

【答案】(D)

$$162.3\times0.4=64.92\text{kN}>30\text{kN}$$

根据《钢标》第12.7.4条水平反力可由底板与混凝土基础间的摩擦力承受。

答案选（D）。

【解题说明】

1.由于钢结构的安装精度要求远远高于混凝土，因此进行外露式柱脚设计时，钢结构与混凝土间的连接应采用便于调整的连接方式，如锚栓连接，在实际工程应用中，通过底板与混凝土基础间的摩擦传递水平反力最为安全经济。本题主要考查考生对于柱脚传递水平反力的概念是否清晰。

2. 应根据《钢标》第 12.7.4 条，计算后决定是否可采用摩擦传递水平反力。

【题 21】由于生产需要图示处（图 19.7.21）增加集中荷载，故梁下增设三根两端铰接的轴心受压柱，其中，边柱（Ⓐ、Ⓒ轴）轴心压力设计值为 100kN，中柱（Ⓑ轴）轴心压力设计值为 200kN。假定，Y 向为强支撑框架，Ⓑ轴框架柱总轴心压力设计值为 486.9kN，Ⓐ、Ⓒ轴框架柱总轴心压力设计值均为 243.5kN。试问，与原结构相比，关于框架柱的计算长度，下列何项说法最接近《钢标》的规定？

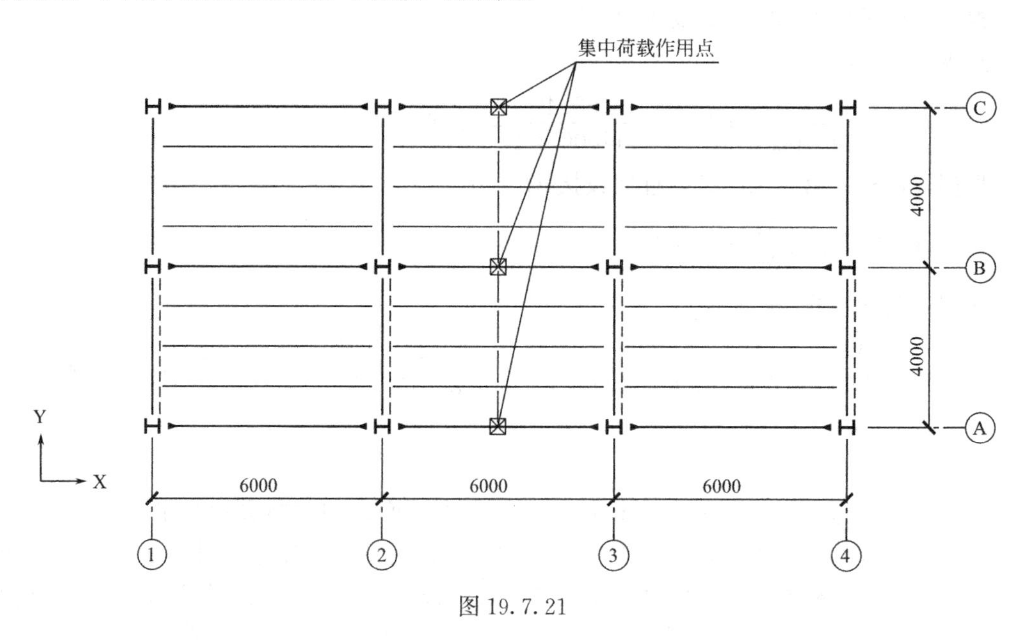

图 19.7.21

（A）框架柱 X 向计算长度增大系数为 1.2

（B）框架柱 X 向、Y 向计算长度不变

（C）框架柱 X 向及 Y 向计算长度增大系数均为 1.2

（D）框架柱 Y 向计算长度增大系数为 1.2

【答案】（A）

根据《钢标》式（8.3.1-2），$\eta=\sqrt{1+\frac{200+2\times100}{486.9+2\times243.5}}=1.19$

答案选（A）。

【解题说明】

1. 结构稳定依靠抗侧力构件，而摇摆柱的稳定则依赖于结构。当内力计算采用一阶弹性分析，构件采用计算长度法进行稳定性设计时，对于有侧移框架，考虑为保证摇摆柱的稳定而产生的不利影响，框架柱应增加其计算长度。另外，由于增加计算长度的框架柱部分与结构楼面刚度有关，为降低难度，本题采用了考虑摇摆柱所在轴线的框架柱和考虑全部结构的框架柱，两种方式答案一致的方法。本题主要考查考生对于结构稳定的概念是否清晰。

2. 本题直接根据《钢标》第 8.3.1 条计算即可。

【题22】假定，以用钢量最低作为目标，题19.7.21中的轴心受压铰接柱采用下列何种截面最为合理？

(A) 轧制H形截面　　(B) 钢管截面

(C) 焊接H形截面　　(D) 焊接十字形截面

【答案】(B)

双向计算长度相同的轴心受压柱稳定控制时，从用钢量考虑，选择x、y向回转半径相近的截面最为合理。根据《钢标》第7.2.1条可知，轴心受压构件长细比越大，其稳定承载力越低，焊接十字形截面明显不合理，而H形截面强弱轴回转半径相差较多，采用钢管截面较H形截面更为合理。

答案选(B)。

【解题说明】

1.本题为概念题，主要考查考生钢结构设计概念是否清晰。作为结构工程师，如何合理有效应用材料是非常重要的一项技能，尤其是对于主要由薄壁截面构成的钢结构更是如此。对于轴心受压构件，稳定承载力为控制用钢量的主要因素，因此，同样用钢量下，长细比最小即回转半径最大的截面最为经济。

2.同样用钢量下，轴心受压铰接柱采用钢管截面回转半径最大，长细比最小。

【题23】关于常幅疲劳计算，下列何项说法正确？

(A) 应力变化的循环次数越多，容许应力幅越小；构件和连接的类别序数越大，容许应力幅越大

(B) 应力变化的循环次数越多，容许应力幅越大；构件和连接的类别序数越大，容许应力幅越小

(C) 应力变化的循环次数越少，容许应力幅越小；构件和连接的类别序数越大，容许应力幅越大

(D) 应力变化的循环次数越少，容许应力幅越大；构件和连接的类别序数越大，容许应力幅越小

【答案】(D)

根据《钢标》式(16.2.2-2)可知应力变化的循环次数越少，容许应力幅越大；构件和连接的类别序数越大，容许应力幅越小。

答案选(D)。

【解题说明】

1.本题为概念题，主要考查考生对于疲劳计算的设计概念是否清晰。现阶段对不同类型构件连接的疲劳裂缝的形成、扩展以致断裂研究不足，但对于疲劳计算，其基本设计原则没有任何分歧。对于常幅疲劳，《钢标》采用荷载标准值按容许应力幅进行计算。

2.试验表明，钢材强度与大多数焊接连接类别的疲劳强度无关，仅少量不在构件疲劳计算中起控制作用的连接类别，其疲劳强度有随钢材强度的提高有稍微增加的趋势。

3.钢结构的疲劳计算采用传统的基于名义应力幅的构造分类法，分类法的基本思路是以名义应力幅作为衡量疲劳性能的指标，通过大量试验得到各种构件和连接构造的疲劳性能的统计数据，将疲劳性能相近的构件和连接构造归为一类。连接类别是影响疲劳强度的主要因素之一，构件和连接的类别序数越大，应力集中越为严重，抗疲劳性能也就越差。

4. 根据《钢标》式（16.2.2-2）计算容许应力幅，构件和连接类别越大，参数 C、β 越小，因此，应力变化的循环次数越少，容许应力幅越大；构件和连接的类别序数越大，容许应力幅越小。

【题 24～27】某 4 层钢结构商业建筑，层高 5m，房屋高度 20m，抗震设防烈度 8 度，X 方向采用框架结构，Y 方向采用框架-中心支撑结构，楼面采用 150mm 厚 C30 混凝土楼板，钢梁顶采用抗剪栓钉与楼板连接，如图 19.7.24～27（Z）所示。框架梁柱采用 Q345，各框架柱截面均相同，内力计算采用一阶弹性分析。

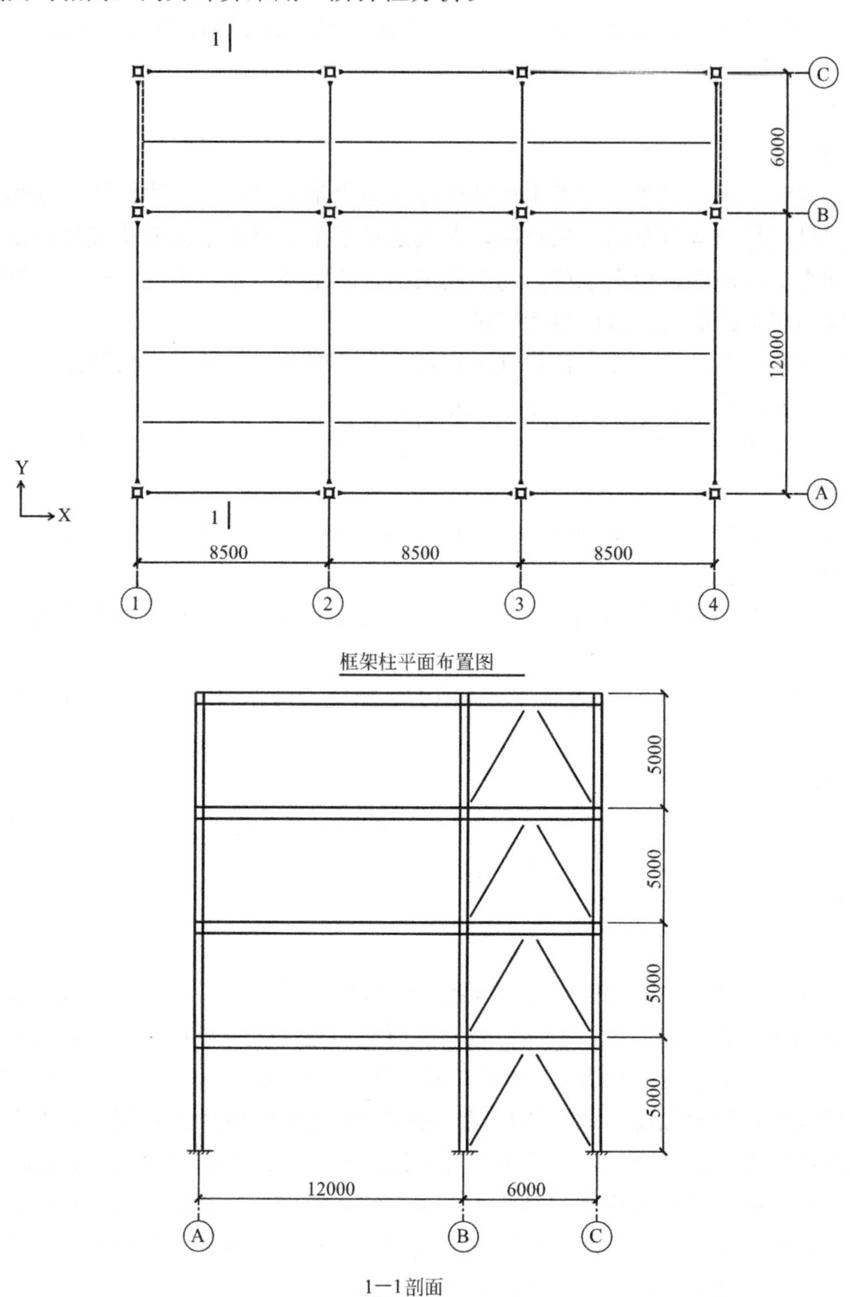

图 19.7.24～27（Z）

【题24】假定，框架柱每层几何长度为5m，Y方向满足强支撑框架要求。试问，关于框架柱计算长度，下列何项符合《钢标》的规定?

（A）X方向计算长度大于5m，Y方向计算长度不大于5m

（B）X方向计算长度不大于5m，Y方向计算长度大于5m

（C）X、Y方向计算长度均可取为5m

（D）X、Y方向计算长度均大于5m

【答案】（A）

本结构X方向为框架结构，根据《钢标》第8.3.1条及附录E表E.0.2，可知其计算长度大于5m。

本结构Y方向为强支撑结构，根据《钢标》第8.3.1条及附录E表E.0.1，可知其计算长度不大于5m。

答案选（A）。

【解题说明】

1.本题为概念题，主要考查考生采用计算长度法时，钢结构稳定设计概念是否清晰。

2.当结构内力计算采用一阶弹性分析时，强支撑框架为无侧移框架，其计算长度小于几何长度，而无支撑框架的计算长度远远大于其几何长度。

3.根据《钢标》，除计算长度法外，结构稳定性设计还可采用二阶 P-Δ 弹性分析设计和直接分析设计法。当结构内力计算采用二阶 P-Δ 弹性分析时，其计算长度可取为1（满足无侧移刚度条件时，也可小于1）。

4.采用直接分析设计时，受压杆件无需进行稳定性设计。

5.本结构内力计算采用一阶弹性分析，根据《钢标》第8.3.1条可知，X方向为无支撑纯框架，框架柱采用有侧移框架柱的计算长度系数，其计算长度大于5m；Y方向为强支撑框架结构，框架柱采用无侧移框架柱的计算长度系数，其计算长度不大于5m。

【题25】试问，关于梁柱刚性连接，下列何种说法符合规范规定?

（A）假定，框架梁柱均采用H形截面，当满足《钢标》第12.3.4条规定时，采用柱贯通型的H形柱在梁翼缘对应处可不设置横向加劲肋

（B）进行梁与柱刚性连接的极限承载力验算时，焊接的连接系数大于螺栓连接

（C）柱在梁翼缘上下各500mm的范围内，柱翼缘与柱腹板间的连接焊缝应采用全熔透坡口焊缝

（D）进行柱节点域屈服承载力验算时，节点域要求与梁内力设计值有关

【答案】（C）

根据《抗规》第8.3.4条可知（A）错；

根据《抗规》第8.2.8条可知（B）错；

根据《抗规》第8.3.6条可知（C）正确；

根据《抗规》第8.2.5条可知（D）错。

答案选（C）。

【解题说明】

1.钢结构应满足抗震规范规定的基本抗震设防目标，即小震不坏、中震可修、大震不倒，抗震规范规定的抗震承载力仅满足小震要求，为满足抗震设防目标抗震构造必不可少；

2. 对于梁柱刚性节点，一般要求梁端形成塑性铰，因此采用柱贯通型的 H 形柱在梁翼缘对应处应设置横向加劲肋；

3. 螺栓连接受滑移的影响，且钉孔使得截面削弱，故螺栓连接的连接系数大于焊接；

4.《抗规》对多层和高层钢结构房屋的节点域屈服承载力要求不高，因此要求柱在梁翼缘上下各 500mm 的范围内，柱翼缘与柱腹板间的连接焊缝采用全熔透坡口焊缝；

5. 本题为概念题，主要考查考生是否了解《抗规》规定的钢结构梁柱刚性连接抗震构造；

6.《抗规》第 8.2.5 条规定了钢框架节点处的抗震承载力验算，第 8.2.8 条规定了钢结构抗侧力构件的连接计算，第 8.3.4 条规定了梁与柱的连接构造要求，而第 8.3.6 条为强制性条文，条文如下：**"梁与柱刚性连接时，柱在梁翼缘上下各 500mm 的范围内，柱翼缘与柱腹板间或箱形柱的壁板间的连接焊缝应采用全熔透坡口焊缝"**。根据以上条文可轻易得到正确答案。

【题 26】假定，次梁采用 Q345 热轧工字形截面，考虑全截面塑性发展进行组合梁的强度计算，上翼缘为受压区。试问，上翼缘最大的板件宽厚比与下列何项数值最为接近?

(A) 15　　(B) 13

(C) 9　　(D) 7.4

【答案】(C)

根据《钢标》第 14.1.6 条可知，组合梁中钢梁的受压区板件宽厚比应符合《钢标》第 10.1.5 条的规定，跨中截面为最后出现塑性铰的截面，即符合截面板件宽厚比等级 S2 级的要求，翼缘板件宽厚比限值为：$11\varepsilon_k=11\sqrt{235/345}=9.1$。

答案选 (C)。

【解题说明】

1. 当采用全截面塑性发展进行组合梁的强度计算时，梁受压翼缘的自由外伸宽度与其厚度之比应该满足塑性截面要求，《钢标》规定梁受压翼缘的自由外伸宽度与其厚度之比应满足 S2 级的要求，查表 3.5.1 为 $11\varepsilon_k$。

2. 本题主要考查考生对于塑性截面设计概念是否清晰。

【题 27】假定，不按抗震设计考虑，柱间支撑采用交叉支撑，支撑两杆截面相同并在交叉点处均不中断并相互连接，支撑杆件一杆受拉，一杆受压。试问，关于受压支撑杆，下列何种说法错误?

(A) 平面内计算长度取节点中心至交叉点间距离

(B) 平面外计算长度不大于桁架节点间距离的 $\sqrt{0.5}$ 倍

(C) 平面外计算长度等于桁架节点中心间的距离

(D) 平面外计算长度与另一杆的内力大小有关

【答案】(C)

根据《钢标》第 7.4.2 条可知 (A) 正确，

根据《钢标》第 7.4.2 条式 (7.4.2-3)

$$\frac{N_0}{N}\geqslant 0,\ l_0=l\sqrt{\frac{1}{2}\left(1-\frac{3}{4}\cdot\frac{N_0}{N}\right)}\leqslant\sqrt{0.5}\,l$$

可知 (B)、(D) 正确，(C) 错误。

答案选（C）。

【解题说明】

1.交叉支撑为常用的柱间支撑形式，在实际工程中，工程师经常偏安全的采用支撑全长作为其平面外计算长度，而实际上如另一杆为拉杆，其平面外计算长度可适当减小。

2.对于单片柱间支撑而言，平面外计算长度有时直接决定了柱间支撑的截面形式和大小，精细的计算有着一定的工程价值。

3.本题主要考查考生对于交叉支撑设计的理解程度。

4.《钢标》第7.4.2条规定，交叉支撑的平面内计算长度取节点中心至交叉点间距离，而支撑两杆截面相同并在交叉点处均不中断并相互连接，另一杆所受拉力为N_0，压力为N的杆件，其平面外计算长度$l_0=l\sqrt{\frac{1}{2}(1-\frac{3}{4}\cdot\frac{N_0}{N})}>0.5l$。

【题28】关于钢管连接节点，下列何项说法符合《钢标》的规定？

（A）支管沿周边与主管相焊，焊缝承载力不应小于节点承载力

（B）支管沿周边与主管相焊，节点承载力不应小于焊缝承载力

（C）焊缝承载力必须等于节点承载力

（D）支管轴心内力设计值不应大于节点承载力设计值和焊缝承载力设计值，至于焊缝承载力，大于或小于节点承载力均可

【答案】（A）

《钢标》第13.3.8条的规定，支管沿周边与主管相焊，焊缝承载力应等于或大于节点承载力，即焊缝承载力不应小于节点承载力，因此（A）正确，（B）、（C）、（D）错误。

【解题说明】

1.本题为概念题，主要考查考生对于钢管连接节点中的焊缝承载力和节点承载力的概念。一般来说，节点承载力控制大多由于节点处过大的局部变形而引起的，而焊缝破坏则为脆性破坏，因此规范要求焊缝承载力不应小于节点承载力。

2.《钢标》第13.3.8条规定，在节点处，支管沿周边与主管相焊，焊缝承载力应等于或大于节点承载力。

【题29】假定，某一般建筑的屋面支撑采用按拉杆设计的交叉支撑，截面采用单角钢，两杆截面相同且在交叉点处均不中断并相互连接，支撑节间横向和纵向尺寸均为6m，支撑截面由构造确定。试问，采用下列何项支撑截面最为合理？

截面特性：

截面名称	面积A(cm^2)	回转半径i_x(cm)	回转半径i_{x0}(cm)	回转半径i_{y0}(cm)
L56×5	5.415	1.72	2.17	1.10
L70×5	6.875	2.16	2.73	1.39
L90×6	10.637	2.79	3.51	1.84
L110×7	15.196	3.41	4.30	2.20

（A）L56×5　　（B）L70×5

（C）L90×6　　（D）L110×7

【答案】(B)

当屋面支撑采用按拉杆设计的交叉支撑时，根据《钢标》第 7.4.7 条，容许长细比取 400。

根据《钢标》第 7.4.2 条，平面外的计算长度 $l=6\sqrt{2}=8.484\text{m}$

最小回转半径要求：$i=\dfrac{8484}{400}=21.21\text{mm}$

根据《钢标》第 7.4.7 条，采用与角钢肢边平行轴的回转半径。

因此，可取 L70×5。

答案选（B)。

【解题说明】

1. 工程设计中，屋面支撑采用按拉杆设计的交叉支撑较为经济合理。很多设计者采用常规设计软件直接输入截面进行计算，则交叉支撑都将作为受压构件导致支撑截面过大，从而引发一系列问题。

2. 本题考点：

1）拉杆的容许长细比；

2）按拉杆设计的交叉支撑截面采用单角钢时计算长度和回转半径的取值。

3. 根据《钢标》第 7.4.7 条，拉杆的容许长细比为 400；

4. 根据《钢标》第 7.4.2 条第 2 款，拉杆计算长度为总长；

5. 根据《钢标》第 7.4.7 条，计算拉杆平面外长细比时，采用与角钢肢边平行轴的回转半径。

【题 30】某非抗震设计的钢柱采用焊接工字形截面 H900×350×10×20，钢材采用 Q235 钢。假定，该钢柱作为受压构件，其腹板高厚比不符合《钢标》关于受压构件腹板局部稳定的要求。试问，若腹板不能采用加劲肋加强，在计算该钢柱的强度和稳定性时，其截面面积（mm^2），应采用下列何项数值?

提示：计算截面无削弱，$\lambda=60$。

(A) $86\times10^2\text{mm}^2$　　(B) $140\times10^2\text{mm}^2$

(C) $180\times10^2\text{mm}^2$　　(D) $226\times10^2\text{mm}^2$

【答案】(C)

首先根据《钢标》式（7.3.1-2），

翼缘取 $\rho_1=1.0$

腹板 $\dfrac{b_0}{t_w}=\dfrac{900-2\times20}{10}=86>52$，按式（7.3.4-4），

$\rho_2=(29\varepsilon_k+0.25\lambda)t/b=(29\times1+0.25\times60)/86=0.512$

根据《钢标》式（7.3.3-3），

$A_n=A=2\times350\times20\times1+860\times10\times0.512=14000+4403=18403\text{mm}^2$

答案选（C)。

【解题说明】

1. 当钢柱腹板高厚比不满足要求，且最大压应力超过屈服强度时，腹板将进入屈曲状态，此时，为简化设计，可根据腹板屈曲后强度的概念，取与翼缘板连接的一部分腹板截

面作为有效截面。本题与 19.3 节第 29 题一样。

2.本题主要考查考生是否掌握规范规定的钢柱有效截面的计算。

3.根据《钢标》第 7.3.3 条及第 7.3.4 条进行有效截面计算，同时需要进行翼缘局部稳定验算。

参考文献

[1] 建筑工程抗震设防分类标准：GB 50223—2008. 北京：中国建筑工业出版社，2008

[2] 建筑结构荷载规范：GB 50009—2012. 北京：中国建筑工业出版社，2012

[3] 建筑抗震设计规范：GB 50011—2010. 北京：中国建筑工业出版社，2010

[4] 钢结构设计标准：GB 50017—2017. 北京：中国建筑工业出版社，2017

[5] 高层民用建筑钢结构技术规程：JGJ 99—2015. 北京：中国建筑工业出版社，2015

[6] 门式刚架轻型房屋钢结构技术规范：GB 51022—2015. 北京：中国建筑工业出版社，2015

[7] 型钢混凝土组合结构技术规程：JGJ 138—2001. 北京：中国建筑工业出版社，2001

[8] 空间网格结构技术规程：JGJ 7—2010. 北京：中国建筑工业出版社，2010

[9] 钢结构焊接规范：GB 50661—2011. 北京：中国建筑工业出版社，2011

[10] 钢结构高强度螺栓连接技术规程：JGJ 82—2011. 北京：中国建筑工业出版社，2011

[11] 建筑地基基础设计规范：GB 50007—2011. 北京：中国建筑工业出版社，2011

[12] 高层民用建筑设计防火规范：GB 50045—95（2005 年版）. 北京：中国建筑工业出版社，2005

[13] 钢结构工程施工质量验收规范：GB 50205—2001. 北京：中国建筑工业出版社，2001

[14] 但泽义，等. 钢结构设计手册. 4 版. 北京：中国建筑工业出版社，2019

[15] 陈富生，等. 高层建筑钢结构设计. 北京：中国建筑工业出版社，2004

[16] 陆新征，等. 建筑抗震弹塑性分析. 北京：中国建筑工业出版社，2009

[17] 潘鹏，张耀庭. 建筑结构抗震设计理论与方法. 北京：科学出版社，2017

[18] 朱炳寅，陈富生. 建筑结构设计新规范综合应用手册. 北京：中国建筑工业出版社，2004

[19] 朱炳寅. 建筑结构设计规范应用图解手册. 北京：中国建筑工业出版社，2005

[20] 朱炳寅，娄宇，杨琦. 建筑地基基础设计方法及实例分析. 2 版. 北京：中国建筑工业出版社，2013

[21] 朱炳寅. 高层建筑混凝土结构技术规程应用与分析. 北京：中国建筑工业出版社，2017

[22] 朱炳寅. 建筑抗震设计规范应用与分析. 2 版. 北京：中国建筑工业出版社，2017

[23] 朱炳寅. 建筑结构设计问答及分析. 3 版. 北京：中国建筑工业出版社，2017

[24] 中国建筑设计院有限公司. 结构设计统一技术措施. 北京. 中国建筑工业出版社，2018

[25] 朱炳寅，王大庆，刘旸. 中国建筑设计院有限公司结构方案评审录：第一卷. 北京. 中国建筑工业出版社，2018

[26] 朱炳寅，王大庆，刘旸. 中国建筑设计院研究院有限公司结构方案评审录：第二卷. 北京. 中国建筑工业出版社，2018

[27] 本书编委会. 全国一级注册结构工程师专业考试试题解答及分析（2012～2018）. 北京. 中国建筑工业出版社，2019

[28] 本书编委会. 全国二级注册结构工程师专业考试试题解答及分析（2012～2018）. 北京. 中国建筑工业出版社，2019